Meissner · Wanke
Handbuch Federn

Handbuch Federn

Berechnung und Gestaltung im Maschinen- und Gerätebau

Dr.-Ing. habil. Manfred Meissner
Dipl.-Ing. Klaus Wanke

2., bearbeitete Auflage

Verlag Technik GmbH Berlin · München

Autoren:

Doz. Dr.-Ing. habil. *Manfred Meissner*, TU Ilmenau
(Abschnitte 1., 4., 5., 6., 7., 8.)

Dipl.-Ing. *Klaus Wanke*, Technische Federn Sigmund Scherdel GmbH, Marktredwitz
(Abschnitte 2., 3., 5., 6., 9.)

Prof. Dr.-Ing. habil. *Hans-Jürgen Schorcht*, TU Ilmenau
(Abschnitt 7.4.)

Die Deutsche Bibliothek — CIP-Einheitsaufnahme
Handbuch Federn : Berechnung und Gestaltung im Maschinen-
und Gerätebau / Manfred Meissner ; Klaus Wanke ; Hans-
Jürgen Schorcht. — 2., bearb. Aufl. — Berlin ; München : Verl.
Technik, 1993
   ISBN 3-341-01087-4
NE: Meissner, Manfred; Wanke Klaus; Schorcht, Hans-Jürgen

Gebrauchs- und Handelsnamen, Warenbezeichnungen usw. sind in diesem Buch nicht immer besonders gekennzeichnet. Das bedeutet nicht, daß solche Namen im Sinne der Warenzeichen- und Markenzeichen-Gesetzgebung als frei zu betrachten wären und daher von jedermann benutzt werden dürfen.
Maßgebend für die Anwendung der Normen ist deren Fassung mit dem neuesten Ausgabedatum.

ISBN 3-341-01087-4

2., bearbeitete Auflage
© Verlag Technik GmbH Berlin · München 1993
VT 1/5846-2
Printed in Germany
Gesamtherstellung: Druckhaus „Thomas Müntzer" GmbH, Bad Langensalza
Einband: *Kurt Beckert*

Vorwort zur 2. Auflage

Die 1. Auflage dieses Handbuchs, die 1988 erschien, wurde in Fachkreisen gut aufgenommen und war bereits nach kurzer Zeit vergriffen. Mit dem Handbuch wurde erstmals der Versuch unternommen, die wichtigsten Teilgebiete der Federntechnik geschlossen in einem Buch abzuhandeln. Wegen der Einschränkung des Umfangs konnten nicht alle Gebiete erschöpfend behandelt werden. Dennoch war die Nachfrage groß, so daß diese 2. Auflage notwendig wurde.

Durch die inzwischen wiedererlangte Einheit Deutschlands bestand bei der Überarbeitung des Buches neben der Beseitigung von Fehlern vor allem die Aufgabe, Tabellenwerte und sonstige Angaben vollständig auf die Normen des DIN umzustellen, den Umstellungsaufwand aber in wirtschaftlich vertretbaren Grenzen zu halten. An manchen Stellen ergaben sich dadurch allerdings Unterschiede bei den verwendeten Formelzeichen gegenüber DIN, da die im Buch verwendeten Zeichen beibehalten wurden, um umfangreiche Änderungen und zusätzliche Fehlerquellen zu vermeiden. An den entsprechenden Stellen wurden diesbezügliche Hinweise aufgenommen.

Die Gesamtkonzeption wurde nicht geändert. Verweise auf DIN-Normen sind vollständig eingearbeitet. An wenigen Stellen wurde der Verweis auf TGL-Standards beibehalten, um interessierten Nutzern die Beziehung zu diesen Unterlagen bzw. einen Vergleich zu ermöglichen.

Die Autoren möchten sich an dieser Stelle sehr für die freundliche und interessante Aufnahme der 1. Auflage in der Federnindustrie und bei den Anwendern bedanken. Besonderer Dank gilt den zahlreichen Fachkollegen, insbesondere den Herren Dr. *Karlheinz Walz*, Dr. *Uwe Otzen* und Dipl.-Ing. *Joachim Huhnen* für die zahlreichen anregenden Hinweise. Nicht zuletzt sei auch dem Verlag und unserem Lektor, Herrn Dipl.-Ing. *Klaus Lißner*, für die Bemühungen zum Werden dieser 2. Auflage gedankt.

Manfred Meissner
Klaus Wanke

Inhaltsverzeichnis

1. **Überblick** 11
1.1. Historische Entwicklung der Federntechnik 11
1.2. Bedeutung, Wesen und Einsatzgebiete der Federn 11
1.3. Einteilung der Federn 13
1.4. Anforderungen an Berechnung und Auswahl von Federn 15
1.5. Anforderungen an die Gestaltung der Federn 15
1.6. Literatur 16

2. **Werkstoffe für Federn** 17
2.1. Werkstoffauswahl und Anforderungen 18
    2.1.1. Gesichtspunkte für die Werkstoffauswahl 18
    2.1.2. Einteilung und Verarbeitung 18
    2.1.3. Anforderungen an Federwerkstoffe 19
2.2. Werkstoffarten 21
    2.2.1. Federstähle 21
    2.2.1.1. Patentiert gezogener Federstahldraht 21
    2.2.1.2. Vergütete Drähte 24
    2.2.1.3. Warmgewalzte bzw. kaltgezogene Drähte und Stäbe für vergütete Federn 24
    2.2.1.4. Federstahlbänder 25
    2.2.1.5. Nichtrostende Federstähle 28
    2.2.2. Nichteisenmetalle 29
    2.2.2.1. Kupfer- und Berylliumlegierungen 29
    2.2.2.2. Sonderlegierungen 30
    2.2.3. Nichtmetalle 33
2.3. Werkstoffbeanspruchung 35
    2.3.1. Zeitlicher Verlauf der Beanspruchung 35
    2.3.2. Beanspruchungsgrenzen 36
2.4. Zulässige Spannungen bei Metallfedern 36
    2.4.1. Bei statischen und quasistatischen Beanspruchungen 36
    2.4.2. Bei dynamischen Beanspruchungen 38
2.5. Einflüsse auf das Federungsverhalten von Metallfedern 41
    2.5.1. Entstehen und Wirken von Eigenspannungen 41
    2.5.1.1. Entstehung von Eigenspannungen bei der Kaltumformung des Halbzeugs zu Federn ... 41
    2.5.1.2. Erzeugen von Eigenspannungen 43
    2.5.1.3. Abbau von Eigenspannungen 43
    2.5.1.4. Berücksichtigungen von Eigenspannungen beim Entwurf 44
    2.5.2. Kriechen und Relaxation 48
    2.5.3. Einfluß der Arbeitstemperatur 49
    2.5.3.1. Verhalten von metallischen Federwerkstoffen bei erhöhten Arbeitstemperaturen ... 51
    2.5.3.2. Verhalten bei tieferen Temperaturen 53

2.5.3.3. Temperaturabhängigkeit des E- und G-Moduls 57
2.5.4. Einflüsse von Werkstoffehlern und Oberflächenfehlern 58

2.6. Literatur 58

3. Herstellung von Metallfedern 60

3.1. Kaltformgebung 60
    3.1.1. Herstellung des Federkörpers von Schraubenfedern 60
    3.1.2. Besonderheiten der Zugfederherstellung 64
    3.1.3. Drehfederherstellung 67
    3.1.4. Formfedern aus Draht und Band 68
    3.1.5. Fertigung von Spiralfedern 70

3.2. Warmformgebung 72

3.3. Schleifen und Entgraten von Schraubenfederenden 73

3.4. Wärmebehandlung 76
    3.4.1. Vergüten von Federstählen 76
    3.4.2. Anlassen, Altern bzw. Aushärten von Federn aus federharten Werkstoffen 78

3.5. Vorsetzen 80

3.6. Randschichtverfestigung 83
    3.6.1. Mechanische Verfestigungsverfahren 83
    3.6.2. Verfestigung durch Wärmebehandlung 85

3.7. Korrosionsschutz durch Oberflächenbehandlung 85
    3.7.1. Oxydieren und Phosphatieren 86
    3.7.2. Metallüberzüge 86
    3.7.3. Lacküberzüge 87
    3.7.4. Kunststoffüberzüge 87

3.8. Forderungen an eine fertigungsgerechte Gestaltung 88

3.9. Literatur 89

4. Grundlagen des Federentwurfs 91

4.1. Ziel des Federentwurfs 92

4.2. Federungsverhalten, Federkennlinie 92
    4.2.1. Federdiagramm 92
    4.2.2. Kennlinienverlauf 93
    4.2.3. Federsteife (Federrate) und Federarbeit 94
    4.2.4. Hysterese und Kriechen 94

4.3. Nutzwerte 95

4.4. Federberechnung 96
    4.4.1. Ziel und Anliegen der Federberechnung 96
    4.4.2. Zeitliche Belastungsverläufe 97
    4.4.3. Berechnungsablauf bei statischen Beanspruchungen 98
    4.4.4. Berechnungsablauf bei dynamischen Beanspruchungen 99
    4.4.4.1. Allgemeiner Ablauf 99
    4.4.4.2. Feder unter periodisch-sinusförmig verlaufender Belastung 100
    4.4.4.3. Feder unter Stoßbelastung 101
    4.4.4.4. Erfassung der Spannungsverteilung über der Federlänge 102
    4.4.4.5. Anwendung der Finite-Elemente-Methode 103

4.5. Federsysteme 103
    4.5.1. Charakterisierung 103
    4.5.2. Parallelschaltung von Federn 104

	4.5.3.	Reihenschaltung von Federn	105
	4.5.4.	Kraftmomentbelastete Federparallelschaltung	106
4.6.	Literatur		106

5. Metallfedern ... 108

5.1. Zug- und druckbeanspruchte Federn ... 108
    5.1.1. Zugstabfedern ... 108
    5.1.2. Ringfeder® ... 109

5.2. Biegebeanspruchte Federn (Biegefedern) ... 116
    5.2.1. Gerade Biegefedern ... 120
    5.2.1.1. Blattfedern mit konstantem Querschnitt ... 120
    5.2.1.2. Blattfedern mit veränderlichem Querschnitt ... 121
    5.2.1.3. Geschichtete Blattfedern ... 124
    5.2.1.4. Unterstützte Blattfedern ... 127
    5.2.2. Gekrümmte Biegefedern ... 129
    5.2.2.1. Gekrümmte Blattfedern ... 129
    5.2.2.2. Flachformfedern ... 131
    5.2.2.3. Drahtformfedern ... 132
    5.2.3. Gewundene Biegefedern ... 135
    5.2.3.1. Spiralfedern ... 135
    5.2.3.2. Drehfedern (Schenkelfedern) ... 147
    5.2.4. Scheiben- und plattenförmige Biegefedern ... 157
    5.2.4.1. Tellerfedern ... 157
    5.2.4.2. Federscheiben und Wellfedern ... 173
    5.2.4.3. Membranfedern (Plattenfedern) ... 176
    5.2.5. Bimetallfedern (Thermobimetalle) ... 179
    5.2.5.1. Aufbau ... 179
    5.2.5.2. Berechnung ... 180
    5.2.5.3. Anwendung ... 182

5.3. Torsionsbeanspruchte Federn (Verdrehfedern) ... 183
    5.3.1. Drehstabfedern ... 185
    5.3.2. Schraubendruckfedern zylindrischer Form ... 188
    5.3.2.1. Aufbau und Eigenschaften ... 188
    5.3.2.2. Berechnung statisch belasteter Druckfedern ... 191
    5.3.2.3. Knickung und Querfederung ... 193
    5.3.2.4. Druckfedern mit rechteckigem Drahtquerschnitt ... 195
    5.3.2.5. Berechnung von Federsätzen ... 196
    5.3.2.6. Berechnung bei schwingender Beanspruchung ... 197
    5.3.3. Schraubenzugfedern zylindrischer Form ... 199
    5.3.3.1. Aufbau und Eigenschaften ... 199
    5.3.3.2. Berechnung bei statischer Belastung ... 202
    5.3.3.3. Schwingfestigkeit von Zugfedern ... 202
    5.3.4. Schraubenfedersonderformen ... 204
    5.3.4.1. Aufbau und Eigenschaften ... 204
    5.3.4.2. Zylindrische Schraubendruckfedern mit veränderlichem Stabdurchmesser ... 205
    5.3.4.3. Zylindrische Schraubendruckfedern mit inkonstanter Windungssteigung ... 206
    5.3.4.4. Schraubendruckfedern nichtzylindrischer Form ... 208
    5.3.4.5. Mehrdrahtfedern ... 212
    5.3.4.6. Kegeldruckfedern aus Band ... 213
    5.3.4.7. Federkennlinie und Eigenfrequenz ... 214

5.4. Literatur ... 225

6. Nichtmetallfedern ... 229

6.1. Gummifedern ... 230
    6.1.1. Eigenschaften ... 230
    6.1.2. Beanspruchungen ... 230
    6.1.3. Berechnungen ... 231
    6.1.4. Anwendungen ... 232

6.2. Kunststoff-Federn ... 233
    6.2.1. Eigenschaften ... 233
    6.2.2. Federn aus Thermo- und Duroplasten ... 234
    6.2.3. Elastomerfedern ... 236

6.3. Glas- und Keramikfedern ... 240

6.4. Gas- und Flüssigkeitsfedern ... 241
    6.4.1. Eigenschaften ... 241
    6.4.2. Gasfedern ... 242
    6.4.3. Flüssigkeitsfedern ... 243
    6.4.4. Konstruktion und Anwendung ... 244

6.5. Federn durch Magnetwirkungen ... 246

6.6. Literatur ... 247

7. Federn in speziellen Anwendungen ... 249

7.1. Federn als Kontaktbauelemente ... 249
    7.1.1. Anforderungen ... 249
    7.1.2. Einsatz als Kontaktblattfeder-Schalter ... 250
    7.1.2.1. Auswirkungen von Toleranzen an Kontaktblattfeder-Schaltern ... 250
    7.1.2.2. Kontaktfederjustierung durch elastisch-plastisches Biegen ... 252
    7.1.3. Einsatz in Steckverbindern und Schleifkontakten ... 252

7.2. Federn und Anordnungen für konstante Kräfte und Momente ... 254
    7.2.1. Federn mit „Gleichkraft"-Verhalten ... 254
    7.2.2. Anordnungen zum Kraft- bzw. Momentenausgleich ... 257

7.3. Lagerungen mit Federn ... 257
    7.3.1. Torsionsbänder ... 257
    7.3.2. Federgelenke und Federführungen ... 259

7.4. Federantriebe ... 260
    7.4.1. Allgemeine Grundlagen ... 262
    7.4.2. Schraubenfederantriebe ... 263
    7.4.2.1. Dynamische Modelle ... 263
    7.4.2.2. Grundlagen zur Dimensionierung ... 266
    7.4.3. Drehfederantriebe ... 269
    7.4.3.1. Dynamische Modelle ... 269
    7.4.3.2. Grundlagen zur Dimensionierung ... 270
    7.4.4. Blattfederantriebe ... 271
    7.4.4.1. Dynamische Modelle ... 271
    7.4.4.2. Grundlagen zur Dimensionierung ... 273

7.5. Literatur ... 277

8. Berechnungshilfen und Federoptimierung ... 280

8.1. Berechnungshilfen ... 281
    8.1.1. Einsatzziele ... 281
    8.1.2. Tabellen, Normen, Vordrucke ... 281
    8.1.3. Grafische Hilfsmittel ... 281

    8.1.4. Rechenschieber 283
    8.1.5. Datenverarbeitungstechnik 286

8.2. Federoptimierung 287
    8.2.1. Optimierungsanliegen 287
    8.2.2. Optimierungsgrundlagen 288
    8.2.2.1. Vorgehensweise 288
    8.2.2.2. Optimierungsziele bei Federberechnungen 290
    8.2.2.3. Optimierungsverfahren 292
    8.2.3. Grundbeziehungen zur Federoptimierung 292
    8.2.3.1. Blattfedern 292
    8.2.3.2. Schraubendruckfedern 293
    8.2.4. Rechnereinsatz 293

8.3. Literatur 297

9. Prüfung der Federn 299

9.1. Toleranzen 299

9.2. Prüfung der Federkennwerte (statisch) 301
    9.2.1. Kurzzeit-Prüfung 301
    9.2.2. Langzeit-Prüfung 306

9.3. Prüfung der Lebensdauer 307

9.4. Werkstoffprüfungen 308

9.5. Literatur 308

10. Anhang 311

11. Sachwörterverzeichnis 320

1. Überblick

1.1. Historische Entwicklung der Federntechnik

Die Federn können als eines der ältesten Konstruktionselemente angesehen werden. Unter Verwendung pflanzlicher und tierischer Produkte (Holz, Sehnen, Häute) sind vor allem mit Federn Hilfsmittel zum Nahrungserwerb gebaut worden. Wie aus der Aufstellung in Tafel 1.1 hervorgeht, setzte man Federn im Altertum vorwiegend für Antriebszwecke, im Mittelalter dann auch zur Schwingungserzeugung und -dämpfung ein.

Über Jahrhunderte hinweg wurde die Federntechnik in ihrer Entwicklung durch die Anwendung in der Waffentechnik bestimmt. Der Einsatz von Federn in Wurfmaschinen, Drückermechanismen und Radschloßantrieben (s. Tafel 1.1) sind Beispiele dafür. Fortschritte in der Qualität, der Formenentwicklung und -herstellung der Federn sind eng mit der Entwicklung der Metalltechnik verbunden.

Die Verwendung der Federn für Antriebe in Schlössern, Uhren und verschiedenen Mechanismen (bekannt ist die mechanische Hand des Götz von Berlichingen) führte im Mittelalter zu zahlreichen Federformen, vor allem bei Blattfedern. Die Federn wurden handwerklich meist von Schlossern, Schmieden, Goldschmieden und Uhrmachern selbst gefertigt. Über die Existenz einer Federmacherzunft gibt es zu keiner Zeit irgendeinen Hinweis [1.1] [1.2] [1.3].

Die Entwicklung der Metallurgie (besonders der Stahlherstellung) im 18. und 19. Jahrhundert und die Förderung durch den Maschinenbau, die Eisenbahn- und Automobiltechnik bewirkte in dieser Zeit auch eine sprunghafte Entwicklung der Federntechnik. Die Federherstellung wurde immer mehr maschinell betrieben, wobei von der Metallurgie Halbzeuge (Drähte und Bänder) in immer besserer Qualität bereitgestellt wurden. Die erste Federwickelmaschine wurde um 1900 in Reutlingen gebaut. 1910 kamen die ersten vollautomatischen Federwickelmaschinen zur Herstellung von Schraubenfedern zum Einsatz. Neben solchen mechanisch gesteuerten Automaten findet man heute mikrorechnergesteuerte Federwickel- und -biegeautomaten. Sie alle bestimmen den relativ hohen Automatisierungsgrad in diesem Industriezweig.

Spezielle Federwerkstoffe wurden entwickelt. Mit der ständigen Verbesserung der Werkstoffqualität der Halbzeuge, der Federberechnung und der Erkenntnisse der Dauerfestigkeit konnte auch die Zuverlässigkeit der Federn erhöht werden. Die Federntechnik entwickelte sich zunehmend zu einem eigenständigen Zweig der metallverarbeitenden Industrie und stellt heute ein sehr leistungsfähiges Potential der Volkswirtschaft mit relativ hohem Automatisierungsgrad dar.

1.2. Bedeutung, Wesen und Einsatzgebiete der Federn

Als oftmals sehr kleine Konstruktionselemente werden Federn in ihrer Bedeutung für die Funktion von Maschinen und Geräten unterschätzt und ihre exakte Berechnung und Gestaltung im Zusammenwirken mit der Umgebung vernachlässigt. Die Betriebssicherheit von Maschinen, Geräten und anderen technischen Einrichtungen, in denen u. a. Federn als Bauelemente enthalten sind, hängt vom zuverlässigen Arbeiten und einer ausreichenden Lebensdauer aller Bauelemente, auch der Federn, ab. Bereits jede Beeinträchtigung des elastischen Verhaltens dieser Bauelemente, verursacht durch fehlerhafte Bauteilbemessung, Gestaltung, Herstellung, Einbau u. a. Faktoren, kann zu Funktionsstörungen und zum Versagen der gesamten Einrichtung führen. Das bei vielen Werkstoffen mehr oder weniger ausgeprägte elastische Formänderungsvermögen, die Eigenschaft, bei Krafteinwirkungen mit einer reversiblen Formänderung zu reagieren, ist zwar Voraussetzung für die Funktion der meisten Konstruktionselemente, aber für Federn dominierend.

Tafel 1.1. Historischer Überblick zur Entwicklung der Federn

Zeit	Federart	Verwendung/Bemerkungen/Quellen
Vor der Zeitrechnung		
4000–3000	Biegefeder	federnde Bogen aus Holz für Jagdzwecke (Funde am Pfäffiker See/Schweiz)
um 1400	Biegefeder	Gewandnadeln, Schmuckgegenstände; Verwendung von gehämmerten Bronze- und Kupferdrähten
um 1000	Biegefeder	Holzfedern in Otterfallen (Funde in der Mark Brandenburg)
800–200	Biegefeder; *Blattfedern*, einzeln und geschichtet, sowie auch *Torsionsfedern* (Torsionsbänder)	für Formen der Energiespeicherung in Schleudern, Katapulten, Armbrüsten und Wurfmaschinen, wobei auch verdrillte Tiersehnen, Frauenhaar u. a. Werkstoffe genutzt wurden. Hinweise dazu: *Uzziah* (808–756) in der Bibel; *Alexander der Grosze* (356–323); *Philipp von Mazedonien* (383–336); *Archimedes* (287–212) Einsatz einer Wurfmaschine bei der Belagerung von Syrakus durch die Römer; *Philo von Byzanz* (2. Jhd. v. d. Zt.): Mechanik, Buch 4, Kap. 43 und 46; *Usher:* Geschichte der mechanischen Erfindungen (1929)
Nach der Zeitrechnung		
800–1400	Biegefedern	Blattfedern aus Stahl und Holz für Armbrüste und Drückermechanismen in diesen (Hinweise aus der Schlacht von Crecy 1346)
	Biegefedern, gerade und gekrümmt	Rad-Zündschlösser, Drückermechanismen (Verwendung von Radschloßgewehren bis ins 19. Jahrhundert)
	Flachformfedern	Einsatz für Schnappverschlüsse an Behältnissen wie Schmuckkästchen, Schnupftabakdosen, Truhen
um 1100	Walz- und Ziehbankeinrichtung	Drahtherstellung durch Ziehen
1400–1600	Biegefedern, *Spiralfedern, Schraubendruckfedern*	Radschloßantriebe, Antriebsfedern für Flugapparate, Stanzpressen für die Münzherstellung, Uhrwerke und verschiedene Mechanismen; Erfindungen von *Leonardo da Vinci* (1452–1519)
1429–1435	Spiralfeder	verwendet in einer Uhr von *P. Lombert* in Mons/Belgien
1511	Spiralfeder	Uhrenbau, speziell durch *P. Henlein* (1480–1542) in Nürnberg
1517	Spiralfeder	Radschloß mit Spiralfeder, Erfindung in Nürnberg
1565	Blattfeder	Federbogen zum Antrieb von Drehmaschinen
1595	Blattfeder, gekrümmt	Wagenfeder von *Veranzio* beschrieben
1658	Biegefeder, Haarfeder	Hemm- und Ausgleichswerke in Uhren durch *Hooke* (1635–1703) und *Th. Tompson* (1639–1713) gebaut
1674	Spiralfeder	Unruhfeder von *Chr. Huygens* (1629–1695)
1702, 1844	*Membranfeder*	Aneroid-Barometer von *Leibniz* (Idee) und *L. Vidie* (Bau)
1703	Schraubendruckfedern	in Metallrohren geführte Schraubendruckfedern für Wagenfederungen, von *Thomas* entworfen und gebaut
1726	Schraubendruck- und -zugfeder	Federwaage von *J. Leupold* (deutsches Patent)
1819	ringförmige Biegefeder	Federwaage von *A. Siebe* (englisches Patent)
1838	Spiralfeder aus Draht	Federwaage von *G. Salter*
1844	*Kegelstumpffeder*	Pufferfeder, von *Baille* entwickelt
1849	*Bourdon-Feder*	spiralförmig gebogenes Rohr für Aneroid-Barometer, von *Bourdon* entwickelt
1878	Spiralfeder	Federmotorantrieb von Nähmaschinen, Entwicklungen von *Schreiber* und *Salomon* (Wien), *Gunzburger* (St. Denis), *Perrier* (Paris)
1920	*Ringfeder*®	kegelförmig bearbeitete Ringe, wechselseitig geschichtet, Erfindung von *E. Kreissig* (deutsches Patent)
1945	*Rollfeder*	Negator-Feder, von *Forster* (USA) entwickelt

Federn (auch vielfach „Elastische Federn" zur Unterscheidung gegenüber anderen Wortbedeutungen und Bezeichnungen genannt) sind eine solche Gruppe von Konstruktionselementen, bei denen die Aufnahme und Übertragung von Kräften unter relativ großen Formänderungen vor sich geht. Diese Eigenschaft wird durch eine entsprechende Form und die Verwendung eines geeigneten Werkstoffs erreicht.

Damit eignen sich diese Konstruktionselemente besonders für das Speichern von mechanischer Arbeit als potentielle Energie, die zum gegebenen Zeitpunkt wieder freigegeben wird.

Die Tatsache, daß die Federn Energieumformer sind, läßt erkennen, daß sie zusammen mit den von ihnen bewegten, massebehafteten Bauelementen schwingungsfähige Systeme darstellen. Bei der Berechnung und Gestaltung der Federn ist dieser Umstand zu beachten.

Die Eigenschaft der Energiespeicherung ermöglicht die Verwendung der Federn als Einzelfeder oder in Federkombinationen (Federsystemen) allgemein für den Energie-, Kraft- und Wegausgleich. So finden Federn im Maschinenbau und in der Gerätetechnik vielfältige Anwendung als

Speicherelemente, das sind Federn, deren Hauptaufgabe die Energiespeicherung ist, z. B. Aufzugfedern in mechanischen Uhren, Laufwerken und sonstigen Antrieben. Sie stellen ihre gespeicherte potentielle Energie zu einem gewünschten Zeitpunkt in Form kinetischer Energie wieder zur Verfügung.

Meßelemente, das sind Federn, bei denen die Proportionalität zwischen Kraft und Verformungsweg ausgenutzt wird. Prinzipiell sind alle Federn für diesen Zweck der Meßgrößenumformung verwendbar. Sie müssen jedoch vom Aufbau und der Form her reibungsarm sein. An Werkstoff und Federherstellung werden je nach den Anforderungen an die Proportionalität zwischen Kraft und Verformungsweg erhöhte Anforderungen gestellt. Beispiele sind die Federwaage und die Träger für Dehnmeßstreifen und andere Dehnungsmeßeinrichtungen.

Schwingungs- und Dämpfungselemente, das sind Federn besonderer Form und mit speziellem Aufbau, die einerseits in Verbindung mit einer Masse in der Lage sind, mechanische Schwingbewegungen auszuführen (z. B. Unruhfeder in mechanischen Uhren) und andererseits, meist unter Verwendung eines dazu speziell geeigneten Werkstoffs (z. B. Gummi) Energien ohne übermäßige Spitzenbelastungen aufzunehmen, also Schwingungsausschläge zu dämpfen (Kfz-Federn, Kupplungsfedern, Gummipuffer usw.).

Ruheelemente, das sind Federn, deren Aufgabe darin besteht, Bauelemente in einer bestimmten Lage zu halten, also einen Kraftschluß zwischen zwei Bauelementen zu erzeugen. Das können Rückholfedern, deren Aufgabe die Lagerückstellung bewegter Bauteile ist (z. B. Ventilfedern, Federn in Rastgesperren), Federn für das Ausschalten unerwünschten Spiels (z. B. in Lagerungen) oder Federn zur Herstellung bestimmter Kontaktkräfte in elektrischen Funktionselementen (z. B. Selen-Plattengleichrichter, Thyristoren, Drehkondensatoren) sein.

Lagerelemente, das sind Federarten und -formen, bei denen die Biege- oder die Verdrehelastizität des Werkstoffs für Bewegungen innerhalb eines begrenzten Bereichs ausgenutzt werden (Federführungen, Federgelenke, Spannbandlagerungen von Drehspulen).

1.3. Einteilung der Federn

Die zahlreichen, verschiedenen Aufgaben, für deren Realisierung Federn eingesetzt werden, bedingen eine Vielzahl von Federarten und -formen. Eine bestimmte Anzahl Formen eines Federtyps wären aus konstruktiver Sicht entbehrlich, wenn nicht in manchen Fällen aus Kostengründen die Feder an „bestehende" Konstruktionen statt die Konstruktion an bestehende Federformen angepaßt würden. Das letztere Vorgehen setzt aber die Kenntnis des bisher vom Federhersteller gefertigten Federsortiments in Form von Katalogen oder Konstruktionsrichtlinien [1.4] voraus. Der verwendeten Werkstoffart entsprechend wird zwischen *Metallfedern* und *Federn aus Nichtmetallen* unterschieden. Bei den *Metallfedern* sind Einteilungen nach der *Form* (Blatt-, Schrauben-, Spiralfeder), nach der *Kraftwirkung* (Zug-, Druck-, Drehfeder) und nach der *Art der Beanspruchung* (Biegefeder, Torsionsstabfeder) üblich, während bei den *Nichtmetallfedern* zunächst weitere Gliederungen nach der *Werkstoffart* (Gummi-, Kunststoff-, Glas-, Keramik-, Gas- und Flüssigkeitsfeder) und dann nach der

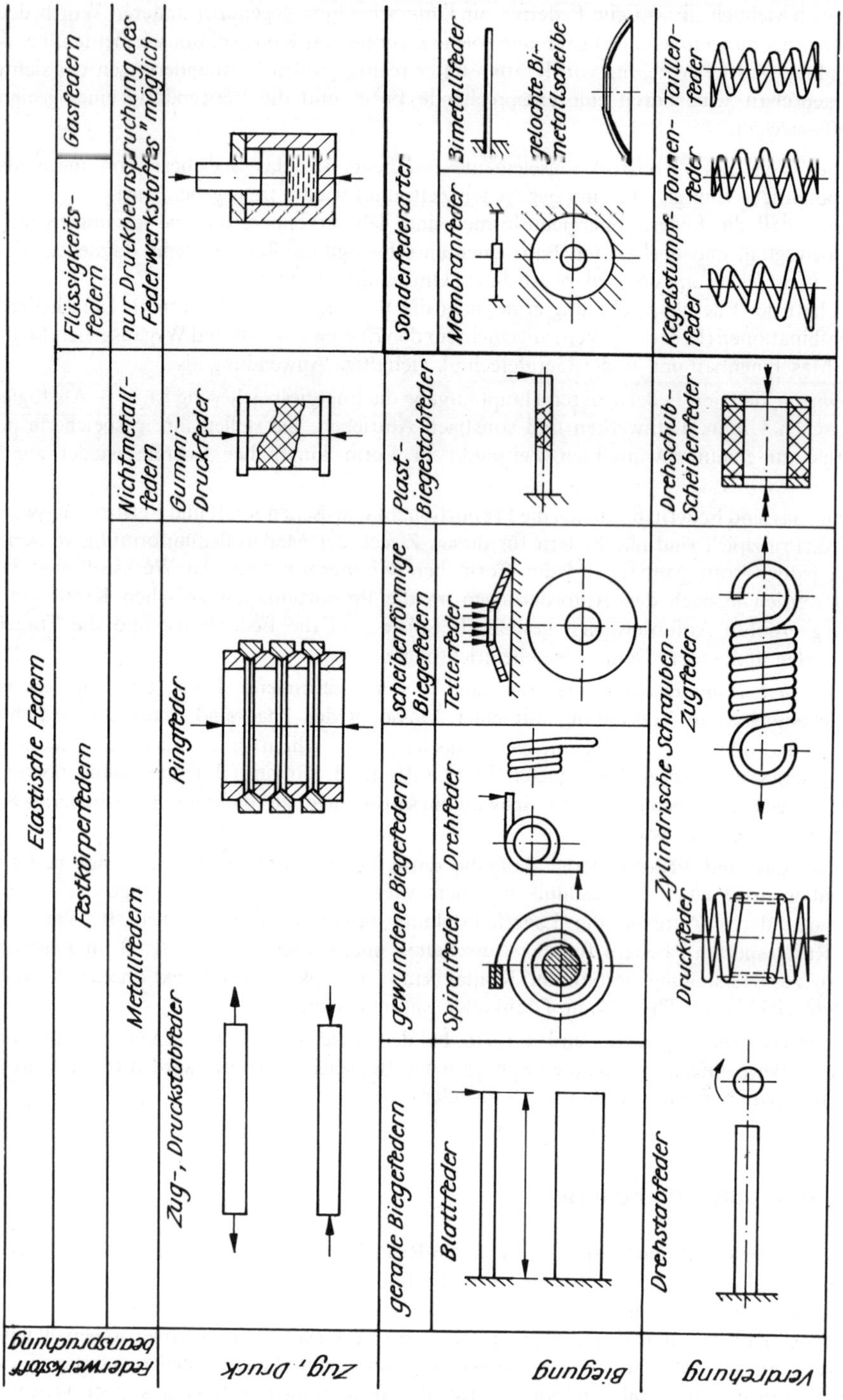

Tafel 1.2. Einteilung elastischer Federn (Übersicht)

Federwerkstoffbeanspruchung	Elastische Federn				
	Festkörperfedern				Flüssigkeitsfedern	Gasfedern
	Metallfedern			Nichtmetallfedern		
Zug, Druck	Zug-, Druckstabfeder	Ringfeder		Gummidruckfeder	nur Druckbeanspruchung des Federwerkstoffes möglich	
Biegung	gerade Biegefedern	gewundene Biegefedern	scheibenförmige Biegefedern	Plastbiegestabfeder	Sonderfederarten	
	Blattfeder	Spiralfeder / Drehfeder	Tellerfeder		Membranfeder / Bimetallfeder / gelochte Bimetallscheibe	
Verdrehung	Drehstabfeder	Zylindrische Schrauben-Zugfeder / Druckfeder		DrehschubScheibenfeder	Kegelstumpf- / Tonnen- / Taillenfeder	

Bauform (Scheiben-, Stabfeder) sowie der *Kraftwirkung* bzw. *Werkstoffbeanspruchung* vorgenommen werden.
Auch sind Bezeichnungen verbreitet, die aus dem Verwendungszweck bzw. Einsatzgebiet abgeleitet wurden (Aufzugfeder, Kontaktfeder, Rückholfeder, Ventilfeder). Tafel 1.2 zeigt eine Übersicht über die Elementengruppe „Federn", die auch der Gliederung verschiedener Abschnitte zugrunde gelegt wurde.

1.4. Anforderungen an Berechnung und Auswahl von Federn

Vor dem Konstrukteur steht die Aufgabe, insbesondere bei Neuentwicklungen, die für die geforderte Funktion bestgeeignete Feder auszuwählen. Dabei sind sowohl Entscheidungen bezüglich der Federart, der Form und Abmessungen, der Federbefestigung, des Federwerkstoffs und auch der Fertigungsmöglichkeiten zu fällen. Neben Kenntnissen über bekannte Federarten und -formen sind bestimmte Berechnungen zum Verformungsverhalten und zur Tragfähigkeit (bzw. Lebensdauer) erforderlich. Es ist ein

Funktionsnachweis nach den Regeln der Elastizitätslehre aus dem Zusammenhang zwischen Belastungskraft und Verformungsweg und ein

Festigkeitsnachweis nach den Regeln der Festigkeitslehre aus dem Vergleich zwischen den im Federquerschnitt auftretenden und den vom jeweiligen Werkstoff ertragbaren Spannungen

zu führen [1.5].
Hauptziel des Federentwurfs ist die Auswahl der für eine bestimmte Aufgabe geeignetsten Feder unter Angabe aller für die Fertigung und Prüfung erforderlichen Daten. Dabei sind vom Konstrukteur eine Reihe von Restriktionen zu beachten. Die ausgewählte Feder muß die Federungsbedingungen innerhalb des vorgeschriebenen Toleranzbereichs erfüllen, muß sich in die Gesamtkonstruktion des Gerätes oder der Maschine einfügen lassen (Platzbedarf), muß eine entsprechende Lebensdauer aufweisen, wenn erforderlich, besonders korrosionsbeständig sein und ihre Form muß sich wirtschaftlich fertigen lassen. Neben diesen wesentlichen Restriktionen sind noch zahlreiche weitere Bedingungen zu beachten, die in manchen Fällen Gegenstand der Aufgabenstellung einer Federauswahl sein können und wesentlich vom gewählten Werkstoff beeinflußt werden, so z. B. gute Wärmebeständigkeit, geringe Neigung zum Setzen (s. Abschnitt 2.), Antimagnetismus, gute elektrische Leitfähigkeit, hohe Federarbeit, gutes Dämpfungsvermögen u. a.
Dem Konstrukteur stehen zur *Federauswahl* (auch für Vorauswahl) zahlreiche Hilfsmittel zur Verfügung, angefangen von Federauswahltabellen in [1.6] bzw. DIN 2098 für Druck- und Zugfedern sowie in DIN 2093 für Tellerfedern über Nomogramme und Rechenschieber [1.7] bis zum Einsatz von elektronischer Datenverarbeitungstechnik [1.8], auf die neben den Darlegungen der Werkstoffe, Herstellung und Berechnungsgrundlagen der Federn in besonderen Abschnitten noch eingegangen wird.

1.5. Anforderungen an die Gestaltung der Federn

Bei der Festlegung der Gestalt der Federn sind neben den aus funktionellen Forderungen resultierenden Bedingungen vor allem fertigungstechnische und werkstoffliche Bedingungen zu berücksichtigen. Auf diese Phase der Entwicklungsarbeit ist besonderer Wert zu legen, um Kosten zu sparen, Rückfragen des Herstellers und Konstruktionsänderungen zu vermeiden, eine einfache, möglichst automatische Fertigung der Feder zu erreichen und damit Fertigungszeiten klein und den Fertigungsaufwand in ökonomisch vertretbaren Grenzen zu halten.
Bei der Gestaltung von Metallfedern sind vor allem die Gesetzmäßigkeiten der Kaltumformung und Erfahrungswerte der Kaltumformbarkeit der einzelnen Federwerkstoffe und bei den nichtmetallischen Federwerkstoffen bzw. „Federmedien" die spezifischen Eigenschaften dieser Stoffe zu beachten, aus denen bestimmte Gestaltungsrichtlinien resultieren.

Von einer richtigen Federgestaltung hängt nicht nur die Zuverlässigkeit der Erfüllung der Federfunktion, sondern in entscheidendem Maß eine wirtschaftliche Fertigung ab. Der Konstrukteur muß eine automatische Federnfertigung anstreben. Das wird zwar nicht in jedem Fall gelingen, da die Stückzahlen oft zu gering sind, doch kann durch Einschränkung der Formenvielfalt, wie eingangs schon dargelegt, in vielen Fällen die Losgröße erhöht werden. Deshalb sind bei der Gestaltung neuentwickelter Federn auch Überlegungen anzustellen, ob nicht bereits im Fertigungsprogramm befindliche Federn die gestellte Aufgabe erfüllen.

Aus diesen Überlegungen geht hervor, daß sowohl der Federberechnung, aber noch mehr der Federgestaltung eine nicht zu unterschätzende Bedeutung zukommt, wobei zahlreiche Bedingungen zu beachten sind, auf deren wichtigste bei der Behandlung der jeweiligen Feder eingegangen wird.

1.6. Literatur

[1.1] *Feldhaus, F. M.:* Die Technik der Vorzeit, der geschichtlichen Zeit und der Naturvölker. Leipzig und Berlin: Verlag von Wilhelm Engelmann 1914
[1.2] Historical Facts About the Use of Springs (Historische Fakten über die Anwendung von Federn). Springs Magazine Bristol 13 (1974) 1, S. 9, 11, 12, 15, 16, 19 und 2, S. 17, 19, 21, 24, 27
[1.3] *Wanke, K.:* Entwicklungsgeschichte der Metallfedern. Metallverarbeitung 27 (1973) 3, S. 78—80
[1.4] Konstruktionsrichtlinien Druckfedern, Zugfedern, Drehfedern, Flachformfedern, Drahtformfedern. Federnwerk Marienberg 1982
[1.5] *Schlottmann, D.:* Konstruktionslehre — Grundlagen. Berlin: Verlag Technik 1980 und Wien/New York: Springer-Verlag 1983
[1.6] *Bonsen, K.:* Tabellen für Druck- und Zugfedern. Düsseldorf: VDI-Verlag 1968
[1.7] *Heym, M.:* Auswahl von Rechenhilfen für zylindrische Schraubenfedern. Maschinenbautechnik 15 (1966) 10, S. 529—534
[1.8] *Bennett, J. A.:* The use of programmable calculators in the spring industry. (Anwendung programmierbarer Rechner in der Federindustrie.) Wire Technol. 6 (1978) 1, S. 99 u. 100

2. Werkstoffe für Federn

Zeichen, Benennungen und Einheiten

A_5	Bruchdehnung in %
D	Drahtbunddurchmesser in mm
E	Elastizitätsmodul in N/mm²
E_1	Elastizitätsmodul bei der Temperatur t_1 in N/mm²
E_2	Elastizitätsmodul bei der Temperatur t_2 in N/mm²
F	Federkraft in N
F_1	Federkraft, dem Federweg s_1 zugeordnet, in N
ΔF	Federkraftdifferenz in N
G	Gleitmodul in N/mm²
L	Länge in mm
L_0	Länge der ungespannten Feder in mm
L_1	Länge der mit F_1 belasteten Feder in mm
ΔL	Differenz der Federlängen in mm
N	Bruchschwingspielzahl
N_G	Grenz-Bruchschwingspielzahl
R_e	Streckgrenze in N/mm²
R_m	Zugfestigkeit in N/mm²
$R_{p0,2}$	0,2-Dehngrenze (Streckgrenze) in N/mm²
$R_{p0,01}$	0,01-Dehngrenze (Elastizitätsgrenze) in N/mm²
S	Sicherheit
d	Drahtdurchmesser in mm
m	Poissonsche Zahl
r	Radius in mm
s	Federweg in mm
s_1	Federweg bei Belastung der Feder mit F_1 in mm
t_1, t_2	Temperatur in °C
t_x	Zeit der Belastungseinwirkung in Stunden
γ	Schiebung
ε	Dehnung in %
ϱ	Krümmungsradius in mm
σ	Normalspannung in N/mm²
σ_{bE}	Biege-Elastizitätsgrenze (Federbiegegrenze) in N/mm²
σ_{bW}	Biege-Wechselfestigkeit in N/mm²
σ_{ertr}	ertragbare Normalspannung in N/mm²
σ_{vor}	Biegeeigenspannungen im Draht nach dem Wickeln in N/mm²
σ_{zul}	zulässige Normalspannung in N/mm²
τ_{Bl}	Verdrehspannung bei auf Block gedrückter Feder in N/mm²
$\tau_{tE}, \tau_{0,04}$	Verdreh-Elastizitätsgrenze in N/mm²
τ_{ertr}	ertragbare Schubspannung in N/mm²
τ_{zul}	zulässige Schubspannung in N/mm²
τ	Schubspannung, Verdrehspannung in N/mm²

Weitere Indizes (Großbuchstaben für Festigkeiten)

D	Dauer-	S	Streck-
E	Elastizitäts-	Sch	Schwell-
h, H	Hub-	u, U	Unter-
m, M	Mittel-	W	Wechsel-
o, O	Ober-		

2.1. Werkstoffauswahl und Anforderungen

2.1.1. Gesichtspunkte für die Werkstoffauswahl

Die Güte der Funktionserfüllung der Federn hängt neben Konstruktion und Fertigung vor allem von der Wahl des richtigen Werkstoffs ab. Der Konstrukteur muß zu diesem Zweck die oft recht spezifischen Eigenschaften der einzelnen Federwerkstoffe kennen, um sie bei den Berechnungen und der Gestaltung der Federn in geeignetem Maße berücksichtigen zu können. Die geforderten Eigenschaften und Kennwerte werden in den meisten Fällen bei mehr als einem Werkstoff vorhanden sein. Es sind jedoch solche Werkstoffe zu bevorzugen, deren Eigenschaften beim Einsatz der Federn unter betrieblichen Bedingungen weitestgehend ausgenutzt werden, die sich gut verarbeiten lassen und die eine große Verfügbarkeit besitzen.

2.1.2. Einteilung und Verarbeitung

Die ältesten Federwerkstoffe sind *Naturstoffe* (z. B. Holz, s. Tafel 1.1). Heute verwendet man für Federn meist metallische Werkstoffe. Im Maschinenbau werden vorzugsweise *Eisenwerkstoffe* (Federstähle) für diese Bauelemente eingesetzt, während im Gerätebau und in der Elektrotechnik verbreitet auch Federn aus *Nichteisenmetallen* zu finden sind. Sie liegen meist als Halbzeuge in Form von Stäben, Drähten oder Bändern vor. In vielfacher Weise werden bereits *Nichtmetalle* (Gummi, Kunststoff, Holz, Glas, Flüssigkeiten und Gase) als Federwerkstoffe eingesetzt. Mit einer Zunahme des Anwendungsumfangs von Plasten und Verbundwerkstoffen ist künftig zu rechnen.
Die Verarbeitung erfolgt sowohl im federharten als auch im weichen Zustand des Werkstoffs. Demzufolge wird grundsätzlich auch zwischen federharten und weichen Federwerkstoffen unterschieden.
Federharte Werkstoffe besitzen schon vor der Federherstellung die für die elastische Federung notwendigen Festigkeitseigenschaften wie z. B. patentiert und kaltgezogener Federstahldraht und kaltgezogener, austenitischer Federstahldraht X12CrNi17 7.
Federharte Werkstoffe sind in der Regel nur durch Kaltumformung zu Federn verarbeitbar, wenn man deren Festigkeitseigenschaften nicht schmälern will. Es leuchtet ein, daß die federharten Werkstoffe eine genügend große plastische Verformungsreserve besitzen müssen, um die Herstellung der Federn überhaupt zu ermöglichen.
Oft wird bei Schadensfällen oder Reklamationen gewünscht, Federn aus federharten Werkstoffen zu härten. Das ist in Abhängigkeit von der chemischen Zusammensetzung nur in Ausnahmefällen möglich, z. B. wenn der Federstahl wie bei vergüteten Drähten und Bändern härtbar ist. Es führt aber in den meisten Fällen nicht zur Verbesserung der Federeigenschaften.
Weiche Werkstoffe erlangen erst durch eine Wärmebehandlung (z. B. Vergüten), die nach dem Federformvorgang erfolgt, ihre Federeigenschaften. Diese Werkstoffe können kalt oder warm umgeformt werden. Über die Wahl des Verfahrens entscheiden neben Federabmessungen und -formen vor allem ökonomische Gesichtspunkte.
Eine Reihe von Federwerkstoffen können sowohl federhart, d. h. im vergüteten Zustand, als auch weich, im geglühten Zustand, verarbeitet werden. Weichgeglühte Drähte und Bänder eignen sich dabei besonders für kompliziert gestaltete Federformen mit kleinen Biegeradien, die mit federharten Werkstoffen nicht realisierbar sind. Allerdings ist dann die noch notwendige Schlußvergütung der Federn

oft mit erheblichem Härteverzug verbunden. Muß der Härteverzug vermieden werden, dann wird federhartem Werkstoff der Vorzug gegeben.

In einigen Fällen verlangt die Federform die Anwendung federharter Werkstoffe, z. B. ist die Herstellung von Spiralfedern ohne Windungsabstand als auch von Hochleistungsspiralfedern mit Windungsabstand ohne den Einsatz federharter Werkstoffe undenkbar.

Für eine Reihe von Anwendungen in der Gerätetechnik sind Nichteisenfederwerkstoffe unentbehrlich. Reine Nichteisenmetalle werden selten angewendet. In der Regel wird von einem Basiswerkstoff ausgehend durch Zulegieren von einem oder weiteren Elementen eine Legierungsverfestigung oder eine Mischkristallverfestigung erreicht. Sie werden meist im federharten Zustand verarbeitet. In einigen Fällen kann durch *Aushärten* der kaltverfestigte Zustand in einen mehrphasigen hochfesten Zustand übergeführt werden (z. B. CuBe 2, Nimonic 90). So werden an Federwerkstoffe recht unterschiedliche Anforderungen gestellt, die sich nicht immer gleichzeitig erfüllen lassen und Kompromisse erfordern.

2.1.3. Anforderungen an Federwerkstoffe

Für das zuverlässige Arbeiten einer Feder ist das elastische und für ihre Herstellung das teilplastische Verhalten des Werkstoffs von Interesse. Die gesamte Federberechnung setzt die Gültigkeit des Hookeschen Gesetzes voraus, das besagt, daß die Spannung dem Produkt aus Dehnung und Elastizitätsmodul

$$\sigma = \varepsilon \cdot E \quad \text{bzw.} \quad \tau = \gamma \cdot G \tag{2.1}$$

proportional ist. Daraus leitet sich die Forderung nach hoher Elastizität, aber für Umformprozesse noch ausreichende Plastizität im oberen Beanspruchungsbereich ab. Für das Streckgrenzenverhältnis ($R_e/R_m = 0{,}8 - 0{,}9$) werden meist recht hohe Werte angestrebt (s. a. Bild 2.6).

Der „Widerstand" gegen bleibende Formänderung ist die wichtigste Eigenschaft des Federwerkstoffs. Seine Größe bestimmt wesentlich die Leistung und den Platzbedarf der Feder. Die Elastizitätsgrenze bzw. Federbiegegrenze stellen dafür technische Grenzwerte dar. Somit sind Federwerkstoffe speziell solche Werkstoffe, die sich im Bereich der ertragbaren Spannungen durch einen hohen elastischen Verformungsanteil auszeichnen. Die Zuverlässigkeit dynamisch belasteter Federn wird darüber hinaus durch eine hohe Dauerfestigkeit garantiert. Der Federwerkstoff benötigt dafür ein Mindestmaß an Zähigkeit und sollte kerb- und rißunempfindlich sein.

Weitere Anforderungen ergeben sich aus Federform und -gestaltung sowie aus den Einsatzbedingungen. Die Art der Belastung (statisch oder dynamisch), die Höhe der Arbeitstemperatur, insbesondere unter $-38\,°C$ und über $+40\,°C$ sowie die u. U. vorhandene Aggressivität des die Feder umgebenden Mediums sind einige Beispiele dafür. Sie erfordern oft die Entwicklung und den Einsatz spezieller Federwerkstoffe wie z. B. warmfester Drähte für Ventilfedern in Viertaktmotoren.

Meßfedern, die eine Kraftwirkung durch definierte Auslenkung kompensieren müssen, bilden einen bedeutenden Teil der Federn in der Gerätetechnik. Neben einer hervorragenden Dauerstandfestigkeit müssen diese Federn geringste elastische Nachwirkung (s. Abschn. 4.) und einen möglichst kleinen Temperaturgang der elastischen Eigenschaften aufweisen (z. B. Quarzglas). Besondere Maßnahmen bei der Werkstoffauswahl, der Konstruktion und Herstellung sind hier notwendig.

Ein großer Teil der heute verwendeten Thermometer und Temperaturregler benutzt Thermobimetallfedern. Diese bestehen aus zwei miteinander verschweißten Werkstoffen mit verschiedenen Wärmeausdehnungskoeffizienten. Sie verändern ihre Krümmung in Abhängigkeit von der Temperatur. Ihr wichtigster Werkstoffkennwert ist der Grad der temperaturabhängigen Auslenkung (Krümmung). Da sie als Steuerelemente auch mechanische Wirkungen ausüben sollen, müssen sie gewisse Federeigenschaften aufweisen. Diese sind auch bei nur anzeigenden Bimetallfedern erforderlich, um eine reversible Anzeige zu erreichen.

So werden an Federwerkstoffe neben Forderungen an Elastizität und Festigkeit je nach Einsatzzweck auch Ansprüche an die Wärmebeständigkeit, die Wärmedehnung, elektrische Leitfähigkeit, Korrosionsbeständigkeit, die Beeinflußbarkeit der Festigkeitseigenschaften durch Härten oder Kaltverfestigen usw. gestellt [2.1] [2.2] [2.3] [2.4].

Tafel 2.1 gibt eine Übersicht über die bei den einzelnen Federarten hauptsächlich eingesetzten Werkstoffe, während Tafel 2.2 für einige ausgewählte Federwerkstoffe die zur Federberechnung benötigten Werte des E- und G-Moduls enthält.

Tafel 2.1. Werkstoffeinsatz bei Metallfedern

	Draht-∅ Banddicke mm	Werkstoffe bei						
		geringer statischer Belastung	mittlerer statischer Belastung	hoher statischer Belastung	geringer dynamischer Belastung	hoher dynamischer Belastung	hohen Arbeitstemperaturen	Korrosionsbeanspruchung
Druckfedern	≦ 16	Sorte A	Sorte B	Sorte C	Sorte C Sorte D[1]	vergütete Ventilfederdrähte	z. B. 50CrV4 62SiCr5 45CrMoV 6.7	austenitische Stähle, z. B. X12CrNi 17.7
	> 16	50SiMn7 51Si7	50SiMn7 55SiMn7	62SiCr5 67SiCr5	50CrV4 51CrMoV4	55Cr3 51CrMoV4	30WCrV 17.9 21CrMoV 5.11	—
Zugfedern	≦ 16	siehe Druckfedern mit Drahtdurchmesser ≦ 16 mm						
Drehfedern Drahtformfedern	≦ 16	Sorte A	Sorte B	Sorte C	Sorte C	Sorte D[1]	50CrV4 62SiCr5	austenitische Stähle, z. B. X12CrNi 17.7
Flachformfedern	≦ 3 (≦ 6)	Federbänder nach DIN 17221						austenitische Bänder, z. B. X7CrNiAl 17.7
Blattfedern Tellerfedern	> 6 (> 3)	siehe Druckfedern mit Drahtdurchmesser > 16 mm						
Drehstabfedern Ringfedern	—	—	—	—	62SiCr5, 67SiCr5 50CrV4, 51CrMoV4		—	—

[1]) siehe DIN 17223 Bl. 1

Tafel 2.2. Elastizitäts- und Gleitmoduln verschiedener Federwerkstoffe

Werkstoff	E N/mm²	G N/mm²	Werkstoff	E N/mm²	G N/mm²
Patentiert gezogener Draht	206 000	81 400	Ni Be 2	196 200	74 700
Vergüteter Ventilfederdraht (nach Tafel 2.5)	206 000	79 500	Contracid Thermelast Monel 400	166 800 206 000 179 300	65 500 78 480 65 500
Vergütbare Stähle (Tafel 2.6)	206 000	79 500	Monel K-500 Inconel 600	179 300 213 700	65 500 72 400
Nichtrostende Drähte					
X 12 CrNi 17.7	190 300	73 575	Inconel X-750	213 700	72 400
X 5 CrNiMo 18.10	185 400	73 575	Duranickel	206 800	75 800
X 7 CrNiAl 17.7	197 200	78 480	Elinvar	193 000	70 500
E-Cu 99,9 F 37	108 000	37 000	Ni-Span C (Aurelast)	189 600	69 000
CuZn 36 bzw. 37	110 000	34 300	Iso-Elastic	179 300	63 500
CuSn 6, CuSn 8	115 000	41 200	Elgiloy	203 400	82 700
CuNi 18 Zn 20	140 000	47 100	Safeni 43 C	200 000	77 700
CuTi	103 500	42 750	Duratherm 600	220 000	85 000
CuBe 1,7	135 000	50 000	Nivarox	190 000	65 000
CuBe 2	135 000	50 000	Nivaflex	220 000	80 000
Cu Co Be	138 000	51 500	Ti 13 V 11 Cr 3 Al	100 000	39 250

2.2. Werkstoffarten

2.2.1. Federstähle

2.2.1.1. Patentiert gezogener Federstahldraht

Die meisten Drahtfedern werden aus diesem Werkstoff gefertigt. Er wird durch Patentieren (eine Wärmebehandlung, die aus Austenitisieren und schnellem Abkühlen auf eine Temperatur oberhalb des Martensitpunktes besteht) und Kaltziehen aus unlegierten Stählen hergestellt. Die Werkstoffzusammensetzung des Walzdrahtes wird vom Drahthersteller je nach der vorgesehenen Fertigabmessung und Festigkeitsstufe gewählt. Gekennzeichnet durch die erreichten technologischen und mechanischen Eigenschaften erfolgt die Einteilung in die vier Drahtsorten A, B, C und D. Tafel 2.3 enthält als Auswahl Drahtsorten, Abmessungen und Zugfestigkeitswerte nach DIN 17223 Teil 1.

Drähte der Sorte A werden vorrangig für Drahtfedern mit geringer statischer und selten dynamischer, der Sorte B für solche mit mittlerer statischer und geringer dynamischer, der Sorte C für solche mit hoher statischer und geringer dynamischer und der Sorte D für solche mit statischer und dynamischer Beanspruchung eingesetzt.

Tafel 2.3. Abmessungen und Zugfestigkeitswerte von patentiert gezogenen Drähten
(Auswahl nach DIN 17223 Teil 1)

Drahtdurchmesser d			Zugfestigkeit R_m in N/mm² für die Drahtsorten			
Nennmaß in mm	zul. Abweichungen nach DIN 2076 für die Drahtsorten		A	B	C	D
	A u. B mm	C u. D mm				
0,10						2800 bis 3100
0,11						2800 bis 3100
0,12						2800 bis 3100
0,14	—	±0,004				2800 bis 3100
0,16						2800 bis 3100
0,18						2800 bis 3100
0,20						2800 bis 3100
0,22						2770 bis 3060
0,25		±0,008				2720 bis 3010
0,28						2680 bis 2970
0,30				2370 bis 2650		2660 bis 2940
0,32				2350 bis 2630		2640 bis 2920
0,36	±0,015			2310 bis 2580		2590 bis 2870
0,40				2270 bis 2550		2560 bis 2830
0,45				2240 bis 2500		2510 bis 2780
0,50		±0,010		2200 bis 2470		2480 bis 2740
0,56				2170 bis 2430		2440 bis 2700
0,63	±0,020			2130 bis 2380		2390 bis 2650
0,70				2090 bis 2350		2360 bis 2610
0,80				2050 bis 2300		2310 bis 2560
0,90				2010 bis 2260		2270 bis 2510
1,0			1720 bis 1970	1980 bis 2220		2230 bis 2470
1,1	±0,025	±0,015	1690 bis 1940	1950 bis 2190		2200 bis 2430
1,2			1670 bis 1910	1920 bis 2160		2170 bis 2400
1,4			1620 bis 1860	1870 bis 2100		2110 bis 2340

Tafel 2.3. (Fortsetzung)

Drahtdurchmesser d			Zugfestigkeit R_m in N/mm² für die Drahtsorten			
Nennmaß in mm	zul. Abweichungen nach DIN 2076 für die Drahtsorten					
	A u. B mm	C u. D mm	A	B	C	D
1,6	±0,035	±0,020	1590 bis 1820	1830 bis 2050		2060 bis 2290
1,8			1550 bis 1780	1790 bis 2010		2020 bis 2240
2,0			1520 bis 1750	1760 bis 1970	1980 bis 2200	1980 bis 2200
2,25			1490 bis 1710	1720 bis 1930	1940 bis 2150	1940 bis 2150
2,5			1460 bis 1680	1690 bis 1890	1900 bis 2110	1900 bis 2110
2,8			1420 bis 1640	1650 bis 1850	1860 bis 2070	1860 bis 2070
3,2			1390 bis 1600	1610 bis 1810	1820 bis 2020	1820 bis 2020
3,6	±0,045	±0,025	1350 bis 1560	1570 bis 1760	1770 bis 1970	1770 bis 1970
4,0			1320 bis 1520	1530 bis 1730	1740 bis 1930	1740 bis 1930
4,5			1290 bis 1490	1500 bis 1680	1690 bis 1880	1690 bis 1880
5,0			1260 bis 1450	1460 bis 1650	1660 bis 1840	1660 bis 1840
5,6			1230 bis 1420	1430 bis 1610	1620 bis 1800	1620 bis 1800
6,3	±0,060	±0,035	1190 bis 1380	1390 bis 1560	1570 bis 1750	1570 bis 1750
7,0			1160 bis 1340	1350 bis 1530	1540 bis 1710	1540 bis 1710
8,0			1120 bis 1300	1310 bis 1480	1490 bis 1660	1490 bis 1660
9,0	±0,070	±0,050	1090 bis 1260	1270 bis 1440	1450 bis 1610	1450 bis 1610
10,0			1060 bis 1230	1240 bis 1400	1410 bis 1570	1410 bis 1570
12,0	±0,090	±0,070	1180 bis 1340	1350 bis 1340	1350 bis 1500	1350 bis 1500
14,0				1130 bis 1280	1290 bis 1440	1290 bis 1440
16,0	±0,120	±0,080		1090 bis 1230	1240 bis 1390	1240 bis 1390
18,0	±0,150	±0,100		1050 bis 1190	1200 bis 1340	1200 bis 1340
20,0				1020 bis 1150	1160 bis 1300	1160 bis 1300

Durch das Kaltziehen besitzt der Draht eine ausgeprägte Zeilenstruktur und damit eine größere Längs- als Querfestigkeit. Das wirkt sich günstig aus, wenn der Draht um eine Achse gebogen wird, die senkrecht zur Drahtachse liegt. Die erreichbare Lebensdauer bei auf Biegung beanspruchten Federn steigt deshalb mit dem Kaltumformgrad beim Ziehen an. In besonderen Fällen können deshalb zusätzlich zu den in DIN 17223 Teil 1 festgelegten Grenzen für die chemische Zusammensetzung weitere Einschränkungen des Kohlenstoffgehalts notwendig werden. Bei Beanspruchung auf Verdrehung ist jedoch die Dauerfestigkeit geringer. Patentiert gezogene Drähte neigen zu Längsrissen, die einen faserigen Bruch bewirken.

Entscheidend für die Verwendung dieses Werkstoffes sind die Gleichmäßigkeit der mechanischen Eigenschaften über den ganzen Drahtring, die gute Verformbarkeit, ein hohes $R_{p0,2}/R_m$-Verhältnis im angelassenen Zustand und Drallfreiheit, d. h., der Draht liegt nach Lösen der Abbindungen des Drahtringes ohne in schraubenliniger Form aufzufedern (sog. „Totliegen") [2.5]. Nach DIN 17223 Teil 1 darf bei Drähten unter $d = 5$ mm der axiale Versatz eines geprüften Drahtumganges $s = 0{,}2 \cdot D/\sqrt[4]{d}$ nicht überschreiten.

Es hat in den letzten Jahren nicht an Versuchen gefehlt, die Zugfestigkeit patentiert gezogener Drähte zu erhöhen [2.6] [2.7]. Damit verschlechtert sich jedoch die Kaltumformbarkeit (s. Tafel 2.4). Wichtiger

2.2. Werkstoffarten

Tafel 2.4. *Vergleich der Eigenschaften eines patentiert gezogenen Drahtes mit $d = 2{,}95$ mm bei verschiedenen Festigkeiten nach [2.7]*

Parameter	Einheit	Federstahldraht		
		BS5216 G2 (= Kl. B)	BS5216 G4 (= Kl. C)	Bridan UHT
Zugfestigkeit R_m	N/mm²	1660	1950	2390
0,2-Dehngrenze $R_{p0,2}$	N/mm²	1270	1530	1840
0,1-Dehngrenze $R_{p0,1}$	N/mm²	1100	1350	1570
E-Modul	N/mm²	184 000	194 000	194 000
Dehnung A_{250}	%	2,0	2,2	1,7
Einschnürung	%	55	46	43
Verwindezahl (Prüflänge $100 \cdot d$)	—	38	38	18

Tafel 2.5. *Festigkeitseigenschaften vergüteter Ventilfederdrähte (VD) und Federstahldrähte (FD) nach DIN 17 223 Teil 1 (Auswahl; $E = 206$ kN/mm²; $G = 79{,}5$ kN/mm²)*

Draht-Nenndurchmesser d in mm	Zugfestigkeit R_m in N/mm² für die Drahtsorten:		
	VD (unlegiert)	VD CrV (CrV-legiert)	Vd SiCr (SiCr-legiert)
0,5 bis 0,8	1850 bis 2000	1910 bis 2060	2080 bis 2230
>0,8 bis 1,0	1850 bis 1950	1910 bis 2060	2080 bis 2230
>1,0 bis 1,3	1750 bis 1850	1860 bis 2010	2080 bis 2230
>1,3 bis 1,6	1700 bis 1800	1820 bis 1970	2060 bis 2210
>1,6 bis 2,0	1670 bis 1770	1770 bis 1920	2010 bis 2160
>2,0 bis 2,5	1630 bis 1730	1720 bis 1860	1960 bis 2060
>2,5 bis 3,0	1600 bis 1700	1670 bis 1810	1910 bis 2010
>3,0 bis 3,5	1570 bis 1670	1670 bis 1770	1910 bis 2010
>3,5 bis 4,0	1550 bis 1650	1620 bis 1720	1860 bis 1960
>4,0 bis 4,5	1550 bis 1650	1570 bis 1670	1860 bis 1960
>4,5 bis 5,0	1540 bis 1640	1570 bis 1670	1810 bis 1910
>5,0 bis 5,6	1520 bis 1620	1520 bis 1620	1810 bis 1910
>5,6 bis 6,0	1520 bis 1620	1520 bis 1620	1760 bis 1860
>6,0 bis 6,5	1470 bis 1570	1470 bis 1570	1760 bis 1860
>6,5 bis 7,0	1470 bis 1570	1470 bis 1570	1710 bis 1810
>7,0 bis 8,0	1420 bis 1520	1420 bis 1520	1710 bis 1810
>8,0 bis 10,0	1390 bis 1490	1390 bis 1490	1670 bis 1770
	FD (unlegiert)	FD CrV (CrV-legiert)	FD SiCr (SiCr-legiert)
0,5 bis 10,0	Werte etwa wie bei Ventilfederdraht (VD)		
>10,0 bis 12,0	1320 bis 1470	1430 bis 1580	1620 bis 1770
>12,0 bis 14,0	1280 bis 1430	1420 bis 1570	1580 bis 1730
>14,0 bis 15,0	1270 bis 1420	1410 bis 1560	1570 bis 1720
>15,0 bis 17,0	1250 bis 1400	1400 bis 1550	1550 bis 1700

Verwendungshinweise:
FD, FD CrV, FD SiCr: für statische Beanspruchung
VD, VD CrV, VD SiCr: für hohe dynamische Torsionsbeanspruchung

für die Federberechnung und -herstellung ist die Garantie des Drahtherstellers für Dehngrenzen (z. B. $R_{p0,2}$ und $R_{p0,01}$).
Mit der Einführung der gesteuerten Abkühlung von Walzdraht sind Entwicklungen zu verzeichnen, das Patentieren zu umgehen und trotzdem die gleichen mechanischen Eigenschaften zu erreichen [2.8].

2.2.1.2. Vergütete Drähte

Vergütete Drähte werden ähnlich wie patentiert gezogene Drähte durch Kaltziehen hergestellt. Sie unterliegen aber am Ende des Fertigungsprozesses einer Durchlauf-Vergütungsbehandlung, so daß das Fertigprodukt ein feines, gleichmäßiges Vergütungsgefüge ohne jede Vorzugsrichtung besitzt. Sorgfältige Herstellung, beginnend beim Walzdraht, führen zu einem Draht mit guter Oberflächenbeschaffenheit sowie geringster Randentkohlung, und somit ist dieser gleichermaßen für Biege- und Verdrehbeanspruchung geeignet. International (s. a. DIN 17223/02) haben sich zwei Qualitätsstufen, vergüteter Federstahldraht (FD) im Nenndurchmesserbereich von 0,5 bis 17 mm und vergüteter Ventilfederdraht (VD) im Nenndurchmesserbereich von 0,5 bis 10 mm, herausgebildet (s. a. Tafel 2.5). Letztere besitzen durch den besseren Reinheitsgrad und die bessere Oberflächenbeschaffenheit eine höhere Dauerfestigkeit. Waren früher nur Kohlenstoffstähle üblich, so verwendet man heute auch legierte Stähle, z. B. CrV-legierte (Oteva 60®) oder SiCr-legierte (Oteva 70®) [2.46].
Für extrem hoch beanspruchte Druckfedern, z. B. für PKW-Abfederung, sind auch SiCrV-legierte Federstahldrähte mit Zugfestigkeiten $R_m = 1900$ bis 2000 N/mm^2 üblich.
Nach dem Patentieren und Kaltziehen bzw. dem Schlußvergüten wird seit Jahren in verschiedenen Ländern der Einsatz einer Temperatur-Thermomechanischen Behandlung (TMB) untersucht [2.9] [2.10]. Damit sind im Durchmesserbereich von 8 bis 16 mm Federdrähte erzielbar, die bei Zugfestigkeiten um $R_m = 2000 \text{ N/mm}^2$ noch über ausgezeichnete Kaltumformbarkeitseigenschaften verfügen [2.9]. Aus diesem Grunde ist die Weiterentwicklung geeigneter TMB-Verfahren zur weiteren Durchsetzung der Leichtbauweise zweckmäßig.

2.2.1.3. Warmgewalzte bzw. kaltgezogene Drähte und Stäbe für vergütete Federn

Sowohl bei kaltgeformten Drahtfedern mit einem Drahtdurchmesser $d < 16$ mm als auch bei warmgeformten Federn mit Draht- bzw. Stabdurchmessern $d \geq 16$ mm kommen Federstähle im Walzzustand oder geglühten Zustand zur Verarbeitung, und das Vergüten erfolgt nach der Verarbeitung zu Federn. Der entsprechende Oberflächenzustand
 warmgewalzt (s. auch DIN 17221), *gezogen*, *geschält* oder *geschliffen*
wird vom Anwendungszweck bestimmt. So werden z. B. zur Warmumformung von PKW-Federn oft geschälte Stäbe mit Walzgefüge eingesetzt. Tafel 2.6 enthält eine Auswahl der international üblichen Stahlmarken und die mit der Vergütung erreichbaren Festigkeitseigenschaften. Eine Reihe von Stählen ist auch für höhere Arbeitstemperaturen geeignet (s. a. Abschnitt 2.5.3.). Die früher üblichen Si- und Si-Mn-Stähle wurden in zunehmendem Maße durch Cr- und Si-Cr-Stähle verdrängt, die über bessere Verarbeitungs- und Federeigenschaften verfügen.
Da der Materialeinsatz bei Federn um so geringer ist, je höher die Festigkeitseigenschaften des Stahles sind, hat es nicht an Bestrebungen gefehlt, hochfeste Vergütungsstähle zu entwickeln. Zunächst wurden Federn aus den Vergütungsstählen 60SiMn7 bzw. 70SiMn7 auf eine Härte von 54 bis 57 Rockwell vergütet. Diese Behandlung wird nach *Salin* [2.11] auch bei einem wolframhaltigen Stahl 65SiMnW7 angewendet. Eine ausreichende Zähigkeit soll dabei durch langzeitiges Anlassen bei niedriger Temperatur erreicht werden. Weitere Lösungen dieses Problems sind legierte Stähle wie 56NiCrMoV7 mit $R_m = 1900 \text{ N/mm}^2$, $R_{p0,2} = 1650 \text{ N/mm}^2$ und $A_5 = 8,5\%$ nach [2.17].

Tauscher und *Fleischer* [2.12] [2.13] untersuchten die legierten Stähle 40SiCrNi7.5 und 40SiNiCr7.6 mit hoher Festigkeit ($R_m = 1900 \text{ N/mm}^2$, $R_{p0,2} = 1700 \text{ N/mm}^2$) und wiesen hohe Dauerfestigkeits-

2.2. Werkstoffarten

Tafel 2.6. Festigkeitseigenschaften von Federstählen für vergütete Federn (s. auch DIN 17221)

Stahlmarke	Zustand		
	weichgeglüht Höchstwert der Brinell-härte HB	vergütet Zugfestigkeit R_m in N/mm²	Streckgrenze (Mindestwert) R_e in N/mm²
38Si7	217	1180 bis 1370	1030
50SiMn7[1])	235	größer 1275	1080
54SiCr6	248	1320 bis 1570	1130
55SiMn7[1])	255	größer 1320	1180
65SiMn7[1])	255	größer 1370	1180
60SiCr7	248	1320 bis 1570	1130
62SiCr5[1])	255	größer 1370	1230
50CrV4	248	1320 bis 1570	1130
55Cr3	248	1370 bis 1620	1180
58CrC4[1])	255	größer 1320	1180
51CrMoV4	248	1370 bis 1670	1180

[1]) bisher in Ostdeutschland nach TGL 13789 übliche Stahlmarken

Tafel 2.7. Festigkeitseigenschaften des hochfesten Vergütungsstahles X1NiCoMoTiAl18124 nach [2.14]

Zustand	R_m N/mm²	$R_{p0,2}$ N/mm²	Dehnung A_4 %	Einschnürung %
Lösungsgeglüht	1180	970	17	75
Ausgehärtet (Stabstahl)	2620	2550	5,5	32
Ausgehärtet (kalt gepilgertes Rohr)	2650	2580	6,3	26
Ausgehärtet (Band 1,2 mm dick)	2710	2690	4,5	—

werte ($\sigma_{bW} = 900$ N/mm²) nach. Allerdings war die enorme Steigerung der Dauerfestigkeit nur bei vakuum-umgeschmolzenem Stahl und glatten Proben erkennbar.

Hohe Festigkeitseigenschaften sind auch mit Ni-Co-Mo-Stählen (auch als Maragingstahl bezeichnet) erreichbar. Tafel 2.7 enthält die mechanischen Eigenschaften des ebenfalls unter Vakuum erschmolzenen Stahles X1NiCoMoTiAl 18 12 4, der im lösungsgeglühten Zustand (820 °C, 1 h) leicht zu Federn verarbeitet werden kann und durch ein Warmauslagern (3 bis 6 h bei 480 bis 500 °C) eine hohe Fließgrenze und Zugfestigkeit erhält [2.14].

2.2.1.4. Federstahlbänder [2.15] [2.16] [2.17] [2.18]

Die für Blattfedern, Flachformfedern und Spiralfedern benötigten Federstahlbänder werden in der Regel bis zu 3 mm Dicke (in Ausnahmefällen auch bis zu 6 mm Dicke) im kaltgewalzten und

Tafel 2.8. Mechanische Eigenschaften von kaltgewalzten Federbändern (Auswahl)

Stahlmarke	Zustand		
	weichgeglüht Zugfestigkeit N/mm² höchstens	Bruchdehnung²) % mind.	vergütet (gehärtet und angelassen) Zugfestigkeit¹) N/mm²
Ck55	610	13	1150 bis 1650
Ck60	620	13	1180 bis 1680
Ck67	640	12	1230 bis 1770
Ck101	690	11	1500 bis 2100
50CrV4	740	10	1400 bis 2000
55Cr3	690	10	1400 bis 2000
71Si7	800	9	1500 bis 2200
67SiCr5	800	9	1500 bis 2000

¹) Innerhalb des angegebenen Bereiches kann die benötigte Festigkeit gewählt werden
²) Bei einer Meßlänge $l_0 = 80$ mm

darüber im warmgewalzten Zustand zu Federn verarbeitet. Für kaltgewalzte Bänder enthält Tafel 2.8 eine Auswahl von üblichen Stählen für Bänder mit ihren mechanischen Eigenschaften. Weitere Hinweise s. DIN 17222.

Je nach der Kompliziertheit der Federform werden die kaltgewalzten Bänder im weichgeglühten oder vergüteten Zustand eingesetzt. In Ausnahmefällen kommt auch der kaltgewalzte Zustand mit den Festigkeitsstufen von $R_m = 700$ bis 1100 N/mm² für niedrig beanspruchte Federn zur Anwendung.

Warmgeformte Blattfedern werden aus warmgewalzten Bändern hergestellt, wobei oft dem Walzzustand gegenüber dem weichgeglühten Zustand der Vorzug gegeben wird (Vorteil der schnelleren Austenitisierung bei der noch erforderlichen Härtung). Für die mechanischen Eigenschaften gilt DIN 17221.

Tafel 2.9. Anwendbare Biegeradien bei verschiedenen Federbändern

Stahlmarke	Zustand	Zugfestigkeit R_m N/mm²	Kleinster Biegeradius bei Dicke $t = 2$ mm	
			parallel zur Walzrichtung	rechtwinklig zur Walzrichtung
MK75	geglüht	640	$1{,}75 \cdot t$	$1{,}25 \cdot t$
	vergütet	1370	$5{,}5 \cdot t$	$3{,}5 \cdot t$
50CrV4	geglüht	690	$2 \cdot t$	$1{,}25 \cdot t$
	vergütet	1470	$6{,}5 \cdot t$	$5 \cdot t$
X12CrNi17.7	kaltgewalzt	1860	$10 \cdot t$	3 bis $6 \cdot t^1$)
X7CrNiAl17.7	kaltgewalzt	2250—1850	$16 \cdot t$	$6 \cdot t$
Strimek 900²)	vergütet	900	$1{,}5 \cdot t$	$0{,}5 \cdot t$
Strimek 1300		1300	$6 \cdot t$	$2 \cdot t$
Hardflex 11³)	zwischen-	900	0,5 bis $0{,}75 \cdot t^1$)	$0 \cdot t$
Hardflex 13	stufenvergütet	1200	2 bis $3 \cdot t^1$)	0,5 bis $1 \cdot t^1$)

¹) kleinere Werte bei $t \leq 0{,}75$ mm
²) Fa. Eberle Augsburg
³) Fa. Sandvik Sandviken

2.2. Werkstoffarten

Für kompliziert geformte dünne Flachformfedern, die bei einer Wärmebehandlung erheblichen Härteverzug erleiden, haben sich zwischenstufenvergütete Bänder mit $R_m = 1200$ bis 1400 N/mm² bewährt. Diese Bänder (z. B. Hardflex) weisen gegenüber vergüteten Bändern (s. Tafel 2.9) eine bessere Umformbarkeit auf. Einige spezielle Flachformfedern besitzen eine so komplizierte Form, daß der übliche Weichglühzustand noch nicht ausreicht, sondern vom Bandstahl noch eine gute Tiefziehfähigkeit gefordert werden muß. Forderungen nach Werten der Erichsen-Tiefungen von mehr als 10 mm sind schwer realisierbar und erfordern spezielle Maßnahmen des Bandherstellers [2.18].

Für hochbeanspruchte Spiralfedern, z. B. für Spiralfedern in Rollgurten oder Uhren, reichen die mechanischen Eigenschaften der in Tafel 2.8 aufgeführten Federstahlbänder in der Regel nicht aus. Es wurden spezielle Uhrfederbandstähle entwickelt, die sich nicht nur durch hohen Reinheitsgrad, saubere Oberfläche und fehlerfrei bearbeitete Kanten, sondern auch durch hohe mechanische Eigenschaften auszeichnen (s. Tafel 2.10). Die Entwicklung führte dabei auch zu patentierten bzw. zwischenstufenvergüteten und anschließend texturgewalzten Bändern, die teilweise die vergüteten Uhrfederbandstähle ablösten [2.58]. Für bruchsichere Spiralfedern in mechanischen Kleinuhren eignen sich ferner Spezialbänder, die gleichermaßen nichtrostend und hochfest sind, wie z. B. der im Vakuum erschmolzene austenitische Cr—Ni—Mo-Stahl 11 R 51 (Firma Sandvik/Schweden), der seine hohen mechanischen Eigenschaften durch ein Warmauslagern bei 480 °C erhält.

Tafel 2.10. Mechanische Eigenschaften von Spezialbändern für Spiralfedern

Banddicke in mm	Zugfestigkeit R_m in N/mm² bei					
	Ck101 C100W1	Juwelastic® [1]	Juwelastic® [1][2][3]	Sandvik 11R51HV	Präcisatex® [4]	Sorbitex® [5]
Bis 0,2	2210	2350	2450	unange-	2150	2400
Über 0,2 bis 0,3	2160	2250	2350	lassen 1960	2090	bis 2550
Über 0,3 bis 0,4	2110	2180	2275	bis 2060	2020	
Über 0,4 bis 0,5	2060	2120	2210		2000	2250 bis 2400
Über 0,5 bis 0,6	2010	2070	2160	angelassen	1930	2150 bis 2300
Über 0,6 bis 0,7	1960	–	–	2200 bis 2310		
Über 0,7 bis 0,8	1910	–	–		1850	2050 bis 2200
Über 0,8 bis 0,9	1860				1850	
Über 0,9 bis 1,1	1810				1830	2000 bis 2150
Über 1,1 bis 1,3	1770				1810	
Über 1,3	1720				1780	1900 bis[6] 2050

[1] Fa. Junghans, Lehengericht (BRD); [2] bruchsicher; [3] zwischenstufenvergütet; [4] Fa. Eberle, Augsburg (BRD); [5] Fa. Brockhaus, Plettenberg (BRD); [6] Bainitex®

2.2.1.5. Nichtrostende Federstähle

Für die Herstellung nichtrostender kaltgeformter Federn ist die Anwendung von federharten Drähten bzw. Bändern am effektivsten, so daß sich vorwiegend kaltgezogene Drähte bzw. kaltgewalzte Bänder aus austenitischen Stählen wie X12CrNi17 7, X5CrNiMo18 10 und X7CrNiAl17 7 (nach DIN 17224) gegenüber den härtbaren Stahlmarken X20Cr13, X40Cr13 bzw. X35CrMo17 durchgesetzt haben. Die mechanischen Eigenschaften ersterer hängen vom Grad der Kaltumformung und den Halbzeugabmessungen ab. Tafel 2.11 enthält z. B. den Einfluß des Drahtdurchmessers auf die Zugfestigkeit bei diesen Werkstoffen.

Letztere werden im geglühten Zustand verarbeitet. Dann macht sich ein Härten bei recht hohen Temperaturen und Anlassen auf Festigkeiten von $R_m = 1400$ bis $1800\ N/mm^2$ notwendig.

Tafel 2.11. Mechanische Eigenschaften von nichtrostenden Drähten für Federn nach DIN 17224

Bezeichnung	Zugfestigkeit R_m in N/mm^2 bei Drahtdurchmesser									
	bis 0,2	über 0,2 bis 0,4	über 0,4 bis 0,7	über 0,7 bis 1,0	über 1,0 bis 1,5	über 1,5 bis 2,0	über 2,0 bis 2,8	über 2,8 bis 4	über 4 bis 6	über 6 bis 8	über 8 bis 10
X12CrNi177 (kaltgeformt)	2200 bis 2450	2100 bis 2350	2000 bis 2250	1900 bis 2150	1800 bis 2050	1700 bis 1950	1600 bis 1850	1500 bis 1750	1400 bis 1650	1300 bis 1550	1250 bis 1500
X7CrNiAl 177 (kaltgeformt und ausgehärtet)	2300 bis 2650	2250 bis 2600	2150 bis 2500	2100 bis 2450	2000 bis 2350	1850 bis 2200	1800 bis 2150	1700 bis 2000	1550 bis 1850	1450 bis 1750	1350 bis 1600
X5CrNiMo1810 (kaltgeformt und angelassen)	1750 bis 2000	1700 bis 1950	1700 bis 1950	1600 bis 1850	1500 bis 1750	1450 bis 1700	1400 bis 1650	1300 bis 1550	1200 bis 1450	1100 bis 1350	—

Der Stahl X7CrNiAl17 7 nimmt eine Doppelrolle ein. Er kann sowohl im kaltgewalzten als auch im geglühten Zustand verarbeitet werden. Nach der Verarbeitung des geglühten Stahles wird durch Härten und Anlassen eine Zugfestigkeit von $R_m = 1350$ bis $1450\ N/mm^2$ erreicht. Damit ist dieser Stahl auch für kompliziert geformte Draht- und Bandfedern, insbesondere auch für Tellerfedern, anwendbar.

Entscheidend für die Auswahl des nichtrostenden Materials ist oft die Aggressivität des angreifenden Mediums. Die martensitischen Chromstähle X40Cr13 und X35CrMo17 sind z. B. beständig gegen Wasser mit niedrigem Chlorgehalt, verdünnte Phosphor-, Salpeter- und Chromsäure und auch gegen eine Reihe organischer und alkalischer Verbindungen. Die austenitischen Stähle nach Tafel 2.11 einschließlich des Sonderstahls 11R51HV (s. a. Tafel 2.10) widerstehen organischen Säuren wie Zitronen-, Milch-, Essig-, Wein- und Ameisensäure, anorganischen Säuren wie Phosphor-, Salpeter- und Borsäure. Für chloridhaltige Lösungen eignen sich die Mo-haltigen Stähle X5CrNiMo18 10 bzw. 11R51HV. Dasselbe gilt für Spaltkorrosion. Für ausreichende Beständigkeit gegen interkristalline Korrosion sind die genannten Stähle nicht zu empfehlen. Man benötigt hier einen titanhaltigen Stahl wie z. B. X10CrNiMoTi18 10.

Stark oxydierende Medien wie Eisen-III-Chlorid oder Kupfer-II-Chlorid stellen Werkstoffanforderungen, die nicht von nichtrostenden Stählen, sondern nur von speziellen Nickellegierungen wie z. B. NiMo16Cr16Ti (Hastelloy, s. a. [2.19] [2.20]) erfüllt werden. Allerdings steht dann die Korrosionsbeständigkeit im Vordergrund, während die mechanischen Eigenschaften (R_m etwa $800\ N/mm^2$ und R_p etwa $300\ N/mm^2$) größere Federabmessungen und damit einen höheren Werkstoffeinsatz erfordern.

Da die nichtrostenden Stähle beständig gegen feuchte Luft sind, wird ein großer Teil von Federn für Außenklima aus diesen Stählen gefertigt. Dabei sind für die Federauslegung die mechanischen Eigenschaften von Bedeutung. In der Regel ist die Relaxationsbeständigkeit, besonders bei erhöhten

2.2. Werkstoffarten

Tafel 2.12. Biegewechselfestigkeit verschiedener nichtrostender Federbänder (Dicke t = 0,4 mm) nach [3.6]

Werkstoff	Zugschwellfestigkeit N/mm²	Biegewechselfestigkeit N/mm²	Zugfestigkeit R_m N/mm²
15LM (≈ Ck75)	950	±600	1770
20L (≈ Mk101)	980	±625	2010
7C27Mo2 (≈ 35CrMo13)	1150	±750	1810
12Rl0 (≈ X12CrNi177)	700	±450	1470
11R51HV	750	±500	1860

Arbeitstemperaturen, besser als bei unlegierten bzw. niedriglegierten Stählen. Von entscheidender Bedeutung sind weiterhin die Dauerfestigkeitseigenschaften. Aus Tafel 2.12 geht hervor, daß die nichtrostenden austenitischen Federbänder eine niedrigere Dauerfestigkeit als vergütbare Stähle besitzen.

Die Verarbeitbarkeit von nichtrostenden Federdrähten führt gegenüber dem Einsatz von üblichen Federdrähten, die oft einen Phosphatüberzug als gleitgünstige Schicht fürs Federwinden besitzen, mitunter zu Problemen. Zur Erleichterung des Windens werden deshalb die nichtrostenden Drähte mit speziellen organischen oder anorganischen gleitgünstigen Überzügen versehen. Besonders geeignet dafür sind auch galvanisch aufgebrachte Kupfer- und Nickelüberzüge.

2.2.2. Nichteisenmetalle

2.2.2.1. Kupfer- und Berylliumlegierungen

Kupfer und *Kupferlegierungen* sind für viele stromleitende Federn unentbehrlich. Weil Reinkupfer nur eine niedrige Festigkeit besitzt (R_m = 200 bis 400 N/mm²), werden vorzugsweise Kupferlegierungen angewendet. Die Tafeln 2.13 und 2.14 enthalten eine Auswahl der am häufigsten verwendeten Legierungen und Richtwerte für erreichbare Festigkeitseigenschaften. Letztere hängen natürlich von den Halbzeugabmessungen ab, so daß die jeweiligen Werte aus den Normen (DIN 1780, DIN 17672 und DIN 17682) entnommen werden müssen. Die traditionellen Cu—Sn- und Cu—Zn-Legierungen erhalten ihre Festigkeitseigenschaften durch Kaltverfestigung (Kaltziehen, Kaltwalzen) des Halbzeuges. Ihre mechanischen Eigenschaften sind aber im Vergleich zu Federstählen wesentlich niedriger. Für hochbeanspruchte Federn werden deshalb die aushärtbaren *Cu—Be-Legierungen* eingesetzt. Diese bieten den Vorteil, im weichen, lösungsgeglühten Zustand zu Federn selbst kompliziertester Form verarbeitet werden zu können. Die Aushärtung führt dann zu der erforderlichen Federfestigkeit. Noch höhere Festigkeiten sind mit kupferfreien Be-Legierungen (Tafel 2.15) erzielbar, die die mechanischen Eigenschaften von Federstahl erreichen.

Tafel 2.13. Mechanische Eigenschaften von gebräuchlichen Drähten aus Kupferlegierungen

Marke	Festigkeitszustand	Zugfestigkeit R_m in N/mm² bei Draht-∅		mindestens über 2 bis 5	Biegewechselfestigkeit N/mm² ±	Verdrehwechselfestigkeit N/mm² ±
		bis 0,5	über 0,5 bis 2			
E-Cu99,9	F 37	420	400	390	—	—
CuZn36	F 70	735	685	638	180—200	100—120
CuSn6	F 90	930	880	834	300—310	240—250
CuSn8	F 95	980	930	880	300—320	240—250
CuNi18Zn20	F 80	834	785	735	~260	~150

Tafel 2.14. Mechanische Eigenschaften von Bändern aus Kupferlegierungen

Legierung	Zugfestigkeit R_m N/mm²	Federbiegegrenze σ_{bE} N/mm²	Bruchdehnung A %	Biegewechselfestigkeit ± N/mm²	E-Modul 10^3 N/mm²	Spezifische Leitfähigkeit m/Ω mm²
CuZn37	≧ 500	≧ 290	≧ 5	—	110	15
CuSn6	≧ 550	≧ 380	≧ 8	230	115	9
CuNi18Zn20	≧ 500	≧ 400	≧ 8	160	142	3
CuFe2,3PZn	≧ 520	290	—1	140	130	20
CuTi2	bis 1200	bis 860	—	130	—	9,3
CuNi9Sn6	—	780	—	220	—	7
CuZn23AlCo	≧ 880	≧ 850	≧ 1	220 ... 240	116	9,8
CuNi20Mn20	≧ 1200	≧ 900	≧ 5	—	150	1,3

Tafel 2.15. Eigenschaften von Beryllium-Legierungen vor und nach dem Aushärten

Legierung	CuBe 1,7			CuBe 2			CuCoBe			NiBe 2		
	weich	halb-hart	hart	weich	halb-hart	hart	weich	halb-hart	hart	weich	halb-hart	hart
Eigenschaften	vor der Aushärtung											
Dehngrenze $R_{p0,2}$ in N/mm²	170—250	—	750	200—300	—	800	150	—	530	350—400	—	1400
Zugfestigkeit R_m in N/mm²	400—500	600—700	850	450—550	700—800	900	300	350—450	550	750—850	1000—1200	1600
Dehnung A_{10} in %	35—55	—	1	35—55	—	1	35	—	6	40—50	—	2
	nach der Aushärtung											
Dehngrenze $R_{p0,2}$ in N/mm²	1000	—	1100	1100	—	1200	500	—	580	800	—	1500
Zugfestigkeit R_m in N/mm²	1100	1150	1200	1200	1250	1300	600	650	750	1300	1400	1850
Dehnung A_{10} in %	2	—	0,5	2	—	0,5	16	—	15	12	—	6

In Tafel 2.14 sind neben herkömmlichen Legierungen auch einige neue stromleitende Federwerkstoffe nach [2.21] dargestellt. Cu—Fe-Legierungen (z. B. CuFe 2,3 PZn) haben eine hohe elektrische Leitfähigkeit. Cu—Ni—Sn-Legierungen weisen dagegen höhere mechanische Eigenschaften auf, die durch eine Aushärtung wesentlich verbessert werden können. Cu—Zn—Al-Legierungen (z. B. CuZn23 AlCo) gestatten in bestimmten Fällen den Ersatz von Cu—Be-Legierungen. Höhere Festigkeitseigenschaften sind auch mit Cu—Ti-Legierungen erzielbar [2.22] [2.23] [2.24] [2.30]. Kupfer- und Beryllium-Legierungen sind korrosionsbeständig gegen viele Medien wie Seewasser und einige Säuren, werden aber von wäßrigen Schwefelverbindungen und Halogenen angegriffen. Sie sind außer NiBe2 und den Cu—Fe-Legierungen nicht ferromagnetisch.

2.2.2.2. Sonderlegierungen

Nickellegierungen besitzen einen hohen elektrischen Widerstand, eine hohe Wärme- und gute Korrosionsbeständigkeit. Die meisten sind unmagnetisch. Tafel 2.16 enthält eine Übersicht über die gebräuchlichsten Nickellegierungen. Bei Raumtemperatur ist die Belastbarkeit geringer als bei Stählen,

Tafel 2.16. Mechanische Eigenschaften von Nickel-Legierungen für Federn

Werkstoff	Gattung	Zugfestigkeit R_m N/mm²	0,01-Dehngrenze $R_{p0,01}$ N/mm²	Anwendbar bis °C	Bemerkungen
Contracid Be	Ni–Cr–Fe	1800	–	–	aushärtbar
Thermoelast 2602	Co–Ni–Cr–Fe	2000	–	–	–
Monel 400	Ni–Cu–Fe	910	545	250–350	unmagnetisch, aushärtbar, gute Korrosionsbeständigkeit
Monel K 500	Ni–Cu–Fe–Al	1240	825	200	
Inconel 600	Ni–Cr–Fe	1240	825	350–450	unmagnetisch, aushärtbar, Anwendungstemperatur von der Wärmebehandlung abhängig
Inconel X-750	Ni–Cr–Fe–Ti	1400	900	370–650	
Nivaflex	Co–Ni–Cr	2000	–	450–650	kaltgeformt und ausgehärtet
Hastelloy Alloy C-4	Ni–Cr–Mo	rd. 800	300 (R_p 0,2)	760	lösungsgeglüht, ausgezeichnete Korrosionsbeständigkeit

Tafel 2.17. Eigenschaften von Federlegierungen mit temperaturunabhängigem E- bzw. G-Modul

Werkstoff	Gattung	Zugfestigkeit R_m N/mm²	Anwendungstemperatur °C	Bemerkungen
Elinvar	Ni–Fe–Cr	$\geq$ 1380	–50 bis +150	–
Ni-span „C"	Ni–Fe–Cr–Ti	1380–2480	–50 bis +150	mechanische Eigenschaften von Wärmebehandlung und Kaltverformung abhängig über 204 °C unmagnetisch
Iso-Elastic	Ni–Fe–Cr–Mo	$\geq$ 1170	–	aushärtbar
Elgiloy, Duropower, 8 J Alloy	Ni–Fe–Cr–Co	$\geq$ 1400	–100 bis +500	geeignet für tiefe und hohe Temperaturen
Dynavar	Ni–Fe–Cr–Co	$\geq$ 1400	–400 bis +400	unmagnetisch, auch für tiefe Temperaturen geeignet
Nivarox	Fe–Ni–Cr–Ti	$\geq$ 1350	–40 bis +100	nach Kaltverformung und Aushärtung, unmagnetisch
Safeni 43 C	Ni–Fe–Cr–Ti–Co	> 1500	–45 bis +65	kaltverfestigt und ausgehärtet

jedoch bei höheren Arbeitstemperaturen sind sie ihnen überlegen. Dabei ist zu beachten, daß mit steigender Arbeitstemperatur die Festigkeitseigenschaften abnehmen (s. a. Abschnitt 2.5.3.). Ausgezeichnete Korrosionsbeständigkeit und gute Festigkeitseigenschaften stehen selten im Einklang. So erfordert z. B. die hohe Korrosionsbeständigkeit von Hastelloy C-4 eine chemische Zusammensetzung (C 0,01 %; Si 0,05%), die jede Ausscheidung von Karbiden verhindert. Damit ist jedoch auch die Festigkeit gering (s. a. Tafel 2.16) [2.20] [2.39].

Neben diesen besonders warmfesten Federwerkstoffen gibt es noch eine Gruppe von Ni-Legierungen (s. Tafel 2.17), die in einem Temperaturbereich von −50 bis +50 °C einen nahezu unveränderlichen E- und G-Modul besitzen (s. a. Abschnitt 2.5.3.3.). Aushärtbare *Kobaltlegierungen* (s. Tafel 2.18) besitzen im kaltverfestigten und ausgehärteten Zustand hohe mechanische Eigenschaften, sind wärmebeständig bis 600 °C, korrosionsbeständig, schweißbar und unmagnetisch. Auf Grund ihrer hervorragenden Festigkeitseigenschaften eignen sich diese Legierungen für warmfeste und korrosionsbeständige Federn bei beengten Platzverhältnissen (Flugzeugbau, Raumfahrt).

Aluminiumlegierungen zeichnen sich durch gute Korrosionsbeständigkeit, gute elektrische Leitfähigkeit und gute Zähigkeit bei tiefen Temperaturen aus. Sie sind unmagnetisch, besitzen jedoch geringe Festigkeitseigenschaften (R_m = 350 bis 450 N/mm^2) [2.25]. In [2.26] wurde die Anwendbarkeit der Al-Legierungen für Federn, insbesondere der Knetlegierung AlZnMgCu 1,5, untersucht. Im Vergleich zu Federstahl mit $R_{p0,2}$ = 1400 N/mm^2 baut man mit der untersuchten Legierung um 32% leichter, braucht aber ein um 80% höheres nutzbares Federvolumen, das zu einer Kostenerhöhung von 20 bis 30% führt. Nach [2.26] wurden folgende mechanische Eigenschaften bei stranggepreßtem Halbzeug erzielt:

$$R_{p0,2} = 589 \text{ N/mm}^2; \quad \sigma_{bW} = 180 \text{ bis } 200 \text{ N/mm}^2;$$
$$\tau_W = \pm 78{,}5 \text{ N/mm}^2 \text{ bei } \tau_m = 120 \text{ N/mm}^2.$$

Die maximale Arbeitstemperatur beträgt 80 °C.

Al-Legierungen sind anfällig gegen Reiboxydation. Deshalb sind sie nicht für geschichtete Flachform- und Blattfedern zu empfehlen.

Tafel 2.18. Mechanische Eigenschaften der aushärtbaren Co-Legierung Duratherm 60 nach [2.23]

Mechanische Eigenschaften	Vor der Aushärtung		Nach der Aushärtung	
	Zustand		Zustand	
	F 700 (weich)	F 1450 (hart)	F 700 (weich)	F 1450 (hart)
Streckgrenze $R_{p0,2}$ in N/mm^2	350	1350	500 bis 650	1850
Zugfestigkeit R_m in N/mm^2	700 bis 900	1450	850 bis 1100	1950
Bruchdehnung in % $A_L = 100$	40 bis 55	1,5	15	1
Vickershärte HV	170 bis 220	420	230 bis 310	520

Tafel 2.19. Eigenschaften der Ti-Legierung Ti13V11Cr3Al nach [2.30]

Eigenschaft	Zustand	
	lösungsgeglüht und gealtert	kaltverfestigt und gealtert
Zugfestigkeit R_m in N/mm^2	1170	1585
0,2-Dehngrenze $R_{p0,2}$ in N/mm^2	1103	1483
Dehnung in %	8	8
E-Modul in N/mm^2	103 500	96 570

2.2. Werkstoffarten

Titanlegierungen haben ein günstiges Festigkeits-Masse-Verhältnis, sind sehr korrosionsbeständig (z. B. gegen den Angriff vieler Säuren wie Salpeter- bzw. Phosphorsäure, von Salzlösungen, organischen Verbindungen und Chlorgas). Sie sind kälteunempfindlich und warmfest (Anwendungsbereich von -250 bis $+540$ °C). Infolge des niedrigen E-Moduls und der geringen Dichte sind Federn aus Ti-Legierungen um 2/3 leichter als Stahlfedern. Tafel 2.19 enthält einige mechanische Eigenschaften der Legierung Ti13V11Cr3Al nach [2.29]. Ti-Legierungen sind sowohl im lösungsgeglühten als auch im kaltverfestigten Zustand zu Federn verarbeitbar. Durch eine Alterung bei 480 bis 600 °C ist die Festigkeit wesentlich steigerbar [2.27] [2.28] [2.29] [2.30].

2.2.3. Nichtmetalle

Gummi (Tafel 2.20) wird seit vielen Jahrzehnten als Federwerkstoff eingesetzt. Im Gegensatz zu Metallfedern sind solche Federn zum großen Teil stoffelastisch. Die Inkompressibilität von Gummi hat konstruktive Konsequenzen. Die Feder muß eine genügend große frei verformbare Oberfläche besitzen. Die Verformung einer Gummifeder wird im Bild 2.1 demonstriert [2.31].
Bei Gummifedern tritt neben der elastischen Verformung in Abhängigkeit von der Belastungsdauer noch ein Kriechen auf. Nach der Entlastung (Bild 2.2) geht die elastische Verformung und die Kriechverformung bis auf einen kleinen Rest (Formänderungsrest) zurück. Längere Be- und Entlastung darf bei guten Gummiwerkstoffen nur zu einem Formänderungsrest zwischen 2 und 5% und zu einer Kriechverformung von 5 bis 10% führen. Bei schwingender Beanspruchung zeigt Gummi gute Dämpfungseigenschaften. Die Dämpfung hängt von der Gummiqualität, den Abmessungen der Feder, der Temperatur und von der Verformungsgeschwindigkeit ab. Sie beträgt 10 bis 40% (s. Abschn. 5.).

Tafel 2.20. Eigenschaften von Gummi-Federwerkstoffen nach [2.31]

Chemische Bezeichnung	Markenname	Dichte g/cm³	Zug-festigkeit N/mm²	Bruch-dehnung % max.	Shore-Härte A	Arbeits-temperatur-bereich °C
Polyisoparen	Naturkautschuk	0,95	5 bis 30	1000	30 bis 98	-50 bis 140
Styrol-Butadien-Mischpolymerisat	Styrolkautschuk (Buna S)	0,92	5 bis 25	400	40 bis 95	-50 bis 140
Acrylnitrit Butadien-Mischpolymerisat	Nitrilkautschuk (Perbunan N)	0,98	5 bis 27	800	40 bis 95	-50 bis 140
Chlor-Butadien-Polymerisat	(Neoprene) Polychloroprene	1,23	5 bis 27	800	40 bis 95	-50 bis 140
Isobutylen-Isopren-Mischpolymerisat	Butylkautschuk	0,93	4 bis 17	900	40 bis 90	-50 bis 150
Polysiloxan	Siliconkautschuk	1,19	2 bis 10	500	40 bis 90	-100 bis 220

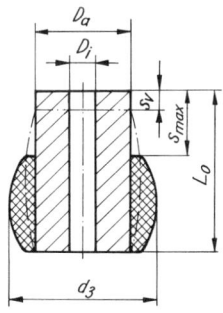

Bild 2.1. Verformung einer Hohlgummifeder

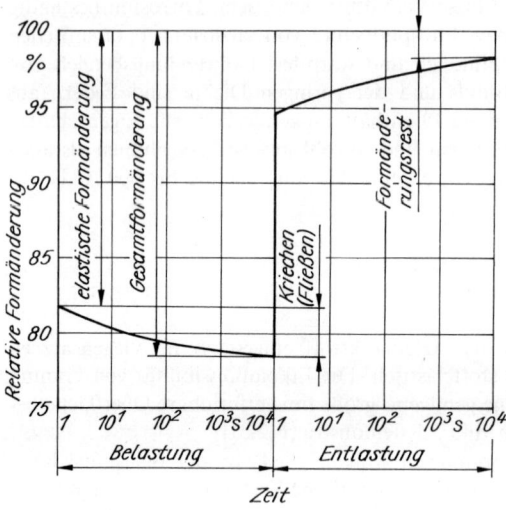

Bild 2.2. Fließdiagramm von Gummi

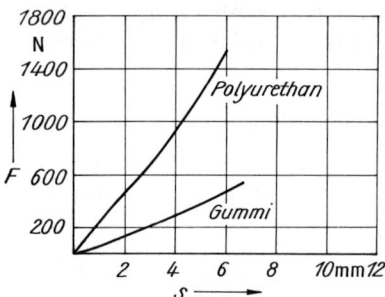

Bild 2.3. Kennlinienvergleich für eine Hohlzylinderfeder aus Gummi (1) und aus Polyurethan (2) mit $D_a = 16$ mm; $D_i = 6,5$ mm; $L_0 = 16$ mm

Tafel 2.21. Mechanische Eigenschaften einiger Plastwerkstoffe mit Füllstoffen und ohne Füllstoffe

Werkstoff	Dichte g/cm³	Biegefestigkeit N/mm²	Zugfestigkeit N/mm²	E-Modul N/mm²
Plaste ohne Füllstoffe, unverstärkt				
Phenolharz	1,3	78	55	3 100
Polyesterharz	1,3	88	40	2 050
Epoxydharz	1,2	130	70	3 000
Polyäthylen	0,96	35	33	650
Polyamid	1,13	75	70	880
Polystyrol	1,06	70	40	2 450
Plaste mit Füllstoffen oder faserverstärkt				
Phenolharzmasse mit Asbestfasern	1,75	50	25	1 200
Polyesterharz, mit Glasseide verstärkt (70%)	1,90	1050	824	41 000
Epoxydharz, glasfaserverstärkt	1,85	100	90	1 650

Plaste werden zunehmend für Federungsaufgaben eingesetzt. In vielen sog. Schnappverbindungen wirken sie als funktionsintegraler Bestandteil dieser Verbindungselemente.

Als Austausch für Gummi erfolgte in einigen Fällen die Anwendung von Polyurethan. Daraus entwickelten sich spezielle Einsatzfälle, die zweckmäßig mit Polyurethanfedern gelöst wurden. Im Vergleich zu Gummi hat eine solche Feder in Form eines Hohlzylinders z. B. eine wesentlich größere Federsteife (Federrate), wie im Bild 2.3 gezeigt wird. Neben homogenem elastischem Polyurethan eignen sich besonders zell-elastische Polyurethane mit einer Dichte von 0,35 bis 0,65 g/cm^3 für Federn. Nach [2.32] sind bei Druckmoduln von 60 bis 250 N/mm^2 Druckspannungen bis 10 N/mm^2 ertragbar. Stoßartige Spannungsspitzen bis zu 20 N/mm^2 führen noch nicht zur Zerstörung. Bis zu 40% Verformung ist die Kennlinie nahezu linear und danach stark progressiv. Die Dämpfung beträgt etwa 20%. Gegenüber Gummi sind bei diesem Werkstoff noch die sofortige elastische Rückfederung (nur geringe Nachwirkung) und der geringe Druckverformungsrest von Vorteil.

Während sich Polyurethan als Federwerkstoff bewährt hat, haben sich andere Plaste für Federn bisher nicht durchsetzen können. Auf Grund der niedrigen mechanischen Eigenschaften (s. Tafel 2.21) von Reinplasten und der meist starken Kriechneigung haben lediglich faserverstärkte Plaste überhaupt eine Anwendungschance [2.33].

2.3. Werkstoffbeanspruchung

2.3.1. Zeitlicher Verlauf der Beanspruchung

Neben der absoluten Größe der Werkstoffbelastungen hat die Belastungsart, d. h. die Zeitabhängigkeit der Belastungsgröße, für eine Federdimensionierung Bedeutung. Der zeitliche Verlauf der äußeren Belastung kann zu einem gleich- oder ungleichförmigen Spannungszustand führen. Grundsätzlich wird deshalb zwischen statischen bzw. quasistatischen und dynamischen Beanspruchungen unterschieden.

Eine *statische Beanspruchung* liegt vor, wenn auf die Feder eine zeitlich konstante Kraft wirkt (s. Bild 2.4), die in einem Zuge aufgebracht wurde (zügige Belastung), während als *quasistatisch* sowohl zeitlich veränderliche Beanspruchungen mit vernachlässigbar kleinen Hubspannungen (Hubspannung bis 0,1faches der Dauerhubfestigkeit) als auch zeitlich veränderliche Beanspruchungen mit größeren Hubspannungen (zügige Kraftänderung, keine schlagartigen Be- und Entlastungen) und einer Schwingspielzahl unter 10^4 gelten.

Dynamische Beanspruchungen liegen dann vor, wenn auf die Feder zeitlich veränderliche Kräfte einwirken. Im allgemeinen erfolgt die Kraftänderung zufällig (stochastisch) wie z. B. bei Kfz-Federungen. Jede dynamische Beanspruchung läßt sich zeitlich gesehen durch eine Fourier-Analyse in einen konstanten Anteil und in harmonische (sinus- und kosinusförmige) Anteile zerlegen. In einigen Fällen kommt es auch zu schlagartigen (stoßförmigen) Kraftänderungen (z. B. bei einigen Ventilfedern). Von dynamischen Beanspruchungen spricht man im allgemeinen bei Federn dann, wenn die zeitlich veränderlichen Kräfte zu Hubspannungen führen, die den 0,1fachen Wert der Dauerhubfestigkeit übersteigen und Schwingspielzahlen über 10^4 vorkommen.

Für die Berechnung und Prüfung der Federn wird vereinfachend eine sinusförmige Kraftänderung über der Zeit angenommen. Diese Annahme trifft auf eine große Anzahl Federn zu, die in den meisten Fällen schwellend, seltener wechselnd beansprucht werden (s. Bild 2.5).

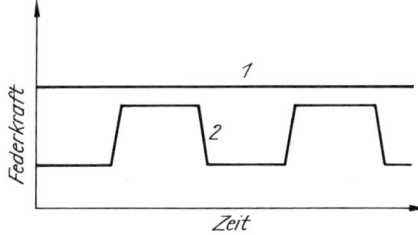

Bild 2.4. Federkraft-Zeit-Verlauf bei statischer (1) bzw. quasistatischer Belastung (2)

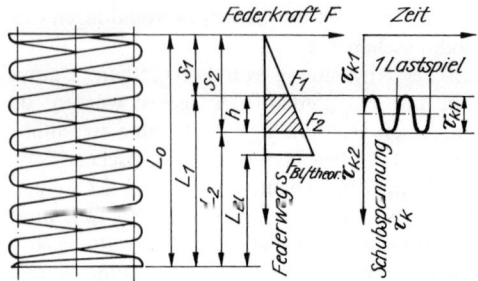

Bild 2.5. *Spannungs-Zeit-Verlauf einer Druckfeder bei schwingender Beanspruchung*

2.3.2. Beanspruchungsgrenzen [2.1] [2.3] [2.36]

Bei der Federdimensionierung sind Beanspruchungsgrenzen festzulegen, die auf den in einschlägigen Normen enthaltenen Festigkeitswerten basieren und die die unterschiedlichen, jeweils vorliegenden zeitlichen Belastungsverläufe berücksichtigen. Als ertragbare Spannung wird dabei die Grenzspannung angesehen, bei deren Überschreiten das Versagen des Bauteils eingeleitet wird. Wesentliche Versagenskriterien bei Federn sind neben Bauteilbrüchen bleibende Verformungen in unzulässiger Größe.

Aufgrund der unterschiedlichen Anforderungen an die Bauteile wird bei Dimensionierungen die ertragbare Spannung des vorgesehenen Werkstoffs nicht in voller Höhe angesetzt. Vielfach wird mit einer zulässigen Spannung gerechnet, die als Quotient aus der ertragbaren Spannung und einem Sicherheitsfaktor S gebildet wird.

$$\sigma_{zul} = \sigma_{ertr}/S \quad \text{bzw.} \quad \tau_{zul} = \tau_{etr}/S. \tag{2.2}$$

Den Erfordernissen und vorliegenden Belastungsverhältnissen entsprechend sind vom Konstrukteur ertragbare Spannungen und Sicherheiten festzulegen. Dafür gibt es in der Literatur, den Berechnungs- und Konstruktionskatalogen und anderen Unterlagen eine Reihe von Empfehlungen, die nachfolgend zusammengefaßt werden sollen.

2.4. Zulässige Spannungen bei Metallfedern

2.4.1. Bei statischen und quasistatischen Beanspruchungen

Im allgemeinen wird bei diesen Belastungsverhältnissen für Bauteildimensionierungen die im Zugversuch (Bild 2.6a) ermittelte Streckgrenze R_e als ertragbare Spannung zugrunde gelegt. Federwerkstoffe weisen im Spannungs-Dehnungs-Diagramm (Bild 2.6b) jedoch keine ausgeprägte Streckgrenze auf. An ihrer Stelle wird die 0,2-Dehngrenze $R_{p0,2}$ angegeben. Das ist die Spannung, bei der sich nach Entlastung eine bleibende Dehnung von 0,2 % einstellt. Für Federn sind bleibende Verformungen in dieser Größe meist schon zu hoch.

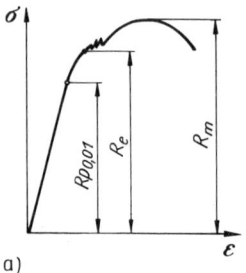
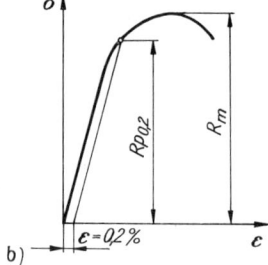

Bild 2.6. *Spannungs-Dehnungs-Schaubild beim Zugversuch*
a) zähe Werkstoffe; b) Federwerkstoffe

2.4. Zulässige Spannungen bei Metallfedern

Üblicherweise wird der Werkstoff bei Federn deshalb nur bis zur technischen Elastizitätsgrenze (Proportionalitätsgrenze) $R_{p\,0,01}$ (bei Verdrehbeanspruchung $\tau_{0,04}$) beansprucht. Das ist die im Zugversuch ermittelte Spannung, bei der die plastische Verformung 0,01 % der ursprünglichen Meßlänge der Probe erreicht. Mindestwerte können vom Hersteller nicht garantiert werden. Meist sind für Federwerkstoffe auch nur Zugfestigkeitswerte R_m mit garantierten Mindestwerten angegeben. So werden diese zur Berechnung der zulässigen Spannung verwendet, wobei z. T. auf Erfahrungen beruhende Umrechnungsfaktoren ($1/S$) eingesetzt werden. Tafel 2.22 enthält für einige Federwerkstoffe die Erfahrungen amerikanischer Federhersteller [2.16] [2.39].

Tafel 2.22. Elastizitätsgrenzen-Verhältnisse verschiedener Federwerkstoffe

Werkstoff	Elastizitätsgrenze/Zugfestigkeit in % bei	
	Zug	Verdrehung
Patentiert gezogener Draht	65 bis 75	45 bis 50
Vergüteter Ventilfederdraht	85 bis 90	50 bis 60
Vergüteter Draht 50CrV4	88 bis 93	65 bis 75
Vergüteter Draht 54SiCr6	88 bis 93	65 bis 75
X12CrNi17.7	65 bis 75	45 bis 55
X7CrNiAl17.7	75 bis 80	55 bis 60
Cu–Zn- und Cu–Sn-Legierungen	75 bis 80	45 bis 50
Cu–Be-Legierungen	65 bis 75	45 bis 55
Monel 400	65 bis 70	38 bis 42
Inconel X-750	65 bis 70	40 bis 45

Bei der Festlegung der zulässigen Spannung sind die Art der Beanspruchung (Biegung oder Verdrehung), Besonderheiten der Federform (Geometrie und Abmessungen) und mitunter auch der Herstellung zu berücksichtigen. In letzter Zeit wird beim Entwurf *biegebeanspruchter Federn* vielfach die Federbiegegrenze σ_{bE} (Biege-Elastizitätsgrenze) als ertragbare Spannung angesetzt. Sie wird nach DIN 50151 an Federbandstreifen ermittelt. Einige Normen enthalten bereits zusätzlich diesen Festigkeitswert (z. B. DIN 1780). Es ist zu beachten, daß die Federbiegegrenze der fertigen Feder nicht immer mit der des Halbzeugs identisch ist. Einflüsse durch das Biegen (Biegeradius, Richtung der letzten Biegung), der Oberflächenausführung und der Temperatur am Einsatzort verändern diesen Wert.

Die für den Entwurf *torsionsbeanspruchter Federn* erforderlichen Eigenschaftswerte fehlen meist. So sind der Gleitmodul G und die Schub-Federgrenze τ_{tE} (Torsions-Elastizitätsgrenze) für viele Werkstoffe, insbesondere bei Federbändern, nicht angegeben. Sofern Werte für Drähte aus gleichen Werkstoffen vorhanden sind, kann man diese für die Rechnung verwenden. Andernfalls ist eine Umrechnung unter Verwendung von Näherungsbeziehungen möglich (für Metalle $m = 10/3$ eingesetzt).

$$G = m \cdot E/2(m+1) = 0{,}385 E \qquad (2.3)$$

$$\tau_{tE} = \sigma_{bE}/\sqrt{3} = 0{,}578 \cdot \sigma_{bE}\,. \qquad (2.4)$$

Bei einigen Federarten ist es üblich, durch einen zusätzlichen Arbeitsgang während der Herstellung, der als *Vorsetzen* bezeichnet wird, den Werkstoff für eine höhere Beanspruchbarkeit zu trainieren.

Dadurch sind zulässige Spannungen möglich, bei denen der Werkstoff weit über die Elastizitätsgrenze hinaus beansprucht wird. Als Beispiel sei die zulässige Schubspannung für die Belastung von Druckfedern bis zum Blockzustand für beide Herstellungsvarianten angeführt:

Druckfedern, nicht vorgesetzt: $\tau_{Bl\,zul} = 0,4 \cdot R_m$
Druckfedern, vorgesetzt: $\tau_{Bl\,zul} = 0,56 \cdot R_m$.

Weitere Angaben sind bei den einzelnen Federarten (Abschn. 5.) aufgeführt. Die dort genannten Beziehungen sind jedoch relativ ungenau, weil die Elastizitätsgrenze nicht direkt der Zugfestigkeit proportional ist und das Dehngrenzen-Zugfestigkeits-Verhältnis (z. B. $R_{p\,0,01}/R_m$ bei Zug oder $\tau_{0,04}/R_m$ bei Verdrehung) von vielen Faktoren besonders bei der Werkstoffherstellung beeinflußt werden kann.
Wird die zulässige Spannung bei statischer bzw. quasistatischer Beanspruchung überschritten, dann erleidet die Feder irreversible plastische Verformungen. Die Feder bleibt „sitzen". Der dabei entstehende Kraftverlust wird als Relaxation (s. hierzu auch Abschn. 2.5.2.) bezeichnet. Die Relaxation ist temperatur- und zeitabhängig. Bild 2.28 zeigt als Beispiel das Relaxationsschaubild für Druckfedern aus pat. Federstahldraht Klasse C. Wird nach Bild 2.28 für eine Druckfeder mit einem Drahtdurchmesser $d = 3,2$ mm eine Schubspannung von 900 N/mm² angesetzt, dann tritt nach 48stündiger Belastung eine Relaxation von 6 % auf. Wird dagegen in einem entsprechenden Anwendungsfall nur eine Relaxation von 2 % zugelassen, dann darf die Feder nur bis zu einer Grenzspannung von 580 N/mm² beansprucht werden. Daraus ergibt sich, daß bei Ansprüchen an die Relaxationsbeständigkeit zur Bestimmung der zulässigen Beanspruchung Relaxationsschaubilder herangezogen werden müssen.
Diese Beispiele zeigen, daß die ertragbaren und damit auch die zulässigen Spannungen von zahlreichen Faktoren beeinflußt werden und daher nur recht unsicher zu bestimmen sind. Aus diesen Gründen sind auch Bauteilprüfungen an Funktionsmustern unerläßlich, ganz besonders bei Neuentwicklungen und dynamischen Bauteilbelastungen.

2.4.2. Bei dynamischen Beanspruchungen

Bei diesen Beanspruchungen sind die *Dauerschwingfestigkeit* (allgemein Dauerfestigkeit) σ_D (bzw. τ_D) und die *Zeitfestigkeit* als ertragbare Spannungen maßgebend. Solange Dauerfestigkeitswerte für Werkstoffe und Bauteile (Gestaltfestigkeitswerte) gefehlt haben, hat es nicht an Versuchen gefehlt, für den Entwurf näherungsweise die zulässige Spannung auf der Basis statischer Werte (z. B. Zugfestigkeit R_m) durch Wahl entsprechend hoher Sicherheiten zu bestimmen [2.48] [2.49]. Heute liegen weitgehend Dauerfestigkeits- und Gestaltfestigkeitswerte für viele Federwerkstoffe und Federarten vor, so daß sich diese Methode auf Ausnahmefälle beschränken wird. Es wird zwischen Schwell- und Wechselbeanspruchung unterschieden (Bild 2.7). Entsprechend diesen möglichen Beanspruchungen sind Schwell- bzw. Wechselfestigkeitswerte zu verwenden. Eine Vielzahl Federn, wie z. B. die meisten dynamisch beanspruchten Druckfedern, Zugfedern, Flachformfedern, Tellerfedern und Ringfedern,

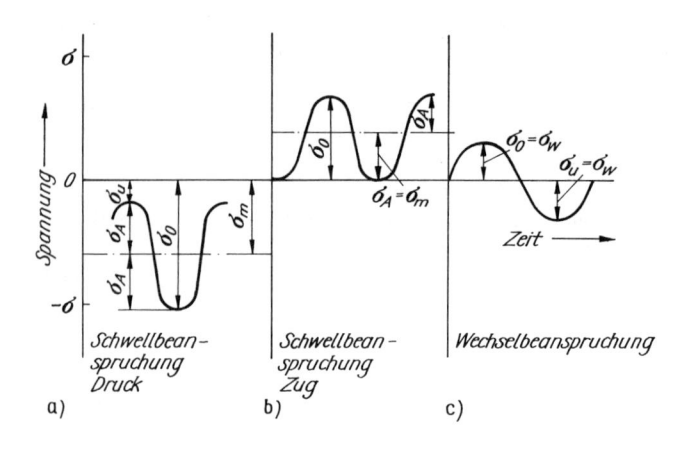

Bild 2.7. Beanspruchungsbereiche bei schwingender Belastung
a) Schwellbeanspruchung mit Vorspannung ($\sigma_m > \sigma_A$)
b) reine Schwellbeanspruchung ($\sigma_m = \sigma_A$); c) reine Wechselbeanspruchung ($\sigma_m = 0$)

2.4. Zulässige Spannungen bei Metallfedern

werden im Schwellbereich beansprucht. Diese Federn sind meist vorgespannt, so daß die Unterspannung $\sigma_u > 0$ ist. Nur in wenigen Fällen werden Federn wechselnd beansprucht (z. B. geschlitzte Tellerfedern in Kupplungen).

Die Dauerfestigkeit von Federn kann man nicht mit der des Werkstoffes gleichsetzen, weil Federgestalt und -herstellung einschneidenden Einfluß ausüben. Die bekannten dauerfestigkeitsverändernden Einflüsse [2.48] bis [2.54], die schließlich zur Gestaltfestigkeit führen, sind auch für Federn von Bedeutung. Ganz besonders ist der Einfluß der Oberflächenbeschaffenheit zu beachten. Lediglich aus dem Vergleich der Dauerfestigkeitseigenschaften zweier Werkstoffe für ein und dieselbe Feder (z. B. auf der Basis von Biegewechselfestigkeiten, die mit Hilfe des Umlaufbiegeversuchs an Drähten gewonnen wurden), sind Rückschlüsse auf die Lebensdauer der Federn möglich. Es gelten selbstverständlich auch bei Federn die allgemeinen Forderungen an einen für dynamische Beanspruchungen geeigneten Werkstoff, die im Maschinenbau üblich sind, wie z. B. hohe Elastizität, hoher Reinheitsgrad, feiner Gefügeaufbau, geringe Kerbempfindlichkeit usw. [2.51] [2.53]. Zur exakten Einschätzung der Lebensdauer von Federn sind jedoch Dauerschwingversuche an der Feder selbst unerläßlich. Mit geeigneten Ein- oder Vielprobenmaschinen werden die Federn nach dem Wöhler-Verfahren [2.51] [2.54] bis zu einer bestimmten Grenzschwingspielzahl (Bruch der Probe) mit unterschiedlich hohen Spannungsausschlägen beaufschlagt (s. auch DIN 50100). Die Grenzschwingspielzahl N_G, die den Zeit- vom Dauerfestigkeitsbereich trennt, liegt je nach Federart zwischen $2 \cdot 10^6$ und 10^7 Schwingspielen.

Die Versuche werden so lange fortgeführt, bis eine genügend große Zahl von Proben die Grenzschwingspielzahl ohne Bruch erreicht. Die Ergebnisse (Zeit- und Dauerfestigkeitswerte) werden in einem Wöhler-Diagramm (Bild 2.8) dargestellt. Bei Anwendung statistischer Auswerteverfahren [2.55] erhält man als Streufeldbegrenzung Wöhler-Linien, denen eine Probenüberlebenswahrscheinlichkeit von 10 bzw. 90 % zugeordnet werden kann. Aus einer Vielzahl von Wöhler-Linien, ermittelt für unterschiedliche Beanspruchungsverhältnisse, gewinnt man das Dauerfestigkeitsschaubild nach *Smith* (Bilder 2.8 und 2.9), das sowohl Wechsel- als auch Schwellfestigkeiten enthält. Für die meisten, nur im Schwellbereich belasteten Federn ist eine Vereinfachung des Dauerfestigkeitsschaubildes entsprechend Bild 2.10 üblich (Darstellung nach *Goodman*).

Für die Federberechnung benötigt man die Unterspannung τ_u, die Oberspannung τ_0 und die Hubspannung τ_h als Differenz der beiden ($\tau_h = \tau_0 - \tau_u$), die dann mit der Dauerhubfestigkeit τ_H verglichen wird (Spannungsvergleich bei Nachrechnungen). Die Dauerfestigkeitsschaubilder können sowohl Dauerfestigkeits- als auch zusätzlich Zeitfestigkeitswerte enthalten. Mitunter werden auch gesonderte Zeitfestigkeits-Schaubilder konstruiert.

Die Federberechnung erfolgt bei Vorhandensein eines Dauerfestigkeitsschaubildes, das für die gewählte Federart und den vorgesehenen Werkstoff gilt, durch Errechnen der Nennspannungen und Ermitteln der Dauerfestigkeitswerte. Bei Beanspruchung der Feder durch die Kräfte F_1 und F_2 ergibt sich

$$\tau_u = f(F_1); \quad \tau_0 = f(F_2); \quad \tau_h = f(F_2 - F_1) = g(h) = \tau_0 - \tau_u.$$

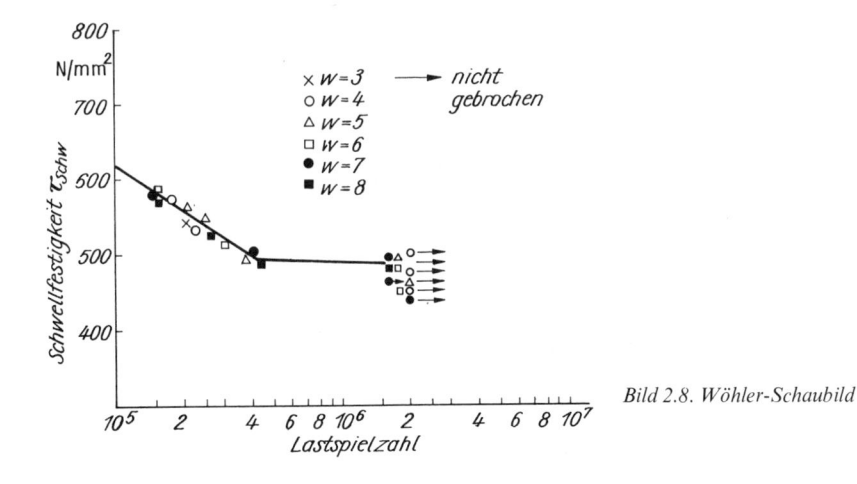

Bild 2.8. Wöhler-Schaubild

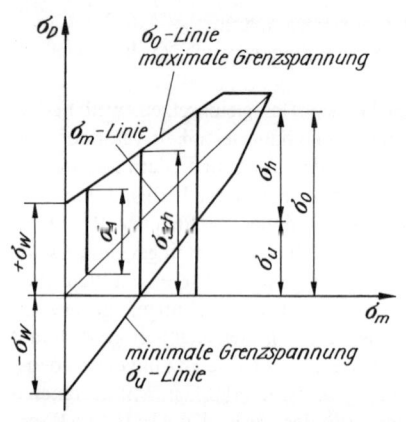

Bild 2.9. Dauerfestigkeitsschaubild nach Smith

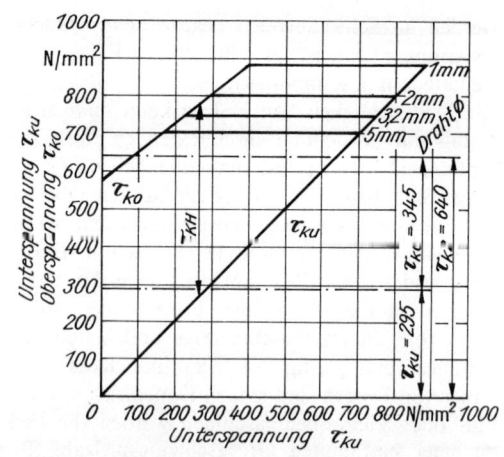

Bild 2.10. Dauerfestigkeitsschaubild für kaltgeformte Druckfedern aus vergütetem Ventilfederdraht, kugelgestrahlt (Darstellung nach Goodman)

In einem Beispiel soll für eine Schraubendruckfeder

$$\tau_{ku} = 295 \text{ N/mm}^2; \quad \tau_{ko} = 640 \text{ N/mm}^2; \quad \tau_{kh} = 345 \text{ N/mm}^2$$

betragen. Nach Bild 2.10 sind die diesem Beispiel entsprechenden Dauerfestigkeiten $\tau_0 = 800$ N/mm² und $\tau_H = 505$ N/mm². Ein Vergleich von Nennspannungen und Dauerfestigkeit zeigt, daß die Feder bei den gegebenen Beanspruchungen dauerfest ist (z. B.: $S = \tau_{kH}/\tau_{kh} = 505$ N/mm²/345 N/mm² $= 1,46$).
Die für die einzelnen Federarten bekanntgewordenen Untersuchungsergebnisse werden mit der Berechnung dieser Federn dargestellt (Abschn. 5.). Bei der Anwendung der Ergebnisse ist zu beachten, daß die meisten Dauerschwingversuche bei sinusförmigem Belastungs-Zeit-Verlauf durchgeführt wurden. Oft werden Federn jedoch einer anderen Belastungscharakteristik unterworfen (Beispiele zeigt Bild 2.11), so daß dann unter Wahl entsprechender Sicherheitsfaktoren ($S = 1,5$ bis $2,5$) die Dauerfestigkeitswerte nur für einen ersten Entwurf dienen. Auch hier sind deshalb Lebensdauerprüfungen an Funktionsmustern und Nullserienerzeugnissen unter praxisnahen Bedingungen erforderlich.
Liegen bei einzelnen Federarten und für einzelne Werkstoffe keine Dauerfestigkeitsschaubilder vor, dann muß man beim Entwurf der Federn auf Biegeschwellfestigkeits- (σ_{bSch}) oder Verdrehschwellfestigkeitswerte (τ_{tSch}) zurückgreifen. Dabei ist zu beachten, für welche Mittel- bzw. Unterspannungswerte diese Festigkeiten gelten. Hat z. B. ein Werkstoff bei Biegebeanspruchung eine Schwellfestigkeit von $\sigma_{bSch} = 400$ N/mm², dann sollte die gewählte Hubspannung 80% dieses Wertes (also $\sigma_h = 320$ N je mm²) nicht überschreiten.
In der Praxis gibt es verschiedentlich Einsatzfälle, bei denen einmal der Einbauraum für eine dauerfeste Feder nicht ausreicht und zum anderen die Lebensdauer der Feder auf die der anderen Bauteile einer Baugruppe abgestimmt sein soll. Die Feder braucht in diesen Fällen nur *zeitfest* ausgelegt zu werden. Die üblich geforderten Mindestschwingspielzahlen für zeitfeste Federn bewegen

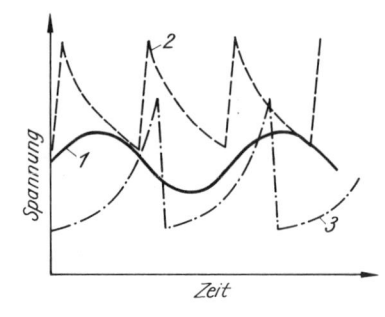

Bild 2.11. Beispiele für Spannungs-Zeit-Verläufe bei schwingender Belastung
1 sinusförmige Be- und Entlastung,
2 schlagartige Belastung, langsame Entlastung,
3 langsame Belastung und schlagartige Entlastung

sich zwischen 15 000 (z. B. bei Federn für Sportwaffen) und 50 000 (z. B. bei Kamerafedern). Werden wesentlich höhere Schwingspielzahlen ($N = 200 000$) gefordert, dann sind meist dauerfeste Federn nicht zu umgehen.

Die Ermittlung der Lebensdauer einer geeigneten Feder-Konstruktion im Zeitfestigkeitsbereich erfolgt ähnlich wie bei dauerfesten Federn durch praktische Untersuchungen. Dabei ist zu beachten, daß im Zeitfestigkeitsbereich der Streubereich der Festigkeitswerte bzw. Bruchschwingspielzahlen größer als im Dauerfestigkeitsbereich ist. Soll eine bestimmte Lebensdauer garantiert werden, dann muß auch durch geeignete konstruktive und technologische Maßnahmen eine ausreichende Sicherheit gegen vorzeitigen Bruch der Feder geschaffen werden.

2.5. Einflüsse auf das Federungsverhalten von Metallfedern

2.5.1. Entstehen und Wirken von Eigenspannungen

Wird eine Feder elastisch auf Biegung oder Verdrehung beansprucht, so ist mit Hilfe der Elastizitätslehre der Zusammenhang zwischen den sich ausbildenden Spannungen und den auftretenden Verformungen beschreibbar. Zur exakten Ermittlung der wahren örtlichen Spannungen reichen diese Berechnungen aber nicht aus. Jedes betrachtete kleine Teilchen des Werkstoffes wird von den benachbarten daran gehindert, die ihm eigene Lage einzunehmen, d. h., zu den durch äußere Einwirkungen entstandenen Spannungen kommen noch innere Spannungen dazu, die als Eigenspannungen bezeichnet werden. Man unterscheidet vier Arten [2.37] [2.56].

Eigenspannungen I. Art entstehen durch unterschiedliche elastisch-plastische Verformung und sind über makroskopische Bereiche konstant. Sie beeinflussen die physikalischen und technologischen Kennwerte des Werkstoffs. Ihre im Bauteil (Feder) vorliegende Verteilung entscheidet mit über dessen Funktionsfähigkeit.

Eigenspannungen II. Art sind solche in mikroskopisch kleinen Bereichen in und zwischen Kristallen auftretende innere Verspannungen. Betrachtet man den submikroskopischen Bereich, dann findet man Eigenspannungen III. Art, während Eigenspannungen IV. Art sich letztlich aus Beziehungen zwischen Atomen, Leerstellen und Einlagerungen im Atomgitter ergeben. Für die Federpraxis sind Eigenspannungen I. und II. Art von Bedeutung [2.56]. Sie sind im Werkstoff (Halbzeug) bereits vorhanden, entstehen bei der Federfertigung (Kaltumformung) oder werden durch besondere Verfahren absichtlich erzeugt. Im ersteren Fall können sie sowohl nützlich als auch schädlich in bezug auf Funktion und Lebensdauer sein, während im letzteren Fall die Eigenspannungen zur Verbesserung der Funktionseigenschaften und zur Erhöhung der Lebensdauer ausgenutzt werden.

2.5.1.1. Entstehung von Eigenspannungen bei der Kaltumformung des Halbzeugs zu Federn

Die Entstehung von Eigenspannungen I. Art soll am Beispiel des Wickelns von Schraubenfedern aus Draht dargestellt werden. Betrachtet man zunächst die elastische Biegung eines Drahtstückes, dann ergibt sich eine lineare Spannungsverteilung über den Drahtquerschnitt. An der äußeren Randzone liegt die größte Zugspannung und an der inneren Randzone die größte Druckspannung vor. Zur Mitte hin nehmen die Spannungen ab und erreichen in der Mitte (neutrale Faser) den Wert Null. Wird die Belastung wieder aufgehoben, dann nimmt das Drahtstück wieder seine ursprüngliche Form ein, und es bleiben keine inneren Spannungen zurück.

Soll eine Schraubenfeder gewickelt werden, dann muß der Draht plastisch verformt werden, d. h., die Fließgrenze des Werkstoffes muß überschritten werden. Der nun auftretende Spannungsverlauf ist im Bild 2.12 (rechts) dargestellt. In den meisten Bereichen (Fasern) liegen Druck- bzw. Zugspannungen vor, die über der Fließgrenze liegen. Wird die Belastung aufgehoben, dann findet eine elastische Rückfederung statt, die entlang der beiden im Bild 2.12 eingezeichneten Geraden verläuft. Die Größe der Rückfederung wird von der Elastizitätsgrenze des Federwerkstoffes beeinflußt. Weil die meisten kaltumformbaren Federwerkstoffe über eine hohe Elastizitätsgrenze verfügen, ergeben sich beim Wickeln oder Biegen hohe Rückfederungsbeträge. Nach der Entlastung liegen dann z. T. recht erhebliche Restspannungen (Eigenspannungen I. Art) vor, deren Größe sich aus der Differenz von Belastungs- und Rückfederungsspannungen ergibt.

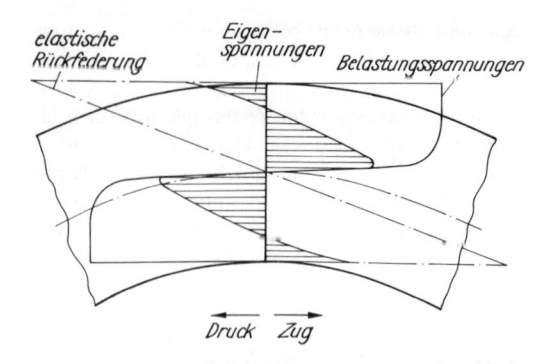

Bild 2.12. Belastungsspannungen und Biegeeigenspannungen im Draht nach dem Wickeln

Aus Bild 2.12 ist deutlich ersichtlich, daß an der Krümmungsinnenseite große Zugeigenspannungen und an der Krümmungsaußenseite große Druckeigenspannungen vorliegen. Die in den äußeren Fasern aufgebauten Eigenspannungen sind den vorher wirkenden Belastungsspannungen entgegengerichtet. In einem bestimmten Abstand von der Oberfläche findet man einen eigenspannungsfreien Zustand, während in der Nähe der neutralen Faser die Eigenspannungen wieder mit den Belastungsspannungen gleichgerichtet sind.

Eigenspannungen resultieren letztlich daraus, daß die einzelnen Werkstoffbereiche, über den Querschnitt verteilt betrachtet, unterschiedlich hoch belastet und verformt werden. In den äußeren beginnt z. B. die plastische Verformung zuerst, während weiter innen die Fließgrenze noch nicht überschritten wurde. Erst später setzt dann in den weiter innen liegenden Bereichen die Verformung ein.

Bei Entlastung sind alle Bereiche bestrebt, ihre ursprüngliche Lage wieder einzunehmen. Der unterschiedliche Grad der Verformung führt jedoch dazu, daß die äußeren von den inneren Bereichen an der Rückverformung gehindert werden. Dieser Umstand führt zur Ausbildung eines Eigenspannungszustandes.

Die Größe der nach der Entlasung zurückbleibenden Eigenspannungen ist, wenn auch nicht uneingeschränkt, eine Funktion der Streckgrenze des Werkstoffs. Solange nur kleine Teile des Querschnitts plastisch und andere elastisch verformt werden, bleiben die Eigenspannungen relativ klein. Wird der halbe Querschnitt plastisch verformt ($\varrho = r/2$ entsprechend Bild 2.13), dann erreichen die Rand-

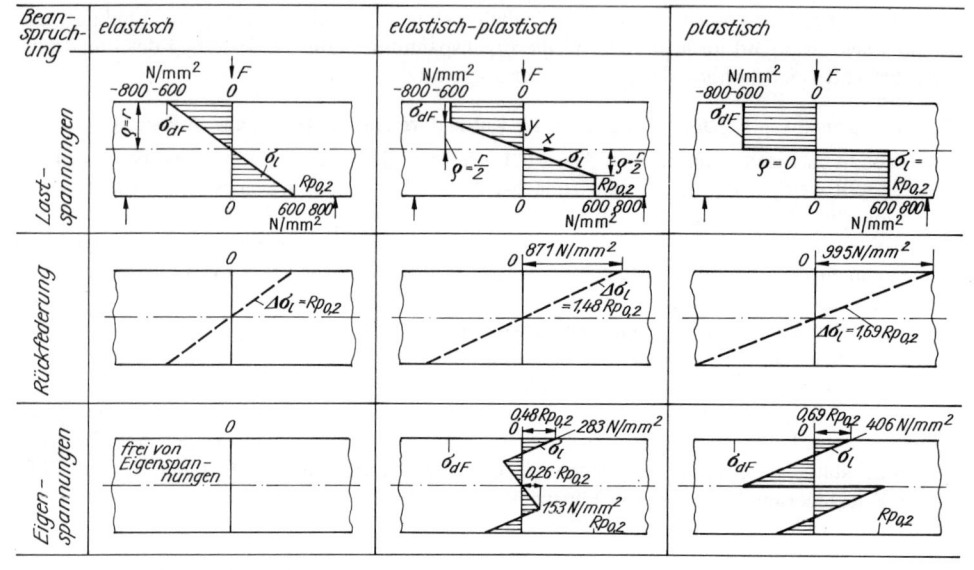

Bild 2.13. Ermittlung und Verteilung von Eigenspannungen in Drähten nach überelastischem Biegen nach [2.37]
σ_{dF} Druckfließgrenze

spannungen schon den Betrag von $0{,}48 \cdot R_{p\,0{,}2}$. Das Maximum wird nach einer vollplastischen Verformung erreicht, wobei Eigenspannungen von $0{,}69 \cdot R_{p\,0{,}2}$ zurückbleiben.
Diese Betrachtung gilt jedoch nur für Werkstoffe mit ideal elastisch-plastischem Verhalten. Da sich die meisten Federwerkstoffe bei der plastischen Verformung verfestigen und andererseits die Rückfederung nicht rein elastisch vorsichgeht (Bauschingereffekt), ergeben sich nach einmaliger plastischer Verformung nur 50 bis 60% der nach Bild 2.14 zu erwartenden Eigenspannungen. Erst nach mehrmaliger plastischer Verformung tritt das Maximum auf.

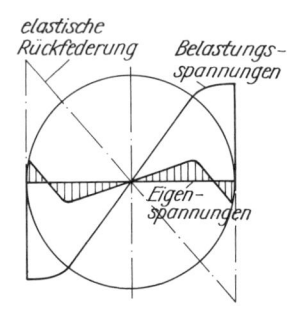

Bild 2.14. Eigenspannungszustand nach der plastischen Verdrehung (dem Vorsetzen) eines geraden Stabes

Bei der Herstellung aller kaltgeformten Federn aus federharten Werkstoffen entstehen entsprechende Eigenspannungen, die die spätere Funktion der Feder beeinflussen.

2.5.1.2. Erzeugen von Eigenspannungen

Zur günstigen Beeinflussung der Federeigenschaft wird oft eine bestimmte Eigenspannungsverteilung gewünscht, die durch Vorsetzen und/oder durch eine Oberflächenverfestigung erzielt werden kann.
Das *Vorsetzen* als eine Art Training wurde von der Federbelastung abgeleitet. Wird bei der Federbelastung die Elastizitätsgrenze des Werkstoffs überschritten, dann tritt in Abhängigkeit vom Maß der Spannungsüberschreitung eine bleibende Verformung auf. Die Feder „setzt sich". Um das Setzen während des Betriebszustandes zu vermeiden bzw. in Grenzen zu halten, wird bei vielen Federn am Ende der Herstellung eine überelastische Beanspruchung, das *Vorsetzen*, vorgenommen. Im Bild 2.14 ist die Spannungsverteilung bei überelastischer Verdrehung, also beim Vorsetzen eines geraden Stabes, dargestellt. Nach der Rückfederung bleiben die dargestellten Eigenspannungen zurück. Bei dem im Bild 2.14 dargestellten Beispiel handelt es sich nur um eine teilweise elastisch-plastische Verformung. Würde der gesamte Querschnitt plastisch verformt, dann kann die Randeigenspannung theoretisch 1/3 der Schub-Fließgrenze erreichen.
Weiterhin sind Eigenspannungen in der Randzone durch eine Verfestigung der Oberfläche erzielbar. Die Druckeigenspannungen in den Randzonen können sowohl mit mechanischen Verfahren, wovon das *Kugelstrahlen* (Strahlen mit gerundetem Drahtkorn) bei Federn das verbreitetste ist, als auch mit Wärmebehandlungsverfahren aufgebaut werden. Diese Druckeigenspannungen, die im Kern Zugeigenspannungen bewirken, üben bei vielen Federarten sowohl bei statischer als auch dynamischer Belastung einen günstigen Einfluß auf die Lebensdauer aus.

2.5.1.3. Abbau von Eigenspannungen

Eigenspannungen können durch ein Spannungsfreiglühen bei einer Temperatur von 550 bis 650 °C beseitigt werden, wobei die Federn jedoch einen bestimmten Verzug erleiden. Bei den meisten Federn aus federharten Werkstoffen ist eine Wärmebehandlung bei diesen relativ hohen Temperaturen nicht anwendbar, weil damit gleichzeitig ein Festigkeitsabfall verbunden ist. Ist ein Eigenspannungsabbau unbedingt erforderlich, dann muß entweder ein Kompromiß eingegangen und die Entspannungstemperatur vertretbar niedrig gehalten werden oder die Federn müssen aus weichen Werkstoffen gefertigt und am Schluß der Herstellung vergütet werden.

Bild 2.15 zeigt z. B. die Wickeleigenspannungen von Schraubenfedern vor und nach einer Erwärmung. Daraus ist ersichtlich, daß durch eine Erwärmung auf 250 °C etwa 50% der Wickeleigenspannungen abgebaut werden.

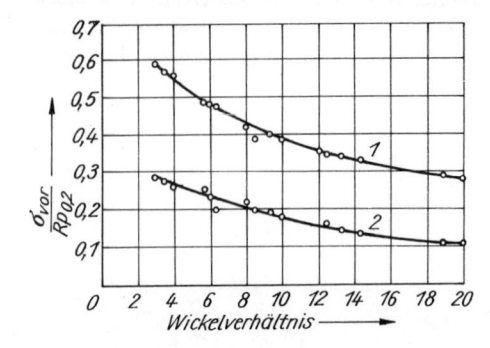

Bild 2.15. Wickeleigenspannungen vor (1) und nach (2) einer Erwärmung nach [2.44]

2.5.1.4. Berücksichtigungen von Eigenspannungen beim Entwurf

Die Berücksichtigung von Eigenspannungen I. Art ist bei den meisten Federn, sowohl kaltgeformten aus federharten Werkstoffen als auch kalt- oder warmgeformten Federn mit Schlußvergütung, erforderlich. Je nach der Beschaffenheit
— Verteilung der Eigenspannungen im Ruhezustand der Feder
— Spannungsverteilung bei Federbeanspruchung

ergibt sich eine günstige oder ungünstige Beeinflussung der Federeigenschaften. Erstere wird zur Senkung des Werkstoffeinsatzes bzw. Erhöhung der Lebensdauer ausgenutzt, während letzterem durch entsprechende Maßnahmen (Werkstoffeinsatz, Technologie) vorgebeugt werden muß. Bei der Einschätzung muß weiterhin die Art der Eigenspannungen beachtet werden. Druckeigenspannungen wirken sich in der Regel nicht funktionsmindernd aus, weil die meisten Werkstoffe, insbesondere Stahl, eine höhere Druck- als Zugelastizitätsgrenze besitzen. Dagegen sind Zugeigenspannungen oft funktionsbeeinträchtigend, sofern sie nicht durch den Aufbau von Druckeigenspannungen (z. B. durch Kugelstrahlen) kompensiert werden können.

Druck- und Zugfedern

Infolge des Wickelns bzw. Windens liegt bei Druck- und Zugfedern ein Eigenspannungszustand nach Bild 2.15 vor. Die Biegeeigenspannung σ_{vor} setzt nach *Otzen* [2.44] die Schubfließgrenze τ_S wie folgt herab

$$\tau_S = 0{,}58 \cdot R_{p\,0,2} \sqrt{1 - (\sigma_{vor}/R_{p\,0,2})^2} \,. \tag{2.5}$$

Jahrelange Erfahrungen, die auch durch viele Untersuchungen bestätigt wurden, ergaben, daß die Schubelastizitätsgrenze $\tau_{0,04}$ nichtangelassener Druck- und Zugfedern, bei denen sich die Biegeeigenspannungen voll auswirken, zwischen $0{,}32 \cdot R_m$ und $0{,}39 \cdot R_m$ liegt. So kommt es, daß unangelassene Druck- und Zugfedern mit einer maximalen Werkstoffbeanspruchung τ_{Bl} bzw. $\tau_n < 0{,}3 \cdot R_m$ trotz des Einflusses von Biegeeigenspannungen bei statischer Beanspruchung relativ funktionssicher sind. Diese Tatsache wird bei einer Vielzahl von Federn für die Büromaschinenindustrie voll ausgenutzt. Trotz der niedrigen Werkstoffbeanspruchung kommt es aber in einigen Fällen zu unerwünschten Funktionseigenschaften. So ist im Bild 2.16 eine Druckfeder dargestellt, die nur gering ausgelastet ist. Auf einer Seite sind die Endwindungen zu dem Zweck verjüngt, daß sie in eine Nut des ebenfalls dargestellten Drehknopfes einfedern und damit die Feder arretieren können. Dazu ist jedoch erforderlich, daß sich die Endwindungen beim Schieben über den Schaft des Drehknopfes nicht plastisch verformen. Gerade das trat auf, weil sich die vom Wickeln herrührenden Eigenspannungen mit den Belastungsspannungen beim Aufweiten überlagerten (s. Ausführungen nachfolgend bei Drehfedern) und dabei die Streckgrenze überschritten wurde. Es mußte deshalb bei dieser Feder trotz der niedrigen Werkstoffauslastung in der späteren Funktion ein Erwärmen zum

2.5. Einflüsse auf das Federungsverhalten von Metallfedern

Eigenspannungsabbau eingeführt werden. In jedem Fall ist ein Erwärmen zum Eigenspannungsabbau erforderlich, wenn niedrig ausgelastete Druck- und Zugfedern schwingend beansprucht werden, weil die Wickeleigenspannungen dauerfestigkeitsmindernd wirken. Werden Druck- und Zugfedern höher beansprucht ($\tau_n > 0{,}3 \cdot R_m$), dann ist eine Wärmebehandlung zum Eigenspannungsabbau bei kaltgeformten Federn aus federharten Werkstoffen unvermeidbar. Die Höhe der Temperatur und die Haltedauer werden vom Werkstoff und der Federart bestimmt (s. hierzu Abschn. 3.4.).

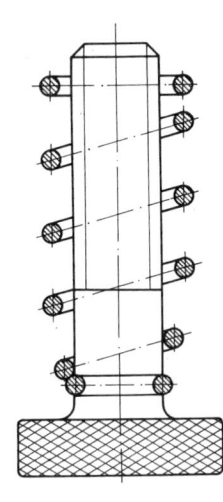

Bild 2.16. Druckfeder für Drehknopf

Die Wickeleigenspannungen können selbstverständlich durch eine Schlußvergütung der Federn vollständig abgebaut werden. Deshalb sind die Setzerscheinungen bei schlußvergüteten Druckfedern geringer als bei Federn aus vergütetem Draht. Da jedoch das Vorsetzen von Druckfedern keine Schwierigkeiten bereitet, wird oft der wirtschaftlicheren Herstellung aus vergütetem Draht der Vorzug gegeben.

Wenn die Werkstoffbeanspruchung bei Druckfedern infolge des nur beschränkt zur Verfügung stehenden Einbauraums auf $0{,}45 \cdot R_m$ bis $0{,}6 \cdot R_m$ erhöht werden muß, dann ist zusätzlich zum eventuell nötigen Eigenspannungsabbau noch ein Vorsetzen nötig (s. a. Abschn. 3.5.). Dieses kann je nach Verwendungszweck der Feder bei Raumtemperatur oder bei erhöhten Temperaturen (Warmsetzen) durchgeführt werden.

Drehfedern und Ringe

Drehfedern und Ringe (Sprengringe, Kolbenbolzensprengringe usw.) werden auf Biegung beansprucht. In welcher Weise sich dabei Eigenspannungen auswirken, hängt wesentlich von der Beanspruchungsrichtung ab. Bild 2.17 enthält die Eigenspannungs- und Belastungsspannungs-Verteilung bei Drehfedern aus federharten Werkstoffen, die in schließender Weise beansprucht werden. Bei dieser Beanspruchungsweise sind Eigenspannungen und Belastungsspannungen entgegengesetzt gerichtet, so daß die resultierenden Spannungen kleiner als bei fehlenden Eigenspannungen sind. Aus den Randzonen wurden die maximalen Spannungen zum Inneren des Drahtquerschnitts der Feder verdrängt. Der Einfluß der Oberflächenbeschaffenheit auf die Dauerfestigkeit wird abgeschwächt. Es ist weiterhin zu erkennen,

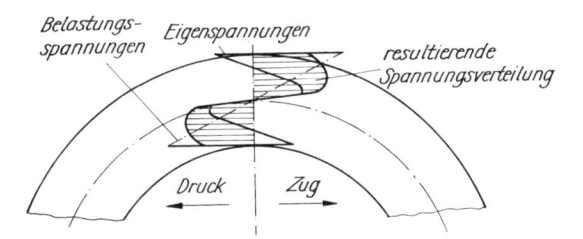

Bild 2.17. Spannungsverteilung bei in schließender Weise belasteten Drehfedern

daß ein großer Teil des Querschnitts eine relativ gleichmäßige Belastung erfährt. Die Wickeleigenspannungen, die bei der Herstellung entstehen, üben somit einen günstigen Einfluß auf Drehfedern und Ringe aus, wenn sie schließend beansprucht werden. Ein Eigenspannungsabbau ist deshalb bei solchen Federn aus federharten Werkstoffen, die beim Erwärmen keinen Aushärtungseffekt zeigen (z. B. bei vergüteten Drähten, Cu-Sn- und Cu-Zn-Legierungen), nicht notwendig.

Werden schließend belastete Drehfedern und Ringe aus patentiert und kalt gezogenen Drähten hergestellt, dann erhebt sich die Frage nach dem größeren Einfluß auf die Elastizitätsgrenze. Wird er von der Reckalterung des Werkstoffs, die hier mit einem Abbau nützlicher Eigenspannungen verbunden ist, oder von der Beibehaltung der Eigenspannungsverteilung ausgeübt? Aus Erfahrungen ergibt sich, daß bis zu Biegespannungen von $0{,}75 \cdot R_m$ der unangelassene Zustand ausreicht. Bei Beanspruchungen über $0{,}75 \cdot R_m$ ist bei diesem Werkstoff ein Erwärmen zu empfehlen, weil der Einfluß der Reckalterung größer als der durch den dabei auftretenden Eigenspannungsabbau ist. Ein Erwärmen ist jedoch immer erforderlich, wenn es zur Stabilität der Federenden beiträgt, die oft als kompliziert gestaltete Schenkel vorzufinden sind.

Des weiteren ist zu beachten, daß bei der Kaltumformung aus federharten Werkstoffen nur bei kleinen Wickelverhältnissen der gesamte Querschnitt plastisch verformt wird. Die theoretisch möglichen maximalen Eigenspannungen sind infolge des Bauschingereffektes durch einmalige Verformung nicht erzielbar. Aus diesem Grunde kann auch bei Drehfedern ein Vorsetzen erforderlich werden (z. B., wenn die Beanspruchung die Zugfestigkeit R_m überschreitet).

Andere Verhältnisse ergeben sich bei einer Beanspruchung von Drehfedern im öffnenden Sinn. Bild 2.18 läßt erkennen, daß Eigenspannungen und Belastungsspannungen in den Randzonen gleichgerichtet sind. Sie addieren sich, wodurch eine wesentlich höhere Werkstoffbeanspruchung als bei schließendem Belastungssinn zustande kommt. Zudem liegen die Maximalspannungen noch in der äußeren Randzone, so daß die Auswirkung der Oberflächenbeschaffenheit auf die Dauerfestigkeit voll zur Geltung kommt. Bei dieser Belastungsrichtung ist ein Eigenspannungsabbau durch Erwärmen unbedingt erforderlich. Ein Vorsetzen ist zu empfehlen.

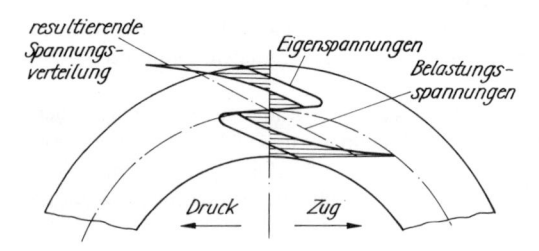

Bild 2.18. Spannungsverteilung bei in öffnender Weise belasteten Drehfedern

Flachformfedern

Bild 2.19 zeigt drei verschiedene Flachformfedern und ihre Belastungsrichtung. Die Federform A wurde zunächst aus vergütetem Federband Ck 67 hergestellt. Nach Lebensdaueruntersuchungen, deren Ergebnis unbefriedigend war, wurde eine andere Stahlmarke gewählt, die Oberfläche und die Kanten poliert. Die Maßnahmen brachten jedoch nicht den gewünschten Erfolg. Grund für das erfolglose Bemühen, die Dauerfestigkeit zu steigern, war die gewählte Belastungsrichtung. Sie war der vorhergehenden Verformung entgegengerichtet und führte so zu einer Addition von Eigen- und Be-

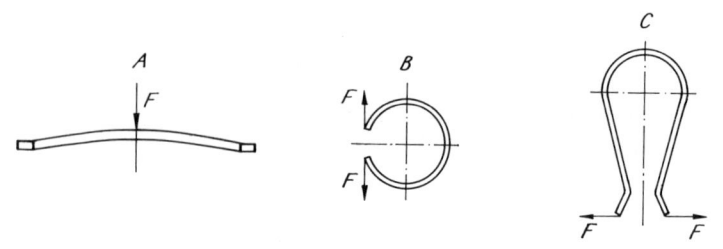

Bild 2.19. Verschiedene Flachformfedern mit Angabe der Belastungsrichtung

lastungsspannungen. Die Zugeigenspannungen an der Unterseite der Feder wirken also bei dieser Federform und -beanspruchung dauerfestigkeitsmindernd. Ein Eigenspannungsabbau durch Erwärmen bei 300 °C erhöhte die Lebensdauer und wies den richtigen Weg, die Feder aus weichem Bandstahl zu fertigen und schlußzuvergüten.

Die Feder der Form B wurde ebenfalls aus vergütetem Band hergestellt. Beim Einsatz ergaben sich jedoch unzulässig hohe „Setz"-Werte, so daß die Federn schlußvergütet werden mußten. Sie erfüllten dann alle Qualitätsanforderungen. Werden Federn dieser Art schließend belastet, so führen bei der Herstellung aus federhartem Band die Eigenspannungen zu einer Erhöhung der Lebensdauer.

Die Feder der Form C wird üblicherweise aus weichem Bandstahl hergestellt und vergütet. Es soll nun zwecks Erhöhung der Korrosionsbeständigkeit die Möglichkeit des Einsatzes von federhartem Band X12CrNi17 7 untersucht werden. Diese Variante ist, abgesehen von den Fertigungsschwierigkeiten infolge der auftretenden großen Rückfederung, nicht realisierbar. Auch hier führen die Eigenspannungen zu einer Vergrößerung der Werkstoffbeanspruchung. Ein teilweiser Abbau der Eigenspannungen bringt auch keinen Erfolg. Als Ausweg bleibt nur der Einsatz eines härtbaren nichtrostenden Stahles, z. B. X20Cr13, übrig.

Aus diesen drei Beispielen ist deutlich zu erkennen, daß bei Flachformfedern die Eigenspannungen über den Werkstoffeinsatz und die Technologie entscheiden können. Das ist besonders deshalb der Fall, weil bei vielen Federformen ein Vorsetzen (z. B. bei den Formen B und C) schlecht möglich ist. Bei einfachen Federformen (Form A) ist ein Vorsetzen zum Erhöhen der Belastbarkeit meist anwendbar. Der Konstrukteur muß beim Federentwurf auch diese Zusammenhänge beachten und bei der Werkstoffauswahl berücksichtigen.

Spiralfedern, Tellerfedern, Drehstabfedern

Für *Spiralfedern* gilt das bei Drehfedern Erwähnte analog. Schon seit Jahrzehnten ist bekannt, daß kaltgeformte Spiralfedern aus vergüteten Federbändern bis zu Biegespannungen belastet werden dürfen, die der Zugfestigkeit entsprechen bzw. diese bis zu 30% überschreiten. Das liegt in dem mit der Kaltumformung aufgebauten Eigenspannungszustand begründet. Beispielsweise wird bei üblichen Spiralfedern ohne Windungszwischenraum das federharte Band teilweise vollplastisch verformt. Die nach der Rückfederung vorliegende Biegeeigenspannungsverteilung ist günstig, weil die spätere Beanspruchung in der gleichen Richtung erfolgt.

Federn, die aus weichem Bandstahl hergestellt und schlußvergütet werden, sind nicht so hoch belastbar. Ihre Werkstoffauslastung läßt sich aber durch Vorsetzen verbessern. Das Vorsetzen kann jedoch bei Spiralfedern mit Windungsabstand, die bisher aus weichgeglühtem Bandstahl hergestellt wurden, durch Änderung des Werkstoffzustands eingespart werden. Man setzt federharte Werkstoffe mit geeigneten Festigkeitseigenschaften ein und bekommt nach der plastischen Verformung und Rückfederung den günstigen Eigenspannungszustand. Wie bei Drehfedern sind Verformungs- und Belastungsrichtung zu beachten.

Tellerfedern werden meist aus weichem Bandstahl hergestellt und anschließend vergütet. Beim Vergüten entstehen Druckeigenspannungen in Höhe von 300 bis 500 N/mm². Sie können die bei Belastung entstehenden Zugspannungen mindern und zur Erhöhung der Lebensdauer beitragen. In gleicher Weise wirken sich Druckeigenspannungen aus, die durch eine Oberflächenverfestigung (Kugelstrahlen) erzielt werden.

Durch ein Vorsetzen bilden sich an der inneren Oberkante (s. Bild 2.20) sehr große Zugeigenspannungen. Sie kompensieren teilweise die bei Belastung dort auftretenden Druckspannungen.

Gering sind dagegen die an der Unterseite vorhandenen Druckeigenspannungen, die nur wenig zur Verbesserung der Funktionseigenschaften beitragen.

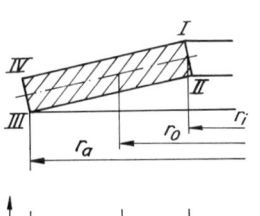

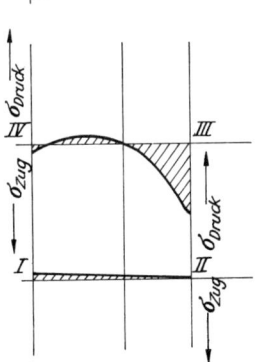

Bild 2.20. Eigenspannungsverteilung bei vorgesetzten Tellerfedern

Drehstabfedern können sowohl in einer Richtung (schwellend) als auch in zwei Richtungen (wechselnd) beansprucht werden. Nur in einer Richtung beanspruchte Drehstabfedern werden durch Vorsetzen mit Eigenspannungen versehen, die die späteren Belastungen mindern (Bild 2.14). Dadurch wird eine höhere Werkstoffauslastung erreicht. So empfiehlt z. B. DIN 2091 für Drehstabfedern mit einer Zugfestigkeit von $R_m = 1600 - 1800$ N/mm² folgende zulässigen Schubspannungen:

nicht vorgesetzte Stäbe: $\tau_{zul} = 700$ N/mm²
vorgesetzte Stäbe: $\tau_{zul} = 1020$ N/mm².

Wichtig ist, daß vorgesetzte Drehstabfedern mit der Vorsetzrichtung gekennzeichnet werden.
Mit dem Eigenspannungsaufbau wird auch eine höhere Dauerfestigkeit erzielt. *Schremmer* [2.38] stellte fest, daß eine plastische Verformung von 2% durch Vorsetzen zu 20% höheren und von 4% zu 50% höheren Bruchschwingspielzahlen führte.

2.5.2. Kriechen und Relaxation

Sobald bei der Belastung von Federn die auftretende Spannung die Elastizitätsgrenze des Werkstoffs erreicht und überschreitet, tritt in Abhängigkeit vom Betrag der Spannungsüberschreitung eine plastische Verformung auf, die sich in einem „Sitzenbleiben" der Feder äußert. Die Feder „setzt" sich. Das Setzen äußert sich z. B. bei Druck- und Tellerfedern in einer Verringerung der Länge im ungespannten Zustand und bei Zugfedern in einer Abnahme der inneren Vorspannkraft. Die ursprünglich bei einer bestimmten gespannten Länge vorhandene Federkraft wird kleiner. Die Veränderung der Feder, der sogenannte Setzbetrag, nimmt mit steigender Überschreitung der Elastizitätsgrenze zu. Tritt das Setzen während des Betriebes der Federn auf, dann führt diese Beeinträchtigung der Federfunktion nicht selten zu Betriebsstörungen bzw. völligem Ausfall des Gerätes oder der Maschine.
Der beschriebene Vorgang ist sowohl von der Dauer als auch von der Häufigkeit (Anzahl der Belastungen) der Belastungseinwirkung abhängig und wird als Kriechen bzw. Relaxation des Werkstoffs bezeichnet.
Kriechen des Werkstoffs einer Feder ist die zeitliche Verformungsänderung, die sich bei Einwirken einer konstanten Spannung einstellt (2.21). Sie äußert sich bei einer mit einer konstanten Kraft über die Elastizitätsgrenze hinaus belasteten Feder in einer Längenänderung (z. B. Verändern der ungespannten Länge L_0 einer Druckfeder), die am Anfang der Dauerbelastung am größten ist (Bild 2.22), mit zunehmender Zeit des Einwirkens abnimmt und schließlich einem Grenzwert zustrebt. Dieser Grenzwert wird in dem im Bild 2.22 dargestelltem Beispiel nach 80stündiger Belastung erreicht. Der Kriechbetrag

$$\Delta L = L_0 - L_0(t_x), \qquad (2.6)$$

der sich während der Zeit t_x der Dauerbelastung einstellt, ist die Differenz zwischen den Federlängen L_0 zu Belastungsbeginn und $L_0(t_x)$ nach Einwirken der Belastung über den Zeitraum t_x.

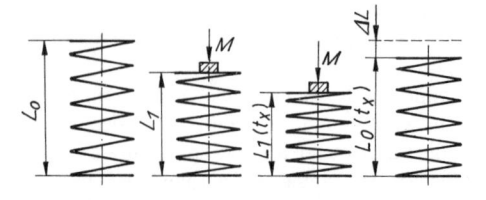

Bild 2.21. Schematische Darstellung des Kriechens

Bild 2.22. Kriechkurve einer Druckfeder, bezogen auf die Längen L_0 und L_1

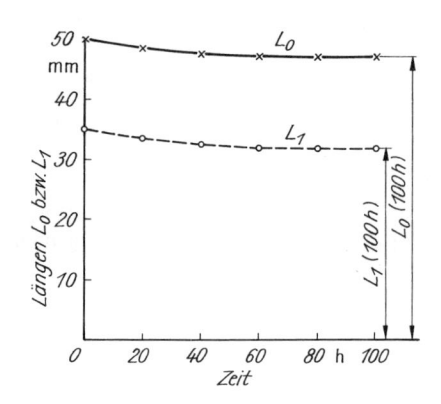

2.5. Einflüsse auf das Federungsverhalten von Metallfedern

Zur Aufnahme einer Kriechkurve nach diesem Verfahren muß man jedoch die Feder von Zeit zu Zeit entlasten, um die Länge im ungespannten Zustand zu messen. Deshalb ist es einfacher und auch genauer, die Änderungen der gespannten Länge L_1 während der Dauerbelastung zu ermitteln (Kurve 2 im Bild 2.22). Zu einer verallgemeinerungsfähigen Aussage eignet sich das auf den ursprünglichen Federweg $s_1 = L_0 - L_1$ bezogene Ergebnis

$$\text{Kriechen} = (\Delta L_1 \cdot 100\%)/s_1 \,. \tag{2.7}$$

Bei Federn, die im Maschinen- und Gerätebau als Ruheelemente oder zur Dämpfung von Schwingungen (Fahrzeugbau) eingesetzt werden, kann der Verlust der Vorspannkraft dazu führen, daß für zusätzliche Belastungen wie das Abfedern von Stößen im Betriebszustand der Maschine oder des Fahrzeugs keine ausreichende Federung mehr gegeben ist. Im Regelfall darf deshalb das Kriechen nach Gleichung (2.7) nicht mehr als 6% betragen. Für manche Anwendungen werden auch höhere Anforderungen gestellt.

Relaxation des Werkstoffs einer Feder ist der zeitliche Spannungsverlust, der sich bei Einwirken einer konstanten Verformung einstellt. Bei einer auf eine bestimmte Länge gespannten Feder äußert sich diese Erscheinung in einem Kraftverlust. Bild 2.23 enthält die schematische Darstellung der Dauer-

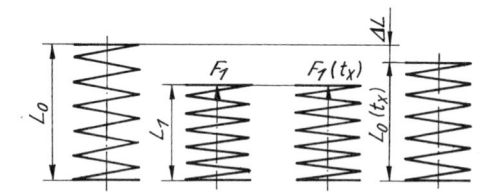

Bild 2.23. Dauerbelastung einer Druckfeder mit konstanter Einbaulänge

belastung einer Druckfeder bei einer konstanten Einspannlänge L_1. Analog dem Kriechen findet auch hier eine Verringerung der ungespannten Länge statt, wobei sich mit zunehmender Belastungsdauer ein Grenzwert einstellt. Um Meßfehler zu vermeiden, sollte während des Versuchs die Federkraft gemessen werden. Dadurch ist ein ständiges Be- und Entlasten der Versuchsfeder vermeidbar. Als Relaxation wird der Kraftverlust $\Delta F = F_1 - F_1(t_x)$ bezogen auf die Ausgangskraft F_1 angegeben.

$$\text{Relaxation} = (\Delta F \cdot 100\%)/F_1 \,. \tag{2.8}$$

Bild 2.24 zeigt den zeitlichen Verlauf des Kraftverlustes (Relaxation) einer Zugfeder. Wie schon im Bild 2.23 schematisch dargestellt, ist die Relaxation am Anfang der Belastung groß und nimmt mit zunehmender Dauer ab. Ein nicht unerheblicher Meßfehler entsteht bei Kriech- bzw. Relaxationsuntersuchungen durch den Einfluß der Prüftemperatur. Sie sollte konstant gehalten werden, insbesondere dann, wenn Federn aus Werkstoffen untersucht werden sollen, deren Elastizitäts- und Gleitmodul temperaturabhängig ist (s. Abschnitt 2.5.3.1.).

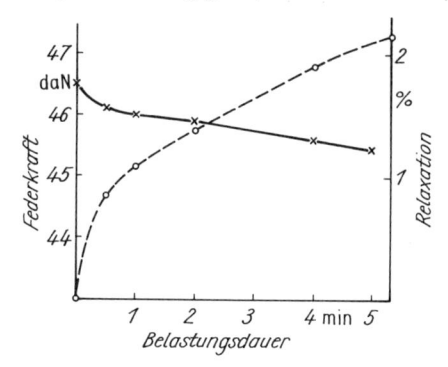

Bild 2.24. Verlauf des Kraftverlustes bzw. der Relaxation bei einer Zugfeder C 2,8 × 25 × 32 ($L_1 = 363$ mm) aus patentiertem Federstahldraht

2.5.3. Einfluß der Arbeitstemperatur

Die Höhe der Arbeitstemperatur kann die Funktion der Feder erheblich beeinflussen. Die für die Federfunktion wichtigen Werkstoffeigenschaften Elastizitäts- und Streckgrenze sowie Elastizitäts-

und Gleitmodul hängen von der Temperatur ab. Ihre Werte nehmen bei den meisten Federwerkstoffen mit steigender Temperatur ab. Tafel 2.23 enthält dazu einige Beispiele. Bei Arbeitstemperaturen unter 0 °C nimmt die Festigkeit bei gleichzeitiger Abnahme der Zähigkeit zu. Damit steigt jedoch die Bruchgefahr.

Tafel 2.23. *Einfluß der Arbeitstemperatur auf die 0,2-Dehngrenze und DMV-Kriechgrenze bei verschiedenen Federstählen*

Stahlsorte	Zugfestigkeit N/mm²	0,2-Dehngrenze $R_{0,2}$ in N/mm² bei °C mindestens				DVM-Kriechgrenze in N/mm² bei °C mindestens			
		100	200	300	400	400	450	500	550
67SiCr5	1500 bis 1700	1100	1000	900	—	—	—	—	—
50CrV4	1350 bis 1700	1000	1000	900	—	—	—	—	—
45CrMoV67	1400 bis 1700	1050	950	850	700	490	315	—	—
30WCrV179	1400 bis 1700	1100	1000	900	750	540	410	295	—
65WMo348	1400 bis 1700	1100	1000	900	800	590	460	345	195

Beispiele für die Änderung des Elastizitäts- und Gleitmoduls enthalten die Bilder 2.25 und 2.26. Der Konstrukteur muß beim Entwurf deshalb meist zwei Zustände der Feder beachten, den bei Raumtemperatur zum Zweck der Herstellung und Prüfung und den späteren bei Betriebstemperatur.

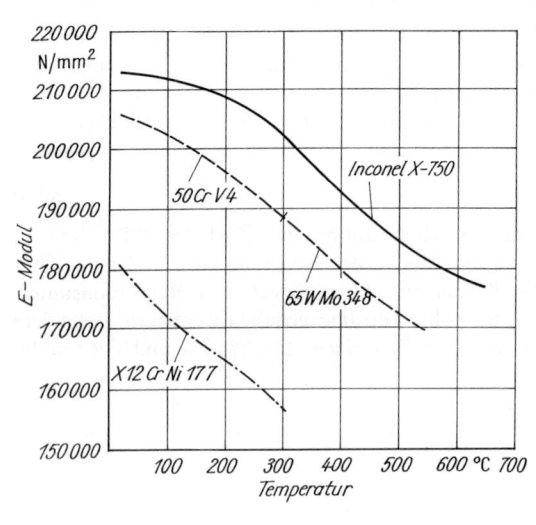

Bild 2.25. Abhängigkeit des E-Moduls von der Temperatur bei verschiedenen Werkstoffen

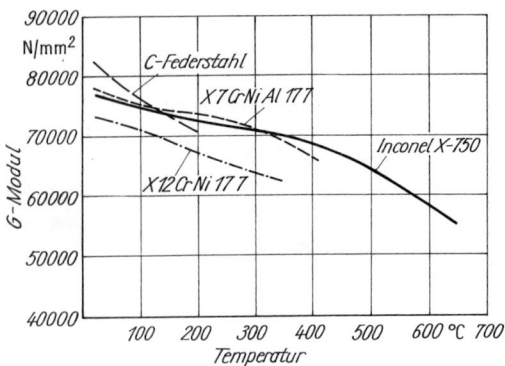

Bild 2.26. Abhängigkeit des G-Moduls von der Temperatur bei verschiedenen Werkstoffen

2.5.3.1. Verhalten von metallischen Federwerkstoffen bei erhöhten Arbeitstemperaturen

Die im Abschn. 2.5.2. beschriebenen plastischen Erscheinungen Kriechen und Relaxation finden noch ausgeprägter bei erhöhten Temperaturen statt. Die für Federn zu wählende zulässige Spannung ist deshalb sowohl von der Temperatur als auch von der Belastungsdauer abhängig. Voraussetzung zu ihrer Festlegung sind Relaxationsversuche über die erforderliche Zeitdauer bei den geforderten Temperaturen für den bestimmten Werkstoff. In der Praxis reicht oft eine Untersuchung über 48 Stunden aus. Bild 2.27 zeigt den prinzipiellen Verlauf von Relaxation und Relaxationsgeschwindigkeit in Abhängigkeit von der Belastungsdauer. Am Anfang ist die Änderung beider Werte groß, aber bereits nach 30 Stunden klingt sie ab, und die Werte nähern sich Grenzwerten.

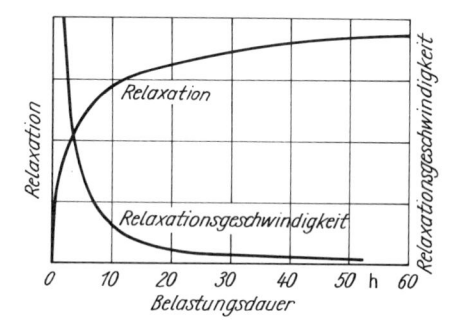

Bild 2.27. Prinzipieller Verlauf der Relaxation und Relaxationsgeschwindigkeit in Abhängigkeit von der Belastungsdauer bei Druckfedern

Tafel 2.24 enthält eine Übersicht über Grenztemperaturen verschiedener metallischer Federwerkstoffe. Manche Werkstoffe besitzen gleiche Werte, so daß für die Werkstoffauswahl dann andere Kriterien (Korrosionsbeständigkeit, Effektivität usw.) entscheidend sind.

Für viele Anwendungen reicht Kohlenstoff-Federstahl aus, wie z. B. in Form von patentiert und kaltgezogenen Drähten. Bild 2.28 zeigt den Einfluß der Arbeitstemperatur auf die Relaxation von Druckfedern aus diesem Material in Abhängigkeit von der Anfangsbeanspruchung nach 48stündiger Belastungsdauer. Es ist ersichtlich, daß die Relaxation bei 40 °C bereits das Doppelte von der bei 20 °C erreichten beträgt. Bei 80 °C beträgt sie schon 10%. Ähnlich sind die Verhältnisse bei Druckfedern aus vergütetem, unlegiertem Ventilfederdraht (Bild 2.29), wobei bei Temperaturen über 80 °C die Relaxation noch höhere Werte erreicht.

Tafel 2.24. Maximale Grenztemperatur für verschiedene Werkstoffe

Werkstoff	Maximale Arbeitstemperatur °C
Kohlenstoff-Federstahl	80 (120—175)[1])
50CrV4	160 (200)[1])
67SiCr5	160 (240)[1])
X12CrNi17.7	200 (300)[1])
X7CrNiAl17.7	250 (350)[1])
45CrMoV67	450
30WCrV17.9	500
65WMo34.8	550
Cu—Zn- und Cu—Sn-Legierungen	65 (90)
Cu—Be-Legierungen	150
Monel 400	175 (200)
Inconel X-750	475—650
Nimonic 90	550
Duratherm 600	500 (600)
Ti-Legierungen	550

[1]) warmgesetzt

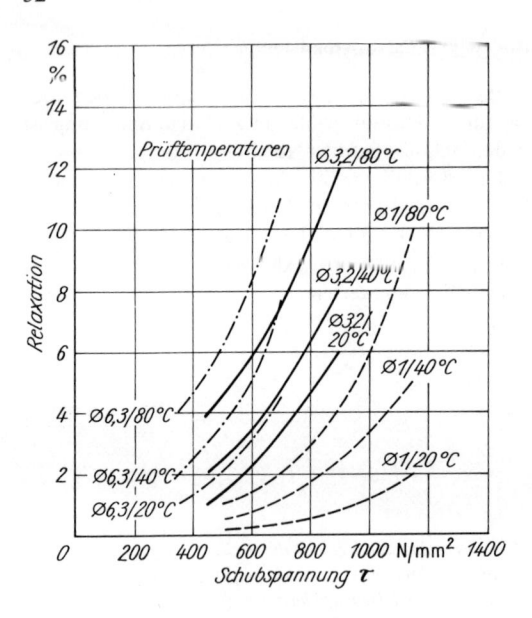

Bild 2.28. Relaxation von kaltgeformten Druckfedern aus Federstahldraht Sorte C, vorgesetzt bei Raumtemperatur, in Abhängigkeit von der Schubspannung nach 48 Stunden

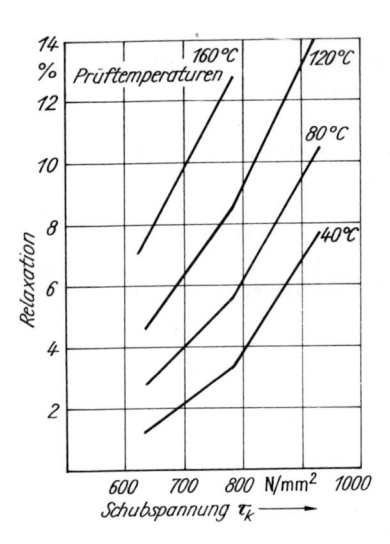

Bild 2.29. Relaxation von Druckfedern aus vergütetem Ventilfederdraht mit $d = 3{,}8$ mm (Oteva 31 nach [2.46]), vorgesetzt bei Raumtemperatur, nach 300 Stunden

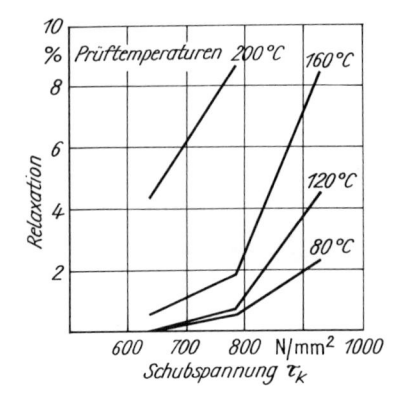

Bild 2.30. Relaxation von kaltgeformten Druckfedern aus vergütetem Ventilfederdraht mit $d = 3{,}8$ mm (Oteva 31 nach [2.46]), warmgesetzt bei 350 °C, nach 300 Stunden

2.5. Einflüsse auf das Federungsverhalten von Metallfedern

Wird also von der Feder bei mittleren Arbeitstemperaturen im Bereich von 50 bis 80 °C eine kleine Relaxation gefordert, so dürfen bei Kohlenstoff-Federstahl nur niedrigere zulässige Spannungen angesetzt werden, oder die Federn müssen entsprechend nachbehandelt (Warmsetzen) werden. Aus Bild 2.30 ist zu erkennen, daß das Warmsetzen der Druckfedern aus Ventilfederdraht die Relaxation beträchtlich verringert. Reicht das noch nicht aus, so sind niedriglegierte Federstähle wie 50CrV4 einzusetzen.

Die Bilder 2.31 und 2.32 zeigen die Relaxation von gleichen Druckfedern aus vergütetem legiertem Ventilfederdraht 50CrV4. Die Werte der Relaxation sind beträchtlich kleiner. Für höchste Anforderungen ist Warmsetzen vorzusehen.

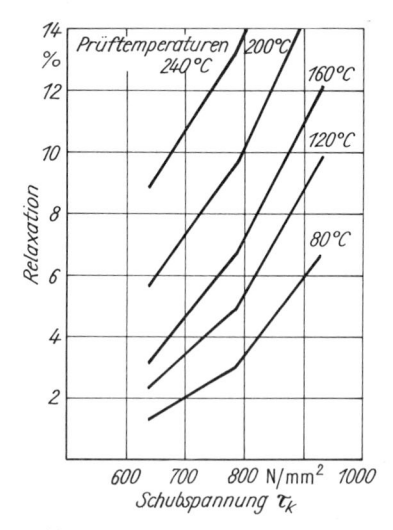

Bild 2.31. Relaxation von kaltgeformten Druckfedern aus vergütetem Ventilfederdraht 50CrV4 mit d = 3,8 mm (Oteva 62 nach [2.46], vorgesetzt bei Raumtemperatur, nach 300 Stunden

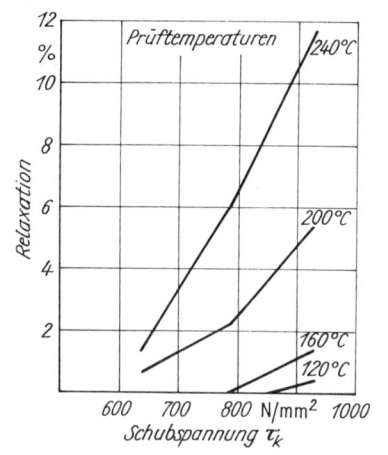

Bild 2.32. Relaxation von kaltgeformten Druckfedern aus vergütetem Ventilfederdraht 50CrV4 mit d = 3,8 mm (Oteva 62 nach [2.46], warmgesetzt bei 350 °C, nach 300 Stunden

Wie aus Tafel 2.24 ersichtlich ist, eignen sich die nichtrostenden Stähle wie z. B. X12CrNi17 7 ebenfalls für höhere Arbeitstemperaturen, wobei allerdings für Arbeitstemperaturen über 350 °C hochlegierte Stähle, warmfeste Stähle bzw. spezielle Nickellegierungen wie Inconell und Nimonic erforderlich sind. Die CuSn- und CuZn-Legierungen sind für höhere Arbeitstemperaturen ungeeignet. Relaxationsschaubilder für CuBe-, Ti- und Ni-Legierungen (Niminic 90, Inconell X-750) sind in [2.40] enthalten.

2.5.3.2. Verhalten bei tieferen Temperaturen

Tiefere Arbeitstemperaturen als die Raumtemperatur sind bei Federn nicht so selten, als oft angenommen wird (Einsatz bei starker winterlicher Kälte, Arktiseinsatz, Weltraum, gekühlte Anlagen usw.). Viele Werkstoffe, besonders ferritische und martensitische Stähle, reagieren empfindlich bei tieferen Temperaturen. Die Zugfestigkeit steigt zwar an, aber Bruchdehnung und -einschnürung als Kenngrößen für die Zähigkeit sinken ab. Tritt über 0 °C z. B. beim Kerbschlagbiegeversuch ein Verformungsbruch auf, dann wird dieser bei tiefen Temperaturen durch einen Sprödbruch ersetzt. Der Übergang vom Verformungs- zum Sprödbruch kann plötzlich oder in einem Temperaturbereich (als Übergangsbereich bezeichnet) erfolgen. Bei austenitischen Stählen und Nichteisenmetallen ist der Übergangseffekt bisher nicht nachweisbar.

Hauptmerkmal des Sprödbruches ist der Bruchbeginn an einer Kerbe, die einen dreiachsigen Spannungszustand erzeugt. Nun haben aber nur wenige Federn so spitze Kerben, daß eine dreiachsige Spannungskonzentration als Ausgangspunkt für einen Sprödbruch entstehen kann. Gefährdet sind am ehesten noch Federn aus geschnittenem Band, bei denen oft Fehlstellen an den Kanten vorhanden sind. Jedoch schon durch das Runden der Kanten ist mitunter der Sprödbruch vermeidbar, ohne daß andere Werkstoffe eingesetzt werden müssen. Daraus ergibt sich, daß bei Federn, die für einen Einsatz bei tieferen Temperaturen vorgesehen sind, die Oberflächenbeschaffenheit eine besondere Bedeutung hat.

Bei Drahtfedern treten den Sprödbruch begünstigende Fehlstellen seltener auf, so daß die bei üblichen Stählen ermittelten Tieftemperatureigenschaften nicht unbedingt auch bei diesen Federn wirken müssen. Federn sind für tiefe Temperaturen geeigneter als starre Maschinenbauteile, weil sie ja zu dem Zweck konstruiert sind, sich bei Belastung elastisch zu verformen. Deshalb sind Sprödbrüche relativ selten. Die bisher übliche Konstruktion sollte nur dann verändert werden, wenn Brüche auftraten oder wenn sich der Anwendungsbereich erheblich ändert.

Zur Auswahl des Federwerkstoffes bei einem Einsatz unter tiefen Temperaturen sollen nachfolgende Hinweise dienen. Wie bereits ausgeführt, nimmt die Zugfestigkeit der *Kohlenstoff-Federstähle* mit sinkender Temperatur zu, während Bruchdehnung und -einschnürung abnehmen. Das Beispiel in Tafel 2.25 zeigt in einem Temperaturbereich von +23 bis −60 °C einen Anstieg der Zugfestigkeit

Tafel 2.25. Zugfestigkeit, Dehnung und Brucheinschnürung von Federstahldraht Klasse C bei 23 °C und −60 °C

Temperatur °C	Zugfestigkeit R_m N/mm²	Bruchdehnung %	Brucheinschnürung %
23	1727	7,9	45
−60	1844	6,9	41

um 6,8%, während die Dehnung um 13% und die Einschnürung um 9% sinken. Da sich die Elastizitäts- und Streckgrenzen wie patentiert gezogener Draht bezüglich der Zugfestigkeitsänderung verhalten, konnten Relaxationserscheinungen bei tiefen Temperaturen bisher nicht beobachtet werden. Der Anstieg der Elastizitätsgrenze dürfte außerdem entscheidend für den Anstieg der Dauerfestigkeit (Tafel 2.26) sein. Bei verschiedenen Federformen sind jedoch Oberflächenbeschädigungen nicht immer

Tafel 2.26. Zugfestigkeit, 0,01-Dehngrenze und Biegewechselfestigkeit eines patentiert gezogenen Drahtes mit 0,75% Kohlenstoffgehalt nach [2.41]

Temperatur °C	Zugfestigkeit R_m N/mm²	0,1-Dehngrenze $R_{p0,1}$ N/mm²	Biegewechselfestigkeit N/mm²
+20	1879	1429	516
−30	1947	1437	530
−60	2049	1445	545

vermeidbar. So entstehen oft Kerben beim Abbiegen der Ösen von Zugfedern. Aus diesem Grunde ist es wichtig, auch das Verhalten gekerbter Proben zu kennen. Die Bilder 2.34 bis 2.37 enthalten die Ergebnisse von Kerbschlagbiegeversuchen an Proben nach Bild 2.33 [2.57].

Bei Proben aus Federstahldraht Sorte *A* und *B* steigt sogar zunächst die Kerbschlagzähigkeit mit sinkender Temperatur an. Die Werte erreichen erst bei −60 °C die der bei Raumtemperatur ermittelten.

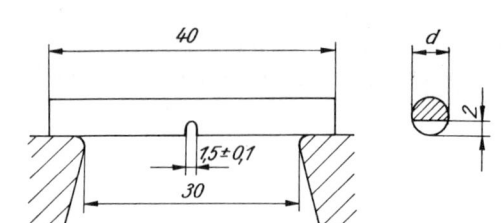

Bild 2.33. Kerbschlagbiegeprobe (ähnlich DVM-Kleinprobe nach DIN 50115) für Kerbschlagbiegeversuche an Federdrähten

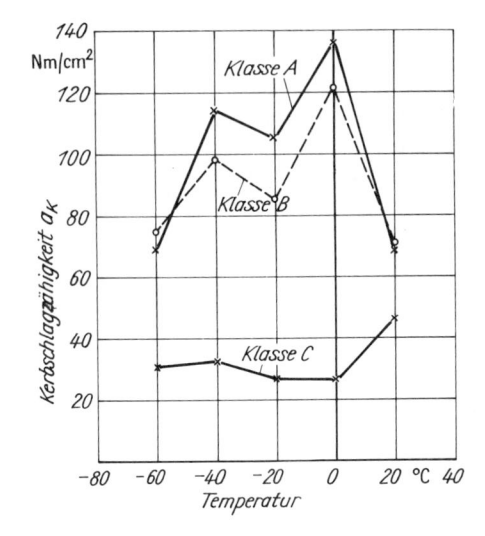

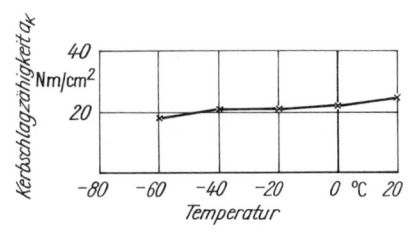

2.5. Einflüsse auf das Federungsverhalten von Metallfedern

Bild 2.35. Kerbschlagzähigkeit von vergütetem Federdraht aus Mk 73 mit $d = 5,5$ mm bei verschiedenen Temperaturen [2.57]

Bild 2.34. Einfluß tiefer Temperaturen auf die Kerbschlagzähigkeit von patentiert und kaltgezogenem Draht mit $d = 5$ mm [2.57]

Bild 2.36. Kerbschlagzähigkeit von Draht aus 38 Si 6 und von vergütetem Ventilfederdraht 50CrV4 (Oteva 62 nach [2.57]), $d = 5,5$ bzw. 4,5 mm, bei verschiedenen Temperaturen

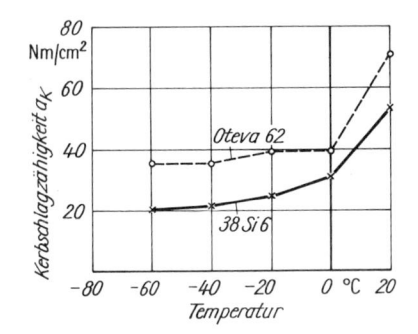

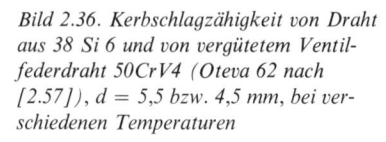

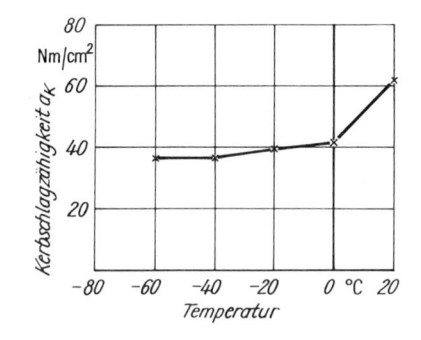

Bild 2.37. Kerbschlagzähigkeit von vergütetem Ventilfederdraht 55SiCr6 (Oteva 70 nach [2.57]) mit $d = 4,5$ mm bei verschiedenen Temperaturen

Dagegen war nach Untersuchung des IfL Dresden dieser Anstieg bei Sorte C nicht feststellbar. Allgemein ist nach diesen Ergebnissen der Einsatz von patentiert gezogenem Draht bis $-60\,°C$ durchaus möglich In [2.40] wird sogar eine Verwendung bis $-80\,°C$ zugelassen, wobei die zulässigen Spannungen nur 75% der bei Raumtemperatur gewählten betragen sollen.

Gezogene patentierte verzinkte Drähte weisen bei Temperaturen um $-60\,°C$ eine geringere Dauerfestigkeit als unverzinkte auf. Der Abfall beträgt 10 bis 15%. Es empfiehlt sich beim Einsatz für dynamische Beanspruchungen eine Verringerung der Spannungen ebenfalls um 25% [2.41].

Für vergüteten Kohlenstoff-Federstahl sind wenige Untersuchungen bekannt. Bild 2.35 zeigt den Einfluß tiefer Temperaturen auf die Kerbschlagzähigkeit von vergütetem Federstahl Mk 73 nach [2.57]. Die Kerbschlagzähigkeit zeigt schon im Bereich von 20 bis 0 °C einen steilen Abfall. Sie ist bei $-60\,°C$ fast noch so hoch wie bei patentiert gezogenem Draht der Sorte C. In [2.40] wird empfohlen, Betriebstemperaturen bei dem Werkstoff von $-60\,°C$ nicht zu unterschreiten.

Die in den Bildern 2.36 und 2.37 dargestellten Ergebnisse von Kerbschlagbiegeversuchen an *niedrig legierten, härtbaren Federstählen* zeigen, daß im Bereich von 0 bis $-60\,°C$ keine großen Veränderungen der Werte der Kerbschlagzähigkeit erfolgen. Die Höhe der bei $-60\,°C$ vorliegenden Zähigkeit wird dabei vom Reinheitsgrad und der Feinheit des Vergütungsgefüges des Stahles beeinflußt. So ist die Kerbschlagzähigkeit bei den legierten, vergüteten Ventilfederdrähten bei $-60\,°C$ fast doppelt so hoch wie bei dem Federstahl 38Si6. Eine Verwendung bis $-60\,°C$ ist also durchaus möglich [2.17].

Nichtrostende Stähle wie z. B. der härtbare Chromstahl X20Cr13 können bis −80 °C verwendet werden. Ihre Sprödbruchneigung ähnelt auf Grund ihrer martensitischen Struktur der von Kohlenstoff-Federstählen. Für tiefere Temperaturen sind die austenitischen nichtrostenden Stähle geeigneter. Tafel 2.27 zeigt das Verhalten eines kaltgezogenen austenitischen Stahles. Danach nehmen Zugfestigkeit, Fließgrenze und Dauerfestigkeit zu, während die Brucheinschnürung abnimmt. Diese Stähle zeigen keine Sprödbruchneigung, und die Kerbschlagzähigkeit weist auch bei tiefsten Temperaturen noch hohe Werte auf.

Tafel 2.27. Tieftemperaturverhalten eines austenitischen Stahles X12CrNi18 8 mit $d = 19$ mm nach [2.40]

Temperatur °C	Zugfestigkeit R_m N/mm²	0,2-Dehngrenze $R_{p0,2}$ N/mm²	Brucheinschnürung %	Umlaufbiegewechselfestigkeit N/mm²
+20	1449	1021	54	760
−78	1558	1344	63	862
−196	2070	−	44	−

Alle *Kupferlegierungen* eignen sich unbegrenzt für den Kälteeinsatz. Die Festigkeit nimmt mit sinkenden Arbeitstemperaturen zu, während Verformbarkeit und Zähigkeitsverhalten sich nicht wesentlich verändern. Die Leitfähigkeit nimmt zu. Interessant ist das in Tafel 2.28 gezeigte Verhalten einer Cu-Be-Legierung. Mit sinkender Temperatur steigen Zugfestigkeit, Dehnung und Kerbschlagzähigkeit an.

Tafel 2.28. Tieftemperaturverhalten einer Cu−Be-Legierung im ausgehärteten Zustand nach [2.40]

Temperatur °C	Zugfestigkeit R_m N/mm²	Dehnung %	Kerbschlagbiegezähigkeit[1]) Nm/cm²
+20	1344	4	6,77
−50	1360	5	6,77
−100	1390	4	6,77
−150	1452	5	8,14
−200	1530	6	9,52

[1]) Charpy-Probe

Alle *Nickellegierungen* wie Monel, Inconel und Nimonic sind für tiefere Temperaturen bis −100 °C einsetzbar. Für Temperaturen unter −100 °C sind keine Ergebnisse bekannt. Die nichtmagnetischen Eigenschaften bleiben bei Inconel bis −40 °C und bei Monel K-500 bis −100 °C erhalten. Festigkeit und Streckgrenze nehmen mit sinkender Temperatur zu. Die Zähigkeit bleibt konstant.

Tafel 2.29 enthält einen Überblick über die bei tiefen Temperaturen anwendbaren Werkstoffe. Beim Federentwurf sollte folgendes beachtet werden:

— Für Schraubenfedern ist grundsätzlich Runddraht einzusetzen. Beim Rechteckquerschnitt treten Spannungsspitzen auf.
— Die zulässigen Spannungen sind so zu wählen, daß eine plastische Verformung sicher vermieden wird.
— Bei Federn aus Band führen Schnittkanten, Aussparungen und Löcher zu Spannungskonzentrationen. Für komplizierte Federformen sind Werkstoffe ohne Sprödbruchneigung einzusetzen.
— Zink- und Kadmiumüberzüge unterliegen einer Kaltversprödung, so daß die Wirksamkeit dieser Schutzschichten eingeschränkt wird. Korrosionsbeständige Federn für tiefe Temperaturen sollten durch Nickel- oder organische Beschichtung geschützt bzw. aus nichtrostenden Werkstoffen hergestellt werden.

Tafel 2.29. Empfehlung für bei tiefen Temperaturen einsetzbare Federwerkstoffe

Werkstoff	Anwendungstemperatur in °C	
	ohne Bedingungen	mit eingeschränkten Eigenschaften
Patentiert gezogener Federstahldraht	−60 (−80)	−200[1])
Unlegierter vergüteter Ventilfederdraht	−60 (−80)	−200[1])
Legierter Ventilfederdraht (50CrV4, 54SiCr6)	−60 (−80)	−200[1])
Unlegierter und niedriglegierter Federbandstahl	−30	−60[2])
Nichtrostende Federstähle X20Cr13 X35CrMo17	−80 (−130)	−200[1])[2])
Austenitische Stähle X12CrNi17.7 X7CrNiAl17.7	−200	−273
Cu-Legierungen	−200	−273
Ni-Legierungen	−100	−200
Ti-Legierungen	−253	−

[1]) für statische und quasistatische Belastung
[2]) bei großem Reinheitsgrad des Werkstoffes, feines Vergütungsgefüge, sorgfältige Oberflächen- und Kantenausführung

2.5.3.3. Temperaturabhängigkeit des *E*- und *G*-Moduls

Für viele technische Anwendungen, besonders für meßtechnische Zwecke (Träger von Dehnmeßeinrichtungen, Waagen usw.), werden Werkstoffe benötigt, deren Elastizitäts- und Gleitmodul im eingesetzten Temperaturbereich ihre Werte beibehalten. Tafel 2.30 enthält den Temperaturkoeffizienten des *E*-Moduls (*TEC*) für verschiedene Werkstoffe, wobei

$$TEC = (E_1 - E_2)/E_1(T_1 - T_2) \qquad (2.9)$$

Tafel 2.30. Temperaturkoeffizient (TEC) des E-Moduls für verschiedene Werkstoffe im Temperaturbereich von −50 bis +50 °C

Werkstoff	TEC in $\cdot 10^{-6}$/°C
Duratherm 600	−300
Kohlenstoff-Federstahl	−100
CuSn8	−190
CuBe2	−180
Isoelastic	−5 bis +8
NiSpan C	−5 bis +5
Safeni	kleiner −15
Nivarox	±3 bis ±10
Aurelast nach TGL 25521	−10 bis +30

ist. Daraus geht hervor, daß Kohlenstoff-Federstahl und Cu-Legierungen einen hohen Temperaturkoeffizienten besitzen. Dagegen haben einige spezielle Nickellegierungen (nach Tafel 2.17) einen wesentlich kleineren *TEC* und sind damit für Waagenfedern besonders geeignet.
Von den nichtmetallischen Werkstoffen ist Quarzglas für derartige Aufgaben in der Meßtechnik besonders geeignet. Die Anwendungen in der Meßtechnik erfordern außerdem eine kleine Hysterese des Werkstoffs, die nach [2.42] [2.43] 0,3 bis 0,5 % nicht überschreiten darf. Solch kleine Hysteresewerte erfordern neben der Anwendung spezieller Werkstoffe wie Ni Span C oder Nivarox ein Herabsetzen der Biege- oder Torsionsbeanspruchung auf Werte unter 120 N/mm^2.

2.5.4. Einflüsse von Werkstoffehlern und Oberflächenfehlern

Verunreinigungen im Werkstoff, Oberflächenfehler (Kerben, Ziehriefen, Kratzer) oder Oberflächenbehandlungen (Oberflächenverfestigung, Kugelstrahlen) sowie Beschichtungen können die Gebrauchseigenschaften von Federn, besonders die Schwingfestigkeit dynamisch beanspruchter, erheblich beeinflussen. Aus diesem Grunde ist sowohl die Qualität des eingesetzten Halbzeugs, eine Verarbeitung ohne Beständigkeit der Oberfläche und die Auswahl eines geeigneten Oberflächenbehandlungsverfahrens zu sichern, worüber im nächsten Abschnitt nähere Angaben gemacht werden.

2.6. Literatur

[2.1] *Palm, J.:* Formfedern in der Feinwerktechnik. Feinwerktechnik & Meßtechnik 83 (1975) 3, S. 105—113
[2.2] *Merkel, M.; Thomas, K.-H.:* Technische Stoffe. Leipzig: Fachbuchverlag 1984
[2.3] *Enard, E.:* Federn in der Feinwerktechnik und ihre Werkstoffe. Zeitschr. für Werkstofftechnik (J. of Materials Technology) 3 (1972) 7, S. 345—352
[2.4] VDI/VDE 3905 (E). Werkstoffe der Feinwerktechnik, Federstähle, Ausg. 02/84
[2.5] *Brühl, R.:* Fehler beim Ziehen von Stahldrähten und ihre Routine-Prüfungen. Draht 34 (1983) 12, S. 577—581
[2.6] *Walz, K. H.:* Patentiert gezogene Federstahldrähte mit hoher Zugfestigkeit für schlagbeanspruchte Federn. Draht 35 (1984) 10, S. 524—527
[2.7] *Stephenson, A.; Timiney, P.:* Federstahldraht mit hoher Zugfestigkeit. Draht 34 (1983) 12, S. 604—606
[2.8] *Lyrberg, R.; Nilsson, T.:* Controlled cooled Cr-Si-wire rod for direct drawing. Wire Industry (1982) 12, S. 894
[2.9] *Zouhar, G.; Finke, P.; Güth, A.; Schaper, M.; Wadewith, H.:* Gleitzeitige Festigkeits-, Duktilitäts- und Bruchzähigkeitssteigerung von niedriglegierten Stählen durch HTMB. Neue Hütte 21 (1976) 8, S. 463—467
[2.10] *Pawelski, O.; Kaspar, R.; Peichl, L.:* Thermomechanische Behandlung von Stählen. Draht-Welt (1982) 2, S. 25
[2.11] *Salin, V. N.:* Standardisierung der Zug- und Druckfedern. Standardizacija (1961) 11, S. 13—18
[2.12] *Tauscher, H.; Fleischer, H.:* Entwicklung und Eigenschaften hochfester Vergütungsstähle. Neue Hütte 7 (1962) 2, S. 102—111
[2.13] *Tauscher, H.; Fleischer, H.:* Einfluß der Vakuum-Umschmelzung auf die Eigenschaften des hochfesten Vergütungsstahles 40 SiCrNi 7.5. Neue Hütte 8 (1963) 6, S. 326—329
[2.14] *Walz, K. H.:* Martensitaushärtender hochfester Stahl X1 NiCoMoTiAl 18 12 4. Draht 33 (1982) 2, S. 763—764
[2.15] Firmenschrift der Gebrüder Junghans GmbH Lehengericht/BRD
[2.16] *Carlson, H.:* Spring Designer Handbook. New York: Marcel Dekker 1978
[2.17] *Mehta, K. K.; Kemmer, H.; Rademacher, L.:* Zähigkeitsverhalten vergütbarer Federstähle zwischen RT und −60 °C. Thyssen Edelstahl, Techn. Berichte 5 (1979) 3, S. 175
[2.18] *Beck, G.; Roth, W.:* Beitrag zur Kaltumformung von vergütbaren Bandstählen. Techn. Mitt. Krupp 33 (1975) 2, S. 41—45
[2.19] Hastelloy — hochkorrosionsbeständige Legierungen. Druckschrift der Fa. Robert Zapp 1973
[2.20] *Kirchner, R. W.; Hodge, F. G.:* A third generation Ni-Cr-Mo-alloy for corrosion service. Werkstoffe und Korrosion 24 (1973), S. 1042—1049
[2.21] *Hoeft, M.:* Neue Federwerkstoffe für die Anschluß- und Verbindungstechnik. Feingerätetechnik 33 (1983) 12, S. 563—566
[2.22] *Siemers, D.; Stüer, H.; Dürrschnabel, W.:* Das Biegeverhalten von Kupferwerkstoffen für federnde Bauteile. Feinwerktechnik & Meßtechnik 89 (1981) 1, S. 24—27

2.6. Literatur

[2.23] Aushärtbare Federlegierungen Duratherm. Draht 30 (1979) 6, S. 377—379
[2.24] *Carson, R. W.:* Anwendung von aushärtbaren Titanlegierungen für Federn. Product Engineering 21 (1958) 7, S. 68—69
[2.25] *Wanke, K.:* Aluminium als Federwerkstoff. Draht-Welt 53 (1967) 5, S. 330—331
[2.26] *Waschkuhn, E.:* Untersuchung der Möglichkeiten der Verwendung von Al-Knetlegierungen, insbesondere der Gattung AlZnMgCu für biege- und drehbeanspruchte Federn. Diss. TH Braunschweig 1965
[2.27] Ti-Legierung TiAl 6 V 4. Draht 32 (1981) 8, S. 476—477
[2.28] *Hempel, M.:* Über das Dauerschwingverhalten von Titan und seinen Legierungen. Draht 17 (1966) 1, S. 819—829
[2.29] *Buddington, A.:* Titan, ein neuer Federwerkstoff. Springs Magazine, Bristol/USA 8 (1969) 1, S. 39—45
[2.30] *Komura, S.:* Copper-titanium alloy wire for Springs. Wire & Wire Products (1969) 4, S. 41—44
[2.31] *Göbel, E. F.:* Gummifedern, Berechnung und Gestaltung. Berlin/Heidelberg/New York: Springer-Verlag 1969
[2.32] *Pommereit, K.:* Federn aus Zell-Polyurethan-Elastomer erlauben Einfederungen bis 80% der Bauhöhe. Maschinenmarkt 79 (1973) 21, S. 424—426
[2.33] *Dütemeyer, H. J.:* Federn aus Kunststoff — eine Studie. Draht 34 (1938) 11, S. 548—551
[2.34] *Günther, W.,* u. a.: Schwingfestigkeit. Leipzig: Deutscher Verlag für Grundstoffindustrie 1973
[2.35] *Gnilke, W.:* Lebensdauerberechnung der Maschinenelemente. 2. Aufl. Berlin: Verlag Technik 1982 1982
[2.36] *Steinhilper, W.; Röper, R.:* Maschinen- und Konstruktionselemente, Bd. I. Berlin/Heidelberg/New York: Springer-Verlag 1982
[2.37] *Peiter, A.:* Eigenspannungen I. Art — Ermittlung und Bewertung. Düsseldorf: Michael Triltsch Verlag 1966
[2.38] *Schremmer, G.:* Eigenspannungen aus dem Setzvorgang bei Drehstabfedern und deren Einfluß auf die Schwingungsfestigkeit. Draht 18 (1967) 6, S. 373—376 und 9, S. 721—733
[2.39] *Keitel, K. H.:* Zusammensetzung, Eigenschaften und Festigkeitswerte amerikanischer metallischer Werkstoffe. Draht 8 (1957) 5, S. 180—186
[2.40] Springs-materials, design, manufacture. Sheffield: Spring Research Association 1968
[2.41] *Nichols, R. W.:* The mechanical properties of Carbon Steel Wire at low temperatures. Journal of Iron and Steel Institute (1956) 4, S. 337—347
[2.42] *Carl, G.:* Federwerkstoffe mit besonderen Eigenschaften. Draht 30 (1979) 5, S. 295—297
[2.43] *Ward, M.:* Constant Modulus Alloy. Product Engineering (1956) 7, S. 135—140
[2.44] *Otzen, U.:* Über das Setzen von Schraubenfedern. Draht 8 (1957) 2, S. 49—54 und 3, S. 90—96
[2.45] DIN-Taschenbuch 29: Normen über Federn. Berlin/Köln: Beuth Verlag GmbH 1985
[2.46] Firmenschrift der Garphyttan AG. Garphytte/Schweden
[2.47] Firmenschrift des Zelezarna Ravne (Edelstahlwerk Ravne)/VR Jugoslawien
[2.48] *Hempel, M.:* Über einige technologische Einflüsse auf die Dauerfestigkeit von Stählen. Draht 11 (1960) 9, S. 589—600
[2.49] *Hempel, M.:* Einfluß der Schmelzführung und von Legierungszusätzen auf die Dauerschwingfestigkeit von Stählen, insbesondere Federstählen. Draht 11 (1960) 8, S. 429—437
[2.50] *Dubbel, H.:* Taschenbuch für den Maschinenbau. 14. Aufl. Berlin/Heidelberg/New York: Springer-Verlag 1981
[2.51] *Tauscher, H.:* Dauerfestigkeit von Stahl und Gußeisen. Köln: Archimedes Verlag 1971
[2.52] *Otto/Schäning:* Internationaler Vergleich von Standard-Werkstoffen — Stahl und Gußeisen. Berlin/Köln: Beuth Verlag GmbH 1979
[2.53] *Schott, G.:* Werkstoffermüdung. 2. Aufl. Leipzig: Deutscher Verlag für Grundstoffindustrie 1980
[2.54] *Blumenauer, H.:* Werkstoffprüfung. 2. Aufl. Leipzig: Deutscher Verlag für Grundstoffindustrie 1979
[2.55] *Dorff, D.:* Vergleich verschiedener statistischer Transformationsverfahren auf ihre Anwendbarkeit zur Ermittlung der Dauerschwingfestigkeit. Diss. TU Berlin 1961
[2.56] *Wanke, K.:* Muß man Eigenspannungen I. Art bei Federn beachten? Draht 20 (1969) 3, S. 125—129
[2.57] *Wanke, K.:* Verhalten von Federn und Federwerkstoffen bei tiefen Temperaturen. Draht 38 (1987) 6, S. 483—488
[2.58] *Kopp, H.:* Neuere Entwicklungen auf dem Gebiet der Texturfederbandstähle. Draht 40 (1989) 2, S. 127—130

3. Herstellung von Metallfedern

Zeichen, Benennungen und Einheiten

D_m mittlerer Windungsdurchmesser in mm
F_{setz} Setzbetrag der Federkraft in N
G Gleitmodul in N/mm²
d Drahtdurchmesser in mm
n Anzahl der federnden Windungen
n_t Gesamtzahl der Windungen
s_{setz} Setzbetrag des Federweges in mm
γ_{bl} bleibende (plastische) Schiebung
τ Schubspannung in N/mm²
τ_0 Schubspannung infolge der eingewickelten Vorspannkraft bei Zugfedern in N/mm²
τ_{Sch} Schub-Schwellfestigkeit in N/mm².

Metallfedern werden hauptsächlich spanlos geformt. Ausgangsmaterial ist Halbzeug in Form von Drähten und Bändern. Eine Kaltformgebung erfolgt bis zu Drahtdurchmessern $d \leq 16$ mm und Banddicken von $t \leq 3$ mm. Bei darüberliegenden Halbzeugabmessungen werden Federn warmgeformt. Spanende Formgebungsverfahren werden bei der Endbearbeitung der Federn, z. B. Anschleifen der Federenden von Druckfedern oder Bearbeitung der Kanten von Tellerfedern eingesetzt. Dem Formgebungsvorgang schließen sich Nachbehandlungen in Form von Wärmebehandlungen, Oberflächenschutz (Korrosionsschutz), Vorsetzen u. a. an. Auf die Herstellung nichtmetallischer Federn (z. B. Gummifedern) wird in [3.39] eingegangen.

3.1. Kaltformgebung

3.1.1. Herstellung des Federkörpers von Schraubenfedern

Der Federkörper von Schraubenfedern aus Draht mit Kreisquerschnitt wird durch Winden oder Wickeln hergestellt. Beim *Winden*, zu dessen Durchführung spezielle Automaten (Bild 3.1) benötigt werden, wird nach folgendem Arbeitsablauf (Bild 3.2) verfahren.
Der zu verarbeitende Draht wird durch ein oder mehrere Einzugsrollenpaare (*1*), in die das Drahtprofil eingearbeitet ist, in die Maschine eingezogen. Er passiert vor dem Einzugsmechanismus einen Zweiebenenrichtapparat, durch den eine eventuelle Vorkrümmung des Drahtes weitestgehend beseitigt werden soll. Nach Durchlaufen der Drahtführung (*2*) wird der Draht zwischen den Wickelstiften (*3*) gebogen. Die Wickelstifte sind so zueinander angeordnet, daß eine vollständige Windung entsteht. Nach Erreichen der gewünschten Windungszahl werden die Einzugsrollen stillgesetzt, und ein Trennmesser (*4*) schneidet den Federkörper vom Draht ab. Die Einhaltung der Windungszahl wird durch die Bauart der Maschine bestimmt. Am genauesten arbeiten Automaten, bei denen die beim Winden entstehenden Einflüsse dadurch ausgeglichen werden, daß nach Stillsetzen des Hauptvorschubes der Draht durch Einschalten eines Schleichganges weiterbefördert wird, bis das Federkörperende an einen Fühlstift anschlägt. Im Bild 3.2 ist das sogenannte Zwei-Finger-Windesystem (Arbeiten mit zwei Wickelstiften) dargestellt. Es ist jedoch auch möglich, nur mit einem Wickelstift (Einfinger-System) zu arbeiten.

3.1. Kaltformgebung

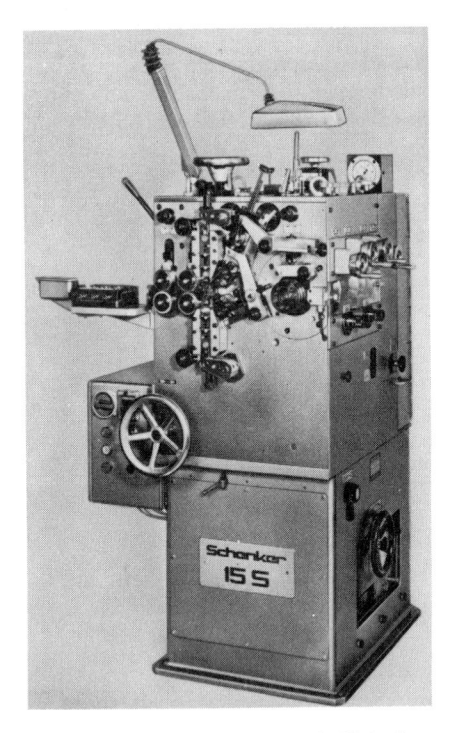

Bild 3.1. Federwindeautomat 15 S (Schenker Maschinen AG, Schönenwerd/Schweiz)

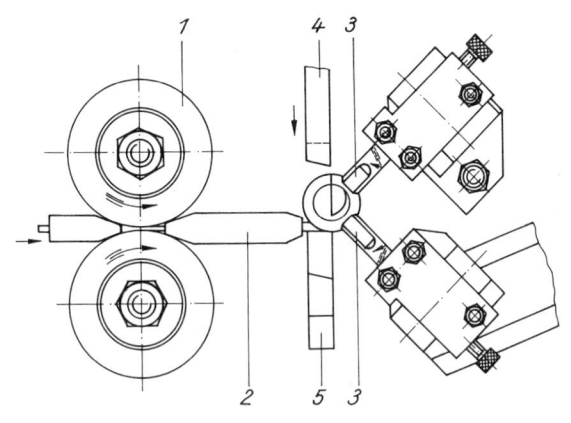

Bild 3.2. Prinzip der Windeeinrichtung für Druckfedern an einem Federwindeautomaten

1 Einzugrollen; *2* Drahtführung; *3* Wickelstifte; *4* Trennmesser; *5* Steigungswerkzeug

Die Einstellung des Federdurchmessers erfolgt durch Verstellung der Wickelstifte unter Berücksichtigung der zu erwartenden Auffederung des Werkstoffes. Die Steigung der Windungen (s_w größer d) und damit ein Windungsabstand wird durch die Steigungswerkzeuge (5) bewirkt, deren Verschiebung den Steigungsablauf bestimmt.

Bei Kupplungsmaschinen erfolgt die Regelung des Drahteinzugs und des Drahtabschneidens über je eine Kupplung, die beide über Kurven einer Steuerwelle geschaltet werden, während bei den neueren Segmentmaschinen der Einzug über ein Segment erfolgt, das genauere Einzugslängen ermöglicht.

Für die Herstellung von Zugfedern mit innerer Vorspannkraft werden die Steigungswerkzeuge nicht benötigt, sondern durch die Stellung der beiden Wickelstifte wird beim Biegen eine plastische Verdrehung des Drahtes bewirkt.

Für die Herstellung von nichtzylindrischen Federn (Tonnen- oder Kegelform) wird der obere Wickelstift von einem Formexzenter über einen Hebel während des Windetaktes so in seiner Stellung verändert, daß der Windungsdurchmesser größer bzw. kleiner wird. Statt der Wickelstifte können auch Wickelrollen zum Einsatz kommen, die die Drahtoberfläche weniger verletzen.

Präzisionsdruckfedern mit genau zylindrisch gewundener Form erfordern für die Herstellung der Anfangs- und Endwindung ebenfalls einen Formexzenter bzw. entsprechende Formsegmente (die sog. Einwindevorrichtung). Die Wickelwerkzeuge werden dadurch so gesteuert, daß die Anfangs- und Endwindungen der Federn um das gleiche Maß kleiner werden und dann dem Außendurchmesser der mit Windungsabstand gefertigten Windungen entsprechen. Üblicherweise wird das Winden bei Wickelverhältnissen $w \geq 4$ angewendet. Für kleinere Wickelverhältnisse benötigt man spezielle Abschneidvorrichtungen (Federtrenngerät System Hack u. ä.).

Um das zeitaufwendige Einstellen der Federwindeautomaten wesentlich zu verkürzen, wurden CNC-gesteuerte Federwindeautomaten (siehe auch Bild 3.3) entwickelt, die mit separaten Antrieben für den Drahteinzug, Steigung, Form und Schnitt ausgestattet sind. Ein Microprocessorsystem führt nach Programmeingabe alle Berechnungen aus und steuert die Funktion sämtlicher Antriebe. Das nach der Dateneingabe berechnete Programm wird in der Maschine gespeichert, und die Fertigung kann beginnen. Ein batteriegepufferter Zusatzspeicher speichert 40 Federprogramme auch bei Stromausfall. Die kompliziertesten Federkörper (konisch, doppelkonisch usw.) sind nun ohne die aufwendige Fertigung von Kurvenscheiben herstellbar. Auch ein Federlängen-Meß-, Regel- und Sortiergerät (Bild 3.4) kann mit der CNC-Steuerung verknüpft werden.

Bild 3.3. CNC-gesteuerter Federwindeautomat FUL 31 (Wafios Maschinenfabrik Reutlingen)

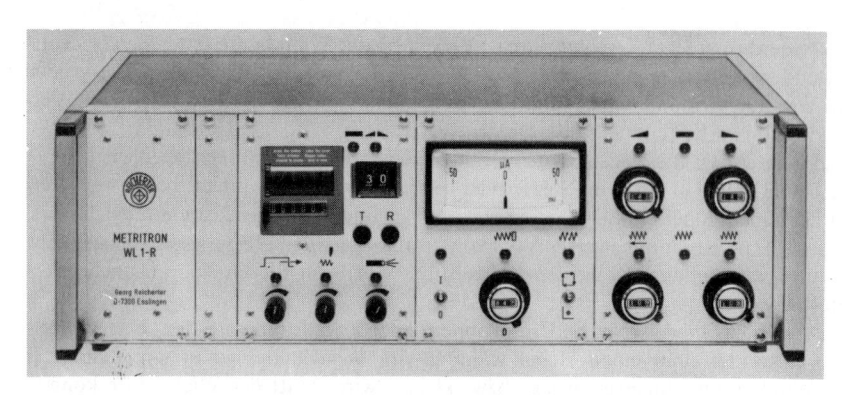

Bild 3.4. Federlängen-Meß-, Regel- und Sortiergerät FRM 42 (Typ Wafios)

Die Entwicklung von CNC-Automaten förderte auch andere Lösungen, z. B. die Entwicklung der ECASET-Automaten, bei denen die Federsteigung nicht mehr durch Kurvenscheiben, sondern durch Handräder eingestellt werden kann (Bild 3.1).
Viele Schraubenfederkörper werden durch *Wickeln* (Biegen um einen Dorn) hergestellt, wobei für Kleinserien handbetätigte Vorrichtungen (Bild 3.5) und drehmaschinenähnliche Wickelbänke (Bild 3.6) üblich sind. Das freie Drahtende wird an einem Ende des Wickeldornes (*1*) festgehalten. Die Führung des Drahtes erfolgt bei dünnen Drähten von Hand und bei dickeren durch einen mitlaufenden Schlitten (*2*). Nach Erreichen der vorgesehenen Federkörperlänge wird die Maschine stillgesetzt, der Draht von Hand oder mit kleinen Exzenterpressen abgetrennt und der Federkörper vom Wickeldorn

3.1. Kaltformgebung

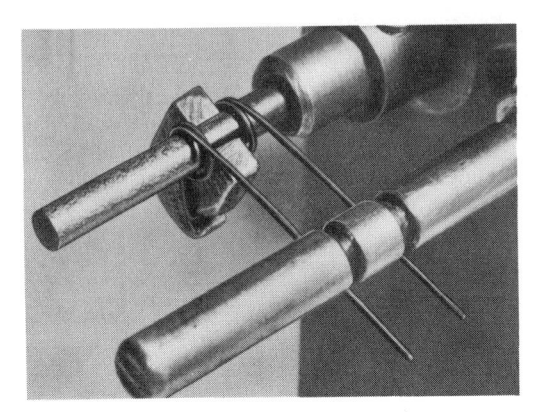

Bild 3.5. Ausschnitt aus einer Handwickelvorrichtung für Doppel-Drehfedern

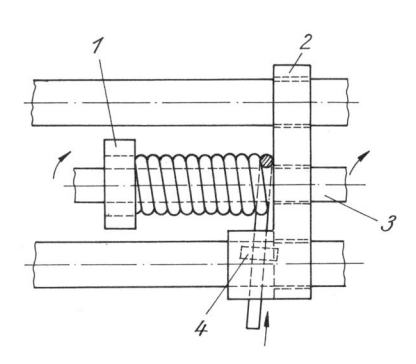

Bild 3.6. Schematischer Aufbau einer Wickelbank

1 Stellring bzw. Spannkopf, *2* Führungsschlitten, *3* Wickelwelle, *4* Drahtführung

abgezogen. Bei der Herstellung von Druckfedern wird nach dem Wickeln der Anfangswindung ein Steigungshaken eingelegt, der für den erforderlichen Windungsabstand sorgt.
Das Dornwickelprinzip war die Grundlage von Drehfederautomaten (Bild 3.7). Der Draht wird mit einer Zange oder Einzugsrollen (*3*) in die Maschine eingezogen, nachdem er vorher gerichtet wurde.

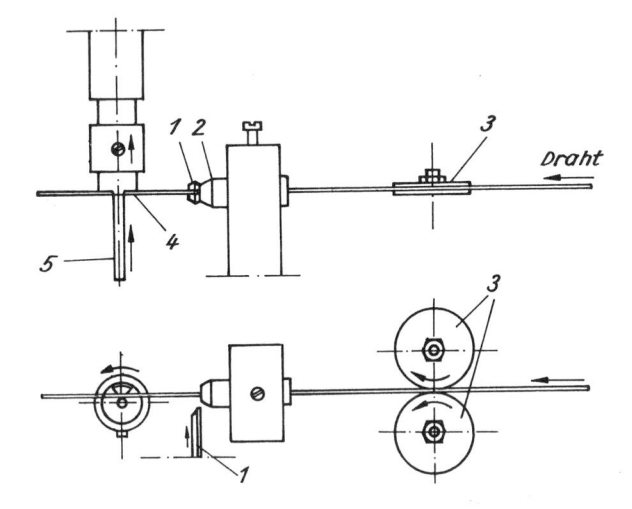

Bild 3.7. Wickelprinzip bei Drehfederautomaten

1 Trennmesser, *2* Abschneidpatrone (gleichzeitig Drahtführung), *3* Einzugsrollen (bei manchen Automaten durch eine Zange ersetzt), *4* Mitnehmer, *5* Wickelstift

Er durchläuft die als Abschneidpatrone ausgebildete Drahtführung und wird um den Betrag der gewünschten Länge des einen Schenkels am Wickeldorn (*5*) vorbeigeschoben. Danach erfolgt das Wickeln durch Rotieren des Wickeldornes unter gleichzeitiger Aufwärtsbewegung. Die Aufnahme des Drahtes erfolgte dabei durch den am Dorn angebrachten Mitnehmer (*4*). Der Betrag der vertikalen Bewegung des Wickeldornes je Umdrehung erfolgt durch ein Leitlineal und bestimmt die Steigung der Windungen; es sind somit Federn mit und ohne Windungsabstand herstellbar. Nach Stillstand des Wickeldornes wird abgeschnitten mit dem Trennmesser (*1*) und der Patrone (*2*). Der Durchmesser des Wickeldornes muß um den Betrag der zu erwartenden Rückfederung kleiner gehalten werden.
Drehfederautomaten (s. a. Bild 3.15) werden vorrangig für die Herstellung von Drehfedern angewendet; sie eignen sich aber auch für das Anfertigen der Federkörper von Zugfedern mit Hakenösen und Druckfedern mit kleinen Wickelverhältnissen.

3.1.2. Besonderheiten der Zugfederherstellung

Zugfedern sind undenkbar ohne die innere Vorspannung, die z. B. beim Wickeln durch Überlaufen des Drahtes über die vorhergehende Windung (Bild 3.8) erzielt wird. Mit Wickeln ist eine höhere innere Vorspannung erreichbar als beim Winden auf Federwindeautomaten (s. Bild 3.9). Mit Drehfederautomaten sind keine höheren Vorspannungen als bei Federwindeautomaten möglich.

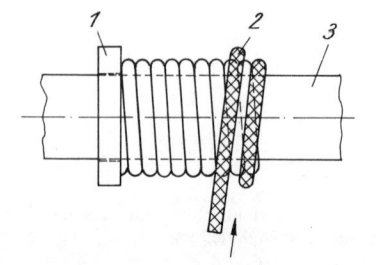

Bild 3.8. Prinzip zum Erzielen der inneren Vorspannung bei Zugfedern und Anwendung der Wickelmethode
1 Spannvorrichtung, *2* überlaufende Windung, *3* Wickelwelle

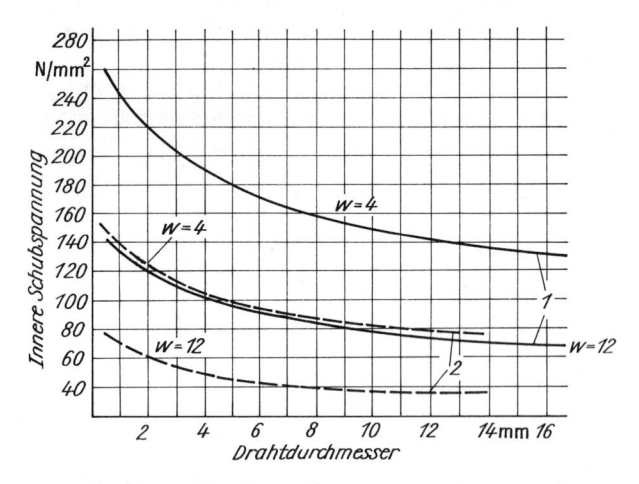

Bild 3.9. Richtwerte für die erzielbare innere Schubspannung für Zugfedern mit innerer Vorspannung aus patentiertem Federstahldraht Sorte C (Zustand: gewickelt und angelassen bzw. gealtert)
1 hergestellt auf einer Wickelbank; *2* hergestellt auf Federwindeautomaten

Erfährt der Draht vor dem Wickeln um einen Dorn eine große Verdrillung, so daß ihm beim Biegen eine Verdrehung überlagert werden kann, dann ist eine größere innere Vorspannung möglich [3.3] [3.4]. Entwicklungen [5.134] führten dazu, daß Zugfedern mit hoher Vorspannkraft (τ_0 etwa 650 N/mm^2) nun auch praktisch realisiert werden können (s. a. Abschnitt 5.). Die angewendeten Verfahren werden u. a. als Drill-Wickel-Technik bezeichnet (s. auch Abschn. 5.3.3.1.].

Das *Anbiegen von Ösen* an den Federkörper ist sowohl mit handbetätigten Apparaten (Bild 3.10) als auch mit Ösmaschinen möglich, wobei das Formen einfacher Ösen durch einen oder mehrere Biegestempel erfolgt (Bild 3.11). Zugfedern mit Hakenösen werden oft auf Drehfederautomaten vorgefertigt, wobei aus den dabei entstehenden, radial abstehenden Drahtenden (s. Bild 3.12) durch nachfolgende Biegeoperationen die benötigten Hakenösen entstehen.

Für große Serien haben sich Verkettungseinrichtungen zwischen Federwindeautomat und Ösmaschine sowie spezielle Zugfederkomplettautomaten (Bild 3.13) bewährt, die die Herstellung des Federkörpers, das Anbiegen beider Ösen und das Schneiden der Ösenausschnitte automatisch vornehmen.

Ein völlig anderes Fertigungsprinzip wird bei Maschinen des Typs Springgenerator angewendet: Hier wird der Draht durch eine Patrone zugeführt, dann zuerst die erste Öse gebogen (Bild 3.14), anschließend der Federkörper gewickelt und am Schluß die zweite Öse gebogen und die fertige Feder abgeschnitten (Bild 3.14). Dieses Prinzip eignet sich für das Anfertigen kompliziertester Ösenformen und war die Basis für CNC-gesteuerte Zugfederkomplettautomaten.

3.1. Kaltformgebung

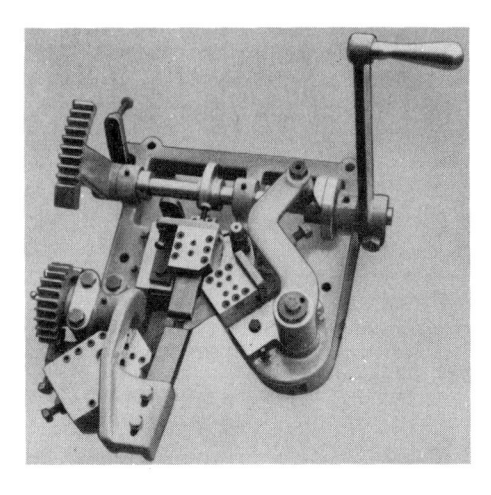

Bild 3.10. Ösenbiegeapparat (Typ Hack)

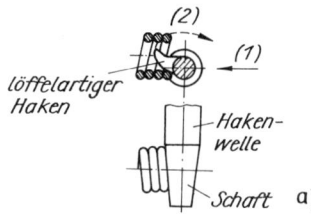

Die mit einem löffelartigen Haken ausgebildete Welle wird an das Federende herangeführt (1). Der Haken greift von innen hinter die Endwindung und biegt sie zur Öse (2). Der Schaft dient als Biegekante.

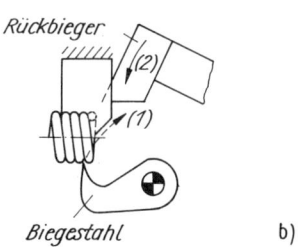

Der hakenartige Biegestahl führt eine Drehbewegung aus (1). Der Rückbieger (2) richtet das Ösenende auf Federmitte aus.

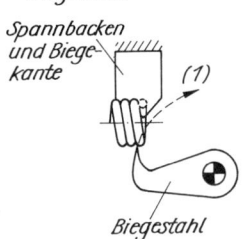

Der hakenartige Biegestahl führt nur eine Drehbewegung aus (1).

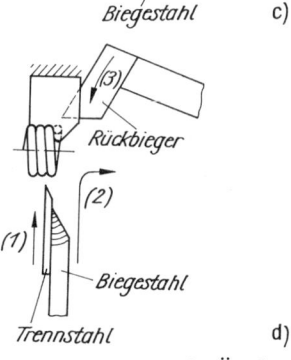

Der Trennstahl hebt die letzte Federwindung etwas ab (1). Der Biegestahl führt eine Bewegung aus, die ein Formverändern der Öse gestattet (2). Der Rückbieger richtet das Ösenende auf Federmitte aus (3).

Bild 3.11. Prinzipien des Ösenbiegens
a) Hakenwelle; b) zwei Biegestähle; c) ein Biegestahl; d) drei Biegestähle

5 Handb. Federn

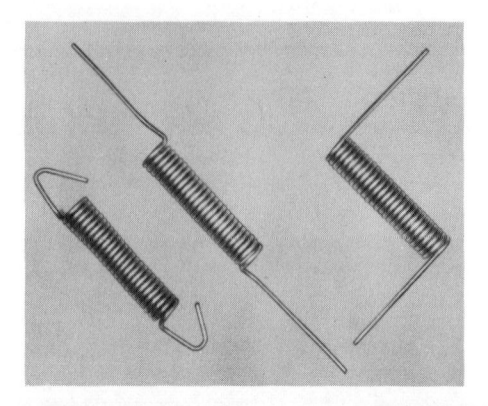

Bild 3.12. Zwischenstufen bei der Herstellung einer Zugfeder mit Hakenöse

Bild 3.13. Zugfederkomplettautomat 201 (Wafios Maschinenfabrik Reutlingen)

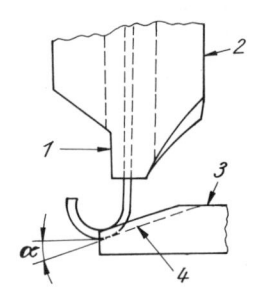

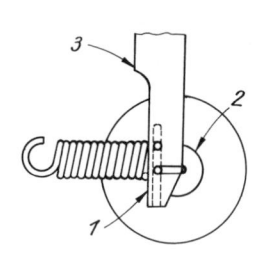

Bild 3.14. Ösenbiegen nach dem Springgeneratorprinzip

1 Drahtführung, *2* Hülse, *3* Werkzeug, *4* Einkerbung

Die Arbeitsstufen Winden (Wickeln), Ösenanbiegen, Anlassen usw. durchlaufend, entsteht eine Zugfeder mit zulässigen Federkraftabweichungen nach DIN 2097. Dabei ist die höchste Genauigkeitsgruppe (Gütegrad „fein" oder „1") nur durch aufwendiges Sortieren oder Nacharbeiten (Herausziehen der Vorspannkraft) erreichbar. Es hat deshalb nicht an Untersuchungen gefehlt, ein Verfahren zur *Einstellung der Federkraft* zu entwickeln. Nach [3.5] werden die Zug- oder Druckfedern mit einer um rd. 10% höheren Federkraft hergestellt; dann wird die Feder belastet und gleichzeitig erwärmt. Die Wärmezufuhr wird unterbrochen, wenn der Sollwert der Federkraft erreicht wird.

Mit diesem Verfahren ist auch ein Justieren von Draht- oder Flachformfedern im eingebauten Zustand möglich, wenn zumindest ein Federende vorher befestigt wird. Hierbei wird ein Pol der Stromquelle an das eingespannte und der andere Pol an das freie Federende angeschlossen. Man belastet nun die Kontaktfeder mit der Sollkraft und mißt die Durchbiegung. Wird der Sollwert der Durchbiegung erreicht, dann unterbricht man die Widerstandserwärmung und kühlt langsam oder schnell ab.

3.1.3. Drehfederherstellung

Der größte Teil der Drehfedern wird auf Automaten, die nach dem Dornwickelprinzip arbeiten (Bilder 3.7 und 3.15), hergestellt. Dazu besitzen diese Automaten eine Reihe von mechanisch, pneumatisch oder hydraulisch angetriebenen Biegeschiebern, so daß komplizierte Schenkelformen realisierbar sind. Für letztere werden auch Springgeneratoren eingesetzt. Durch Zusatzeinrichtungen für Universalfederwindeautomaten können diese auch dem Herstellen von Drehfedern mit kurzen Federenden dienen. Weiterhin kommen Mehrschieberbiegeautomaten zur Anwendung, die mit Wickeleinrichtungen versehen sind. Oft ist es unumgänglich, nach der automatischen Vorfertigung von Drehfedern noch zusätzlich Biegeoperationen von Hand vorzunehmen, wenn die Schenkelgestaltung zu kompliziert ist.

Bild 3.15. Drehfederautomat FTU 1.1 (Wafios Maschinenfabrik Reutlingen)

Bei Doppeldrehfedern beginnt die Herstellung mit der Anfertigung eines geraden Stabes (s. Bild 3.16), wozu Maschinen mit rotierenden Richtsätzen benötigt werden. Danach erfolgt das Biegen der Haarnadel und das Wickeln der beiden Federkörper (Bild 3.5). Nur in wenigen Fällen erfolgt die Herstellung von Doppeldrehfedern automatisch, z. B. durch Anwendung von zentralradgesteuerten Biegeautomaten oder mit Sondermaschinen.

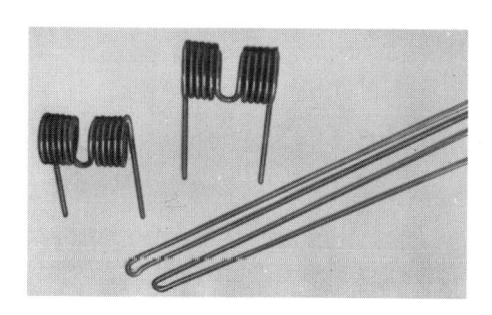

Bild 3.16. Stufen der Herstellung von Doppel-Drehfedern

3.1.4. Formfedern aus Draht und Band

Für die Kaltumformung von Formfedern sind die Umformeigenschaften der angewendeten Werkstoffe von besonderer Bedeutung: Mit steigender Festigkeit nimmt die Rückfederung (s. a. Bild 3.17) zu, und die Herstellung komplizierter Formen wird erschwert oder ganz unmöglich. Deshalb müssen die Federwerkstoffe, insbesondere die mit hoher Festigkeit, schonend gebogen werden. Am ungünstigsten ist das Biegen mit den sonst üblichen Werkzeugen (Bild 3.18a und b), weil dabei der Werkstoff in den Randzonen stark gedehnt wird. Für Federn hat sich das Kantenbiegen (Bild 3.18c) bewährt, das mit einfachen Biegevorrichtungen (Bild 3.19) oder mit Kippbackenwerkzeugen (Bild 3.18d) realisiert werden kann. Das Prinzip des Kantenbiegens wird ebenfalls bei der Fertigung auf Universalbiegeautomaten angewendet.

Manche Flachformfedern weisen näpfchen- oder topfförmige Teilabschnitte auf, so daß eigentlich ein Tiefziehen erforderlich ist. Da jedoch selbst bei weichgeglühten Federstahlbändern die Tiefzieh-

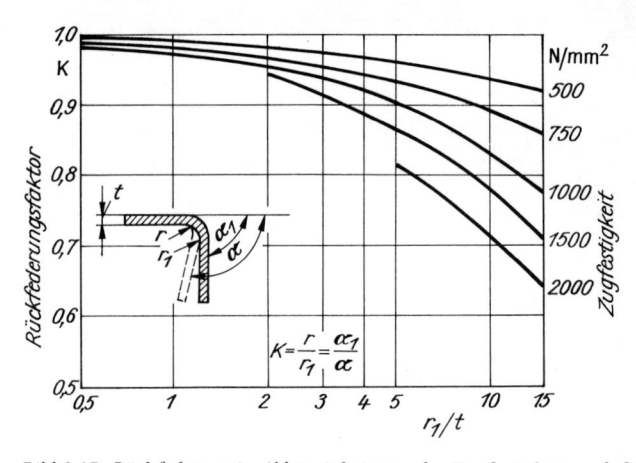

Bild 3.17. Rückfederung in Abhängigkeit von der Zugfestigkeit nach [3.1]
K Rückfederungsfaktor ($K = r/r_1 = \alpha_1/\alpha$; α Winkel der Biegevorrichtung; α_1 Winkel des Teils nach der Rückfederung; r Radius des Biegestempels; r_1 Radius des Teils nach der Rückfederung

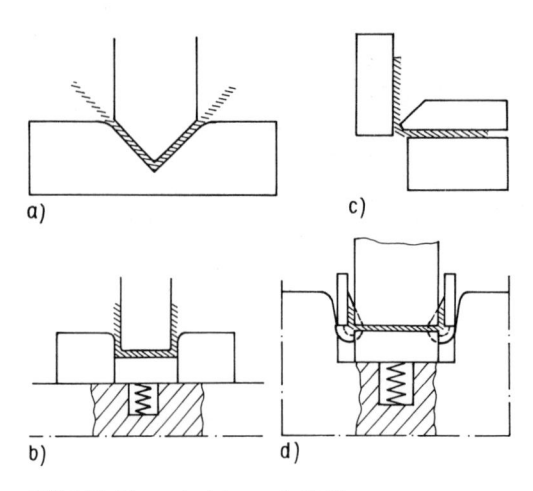

Bild 3.18. Biegeprinzipien nach [3.6]
a) Werkzeug mit Gegenhalter; b) Keilbiegen; c) Kantenbiegen; d) Biegen mit Kippbackenwerkzeug

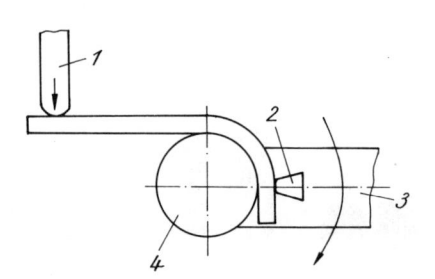

Bild 3.19. Prinzip einer Biegevorrichtung
1 Gegenhalter, 2 Klemmstück, 3 Mitnehmer, 4 Biegedorn

3.1. Kaltformgebung

fähigkeit gering ist, sollte immer versucht werden, die Federkonstruktionen zu vereinfachen, um ein Kantenbiegen zu ermöglichen.

Bei der Handfertigung der Federn wird das Material gerichtet, auf Länge geschnitten und mit Biegevorrichtungen weiterbearbeitet. Für Serienfertigungen eignen sich Universalbiegeautomaten, mit denen z. B. Arbeitsstufen nach Bild 3.20 verrichtet werden. Der Draht oder das Band werden dabei durch einen Zweiebenen-Richtapparat mit einer Vorschubzange den Werkzeugen zugeführt. Die ge-

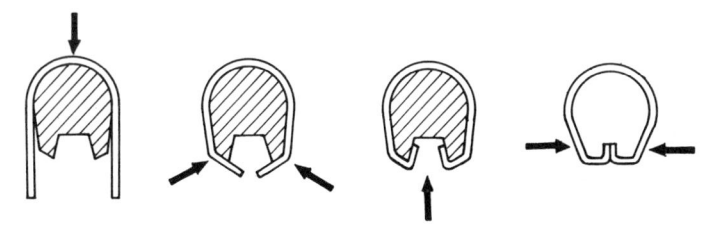

Bild 3.20. Biegefolge für eine Drahtformfeder

Bild 3.21. Mehrschieberbiegeautomat

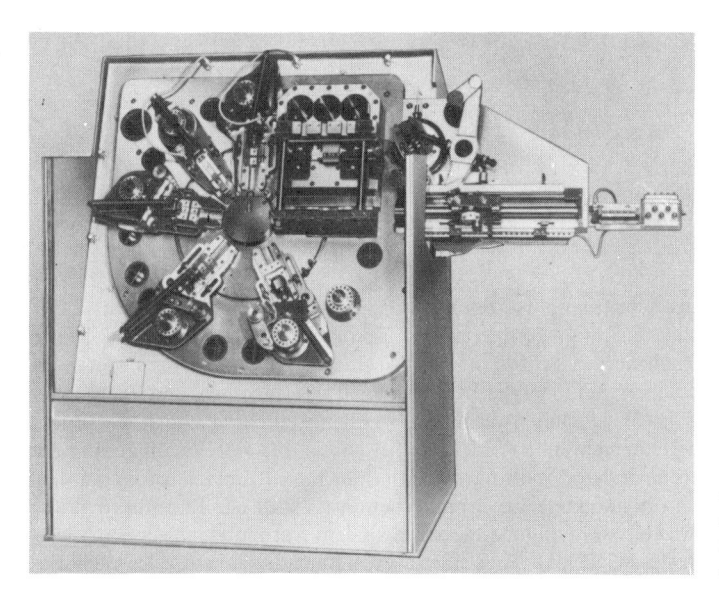

Bild 3.22. Zentralgesteuerter Biegeautomat GRM-50 (Bihler Maschinenfabrik Halblech/Füssen)

forderte Einzugsgenauigkeit liegt oft bei 0,1 mm und darunter. Bei Einzugslängen über 400 mm werden auch Einzugsrollen angewendet, wodurch die Einzugsgenauigkeit (wegen des Schlupfes) leidet. Zur Standardausrüstung von Mehrschieberbiegeautomaten (Bild 3.21) gehören im allgemeinen zwei vertikale und zwei horizontale Biegeschieber und ein Dornschieber. Die Steuerung der Schieber erfolgt zwangsläufig durch geschlossene Kurven. Die Abschneideinrichtung liegt zwischen Einzug und Biegeschiebern, wobei Exzenter- und Kniehebelpressen üblich sind. Mit den Schneidpressen ist der Zuschnitt der Flachformfeder herstellbar. Bei zentralgesteuerten Biegeautomaten (s. Bild 3.22) erfolgt die Steuerung der Biegeschieber, die radial und variabel in ihrer Stellung zum Zentrum angeordnet sind, über ein gemeinsames Antriebsrad (dem Zentralrad) oder eine umlaufende Antriebskette. Zusätzliche Drehwerke erlauben das Wickeln von Dreh- und Spiralfedern.

Tellerfedern werden bis zu einer Dicke von 6 mm aus Kaltband ausgeschnitten, die Stirnflächen überdreht (um die Schneidrisse zu beseitigen) und danach umgeformt. Dickere Tellerfedern werden aus Warmband oder Schmiedestücken durch spanende Formung hergestellt. Um eine formideale Kegelschale zu erreichen, sind für das Vergüten verzugsempfindlicher Tellerfedern Härtepressen oder Spanneinrichtungen beim Anlassen notwendig. Die Qualität von Tellerfedern, insbesondere von solchen, die als Einzelteller zum Einsatz kommen (Kupplungstellerfedern, Wälzlagertellerfedern u. ä.) hängt in entscheidendem Maße von der Formgenauigkeit ab.

3.1.5. Fertigung von Spiralfedern

Spiralfedern mit *konstantem Windungsabstand* werden aus weichgeglühtem Bandstahl hergestellt. Zunächst wird die benötigte Länge geschnitten, und die Federenden werden mit Handwerkzeugen gebogen. Das Wickeln erfolgt durch Einlegen eines Leder- oder Plaststreifens, der den Windungsabstand gewährleistet (s. Bild 3.23). Bei einfachen Endenformen ist auch eine automatische Herstellung auf Zentralradautomaten möglich. Da der konstante Windungsabstand bei Spiralfedern mit Windungsabstand funktionell nicht erforderlich ist, wird für manche Massenfedern auch eine andere Technologie angewendet. Sie sieht partielles Ausglühen des vergüteten Federbandes zum Biegen der Federenden, Wickeln um einen Dorn oder zwischen Wickelstiften ohne Verwendung einer Beilage vor. Nach dem Rückfedern ist der Windungsabstand in der äußersten Windung am größten und innen am kleinsten.

Bild 3.23. Handwickelvorrichtung für Spiralfedern mit Windungsabstand [3.1]

Nach dieser Fertigung in einem Arbeitsgang ist noch ein Entspannen notwendig. Mit dieser Technologie sind hochbeanspruchbare Spiralfedern erzielbar. Spiralfedern *ohne Windungsabstand*, die aus federharten Bändern hergestellt werden, erfordern zunächst eine Bearbeitung beider Federenden (Schneiden von Aussparungen, Löchern und dergleichen, eventuell Weichglühen und Biegen der Endstücke). Wenn möglich, sollte das Weichglühen vermieden werden, weil damit immer die Bruchgefahr erhöht und die Lebensdauer eingeschränkt werden. Außerdem ist oft eine Verzunderung der Oberfläche unvermeidbar, und das Federband muß nach dem Glühen vom Zunder befreit werden. Für eine Automatisierung hat sich die induktive Erwärmung bewährt. Nach der Endenbearbeitung wird das Band um einen Dorn gewickelt, dessen Durchmesser etwa dem Kerndurchmesser entspricht. Dabei muß der Außendurchmesser des Wickelpaketes kleiner als der Innendurchmesser des Gehäuses

3.1. Kaltformgebung

sein, in das die Feder montiert wird. Bis zur Montage wird nun die Spiralfeder in diesem Zustand mit einem Draht- oder Bandring fixiert (siehe Bild 3.24a), oder sie wird gleich in das Gehäuse gewickelt. Löst man die Abbindung, dann hat die Feder die Krümmung einer logarithmischen Spirale. Zur Erzielung einer bestimmten Vorkrümmung kann die gewickelte und abgebundene Feder bei 300 °C angelassen werden. Hierbei ergibt sich im freien Zustand eine Krümmung nach Bild 3.24b. Zum Erreichen eines höheren Drehmomentes wickelt man das erhaltene Windungspaket mit dem bisherigen Ende nochmals auf den Kern und erhält nun die Vorkrümmung einer rückgewundenen Feder.
Schwierig ist die Herstellung von Rollfedern, d. h. von Spiralfedern mit konstanter Krümmung des Bandes.

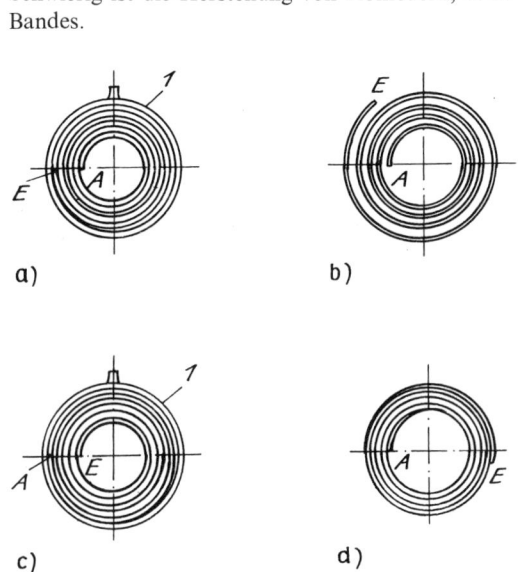

Bild 3.24. Stufen der Herstellung von Spiralfedern ohne Windungsabstand

a) Zustand (gespannt) nach dem ersten Wickeln; b) entspannter Zustand nach dem ersten Anlassen (im gespannten Zustand); c) Zustand nach dem zweiten Wickeln (gespannt); d) Zustand nach dem zweiten Anlassen

1 Bride, *A* Anfang, *E* Ende

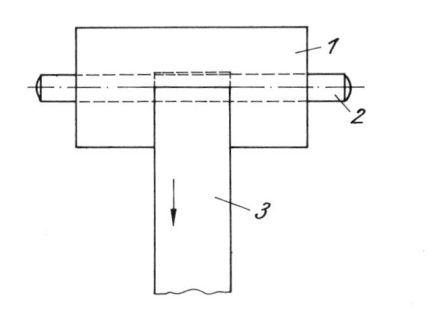

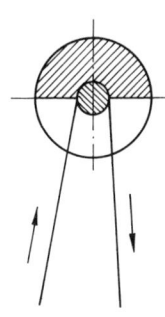

Bild 3.25. Schema einer Einrichtung zum kontinuierlichen Krümmen eines Federbandes

1 Hülse, *2* Biegewelle, *3* Federband

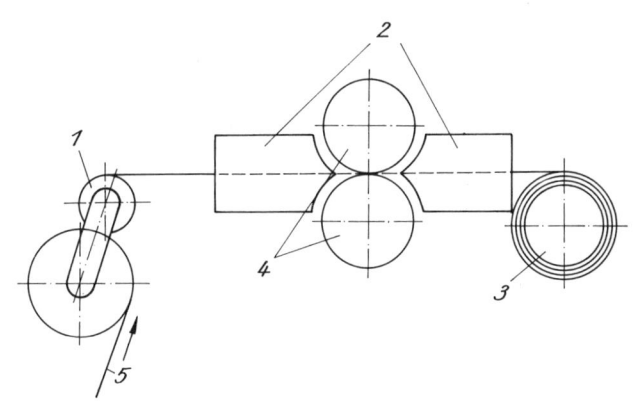

Bild 3.26. Schema einer Handbiegevorrichtung für das Krümmen eines Federbandes

1 Biegerolle, *2* Bandführung, *3* Rollfeder, *4* Einzugsrollen, *5* Federband

Die Herstellungsverfahren (Bild 3.25 bis 3.27) beruhen darauf, daß jedes Teilstück des Bandes im Bereich der Umformwerkzeuge gebogen und dann sofort wieder zur Geraden gestreckt wird, um den Bereich der Umformwerkzeuge wieder verlassen zu können. Im freien Raum federt dann der Bandstahl in seine gekrümmte Form zurück, und es ergibt sich die eigentliche Rollfeder. Eine Steuerung der Bandkrümmung ist dabei nur mit dem Prinzip nach Bild 3.27 möglich. Aus den Fertigungsverfahren für Rollfedern ergibt sich, daß nur hochelastische Federwerkstoffe zu Rollfedern verarbeitbar sind.

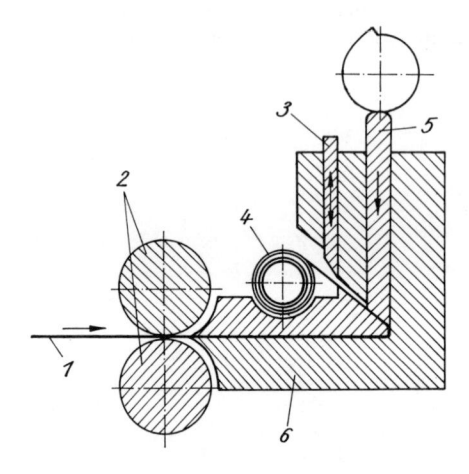

Bild 3.27. Schematische Darstellung eines Automatenwerkzeuges zur Herstellung von Rollfedern

1 Federband, *2* Einzugsrolle, *3* Abschneidmesser, *4* Rollfeder, *5* Biegestempel, *6* Bandführung

3.2. Warmformgebung

Drahtfedern mit einem Draht- oder Stabdurchmesser größer 16 mm und Bandfedern mit einer Dicke größer 6 mm werden in der Regel durch Warmumformung hergestellt. Dabei ist die Grenze zwischen der Kalt- und der Warmumformung bei Federn eine fließende, die u. a. auch von der Lösgröße, der zu erreichenden Qualität und der Effektivität beeinflußt wird. So werden Schraubendruckfedern für die PKW-Abfederung in vielen Ländern schon ab 8 mm Drahtdurchmesser warmgeformt und aus der

Bild 3.28. Biegen der Lage einer Fahrzeugblattfeder

Warmformhitze, mitunter auch nach Durchlaufen eines Ausgleichsofens, gehärtet. Ausgangsmaterial sind dabei gerade Stäbe mit gezogener, geschälter oder geschliffener Oberfläche. Sollen Druckfedern mit progressiver Kennlinie hergestellt werden, dann sind auch Stäbe mit veränderlichem Durchmesser üblich, deren Anfertigung z. B. durch Drehschälen mit speziellen Anlagen [3.7] erfolgt.
Bei Fahrzeugblattfedern verbindet man ebenfalls die Erwärmung zum Warmbiegen mit dem Härten (Bild 3.28), aber so, daß die Federlage gleich in der Biegevorrichtung abgeschreckt wird. Dieses „Härtepressenprinzip" wird auch für Tellerfedern und Kupplungstellerfedern angewendet. Bei Drehstäben und Stabilisatoren für PKW wird nach der eventuell notwendigen Stabbearbeitung z. B. durch Schleifen oder Entgraten der Stabenden mittels Warmumformung die Bearbeitung der Enden (Köpfe anstauchen, Lochen, Prägen und Kalibrieren) und später bei Stabilisatoren auch das Biegen der Form durchgeführt. Bei letzteren erfolgt das Härten ebenfalls in Aufnahmevorrichtungen.

3.3. Schleifen und Entgraten von Schraubenfederenden

Das Schleifen als Hauptbearbeitungsverfahren der Enden von Schraubendruckfedern dient zunächst einmal der Ausbildung der Endenform und erst in zweiter Linie der Qualität der Oberfläche. Grundsätzlich sind zwei Methoden verwendbar:

Durchlaufschleifverfahren

Die Druckfeder wird in einem langsamen Durchlauf zwischen einem oder zwei Schleifscheibenpaaren auf das gewünschte Maß geschliffen (siehe Bild 3.29). Dabei wird die Feder in einem Aufnahmeteller aufgenommen. Die Qualität der Federenden hängt bei diesem Verfahren von der Führung des Federkörpers im Aufnahmeteller ab. Klappern die Federn in den Aufnahmebüchsen, dann sind größere Schiefstandsabweichungen zu erwarten. Wird die Feder aber fest eingespannt (Bild 3.30), so hängen evtl. auftretende Unparallelität und Schiefstand von der Lage der Schleifscheiben zueinander ab. Die besten Ergebnisse kann man erzielen, wenn in den Aufnahmetellern die einzelnen Federaufnahmen,

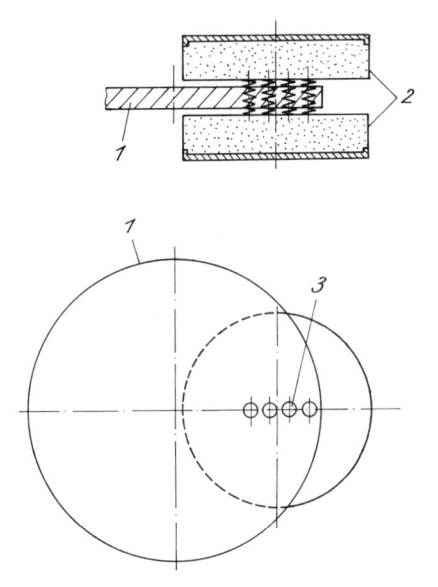

Bild 3.29. Durchlaufschleifen von Druckfedern zwischen einem Schleifscheibenpaar

1 Aufnahmeteller, *2* Schleifscheiben, *3* Federn

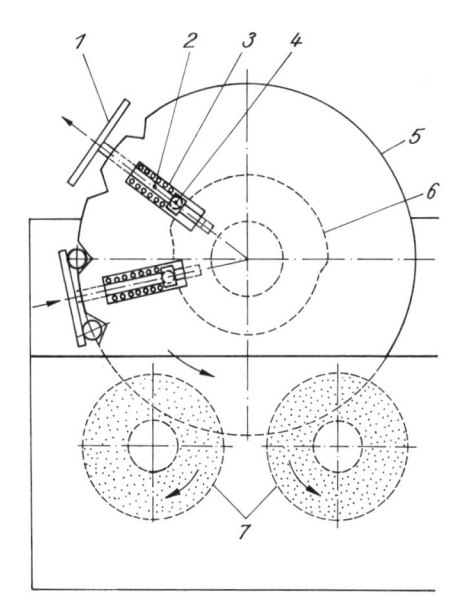

Bild 3.30. Einzelaufnahme von Druckfedern beim Durchlaufschleifen

1 Spannplatten, *2* Spannbolzen, *3* Spannfedern, *4* Druckfedern, *5* Aufnahmeteller, *6* Kurvenscheibe, *7* Schleifscheibenpaare

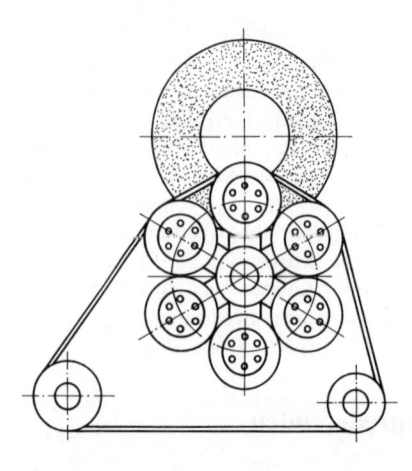

Bild 3.31. Aufnahmeteller mit rotierenden Federaufnahmen (Satellitenteller) [3.9]

in denen die Federn relativ fest gehalten werden, rotieren (Satellitentellerverfahren). Dadurch wird eine Zwangsrotation der Federn erzielt (Bild 3.31).

Zustellschleifverfahren

Die Feder wird einseitig oder beide Enden gleichzeitig durch Zustellung der Schleifscheiben geschliffen. Bei dieser Methode ist ein Grob- und Feinschleifen rationell möglich. Bei großen Druckfedern erfolgt dabei das Schleifen durch einseitige Bearbeitung auf Einspindelmaschinen (Bild 3.32), wobei die Feder, befestigt in pendelnden oder hin- und herbewegten Aufnahmevorrichtungen an die Schleif-

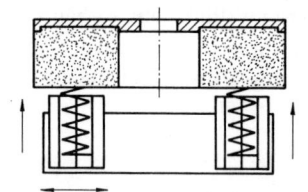

Bild 3.32. Prinzip des einseitigen Zustellschleifens

scheibe gedrückt wird. Bei doppelseitigem Schliff wird schrittweise oder stufenlos der Abstand zwischen den beiden Schleifscheiben so lange verringert, bis das geforderte Maß erreicht wird. Der Aufnahmeteller läuft dabei schnell so lange zwischen den Schleifscheiben hindurch, bis das Schleifen beendet ist. Mit dem Zustellschleifverfahren kann man, insbesondere bei Anwendung von 4-Spindel-Schleifmaschinen (Bild 3.33), die mit zwei Schleifscheibenpaaren unterschiedlicher Körnung für Grob- und Feinschleifen ausgerüstet sind, Druckfedern mit hoher Genauigkeit hinsichtlich e_1 und e_2 (s. DIN 2096/01) schleifen. Die Formgenauigkeit ist auch deshalb größer als beim Durchlaufschleifen, weil sich die Federn zwischen den beiden Schleifarbeitsgängen kurzzeitig entspannen und abkühlen können.

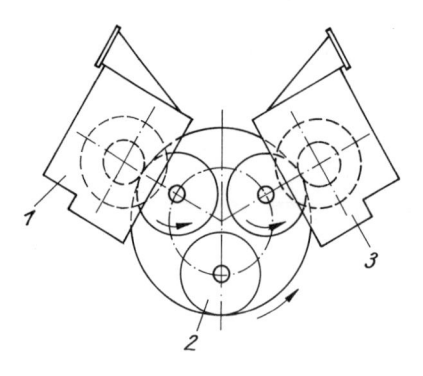

Bild 3.33. Prinzipieller Aufbau einer Druckfedernschleifmaschine mit vier Spindeln und drei Aufnahmetellern

1 Fertigschleifstation (Feinschleifen), *2* Aufnahmeteller in der Belade- und Entladestation, *3* Vorschleifstation (Grobschleifen)

3.3. Schleifen und Entgraten von Schraubenfederenden 75

Beschickung

Während bei sich nicht verhakenden Druckfedern über Vibratoren und Vereinzelungseinrichtungen eine automatische Beschickung von Federendenschleifmaschinen — auch beim Schleifen bis zu drei Bahnen — möglich ist, werden sich verhakende Druckfedern oft noch von Hand zugeführt. Bei großen Serien ergibt sich als Alternative nur die Verkettung zwischen Windeautomat und Schleifmaschine, wenn Handarbeit eingespart werden soll (Bild 3.34). Bei kleinen Federn erfolgt dabei der Federtransport durch Plastschläuche und Druckluft und bei größeren Federn mit Förderbändern.

Für das Ordnen verhakter Druckfedern gibt es die unterschiedlichsten Methoden, wobei die mit Linearmotoren arbeitenden Wanderfeld-Entwirrer den größten Erfolg versprechen [3.8].

Bild 3.34. Druckfedern-Schleifmaschine FS-8 (Schenker Maschinen AG Schönenwerd/Schweiz)

Entgraten

Die Beseitigung des Schleifgrates ist bei Druckfedern oft eine aufwendige Arbeit. Am einfachsten ist das Trommeln oder Naßgleitschleifen. Für die meisten Anwendungen eignet sich auch Kugelstrahlen in Trommelanlagen (s. a. Abschnitt 3.6.). Dabei ist vorteilhaft, daß eine ungewollte Beschädigung der Endwindungen (Schleifspuren u. ä.) vermieden wird. Sieht dagegen der Konstrukteur eine Fase am Innen- oder Außenrand der Feder vor, dann ist eine spanende Bearbeitung (Schleifen) unumgänglich. Beim Innenentgraten sind dazu konische Schleifstifte üblich, an die die Federn mit Hand angedrückt werden. Bei Innenentgratemaschinen werden auch halbkugelförmige Schleifstifte angewendet, wobei die Schleifspindel einen Winkel von 45° zur Federachse aufweist (Bild 3.35).

Bei Federn mit zu kleinem Innendurchmesser sind auch Fräswerkzeuge anwendbar, wobei dabei die Federn nicht gedreht werden [3.9].

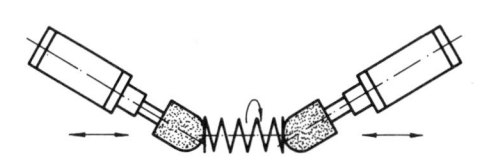

Bild 3.35. Prinzip des Innenentgratens (-anfasen) von Druckfedern

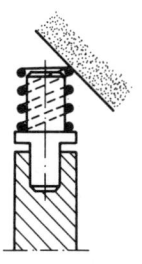

Bild 3.36. Prinzip des Außenentgratens (-anfasen) von Druckfedern

Für das Außenentgraten werden in der Regel die Federenden unter einem Winkel von 45° an eine Schleifscheibe gebracht (Bild 3.36), wobei die einfachste Rationalisierung darin besteht, 45° schräge Bohrungen in den Aufnahmeteller einer üblichen Doppelspindelschleifmaschine anzubringen. Weiteres siehe [3.9].

3.4. Wärmebehandlung

Während Federn aus härtbaren Federstählen vergütet werden (Härten mit nachfolgendem Anlassen), unterliegen solche aus federharten Werkstoffen nur einem Anlassen zum Abbau von Eigenspannungen. Bei manchen Werkstoffen ist letzteres mit Aushärtungserscheinungen verbunden.

3.4.1. Vergüten von Federstählen

Nicht immer ist es möglich, kaltgeformte Federn sofort nach der Kaltumformung zu härten. Die von der Umformung herrührenden Spannungen, z. B. bei Druckfedern mit kleinem Wickelverhältnis, bewirken bei schneller Erwärmung zusammen mit den entstehenden Wärmespannungen Anrisse, die beim Abschrecken zum Aufreißen oder Brechen der Feder führen können. Es kann deshalb bei manchen Federn erforderlich werden, vor dem Härten ein Spannungsarmglühen oder Normalglühen durchzuführen. Des weiteren muß beim Härten langsam und gleichmäßig auf Härtetemperatur erwärmt werden. Ein Vorwärmen dient dabei der Minderung von Spannungen und Rißgefahr, gestattet besonders bei dicken oder unterschiedlichen Querschnitten eine gleichmäßige Erwärmung ohne Überhitzung einiger Stellen oder Randzonen und ermöglicht eine kürzere Haltedauer auf Umwandlungstemperatur.

Das Erwärmen der Federn soll in inerter Atmosphäre vorgenommen werden, weil jede Entkohlung oder Verzunderung die Federeigenschaften verschlechtert. So entsteht bei der Entkohlung eine kohlenstoffarme weiche Randschicht mit groben Stengelkörnern (Bild 3.37), die anrißempfindlich ist und die Dauerschwingfestigkeit der Feder erheblich herabsetzt. Dabei ist zu beachten, daß schon eine geringe Entkohlungstiefe (Korngrenzenoxydation bis 10 µm und ferritische Bereiche bis zu 25 µm Tiefe) für eine beträchtliche Senkung der Dauerfestigkeit ausreicht, weil die größte Werkstoffbeanspruchung bei Federn in der Randzone auftritt [3.11].

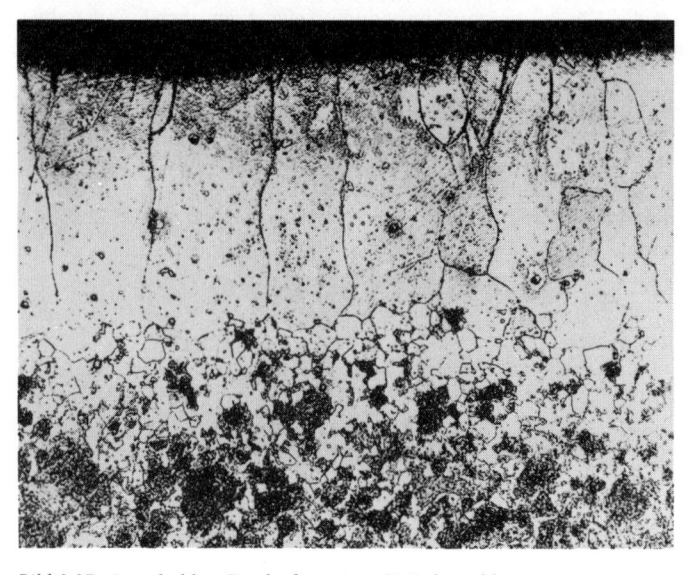

Bild 3.37. Ausgekohltes Randgefüge eines Si-Federstahles

3.4. Wärmebehandlung

Die Umwandlungstemperatur (Härtetemperatur) richtet sich nach der Stahlart und ist Tafel 3.1 zu entnehmen. Bei Federn, insbesondere bei solchen aus dünnen Bändern oder Drähten, ist die Einhaltung der Umwandlungstemperatur von besonderer Bedeutung; eine zu hohe ergibt ein zu grobes Gefüge nach dem Abschrecken. Für Federn wird ein möglichst feines Gefüge angestrebt.

Tafel 3.1. Wärmebehandlungsangaben für Federstähle

Stahlmarke	Härtetemperatur °C (Abschrecken in Öl)	Anlaßtemperatur °C
X20Cr13	960—1010	650—720
X35CrMo17	950—1000	580—700
38Si7[1])	830—860	350—450
50CrV4	—	360—450
51CrMo4		350—550
55Cr3		350—500
60SiCr7	830—860	350—550
60SiMn7		360—500
67SiCr5	—	360—500
Ck67	800—830	350—420
70SiMn7	830—860	360—500
Mk101	770—800	350—420

[1]) Abschreckmittel: Wasser

Der Haltedauer auf Härtetemperatur muß ebensoviel Aufmerksamkeit gewidmet werden. Neben der Hochwärm- und Durchwärmdauer wird noch eine bestimmte Haltedauer zur Umwandlung in Austenit benötigt. Erfolgte die Austenitisierung unvollständig, so kann man nach dem Abschrecken an der Bruchprobe feststellen, daß nur die Randbezirke feinkörnig sind, während der Kern ein grobes Gefüge aufweist. Eine nichtvollständige Austenitisierung kann auch beim Abschrecken zu Rissen führen.

Das *Abschrecken* von Federn muß so erfolgen, daß alle Teile der Oberfläche mit dem Abschreckmittel in Berührung kommen. Gegenüber den früher üblichen handwerklichen Methoden [3.10] haben sich heute automatisch arbeitende Härteanlagen bewährt, bei denen z. B. kleinere Federn in das Härtebad fallen und dann durch ein Förderband weitertransportiert werden. Bei Mehrkammeröfen und Durchlauföfen, die mit Härtekörben arbeiten, wird das Härtegut im Härtekorb erwärmt und auch mit diesem abgeschreckt. Die Gleichmäßigkeit der erzielten Eigenschaften bei Massenteilen hängt dabei von der Schütthöhe im Korb ab. Druckfedern und andere Schraubenfedern, deren Enden nicht über den Federkörper hinausragen, läßt man zweckmäßig über eine Abrollstrecke (Bild 3.38) in das Abschreckmittel rollen. Ein Förderband übernimmt dann den weiteren Transport.

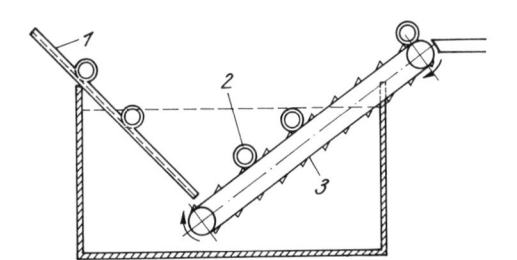

Bild 3.38. Abschrecken von Schraubenfedern
1 Abrollstrecke, *2* Federn, *3* Förderband

Federn, die beim Abschrecken einen großen Verzug erleiden, kann man in Härtepressen abschrecken. Bei manchen genügt jedoch schon zur Beseitigung des Härteverzuges ein Anlassen in beheizten Formen.
Als Abschreckmittel hat sich bei Federn Öl bewährt. Wasser mit Zusätzen, die der Einstellung der Abkühlgeschwindigkeit dienen, wird infolge mancher Nachteile (Abwasserprobleme, Korrosionsgefahr

usw.) seltener angewendet. Die mit den unterschiedlichsten Stählen erreichbare Durchhärtung geht aus Tafel 3.2 hervor.

Das Anlassen von Federn soll sofort nach dem Abschrecken vorgenommen werden, wobei es gleichzeitig und durchgreifend erfolgen soll. Ein kurzzeitiges Stoßanlassen [3.14] hat sich bei der Wärmebehandlung von Federn nicht durchgesetzt. Bei hochfesten Federn ist im Gegensatz dazu sogar ein langzeitiges Anlassen bei niedriger Temperatur erforderlich.

Tafel 3.2. Durchhärtung und empfohlene Anwendung von Federstählen

Stahlmarke	Kritischer Durchmesser (80% Martensit) in mm bei Abkühlung in Öl	Anwendung bis	
		Durchmesser mm	Dicke bei Flachstahl mm
Ck67	5	6	3
Mk101	9	6	3
38Si7	10	12	10
51Si7	—	16	—
65SiMn7	30	25	12
60SiCr7	—	25	16
55Cr3	—	30	16
67SiCr5	44	40	20
50CrV4	60	50	20
51CrMoV4	—	60	42

Um *Federn mit hoher Festigkeit* zu erreichen, sind mehrere Methoden bekannt. Einmal werden hochlegierte Stähle, wie z. B. die Marke 40SiCrNi7.5 [2.5] [2.6], angewendet, die auch bei hoher Zugfestigkeit von $R_m = 2000$ N/mm² eine ausreichende Zähigkeit und eine hohe Biegewechselfestigkeit aufweist. Ein anderer Weg besteht in der **H**ochtemperatur-**T**hermo**m**echanischen **B**ehandlung (HTMB) von niedriglegierten Federstählen wie 50CrV4 oder 50SiMn7. Durch diese Kombination von plastischer Verformung und Wärmebehandlung werden bei gleichbleibenden hohen Festigkeiten gute Zähigkeitswerte erreicht [3.15] [3.16]. Serienmäßig wird dieses Verfahren bei Schrauben-, Ring- und Fahrzeugblattfedern angewendet.

Für viele Federn, insbesondere schwingend belastete Teller- und Flachformfedern, hat sich das Zwischenstufenvergüten [3.18] bewährt. Als Vorteile ergaben sich eine höhere Dauerfestigkeit und die Verzugsarmut.

3.4.2. Anlassen[1]), Altern bzw. Aushärten von Federn aus federharten Werkstoffen

Durch die Kaltumformung von federharten Drähten und Bändern entstehen Eigenspannungen (siehe auch Abschnitt 2.5.1.3.), die die Elastizitätseigenschaften der Federn herabsetzen. Diese Eigenspannungen werden bei einer nachfolgenden Erwärmung abgebaut, wobei der Spannungsabbau mit steigender Temperatur zunimmt. Andererseits darf jedoch das Erwärmen nur bei relativ niedrigen Temperaturen erfolgen, um eine Entfestigung der federharten Werkstoffe zu vermeiden. Tafel 3.3 enthält einige Empfehlungen. Für den Federhersteller und -anwender ist es notwendig, den Einfluß der Wärmebehandlung auf die Werkstoffeigenschaften zu kennen. Bild 3.39 läßt den Einfluß der Temperatur auf die Eigenschaften von patentiert gezogenem Draht erkennen. Der Draht altert im Bereich zwischen 100 und 300 °C. Dabei steigen die Zugfestigkeit nur gering, die Dehngrenzen jedoch um so mehr an. Die Zähigkeitseigenschaften verschlechtern sich. Bei der Herstellung von Federn aus diesem Werkstoff wurde wiederholt vorgeschlagen, den Draht vor der Kaltumformung anzulassen, z. B. unmittelbar vor der Bearbeitung im Federwindeautomaten. Zur Beurteilung solcher technologischer Varianten ist die Kenntnis der mechanischen Kennwerte von Bedeutung. Tafel 3.4 läßt erkennen, daß durch das Drahtrichten die Dehngrenze ab- und durch das nachfolgende Anlassen wieder zunimmt. Der durch das Anlassen erzielte Anstieg wird durch anschließendes Richten bzw. Winden sofort wieder gemindert.

---

[1]) Der Begriff „Anlassen von Federn" hat sich in der Federnindustrie in übertragener Bedeutung zum „Anlassen" als Wärmebehandlungsverfahren für Stahl nach DIN 17014 eingebürgert.

3.4. Wärmebehandlung

Tafel 3.3. Anlaß-, Alterungs- bzw. Auslagerungstemperaturen für kaltgeformte Federn aus federharten Werkstoffen

Werkstoff	Federnart	Temperatur °C
Patentiert gezogener Draht	Druck-, Dreh- und Drahtformfedern	230—250
	Zugfedern mit hohem F_0	190—220
Vergüteter Feder- und Ventilfederdraht	alle Drahtfedern	380—400
Vergütete Federstahlbänder	Flachformfedern	230—300
Austenitische nichtrostende Drähte und Bänder		
— X12CrNi17.7		380—400
— X7CrNiAl17.7		470—490
Cu—Zn-Legierungen	alle Federarten	160—190
Cu—Sn-Legierungen		165—190
Cu—Be-Legierungen		rd. 315[1])
Monel 400		340—370[1])
K-Monel		rd. 530
Inconel 600	alle Drahtfedern	455—480[1])
	Zugfedern	370—400
Inconel X	alle Federarten	650—730[1])

[1]) abhängig von der Zusammensetzung findet eine Ausscheidungshärtung statt

Den größten Anstieg der Dehngrenzen und damit die beste Elastizität der Federn erreicht man deshalb durch eine Schluß-Wärmebehandlung.
Bei vergüteten Drähten und Bändern aus unlegierten oder niedriglegierten Stählen ändern sich die Werkstoffeigenschaften nicht, solange die Anlaßtemperatur deutlich unter derjenigen liegt, die bei der Draht- bzw. Bandherstellung angewendet wurde.
Bei den austenitischen nichtrostenden Stählen ist der mit einem Anlassen eintretende Festigkeitszuwachs bei den üblichen Cr—Ni-Stählen gering und bei den ausscheidungshärtenden, wie z. B. X7CrNiAl17 7,

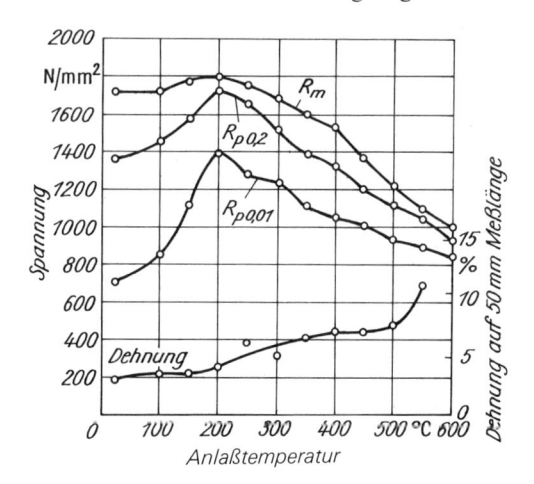

Bild 3.39. Einfluß des Anlassens auf die mechanischen Eigenschaften von patentiert gezogenem Draht nach [3.19]

Tafel 3.4. Dehngrenzen $R_{p0,01}$ und $R_{p0,005}$ in Abhängigkeit von der Behandlung bei patentiert gezogenem Draht nach Brühl [3.20] (R_m = 1800 bis 2000 N/mm²; Drahtdurchmesser d = 1,3 mm)

Behandlungs-zustand	$R_{p0,01}$ N/mm²	$R_{p0,005}$ N/mm²
Gezogen	664	949
Gezogen und gerichtet	554	688
Angelassen und gerichtet	922	475
Gerichtet und angelassen	1668	1511

größer. Näheres siehe DIN 17224. Verschiedene Federwerkstoffe, wie z. B. Be-Legierungen, sind aushärtbar. Oft werden sie im lösungsgeglühten bzw. lösungsgeglühten und kaltverfestigten Zustand zu Federn verarbeitet, und mit dem Schlußanlassen der Federn wird das Aushärten vorgenommen. Die Anlaßtemperatur entspricht dann der Aushärtetemperatur.

3.5. Vorsetzen

Unter „Vorsetzen" von Federn versteht man eine Vorbelastung über den elastischen Bereich des Werkstoffes hinaus, um eine günstige Eigenspannungsverteilung in der Feder zu erreichen (siehe hierzu auch Abschnitt 2.5.1.). Dadurch ist es gegenüber nicht vorgesetzten Federn möglich, die Werkstoffausnutzung erheblich zu erhöhen. Die Federn werden entweder mit einer bestimmten Kraft (Setzkraft) oder auch auf eine bestimmte Länge (Setzmaß) mehrmals kurzzeitig oder auch andauernd (24, 48 oder 96 Stunden) bei Raumtemperatur vorbelastet. Die dabei auftretende Längen- oder Kraftänderung wird als Setzbetrag bezeichnet. Die Durchführbarkeit des Vorsetzens wird erheblich von der Federkonstruktion beeinflußt. Entstehen beim Vorsetzen nichtreversible Formverzerrungen, so ist es besser, auf dieses zu verzichten und die Feder mit einer niedrigeren Werkstoffauslastung zu planen. Selbst bei Druckfedern, wo das Vorsetzen am häufigsten angewendet wird, gibt es verfahrenstechnische Grenzen bei großen Wickelverhältnissen und Windungssteigungen durch ungleichmäßige Verformungen des Außendurchmessers. Einwandfrei ist das Vorsetzen bei Drehstäben, Tellerfedern und Druckfedern mit kleinem Wickelverhältnis durchführbar.

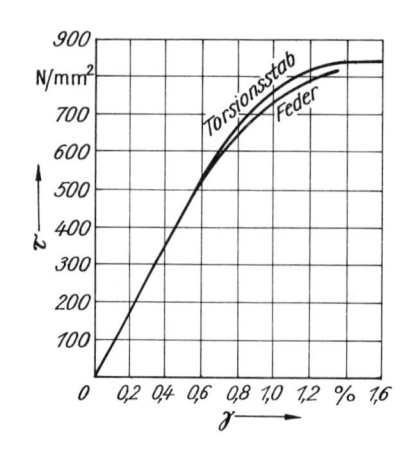

Bild 3.40. Schubspannungs-Schiebungs-Schaubild eines geraden Stabes und einer aus diesem gefertigten Feder [3.22]

Daten der Feder: d = 4 mm; w = 4; n = 8,5
Werkstoff: Federstahldraht Sorte C DIN 17223

3.5. Vorsetzen

Der Arbeitsgang Vorsetzen soll am Ende der Federherstellung (also nach dem Vergüten, Anlassen oder Kugelstrahlen) eingeordnet werden. Werden die Federn nach dem Vorsetzen noch bearbeitet, so kann der erzielte Effekt ganz oder teilweise wieder aufgehoben werden.

Die Vorausbestimmung des zu erwartenden Setzbetrages ist für den Federhersteller von größter Bedeutung. Bei Schraubendruckfedern liegen hierzu grundlegende Untersuchungen vor [3.22] [3.28] [3.21]. Die Berechnung des Setzbetrages erfordert die Kenntnis der bleibenden Schiebung γ_{bl}, ermittelt aus Schubspannungs-Schiebungs-Schaubildern (z. B. Bild 3.40). Der Setzbetrag wird dann zu

$$F_{setz} = (\pi \cdot G \cdot d^3 \cdot \gamma_{bl})/(8 \cdot D_m) \tag{3.1}$$

oder

$$s_{setz} = (\pi \cdot i_f \cdot D_m^2 \cdot \gamma_{bl})/d . \tag{3.2}$$

Nach [3.22] und [3.29] gilt für patentiert gezogenen Federstahldraht:

$$\gamma_{bl} = e^{[(137000 \cdot \tau)/(G \cdot R_m) - 10]}/100 . \tag{3.3}$$

Tafel 3.5. Abhängigkeit der bleibenden Schiebung γ_{bl} vom Verhältnis τ/R_m bei patentiert gezogenem Federstahldraht

Verhältnis τ/R_m	Bleibende Schiebung $\gamma_{bl} \cdot 10^{-5}$
0,33	10,6
0,4	33,4
0,5	174
0,55	387
0,6	908
0,625	1419
0,65	2014
0,675	3144
0,7	4859

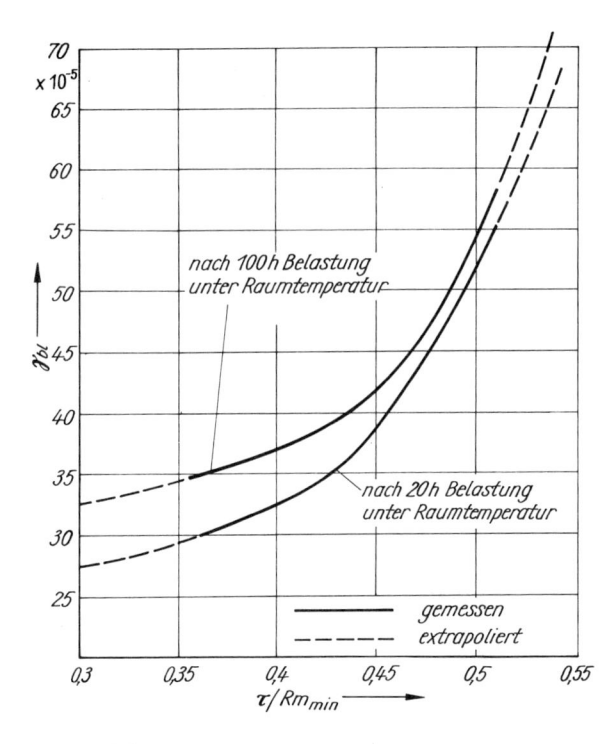

Bild 3.41. Bleibende Schiebung γ_{bl} in Abhängigkeit vom Verhältnis τ/R_m bei kaltgesetzten Federn bei andauernder Belastung nach [3.28] (Werkstoffe nach DIN 17221 bis 17224)

Die bleibende Schiebung γ_{bl} und damit die Setzbeträge nehmen mit höherer Werkstoffbeanspruchung, mit steigendem Verhältnis τ/R_m zu, wie aus Tafel 3.5 hervorgeht.

Für den Federanwender ist es wichtig zu wissen, welche Setzbeträge sich bei der Prüfung vorgesetzt angelieferter Federn ergeben können. Die Bilder 3.41 und 3.42 enthalten die Schiebungswerte γ_{bl} für kaltvorgesetzte bzw. warmgesetzte Druckfedern nach 20 bzw. 100 Stunden Belastung (Belastungsdauer). Aus dem Vergleich beider Bilder erkennt man den Vorzug des Warmsetzens.

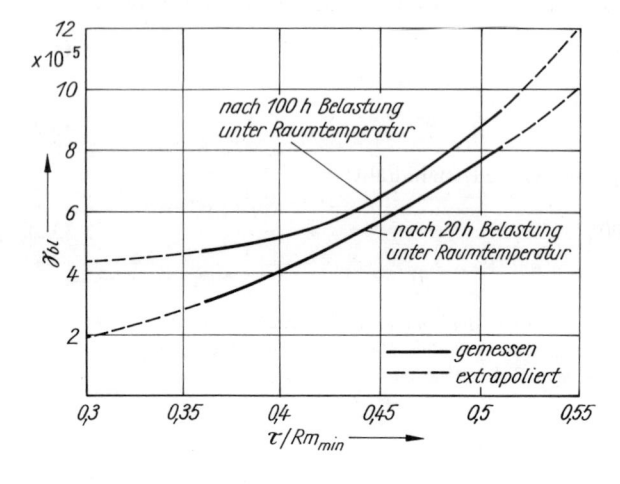

Bild 3.42. Bleibende Schiebung γ_{bl} in Abhängigkeit vom Verhältnis γ/R_m bei warmgesetzten Federn und andauernder Belastung nach [3.28]
(Werkstoffe wie bei Bild 3.41)

Warmvorsetzen

Wie aus Abschnitt 2.5.3.1. hervorgeht, nehmen Kriechen und Relaxation von Federn mit steigender Arbeitstemperatur erheblich zu. Um diesem Mangel vorzubeugen und thermisch hochbelastbare Werkstoffe, wie z. B. Inconel, einzusparen, werden viele Federn bei erhöhten Temperaturen warmgesetzt. Bild 3.43 läßt z. B. den Einfluß verschiedener Setzbehandlungen auf die Relaxation erkennen.

Das Warmsetzen erhöht weiterhin die Dauerschwingfestigkeit [3.23]. Es wird außerdem auch dort durchgeführt, wo durch Kaltsetzen keine Eigenspannungen erzielbar sind, weil hierbei der Werkstoff zu niedrig beansprucht wird. Auf den Erfolg des Warmsetzens sind die angewendete Werkstoffbeanspruchung (Setzspannung), die Warmsetztemperatur und die Zeit entscheidend [3.23]. Am günstigsten ist das Warmbelasten, das Spannen der Feder auf eine bestimmte Länge, Erwärmen im gespannten Zustand und Halten über eine ausreichende Zeit (2 bis 8 h), damit der Hauptteil der Relaxation

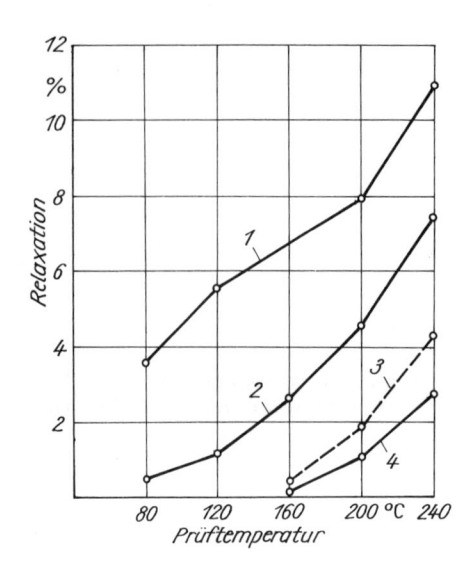

Bild 3.43. Einfluß verschiedener Setzbehandlungen auf die Relaxation von Druckfedern aus vergütetem Ventilfederdraht 55SiCr6 (Oteva 70); Prüfspannung 900 N je mm^2, Drahtdurchmesser $d = 4$ mm

1 kaltgesetzt, *2* 5 s bei 200 °C warmgesetzt (Setzspannung 1100 N/mm²), *3* bei 300 °C warmgesetzt wie bei *2*, *4* bei 350 °C warmgesetzt wie bei *2*

stattfinden kann. Im Anschluß daran erfolgt ein schnelles Abkühlen [3.26]. Weil dieses Verfahren schlecht automatisierbar ist, wird meist anders verfahren:
Erwärmen der Federn auf Warmsetztemperatur, kurzzeitiges Zusammendrücken (3 bis 10 Sekunden) auf eine Länge, die der gewählten Setzspannung entspricht und schnelles Abkühlen noch unter Belastung. Diese Methode eignet sich für die Massenfertigung, z. B. von Ventilfedern [3.25].
Die Höhe der Warmsetztemperatur richtet sich sowohl nach dem Werkstoff (sie darf die zulässige Anlaßtemperatur nicht überschreiten) als auch nach der vorhergehenden Behandlung der Federn (so darf z. B. ein Kugelstrahleffekt nicht wieder aufgehoben werden. Siehe hierzu auch Abschnitt 3.6.).

3.6. Randschichtverfestigung

Unter Randschichtverfestigung (auch als Oberflächenverfestigung bezeichnet) versteht man die durch mechanische oder andere Verfahren erzielte Verfestigung der Randschichten. In den Randschichten werden Druckeigenspannungen erzielt (und im Kern Zugeigenspannungen) — siehe auch Bild 3.44, die sich bei der Beanspruchung der Feder günstig auswirken. Bei auf Zug beanspruchten Federn mindern die Druckeigenspannungen die Belastungsspannungen und verschieben damit die Zone höchster Beanspruchung von der Oberfläche weg in Richtung zum Kern. Dadurch verlieren eventuell vorhandene Oberflächenfehler, wie Riefen, Haarrisse usw., ihren Einfluß. Das gilt auch für Teilbereiche von Federn, z. B. für die auf Zug beanspruchten Bereiche von Tellerfedern, Flachformfedern oder Fahrzeugblattfedern (siehe Bild 3.45). Bei der Belastung dieser Federn treten in anderen Bereichen aber auch Druckspannungen auf, zu denen die Druckeigenspannungen, erzielt durch eine Randschichtverfestigung, addiert werden müssen. Da jedoch die meisten Werkstoffe auf Druck höher belastbar sind als auf Zug, führt dieser Umstand selten zu Folgen. Bei mechanischer Oberflächenverfestigung, z. B. durch Kugelstrahlen, kann man dies aber auch berücksichtigen, indem nur eine Seite der Feder, nämlich die auf Zug beanspruchte, verfestigt wird.

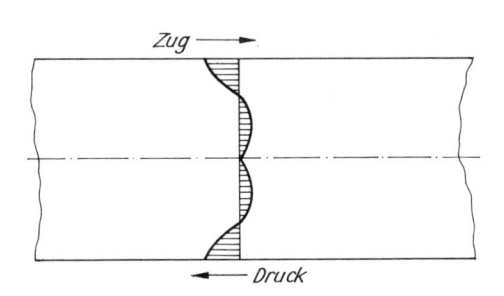

Bild 3.44. Eigenspannungszustand eines randschichtverfestigten Stabes

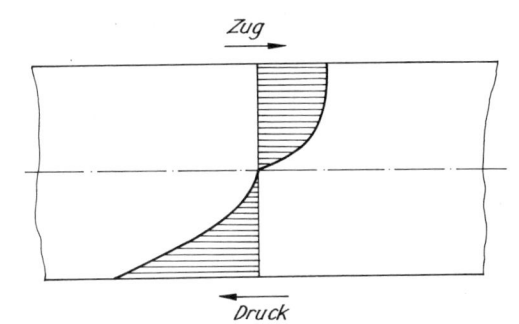

Bild 3.45. Spannungsverteilung eines auf Biegung beanspruchten randschichtverfestigten Stabes

3.6.1. Mechanische Verfestigungsverfahren

Die Randschicht von Federn kann mit unterschiedlichen Verfahren verfestigt werden, z. B. durch das Drücken (Rollen) bei Drehstabfedern oder durch das Hämmern bei Blattfedern [3.40] (ein bereits sehr altes Verfahren, s. [1.1]). Durchgesetzt hat sich auf Grund der universellen Anwendbarkeit jedoch das Kugelstrahlen mit gerundetem Drahtkorn, dessen Festigkeit über der des zu behandelnden Strahlgutes (Werkstückes Feder) liegen muß. Neben der erreichbaren Verfestigung der Randschicht wird die Oberfläche gleichzeitig von eventuell vorhandenem Rost, Zunder oder dünnen Oxidschichten befreit. Damit ist das Kugelstrahlen auch eine zweckmäßige Vorbehandlung für eine Oberflächenbehandlung von Federn. Die Prüfung der Kugelstrahlwirkung erfolgt durch den Almen-Test. Ein Federstahlblättchen wird auf einer Prüfvorrichtung (Bild 3.45) befestigt und gleichzeitig mit den zu behandelnden Federn dem Kugelstrahlen unter den gleichen technologischen Bedingungen ausgesetzt. Da das Blättchen nur einseitig verfestigt wird, weist es nach der Herausnahme aus der Prüfvorrichtung eine Krümmung auf, deren Bogenhöhe ein Maß für die Verfestigungswirkung ist.

Die erzielbare Verfestigung hängt von den Strahlbedingungen, dem Strahlmittel (Festigkeit, Korndurchmesser) ab und kann nicht verallgemeinert werden. Grundsätzliches siehe [3.31]. Gemessen an der Almenprobe steigt zunächst die Bogenhöhe p mit zunehmender Strahlzeit an, wobei die Veränderungen später immer geringer werden (siehe Bild 3.46). Der Almen-Wert, gemessen an der Almen-Probe (s. Bilder 3.46 bis 3.48), der bei den Federn angewendet wird, liegt je nach Federart und -belastung zwischen 0,4 und 0,7 mm. Mit der Oberflächenverfestigung durch Kugelstrahlen ist eine Erhöhung der Dauerfestigkeit erzielbar, die von der Federart und -herstellung abhängt. Allgemein ist für Federn mit gutem Oberflächenzustand der Lebensdaueranstieg gering (10 bis 30%), aber größer (50 bis 70%) bei solchen mit rauher Oberfläche (Walzoberfläche) oder mit fehlerhafter Randschicht (Abkohlung usw.). Insbesondere bei stark randentkohlten Federn kann durch Kugelstrahlen der nachteilige Einfluß der Entkohlung weitgehend kompensiert werden, wenn die Randoxydation nicht größer als 15 µm ist, die ferritischen Gefügebestandteile nicht tiefer als 25 bis 40 µm sind und die gesamte Entkohlungstiefe kleiner 200 µm ist [3.11] [3.32].

Die Anwendung des Kugelstrahlens ist nur dort möglich, wo das Drahtkorn gut an die Oberfläche herankommt, z. B. bei Druckfedern, Flachformfedern, Tellerfedern u. ä.

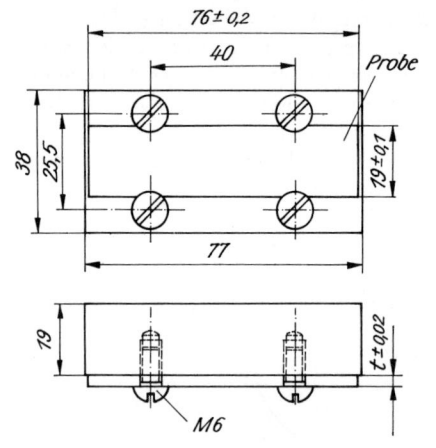

Bild 3.46. Probe und Prüfvorrichtung zum Almentest [3.30]

Almenprobe N $t = 0,8$ mm
Almenprobe A $t = 1,3$ mm
Almenprobe C $t = 2,4$ mm (t Probendicke)

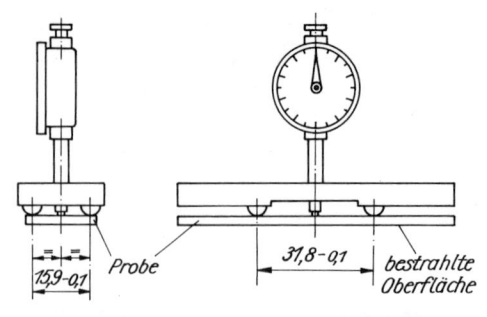

Bild 3.47. Messung der Bogenhöhe beim Almentest nach [3.30]

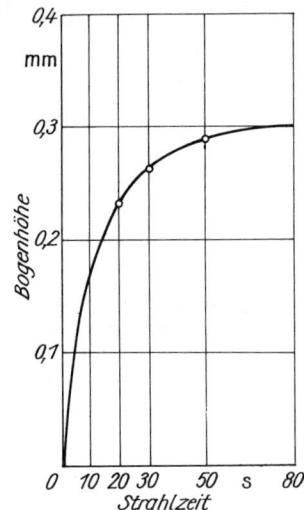

Bild 3.48. Änderung der Bogenhöhe p der Almenprobe A bei Bestrahlung mit Stahlhartguß, Korndurchmesser 0,3 mm nach [3.31]

Als Strahlmittel hat sich bei Federn gerundetes (arrondiertes) Drahtkorn, hergestellt z. B. aus Federstahldraht der Klasse C, mit einer Korngröße von 0,7 bis 0,9 mm und einer Zugfestigkeit von 1900 bis 2300 N/mm² [3.36] bewährt. Weicheres Drahtkorn eignet sich nur für Federn mit niedrigerer Festigkeit.

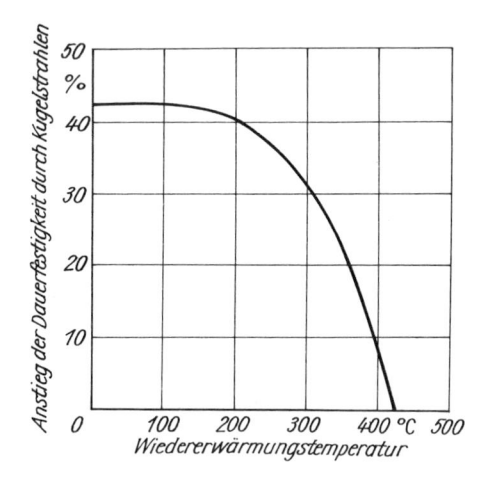

Bild 3.49. Abbau der mit dem Kugelstrahlen erreichten Erhöhung der Dauerfestigkeit durch eine Wiedererwärmung nach [3.33]

Bei der Anwendung oder Nachbehandlung kugelgestrahlter Federn muß beachtet werden, daß die aufgebauten Eigenspannungen durch eine Erwärmung gemindert oder gänzlich abgebaut werden können (siehe hierzu auch Abschnitt 2.5.1.3.). Aus Bild 3.49 geht hervor, daß bei einer Erwärmung auf Temperaturen über 200 °C der mit der Randschichtverfestigung erreichte Effekt relativ schnell abgebaut und bei einer Erwärmung auf rd. 400 °C beseitigt wird.

3.6.2. Verfestigung durch Wärmebehandlung

Eine Oberflächenhärtung (u. U. auch nach einer vorhergehenden Aufkohlung oder mit einer Aufstickung der Oberfläche) ergibt durch die Erhöhung der Härte in der Randschicht ebenfalls eine Randschichtverfestigung, wobei die Druckeigenspannungen von der Tiefe der gehärteten Schicht abhängen. Bei Federn werden diese Verfahren selten angewendet. Das gilt auch für die Kombinationen der mechanischen Randschichtverfestigung mit einer Oberflächenhärtung. Nach [3.34] ist z. B. folgendes möglich:

Druckfeder, vergütet und kugelgestrahlt	$\tau_{Sch} = 650 \dots 700$ N/mm²
Druckfeder, vergütet und nitriert	$\tau_{Sch} = 600$ N/mm²
Druckfeder, vergütet, nitriert, kugelgestrahlt oder aufgekohlt, vergütet, kugelgestrahlt	$\tau_{Sch} = 900 \dots 950$ N/mm².

3.7. Korrosionsschutz durch Oberflächenbehandlung

Den zweckmäßigsten Korrosionsschutz erzielt man bei Federn durch den Einsatz von korrosionsbeständigen Federwerkstoffen, wie nichtrostende Stähle, Cu-, Ni- oder Be-Legierungen, Plaste, Gummi usw. Stehen dem jedoch technische und ökonomische Gründe entgegen und sind auch oberflächenbehandelte Drähte, wie z. B. verzinkt gezogene Federstahldrähte, nicht anwendbar (diese weisen leider niedrigere Dauerfestigkeitseigenschaften auf [3.36] [3.38]), so bleibt nur eine Oberflächenbehandlung übrig.

3.7.1. Oxydieren und Phosphatieren

Mit dem sog. *Tauchbrünierverfahren* werden Oxidschichten in einer Dicke von 0,1 bis 1 µm auf Federstahl erzeugt. Die Behandlung findet in wäßrig-alkalischen Lösungen bei etwa 140 °C statt. Nach einer Tauchdauer von 20 bis 60 min werden die Federn in heißes Öl gebracht, um die noch vorhandenen Poren zu verstopfen. Oxydierte Federn besitzen keine große Korrosionsbeständigkeit, sind jedoch längere Zeit als ungeschützte Federn lagerbar.

Voraussetzung für das Oxydieren ist eine saubere Oberfläche. Eine kathodische Entfettung und ein Beizen sind wegen der Gefahr der Wasserstoffaufnahme zu vermeiden. Ein Entfetten mit Trichloräthylen oder Tetrachlorkohlenstoff bzw. eine mechanische Reinigung (Trommeln, Kugelstrahlen) sind zweckmäßig. Ist ein Beizen nicht zu umgehen, dann ist umgehend danach das Oxydieren und anschließend eine Wasserstoffaustreibung (siehe unten) vorzunehmen.

Beim *Phosphatieren* werden auf chemischem Wege metallphosphathaltige Schutzschichten mit einer Dicke von 3 bis 10 µm erzeugt, die nachverdichtet, beständig gegen feuchte Luft und Wasser sind [3.38], aber schon von verdünnten Säuren angegriffen werden. Die Phosphatschicht haftet fest auf dem Grundwerkstoff, ist nicht abriebfest und besitzt viele Poren, die durch eine Nachverdichtung (Tauchen in heißem Öl) geschlossen werden müssen. Sie stellt einen guten Haftgrund für eine nachfolgende Lackierung dar.

Vor dem Phosphatieren muß die Oberfläche wie beim Oxydieren gereinigt werden. Metallfedern werden meist in Heißphosphatbädern bei 95 bis 98 °C etwa 5 min behandelt, und nach dem Spülen erfolgt eine Nachverdichtung in Öl oder Wachs. Durch die beim Phosphatieren primär ablaufende Beizreaktion der Phosphorsäure ist eine Wasserstoffaufnahme nicht zu vermeiden; diese kann die Dauerfestigkeit bis zu 10 % mindern [3.36]. Es empfiehlt sich deshalb nach der Nachverdichtung das Vornehmen einer Wasserstoffaustreibung.

3.7.2. Metallüberzüge

Der größte Teil der heute noch mit Metallüberzügen, wie Zink, Kadmium oder Nickel versehenen Federn wird *galvanisch* behandelt. Sowohl bei den durchgeführten Vorbehandlungen (kathodisches Entfetten, Beizen) als auch bei der galvanischen Behandlung selbst diffundiert Wasserstoff in den Federstahl und ruft eine wasserstoffinduzierte, verzögerte späte Rißbildung hervor (auch als Wasserstoffsprödigkeit bezeichnet), die die Federeigenschaften erheblich beeinträchtigen kann. Die Folge sind z. B. Brüche bei dünnen Flachformfedern oder an den Ösen von Zugfedern. Die Gefahr der Rißbildung nimmt mit steigender Zugfestigkeit, Vorhandensein von Eigenspannungen, Kerben, Oberflächenfehlern wie Kantenrissen, Poren usw. zu [3.37]. Bei Federn mit einem Drahtdurchmesser kleiner 1 mm bzw. einer Banddicke kleiner 0,3 mm sollte man deshalb auf eine galvanische Behandlung verzichten.

Der Wasserstoff kann durch eine Anlaßbehandlung wieder ausgetrieben werden, wobei der Erfolg von der Diffusionsgeschwindigkeit in der Schutzschicht abhängt. Die Behandlung sollte möglichst 10 min nach der galvanischen Behandlung beginnen und 4 bis 20 h bei 240 °C erfolgen. Letzteres ist nicht immer möglich, so daß insbesondere auch bei dickeren Federn die Wasserstoffaustreibung auch nach längerer Unterbrechung noch Erfolg zeigt [3.36]. Das Vermeiden von H-Brüchen erfordert eine spezielle Technologie. Geringe Beizzeiten (kleiner 30 s), Anwendung von Sparbeizen, besser ein Naßgleitschleifen und die Auswahl geeigneter Elektrolyten [3.38] sind zu empfehlen. *Huhnen* [3.37] schlägt die Anwendung eines Zweistufenverfahrens vor. Zunächst wird eine erste 3 µm dicke Zinkschicht aufgebracht. Es folgt dann ein Temperieren zur Wasserstoffaustreibung. Ein zweites Verzinken bis zum Erreichen der Gesamtschichtdicke und erneute Wärmebehandlung schließt sich an.

Galvanisch behandelte Federn müssen auf H-Bruch-Empfindlichkeit geprüft werden. Es empfiehlt sich eine 96stündige Dauerbelastung bei maximaler Betriebsbeanspruchung.

Bei der Auswahl der geeignetsten Elektrolyten sind solche zu berücksichtigen, die eine möglichst hohe Stromausbeute ermöglichen (zyanidische Zinkelektrolyten 75 bis 85 %, zyanidische Kadmiumelektrolyten 90 bis 95 %, Zinksulfamatelektrolyten und Zinkdiphosphatelektrolyten fast 100 %), die nicht zu Zugspannungen in der Randschicht führen und die keine spröden Schutzschichten (z. B. Hartchromüberzüge) ergeben.

3.7. Korrosionsschutz durch Oberflächenbehandlung

So werden angewendet

— das zyanidische Verkadmen,
— das saure Verzinken,
— das Sulfamat-Vernickeln,

wobei auch bei schwingend belasteten Federn der Dauerfestigkeitsabfall in Grenzen gehalten werden kann (kleiner 10%) [3.36] bzw. auch eine geringfügige Dauerfestigkeitssteigerung erreicht wird [3.38] [3.41].
Von den stromlosen Überzugsverfahren haben sich bei Federn wenige bewährt: Chemische Behandlungen, wie das *chemische Vernickeln*, führen zu spröden Randschichten, die oft bei der elastischen Verformung der Federn zu Rissen oder Brüchen führen. Deshalb sind diese Verfahren nur für Federn mit geringen elastischen Randverformungen anwendbar. Das *Aufdampfen* von Kadmium oder Zink in einer Vakuumkammer führt zu einer gleichmäßigen Schicht, ohne daß die Federeigenschaften verschlechtert werden. Es ist deshalb besonders gut geeignet. Begrenzt ist die Anwendung von Diffusionsverfahren, wie z. B. des Sheradisierens [3.36], weil die dazu benötigten Behandlungstemperaturen um 370 bis 400 °C nur für Federn mit niedrigerer Festigkeit (auf Grund höherer Anlaßtemperatur) geeignet sind. Bei diesem Verfahren werden die Federn mit einem Gemenge aus Zinkpulver und Quarzsand bei gleichzeitiger Erwärmung in einer Trommel behandelt.
Für einige Federn, z. B. Tellerfedern, hat sich das mechanische Plattieren mit Zink oder Aluminium (auch als Kugelplattieren oder Rotalyt-Coat-Verfahren bezeichnet) bewährt. Unter Nutzung mechanischer Kräfte werden Zn- oder Al-Überzüge durch Behandeln von Federn mit Glaskugeln, feinstem Metallpulver und Prozeßchemikalien in einer rotierenden Trommel erzeugt. Diese Überzüge sind dicht, schlagfest und chromatierbar [3.43]. Werden hierbei die Zink- bzw. Al-Flocken in Harzmassen eingebettet, erfolgt anschließend ein Aushärten bei niedrigen bis mittleren Temperaturen, so daß keine Entfestigung des Federwerkstoffs eintritt. Handelsnamen dieser Verfahren sind u. a. Deltaton, Deltaseal, Dacromet, Signal, Sermetel. Nach [3.48] weisen diese Schutzschichten eine wesentlich bessere Korrosionsbeständigkeit auf als z. B. galvanische Zinkschutzschichten.

3.7.3. Lacküberzüge

Lacküberzüge auf Federn sind vorteilhaft, weil sie ohne Beeinflussung der Federeigenschaften aufgebracht werden können. Allerdings bereitet die Lackauswahl einige Schwierigkeiten, weil an Lacke für Federn neben guter Korrosionsbeständigkeit gegen bestimmte Agenzien noch Forderungen an die mechanischen Eigenschaften gestellt werden. Der Lack muß gut haften und gleichsam so biegsam und elastisch sein, daß er bei Federbeanspruchung nicht abplatzt oder rissig wird. Für das Lackieren von Metallfedern werden meist Lacke auf Phenol- oder Epoxydharzbasis eingesetzt. Dabei ist die Haftfestigkeit von der Vorbehandlung der Oberfläche abhängig. Das Kugelstrahlen schafft durch die Aufrauhung der Oberfläche einen guten Haftgrund. Auch Phosphatieren ist eine zweckmäßige Vorbehandlung. Das Lackieren erfolgt durch Spritzen oder Tauchen. Anschließend wird der Überzug im Ofen eingebrannt.
Eine gleichmäßigere Lackierung bei ökonomischem Lackverbrauch ist mit dem elektrostatischen Farbspritzen möglich. Man vermeidet die sonst beim Tauchlackieren entstehenden Lacküberschüsse an Kanten, Federenden u. ä., die oft bei Federbelastung zum Abplatzen führen.

3.7.4. Kunststoffüberzüge

Kunststoffüberzüge lassen sich mit einfachen Mitteln aufbringen, verändern die Federeigenschaften nicht und sind sehr anpassungsfähig. Allerdings geben sie oft keinen fest haftenden Überzug, sondern eine Umhüllung mit guten Korrosionsbeständigkeitseigenschaften, wenn man die Kunststoffauswahl unter Berücksichtigung der angreifenden Agenzien trifft. Zu beachten ist ferner die minimale und maximale Arbeitstemperatur, denen der Kunststoffüberzug ausgesetzt werden darf (Tafel 3.6). Zur

Aufbringung des Kunststoffüberzuges können Kalttauchverfahren (Kunststoff ist in einem Lösungsmittel gelöst) oder Warmtauchverfahren (Tauchen der Federn in geschmolzenen Kunststoff) verwendet werden. Weiterhin ist das Wirbelsintern üblich, bei dem erwärmte Federn in ein Kunststoff-Wirbelbett getaucht werden. Dieses Verfahren ist nur für dickere, massereiche Federn anwendbar, die auf die Behandlungstemperaturen nach Tafel 3.6 erwärmt werden dürfen [3.47].

Tafel 3.6. Arbeitstemperaturen für Kunststoffüberzüge bei Federn

Kunststoff	Arbeitstemperatur °C	Vorwärmtemperatur °C
PVC	−20 bis 55	250−300
Polyäthylen	−50 bis 80	300−380
Polystyrol	−20 bis 80	−
Polyamid	−20 bis 120	rd. 350
Celluloseacetobutyrat	−30 bis 100	280−300

3.8. Forderungen an eine fertigungsgerechte Gestaltung

Üblicherweise wird eine Feder auf Grund der von ihr geforderten Federarbeit in den vorhandenen Einbauraum gezwängt. Die daraus entstehende Zwangslage führt oft zu komplizierten Federformen und zu hohen Anforderungen an die Genauigkeit. Es wird dabei oft vergessen, daß die meisten Federn durch spanlose Umformung entstehen und größere Maßabweichungen mit den anzuwendenden Fertigungsverfahren verbunden sind (siehe auch DIN 2093, 2095 bis 2097).
Vom Konstrukteur sollen nur die Größen toleriert werden, die die Funktion sichern: Das trifft zunächst für die Federkraft zu und zweitens für Maße, die die Einbaufähigkeit sichern. Zu beachten ist hierbei, daß der Federhersteller die selbst bei der Verarbeitung von hochwertigen Werkstoffen noch auftretenden Eigenschaftsschwankungen ausgleichen muß. Hierfür stehen ihm einige Größen als Fertigungsausgleich zur Verfügung. Diese Größen gelten für den Konstrukteur nur als Richtwert und werden vom Hersteller je nach Werkstoffcharge so variiert, daß die tolerierten Parameter eingehalten werden können. Der Fertigungsausgleich hängt von der Anzahl der tolerierten Größen ab (ein Beispiel enthält Tafel 3.7) und ist in den genannten Standards angegeben.

Tafel 3.7. Fertigungsausgleich für Druckfedern nach DIN 2095

Vorgeschriebene Parameter	Fertigungsausgleich
Eine Federkraft F	L_0
Länge L_0 und eine Federkraft F	D_a, n
Zwei Federkräfte F_1 und F_2	D_a, L_0, n

Bei Druck-, Zug-, Dreh-, Drahtform-, Flachform- und Tellerfedern findet man in den geltenden Standards Vorschriften für die anzuwendenden Toleranzen. In den nichtzutreffenden Fällen ist zu beachten, daß vielfältige Einflüsse auf die Federkraft wirken. Diese Einflüsse lassen sich kombinieren [3.29], und die theoretisch zu erwartenden Krafttoleranzen sind berechenbar.
Der Konstrukteur sollte weiterhin die im Abschnitt 5. genannten Konstruktionshinweise beachten. Die Einhaltung der dort genannten Bedingungen (z. B. für Mindestbiegeradien, Wickelverhältnisse, Federformen usw.) sichert die Herstellbarkeit der betreffenden Feder. Sind davon Abweichungen erforderlich, so sollte vor Abschluß der Konstruktion der jeweilige Hersteller konsultiert werden. Sonderkonstruktionen sind oft nur mit speziellen Technologien und Fertigungseinrichtungen realisierbar.

3.9. Literatur

[3.1] Taschenbuch für den Federhersteller und Federverbraucher. Karl-Marx-Stadt: VVB Wälzlager und Normteile 1967
[3.2] *Birkmann, H.:* Rationalisierung der Federnfertigung durch den Einsatz elektronisch gesteuerter Federwindeautomaten. Draht 34 (1983) 6, S. 321—324
[3.3] *Huhnen, J.:* Unmögliche Schraubenzugfedern jetzt verwirklicht. Draht 26 (1975) 12, S. 595—599
[3.4] Verfahren und Vorrichtung zum Wickeln von Schraubenfedern mit Vorspannung. BRD-AS 2740637
[3.5] Ungarisches Patent 153420, Kl. B 21 f
[3.6] Stahlbänder für Federn. Firmenkatalog der Fa. Sandvik, Sandviken/Schweden
[3.7] Die Herstellung konischer Stäbe für Schraubenfedern mit progressiver Kennlinie. Draht 35 (1984) 12, S. 636—639
[3.8] *Häusler, J.; Friemert, H.; Achauer, G.:* Magnetisierbare Federn mit Wanderfeld-Entwirrer ordnen. Drahtwelt (1982) 1, S. 14—16
[3.9] Rationalisierung der Federnschleiferei. Katalog der Firma OMD Domaso/Italien
[3.10] *Wanke, K.:* Wärmebehandlung vergüteter Federn. Drahtwelt 49 (1963) 11, S. 490—497
[3.11] *Kaiser, B.:* Verbesserung der Schwingfestigkeit warmgeformter Schraubendruckfedern unterschiedlicher Ausgangszustände durch Kugelstrahlen. Draht 35 (1984) 5, S. 253—259
[3.12] *Berns, H.; Siekmann, G.; Wiesenecker, I.:* Gefüge und Bruch vergüteter Federstähle, Mikrogefüge und Bruchmorphologie. Draht 35 (1984) 5, S. 247—252
[3.13] *Berns, H.; Siekmann, G.; Kösters, R.; Schreiber, D.:* Gefüge und Bruch vergüteter Federstähle, Ablauf des Schwingungsbruches. Draht 35 (1984) 10, S. 518—523
[3.14] *Reschka, I.:* Über das kurzzeitige Anlassen von gehärteten Stählen. Werkstatt und Betrieb 93 (1960) 8, S. 491—495
[3.15] *Zouhar, G.; Finke, P.; Güth, A.; Schaper, M.; Wadewitz, H.:* Gleichzeitige Festigkeits-, Duktilitäts- und Bruchzähigkeitssteigerung von niedriglegierten Stählen durch HTMB. Neue Hütte 21 (1976) 8, S. 463
[3.16] *Pawelski, O.; Kaspar, R.; Peichl, L.:* Thermomechanische Behandlung von Stählen. Drahtwelt (1982) 2, S. 25
[3.17] *Hensger, K.-E.:* Hochtemperaturthermomechanische Behandlung von Federstahl. Neue Hütte 22 (1977) 12, S. 673—674
[3.18] *Bossler, R.; Wanke, K.:* Zwischenstufenvergütung von Federn. Der Maschinenbau (1962) 3, S. 107—111
[3.19] *Rees, S. H.:* Einfluß des Anlassens auf die statischen Eigenschaften von patentiertem Draht. I. Iron Steel Inst. London 18 (1928), S. 195—210
[3.20] *Brühl, R.:* Die Anlaßwirkung auf eine Matrazenstahldrahtfeder und ihre Bedeutung für die Federeinlagen- und Polstermöbelindustrie. Drahtwelt 48 (1962) 3, S. 99—100
[3.21] *Wanke, K.:* Beitrag zum Vorsetzen (Voreinrichten) von Schraubenfedern bei Raumtemperatur bzw. erhöhten Temperaturen (Warmsetzen). Draht 15 (1964) 6, S. 309—317
[3.22] *Otzen, U.:* Über das Setzen von Schraubenfedern. Draht 8 (1957) 2, S. 49—54 und 3, S. 90—96
[3.23] *Kreuzer, A.:* Warmvorsetzen von Schraubendruckfedern. Draht 35 (1984) 7/8, S. 386—389
[3.24] Firmenschrift der Garphyttan AG, Garphytte/Schweden
[3.25] *Graves, G. B.; Malley, M. O.:* Vorsetzen, insbesondere Warmvorsetzen von Schraubenfedern. Draht 34 (1983) 4, S. 171—173
[3.26] *Slingsby, R. G.:* A new heat-treatment process overcomes temperature relaxationproblems for spring users. Heat Treatment 1979 Conference. Metals Soc. AMS, S. 116—121
[3.27] *Kloos, K. H.:* Schwingfestigkeitseigenschaften bauteilähnlicher Proben unter Anwendung optimierter Randschichtverfestigungsverfahren. Draht 35 (1984) 7/8, S. 390—395
[3.28] Hoesch-Berichte Forschung und Entwicklung 4/1972
[3.29] *Crudee, R. F.:* Tolerances for springs. Machine Design, Cleveland 45 (1973) 5, S. 106—110
[3.30] Italienischer Standard UNI 5394-72
[3.31] *Fabry, Ch. W.:* Kugelstrahlen. Konstruktion 17 (1965) 4, S. 141—153
[3.32] *Takeuchi, S.; Homma, T.:* Einfluß des Kugelstrahlens auf die Dauerfestigkeit von Metallen. J. Japan Inst. Metals 22 (1958), S. 14
[3.33] *Zimmerlin, F. P.:* Werkstoffe für mechanische Federn. Metal Progress 67 (1952) 5, S. 97—106
[3.34] BRD-AS 1 101 898, Klasse 48 b
[3.35] *Kaiser, B.; Kösters, R.:* Schwingfestigkeit von Federn mit Kugelstrahlen verbessern. Drahtwelt 68 (1982) 6, S. 155—159
[3.36] *Wanke, K.:* Korrosionsschutz von Federn. Draht 15 (1964) 3, S. 103—113
[3.37] *Huhnen, J.:* Wasserstoffversprödung hochfester Stähle. Draht 36 (1985) 3, S. 141—144 und 5, S. 241—243
[3.38] *Heinke, J.; Resch, H.:* Substitution von elektrolytisch abgeschiedenen Cd-Schichten durch Zn-Schichten. Neue Hütte 22 (1977) 12, S. 685—688

[3.39] *Göbel, E. F.:* Berechnung und Gestaltung von Gummifedern. 3. Aufl. Berlin/Heidelberg/New York: Springer-Verlag 1969
[3.40] *Schoen, F.:* Das Spannen von Blattfedern. Industrie-Anzeiger Essen 86 (1964) 66, S. 1337—1338
[3.41] *Baumgartl, E.; Resch, H.; Heinke, J.:* Zur Dauerfestigkeit vernickelter Schraubendruckfedern. Draht 18 (1967) 8, S. 582—591
[3.42] *Walz, K. H.:* Korrosionsprobleme bei Tellerfedern. Mitt. der Firma Chr. Bauer Welzheim/BRD, S. 7—10
[3.43] Neue Verfahren der Oberflächentechnik. Draht 33 (1982) 2, S. 91—92
[3.44] Kunststoffbeschichtete Drahtwaren nach dem Kallistenverfahren. Draht 8 (1957) 10, S. 433
[3.45] Tauchüberziehen von Draht mit Kunststofferzeugnissen. The Wire Industry 26 (1959), S. 310 und 973
[3.46] *Reinsch, H. H.:* Das Auftragen von Kunststoffschichten durch Wirbelsintern. Kunststoff-Rundschau (1963) 5, S. 239—240
[3.47] *Heinke, J.; Wanke, K.:* Plastüberzüge auf Schraubendruckfedern durch Wirbelsintern. Der Maschinenbau (1964) 12, S. 511—514
[3.48] *Hayes, Mark P.:* Korrosionsschutzsysteme für Federn. Internationale Konferenz der ESF (European Spring Federation) zur Wire 1990 in Düsseldorf

4. Grundlagen des Federentwurfs

Zeichen, Benennungen und Einheiten

A_n	Konstante
B_n	Konstante
D	Dämpfung
D_m	mittlerer Windungsdurchmesser in mm
E	Elastizitätsmodul in N/mm²
F	Kraft in N
F_1	Federkraft, dem Federweg s_1 entsprechend in N
F_2	Federkraft, dem Federweg s_2 entsprechend in N
F_R	Reibkraft in N
ΔF	Kraftdifferenz in N
F_{St}	Stoßkraft in N
L	Lebensdauer in Stunden
M	Kraftmoment in N · mm
R_e	Streckgrenze in N/mm²
R_m	Zugfestigkeit in N/mm²
$R_{p0,2}$	0,2-Dehngrenze in N/mm²
S	Sicherheit
V	Volumen in mm³
V	Verstärkungsfaktor
W	Federarbeit, allgemeine in J
W_F	Federarbeit, elastische in J
W_R	Reibarbeit in J
W_{opt}	Federarbeit, optimale in J
a	Abstand in mm
c	Federsteife (auch Federrate R) in N/mm
c_φ	Drehfedersteife in N · mm/rad
m	Masse in kg
m_F	Eigenmasse der Feder in kg
n	Anzahl der federnden Windungen, Zählgröße
s	Federweg in mm
s_1	Federweg infolge Federbelastung mit F_1 in mm
s_2	Federweg infolge Federbelastung mit F_2 in mm
$s_h, \Delta s$	Federhub (Differenz zweier Federwege) in mm
t	Zeit in s
t_s	Stoßzeit in s
$ü$	Übersetzung
v	Geschwindigkeit in m/s
v_s	Stoßwellengeschwindigkeit in m/s (Geschwindigkeit der Wanderwelle)
x, y	Variable
α	Winkel in rad
δ	Dämpfungsfaktor
η_A	Artnutzwert
η_D	Dämpfungs(nutz)wert
η_V	Volumennutzwert

σ Normalspannung in N/mm²
τ Torsionsspannung in N/mm²
φ Verdrehwinkel in rad
ω_e Erregerkreisfrequenz in s⁻¹
ω_0 Eigenkreisfrequenz in s⁻¹

Indizes

erf	erforderlich	grenz	Grenz-	stat	statisch
ertr	ertragbar	max	maximal	vorh	vorhanden
dyn	dynamisch	min	minimal	zul	zulässig

4.1. Ziel des Federentwurfs

Die Lösung technischer Aufgaben durch Einsatz von Federn erfordert innerhalb eines Federentwurfs Entscheidungen über die geeignete Federart und Federform, die Größe der die Federgestalt beschreibenden Parameter, Form und Art der Federanschlüsse (Koppelstellen mit anderen Bauteilen), die Wahl eines geeigneten Werkstoffs, notwendige Wärme- und Oberflächenbehandlungen, Maßnahmen zur Qualitätssicherung und Überlegungen zu einer wirtschaftlichen Fertigung. Durch den Federentwurf ist also unter Beachtung funktioneller, werkstofflicher und fertigungstechnischer Bedingungen die Federgestalt mit allen für die Fertigung und den Einsatz erforderlichen Bedingungen festzulegen.

Die Federdimensionierung (Auslegung) nimmt dabei einen bedeutenden Anteil ein, ist jedoch nicht allein Gegenstand des Federentwurfs. Der Konstrukteur muß sich auch mit dem „Umfeld" auseinandersetzen und, meist in Absprache und nach Beratung mit dem Federhersteller, in den konstruktiven Unterlagen auch Maßnahmen verankern, wie Angaben von Toleranzen und Prüfmaßen, zur Wärme- und Oberflächenbehandlung (Kugelstrahlen, Oberflächenschutzschichten) und spezieller Behandlungen (z. B. Vorsetzen).

Beim Federentwurf sind das geforderte Federungsverhalten und die Einhaltung der Spannungsbedingungen zu realisieren. Von der Feder wird eine bestimmte Kennlinie gefordert. Die Betriebsbelastungen dürfen nicht zu Spannungen führen, die die ertragbaren bzw. zulässigen überschreiten. Auf die dabei zu beachtenden Grundsätze, die grundlegenden Berechnungsansätze und Vorgehensweisen und die dafür zur Verfügung stehenden Hilfsmittel wird in den nächsten Abschnitten eingegangen.

4.2. Federungsverhalten, Federkennlinie

4.2.1. Federdiagramm

Eine wesentliche Berechnungsgrundlage für den Federentwurf bildet die Kenntnis des Federungsverhaltens der Federn. Es stellt die analytische Beschreibung des Zusammenhangs zwischen der auf die Feder einwirkenden Kraft F und des sich daraufhin einstellenden Federwegs s als Auslenkung des Kraftangriffspunktes dar. Analoges trifft zu, wenn die Feder durch ein Moment M belastet und um den Drehwinkel φ verformt wird. Die grafische Darstellung dieses Zusammenhangs im Belastungs-Verformungs-Schaubild (Kraft-Weg- bzw. Kraftmoment-Drehwinkel-Kennlinie) ergibt das *Federdiagramm* (auch als Federcharakteristik bezeichnet). Es ist eines der bedeutendsten und aussagekräftigsten Arbeitsmittel des Konstrukteurs für den Federentwurf. Gewöhnlich stellt die Realisierung des geforderten Federungsverhaltens den ersten Schritt des Federentwurfs dar. Dabei sind auch eine Reihe von Störgrößen zu beachten.

4.2.2. Kennlinienverlauf

Je nach Art des Belastungs-Verformungs-Zusammenhangs und der ihn bestimmenden Größen hat die im Federdiagramm dargestellte *Federkennlinie* einen linearen, progressiven, degressiven oder aus diesen Teilen kombinierten nichtlinearen Verlauf (Bilder 4.1 und 4.3). Entscheidenden Einfluß auf den Verlauf der Federkennlinie haben Werkstoff und Federgestalt.

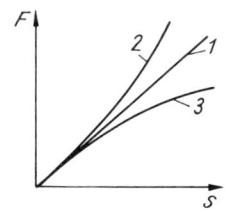

Bild 4.1. Prinzipielle Kennlinienverläufe

Bei *Metallfedern* ist vom Verhalten des Werkstoffs her (reibungsfreie Federn vorausgesetzt) ein linearer Kennlinienverlauf (Bild 4.2) zu erwarten, solange durch die Belastung die Elastizitätsgrenze nicht überschritten wird (s. Abschnitt 2., Bild 2.6). Durch die auf der Grundlage der Gültigkeit des Hookeschen Gesetzes gegebene Proportionalität zwischen Spannung und Dehnung (s. Gleichung (2.1)) stellt sich im Idealfall nach Entlastung immer wieder eine vollständige Rückverformung ein. Abweichungen von diesem idealen elastischen Verhalten werden durch Inhomogenitäten, Anisotropien, plastische Verformungsanteile, innere Reibung, Temperaturabhängigkeit des E- und G-Moduls und andere Einflüsse des Werkstoffs hervorgerufen, die sich auf den praktischen Kennlinienverlauf auswirken. Analytisch lassen sich solche Abweichungen kaum erfassen.

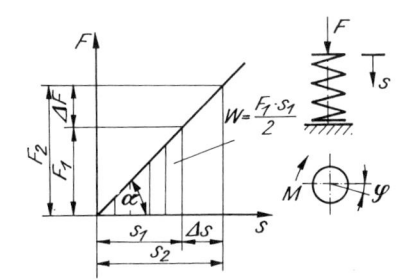

Bild 4.2. Lineare Federkennlinie und Federarbeit

Für die Form der Federkennlinie *nichtmetallischer Federn* ist der „Federstoff" (Elast, Plast, Gas oder Flüssigkeit) im wesentlichen verantwortlich. Sein Federungsverhalten bedingt meist nichtlineare Kennlinienverläufe. Bei Elasten hängen z. B. der G-Modul von der Shore-Härte und der E-Modul zusätzlich noch von der Federform ab (vgl. Abschnitt 6.1.).

Durch die Federgestalt läßt sich die Form der Kennlinie entscheidend beeinflussen. Bild 4.3 zeigt Beispiele von Federn, bei denen auf Grund der besonderen Federart, Federform und Federanordnung

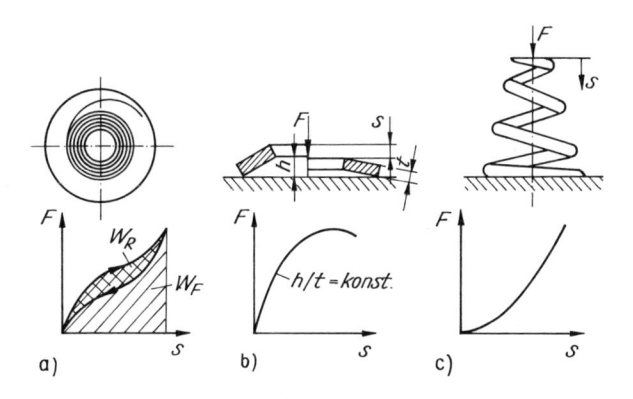

Bild 4.3. Beispiele für metallische Federarten bzw. -formen mit nichtlinearen Kennlinien
a) Im Federhaus geführte Spiralfeder; b) Tellerfeder (Kennlinienform auch von h/t abhängig)
c) kegelstumpfförmige Schraubendruckfeder

Kennlinien mit nichtlinearem Verlauf vorliegen. Der Einfluß der Federgestalt auf den Kennlinienverlauf ist analytisch faßbar und kann beim Federentwurf gezielt zur Realisierung ganz bestimmter, gewünschter Kennlinienverläufe eingesetzt werden.

4.2.3. Federsteife (Federrate) und Federarbeit

Zur Charakterisierung einer Feder wird der Anstieg der Kennlinie herangezogen, der allgemein

$$c = \tan \alpha = dF/ds \tag{4.1a}$$

bzw.

$$c_\varphi = \tan \alpha = dM/d\varphi \tag{4.1b}$$

ist und als *Federsteife* (auch Federrate R) bezeichnet wird. Die meisten Federn besitzen eine lineare bzw. annähernd lineare Kennlinie (s. Bild 4.2), so daß sich für jede Federvorspannung das gleiche Verhältnis

$$c = (F_2 - F_1)/(s_2 - s_1) = \Delta F/\Delta s \tag{4.2}$$

ergibt und die Federsteife somit einen konstanten Wert besitzt (Federkonstante). Der reziproke Wert der Federsteife c heißt Einheitsfederung oder spezifische Federung C. Viele Federn sind in mehreren Richtungen verformbar, so daß je nach Kraftrichtung bzw. Freiheitsgrad des freien Federendes zwischen Längs-, Quer- und Drehfedersteife unterschieden werden muß. Das *Arbeitsvermögen* (Federarbeit) W der Feder bei Belastung durch die Kraft F bzw. ein Moment M ist

$$W = \int_0^s F(s) \cdot ds \tag{4.3a}$$

bzw.

$$W = \int_0^\varphi M(\varphi) \cdot d\varphi . \tag{4.3b}$$

Unter Voraussetzung einer linearen Federkennlinie ergibt sich

$$W = \frac{F \cdot s}{2} = \frac{c \cdot s^2}{2} \tag{4.4a}$$

bzw.

$$W = \frac{M \cdot \varphi}{2} = \frac{c_\varphi \cdot \varphi^2}{2} \tag{4.4b}$$

als Fläche unter der Federkennlinie (Bild 4.2).

4.2.4. Hysterese und Kriechen

Zahlreiche physikalische Erscheinungen wirken sich störend auf den Kennlinienverlauf aus, so daß sich Unterschiede zwischen dem theoretischen und dem praktischen Verlauf ergeben. Meist wird das Federungsverhalten durch *Reibung* beeinflußt. Bedingt durch den besonderen Aufbau (s. Bild 4.3a) oder durch Krafteinleitungs- und -ableitungsstellen (z. B. bei Tellerfedern) wirken Reibkräfte verformungs- und rückverformungsbehindernd. Diese Behinderung äußert sich beim Betrachten der Federarbeit als Energieverzweigung (Bild 4.3a)

$$W = W_F + W_R \tag{4.5}$$

und bei Vorliegen einer Wechselbeanspruchung (z. B. bei Federgelenken) in Form einer Hystereseschleife (Bild 4.4). Von der insgesamt zur Federverformung aufzuwendenden Arbeit W ist nur ein Teil W_F reversibel. Ein meist in Wärme umgewandelter Anteil W_R geht verloren. Dieser Anteil ist bei

geschichteten Blattfedern, Tellerfedern und Ringfedern besonders groß. Er hängt vom Aufbau und der Anordnung der Federn ab und ist folglich konstruktiv in gewissen Grenzen beeinflußbar.
Nicht beeinflussen läßt sich ein werkstoffbedingter Anteil, der mit „innerer Reibung" bezeichnet wird und besonders bei nichtmetallischen Federn ausgeprägt ist. Solche reibungsbehafteten Federn werden dieser spezifischen Eigenschaften wegen hauptsächlich für Aufgaben der Schwingungs- und Stoßdämpfung eingesetzt.

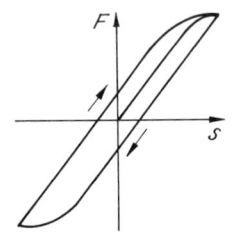

Bild 4.4. Reibungsbedingte Hystereseschleife bei einer Federkennlinie

Beim Einsatz der Federn für Meßaufgaben sind Energieverzweigungen dieser Art unerwünscht. Um eine gute Reproduzierbarkeit der Meßwerte zu erreichen, wird außerdem eine hohe zeitliche Konstanz des Kennlinienverlaufs und damit auch der Federsteife gefordert. Insbesondere von vorgespannten Federn wird häufig verlangt, daß sie über einen langen Zeitraum die eingestellten Kraft- bzw. Verformungswerte halten.
Relaxation, *Kriechen* und *Nachwirkung* sind Erscheinungen, die zu *zeitbedingten Veränderungen* der Federungswerte (F; s) führen. Während als Relaxation und Kriechen *plastische* Verformungen bezeichnet werden (s. a. Abschnitt 2.5.2.), die sich bei konstanter Einbaulänge als Kraftverlust (Relaxation) bzw. konstanter Belastung als Längenverlust (Kriechen) äußern (Bild 4.5), sind Nachwirkungen elastische Verformungen, die bei mechanischen Beanspruchungen der Federn zeitverzögert erfolgen. Diese Zeitverzögerung eines Teils der elastischen Verformungen tritt sowohl bei der Belastung als auch bei der Entlastung auf und ist von der Größe der Belastung abhängig [4.1] [4.2] [4.3].

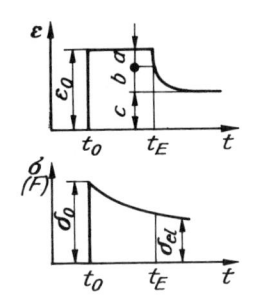

Bild 4.5. Zeitabhängigkeit der Federungsgrößen Beispiel: Spannungsrelaxation
a) elastische Rückfederung; b) verzögerte elastische Rückfederung (Nachwirkung); c) plastische Verformung

4.3. Nutzwerte

Zur Beurteilung, Einschätzung und zum Vergleich verschiedener Federn untereinander werden vielfach sogenannte „Nutzwerte", wie Artnutzwert, Volumen- (bzw. Masse-)Nutzwert und Wirkungsgrad der Dämpfung, herangezogen [4.4] [4.5] [4.6].
Der *Artnutzwert* η_A ist das Verhältnis zweier Federarbeiten, der höchstmöglichen W einer beliebigen Feder und der „optimalen" W_{opt} einer Vergleichsfeder.

$$\eta_A = W/W_{opt}. \tag{4.6}$$

Bei diesem Vergleich wird davon ausgegangen, daß die von einer Feder mit festgelegtem Federwerkstoff aufnehmbare Formänderungsenergie dann am größten ist, wenn alle Volumenelemente bis zum Erreichen der ertragbaren Spannung beansprucht werden können. Das ist bei einem Zugstab der Fall.

Die Arbeit, die von einem Zugstab bis zum Erreichen seiner ertragbaren Spannung geleistet werden kann, soll deshalb als optimale Federarbeit

$$W_{opt} = V \cdot \sigma^2_{ertr}/2E \tag{4.7}$$

bezeichnet werden. Somit ist der Artnutzwert η_A ein Kriterium dafür, in welchem Maß bei verschiedenen Federn der Werkstoff (Werkstoffvolumen der Feder) für die Arbeitsspeicherung ausgenutzt wird bzw. auf Grund der Federart und Federgestalt ausgenutzt werden kann. Er stellt somit unter vergleichbaren ertragbaren Werkstoffbeanspruchungen für die jeweilige Feder eine Art Wirkungsgrad der Federarbeit dar. Analoges gilt für Federn, bei denen Tangentialspannungen auftreten.

Durch den Artnutzwert werden Einflüsse auf die Federarbeit, die von den Spannungen oder den E- bzw. G-Moduln herrühren, nicht erfaßt. Bei vorliegender Reibung (innere und äußere Reibung) muß die Reibungsarbeit bei der Belastung zusätzlich zur „theoretischen" Federarbeit W aufgebracht werden, während bei der Entlastung diese um die Reibungsarbeit verringert wird. Unter Berücksichtigung der Reibungsarbeit sind Artnutzwerte über Eins möglich (z. B. Ringfeder [4.4]).

Der *Volumennutzwert* η_V gibt das Verhältnis von Federarbeit W und erforderlichem Federvolumen V an.

$$\eta_V = W/V = \eta_A \cdot W_{opt}/V = \eta_A \cdot \sigma^2_{ertr}/2E. \tag{4.8}$$

In manchen Fällen wird anstelle des Volumennutzwertes auch der *Massenutzwert* η_M verwendet, wobei

$$\eta_M = \eta_V/\varrho \tag{4.9}$$

ist (ϱ Dichte in g/cm^3).

Als *Wirkungsgrad der Dämpfung* η_D einer Feder wird das Verhältnis der abgegebenen Arbeit W_F zur aufgenommenen Arbeit W

$$\eta_D = W_F/W \tag{4.10}$$

bezeichnet. Auch die Bezeichnung Wirkungsgrad η_F einer Feder ist üblich. Statt η_D wird oft auch der Dämpfungswert ϑ

$$\vartheta = (W - W_F)/(W + W_F) = (1 - \eta_D)/(1 + \eta_D) \tag{4.11}$$

zur Federeinschätzung, insbesonere bei Federn für Schwingungs- und Stoßdämpfungsaufgaben, verwendet. Er ist das Verhältnis der gesamten Reibungsarbeit zur gesamten bei der Be- und Entlastung aufgebrachten Federarbeit.

4.4. Federberechnung

4.4.1. Ziel und Anliegen der Federberechnung

Innerhalb des Federentwurfs wird mit der Federberechnung auf der Grundlage von Verformungs- und Spannungsbeziehungen die Festlegung aller die Gestalt der Feder beschreibenden Parameter einschließlich des Werkstoffs verfolgt. Bei dieser Parameterberechnung bzw. -dimensionierung sind zahlreiche Restriktionen zu beachten, die meist fertigungsbedingt und federarttypisch sind (z. B. Wickelverhältnis w bei Schraubenfedern $4 \leq w \leq 16$).

Fast immer ist die Zahl der festzulegenden Federparameter größer als die Zahl der Bestimmungsgleichungen, was eine iterative Vorgehensweise erfordert. Der Rechenaufwand, insbesondere bei Neukonstruktionen und vor allem bei Mehrfeder- und Feder-Masse-Systemen, ist dann erheblich. Um den Aufwand in Grenzen zu halten, werden für den Entwurf von Federn häufig *vereinfachte* Berechnungsgleichungen oder Näherungsbeziehungen verwendet, oder es wird eine *Vordimensionierung* mit Hilfe von Leitertafeln, Nomogrammen oder Tabellen vorgenommen. Eine wesentliche Reduzierung des Rechenaufwands kann durch Einsatz elektronischer Rechentechnik erreicht werden.

Entwurfsberechnungen schließen sich immer Nachrechnungen an, durch die sowohl die Erfüllung der geforderten Federungseigenschaften als auch der Festigkeitsbedingungen überprüft werden. Eine wesentliche Rolle spielt bei diesen Nachrechnungen der zeitliche Verlauf der Belastung, das dynamische

4.4. Federberechnung 97

Verhalten der Federn, da die Vordimensionierung wie auch andere Berechnungen wegen des geringeren Aufwands fast immer auf der Grundlage der für statische Verhältnisre gültigen Beziehungen erfolgt. Spätestens jedoch bei den Nachrechnungen sind die Betriebsbedingungen und speziell der zeitliche Verlauf der Belastung zu berücksichtigen [4.7] [4.23] [4.24].

Federn haben in Konstruktionen vielfältige Aufgaben zu übernehmen, die nicht immer miteinander vereinbar sind, sich deshalb nicht in gleichem Maße optimal erfüllen lassen und oft Kompromisse erfordern. So kann von einer Feder eine ganz bestimmte Kraft, ein bestimmter Federweg, ein vorgegebenes Kraft-Weg-Verhältnis oder ein gewünschtes Energiespeichervermögen gefordert werden. Liegen dynamische Betriebsverhältnisse vor, dann sind von der Feder als Teil eines Feder-Masse-Systems noch weitere Bedingungen einzuhalten, wie festgelegtes Eigenschwingungsverhalten (Eigenfrequenz), Dämpfungsfähigkeit, ausreichende Dauerfestigkeit oder für die Gewährleistung kinematischer Forderungen ein vorgegebenes Weg-Zeit-, Geschwindigkeits-Zeit- oder Kraft-Zeit-Verhalten.

In solchen Fällen, wie z. B. in elastischen Wellenkupplungen oder elastischen Motorlagerungen, ist die Feder sowohl Konstruktionselement in einer Baugruppe als auch potentieller Energiespeicher eines Schwingungssystems. Die erste Aufgabe verlangt eine entsprechende tragfähige, steife Dimensionierung dieses Konstruktionselements zur betriebssicheren Aufnahme der Kraftwirkungen, die zweite eine möglichst geringe Federsteife zur Senkung der Eigenfrequenz des Schwingungssystems [4.8]. Anliegen der Federberechnung ist es, diese zahlreichen Einflüsse und verschiedenartigen Bedingungen so zu berücksichtigen, daß am Ende der Funktions- und Festigkeits- bzw. Tragfähigkeitsnachweis erbracht werden kann. Durch den

Funktionsnachweis soll die Einhaltung der geforderten Federsteife, der Federwege und -kräfte innerhalb vorgegebener Toleranzen und bei dynamischen Betriebsverhältnissen die Realisierung des Schwingungsverhaltens durch die dafür charakteristischen Größen ω, $s(t)$, $v(t)$, $F(t)$ usw. überprüft werden, während durch den

Festigkeitsnachweis die Einhaltung der zulässigen Beanspruchung in Form eines Spannungsvergleichs (vorhandene Spannung $\leq$ zulässige Spannung), eines Sicherheitsvergleichs ($S_{vorh} \geq S_{erf}$) oder eines Lebensdauervergleichs ($L_{vorh} \geq L_{erf}$) nachzuweisen ist [4.8] [4.21] [4.22].

4.4.2. Zeitliche Belastungsverläufe

Die häufigsten bei Federn vorkommenden zeitlichen Belastungsverläufe sind im Bild 4.6 dargestellt. Rein statische Belastungen (Bild 4.6a) sind recht selten. Meist liegen Schwellbeanspruchungen in verschiedenen Formen vor (Bilder 4.6b bis 4.6d). Wechselbeanspruchungen treten nur in einigen speziellen Fällen auf (Drehstabfedern, Federn für Lagerungen und Führungen).

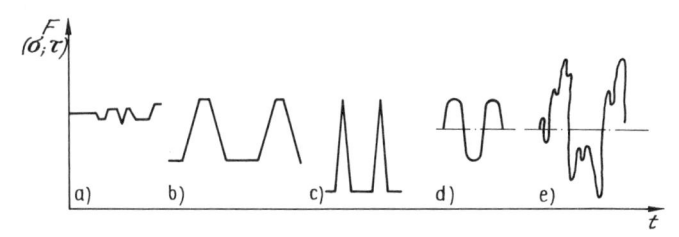

Bild 4.6. Beispiele für zeitliche Beanspruchungsverläufe von Federn (idealisiert dargestellt)
a) Federscheibe (Tellerfeder) für Spielausgleich (statische Beanspruchung); b) Rückholfeder (quasistatische Beanspruchung); c) Ventilfedern, Schaltfedern (periodische, stoßförmige Beanspruchung); d) Feder im nockengetriebenen Schaltmechanismus (Schwellbeanspruchung); e) Kraftfahrzeugfeder (stochastische Beanspruchung)

Häufig, insbesondere bei Fahrzeugfedern, sind Amplituden und auch Frequenzen regellos verteilt. Das Schwingungsbild ändert sich dauernd ohne jede Wiederholung (Bild 4.6e). Die Belastung erfolgt stochastisch.

Aus dieser Analyse lassen sich für die Federberechnung folgende Grundfälle ableiten (DIN 2089, DIN 50100 und DIN 50113; vgl. auch Abschnitt 2.3.):

Rein *statische Beanspruchung* liegt bei zeitlich konstanter Belastung (stationäre Belastung) der Feder vor.
Zu *quasistatischen Beanspruchungen* führen zeitlich veränderliche Belastungen, die
— durch kleine Hubwege s_h (bis 10% der Dauerhubfestigkeit)
— durch größere Hubwege, aber Schwingspielzahlen $<10^4$
verursacht werden (Bilder 4.6a und 4.6b).
Rein *schwellende, sinusförmige Beanspruchung* liegt vor, wenn die Feder vorgespannt und periodischen Belastungsschwankungen ausgesetzt ist (Bild 4.6c und Bild 4.7). Die Schwingspielzahlen sind $>10^4$ und die Hubspannung $>10\%$ der Dauerhubfestigkeit.

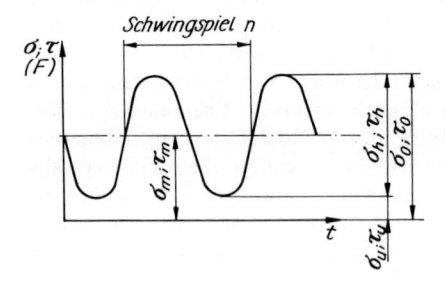

Bild 4.7. *Periodische Schwellbelastung mit sinusförmigem Verlauf*

Stoßartige Belastungen sind eine besondere Form der Federbeanspruchung, bei der eine Schwellbeanspruchung durch kurzzeitig einwirkende hohe Belastungen (Belastungsspitzen) entsteht (Bild 4.6d).
Wechselbeanspruchungen entstehen durch Belastungen mit Richtungsänderungen (Vorzeichenwechsel).
Stochastische Beanspruchungen entstehen durch veränderliche, nichtperiodische Belastungsschwankungen. Bei solchen Federn mit zeitlich veränderlichen Hub- und Mittelspannungen (Beanspruchungskollektive, Bild 4.6e), deren Größtwerte über der Dauerhubfestigkeit liegen können, sind bei der Lebensdauerberechnung statistische Analysen der Lastkollektive und Schadensakkumulationshypothesen anzuwenden [4.23] [4.24]. Wegen des erheblichen Aufwands und der Ungenauigkeiten durch verschiedene Idealisierungen bei Modell- und Belastungsannahmen werden in solchen Fällen Lebensdauerbestimmungen durch Betriebsfestigkeitsversuche vorgenommen.

4.4.3. Berechnungsablauf bei statischen Beanspruchungen

Bei statischen und quasistatischen Beanspruchungen der Feder bzw. des Federwerkstoffs können die Berechnungen nach den im Abschnitt 5. für die jeweilige Feder angegebenen Grundbeziehungen für Verformungen und Spannungen vorgenommen werden. Die von der Feder aufzunehmende Kraft (Analoges gilt für Kraftmomente) ist gleich der äußeren Belastung abzüglich eventuell vorhandener Reibkräfte.
Innerhalb des *Funktionsnachweises* ist dann zu überprüfen, ob die geforderten Federwege bzw. Federkräfte innerhalb der gegebenen Toleranzen realisiert werden konnten.

$$s_{min} \leq s \leq s_{max} ; \quad s_{max} < s_{grenz} \qquad (4.12\,a)$$

$$F_{min} \leq F \leq F_{max} ; \quad F_{max} < F_{grenz} . \qquad (4.12\,b)$$

$$c_{min} \leq c \leq c_{max} \qquad (4.12\,c)$$

Die Grenzwerte für den Federweg bzw. die Federkraft ergeben sich aus der begrenzten Werkstoffbeanspruchbarkeit. Bei Schraubendruckfedern z. B. wird der Federweg auch durch Einbauverhältnisse, maximal mögliche Zusammendrückung auf Blocklänge L_{Bl} der Feder oder durch die erforderliche Knicksicherheit begrenzt. Durch den *Spannungsnachweis* ist die Einhaltung der Bedingung

Nennspannung $\leq$ zulässige Spannung

zu prüfen

$$\sigma_{vorh} \leq \sigma_{zul} \quad \text{bzw.} \quad \tau_{vorh} \leq \tau_{zul} . \qquad (4.13\,a)$$

Anstelle dieses Spannungsvergleichs kann die Überprüfung auch in Form eines Sicherheitsvergleichs erfolgen

$$S_{vorh} \geqq S_{erf}.$$ (4.13b)

Die *Nennspannungsberechnungen* sind nach den im Abschnitt 5. angegebenen Beziehungen unter Berücksichtigung der federartspezifischen Abweichungen und Besonderheiten vorzunehmen. Die meisten der hierfür verwendeten Spannungsbeziehungen sind Näherungslösungen, die nur Hauptbeanspruchungen berücksichtigen, oft nur für kleine Federwege vernachlässigbare Abweichungen ergeben und in begrenztem Umfang Einflüsse der Federgestalt berücksichtigen.
Zulässige Spannungen sind nach den in den Abschnitten 2.3. und 2.4. dargelegten Zusammenhängen zu ermitteln. Jede Ungewißheit bezüglich der tatsächlich vorhandenen Spannungen versucht man bei allen Festigkeitsberechnungen durch einen Zuschlag in Form eines Sicherheitsfaktors aufzunehmen. So wird bei der Ermittlung der zulässigen Spannungen die als ertragbar angesehene Spannung um den Sicherheitsfaktor $1/S$ verringert. Die Festlegung des Sicherheitsfaktors richtet sich weiterhin nach der Wahl der ertragbaren Spannungen (R_e; $R_{0,2}$; $R_{p0,01}$; R_m u. dgl.), nach dem Einsatzzweck der Feder, den betrieblichen Bedingungen und vielen anderen Faktoren und setzt große Erfahrung voraus, wenn auch ökonomische Belange (optimale Werkstoffauslastung) berücksichtigt werden sollen. Meist erfolgt die Ermittlung der zulässigen Spannungen, die auch als Richtwerte für den Federentwurf gelten, unter Verwendung der einfacher zu bestimmenden Zugfestigkeit R_m nach folgenden Beispielen

Schraubendruckfedern	$\tau_{zul} = 0{,}50 \cdot R_m$
Schraubenzugfedern	$\tau_{zul} = 0{,}45 \cdot R_m$
Drehfedern (Schenkelfedern)	$\sigma_{zul} = 0{,}75 \cdot R_m$
Spiralfedern im Federhaus	$\sigma_{zul} = 1{,}00 \cdot R_m$,

wobei die verwendeten Faktoren ($1/S$) je nach Einsatzbedingungen der Federn auch größer oder kleiner angesetzt werden können.
Da, wie bereits ausgeführt, bei Federdimensionierungen eine iterative Vorgehensweise erforderlich ist, sind Rückkopplungen aus notwendigen Prüf- und Kontrollschritten notwendig. Die Überprüfung der Bedingungen nach Gleichung (4.12) und (4.13) sowie die dazu notwendigen Rechnungen sind deshalb meist mehrmals vorzunehmen.

4.4.4. Berechnungsablauf bei dynamischen Beanspruchungen

4.4.4.1. Allgemeiner Ablauf

Da eine dynamische Federberechnung erheblich mehr Aufwand erfordert, ist man bestrebt, näherungsweise, speziell beim ersten Federentwurf, weitgehend statisch zu rechnen. Dabei werden je nach vorliegendem Belastungsfall recht erhebliche Abweichungen in Kauf genommen. Federbrüche sind die Folge, wenn die Abweichungen der dynamischen von der statischen Beanspruchung zu einer wesentlichen Überschreitung der zulässigen Spannungen der Federwerkstoffe führt.
Aber auch beim Versuch, sowohl bei den Nennspannungen als auch bei den aus Dauerfestigkeitswerten ermittelten zulässigen Spannungen alle dynamischen Einflüsse zu berücksichtigen, stößt man auf Grenzen, die
— durch einen hohen Rechenaufwand,
— durch fehlende Festigkeitswerte bei entsprechenden Betriebsbelastungen und Werkstoffen,
— durch fehlende, die Dauerfestigkeit beeinflussende Faktoren,
— durch Idealisierungen bei der Modellbildung
und andere Bedingungen gegeben sind.
Die *Funktions-* und *Spannungsnachweise* werden nach den in den Gleichungen (4.12) und (4.13) formulierten Bedingungen durchgeführt, mit dem Unterschied, daß sowohl bei den Federwegen, Federkräften und Nennspannungen als auch bei den ertragbaren Spannungen die dynamischen Verhältnisse und Einflüsse einzubeziehen sind. Für den Spannungsvergleich werden die Spannungsamplituden bzw. Hubspannungen (σ_h; τ_h; σ_H; τ_H) herangezogen. Fast immer liegen in irgendeiner Form reibungsbehaftete und somit gedämpfte, schwingungsfähige Feder-Masse-Systeme vor. Die

dynamischen Federwege und Federkräfte erreichen Amplitudenspitzenwerte, die erheblich (um ein mehrfaches) größer als rein statisch ermittelte sein können. Diese Werte sind abhängig

— von der Zeit ($s = f(t)$; $v = f(t)$ usw.) und der Zeitfunktion der äußeren Belastung [$F_{äuß} = f(t)$],
— von den Trägheitskräften der schwingenden Massen (auch der Eigenmasse-Anteile der Feder),
— vom Verhältnis Erregerfrequenz ω_e zur Eigenfrequenz ω_0
— und von den Dämpfungskräften.

Ferner ist zu beachten, daß, besonders bei nichtmetallischen Federn, Unterschiede zwischen der statischen und der dynamischen Federsteife existieren und nichtmetallische Werkstoffe (bis auf Ausnahmen) nur eine Zeitfestigkeit aber keine Dauerfestigkeit besitzen.
In vielen Anwendungsfällen der Antriebstechnik berechnet man dynamisch beanspruchte Federn unter Annahme einer masselosen Feder, einer linearen Federkennlinie und starrer (federungsloser) schwingender Bauteilmassen. Der Rechenaufwand vereinfacht sich dadurch, wie nachfolgende Beispiele zeigen. Nicht immer läßt sich aber der Federmasseanteil vernachlässigen [4.10] [4.11]. Auch für einen solchen Fall sollen die Berechnungsansätze von den Grundlagen her aufgezeigt werden, wobei für spezielle Anwendungen auf entsprechende Literatur verwiesen werden muß [4.12] bis [4.17]. Aufbereitete Berechnungsbeziehungen liegen größtenteils für Schraubenfedern vor (s. [4.9]). Der grundsätzliche Berechnungsgang zur Ermittlung der Federbeanspruchung bei dynamischer Belastung soll deshalb an einem einfachen (Schrauben-)Feder-Masse-System gezeigt werden.

4.4.4.2 Feder unter periodisch-sinusförmig verlaufender Belastung

Eine masselos angenommene Feder führt mit einer Endmasse m ungedämpfte, freie Schwingungen aus, die sich durch die Differentialgleichung

$$m\ddot{x} + cx = 0 \tag{4.14a}$$

oder

$$\ddot{x} + \omega_0^2 x = 0 \tag{4.14b}$$

mit der Eigenkreisfrequenz

$$\omega_0 = \sqrt{c/m}, \tag{4.15a}$$

z. B. für eine Schraubendruckfeder

$$\omega_0 = \sqrt{(G \cdot d^4)/(8 \cdot n \cdot m \cdot D_m^3)}, \tag{4.15b}$$

beschreiben läßt. Bei Erregung durch eine dynamische Kraft F_{dyn} und Vorhandensein einer Dämpfung, die als geschwindigkeitsproportional angenommen werden soll, ergeben sich nach Bild 4.8 die Bewegungsgleichung

$$m\ddot{x} + \varkappa\dot{x} + cx = F_{dyn} \tag{4.16}$$

mit

$$F_{dyn} = F_{max} \cdot \cos \omega_e t \tag{4.17}$$

und dem Ersatzdämpfungsfaktor

$$\varkappa = (4 \cdot F_R)/(\pi \cdot x_{max} \cdot \omega_e) \tag{4.18}$$

(F_R Coulombsche Reibungskraft), sowie aus der Lösung der Differentialgleichung der Vergrößerungsfaktor V [4.18] [4.19] [4.20] in dimensionsloser Schreibweise

$$V = (\sqrt{1 - D^2})/(1 - \omega_e^2/\omega_0^2) = x_{max}/x_{stat} \tag{4.19}$$

mit der Dämpfung

$$D = \frac{\varkappa \cdot \omega_e}{c} \tag{4.20}$$

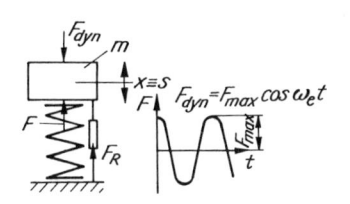

Bild 4.8. Feder-Masse-System, harmonisch erregt

und dem zeitlichen Verlauf des Federweges

$$x(t) = x_{max} \cdot V \cdot \cos(\omega_e t - \alpha) = \frac{F_{max}}{c} \cdot V \cdot \cos(\omega_e t - \alpha), \tag{4.21}$$

wobei $\alpha = \arcsin D$ ($\sin \alpha = D$) der Nacheilwinkel des Ausschlages gegenüber der Erregung ist.
Für die Federkraft folgt dann

$$F = c \cdot x(t). \tag{4.22}$$

Bei näherungsweise berücksichtigter *Federeigenmasse* m_F verändert sich die Eigenfrequenz nach Gleichung (4.15a) zu

$$\omega_0 = \sqrt{c/(m + m_F/3)}, \tag{4.23}$$

d. h., das Feder-Masse-System schwingt so, als wäre die Endmasse um ein Drittel der Federeigenmasse vergrößert. Auch für $m = 0$ (keine Endmasse) gilt diese Näherung. Die Feder ohne Endmasse schwingt so, als wäre an ihrem Ende ein Drittel ihrer Eigenmasse vorhanden.
Die Unterschiede der Eigenfrequenzen beim Vernachlässigen des Federeigenmasseanteils können recht erheblich sein. Bei kleinen Endmassen gegenüber der Eigenmasse liegen die Abweichungen in der Größenordnung von 20%. Selbst bei einem Eigenmasse/Endmasse-Verhältnis von $\mu = 10$ beträgt die Abweichung noch 2%. Im Bereich $1 \leq \mu \leq 10$ dieses Verhältnisses liegt der Wichtungsfaktor für die Berücksichtigung der Eigenmasse über 0,33 und kann Werte bis 0,40 annehmen [4.10] [4.11].

4.4.4.3. Feder unter Stoßbelastung

Als Stoß wird ein Bewegungsvorgang bezeichnet, bei dem eine endliche Geschwindigkeitsänderung in einer unendlich kurzen Zeit erfolgt. Die Beschleunigung ist dabei unendlich groß. Würde auf einen Körper in dieser Weise eine Kraft aufgebracht, so würde die in ihm hervorgerufene Spannung in der Zeit $t = 0$ von Null an plötzlich auf einen bestimmten Wert ansteigen. Dieser im Bild 4.9 dargestellte Kraft-Zeit-Verlauf ist aber nur theoretisch denkbar. Infolge des elastischen Formänderungsvermögens der Körper und des Umstands, daß die Bewegung stets während einer bestimmten Zeit abläuft, ist eine solche sprungartige Belastung in der Praxis nicht vorhanden. Der Bewegungsablauf und damit auch der Verlauf der Spannung über der Zeit kann durch Bewegungsfunktionen beschrieben werden, denen Parabel-, Sinus- oder e-Funktionen zugrunde liegen. Durch diese Funktionen erfolgt zwar nur eine mehr oder weniger gute Annäherung an die praktischen Verhältnisse. Sie ermöglichen jedoch eine mathematische Behandlung zeitabhängiger Vorgänge.

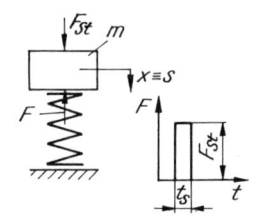

Bild 4.9. Feder-Masse-System unter Stoßbelastung

Aus der Bewegungsgleichung für das im Bild 4.9 dargestellte System

$$m\ddot{x} + cx = F_{St} \tag{4.24}$$

folgt unter Verwendung des harmonischen Lösungsansatzes

$$x(t) = x_{\text{stat}}\left(1 - \cos \omega t\right) = \frac{F_{\text{St}}}{c} \cdot (1 - \cos \omega t) \tag{4.25}$$

für die Federkraft F und die Stoßzeit t_s

$$F = F_{\text{St}}(1 - \cos \omega t_s) . \tag{4.26}$$

Aus Gleichung (4.26) folgt, daß die dynamische Federbelastung nur dann kleiner als die statische ist, wenn $\cos \omega t_s < 1$ oder $t_s \leq \pi/2 \cdot \omega$ ist. Ohne Dämpfung folgt im ungünstigsten Fall ($\omega t_s = \pi$)

$$F = F_{\max} = 2 F_{\text{St}} , \tag{4.27}$$

d. h., in der Feder entsteht bei Auflegen eines Massestückes auf das freie Ende und plötzlichem Loslassen bei dämpfungsfreier Bewegungsmöglichkeit eine doppelt so hohe Beanspruchung gegenüber einer statischen Belastung.

4.4.4.4. Erfassung der Spannungsverteilung über der Federlänge

Die bisherigen Betrachtungen erlauben nicht, die Größe der Spannungen an einer beliebigen Stelle der Feder während des Schwingungsvorgangs zu ermitteln. Für derartige Betrachtungen ist neben der Zeitabhängigkeit der Federverformung in Kraftrichtung auch die Abhängigkeit der Verformung vom Ort auf der Feder erforderlich. Die die Federbewegung beschreibende Verschiebungsfunktion $y(x, t)$ gehorcht dann der folgenden partiellen Differentialgleichung

$$\frac{\partial^2 y}{\partial t^2} = v_s^2 \cdot \frac{\partial^2 y}{\partial x^2} , \tag{4.28}$$

wobei y die Koordinate in Verschiebungsrichtung des Federendes, x eine Ortskoordinate längs der Federmittelachse (bei einer Schraubenfeder in der Mitte des Drahtquerschnitts, also schraubenförmig, vom freien zum festen Federende verlaufend) und v_s die Fortpflanzungsgeschwindigkeit einer Störung entlang der Feder (in x-Richtung) darstellen [4.7] [4.9].
Die Lösung der Gleichung (4.28) in allgemeiner Form ist

$$y = \sum_{n=0}^{\infty} \sin(\omega x/v_s)(A_n \cos \omega t + B_n \sin \omega t) \tag{4.29}$$

$(n = 0, 1, 2, \ldots)$.

Aus den Randbedingungen folgt die Periodengleichung unter der Voraussetzung, ein Federende fest eingespannt

$$\omega_0 = \frac{\pi \cdot v_s}{2 \cdot l}(2n + 1) \tag{4.30}$$

(l ist die Drahtlänge in mm). Bildet man das Verhältnis zwischen dynamischer und statischer Kraft einer frei schwingenden Feder ohne Dämpfung und Endmasse, so erhält man

$$F_{\text{dyn}}/F_{\text{stat}} = (2n + 1)\pi/2 . \tag{4.31}$$

Für eine in der Grundfrequenz ($n = 0$) schwingenden Feder ist also die dynamische Kraft an der Einspannstelle und unter Voraussetzung einer linearen Beziehung zwischen Kraft und Spannung auch die Spannung um 57% ($\pi/2$mal) größer als die statische Kraft, die bei einer Auslenkung des freien Federendes um den der Schwingungsamplitude entsprechenden Betrag entstehen würde. Diese sogenannte Wanderwellentheorie geht von der Vorstellung aus, daß bei Bewegung des freien Endes einer Schraubenfeder mit der Geschwindigkeit v (Stoßgeschwindigkeit) sich die Störung mit einer konstanten Geschwindigkeit v_s entlang dem Federdraht fortpflanzt und eine Wanderwelle verursacht. Die von dieser Welle erfaßten Windungen nehmen eine Geschwindigkeitsamplitude gleicher Größe und Richtung an und erfahren eine Spannungssteigerung $\Delta \tau$, die der erzeugenden Geschwindigkeit v des Federendes proportional ist. Für eine Schraubendruckfeder aus Stahldraht ($\varrho = 7{,}85$ g/cm³; $G = 83\,000$ N/mm²) und mit einem mittleren Wickelverhältnis $w = 7$ ist z. B. die Fortpflanzungsgeschwindigkeit v_s einer Wanderwelle längs der Drahtachse

$$v_s = 2280 \cdot d/D_m \quad \text{in m/s} \tag{4.32a}$$

und die Spannungszunahme

$$\Delta\tau = 36{,}1 \cdot v \quad \text{in N/mm}^2 \tag{4.33b}$$

d. h., in einer solchen Feder wird je 1 m/s Stoßgeschwindigkeit eine Spannungsänderung von 36,1 N/mm² hervorgerufen. Das Profil der Wanderwelle (Spannungsverteilung $\tau(x)$ über der Drahtlänge l) ist der Geschwindigkeitsfunktion $v(t)$ des erzeugenden Federendes geometrisch ähnlich. Dieses Profil bleibt bei Fortbewegung der Welle längs der Drahtachse x starr erhalten. Durch Reflexion der Wanderwelle an den Federenden kommt es zu Überlagerungen (Superposition). Die Reflexion einer Wanderwelle an einem festen Federende erfolgt so, daß sich die Spannungsamplitude dort verdoppelt, während die kinetische Amplitude zu Null wird. Am freien Federende sind diese Erscheinungen umgekehrt. Das führt zu der Aussage, daß die kinetische und die potentielle Amplitude einer Welle in einem gleichberechtigten, dualen Verhältnis stehen.

Diese durch Versuche [4.9] bestätigten Erkenntnisse ermöglichen die dynamische Berechnung stoßbelasteter Schraubenfedern (aber bei sinngemäßer Anwendung auch anderer Federn) unter verschiedenartigen Betriebsverhältnissen, z. B. plötzlicher Entspannung einer Feder mit und ohne Endmasse, Stoß einer Masse auf eine vorgespannte Feder usw. [4.9] (s. Abschnitt 7.).

4.4.4.5. Anwendung der Finite-Elemente-Methode

Für die numerische Behandlung dynamischer Probleme an Federn bietet sich neben anderen Methoden vor allem die Finite-Elemente-Methode und aus ihr abgeleitete Methoden an. Mit ihrer Hilfe läßt sich das dynamische Verhalten der Federn unter periodischen oder beliebigen instationären Krafterregungsformen durch Nutzung elektronischer Datenverarbeitungseinrichtungen analysieren, simulieren und berechnen.

Die Feder wird dabei in endliche Abschnitte zerlegt, für deren Randpunkte (Knotenpunkte) Kraft-Verschiebungs-Beziehungen mit Hilfe von Steifigkeitsmatrizen formuliert werden. In diesen Abschnitten sind die Einzelmassen diskret angeordnet. Verbunden werden die Abschnitte durch trägheitslos angenommene elastische Abschnitte. Für den Zusammenbau solcher finiten Elemente stehen allgemeine Methoden zur Verfügung. In [4.15] werden dafür Übertragungsmatrizen gewählt.

Diese Modellvorstellung ermöglicht die Behandlung nahezu aller Federformen und Formen des zeitlichen Beanspruchungsverlaufs unter den verschiedenen Randbedingungen [4.15] [4.17]. Der Rechenaufwand ist erheblich und läßt sich nur durch Einsatz elektronischer Rechentechnik bewältigen.

4.5. Federsysteme

4.5.1. Charakterisierung

Die Anordnung mehrerer Federn zur Aufnahme von Kräften und Bewegungen in einer Konstruktion (technischem Gebilde) wird als Federsystem bezeichnet. Als Federsysteme sind auch Bauteilanordnungen untereinander und mit Federn anzusehen, wenn deren Federsteifen nicht um wesentliche Größenordnungen verschieden voneinander sind. In zahlreichen neueren Berechnungsmodellen für Konstruktionselemente wird besonders an Koppelstellen von der Annahme „starrer" Elemente und Elementeteilen abgegangen. Insbesondere bei dynamischen Vorgängen werden Bauteile und Bauteilzonen in den Berechnungsansätzen als „Federn" betrachtet, die in ihrem Zusammenwirken Federsysteme bilden (z. B. Schraubenverbindungen, formschlüssige Wellen-Naben-Verbindungen, Verzahnungen usw.). Die Berechnung dieser Systeme erlangt zunehmende Bedeutung.

Entsprechend der möglichen Federanordnungen und -beweglichkeiten (Freiheiten, Freiheitsgrade) entstehen ebene oder räumliche Federsysteme, wobei die Einzelfedern translatorische oder rotatorische Bewegungen ausführen und die Gesamtbewegung sich dann aus diesen zusammensetzt.

Einfache Federsysteme ergeben sich durch Parallel- bzw. Reihenschaltung von Einzelfedern, bei denen nur eine translatorische oder rotatorische Bewegungsrichtung zugelassen wird. Bei ebener Anordnung sind Bewegungen in zwei Translations- und einer Rotationsrichtung möglich, so daß das Federungsverhalten der Einzelfedern in diesen Richtungen (Längs-, Quer- und Drehfedersteife) bei der Berechnung des Federsystems zu beachten ist.

Räumliche Anordnungen von Federn ergeben vielfältige Bewegungskopplungen in den jeweils drei möglichen Translations- und Rotationsrichtungen entsprechend den sechs möglichen Freiheitsgraden, deren Erfassung meist mit Hilfe von Matrizen und Krafteinflußzahlen erfolgt und zu deren Berechnung auf die einschlägige Literatur verwiesen wird [4.8] [4.15] [4.18] [4.20].

4.5.2. Parallelschaltung von Federn

Das Modell einer parallelen Anordnung von Einzelfedern mit gleichgroßen oder verschieden großen Federsteifen zeigt Bild 4.10a. Betrachtet werden nur Bewegungen in der Ebene. Bei unterschiedlichen Federlängen, verschiedenen Federarten und -formen sind entsprechende konstruktive Maßnahmen für die Realisierung gewünschter Anordnungen zu treffen. Zur Berechnung der dieses System ersetzenden Gesamtfeder (Bild 4.10b) gilt:

In einer Federparallelschaltung legt der Kraftangriffspunkt jeder Einzelfeder den gleichen Federweg s zurück.

Somit ergibt sich:

Gesamtfederweg des Systems $\quad s = s_1 = s_2 = \ldots s_n$ (4.33)

Gesamtfederkraft des Systems $\quad F = F_1 + F_2 + \ldots F_n = \sum_{1}^{n} F_z$ (4.34)

Gesamtfedersteife $\quad\quad\quad\quad c = c_1 + c_2 + \ldots c_n = \sum_{1}^{n} c_z$. (4.35)

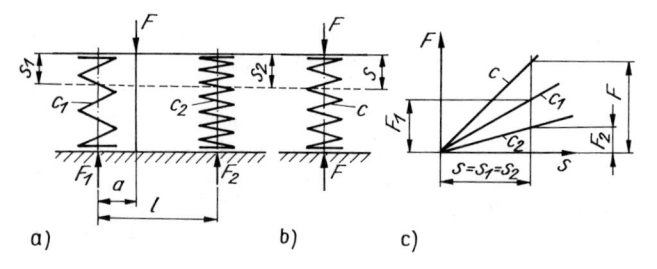

Bild 4.10. Parallelschaltung von Einzelfedern

a) Anordnung; b) Ersatzschaltbild; c) Federkennlinien

Federn mit unterschiedlich großen Federsteifen erfordern einen asymmetrischen Kraftangriffspunkt, wenn die Verschiebung ohne Verkippen (drehmomentfrei) erfolgen soll. Aus den Gleichgewichtsbedingungen folgt nach Bild 4.10a für den Abstand a des Kraftangriffspunktes mit $F_1 = c_1 s_1$ bzw. $F_2 = c_2 s_2$

$$a = F_2 \cdot l/F = (c_2 \cdot l)/(c_1 + c_2). \quad (4.36)$$

Federparallelschaltungen finden eine recht häufige Verwendung. Ein Beispiel aus der Gerätetechnik zeigt Bild 4.11. Der Öffnerkontakt nach Bild 4.11a ist vorgespannt montiert, so daß zwischen den Kontaktstücken die Kontaktkraft F_K wirkt. Zum Öffnen der Kontakte ist die Feder 2 (oder entsprechend auch Feder 1) um den Federweg s_2 mindestens zu bewegen. So lange bewegt sich auch die Feder 1 mit, bis sie entspannt ist. Das System wird in diesem Bewegungsbereich durch die Gesamtfedersteife c charakterisiert. Beim Weiterbewegen der Feder 2 wirkt diese dann als Einzelfeder mit der Federsteife c_2 (s. Federdiagramm im Bild 4.11a).

Ein Schließerkontakt nach Bild 4.11b zeigt ein ähnliches charakteristisches Verhalten einer Parallelschaltung. Durch Bewegen der Feder 1 in Richtung des Kontaktstückes der Feder 2 (ebenso Bewegen

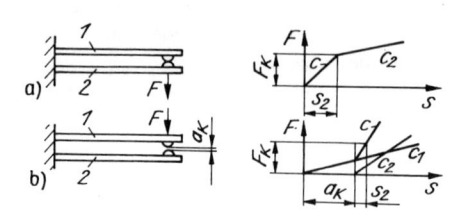

Bild 4.11. Kontaktblattfederschalter mit Federkennlinien
a) Öffnerkontakt; b) Schließerkontakt

4.5. Federsysteme

der Feder 2 möglich) wird nach Zurücklegen des Kontaktabstandes a_K die Berührung der Kontaktstücke erreicht (Einzelfederbewegung). Um zwischen den Kontaktstücken eine Kontaktkraft F_K zu erzeugen, ist das Weiterbewegen der Feder 1 zusammen mit der Feder 2 um den Weg s_2 erforderlich. In diesem Bereich wirkt die Federsteife c des Gesamtsystems. Die erforderliche Betätigungskraft F ergibt sich als Summe der Einzelfederkräfte F_1 und $F_2 = F_K$.
Es ist festzustellen, daß die Federsteife des Gesamtsystems einer Federparallelschaltung stets größer als die der Einzelfedern ist (Analogie aus der Elektrotechnik: Parallelschaltung von Kondensatoren).

4.5.3. Reihenschaltung von Federn

Bild 4.12 zeigt das Modell von in Reihe geschalteten Federn. Charakteristisch für eine derartige Schaltung ist:

In einer Federreihenschaltung wird jede Einzelfeder durch die auf das System wirkende Gesamtkraft F belastet.

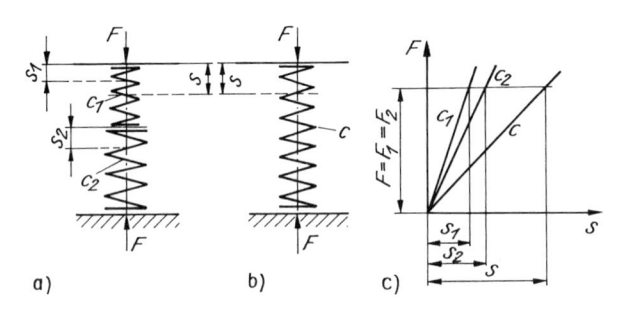

Bild 4.12. Reihenschaltung von Einzelfedern
a) Anordnung; b) Ersatzschaltbild; c) Federkennlinien

Somit gilt:

Gesamtfederkraft des Systems $F = F_1 = F_2 = \ldots F_n$ (4.37)

Gesamtfederweg des Systems $s = s_1 + s_2 + \ldots s_n = \sum_{1}^{n} s_z$ (4.38)

Gesamtfedersteife $\dfrac{1}{c} = \dfrac{1}{c_1} + \dfrac{1}{c_2} + \ldots = \dfrac{1}{c_n} = \sum_{1}^{n} \dfrac{1}{c_z}$. (4.39)

Die Federsteife des Gesamtsystems einer Federreihenschaltung ist stets kleiner als die der Einzelfedern, wie aus Bild 4.12c zu ersehen ist (Analogie zu Reihenschaltungen von Kondensatoren in der Elektrotechnik).

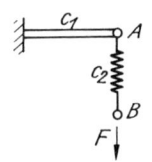

Bild 4.13. Federanordnung nach Michelson (Michelson-Feder)

Das Beispiel einer Reihenschaltung von Federn zeigt Bild 4.13. Diese in der Gerätetechnik verwendete Anordnung nach *Michelson* ermöglicht die feine Auflösung von Bewegungen und wird deshalb in verschiedenen Anzeigeeinrichtungen als „Getriebe" verwendet [4.19] [4.20]. Mit $s_A = s_1$ und $s_B = s_1 + s_2$ ergeben sich folgende Bewegungsverhältnisse für die Punkte A und B der Anordnung:

$$s_A/s_B = s_1/(s_1 + s_2) = c_1 c_2/[c_1(c_1 + c_2)] = c_2/(c_1 + c_2) \quad (4.40)$$

($s = F/c$). Wird $c_1 = \ddot{u} \cdot c_2$ gesetzt ($\ddot{u}$ Übersetzung), dann folgt aus Gleichung (4.40):

$$s_A/s_B = c_2/(\ddot{u} c_2 + c_2) = 1/(\ddot{u} + 1) \,. \quad (4.41)$$

Zwischen den Wegen s_A und s_B der Punkte A und B wird eine Übersetzung von $1/(ü + 1)$ erzielt, die durch das Verhältnis der Federsteifen c_1 und c_2 bestimmt wird. Auf diese Weise lassen sich sehr feinfühlige Verstelleinrichtungen aufbauen [4.19] [4.20]. Nachteilig ist jedoch die Neigung des Systems zu Schwingungen.

4.5.4. Kraftmomentbelastete Federparallelschaltung

Parallelgeschaltete Federn sind als System in der Lage, auch Kraftmomente aufzunehmen. Ein auf diese Weise belastetes System zeigt Bild 4.14, dessen Drehfedersteife c_φ sich nach Gleichung (4.1b) mit dem Ansatz

$$M = F_1 \cdot a + F_2(l - a) = c_1 a^2 \varphi + c_2(l - a)^2 \varphi \qquad (4.42)$$

ergibt, wobei $F_1 = c_1 s_1$ und $F_2 = c_2 s_2$ sowie $s_1 = a \cdot \varphi$ und $s_2 = (l - a) \varphi$ ist.

$$c_\varphi = M/\varphi = c_1 a^2 + c_2(l - a)^2 . \qquad (4.43)$$

Das Rückstellmoment ist dem Quadrat der Federabstände zum Drehpunkt proportional. Es zeigt sich eine Analogie zum Trägheitsmoment.

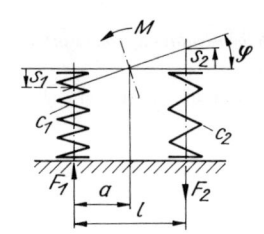

Bild 4.14. Kraftmomentbelastete Federparallelschaltung

Belastungsfälle parallelgeschalteter Federn nach den Bildern 4.10 und 4.14 können auch kombiniert auftreten. Das ist z. B. dann der Fall, wenn die Belastung nicht in dem durch Gleichung (4.36) ermittelten Abstand angreift. Über die statischen Gleichgewichtsbedingungen ist ein solcher Fall so zu behandeln, als würde im Abstand a von der Federachse l eine Einzelkraft und ein Kraftmoment angreifen.

Die angegebenen Beziehungen gelten bei kleinen Federwegen. Treten größere Verformungen auf, so sind die Querverlagerungen nicht mehr zu vernachlässigen.

4.6. Literatur

[4.1] *Samal, E.:* Die Spannbandlagerung elektrischer Meßwerke. Diss. TH Braunschweig 1955
[4.2] *Schüller, U.:* Untersuchungen zum Verformungsverhalten einseitig eingespannter Blattfedern. Diss. TH Ilmenau 1985
[4.3] *Graves, G. B.:* Stress relaxation of springs (Spannungsrelaxation von Federn). Wire Industrie (1979) 6, S. 421—427
[4.4] *Niemann, G.:* Maschinenelemente, Bd. 1. Berlin/Heidelberg/New York/Tokio: Springer-Verlag 1981
[4.5] *Chironis, N. P.:* Spring Design and Application. New York/Toronto/London: Mc Graw-Hill Book Comp. 1961
[4.6] *Gross, S.:* Metallfedern. Berlin/Göttingen/Heidelberg: Springer-Verlag 1960
[4.7] *Gross, S.; Lehr, E.:* Die Federn. Berlin: VDI-Verlag 1938
[4.8] *Schlottmann, D.:* Konstruktionslehre — Grundlagen. Berlin: Verlag Technik 1980 und Wien/New York: Springer-Verlag 1983
[4.9] *Maier, K. W.:* Die stoßbelastete Schraubenfeder. KEM (1966) 2, S. 13 u. 14; 3, S. 11, 12, 15 u. 16; 4, S. 20—24 u. 27; 9, S. 14—20; KEM (1967) 1, S. 14—16; 2, S. 11—13; 3, S. 19, 20, 23 u. 24; 4, S. 21—24 u. 27; 12, S. 10—12, 15 u. 16
[4.10] *Meissner, M.:* Stand der Festigkeitsberechnungen kaltgeformter zylindrischer Schraubendruckfedern. Maschinenbautechnik 15 (1966) 3, S. 127—132

4.6. Literatur

[4.11] *Lutz, O.:* Zur Dynamik der Schraubenfeder. Konstruktion 14 (1962) 9, S. 344—346
[4.12] *Kobayaski, S.; Takenouchi:* The Longitudinal impact of coil springs (Axialstöße an Schraubenfedern). Bull. ISME (Tokyo) 8 (1965) 30, S. 178—186
[4.13] *Veteris, B. I.; Ragulskene, V. L.:* Dinamika trechmassovoj vibrondarnoj sistemy (Dynamik eines stoßerregten Dreimassensystems). Vibrotechnika (Kaunas) (1969) 2, S. 95—122 und 7, S. 209—218
[4.14] *Schorcht, H.-J.:* Beiträge zum Entwurf von Schraubenfederantrieben. Diss. TH Ilmenau 1979
[4.15] *Ifrim, V.:* Beiträge zur dynamischen Analyse von Federantrieben und Mechanismen mit Hilfe von Übertragungsmatrizen. Diss. TH Ilmenau 1975
[4.16] *Bögelsack, G.,* u. a.: Richtlinie für rechnergestützte Dimensionierung von Antriebsfedern. Jena: AUTEVO-Informationsreihe Heft 11, Carl Zeiss JENA 1977
[4.17] *Busse, L.:* Schwingungen zylindrischer Schraubenfedern. Konstruktion 26 (1974) 5, S. 171—176
[4.18] *Klotter, K.:* Technische Schwingungslehre, Bd. II. Berlin/Göttingen/Heidelberg: Springer-Verlag 1966
[4.19] *Hildebrand, S.:* Feinmechanische Bauelemente. 4. Aufl. Berlin: Verlag Technik 1981 und München: Hanser Verlag 1983
[4.20] *Krause, W.:* Gerätekonstruktion. Berlin: Verlag Technik 1986; Moskau: Mašinostroenie 1987; Heidelberg: Hüthig-Verlag 1987
[4.21] *Krause, W.:* Grundlagen der Konstruktion — Lehrbuch für Elektroingenieure. 4. Aufl. Berlin: Verlag Technik 1987 und Wien/New York: Springer-Verlag 1984
[4.22] *Radčik, A. S.; Burtkowski, I. I.:* Prušini i ressory (Federn und Federungen). Kiew: isd. „Technika" 1973
[4.23] *Günther, W.,* u. a.: Schwingfestigkeit. Leipzig: Deutscher Verlag für Grundstoffindustrie 1973
[4.24] *Gnilke, W.:* Lebensdauerberechnung der Maschinenelemente. 2. Aufl. Berlin: Verlag Technik 1982
[4.25] *Luck, K.; Fronius, St.; Klose, J.:* Taschenbuch Maschinenbau in acht Bänden, Bd. 3. Berlin: Verlag Technik 1987
[4.26] *Dubbel, H.:* Taschenbuch für den Maschinenbau. 17. Aufl. Berlin/Heidelberg/New York: Springer-Verlag 1990

5. Metallfedern

5.1. Zug- und druckbespruchte Federn

Zeichen, Benennungen und Einheiten

A	Fläche, Querschnitt in mm²
A_1, A_2	Querschnitt bei geschlitzten Innenringen in mm²
D_a	Außendurchmesser des geschlitzten Innenringes in mm
E	Elastizitätsmodul in N/mm²
F	Kraft in N
F_b	Federkraft bei Belastung in N
F_e	Federkraft bei Entlastung in N
F_0	Federkraft bei elastischer Verformung (ohne Reibung) in N
F_R	Reibungskraft in N
F_v	Vorspannkraft, bei der sich der geschlitzte Innenring schließt, in N
R_e	Streckgrenze (σ_S) in N/mm²
S	Sicherheit
W	Federarbeit in N · mm
W_{opt}	optimale Federarbeit in N · mm
W_1	Widerstandsmoment des geschlitzten Rings in mm³
a	Spaltbreite zwischen benachbarten Ringen in mm
a_s	Schlitzbreite des geschlitzten Innenringes in mm
c	Federsteife in N/mm
d	Stabdurchmesser in mm
l	Stablänge in mm
n	Anzahl der Ringfederelemente
s	Federweg in mm
Δs	Federweg eines Ringfederelementenpaares in mm
t_a	größte Dicke des Außenringes in mm
t_{am}	mittlere Dicke des Außenringes in mm
t_i	größte Dicke des Innenringes in mm
t_{im}	mittlere Dicke des Innenringes in mm
t_{s1}, t_{s2}	Ringdicken beim geschlitzten Ring in mm
y_a	kleinste Dicke des Außenringes in mm
y_i	kleinste Dicke des Innenringes in mm
β	Kegelwinkel in rad
ϱ	Reibungswinkel in rad
σ_z	Zugspannung in N/mm²
σ_{zv}	Zugspannung am Rand des geschlitzten Innenringes in N/mm²
$\sigma_{z\,zul}$	zulässige Zugspannung in N/mm²

5.1.1. Zugstabfedern

Stabförmige Zugfedern nach Bild 5.1 mit kreisförmigem (selten mit rechteckigem) Querschnitt besitzen eine große Federsteife und werden z. B. als Kraft-Weg-Wandler in Kraftmeßdosen eingesetzt (Bild 5.2). Die Federsteife einer derartigen Feder ist

$$c = AE/l = \pi d^2 E/4l \tag{5.1}$$

5.1. Zug- und druckbeanspruchte Federn

und die Zugspannung

$$\sigma_z = F/A = 4F/\pi d^2 \leqq \sigma_{zul} = R_e/S. \qquad (5.2)$$

Bei Druckbeanspruchung ist auch die Knickneigung zu beachten. Die Wandlung des Federweges in elektrische Signale erfolgt kapazitiv oder induktiv und in einigen Fällen auch über die Widerstandsänderung von Dehnmeßstreifen. Die Beanspruchung des Zugstabes sollte durch entsprechende Wahl der Sicherheit S so gewählt werden, daß die Elastizitätsgrenze des Werkstoffs nicht überschritten wird. Für diese Federn werden sowohl Stähle als auch Nichteisenmetalle eingesetzt.

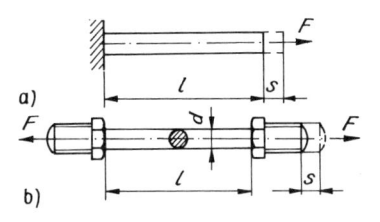

Bild 5.1. Zugstabfeder
a) Modell; b) Ausführungsbeispiel mit Gewindeenden

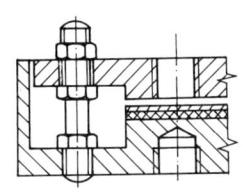

Bild 5.2. Zugstabfeder in einer Kraftmeßdose (vereinfacht dargestellt)

Die Beanspruchung ist im ganzen Stabvolumen gleich groß. Die Federarbeit $W = W_{opt} = \sigma_z^2 V/2E$, so daß sich nach Gleichung (4.6) $\eta_A = 1$ als Artnutzwert ergibt. Die Zugstabfeder kann somit als Vergleichsfeder für Kennwerte dienen.

5.1.2. Ringfeder®

Eine Ringfeder[1]) (sie wurde von *Kreissig* [5.45] erfunden) besteht aus Innen- und Außenringen, die doppelkegelige Oberflächen besitzen. Durch wechselweises Schichten dieser Ringe entsteht eine Ringfedersäule (Bild 5.3). Wirkt eine Kraft F in Richtung der Federachse, dann bewirkt diese das elastische Aufweiten der Außenringe und das elastische Zusammendrücken der Innenringe. Der Durchmesser der Außenringe vergrößert sich, während sich der der Innenringe verkleinert. Die Ringe können dadurch weiter ineinander geschoben werden. Beim Verschieben der Ringe entlang ihrer Kegelflächen wirken trotz guter Schmierung beachtliche Reibkräfte entgegen der Bewegungsrichtung. Sie vergrößern bei Belastung die aufzubringende Verformungskraft ($F = F_b = F_0 + F_R'$) und verringern bei Entlastung die Rückstellkraft der Feder ($F_e = F_0 - F_R'$) (Bild 5.4). Der Vorteil der Ringfedern besteht darin, daß sie bei kleinem Platzbedarf eine große Stoßenergie aufnehmen können, wobei je nach Konstruktion und Schmierung eine Dämpfung zwischen 40 und 70 % erreicht werden kann. Deshalb werden sie meist zur Dämpfung von Stößen eingesetzt. Die eingeleitete Energie E_0

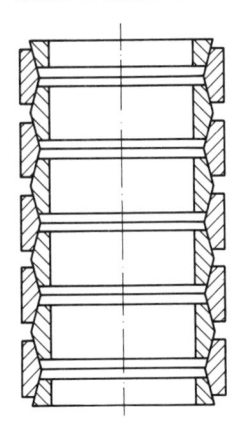

Bild 5.3. Ringfedersäule, aus symmetrischen Außen- bzw. Innenringen zusammengesetzt

---

[1]) Ringfeder® ist das geschützte Warenzeichen der Ringfeder GmbH Krefeld

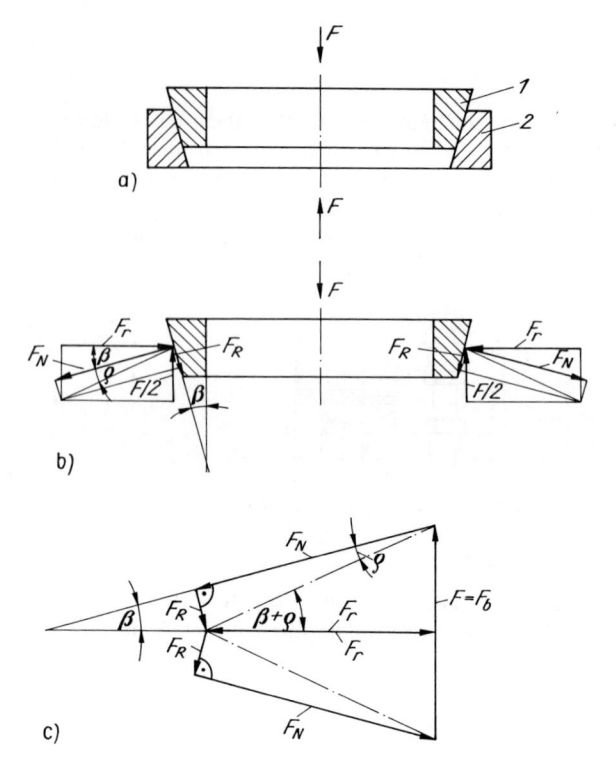

Bild 5.4. Ringfederelement
a) prinzipieller Aufbau; *1* Innenring; *2* Außenring
b) Kräfte an einem Ring des Elements
c) Kräfteplan bei Belastung
d) Kräfteplan bei Entlastung
F Federkraft, allgemein, F_b Federkraft bei Belastung, F_e Federkraft bei Entlastung, F_0 Federkraft ohne Reibung, F_r Radialkraft, F_N Normalkraft, F_R Reibungskraft β halber Kegelwinkel, ϱ Reibungswinkel

nimmt rasch ab. Für die verbleibende Energie E ergibt sich dann mit der Dämpfung D und der Anzahl der Schwingungen z:

$$E = E_0(1 - D)^{2z} \cdot 100\% .\qquad(5.3)$$

Beträgt z. B. die Dämpfung einer Ringfeder mehr als 70%, so ist bereits nach zwei Schwingungen die eingeleitete Energie unter 1% abgesunken. Damit werden Resonanzerscheinungen weitgehend vermieden. Ein weiterer Vorteil der Ringfeder besteht darin, daß die Federkennlinie durch die Wahl der Ringzahl leicht verändert werden kann. Die Federkraft bleibt bestehen, während sich der Federweg proportional der Ringzahl ändert.

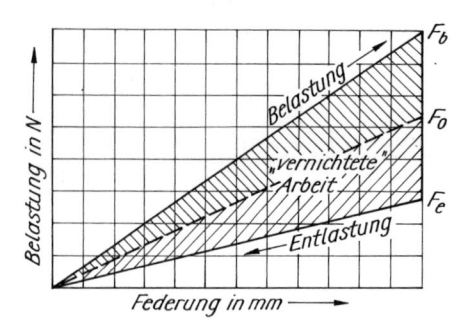

Bild 5.5. Federdiagramm einer Ringfedersäule

5.1. Zug- und druckbeanspruchte Federn

Aus den im Bild 5.4 dargestellten Federelementen kann man ohne weiteres eine Ringfeder zusammenstellen, wobei die kleinste Säule aus je einem Außen- und Innenring besteht. Aus Gründen der besseren Herstellung (symmetrische Profile nach Bild 5.4 sind leichter walzbar) werden vorwiegend symmetrische Profile verwendet. Lediglich an den Enden der Säule werden halbe Ringe (ähnlich Bild 5.4) eingesetzt.

Bild 5.5 enthält die Federkennlinie einer Ringfeder. Die beim Belasten entstehende elastische Kraft F_0 wird durch die der Bewegung entgegengerichtete Reibungskraft $F_R' = F_R/\cos \beta$ auf F_b erhöht und

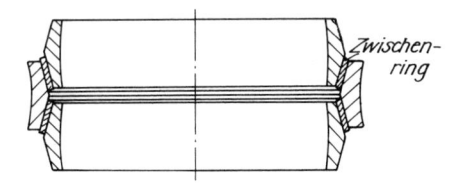

Bild 5.6. Ringfeder® mit gleitgünstigen Zwischenringen

Tafel 5.1. Berechnung von Ringfedern aus Ringen mit symmetrischem Profil

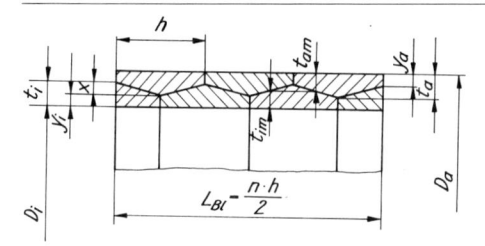

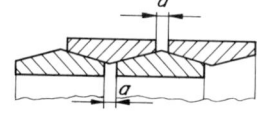

Funktionsnachweis

Federkraft

$F_0 = \pi h E \tan^2 \beta s (D_a - D_i)/[2n(D_a + D_i)]$ bei $t_{a_m} = t_{i_m}$

$F_0 = (2\pi s h E \tan^2 \beta)/[n(D_a/t_{a_m} + D_i/t_{i_m})]$

$F_b = F_0 \tan(\beta + \varrho)/\tan\beta$ $F_e = F_0 \tan(\beta - \varrho)/\tan\beta$

Federweg

$s = n \cdot \Delta s = F_b n(D_a/t_{a_m} + D_i/t_{i_m})/[2\pi h E \tan\beta \tan(\beta + \varrho)]$

Festigkeitsnachweis

$\sigma = 4F_b/[\pi h(D_a - D_i)\tan(\beta + \varrho)]$ bei $t_{a_m} = t_{i_m}$

$\sigma_a = F_b/[\pi h t_{a_m} \tan(\beta + \varrho)]$

$\sigma_i = F_b/[\pi h t_{i_m} \tan(\beta + \varrho)]$

Abmessungen

Summe der Mindestabstände

$S_a = (n-1)a/2$

Längen

$L_n = L_{Bl} + S_a$ $L_0 = L_n + s$

Mindestabstand

bei unbearbeiteten Ringen   bei bearbeiteten Ringen

$a \approx (D_a + D_i)/100$ $a \approx (D_a + D_i)/200$

beim Entlasten auf F_e verringert. Ist die hohe Reibung unerwünscht, dann ist sie nur durch Feinbearbeitung der Gleitflächen etwas und durch eine gleitgünstige Beschichtung oder Verwendung von Zwischenringen z. B. aus einer Cu-Sn-Legierung (s. Bild 5.6) in stärkerem Maße herabsetzbar. Im letzteren Fall beträgt die Reibkraft immer noch ± 10 bis $\pm 15\%$ von F_0. Tafel 5.1 enthält die Berechnungsgleichungen für Ringfedern. Der Einfachheit halber beginnt man den Entwurf für symmetrische Ringfedern unter der Annahme, daß $t_{im} = t_{am} = (D_a - D_i)/4$ ist. Einzelheiten sind aus dem Berechnungsbeispiel ersichtlich. In Tafel 5.1 ist oben der völlige Blockzustand dargestellt. Um eine Überbeanspruchung zu vermeiden, sollte die Säule nicht bis auf Block zusammengedrückt werden, sondern es sollte ein Sicherheitsabstand a verbleiben. Eine andere Möglichkeit besteht darin, die Höhe h der Innenringe um den Spalt a kleiner als die Höhe h der Außenringe auszuführen. Dadurch berühren sich die Innenringe bei der gewünschten Endkraft an ihren Planflächen (sog. Blockfedern, s. Bild 5.7), und eine weitere Federung wird unmöglich. Auch dadurch ist eine Überbeanspruchung der Außenringe vermeidbar.

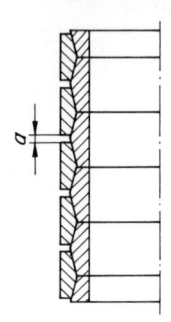

Bild 5.7. Blockzustand einer Ringfedersäule

Bei der *Berechnung* der Ringfeder® ermittelt man zunächst den Federweg Δs eines Ringfederelementes, das aus je einem halben Außen- und Innenring besteht. Danach bestimmt man die Gesamtzahl der benötigten Elemente n zu

$$n = s/\Delta s. \tag{5.4}$$

Nach Möglichkeit sollte immer eine gerade Anzahl von Elementen verwendet werden. Am Anfang und Ende der Säule sind halbe Innenringe vorzusehen. Die Säule setzt sich dann wie folgt zusammen:

$n/2$ Außenringe
$(n/2) - 1$ Innenringe
zwei halbe Innenringe für jedes Ende.

Die Außenringe der Ringfedern werden auf Zug und die Innenringe auf Druck beansprucht. Haben Außen- und Innenringe die gleiche Wanddicke, dann tritt in beiden die Spannung σ auf. Da die verwendeten Werkstoffe meist eine größere Druck- als Zugfestigkeit besitzen, sind die zugbeanspruchten Außenringe bruchgefährdeter. Um eine bessere Werkstoffausnutzung zu erreichen, werden deshalb oft die Innenringe etwas dünner als die Außenringe ausgebildet, wobei dann in beiden Ringen unterschiedliche Spannungen auftreten. Wenn $t_{am} - t_m = t_m - t_{im}$ ist, dann gilt

$$t_m = (t_{am} + t_{im})/2. \tag{5.5}$$

worin $t_{am} = (t_a + y_a)/2$ und $t_{im} = (t_i + y_i)/2$ sowie $y_a = t_a - (h \cdot \tan \beta)/2$ bzw. $y_i = t_i - (h \cdot \tan \beta)/2$ ist. Für die Spannung im Außenring ergibt sich dann

$$\sigma_a = \sigma \cdot t_m/t_{am} \tag{5.6a}$$

$$\sigma_i = \sigma \cdot t_m/t_{im}. \tag{5.6b}$$

Von *Groß* [5.1] werden folgende zulässigen Spannungen empfohlen:
normale Lebensdauer (Dauerfestigkeit, $2 \cdot 10^6$ Lastwechsel):

$$\sigma \leqq 900 \text{ N/mm}^2; \qquad \sigma_a \leqq 800 \text{ N/mm}^2; \qquad \sigma_i \leqq 1200 \text{ N/mm}^2$$

5.1. Zug- und druckbeanspruchte Federn

unbearbeitete Ringfedern, Zeitfestigkeit:

$$\sigma < 1150 \text{ N/mm}^2; \quad \sigma_a < 1000 \text{ N/mm}^2; \quad \sigma_i < 1300 \text{ N/mm}^2$$

bearbeitete Ringfedern, Zeitfestigkeit:

$$\sigma < 1350 \text{ N/mm}; \quad \sigma_a < 1200 \text{ N/mm}^2; \quad \sigma_i < 1500 \text{ N/mm}^2.$$

Als Federwerkstoffe kommen hauptsächlich Si—Cr-Federstähle wie 62SiCr5 und 67SiCr5 zur Anwendung. Die Federringe werden auf eine Festigkeit zwischen 1400 und 1700 N/mm² vergütet.

Bei der *Konstruktion* von Ringfedern ist darauf zu achten, daß der halbe Kegelwinkel β stets mit Sicherheit größer als der Reibungswinkel ϱ ausgeführt wird, um Selbsthemmung zu vermeiden. In der Praxis hat sich ein Winkel $\tan \beta = 0{,}25$ bewährt. Die Kegelwinkel unbearbeiteter Ringe liegen meist zwischen $\beta = 14°$ bis $15°$ und die bearbeiteter Ringe bei $\beta = 12°$. Die Werte der Reibungswinkel betragen etwa $\varrho = 8°$ bis $9°$ für unbearbeitete und $\varrho = 7°$ bis $8°$ für bearbeitete Ringe.

Weiterhin muß durch ein ausreichendes Verhältnis der Höhe h zum Ringdurchmesser D_a eine gute Führung (Verhindern von Verkantungen) gewährleistet werden. Dieses Verhältnis sollte zwischen $1/6 \leq h/D_a \leq 1/5$ liegen.

Ein Verkanten tritt auch auf, wenn die Federsäule vorspannungslos ist. Deshalb ist immer eine ausreichende Vorspannung zu wählen. Die Vorspannkraft soll mindestens 5 bis 10% der Endkraft betragen, jedoch 50% derselben nicht überschreiten, um die Schmierung nicht zu beeinträchtigen. Die Vorspannung kann durch geeignete konstruktive Maßnahmen erreicht werden (z. B. durch eine Federpatrone nach Bild 5.8).

Ein Vorspannungsverlust kann eintreten, wenn einzelne Ringe während des Betriebes brechen. Dieser Erscheinung kann man durch eine Zusatzfeder (Schraubendruck- oder Kegeldruckfeder) vorbeugen, die nur im Vorspannbereich arbeitet. Zum Erreichen einer ausreichenden Vorspannung und einer größeren spezifischen Federung am Anfang der Belastung werden heute in einer Ringfedersäule mehrere geschlitzte Innenringe (Bild 5.9) eingesetzt. Sie arbeiten bei Belastung zunächst als Biegefeder, bis der Schlitz geschlossen ist und dann wie ein geschlossener Innenring (ohne Schlitz). Da der Wider-

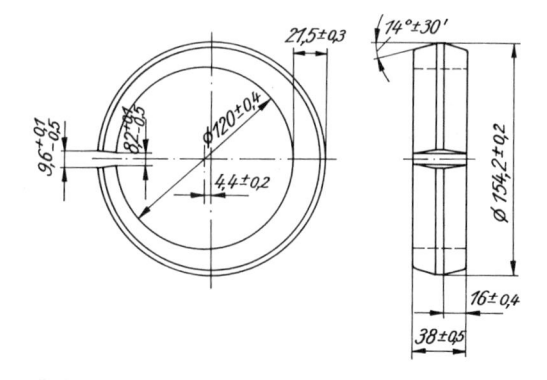

Bild 5.9. Geschlitzter Innenring

Bild 5.8. In einer Patrone vorgespannte Ringfeder

stand eines geschlitzten Ringes gegen Biegung geringer als der eines geschlossenen Ringes gegen Druck ist, besitzt der Innenring bis zum Schließen eine kleinere Federsteife.

Die Berechnung des geschlitzten Ringes enthält Tafel 5.2. Werden Ringfedersäulen mit geschlitzten Ringen häufigen Belastungsänderungen unterworfen, dann sollte die Vorspannung der Säule 50 bis 70% der Kraft F_v, errechnet für den geschlitzten Ring, betragen, um eine Überbeanspruchung der geschlitzten Ringe im Biegebereich zu vermeiden.

Tafel 5.2. Berechnung von Ringfedern mit geschlitzten Ringen

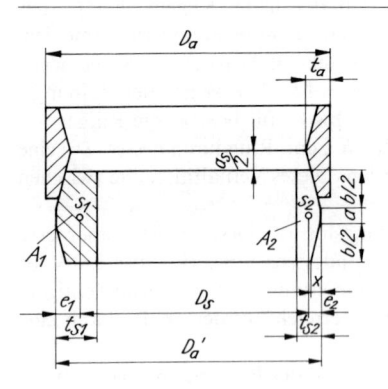

Funktionsnachweis

Federkraft:
$$F_v = 2\pi \tan(\beta + \varrho) \sigma_{zv} \cdot W_1 / D_s$$

Federweg des halben Schlitzringes:
$$s_v = D_s^2 \cdot \sigma_{zv} / (4e_1 \cdot E \tan \beta)$$

bei weiterer Belastung

$$s = s_v + s_b \quad \text{wobei}$$

$$s_b = (F_b - F_v) D_s / [\pi(A_1 + A_2) E \tan \beta \tan(\beta + \varrho)]$$

Widerstandsmoment:
$$W_1 = [2(a + b) t_{s1}^2 - bx^3]/(12 \cdot e_1) - A_1 \cdot e_1$$

Abmessungen

$$D_s = D_a' - (e_1 + e_2)$$
$$D_a' = (D_a - 2t_a) + a_s \tan \beta / 2$$
$$A_{1,2} = [(a + b) t_{s_{1,2}} - (bx)/2]/2$$
$$e_1 = [(a + b) t_{s1}^2 - (bx^2)/3]/(4A_1)$$
$$e_2 = [(a + b) t_{s2}^2 - (bx^2)/3]/(4A_2)$$

Bild 5.10 zeigt als Beispiel die Kennlinie einer Federsäule, bestehend aus 13 Außenringen (D_a = 165,7 mm; t_a = 11,85 mm; h = 32 mm), 6 ganzen (geschlossenen) und 7 geschlitzten Innenringen (D_i = 134 mm; t_i = 9,2 mm; h = 32 mm).

Die *Anwendungsmöglichkeiten* für Ringfedern sind vielfältig. Sie beginnen bei Endkräften von 5000 N und enden bei etwa 2000 kN. Der Federweg eines Ringfederelementenpaares beträgt etwa $0{,}02 \cdot D_a$ und bewegt sich zwischen Δs = 0,4 mm und Δs = 7,6 mm. Wegen ihres großen Dämpfungsvermögens sind Ringfedern als Pufferfedern im Eisenbahnwesen besonders geeignet. Weiterhin sind sie zum Abfedern schwerer Maschinen und Anlagen, wie Pressen, Kranbahnen und Aufzüge, einsetzbar. Werden Ringfedersäulen als Überlastsicherung eingesetzt, darf die Vorspannkraft 50% der Endkraft nicht überschreiten. Hauptanwendungsgebiet für Ringfedern als Überlastsicherungen sind Pressen und Umformwerkzeuge [5.5] [5.46] bis [5.49].

5.1. Zug- und druckbeanspruchte Federn

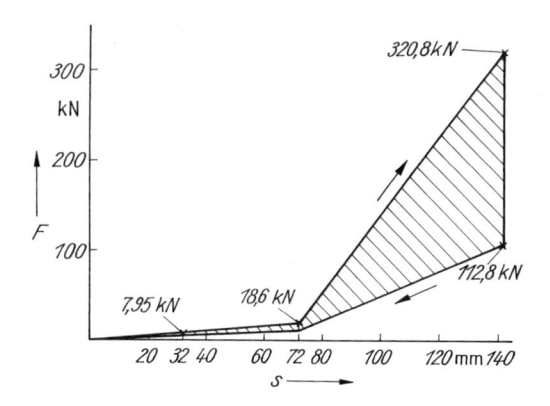

Bild 5.10. Federdiagramm einer Ringfedersäule

Werden Ringfedern als Wegausgleich, der infolge Verschleißes oder Wärmedehnung notwendig wird, eingesetzt, dann ist zu beachten, daß die dabei wirksame Entlastungskennlinie wesentlich niedrigere Kräfte als die Belastungskennlinie ergibt.

Aus dem Umstand, daß bei der Federung der Ringfeder der Außendurchmesser D_a zu- und der Innendurchmesser D_i abnimmt, wurden Spannverbindungen (Hersteller: Ringfeder GmbH Krefeld) für hochbeanspruchbare Welle-Nabe-Verbindungen entwickelt (s. Bilder 5.11 und 5.12).

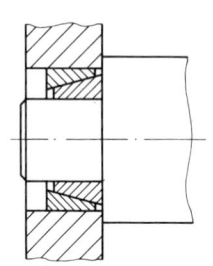

Bild 5.11. Ringfeder als Welle-Nabe-Verbindung

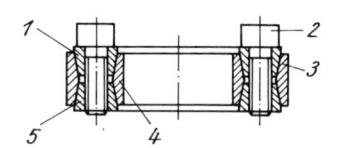

Bild 5.12. Ringfederspannsatz
1 vorderer Druckring, 2 Spannschraube, 3 äußerer Zugring, 4 innerer Druckring, 5 hinterer Druckring

Berechnungsbeispiel: Ringfeder

Aufgabe: Es soll eine Ringfedersäule entworfen werden, die folgenden Anforderungen entspricht:

Gegeben: $F_b = 80$ kN; $s = 60$ mm; $D_a \approx 80$ mm; Dämpfung $> 60\%$; $\sigma_{z\,zul} = 1100$ N/mm²; $\beta = 14°$;

Gesucht: Anzahl und Abmessungen der erforderlichen Ringe.

1. Federkraft F_0

Mit $\beta = 14°$ wird $\tan \beta = 0{,}25$ und mit $\varrho = 9°$ ergibt sich $\tan(\beta + \varrho) = 0{,}4245$, so daß für $\sigma = \sigma_{z\,zul}$ die Federkraft

$$F_0 = F_b \tan \beta / \tan(\beta + \varrho) = 80 \text{ kN} \cdot 0{,}25/0{,}4245 = 47114 \text{ N}$$

wird.

2. Ringdurchmesser D_i

Wird $h = 15$ mm gewählt, dann ergibt sich

$$(D_a - D_i) = 4F_b/[h\sigma\pi \tan(\beta + \varrho)]$$
$$= 4 \cdot 80000 \text{ N}/(15 \text{ mm} \cdot 1100 \text{ N/mm}^2 \cdot 0{,}4245) = 14{,}54 \text{ mm},$$

und mit $D_a = 80$ mm wird $D_i = 80 - 14{,}5$ mm $= 65{,}5$ mm.

3. Anzahl der Elemente n

Die Federung eines einzelnen Elements ergibt sich aus

$$\Delta s = (D_a + D_i) \cdot 2 \cdot F_0/[(D_a - D_i) \cdot \pi \cdot h \cdot E \cdot \tan^2 \beta]$$
$$= (80 + 65{,}5) \text{ mm} \cdot 2 \cdot 47114 \text{ N}/[(80 - 65{,}5) \text{ mm} \cdot 3{,}14 \cdot 15 \text{ mm} \cdot 206 \text{ kN/mm}^2 \cdot 0{,}25^2]$$
$$= 1{,}559 \text{ mm}.$$

Für einen Gesamtfederweg von $s = 60$ mm sind n Elemente erforderlich, und nach Gleichung (5.4) ergibt sich

$$n = s/\Delta s = 60 \text{ mm}/1{,}559 \text{ mm} = 38{,}5 \, .$$

Die Berechnung beruht auf der Annahme, daß im zusammengedrückten Zustand $(D_a - D_i) = 2(t_{am} + t_{im})$ ist. Im unbelasteten Zustand ist jedoch $(D_a - D_i) \neq 2(t_{am} + t_{im})$ (unverformte Ringe). Für die Federwegberechnung muß deshalb D_a bzw. D_i um den Betrag $[a + 2s/(n - 1)]\tan \beta$ verkleinert bzw. vergrößert werden, und es ergibt sich mit

$$a = (D_a + D_i)/200 = (80 + 65{,}5) \text{ mm}/200 = 0{,}7275 \text{ mm}$$

$$D_i' = D_i + (a + 2s/(n-1))\tan\beta$$
$$= 65{,}5 \text{ mm} + (0{,}7275 \text{ mm} + 2 \cdot 60 \text{ mm}/37{,}5) \cdot 0{,}25 = 66{,}48 \text{ mm} \, .$$

Korrigiert man damit die Berechnung von Δs, dann ergibt sich

$$\Delta s = 1{,}69 \text{ mm} \, ,$$

d. h., für einen Gesamtfederweg von $s = 60$ mm werden $n = 36$ Elemente, 18 Außenringe, 17 Innenringe und zwei halbe Innenringe für die Federenden benötigt.

4. Länge der ungespannten Federsäule L_0

$$L_0 = nh/2 + (n-1)a/2 + s$$
$$= 36 \cdot 15 \text{ mm}/2 + 3 \cdot 0{,}7275 \text{ mm}/2 + 60 \text{ mm} = 342{,}7 \text{ mm} \, .$$

5. Nachrechnung der Dämpfung

Mit $F_R' = F_b - F_0 = 80 \text{ kN} - 47{,}1 \text{ kN} = 32{,}9 \text{ kN}$ ergibt sich bezüglich der eingeleiteten Endkraft von $F_b = 80$ kN eine Dämpfung

$$2F_R'/F_b = 2 \cdot 32{,}9 \text{ kN}/80 \text{ kN} = 0{,}82 \, , \quad \text{also } 82\% \, .$$

5.2. Biegebeanspruchte Federn (Biegefedern)

Zeichen, Benennungen und Einheiten

B	Breite in mm
D	Durchmesser in mm
D_H	Federhaus-Innendurchmesser in mm
D_K	Federkerndurchmesser, Federdorndurchmesser in mm
D_a	Außendurchmesser, äußerer Windungsdurchmesser in mm (nach DIN 2092 bei Tellerfedern: D_e)
D_i	Innendurchmesser, innerer Windungsdurchmesser in mm
D_m	mittlerer Windungsdurchmesser in mm
E	Elastizitätsmodul in N/mm^2
F	Kraft, Federkraft in N
F_{Bl}	Blockkraft, Federkraft im Blockzustand in N (nach DIN 2092 bei Tellerfedern: F_c)
F_R	Reibkraft in N
F_a	Stützkraft in N
F_g	Gesamtkraft in N
F_n	nutzbare Federkraft in N
F_r	Radialkraft in N
F_s	Federkraft einer Tellerfedersäule bzw. eines Tellerfederpaketes in N (nach DIN 2092: F_{ges})
J	Flächenträgheitsmoment bei Biegung in mm^4
J_0	Flächenträgheitsmoment an der Einspannstelle in mm^4
K	Beiwert
K_1	Beiwert für breitenveränderliche Blattfedern, Beiwert für Tellerfedern

5.2. Biegebeanspruchte Federn (Biegefedern)

K_2	Beiwert für dickenveränderliche Blattfedern, Beiwert für Tellerfedern
K_3	Beiwert für gekrümmte Blattfedern, Beiwert für Tellerfedern
L	Länge in mm
L_0	Länge der ungespannten Tellerfedersäule in mm
L_c	Blocklänge in mm
L_s	Länge der gespannten Tellerfedersäule in mm (nach DIN 2092: L_{ges})
M	Moment in N · mm
M_b	Biegemoment in N · mm
N	maximale Umdrehungszahl des Federhauses
R	Radius in mm
R_e	Streckgrenze (σ_S) in N/mm²
R_m	Zugfestigkeit (σ_{zB}) in N/mm²
$R_{p0,2}$	0,2-Dehngrenze ($\sigma_{0,2}$) in N/mm²
S	Sicherheit
T_c	Toleranz der Federsteife (Federrate) in %
V	Volumen in mm³
W	Federarbeit in N · mm
W_b	Widerstandsmoment bei Biegung in mm³
W_{opt}	optimale Federarbeit in N · mm
a	Abstand in mm, spezifische Ausbiegung in K⁻¹
a_w	Windungsabstand in mm
b	Breite, Bandbreite in mm
b_0	Federbreite an der Einspannstelle in mm
b_1	Federbreite am freien Federende in mm
b_x	variable Federbreite in mm
c	Federsteife (Federrate) in N/mm
c_F	drehwinkelbezogene Federkraft (Federsteife) in N/rad
c_M	drehwinkelbezogenes Federmoment in N · mm/rad
d	Stabdurchmesser, Drahtdurchmesser in mm
f	Füllfaktor bei Spiralfedern
h	Höhe in mm
h_0	Federprofilhöhe an der Einspannstelle einer Blattfeder in mm, Länge des unbelasteten Einzeltellers in mm (nach DIN 2092: l_0)
h'_0	Länge des unbelasteten Einzeltellers mit Auflageflächen in mm (nach DIN 2092: l'_0)
h_1	Federprofilhöhe am freien Federende einer Blattfeder in mm
h_x	variable Höhe in mm
h_L	lichte Höhe einer Tellerfeder in mm (nach DIN 2092: h_0)
i	Anzahl wechselsinnig geschichteter Tellerfedern bzw. Tellerfederpakete in einer Tellerfedersäule
k	Beiwert nach *Göhner* zur Spannungsberechnung
l	Stablänge in mm
l_A	Länge der Blattfederauflage in mm
l_E	Länge der Blattfedereinspannung in mm
l_i	Bandlänge der federnden Windungen in mm
l_w	wirksame Länge (Stab- bzw. Bandlänge) in mm
m	Krümmungsverhältnis ($m = u/r$), Formfaktor bei Spiralfedern, Masse in kg
n	Windungszahl, Anzahl, Anzahl wirksamer Umdrehungen bei Spiralfedern, Anzahl gleichsinnig geschichteter Tellerfedern im Paket
n'	korrigierte Anzahl Umdrehungen

n_0	Anzahl der Spiralfederwindungen im freien Zustand
n_0'	korrigierte Anzahl Windungen im freien Zustand
n_1	Anzahl Spiralfederwindungen im abgelaufenen (vorgespannten) Zustand
n_2	Anzahl Spiralfederwindungen im endgespannten (aufgezogenen) Zustand
r	Radius in mm
r_0	Krümmungsradius in mm
s	Weg, Federweg in mm
s_0	Abstand des Federendes unterstützter Blattfedern zur Auflage (max. Federweg) in mm
s_s	Federweg einer Tellerfedersäule bzw. eines Tellerfederpaketes in mm (nach DIN 2092: s_{ges})
t	Dicke, Banddicke in mm
t'	reduzierte Dicke bei Tellerfedern mit Auflageflächen in mm
u	Länge des geraden Blattfederteils in mm
w	Wickelverhältnis ($w = D_m/d$)
x, y	Variable
z	Anzahl
Δ	Differenz
α	Winkel, Steigungswinkel in rad
α_1, α_2	Temperaturkoeffizienten der Längenausdehnung in K^{-1}
β	Breitenverhältnis bei Trapezfedern
δ	Faktor für das Höhenverhältnis bei Blattfedern, Durchmesserverhältnis bei Tellerfedern ($=D_a/D_i$; nach DIN 2092: $=D_e/D_i$)
η_A	Artnutzwert
η_S	Spannungsverhältnis
ϑ	Temperatur in °C
μ	Reibbeiwert
ν	Poissonsche Zahl
σ	Normalspannung in N/mm²
σ_{bF}	Biegefließgrenze in N/mm²
φ	Drehwinkel in rad
ω	Kreisfrequenz in s^{-1}
ω_e	Erregerkreisfrequenz in s^{-1}
ω_0	Eigenkreisfrequenz in s^{-1}

Indizes

A	Ausschlagfestigkeit	erf	erforderlich	opt	optimal
Bl	Block-	ges	gesamt	r	radial
H	Hubfestigkeit (Dauer-)	h	Hub-	s	Säule-
W	Wechselfestigkeit	i	innen	t	Torsion
a	Ausschlag, Amplitude, außen	k	korrigiert	u	unter
ab	Ablauf-	m	mittel	v	vorgespannt
auf	Aufzug-	n	Nutz-, Nenn-	vorh	vorhanden
b	Biegung	o	ober	zul	zulässig

Sie werden aus Federband oder Federdraht gefertigt. Ihrer Form entsprechend unterscheidet man gerade, gekrümmte, gewundene und scheibenförmige Biegefedern. Durch Einleiten einer äußeren Kraft wird ihr Querschnitt auf Biegung beansprucht. Für die Abstützung und Krafteinleitung gibt es verschiedene konstruktive Ausführungsmöglichkeiten (Tafel 5.3), die ihren Niederschlag auch in der Federberechnung finden.

Biegefedern finden in Form von geraden, gekrümmten und geschichteten *Blattfedern* Anwendung als Kontaktträgerfedern in verschiedenen Schalteinrichtungen der Elektrotechnik sowie des Geräte- und Maschinenbaus, als Fahrzeugfedern, als Elemente der Kraft-Weg-Umformung in verschiedenen Meßeinrichtungen und auch als Lagerelemente für begrenzte translatorische oder rotatorische Bauelementebewegungen. In gewundener Form setzt man die aus Federband gefertigten *Spiralfedern* als Schwinger-, Rückstell- oder Aufzugfedern ein. Die meist aus Federdraht gewundenen *Drehfedern* (Schenkelfedern) verwendet man in vielfältigen Formen als Rückstell- aber auch als Antriebsfedern.

5.2. Biegebeanspruchte Federn (Biegefedern)

Tafel 5.3. Gerade Biegefedern (Biegestabfedern)

Formen, Einspannungen und Berechnungsgrundlagen für stabförmige Biegefedern aus Federband (Rechteckquerschnitt: $J = bh^3/12$ und $W_b = bh^2/6$) und aus Federdraht (Kreisquerschnitt: $J = \pi d^4/64$ und $W_b = \pi d^3/32$)

Benennung Anordnung	Funktionsnachweis		Festigkeitsnachweis	
	$s_{min} \leqq s \leqq s_{max}$ oder $c_{min} \leqq c \leqq c_{max}$		$\sigma_b \leqq \sigma_{bzul}$? bzw. $S_{vorh} \geqq S_{erf}$?	
	Federweg $s =$	Federsteife $c =$	Spannung $\sigma_b =$	$\sigma_{bzul} =$
a) Einseitig eingespannter Stab Rechteckform 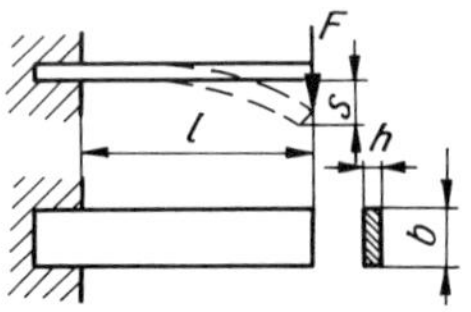	$F \cdot l^3/3 \cdot E \cdot J$	$3 \cdot E \cdot J/l^3$	$F \cdot l/W_b$	Allgemein: $\dfrac{\sigma_{bF}}{S_{erf}}$
Trapezform 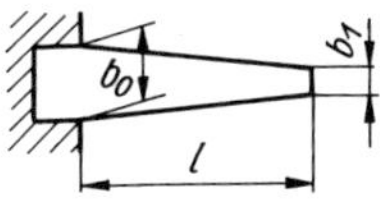	$K_1 \cdot F \cdot l^3/3 \cdot E \cdot J_{01}$ $J_{01} = b_0 \cdot h^3/12$ $K_1 = f(\beta)$ s. Bild 5.17; $\beta = b_0/b_1$	$3 \cdot E \cdot J_{01}/K_1 \cdot l^3$	$F \cdot l/W_{b01}$ $W_{b01} = b_0 \cdot h^2/6$	
freies Federende abgestützt 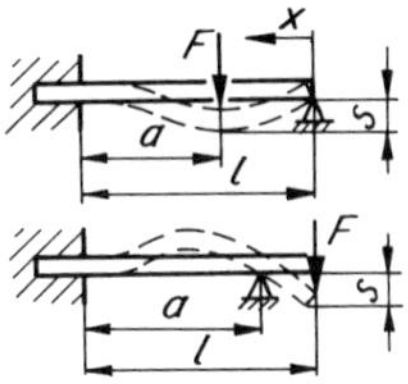	für $a/l \leqq 2 - \sqrt{2}$: $\dfrac{Fa^3}{12EJ}\left(1 - \dfrac{a}{l}\right)^2 \left(4 - \dfrac{a}{l}\right)$ Maximum bei: $x_m = l\sqrt{(l-a)/(3l-a)}$ $\dfrac{Fl(l-a)^2}{12EJ}\left(4 - \dfrac{3a}{l}\right)$	$\dfrac{12EJ}{a^3(1-a/l)^2(4-a/l)}$ $\dfrac{12EJ}{l(l-a)^2(4-3a/l)}$	$\dfrac{Fl}{W_b} \cdot \dfrac{a^2}{2l^2}\left(1 - \dfrac{a}{l}\right)\left(3 - \dfrac{a}{l}\right)$ $F(l-a)/W_b$	
eben unterstützte Blattfeder 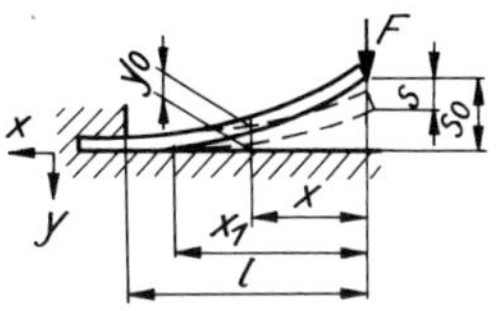	Im Bereich $0 \leqq x \leqq x_1$ bei bereits bis x_1 aufliegender Feder der Form $y = -s_0(1 - x/l)^2$ gültig: $s_0\left[1 - \dfrac{4}{3}\left(\dfrac{EJ}{Fl^3}s_0\right)^2\right]$		$M_b/W_b = Ehs_0/l^2$	
b) Zweiseitig eingespannter Stab Krafteinleitung zentral ($a = l/2$) 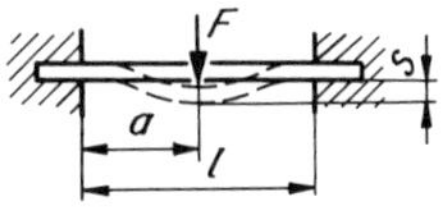	$F \cdot l^3/192EJ$	$192EJ/l^3$	$F \cdot l/8W_b$	
Krafteinleitung über die Einspannung (Parallelfederanordnung) 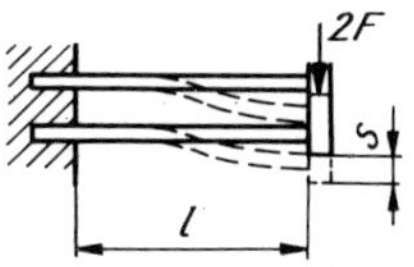	$F \cdot l^3/12EJ$	$12EJ/l^3$	$F \cdot l/12W_b$	

Für den Entwurf kann gewählt werden:
- bei ruhend bzw. selten wechselnd beanspruchten Federn $\sigma_{bzul} = 0{,}75 R_m$
- bei wechselnder Beanspruchung (DF-Werte unbekannt) $\sigma_{bzul} = 0{,}50 R_m$
- bei hohen Ansprüchen an die Reversibilität $\sigma_{bzul} = (0{,}1 \dots 0{,}25) R_m$

Scheibenförmig aus Federband ausgestanzte *Tellerfedern, Wellfedern, Federscheiben* und *Plattenfedern* (Membranen) zeichnen sich durch geringe axiale Bauhöhe und andere Vorteile aus, die eine vielseitige Anwendung ermöglichen.

5.2.1. Gerade Biegefedern

5.2.1.1. Blattfedern mit konstantem Querschnitt

Aus Federband hergestellte Blattfedern mit konstantem Querschnitt besitzen *Rechteckform* (Tafel 5.3). Ihre Abstützung (Befestigung) erfolgt meist einseitig durch eine feste Einspannung, wie es die Bilder 5.13 und 5.14 zeigen. Daneben sind jedoch auch beidseitige Auflager oder feste Einspannungen üblich. Für die einzelnen Fälle sind die Berechnungsgleichungen in Tafel 5.3 angegeben. Die Berechnungen lassen sich in allen Fällen auf die für eine gerade, einseitig eingespannte Blattfeder gültigen Beziehungen zurückführen. Diese Federform stellt somit das Grundmodell für die Ableitung der Verformungs- und Spannungsbeziehungen für Biegefedern dar (Bild 5.13).

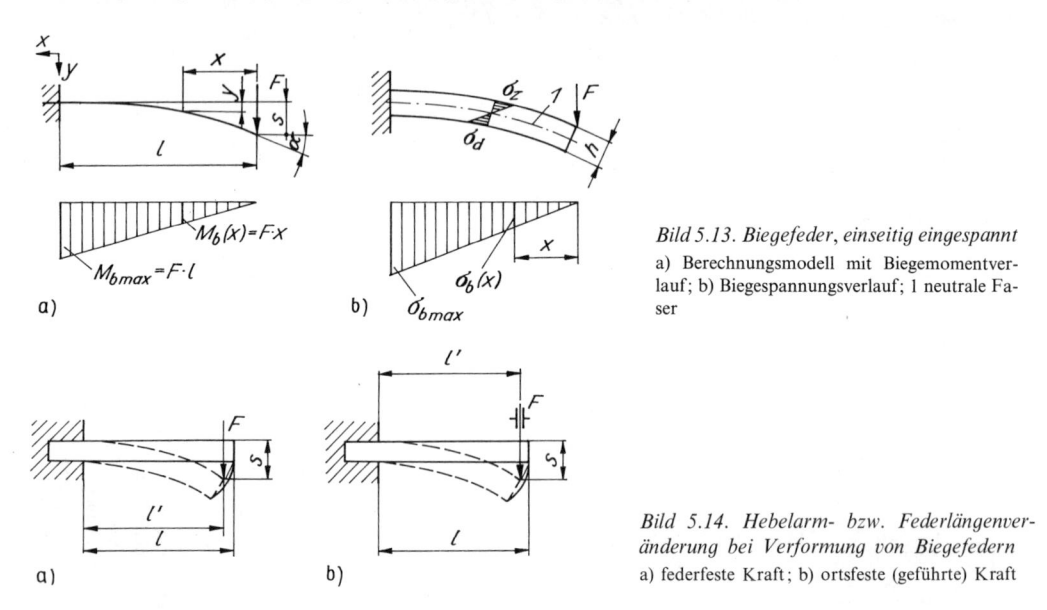

Bild 5.13. Biegefeder, einseitig eingespannt
a) Berechnungsmodell mit Biegemomentverlauf; b) Biegespannungsverlauf; 1 neutrale Faser

Bild 5.14. Hebelarm- bzw. Federlängenveränderung bei Verformung von Biegefedern
a) federfeste Kraft; b) ortsfeste (geführte) Kraft

Die *Berechnung* der Verlagerung s des Kraftangriffspunktes gerader Biegefedern bei Einwirken einer Kraft F erfolgt auf der Grundlage der Elastizitätslehre, wobei folgende *Voraussetzungen* und *Einschränkungen* gelten:

— die Werkstoffbeanspruchungen erfolgen innerhalb des Gültigkeitsbereichs des Hookeschen Gesetzes,
— Krafteinleitungs- und -ableitungsstellen sind „ideale" Auflager oder „ideale" Einspannungen, d. h., Auflager sind reibungsfrei und Einspannungen sind starr,
— die auftretenden Spannungen sind dem Abstand von der neutralen Faser (Zone) direkt proportional,
— die Querschnitte bleiben unverändert in ihrer Form und eben,
— die Verlagerung des Kraftangriffspunktes (Durchbiegung des freien Federendes) ist klein, und die Hebelarmverkürzung (bzw. Stabverlängerung, s. Bild 5.14) ist vernachlässigbar [5.18] [5.27] [5.53].

Die Größe der Verformung kann rechnerisch mit Hilfe der Differentialgleichung der elastischen Linie oder über die Formänderungsarbeit nach *Castigliano* und grafisch nach dem Verfahren von *Mohr* ermittelt werden [5.1] bis [5.8] [5.11] [5.14] [5.50] bis [5.53].

5.2. Biegebeanspruchte Federn (Biegefedern)

Nach dem Satz von *Castigliano* ergibt sich die Verschiebung s des Kraftangriffspunktes (Durchbiegung des Federendes) als partielle Ableitung der Formänderungsarbeit W nach der Kraft F zu

$$s = \int_0^l M_b(x) \cdot x \cdot dx/EJ = Fl^3/3EJ \tag{5.7}$$

mit $M_b(x) = Fx$ und $EJ =$ konstant. Für den Anstieg der elastischen Linie am Federende erhält man

$$\tan \alpha \approx \alpha = \int_0^l M_b(x) \cdot dx/EJ = Fl^2/2EJ \ . \tag{5.8}$$

Über den Ansatz der Differentialgleichung der elastischen Linie $y'' = -M_b(x)/EJ$ und mit $M_b(x) = -Fx$ (Bild 5.13) erhält man nach Integration den Verlauf der Durchbiegung über der Länge der Feder

$$y = \frac{Fl^3}{3EJ}(1 - 3x/2l + x^3/2 \cdot l^3) \ , \tag{5.9}$$

aus dem man mit $x = 0$ und $y = s$ (Federende) ebenfalls zum Ergebnis der Gleichung (5.7) kommt.

Die um s durchgebogene Biegefeder hat eine Federarbeit

$$W = Fs/2 = F^2l^3/6EJ = \sigma_b^2 V/18E \tag{5.10}$$

gespeichert. Nach Gleichung (4.6) ergibt sich damit unter vergleichbaren Bedingungen ein Artnutzwert

$$\eta_A = W/W_{opt} = 1/9 \ . \tag{5.11}$$

Der niedrige Wert ist durch den im Bild 5.13b gezeigten Verlauf der Biegespannung *längs* und der Spannungen *quer* zur Feder bedingt. Eine Verbesserung dieses Verhältnisses ist durch ein solches Verändern der Form oder des Querschnitts der Biegefedern zu erreichen, daß in allen Querschnitten eine gleich große Biegespannung entsteht. Das ist der Fall, wenn bei konstanter Breite der Dickenverlauf nach einer quadratischen Parabel (Parabelfeder) erfolgt (Bild 5.15a) oder bei konstanter Dicke die Breite so linear verändert wird (Bild 5.15b), daß die Änderung des Widerstandsmoments

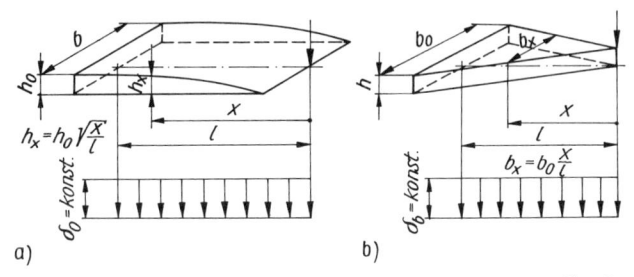

Bild 5.15. Biegefederformen mit konstanter Biegespannung in allen Querschnitten
a) konstante Breite, Dicke veränderlich nach $h_x = h_0(x/l)^{0,5}$; b) konstante Dicke, Breite veränderlich nach $b_x = b_0(x/l)$

der Änderung des Biegemomentverlaufs entspricht. Bei einer Dreieckform (Dreieckfeder) ist das z. B. der Fall. In der Praxis werden meist trapezförmige Blattfedern verwendet, da die Dreieckspitze als Krafteinleitungsstelle ungeeignet ist.

5.2.1.2. Blattfedern mit veränderlichem Querschnitt [5.1] [5.9]

Trapezfedern nach Bild 5.16 stellen in gewisser Hinsicht die allgemeine Form der geraden Blattfeder dar, deren Grenzfälle Rechteck- ($b_1 = b_0$) und Dreieckfeder ($b_1 = 0$) sind. Bei der Ermittlung der Durchbiegung des Federendes ist das veränderliche Trägheitsmoment

$$J = f(x) = h^3 b_x/12 = \frac{h^3}{12}\left[b_1 + \frac{x}{l}(b_0 - b_1)\right] \tag{5.12}$$

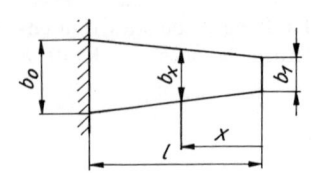

Bild 5.16. Trapezförmige Blattfeder (Trapezfeder)

zu beachten (h = konstant), wodurch sich mit dem Trägheitsmoment an der Einspannstelle $J_{01} = b_0 h^3/12$ und $\beta = b_1/b_0$

$$s = \frac{Fl^3}{2EJ_{01}} \left[\frac{1 - 4\beta + 3\beta^2 - 2\beta^2 \ln \beta}{(1-\beta)^3} \right] \tag{5.13}$$

ergibt. Setzt man

$$K_1 = \frac{3}{2} \left[\frac{1 - 4\beta + 3\beta^2 + 2\beta^2 \ln \beta}{(1-\beta)^3} \right], \tag{5.14}$$

so stellt sich die Verformungsbeziehung einer Trapezfeder als die durch K_1 korrigierte Form der Rechteckfeder dar [5.54] [5.55]

$$s = K_1 \cdot \frac{Fl^3}{3EJ_{01}}. \tag{5.15}$$

Der Korrekturfaktor $K_1 = f(\beta)$ ist nach Bild 5.17 zu ermitteln. Die Werte für den Artnutzwert η_A liegen zwischen 1/9 für die Rechteckfeder und 1/3 für die Dreieckfeder

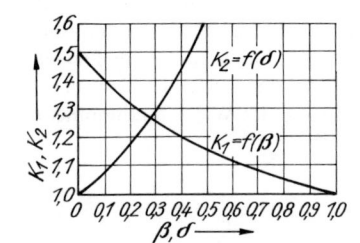

$$1/9 \leqq \eta_{A(TrF)} \leqq 1/3 . \tag{5.16}$$

Bild 5.17. Korrekturfaktoren K_1 und K_2 für die Verformungen querschnittsveränderlicher Blattfedern

Ähnlich wird bei der Berechnung der Verformung *dickenveränderlicher Blattfedern* vorgegangen. Bei linear veränderlicher Dicke mit

$$h_x = h_0[\delta + (1-\delta) x/l] \tag{5.17}$$

und $\delta = 1 - h_1/h_0$ sowie dem Trägheitsmoment an der Einspannstelle $J_{02} = bh_0^3/12$ ergibt sich die Durchbiegung s des Federendes unter der Kraft F zu

$$s = K_2 \frac{Fl^3}{3EJ_{02}} . \tag{5.18}$$

$K_2 = f(\delta)$ ist nach Bild 5.17 zu ermitteln.
Erfolgt die Dickenänderung nach einer *Parabel* der Funktion

$$h_x = h_0 \sqrt{x/l}, \tag{5.19}$$

so ergibt sich für den Verlauf der Durchbiegung nach Gleichung (5.9)

$$y = \frac{2Fl^3}{3EJ_{02}} \left[2\sqrt{(x/l)^3} - 3(x/l) + 1 \right], \tag{5.20}$$

5.2. Biegebeanspruchte Federn (Biegefedern)

und die Durchbiegung des Federendes unter der Kraft F ($y = s$ für $x = 0$) wird

$$s = \frac{2Fl^3}{3EJ_{02}}.\tag{5.21}$$

Bei der Dickenänderung nach einer *kubischen Parabel* folgt für

$$h_x = h_0 \sqrt[3]{x/l}\tag{5.22}$$

der Verlauf der Durchbiegung

$$y = \frac{Fl^3}{2EJ_{02}}[(x/l)^2 - 2(x/l) + 1] = \frac{Fl^3}{2EJ_{02}}(x/l - 1)^2,\tag{5.23}$$

und die Durchbiegung des Federendes wird

$$s = \frac{Fl^3}{2EJ_{02}}.\tag{5.24}$$

Kraftein- und Kraftableitungsstellen werden oft eben gestaltet (Bild 5.18). Für diesen Fall kann die Verformungsbeziehung aus den bisher angegebenen Gleichungen näherungsweise wie folgt hergeleitet werden (s. Bild 5.19).

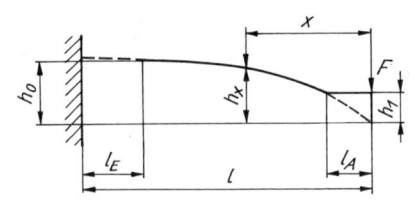

Bild 5.18. Parabelfeder mit eben gestalteten Kraftein- und -ableitungsstellen

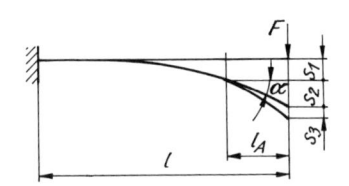

Bild 5.19. Berechnungsansatz für die Verformungen

Näherung: Parabelverlauf bis zur Einspannung. (Bei $l_E < l/10$ kann auch der versteifende Einfluß der Mitteleinspannung vernachlässigt werden.)
Ansätze nach Bild 5.19:

$$s = s_1 + s_2 + s_3\tag{5.25a}$$

$$h_x = h_0 \sqrt{x/l}\tag{5.25b}$$

$$l_A = l(h_1/h_0)^2.\tag{5.25c}$$

Nach Gleichung (5.20) folgt für $x = l_A$ und $J_{02} = bh_0^3/12$

$$s_1 = \frac{2Fl^3}{3EJ_{02}}[2\sqrt{(l_A/l)^3} - 3l_A/l + 1]$$

$$= \frac{2Fl^3}{3EJ_{02}}[2(h_1/h_0)^3 - 3(h_1/h_0)^2 + 1]\tag{5.26}$$

und nach Gleichung (5.8)

$$s_2 = l_A \tan\alpha = l_A \int_{l_A}^{l} M_b(x)\,\mathrm{d}x/EJ_x = \frac{2Fl^3}{EJ_{02}}[(h_1/h_0)^2 - (h_1/h_0)^3]\tag{5.27}$$

sowie nach Gleichung (5.7)

$$s_3 = \frac{Fl_A^3}{3EJ_1} = \frac{Fl^3}{3EJ_{02}}(h_1/h_0)^3.\tag{5.28}$$

Die Durchbiegung s des Federendes wird somit nach Gleichung (5.25a)

$$s = \frac{Fl^3}{3EJ_{02}}[4(h_1/h_0)^3 - 6(h_1/h_0)^2 + 2 + 6(h_1/h_0)^2$$
$$- 6(h_1/h_0)^3 + (h_1/h_0)^3]$$
$$= \frac{Fl^3}{3EJ_{02}}[2 - (h_1/h_0)^3] = \frac{4Fl^3}{Ebh_0^3}[2 - (h_1/h_0)^3]. \tag{5.29}$$

Häufig erfolgt eine beidseitige Abstützung (s. Tafel 5.4a). Für diesen Fall folgt aus Gleichung (5.29)

$$s = \frac{Fl^3}{6EJ_{02}}[2 - (h_1/h_0)^3] = \frac{2Fl^3}{Ebh_0^3}[2 - (h_1/h_0)^3]. \tag{5.30}$$

Anmerkung: Wird eine beidseitig abgestützte Feder von der Länge $L = 2l$ in der Mitte durch eine Kraft $F_g = 2F$ belastet, so sind Durchbiegung und Beanspruchung gleich der einer einseitig eingespannten Biegefeder mit der Länge l und einer am freien Federende angreifenden Kraft $F = F_g/2$.

5.2.1.3. Geschichtete Blattfedern [5.1] [5.2] [5.4] [5.9]

Sie werden vor allem im Fahrzeugbau als Tragfedern eingesetzt. Insbesondere werden Starrachsen durch längsliegende Blattfedern mit dem Fahrzeugaufbau verbunden. Die schwingungsdämpfende Eigenschaft infolge der Reibung zwischen den einzelnen Federblättern ist einerseits von Vorteil, anderseits aber wegen des damit verbundenen Verschleißes auch von Nachteil.

Bei ihrer Berechnung werden eine vertikale Belastung, eine gestreckte Feder und das Vorhandensein nur kleiner Verformungen vorausgesetzt. Führungskräfte und Torsionsbeanspruchungen bleiben unberücksichtigt. Geschichtete Blattfedern sind meist vorgesprengt, d. h., die einzelnen Federblätter sind im unverformten Zustand gekrümmt und werden bei Belastung gestreckt. Somit sind die in Tafel 5.4 zusammengestellten Berechnungsbeziehungen als relativ gute Näherungen zu werten, die allerdings auch die Reibung zwischen den Federblättern nicht berücksichtigen.

Die in den Abschnitten 5.2.1.1. und 5.2.1.2. behandelten Formen und Anordnungen sind sowohl bei Einzelblattfedern aus Stahl bzw. faserverstärkten Plastwerkstoffen als auch bei den vielfältig geschichteten Blattfedern vorhanden, und die angegebenen Berechnungsgleichungen bilden auch die Grundlage der Berechnung geschichteter Blattfedern. Dabei wird von folgendem Gedankenmodell ausgegangen (Bild 5.20).

Eine dreieckförmige Blattfeder konstanter Dicke (Feder mit σ_b = konstant) wird in Streifen von der Breite b geschnitten (Bild 5.20a), die übereinandergelegt nach Bild 5.20b eine geschichtete Blattfeder ergeben. Sie verhält sich bei Belastung wie die unter a) gezeigte Einzelfeder.

Für die Durchbiegung einer einseitig eingespannten Dreieckfeder folgen nach Gleichung (5.15) mit $K_1 = 1{,}5$ (s. Bild 5.17) $J_{01} = b_0 h^3/12$ und $b_0 = nb$ (Bild 5.20c)

$$s = 6Fl^3/Enbh^3 \tag{5.31}$$

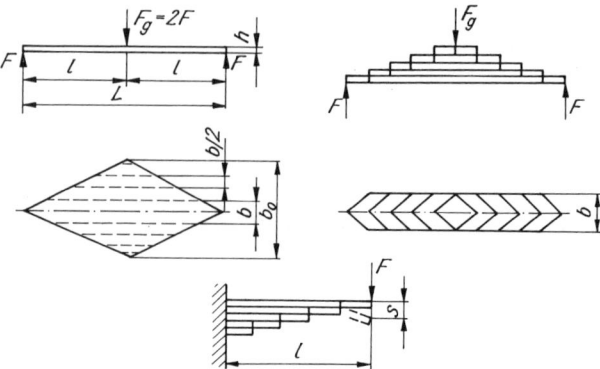

Bild 5.20. Geschichtete Blattfeder (Modellvorstellung, Ansatz)

5.2. Biegebeanspruchte Federn (Biegefedern)

Tafel 5.4. Berechnungsgrundlagen für beidseitig gelagerte und geschichtete Blattfedern

	Funktionsnachweis		Festigkeitsnachweis	
	$s_{min} \leq s \leq s_{max}$ oder $c_{min} \leq c \leq c_{max}$		$\sigma_b \leq \sigma_{b\,zul}$? bzw. $S_{vorh} \geq S_{erf}$?	
	Federweg $s =$	Federsteife $c =$	Spannung $\sigma_b =$	$\sigma_{b\,zul} =$
a) Einblattfeder, Rechteckform (zweiseitig aufliegender Stab) symmetrisch, konstante Dicke	$F \cdot L^3/48EJ$ ($Fl^3/6EJ$)	$48EJ/L^3$ ($6EJ/l^3$)	$FL/4W_b$ ($Fl/2W_b$)	
b) Einblattfeder, Rechteckform symmetrisch, veränderliche Dicke $h_x = h_0 \sqrt{x/l}$; $l_A = (l - l_E)(h_1/h_0)^2$	$\dfrac{4Fl^3}{Ebh_0^3}[2 - (h_1/h_0)^3]$	$\dfrac{Ebh_0^3}{2l^3[2 - (h_1/h_0)^3]}$	$6Fl/bh_0^2$	
c) Einblattfeder nach b), asymmetrisch, $L = 2l = l_a + l_b$ vereinfacht: $(l_a - l_E)/l_a = (l_b - l_E)/l_b$	$\dfrac{4Fl_a^2 l_b^2 [2 - (h_1/h_0)^3]}{Elbh_0^3}$		$\dfrac{6Fl_a l_b}{lbh_0^2}$	
d) Geschichtete Blattfeder, symmetrisch (vereinfacht, ohne Vorsprengung dargestellt)	$\dfrac{12Fl^3}{(2n + n')Ebh^3}$	$\dfrac{(2n + n')Ebh^3}{6 \cdot l^3}$	$6Fl/(nbh^2)$	
	n' Anzahl zusätzlicher Federblätter mit $L = 2 \cdot l$			
e) Feder nach d), jedoch asymmetrisch	$\dfrac{12Fl_a^2 l_b^2}{(2n + n')lEbh^3}$	$\dfrac{(2n + n')lEbh^3}{6 \cdot l_a^2 \cdot l_b^2}$	$6Fl_a l_b/(lnbh^2)$	
f) Zweistützpunktfeder, symmetrisch	$\dfrac{12Fl^3[n + (2n + n')a/l]}{(2n + n')nEbh^3}$		$6Fl/nbh^2$	
g) Parabelfeder nach b), symmetrisch	$\dfrac{4Fl^3[2 - (h_1/h_0)^3]}{nEbh_0^3}$	$\dfrac{nEbh_0^3}{2l^3[2 - (h_1/h_0)^3]}$	$6Fl/(nbh_0^2)$	
	n Anzahl der Einzelfedern			

Für den Entwurf (statische Belastung) von
- KFZ-Vorderfedern: ≦ 450 N/mm²
- KFZ-Hinterfedern: ≦ 550 N/mm²
- Schienenfahrzeuge: ≦ 700 N/mm²

(z. B.: 50CrV4 HB 380 mit $R_m = 1400$ N/mm²
$\sigma_{bm} = 500$ N/mm²
$\sigma_{bA} = 320$ N/mm²
$\sigma_{b\,zul} = 740$ N/mm²)

Statisch: ≦ 0,65 · R_m
Dynamisch: ≦ $\sigma_{bm} + 0{,}75 \cdot \sigma_{bA}$

und für eine beidseitig aufliegende Blattfeder mit n Federblättern ($L = 2l$)

$$s = 3Fl^3/8Enbh^3 \,. \tag{5.32}$$

Die Dreieckspitzen sind ungünstig (großer Verschleiß). Meist werden Federblattenden trapezförmig ausgeführt. Zur Unterstützung des Hauptblattes werden in besonderen Anwendungsfällen Federblätter beigelegt, die bis unter die Federaugen bzw. Krafteinleitungsstellen an den Federenden führen. Dann wird bei den Berechnungen von einer trapezförmigen Blattfeder ausgegangen, und es entstehen die in Tafel 5.4d und e) zusätzlich angegebenen Beziehungen (n' Anzahl der Federblätter an den Enden). Bei gleich dicken Federblättern (h = konstant) ist die Biegespannung

$$\sigma_b = 3Fl/nbh^2 \,. \tag{5.33}$$

Geschichtete Blattfedern können auf Grund der Anforderungen verschieden gestaltet sein. Die Zusammensetzung der Lagendicken, die Abstufung der Lagenlängen, die Anzahl n' der bis an die Federenden durchgeführten Federlagen können variiert werden. Parabelfedern erfordern einen hohen Fertigungsaufwand und Dicken-Übergänge, die in den Berechnungsbeziehungen nur schwer zu berücksichtigen sind. Eine Sonderform stellt die zweifach in der Mitte abgestützte Blattfeder (Tafel 5.4f) dar.

Die Reibung zwischen den Federblättern erfordert bei Belastung eine größere Kraft, um eine bestimmte Verformung entsprechend der theoretischen Kennlinie zu erzielen, und die Rückstellkraft bei Entlastung ist kleiner als die Federkraft ohne berücksichtigte Reibung. Die bei den Relativbewegungen der Federblätter sich einstellenden Reibungskräfte führen zu einer Hysterese der Kraft-Weg-Kennlinie (Bild 5.21). Die Mittellinie (*1*) der Belastungs- und Entlastungskurve entspricht in guter Näherung der theoretischen Federkennlinie. Die Größe der Reibungsverluste hängt stark von der Lagenzahl n, der Federform und dem Wartungszustand der Feder ab. Bei neuen, gut geschmierten Federn liegen die Reibungskräfte in der Größenordnung von 2 bis 5%. Im Laufe des Betriebes kann dieser Wert auf 20% ansteigen, da Korrosion und Verschleiß die Reibungskräfte vergrößern. Verschleißmindernd wirken sich spezielle Oberflächenbehandlungen, Oberflächenbeschichtungen, die Anordnung von Gleitpilzen an den Federenden und die Verwendung von Zwischenlagen aus speziellen Plasten aus.

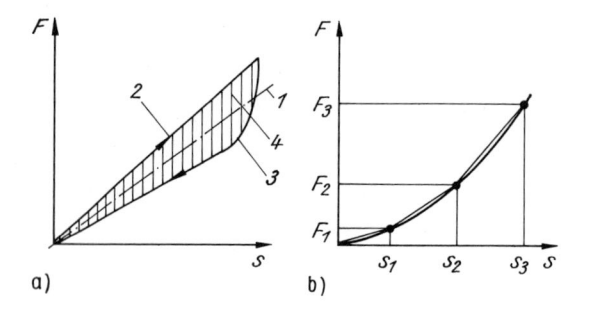

Bild 5.21. Federkennlinien von geschichteten Blattfedern
a) Reibungshysterese
1 theoretische Federkennlinie, *2* Belastungskennlinie, *3* Entlastungskennlinie, *4* Reibarbeit
b) progressive Kennlinie durch Federstufungen

Durch „Zuschalten" bzw. „Abschalten" von Teilfedern (Zusatzfedern) läßt sich eine progressive Federkennlinie (Bild 5.21b) erreichen. Die Eigenfrequenz ist dann belastungsabhängig, und das Schwingungsverhalten von Fahrzeugen ist damit günstig zu beeinflussen.

Ausgangsmaterial für Blattfedern ist Federstahl nach DIN 17221/TGL 13789, der in seinen Abmessungen und Toleranzen in DIN 4620/TGL 14191 enthalten ist. Zur Kraftübertragung in horizontaler und vertikaler Richtung wird die erste Federlage meist mit „Augen" versehen, die auf Spezialmaschinen angerollt werden. Die Augen dienen als Aufnahme für Lagerbolzen, Gleitbuchsen, Silentbuchsen und Gummilager. Die zweite Lage erhält häufig eine teilweise Anrollung, um das Auge der ersten Lage zu unterstützen.

Die Federlagen werden durch Federschrauben (DIN 4626/TGL 25750) zusammengehalten. Das Ausfächern der einzelnen Blätter wird durch Verwenden von Federklammern nach DIN 4621/TGL 25104 verhindert.

5.2. Biegebeanspruchte Federn (Biegefedern)

5.2.1.4. Unterstützte Blattfedern [5.1] [5.15] [5.56] bis [5.59]

Bild 5.22 zeigt verschiedene Anordnungen unterstützter Blattfedern. Die Unterstützung kann nachgiebig (elastisch) oder fest (starr) sein. Beide Arten zeichnen sich durch ein spezifisches Federungsverhalten aus, das vielfältige Anwendungen ermöglicht.

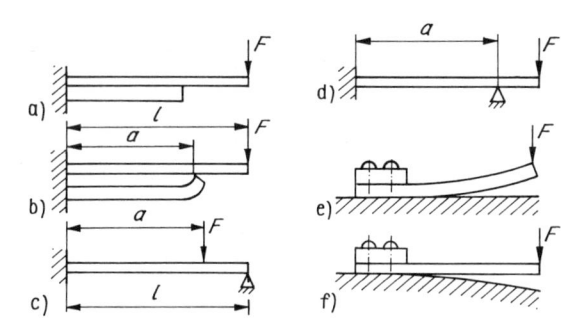

Bild 5.22. Unterstützte Blattfedern
a) und b) elastische Unterstützung; c) bis f) feste (starre) Unterstützung

Elastisch unterstützt werden meist Kontaktblattfedern in Schalteinrichtungen der Elektro- und Gerätetechnik. Sie können auf diese Weise vorgespannt werden, wodurch sich Schaltwege verkürzen und die erforderlichen Kontaktkräfte ohne große Verformungen der Kontaktträgerfedern erreicht werden können. Über solche Stützfedern (Bild 5.23) ist auch ein Verändern der Lage der Kontaktstücke sowie der Vorspann- und Kontaktkräfte möglich (Federsatzjustierung [5.19]).

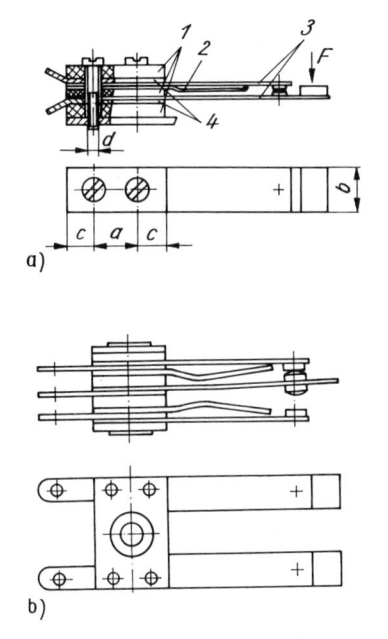

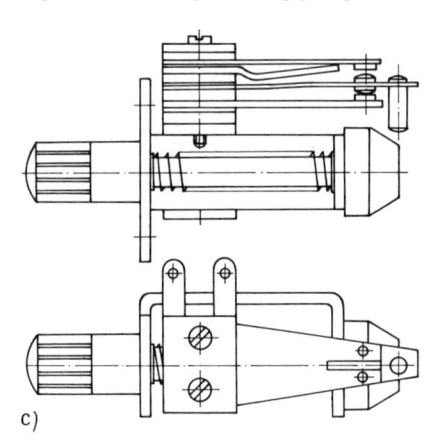

Bild 5.23. Beispiele für Kontaktblattfederanwendungen
a) Endlagenschalter
1 Isolierkörper, *2* Stützfeder, *3* Kontaktblattfedern, *4* Anschlüsse, *F* Betätigungskraft
b) elastische Federabstützung in einem Relaisfedersatz
c) drucktastenbetätigter Umschalter mit trapezförmigen, geschlitzten Kontaktblattfedern, Schließerfeder elastisch unterstützt, Öffnerfeder „starr"

Die Berechnung einer Blattfederanordnung mit *Stützfeder* geht von dem in Tafel 5.3 gezeigten Modell aus. Das Auflager zwischen Einspannung und freiem Federende (Bild 5.22d) wird durch die Kraft

$$F_a = (3E_2 J_2 s_a)/a^3 \,, \tag{5.34}$$

die im Abstand *a* vom Auflager angreift, ersetzt (Index 2: Daten der Stützfeder). Die Durchbiegung der Kontaktfeder am Federende ist dann (nach Lösung des statisch unbestimmten Systems)

$$s = \frac{F l^3}{3 E_1 J_1} \left[1 - \frac{F_a \cdot a^2}{2F \cdot l^2}(3 - a/l) \right], \tag{5.35}$$

und für die dafür erforderliche Federkraft F ergibt sich

$$F = \frac{2aF_a}{(3l - a)} \left(\frac{E_1 J_1}{E_2 J_2} + 1 \right) \tag{5.36}$$

durch Gleichsetzen der Durchbiegung der Kontaktfeder und der der Stützfeder an der Berührungsstelle. Sinngemäß sind diese Beziehungen auch für die Berechnung von Kontaktfederpaaren in Schaltern anzuwenden. In [5.15] und [5.56] werden die erforderlichen Berechnungsgrundlagen ausführlich behandelt und grafische Hilfsmittel für den Entwurf von Kontaktblattfederkombinationen bereitgestellt.

Starr unterstützte Anordnungen zeigt Bild 5.22c) bis f). Berechnungsgrundlagen für die Anordnungen c) und d) sind in Tafel 5.3 aufgeführt. Für die Anordnungen e) und f) wurden von *Gross* [5.1] Berechnungsbeziehungen abgeleitet. Sie gehen von einer im unbelasteten Zustand gekrümmten (vorgeformten) Blattfeder (bzw. geraden Blattfeder und gekrümmter Unterlage) aus, die auf einer ebenen Unterlage „abgestützt" wird. Die Krümmung kann beliebig sein, wobei der Krümmungsradius vom eingespannten zum freien Ende hin stetig abnehmen muß.

Wird eine solche Feder am freien Ende durch eine Kraft F belastet, dann verformt sie sich so lange wie eine normale, ungestützte Blattfeder, bis der Krümmungsradius an der Einspannstelle sich auf Unendlich vergrößert hat. Die Federkraft F hat dann den Wert

$$F = F_0 = \frac{EJ}{l r_0} \tag{5.37}$$

erreicht (r_0 Krümmungsradius der Feder an der Einspannstelle im unverformten Zustand).
Eine nach einer Parabel mit der Funktion

$$y_0 = -s_0 (1 - x/l)^2 \tag{5.38}$$

gekrümmte Feder (Bild 5.24) hat besondere Eigenschaften, die auch aus den dargestellten Kennlinien ersichtlich sind. Infolge des konstanten Biegemoments kann eine solche Feder nicht überlastet werden. Das Energiespeichervermögen ist gegenüber einer nicht unterstützten einseitig eingespannten Blattfeder dreimal so hoch ($\eta_A = 1/3$). Bei entsprechender Anordnung (s. Bild 5.25) nehmen sie im zusammengedrückten Zustand wenig Platz ein.

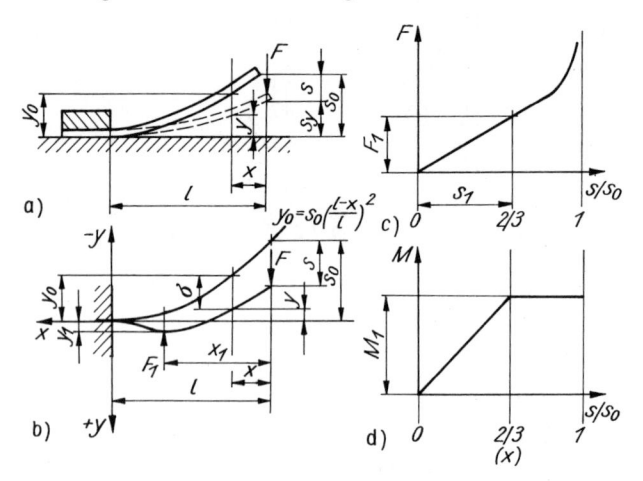

Bild 5.24. Eben unterstützte Blattfeder
a) und b) Modell; c) und d) Kennlinien

Die Stützwirkung der Platte kann man sich durch eine entgegengesetzt zu F wirkende Kraft F_1 vorstellen, die die Durchbiegung der Feder an der Stelle x_1 rückgängig macht, so daß an dieser Stelle

$$y_1 = F_1 (l - x_1)^3 / 3EJ \tag{5.39a}$$

und

$$y_1' = -F_1 (l - x_1)^2 / 2EJ \tag{5.39b}$$

5.2. Biegebeanspruchte Federn (Biegefedern)

gelten. Aus

$$y = y_0 - \frac{Fl^3}{3EJ}(1 - 3x/2l + x^3/2l^3) \tag{5.40}$$

und

$$y' = y'_0 - \frac{Fl^2}{2EJ}(1 - x^2/l^2) \tag{5.41}$$

ergibt sich für die Stelle $x = x_1$ dann $y_0 = y_{01}$ und nach Eliminieren von F, die Gleichung

$$-y_{01} - \frac{2}{3}(l - x_1) y'_{01} + \frac{Fl^2}{6EJ} \cdot \frac{x_1}{l}(1 - x_1/l)^2 = 0, \tag{5.42}$$

die zur Bestimmung von x_1 genutzt werden kann. Mit Gleichung (5.38) und ihrer Ableitung ergibt sich dann für x_1

$$x_1 = 2EJs_0/Fl^2. \tag{5.43}$$

Für den Bereich $0 \leq x \leq x_1$ ergibt sich außerdem die Durchbiegung des Federendes nach Bild 5.24 zu

$$s = -y_{01} + x_1 y'_{01} + Fx_1^3/3EJ = s_0(1 - x_1^2/l^2) + Fx_1^3/3EJ \tag{5.44}$$

und nach Einsetzen der Gleichung (5.43) zu

$$s = s_0 \left[1 - \frac{4}{3}(EJs_0/Fl^3)^2 \right]. \tag{5.45}$$

In diesem Bereich ist das Biegemoment $M_b = Fx$ und mit $x = x_1$ nach Gleichung (5.43)

$$M_b = M_1 = Fx_1 = F(2EJs_0/Fl^2) = 2EJs_0/l^2 = \text{konstant} \tag{5.46}$$

(s. Bild 5.24d). Damit ist auch die Biegespannung $\sigma_b = M_b/W_b = $ konstant.
Neben dieser Eigenschaft ist auch die progressive Federkennlinie (Bild 5.24c) für das Eigenschwingungsverhalten solcher Federn von Bedeutung.
Bild 5.25 zeigt verschiedene Konstruktionen und einige Anwendungen.

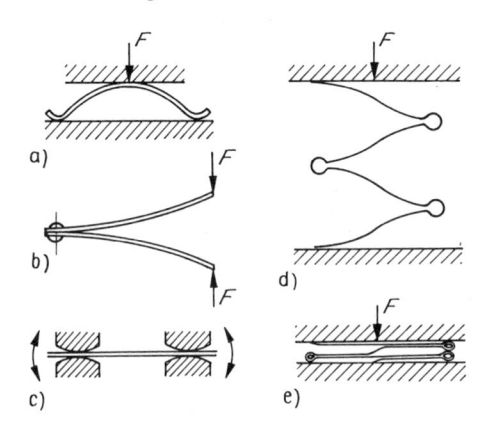

Bild 5.25. Konstruktionsbeispiele sich abstützender (abrollender) Blattfedern

a) Flachformfeder zwischen ebenen Flächen; b) vorgeformte Doppelblattfeder; c) Einsatz in Federlagern; d) Magazinfeder, entspannt; e) Magazinfeder, belastet

5.2.2. Gekrümmte Biegefedern

5.2.2.1. Gekrümmte Blattfedern [5.12] [5.16] [5.17] [5.54] [5.55]

Zur Realisierung bestimmter Anforderungen an die Federsteife bei begrenzt zur Verfügung stehendem Bauraum sind vielfältig geformte Blattfedern erforderlich. Einige Beispiele zeigt Bild 5.26. Es ist zu

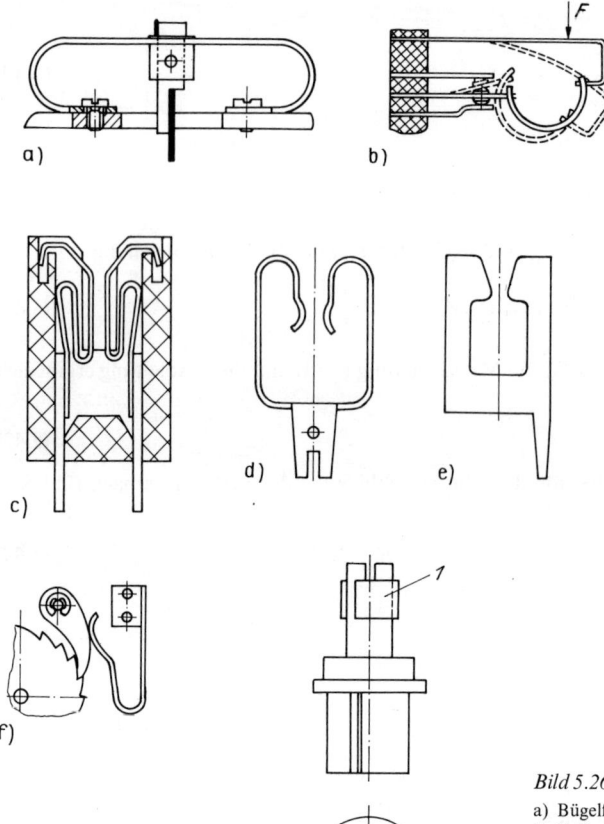

Bild 5.26. Beispiele für gekrümmte Blattfedern
a) Bügelfeder einer Spannbandlagerung
b) Federanordnungen in einem Mikrotaster
c) bis e) Formen von Steckkontaktfedern
f) Rückstellfeder an einer Sperrklinke
g) Bedienknopf mit ringförmiger Blattfeder (1) nach Bild 5.29

erkennen, daß man sich die geometrische Form aus Geraden- und Kreisbogenteilen zusammengesetzt vorstellen kann.

Die von *Palm* und *Thomas* [5.54] [5.55] publizierten Berechnungsgrundlagen für derartige Federn gehen von der herkömmlichen vereinfachten Berechnung unter Zugrundelegen der gestreckten Federlänge aus. Jedoch wird von ihnen der Krümmungseinfluß durch einen Korrekturfaktor berücksichtigt.

Für die im Bild 5.27 dargestellte Federform ist die gestreckte Länge $l = u + r\alpha$, und die Verformungsbeziehung nach Gleichung (5.7) ist dann

$$s^* = Fl^3/3EJ = F(u + r\alpha)^3/3EJ .\tag{5.47}$$

Die Berücksichtigung des Krümmungseinflusses durch den Korrekturfaktor

$$K_3 = [m^3 + 3(m^2 + 0{,}5)\,\alpha + 6m(1 - \cos\alpha) - 0{,}75 \sin(2\alpha)]/(m + \alpha)^3 \tag{5.48}$$

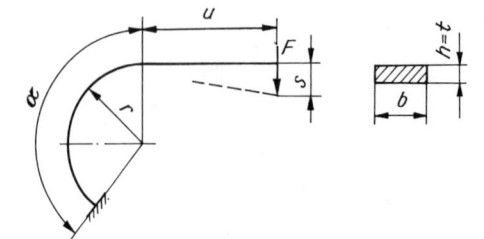

Bild 5.27. Gekrümmte Blattfeder, Modell und Bezeichnungen

5.2. Biegebeanspruchte Federn (Biegefedern)

führt dann zu

$$s = K_3 s^* = K_3 F(u + r\alpha)^3/3EJ = K_3 F r^3 (m + \alpha)^3/3EJ, \tag{5.49}$$

wobei $K_3 = f(m, \alpha)$ Bild 5.28 entnommen werden kann ($m = u/r$).

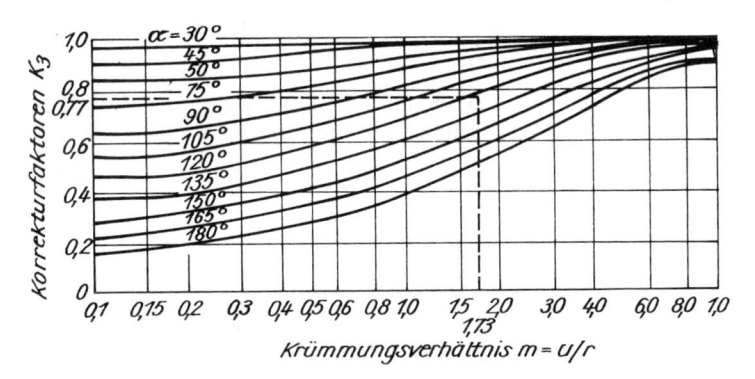

Bild 5.28. Korrekturfaktor $K_3 = f(m, \alpha)$

5.2.2.2. Flachformfedern [5.12] [5.13] [5.51]

Die Bezeichnung umfaßt alle aus Federband gefertigten Federn. Sie weisen die unterschiedlichsten Konturen, Abbiegungen und Durchbrüche auf. Bild 5.29 zeigt einige Beispiele. Eine Berechnung ist nicht immer notwendig. Sie kann, wenn erforderlich, auf der Basis der bisherigen Darlegungen für die Berechnung der Biegefedern unter Verwendung eines geeigneten Berechnungsmodells erfolgen (s. auch TGL 18404 und 18405).

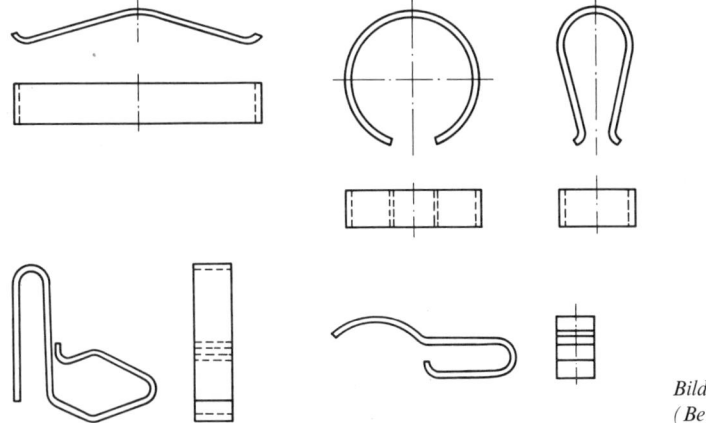

Bild 5.29. Flachformfedern (Beispiele)

Charakteristisch für solche Federn sind die relativ kleinen Federwege und ihre wegen des oft beschränkt zur Verfügung stehenden Einbauraums gedrängten Bauformen.
Die *Fertigung* von Flachformfedern erfordert stets erzeugnis- und werkstoffspezifische Werkzeuge. Je nach Kompliziertheit der Form, der Anzahl und Art der Abbiegungen und der Durchbrüche erfolgt die Herstellung im weichen (geglühten) oder federharten (vergüteten) Zustand des Werkstoffs. Bei automatischer Fertigung wird der federharte Werkstoffzustand bevorzugt.
Die *Gestaltung* von Flachformfedern sollte zu solchen Formen führen, die bei Verwendung eines geeigneten Werkstoffs eine automatische Fertigung ermöglicht. Der Konstrukteur sollte also nicht die Federform bedingungslos der Funktion und der bereits vorliegenden Anschlußstellen unterordnen, sondern nach Möglichkeit auch Kompromisse im Sinne einer fertigungsgerechten Gestaltung der Feder eingehen.

Bei der *Dimensionierung* der Feder (Festlegen der Federgeometrie) sind folgende Empfehlungen für Mindestbiegeradien nach [5.11] [5.13] [5.14] [5.45] zu beachten:

a) weichgeglühter Bandstahl $\quad r_{min} = 2 \cdot t$
b) vergüteter Bandstahl $\quad 0{,}1 \leq t \leq 0{,}25$ mm $r_{min} = 8 \cdot t$
$\quad\quad\quad\quad\quad\quad\quad\quad\quad 0{,}25 \leq t \leq 0{,}5$ mm $r_{min} = 7 \cdot t$
$\quad\quad\quad\quad\quad\quad\quad\quad\quad t > 0{,}5$ mm $r_{min} = 6 \cdot t$
c) Bänder aus Kupferlegierungen $\quad r_{min} = t$.

Weitere Hinweise über Mindestbiegeradien sind in Tafel 5.5 enthalten. Die Angaben berücksichtigen ein Abbiegen senkrecht ($\perp$) und parallel ($=$) zur Walzrichtung. Die angegebenen kleinsten zulässigen Radien gestatten eine volle Ausnutzung der angegebenen Federbiegegrenze.

Tafel 5.5. *Richtwerte für Abbiegungen an Federbändern nach [5.55]*

Werkstoff	σ_{bE} in N/mm²	E in kN/mm²	Biegeradius r_{min} in mm für 90° Biegungen		
			für Bereich der Banddicke t in mm	Biegekante $\perp$	$=$
Unlegierter Stahl MK 75	1400	210	bis 1,5	5t	—
Nichtrostender Stahl X12CrNi177	800	190	0,05 bis 0,75	2t	10t
			>0,75 bis 1,1	6t	14t
Neusilber CuNi18Zn20 HV 160	400	142	bis 0,2	0	0,2
			>0,2 bis 1	0	2t
			über 1	1t	2t
CuNi18Zn20 HV 180	520	142		1t	2t
Zinnbronze CuSn6 HV 180	400	115	bis 0,2	0	0,2
			>0,2 bis 1	0	2t
			über 1	1t	2t
Berylliumbronze CuBe2 HV 380	1050	135	bis 1,5	4t	7t

σ_{bE} Federbiegegrenze $\quad \perp$ senkrecht zur Walzrichtung
$\quad\quad\quad\quad\quad\quad\quad\quad = $ parallel zur Walzrichtung

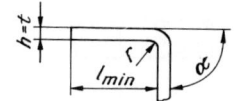

Ein Unterschreiten dieser Mindestradien führt früher oder später stets zum Bruch der Federn.
Die Biegeradien sollten jedoch auch nicht zu groß gewählt werden, da sonst der Umformvorgang in der Nähe der Elastizitätsgrenze abläuft, sich große Werte der Rückfederung und nur kleine plastische Verformungen einstellen. Dieser Umstand hat auch Auswirkungen auf die Einhaltung der vorgegebenen Toleranzen, die technologisch wegen der in diesem Bereich größeren Schwankungen der Rückfederungsbeträge nur schwer zu beherrschen sind [5.19].
Befinden sich Biegungen am Ende einer Feder, so sollten sie in ein gerades Stück von der Mindestlänge $l_{mind} = 2 \cdot t$ auslaufen. Ebenso wichtig ist das richtige Festlegen von Rand- und Stegbreiten sowie der Abmessungen von Lochungen und Durchbrüchen (s. Bild 5.23a) [5.11] [5.17].

5.2.2.3. Drahtformfedern [5.13] [5.51]

Drahtformfedern sind aus Federdraht gefertigte Federn, die verschieden gestaltete Abbiegungen, aber keine geschlossenen Windungen (Federkörper) aufweisen. Bild 5.30 zeigt einige Beispiele. Vom Konstrukteur sollten stets Formen bevorzugt werden, die sich automatisch fertigen lassen. Die dargestellten Beispiele sind solche Formen. Eine Berechnung ist nur in wenigen Fällen erforderlich.

5.2. Biegebeanspruchte Federn (Biegefedern)

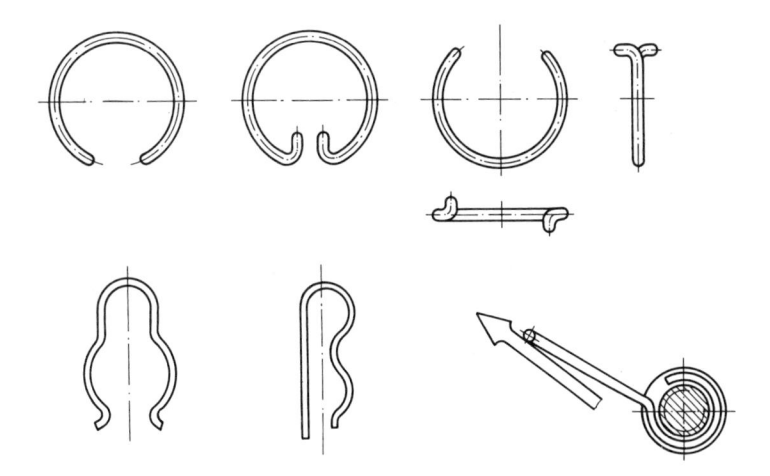

Bild 5.30. Drahtformfedern (Beispiele)

Für die *Gestaltung* von Drahtformfedern gelten die für Flachformfedern gegebenen Hinweise sinngemäß. Drahtformfedern sind so einfach wie möglich zu gestalten. Die Zahl der Abbiegungen soll klein sein, und die Abbiegungen sollen nach Möglichkeit in einer Ebene liegen. Die in [5.13] angegebenen Federformen sind zu bevorzugen.

Schenkellängen (Länge der Federenden) sollen, wenn es die konstruktiven Bedingungen zulassen, vom Auslauf des Biegeradius gerechnet, das Maß $l_{min} \geq 5 \cdot d$ nicht unterschreiten, um die Biegung technologisch günstig ausführen zu können. Bei an Schenkelenden angebogenen Ösen sind geschlossene Formen zu vermeiden, da sie wegen der Rückfederung des Materials nicht automatisch und manuell nur mit großem Aufwand herstellbar sind. Ein Zwischenraum $a \geq 4 \cdot d$ ist anzustreben (Bild 5.30). Tafel 5.6 enthält Angaben für Mindestbiegeradien an Drahtformfedern, die bei der Federgestaltung einzuhalten sind. Angaben über zulässige Abweichungen von Längenmaßen, Radien und Winkeln (Maß-, Form- und Lagetoleranzen) sind in DIN 7168 enthalten, wobei die zulässigen Abweichungen in die Gütegrade „grob", „mittel" und „fein" unterteilt werden. Hinsichtlich der Planlage der Federn sind je nach ihren räumlichen Ausdehnungen Abweichungen zwischen $(0,5$ bis $1) \cdot d$ zu erwarten.

Tafel 5.6. Mindestbiegeradien für Drahtformfedern

Gültig für Drahtdurchmesser d in mm im Bereich:	Mindestbiegeradius r_{min} in mm für die Werkstoffe		
	Federstahldraht A DIN 17223 Nichteisenmetalle weichgeglühte Drähte	Federstahldraht B DIN 17223	Federstahldraht C DIN 17223 nichtrostende Drähte
bis 4	$1,0 \cdot d$	$1,2 \cdot d$	$1,4 \cdot d$
$4 < d \leq 7$	$1,2 \cdot d$	$1,4 \cdot d$	$1,6 \cdot d$
$7 < d \leq 10$	$1,4 \cdot d$	$1,6 \cdot d$	$1,8 \cdot d$
$10 < d \leq 16$	$1,6 \cdot d$	$1,8 \cdot d$	$2,0 \cdot d$

Berechnungsbeispiele

1. Blattfeder als Ankerrückstellfeder in einem Flachrelais

Sie erzeugt im nicht erregten Relaiszustand (Ruhezustand) die Ruhekontaktkräfte und stellt den Anker nach erfolgter Schaltung in die Ruhelage zurück.

Gegeben: $F_1 = 1{,}1$ N; $F_2 = 1{,}5$ N; $\Delta s = 1{,}6$ mm; $T_c = \pm 10\%$; $S = 2$; $l = 54$ mm; $B = 30$ mm; Werkstoff: CuZn37 F44

Gesucht: Federquerschnitt $(b; t)$; Nachrechnungen

Lösung:

a) Federsteife:
$$c_{erf} = (F_2 - F_1)/\Delta s = (1{,}5 \text{ N} - 1{,}1 \text{ N})/1{,}6 \text{ mm} = 0{,}25 \text{ N/mm}$$

Toleranzgrenzen: $c_{min} = 0{,}225$ N/mm; $c_{max} = 0{,}275$ N/mm

b) Dimensionierung:

Nach Tafel 5.1 sind für eine einseitig eingespannte Blattfeder die Bedingungen

$$\sigma_b = M_b/W_b \leq \sigma_{b\,zul} = \sigma_{bF}/S \; (\sigma_{b\,zul} = 340 \text{ N/mm}^2/2 = 170 \text{ N/mm}^2) \tag{1}$$

und

$$c_{min} \leq c_{erf} = 3EJ/l^3 \leq c_{max} \tag{2}$$

zu erfüllen, aus denen sich durch Umstellen und Einsetzen

$$h = (2 \cdot c \cdot l^2 \cdot \sigma_{b\,zul})/(3 \cdot E \cdot F_2) \tag{3}$$

ergibt. Mit $\sigma_{bF} \approx R_{p0,2}$ und $E = 105000$ N/mm^2 nach Tafel 2.2 folgt damit

$$h = (2 \cdot 0{,}25 \text{ N/mm} \cdot 54^2 \text{ mm}^2 \cdot 170 \text{ N/mm}^2)/(3 \cdot 105000 \text{ N/mm}^2 \cdot 1{,}5 \text{ N})$$
$$= 0{,}525 \text{ mm}; \; gewählt: t = h = 0{,}5 \text{ mm}$$

$$b_{erf} = (6 \cdot F_2 \cdot l)/(h^2 \cdot \sigma_{b\,zul})$$
$$= (6 \cdot 1{,}5 \text{ N} \cdot 54 \text{ mm})/(0{,}5^2 \text{ mm}^2 \cdot 170 \text{ N/mm}^2) = 11{,}44 \text{ mm} \tag{4}$$

gewählt: $b = 12$ mm

c) Nachrechnungen

$$\sigma_{b\,vorh} = (6 \cdot F_2 \cdot l)/(b \cdot h^2)$$
$$= (6 \cdot 1{,}5 \text{ N} \cdot 54 \text{ mm})/(12 \text{ mm} \cdot 0{,}5^2 \text{ mm}^2) = 162 \text{ N/mm}^2 < \sigma_{b\,zul}$$
$$\eta_S = \sigma_{b\,vorh}/\sigma_{b\,zul} = 162/170 = 0{,}953$$
$$c_{vorh} = (E \cdot b \cdot h^3)/(4 \cdot l^3) = (105000 \text{ N/mm}^2 \cdot 12 \text{ mm} \cdot 0{,}5^3 \text{ mm}^3)/$$
$$/(4 \cdot 54^3 \text{ mm}^3) = 0{,}250 \text{ N/mm} = c_{erf} \qquad (T_{c\,vorh} = 0\%)$$

d) Form der Feder s. Bild 5.31.

Bemerkungen zum Lösungsweg: Die Funktions- und Festigkeitsbedingungen werden im Schnittpunkt (3) beider Funktionen (1) und (2) genau erfüllt. Da für die Blechdicke t diskrete Werte vorliegen, sind Abweichungen für c bei nicht vollständiger Ausnutzung der ertragbaren Beanspruchung zu erwarten. Beide Bedingungen lassen sich deshalb nur annähernd erfüllen. Die Funktionswerte müssen toleriert sein. In die Rechnungen sind auch Toleranzen geometrischer Parameter (b, t, l) einzubeziehen.

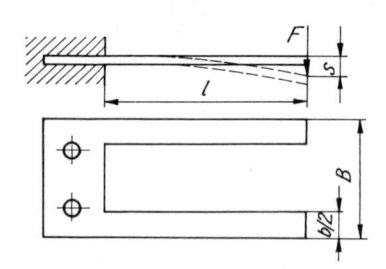

Bild 5.31. Ankerrückstellfeder eines Flachrelais

2. Geschichtete Blattfeder (Kfz-Blattfeder)

Gegeben: anteilige Masse je Feder: $m = 300$ kg
        Stützweite $L = 2 \cdot l$:   : $L = 900$ mm; Breite: $b = 60$ mm
        Federwerkstoff: : 50CrV4
        Eigenkreisfrequenz: : $10 \text{ s}^{-1} \leq \omega_0 \leq 12 \text{ s}^{-1}$

Gesucht: Federblattquerschnitt (b, h); Anzahl der Federblätter n; Nachrechnungen

Lösung:
a) statische Federkraft
$F_g = 2F = m \cdot g = 300 \text{ kg} \cdot 9{,}81 \text{ m/s}^2 = 2943 \text{ N}$
b) Federquerschnitt
Nach Tafel 5.2d folgt nach Gleichsetzen der Spannungs- und Verformungsbeziehungen (s. Aufgabe *1*) für $n' = 0$
$h = (l^2/E)(\sigma_b/s) = (450^2 \text{ mm}^2/200\,000 \text{ N/mm}^2)(3{,}5 \text{ N/mm}^3) = 3{,}5 \text{ mm}$
mit $E = 200\,000 \text{ N/mm}^2$ und zul $\sigma_b/s_a = 3{,}5 \text{ N/mm}^3$
gewählt: $t = h = 4 \text{ mm}$
c) erforderliche Federsteife und Anzahl Federblätter
Nach Gleichung (4.15) ist

$$c_{erf} = \omega_0^2 \cdot m = 10^2 \text{ s}^{-2} \cdot 300 \text{ Ns}^2/\text{m} = 30\,000 \text{ N/m} = 30 \text{ N/mm},$$

womit sich die erforderliche Anzahl Federblätter n zu

$$n = (3 \cdot c_{erf} \cdot l^3)/(E \cdot b \cdot h^3)$$
$$= (3 \cdot 30 \text{ N/mm} \cdot 450^3 \text{ mm}^3)/(200\,000 \text{ N/mm}^2 \cdot 60 \text{ mm} \cdot 4^3 \text{ mm}^3) = 10{,}7$$

ergibt oder auf der Grundlage der statischen Belastung mit

$\sigma_{b\,zul} = 450 \text{ N/mm}^2$ nach Tafel 5.2
$n = (6 \cdot F \cdot l)/(b \cdot h^2 \cdot \sigma_{b\,zul}) = (3 \cdot 2943 \text{ N} \cdot 450 \text{ mm})/(60 \text{ mm} \cdot 4^2 \text{ mm}^2 \cdot 450 \text{ N/mm}^2) = 9{,}2$
gewählt: $n = 10$ (davon $n' = 2$ mit $L = 900 \text{ mm}$)
d) Nachrechnungen

$$c_{vorh} = [(2n + n') \cdot E \cdot b \cdot h^3]/(6 \cdot l^3)$$
$$= [(20 + 2) \cdot 200\,000 \text{ N/mm}^2 \cdot 60 \text{ mm} \cdot 4^3 \text{ mm}^3]/(6 \cdot 450^3 \text{ mm}^3) = 30{,}9 \text{ N/mm}$$
$$\omega_{o\,vorh} = c_{vorh}/m = 30{,}9 \cdot 10^3 \text{ N/m}/300 \text{ Ns}^2/\text{m} = 10{,}1 \text{ s}^{-1}$$
$$\sigma_{bm} = (6 \cdot F \cdot l)/(n \cdot b \cdot h^2) = (3 \cdot 2943 \text{ N} \cdot 450 \text{ mm})/(10 \cdot 60 \text{ mm} \cdot 4^2 \text{ mm}^2) = 414 \text{ N/mm}^2.$$

Für $s_a = \pm 30 \text{ mm}$ ergibt sich mit $F_g = 2F = c_{vorh} \cdot s_a$

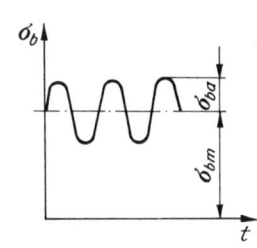

$$\sigma_{ba} = (3 \cdot c_{vorh} \cdot s_a \cdot l)/(n \cdot b \cdot h^2)$$
$$= (3 \cdot 30{,}9 \text{ N/mm} \cdot 30 \text{ mm} \cdot 450 \text{ mm})/(10 \cdot 60 \text{ mm} \cdot 4^2 \text{ mm}^2) = \pm 130 \text{ N/mm}^2$$
$(\sigma_{ba\,zul} = 0{,}5 \cdot \sigma_{bA} = 0{,}5 \cdot 320 \text{ N/mm}^2 = 160 \text{ N/mm}^2$ mit $S = 2)$
$\sigma_{b\,max} = \sigma_{bm} + \sigma_{ba} = 414 \text{ N/mm}^2 + 130 \text{ N/mm}^2 = 544 \text{ N/mm}^2$
$\sigma_{b\,zul} = \sigma_{bm} + 0{,}75 \cdot \sigma_{bA} = 414 \text{ N/mm}^2 + 0{,}75 \cdot 320 \text{ N/mm}^2$
$= 654 \text{ N/mm}^2 > \sigma_{b\,max} = 544 \text{ N/mm}^2$ (s. Bild 5.32).

Bild 5.32. *Biege-Schwellbeanspruchung bei Fahrzeugfedern (idealisierte Sinusform)*

5.2.3. Gewundene Biegefedern

5.2.3.1. Spiralfedern [5.20] bis [5.25] und [5.60] bis [5.71]

Spiralfedern sind in der Regel aus Federband, in Ausnahmefällen aus Federdraht, in einer Ebene spiralförmig gewickelte Federn. Sie sind in der Lage, Drehmomente aufzunehmen und somit Rückstellmomente zu erzeugen. Hinsichtlich des Windungszwischenraums werden zwei Bauformen unterschieden.

Nach einer Archimedischen Spirale mit *konstantem Windungsabstand* a_w gewundene Federn werden vornehmlich als Rückstellfedern in technischen Einrichtungen wie Schlössern und Kickstartern sowie für Zeiger in elektrischen Meßgeräten (TGL 32118/DIN 43801/01) und als Schwingungselement in Gangreglern von mechanischen Uhren eingesetzt.

Spiralfedern *ohne Windungszwischenraum* werden meist in einem Federgehäuse geführt (nur in einfachen Antrieben frei arbeitend) und bewegen sich somit zwischen zwei koaxialen Zylindern (Federkern und Federgehäuse). Sie werden wegen ihres großen Energiespeichervermögens als Triebfedern für mechanische Uhren, Laufwerke und verschiedenen Antriebseinrichtungen in Geräten (Datenverarbeitungsgeräte, Sportgeräte, Spielgeräte) eingesetzt und demzufolge oft als Aufzugfeder oder Triebfeder bezeichnet. In den letzten Jahren haben sich aus diesen Federn die *Rollfedern* entwickelt, die vielfältig einsetzbar sind.

Spiralfedern mit Windungsabstand werden vornehmlich so hergestellt und montiert [5.68] [5.70] (s. a. Abschn. 3.), daß ihr inneres Ende fest auf einer Welle eingespannt und ihr äußeres Ende entweder fest oder auch gelenkig angeordnet wird. Diese Einspannverhältnisse sind bei den Berechnungen (Tafel 5.7) zu beachten. Ein ausreichender Abstand zwischen den Windungen soll Reibungseinflüsse während des Betriebs verhindern. Federn dieser Bauart sind für kleine Drehwinkel ($\varphi < 360°$) vorgesehen. Bei Anwendung als Schwingelement liegen diese Drehwinkel in der Größenordnung von $\varphi = 20°$. Nur bei speziellen Konstruktionen und Anwendungen sind Drehwinkel bis $\varphi = 700°$ erreichbar.

Tafel 5.7. Berechnung von Spiralfedern mit Windungsabstand

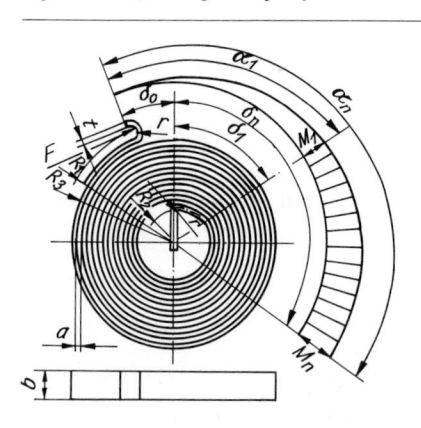

Funktionsnachweis
Federmoment: $M = EI\alpha/(57{,}3 l_w) = Ebt^3\alpha/(690 l_w) = FR_1$
wirksame Länge l_w bei konstantem Windungsabstand a:
$l_w = (R_3^2 - R_2^2)\pi/(t + a) = (R_3 + R_2) n\pi$
$R_3 = R_2 + n(t + a)$
Festigkeitsnachweis
$\sigma = M/W = 6M/(bt^2)$
$\sigma_k = k\sigma$

Tafel 5.7 enthält die Berechnungsbeziehungen von Spiralfedern mit Windungsabstand. Die Gleichung für das Federmoment gilt nur solange, wie die wirksame Länge l_w konstant bleibt. Ist die Spiralfeder mit konstantem, aber zu kleinem Windungsabstand a_w versehen, dann schließt sich zuerst die äußere Windung, und damit wird diese unwirksam. Die wirksame Länge wird kleiner, und die Federsteife $c_M = M/\varphi$ steigt an. Eine solche progressive Federcharakteristik ist meist unerwünscht. Die Federn werden deshalb mit unterschiedlichem Windungsabstand hergestellt, der außen am größten und innen am kleinsten ist (s. a. Abschn. 3.).

Werden Spiralfedern im schließenden Sinne belastet, dann ist es nicht erforderlich, die durch die Bandkrümmung an der Innenseite der Spiralfeder hervorgerufene Spannungserhöhung zu berücksichtigen. Anders ist es, wenn die Belastung in entgegengesetzter Richtung erfolgt und an der Innenseite

5.2. Biegebeanspruchte Federn (Biegefedern)

des Bandes somit Zugspannungen auftreten. Die Spannungserhöhung infolge der Bandkrümmung muß auch dann berücksichtigt werden, wenn die Innenseite einer Endenabbiegung auf Zug beansprucht wird (s. a. Bild 5.33).
Üblicherweise wird als zulässige Biegespannung 75% der Zugfestigkeit angesehen ($\sigma_{b\,zul} = 0{,}75 \cdot R_m$). Durch Vorsetzen oder durch Verarbeiten von federharten Bändern ist eine Werkstoffauslastung bis $\sigma_{b\,zul} = R_m$ möglich.
Bei schwingender Beanspruchung erfolgt die Festlegung der zulässigen Hub- bzw. Oberspannung (s. Abschn. 2.4.) an Hand von Dauerfestigkeitsschaubildern. Da jedoch für diese Federn allgemein anwendbare Dauerfestigkeitsschaubilder meist fehlen, muß beim Entwurf auf Werkstoffkennwerte (z. B. Biegewechselfestigkeiten) von Federbändern zurückgegriffen werden.

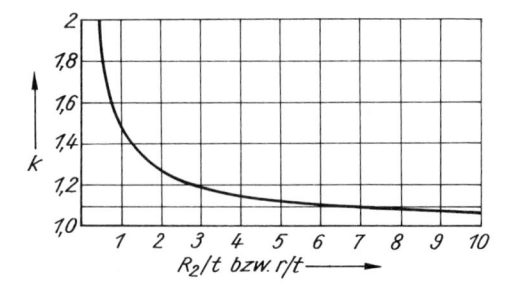

Bild 5.33. Beiwert k in Abhängigkeit vom Verhältnis R_2/t bzw. r/t

Die konstruktiven Hinweise beschränken sich auf die Gestaltung der Federenden. Sie sind so einfach wie möglich auszuführen. Für das innere Ende ist eine einfache Abbiegung am leichtesten automatisch herstellbar (Bild 5.34). Bild 5.35 enthält einige Vorschläge für die Gestaltung des äußeren Federendes.

Bild 5.34. Beispiele für die Gestaltung des inneren Federendes von Spiralfedern mit Windungsabstand

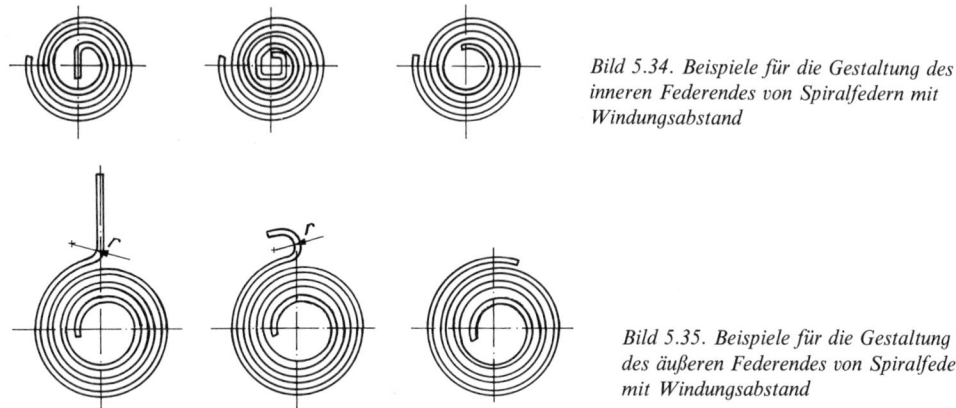

Bild 5.35. Beispiele für die Gestaltung des äußeren Federendes von Spiralfedern mit Windungsabstand

Spiralfedern ohne Windungsabstand besitzen im freien Zustand (ungespannt, nicht im Gehäuse eingebaut) n_0 Windungen und eine bestimmte Krümmung (Bild 5.36). Werden sie in ein Federgehäuse eingebaut, dann liegen die Windungen nach dem Einbau mit bestimmtem Druck an der Gehäusewand an (Bild 5.37). Die Windungszahl n_1 im eingebauten Zustand ist dabei infolge des kleineren Durchmessers wesentlich größer als n_0. Wird nun die Feder durch Drehen des Federkernes aufgezogen, dann ist bald der Druck überwunden, mit dem sich die innere Windung an die nächsten schmiegt. Die Windungen lösen sich langsam vom Paket und wickeln sich um den Kern. Der Krümmungsradius verkleinert sich dabei weiter, während die Windungszahl auf n_2 anwächst.
Bild 5.38 enthält die Kennlinie einer Spiralfeder ohne Windungsabstand. Die Kennlinie steigt zunächst steil an, weil die wirksame Bandlänge noch klein ist. Es schließt sich ein allmählicher Übergang als Charakteristikum für das Ablösen von Windungen aus dem Windungspaket an. Durch das Aufwickeln freiliegender Windungen ergibt sich nun ein relativ gleichmäßiger, fast linearer Anstieg der Federkennlinie. Am Ende steigt sie wieder steil an und geht nach Aufwickeln des gesamten Bandes in eine Senkrechte über.

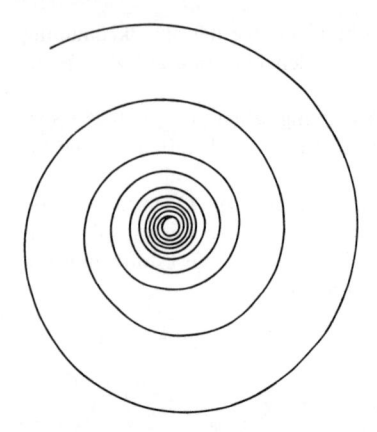

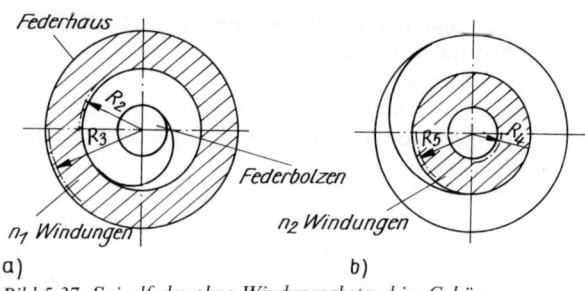

Bild 5.37. Spiralfeder ohne Windungsabstand im Gehäuse
a) abgelaufen (entspannt); b) aufgezogen (endgespannt)

Bild 5.36. Spiralfeder ohne Windungsabstand, ungespannt und nicht eingebaut

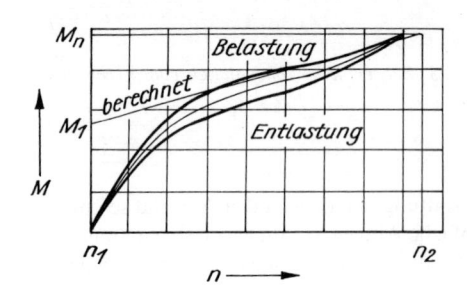

Bild 5.38. Theoretische Kennlinie einer Spiralfeder ohne Windungsabstand

Das Ablösen der Windungen beim Aufziehen vollzieht sich in der Praxis nicht allmählich, weil sich die Windungen nicht einfach voneinander abheben, sondern erst aufeinander gleiten und sich dann ruckartig, oft in Teilpaketen, ablösen. Das führt zu dem im Bild 5.39 dargestellten Kennlinienverlauf mit den erkennbaren Drehmomentschwankungen. Selbst bei bester Schmierung ist kein gleichmäßiges Ablösen zu erreichen. Die praktische Kennlinie (Bild 5.39) weicht deshalb erheblich vom theoretischen Verlauf ab.

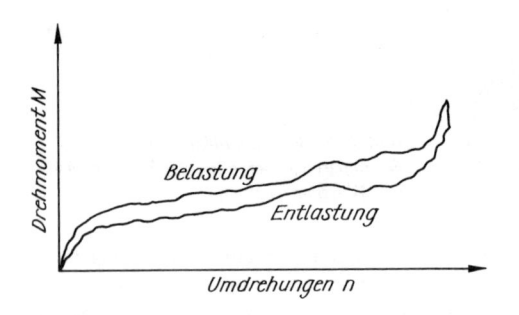

Bild 5.39. Praktische Kennlinie einer Spiralfeder ohne Windungsabstand nach [5.20]

Beim Ablauf zeigen sich die gleichen Verhältnisse, nur die Kurve liegt wegen der Reibungsverluste unter der für den Aufzug. Die Fläche zwischen beiden Kurven stellt die in Wärme umgewandelte Reibungsarbeit dar. Für die Anwendung (Betrieb) von Spiralfedern ohne Windungsabstand ist nur der annähernd geradlinige mittlere Teil der Ablaufkurve von Bedeutung.

Eine einfache Methode zur Berechnung des Drehmoments geht von der Anzahl Windungen im freien Zustand n_0 aus

$$M = 2\pi EJ(n - n_0)/l_w = \pi E b h^3(n - n_0)/(6 \cdot l_w)\,, \qquad (h = t)\,, \tag{5.50}$$

wobei für n je nach Aufzugszustand n_1 oder n_2 einzusetzen ist

$$n_1 = (R_3 - R_2)/t \tag{5.51}$$

5.2. Biegebeanspruchte Federn (Biegefedern)

$$n_2 = (R_5 - R_4)/t \tag{5.52}$$

$$l_i = \pi(R_2 + R_4) n_1 = \pi(R_4 + R_5) n_2 \tag{5.53}$$

$$l_w = l_i + 2 \cdot \pi \cdot R_4 \tag{5.54}$$

$$N = n_2 - n_1 . \tag{5.55}$$

Bei Einsetzen des nach Gleichung (5.50) berechneten Moments ergibt sich die Biegespannung zu

$$\sigma_b = 6 \cdot M/(bh^2) = 6 \cdot M/(bt^2) . \tag{5.56}$$

Aus Gleichung (5.50) geht hervor, daß die Federkennlinie von der wirksamen Länge l_w und der Anzahl der freien Windungen n_0 bedeutend beeinflußt wird. Je größer die Länge ist, um so flacher verläuft die Kennlinie, wobei jedoch der zur Verfügung stehende Einbauraum die Grenzen setzt.

Die Anzahl der freien Windungen n_0 hängt von der angewendeten Herstellungsmethode ab. Bild 5.40 zeigt die bekanntesten Krümmungsformen. Die cross-curved gewickelte Spiralfeder ergibt negative n_0-Werte und damit das höchste Drehmoment (s. a. Abschnitt 3.).

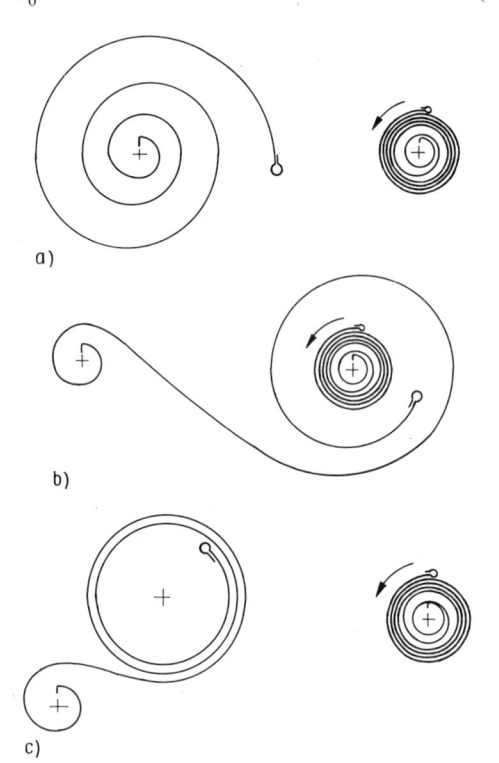

Bild 5.40. Krümmungsformen einer Spiralfeder ohne Windungsabstand im freien Zustand (nicht gespannt und nicht in ein Federhaus eingebaut)

a) einfach gewickelt; b) doppelt gewickelt; c) cross-curved gewickelt

Beim Rechnen nach Gleichung (5.50) benötigt man die Windungszahl n_0, die jedoch erst nach der Anfertigung von Mustern bekannt ist. Um trotzdem einen Konstruktionsentwurf durchführen zu können, kann man nach *Sanders* [5.22] mit

$$n'_0 = R_2 n_2/(2 \cdot R_3) \tag{5.57}$$

rechnen und eine annähernde Übereinstimmung zwischen dem errechneten und dem praktisch gefundenen Drehmoment erzielen. Das maximale Drehmoment ist dann wie folgt zu berechnen

$$M_n = \pi E b t^3 n'/(6 \cdot l_w) \tag{5.58}$$

mit

$$n' = n_2 - n'_0 = (1 - R_5/2 \cdot R_3) n_2 , \tag{5.59}$$

und das Drehmoment M_1 für die abgelaufene Feder ist dann

$$M_1 = (n' - N) M_n/n' \qquad (5.60)$$

(s. dazu auch Bild 5.38).
Es hat in letzter Zeit nicht an ernsthaften Untersuchungen gefehlt, Spiralfedern ohne Windungsabstand und im Federhaus geführt genauer zu berechnen [5.20] bis [5.24] [5.62] bis [5.65] und [5.69]. Meist ging man davon aus, daß die ungespannte Feder die Form einer logarithmischen Spirale aufweist und entwickelte z. T. recht aufwendig zu handhabende Gleichungen, die eine bessere Übereinstimmung zwischen Rechen- und Prüfwerten ermöglichen sollten. Alle diese Berechnungsgleichungen berücksichtigen jedoch nicht die ungleichmäßige Teilnahme der Windungen an der Federung, die schwer erfaßbar ist, so daß diese Verfahren keine wesentlichen Vorteile erbringen.
Von Aßmus [5.21] werden die Federkennlinie durch eine Parabel angenähert und die Berechnungsgleichungen auf dieser Grundlage entwickelt. In [5.25] und [5.61] sind Nomogramme zur Erleichterung der Dimensionierung von Aufzugfedern mit Federhaus enthalten.
Die zwischen den Windungen der Feder und zwischen Feder und Gehäuse entstehende Reibung führt zu Kennlinienunterschieden zwischen Aufzug und Ablauf (Bilder 5.38 und 5.39). Der Mittelwert des Reibwertes μ kann wie folgt bestimmt werden

$$\mu = (M_{auf} - M_{ab})/(M_{auf} + M_{ab}) \,. \qquad (5.61)$$

Er liegt meist zwischen 0,12 und 0,19 und kann nach [5.20] in Anlehnung an [5.65] wie folgt berechnet werden

$$\mu = 0{,}0607 (l_w/t)^{0{,}32} \cdot f^{-0{,}48} \cdot m^{0{,}51} \cdot \left[\left(1 - N/M_n \cdot \frac{2\pi EJ}{(1-v^2)\,l_w} \right)^2 \right]^{0{,}41} . \qquad (5.62)$$

Hierbei ist f der Füllfaktor und m der Formfaktor der logarithmischen Spirale (v Poissonsche Zahl).
Die nach [5.1.] berechneten Drehmomente M_1 und M_n entsprechen oft der Aufzugskennlinie (M_{auf}). Das Moment M_{ab} beim Ablauf wird dann

$$M_{ab} = M_{auf}(1-\mu)/(1+\mu) \,. \qquad (5.63)$$

Zulässige Spannungen für Spiralfedern ohne Windungsabstand werden in Abhängigkeit von den Einsatzbedingungen und der erforderlichen Lebensdauer festgelegt. Meist werden diese Federn in größeren Zeitabständen relativ schnell aufgezogen und laufen dann langsam unter Abgabe der gespeicherten Energie ab. Beispiele für diese Arbeitsweise findet man in Uhrwerken, Schmalfilmkameras, Trockenrasierapparaten und ähnlichen technischen Laufwerken. Die Lebensdauer dieser Federn bewegt sich dabei zwischen 2000 und 25000 Lastspielen. Für diese quasistatische Belastung werden üblicherweise zulässige Biegespannungen verwendet, die die Zugfestigkeit des Federbandes erreichen und diese sogar noch um 30% übersteigen (s. auch Tafel 5.8). Diese hohen, weit über der Elastizitätsgrenze des Werkstoffs liegenden Beanspruchungen werden deshalb ertragen, weil bei der Herstellung eine plastische Verformung stattfindet, die zu einem günstigen Eigenspannungszustand führt.
Die bei bestimmten Anwendungen z. B. als Wagenrückzugfeder in Schreibmaschinen, als Rückholfedern in Kabeltrommeln, Rollgurtrollen und Wählerscheiben bestehenden Forderungen nach höherer Lebensdauer lassen sich nur im Zeitfestigkeitsbereich erfüllen, wenn bestimmte konstruktive Grenzen nicht überschritten werden. Auch für Spiralfedern gilt wie für andere Federn, daß die Lebensdauer

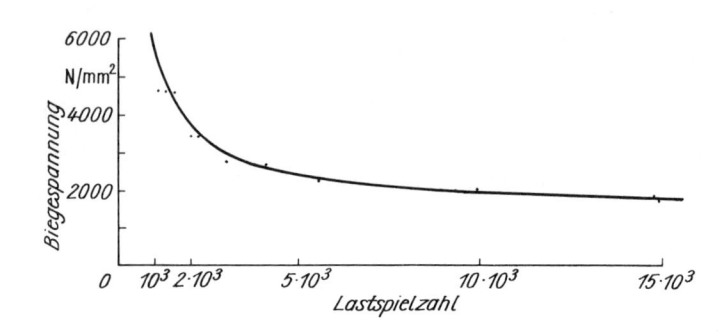

Bild 5.41. Einfluß der Biegespannung auf die Lebensdauer von Spiralfedern aus Mk 101 H + A nach Lehmann [5.20]

mit sinkender Ober- und Hubspannung zunimmt. *Lehmann* [5.20] untersuchte den Einfluß der Oberspannung auf die Lebensdauer von Spiralfedern aus Kohlenstoff-Federstahl. Aus Bild 5.41 ist ersichtlich, daß die Lebensdauer mit steigender Spannung erheblich abnimmt.
Eine höhere Lebensdauer kann auch erreicht werden, wenn bei gleicher Umdrehungszahl eine längere Feder mit flacherer Kennlinie anstatt einer kurzen Feder mit steiler Kennlinie verwendet wird.
Von großem Einfluß auf die Lebensdauer ist der Werkstoff selbst. Am ungünstigsten verhalten sich vergütete Kohlenstoff-Federstähle. Besser sind Textur-Federbänder. Die größte Lebensdauer weisen nichtrostende Federbänder auf. Werkstoffehler wie Verunreinigungen, Dopplungen, Randentkohlung, Haarrisse und solche Oberflächenfehler der Bänder wie mangelhaft gerundete Kanten, Kantenanrisse, Löcher oder Riefen in der Oberfläche mindern die Lebensdauer ganz erheblich. Bänder mit polierter Oberfläche sind am besten geeignet.
Durch Korrosion wird die Lebensdauer ebenfalls erheblich gemindert. Nach [5.66] sinkt die Lebensdauer auf die Hälfte, wenn die Spiralfedern vier Stunden lang Wasserdampf ausgesetzt waren. Bei rostanfälligen Federbändern kommt deshalb der Schmierung besondere Bedeutung zu. Der Schmierstoff soll gleichzeitig die Feder konservieren. Läuft die Feder trocken, dann entstehen neben hoher Reibung auch Oberflächenbeschädigungen, die die Lebensdauer herabsetzen. Nach *Paudert* [5.66] gelten die in Tafel 5.8 zusammengestellten Anhaltswerte für die Lebensdauer von Spiralfedern aus Kohlenstoff-Federstahl. Die sehr hohe Lebensdauer der als Wagenrückzugfedern verwendeten Spiralfedern beruht unter anderem darauf, daß das Verhältnis Federhausdurchmesser D_H zur Banddicke t so groß ist, daß bei einer Herausnahme der Feder aus dem Gehäuse diese zu einer geraden Klinge auffedert.

Federtyp	Biegespannung in N/mm^2	Lebensdauer in Lastspielen
Triebfeder	2700	2 000
Triebfeder	1600	100 000
Wagenrückzugfeder	1600	2 000 000

Tafel 5.8. Richtwerte für die Lebensdauer von Spiralfedern ohne Windungsabstand aus Kohlenstoff-Federstahl nach [5.66]

Um eine hohe Lebensdauer zu erreichen, wird deshalb empfohlen:
— möglichst großen Kerndurchmesser wählen ($D_K \geq 35 \cdot t$),
— scharfe Kanten, Bandknickungen usw. vermeiden,
— niedrige Hubspannungen anstreben,
— für eine ausreichende Vorspannung sorgen (Durch eine falsche Lage des Arbeitsbereichs im gesamten Verdrehungsbereich sinkt die Lebensdauer.).

Aufzugfedern werden kaum schwingend, sondern fast ausschließlich schwellend beansprucht.
Neben Federbrüchen kann die Funktion einer Spiralfeder auch durch Setzen (s. Abschnitte 2. und 3.) beeinträchtigt werden. Die Drehmomentverluste durch Setzen liegen bei 0,5% bei einer Biegespannung von 1600 N/mm² und können bis 15% bei einer Biegespannung von 2700 N/mm² ansteigen. Setzerscheinungen einschließlich Alterung sind durch eine Wärmebehandlung beeinflußbar.
Die *Konstruktion* einer Aufzugfeder umfaßt sowohl die Gestaltung der Spiralfeder als auch die von Dorn (Kern) und Gehäuse. Häufig wird eine große Umdrehungszahl bei möglichst kleinem Einbauraum gefordert. Die Spiralfeder hat ein Maximum an Umdrehungen, wenn

$$R_2 = R_5 = [(R_3^2 + R_4^2)/2]^{0,5} \tag{5.64}$$

ist. Wählt man außerdem noch $R_3/R_4 = 3/1$, dann gilt

$$R_2 = R_5 = 0{,}745 \cdot R_3 \tag{5.65}$$

$$n_1 = 0{,}255 \cdot R_3/t \tag{5.66}$$

$$n_2 = 0{,}412 \cdot R_3/t \tag{5.67}$$

$$n' = 0{,}258 \cdot R_3/t \tag{5.68}$$

$$N = 0{,}157 \cdot R_3/t \tag{5.69}$$

$$l_i = 1{,}397 \cdot R_3^2/t \tag{5.70}$$

$$l_w = l_i + 2 \cdot \pi \cdot R_4 = l_i + 2{,}093 \cdot R_3 \tag{5.71}$$

$$M_1 = 0{,}391 \cdot M_n \tag{5.72}$$

$$M_n = (E\pi b t^3 n')/(6 \cdot l_w) = (Ebt^2 R_3)/(7{,}4 \cdot l_w) \ . \tag{5.73}$$

Besondere Aufmerksamkeit muß der Ausführung der Federenden geschenkt werden. Die Bilder 5.42 bis 5.45 enthalten Beispiele der gebräuchlichsten Formen des äußeren und inneren Federendes, zu deren Anfertigung die Federenden oft ausgeglüht werden müssen. Je kleiner der Federkern ist, um so sorgfältiger muß die Ausbildung des inneren Federendes vorgenommen werden. Während einfach herausragende, türgriffähnliche Haken oder Schrauben mit Sechskant- oder Zylinderkopf am Federkern nicht verwendet werden dürfen, sind Haken nach Bild 5.42 dann zulässig, wenn ihre Höhe $1{,}2 \cdot t$ nicht übersteigt.

Bild 5.42. Beispiele für die Gestaltung des inneren Federendes von Spiralfedern ohne Windungsabstand
a) Loch (s. a. Bild 5.45); b) und c) Haken; d) S-Form; e) Ringöse; f) Stufe

Bild 5.43. Gestaltung des Kerns (Dorns) zur Aufnahme des inneren Federendes von Spiralfedern ohne Windungsabstand

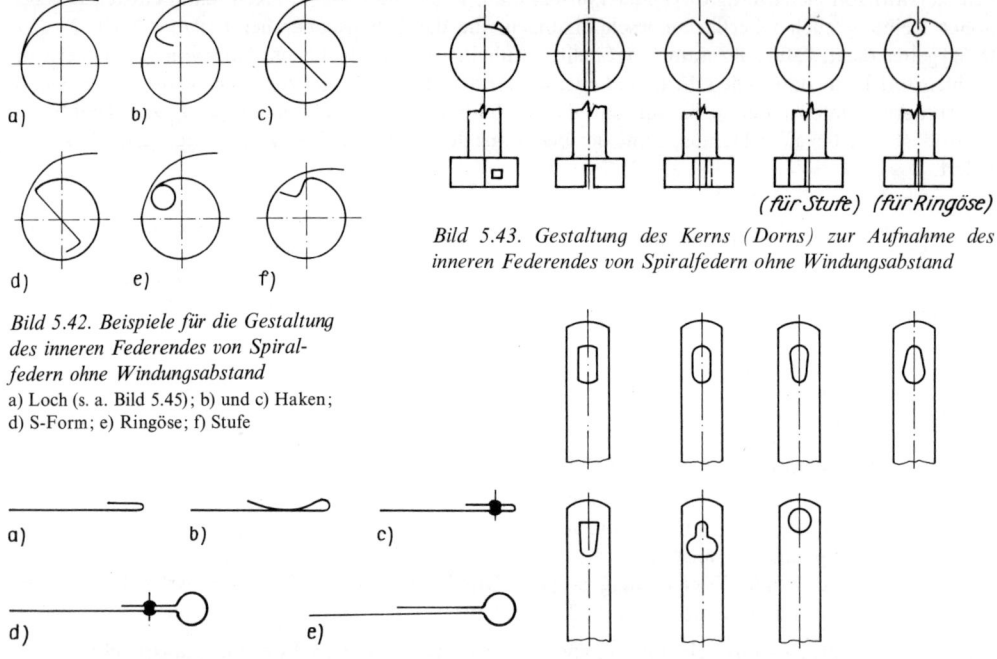

Bild 5.44. Beispiele für die Gestaltung des äußeren Federendes von Spiralfedern ohne Windungsabstand
a) Haken; b) Zaum; c) Nietzaum; d) Nietöse; e) offene Öse

Bild 5.45. Lochformen für das innere bzw. äußere Federende von Spiralfedern ohne Windungsabstand

Die für das innere Federende zu verwendenden Lochformen enthält Bild 5.45. Für das äußere Federende werden Löcher selten angewendet, weil dann an der Gehäusewand eine Hinterfräsung benötigt wird. Die im Bild 5.44 dargestellten Varianten sind also vorzuziehen.

Mitunter ist bei Spiralfedern ohne Windungsabstand die Begrenzung des Aufzugs notwendig, um ein Abreißen des äußeren Federendes zu vermeiden. Für diesen Zweck kann ein Zahnradpaar eingesetzt werden, dessen eines Rad einen Sperrzahn mit vergrößerter Höhe besitzt, der dann einen weiteren Aufzug verhindert. Eine andere Möglichkeit bietet die Verwendung eines Gleitzaums, mit dem die Spiralfedern umhüllt werden. Das äußere Ende der Feder besitzt einen Haken, der am Gleitzaum einhakt (Bild 5.46). Wenn beim Aufziehen ein bestimmtes Drehmoment überschritten wird, gerät die äußere Windung mit dem Gleitzaum ins Rutschen und verhindert so den weiteren Aufzug. Nach Abnahme des Aufzugmoments kommt der Gleitzaum wieder zum Stillstand.

Bei manchen Konstruktionen, z. B. bei zu großem Verhältnis R_3/R_4, verformt sich das Federpaket

5.2. Biegebeanspruchte Federn (Biegefedern)

exzentrisch (Bild 5.47a). Dadurch erhöht sich die Reibung, der Ablauf wird unregelmäßig, und das äußere Federende wird stark beansprucht. Diese Verformung läßt sich verringern, wenn die Feder am äußeren Federende an einer Stütze vorbeigeführt wird, so daß etwa ein Viertel der ersten federnden Windung an der Gehäuseinnenwand anliegt (Bild 5.47b).

Um die Beeinflussung der Federcharakteristik durch Reibung gering zu halten, ist ein harz- und säurefreies Schmiermittel zu verwenden.

Neben der Gestaltung der Federenden ist auch die Montage bzw. Gestaltung der Befestigungselemente von Bedeutung. Fehlende Hinterfräsungen für die Befestigung von Federenden mit Löchern, türgriffähnliche Haken, vorstehende Stifte und Schraubenköpfe führen zu Knicken und oft zu vorzeitigem Federbruch.

Bild 5.46. Gleitzaum zur drehmomentbegrenzten Befestigung des äußeren Federendes

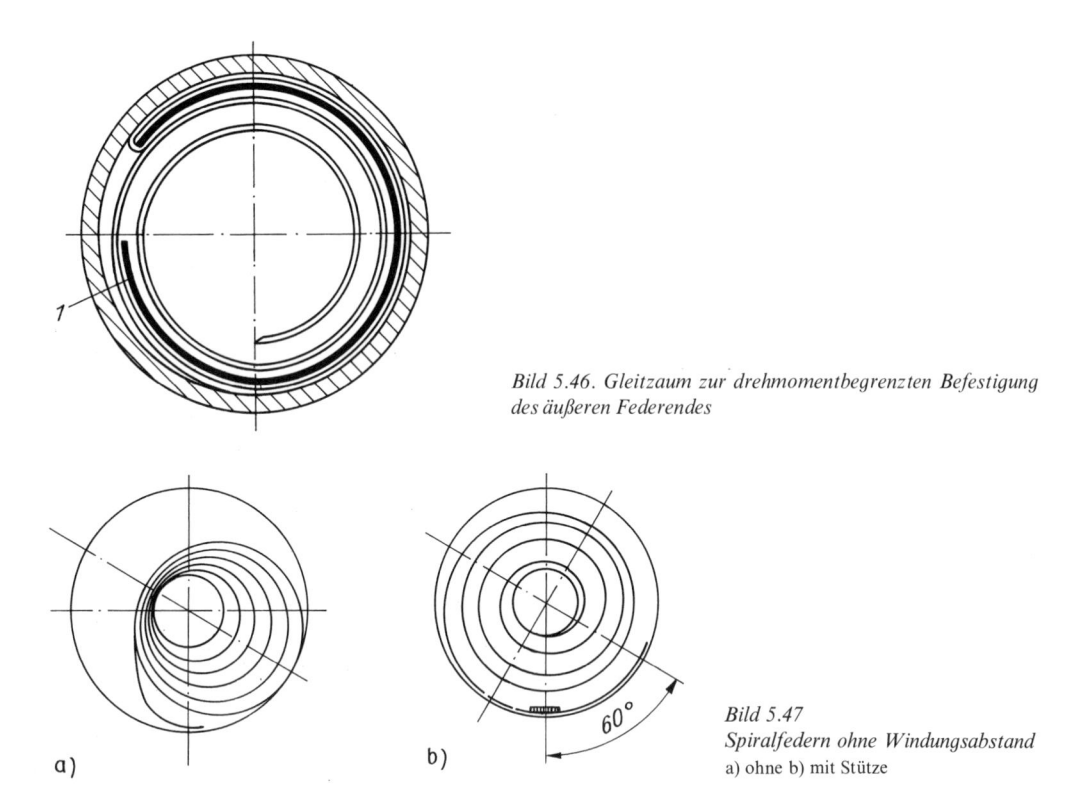

*Bild 5.47
Spiralfedern ohne Windungsabstand
a) ohne b) mit Stütze*

Rollfedern bestehen aus Federband ($t \leq 0{,}45$ mm; $b \leq 35$ mm), das durch eine spezielle Verformungsvorbehandlung im ungespannten Zustand die Form einer dicht gewickelten Spirale annimmt. Mit ihnen lassen sich Federantriebe realisieren, die sich durch ein nahezu konstantes Drehmoment über der Umdrehungszahl n auszeichnen (Drehmomentänderung je Umdrehung 0,3 bis 1%). Spiralfedern mit und ohne Windungsabstand weisen eine winkelabhängige Momentänderung auf, die konstruktive Maßnahmen zur Drehmomentumformung erfordern, wenn winkelunabhängige Drehmomente benötigt

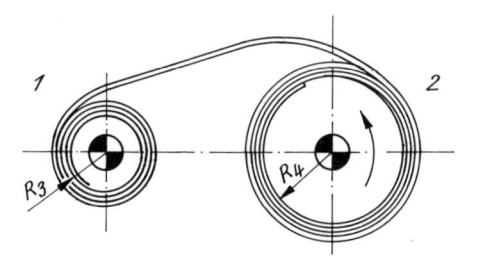

*Bild 5.48. Rollfeder A-Motor
1 Vorratsrolle, 2 Arbeitsrolle*

werden. Durch die Entwicklung von Rollfedern, auch als Tensator- oder Negator-Federn bezeichnet, wurden Bauelemente geschaffen, die diese Aufgabe ohne großen Aufwand erfüllen [5.67].

Die Wirkungsweise der Rollfeder soll zunächst an einer als Triebfeder eingesetzten, auch als A-Motor bezeichneten Einrichtung (Bild 5.48) erläutert werden. Das Windungspaket wird auf eine meist kleinere Vorratsrolle aufgewickelt und das andere Federende auf einer größeren Arbeitsrolle befestigt. Beim Aufzug wird die Rollfeder bis auf eine Windung durch Drehen der Arbeitsrolle auf dieser aufgewickelt. Das Bestreben der Rollfeder, ihre ursprüngliche Krümmung wieder einzunehmen, verursacht ein Drehmoment und das selbsttätige Aufwickeln auf die Vorratsrolle. Das an der Arbeitsrolle abnehmbare Drehmoment ist nahezu konstant während des Ablaufs, wenn die Feder über ihre gesamte Bandlänge eine konstante Bandkrümmung aufweist. Durch Verändern der Bandkrümmung über der Bandlänge lassen sich unterschiedliche Verläufe der Federkennlinie erzielen (Bild 5.49). Die Kennlinie steigt leicht, aber linear, an, wenn die Krümmung im Windungspaket von außen nach innen leicht zunimmt. Nimmt sie in gleicher Richtung leicht ab, dann verläuft auch die Kennlinie in dieser Form. Auch eine zyklische Krümmungsänderung bewirkt eine entsprechende Kennlinienänderung.

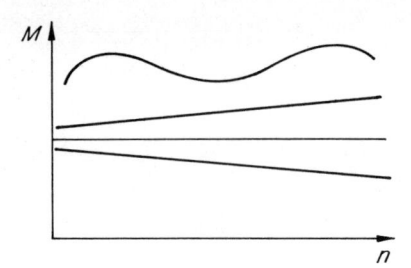

Bild 5.49. Beispiele für Kennlinien von Rollfedern

Für Antriebe gibt es zwei Möglichkeiten der Anwendung von Rollfedern, den A-Motor (Bild 5.48), bei dem das Band von der Vorratsrolle auf die Arbeitsrolle läuft, ohne daß sich die Richtung der Bandkrümmung ändert und den B-Motor (Bild 5.50), bei dem eine Vorzeichenänderung der Krümmung auftritt.

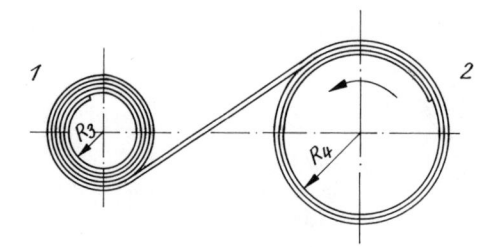

Bild 5.50. Rollfeder B-Motor
1 Vorratsrolle, 2 Arbeitsrolle

Von der Rollfeder wurden viele Federformen abgeleitet, z. B. die Zugfeder (Bild 5.51), die Klammer (Bild 5.52) und rollfederähnliche Federsätze (Bild 5.53). Alle diese Federn nutzen die elastische Verformung des vorgeformten, gekrümmten Federbandes von Rollfedern aus.

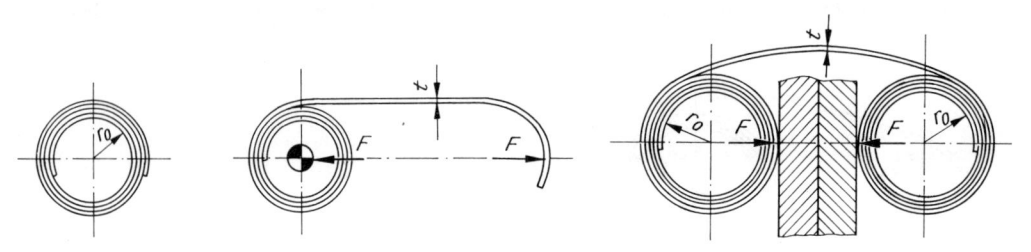

Bild 5.51. Einsatz einer Rollfeder als Zugfeder

Bild. 5.52. Verwendung einer Rollfeder als Federklammer

Subtil
Federn

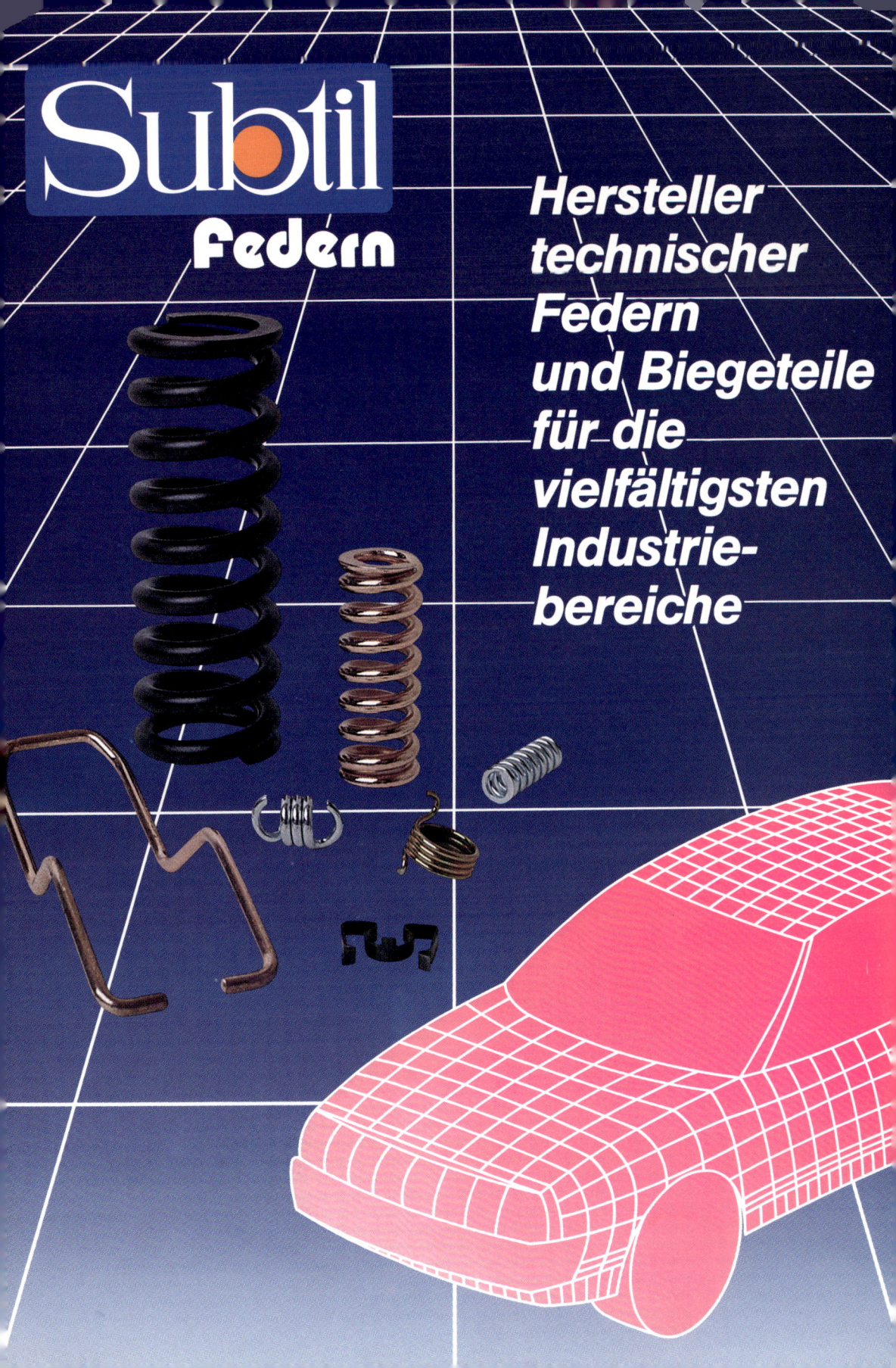

Hersteller technischer Federn und Biegeteile für die vielfältigsten Industriebereiche

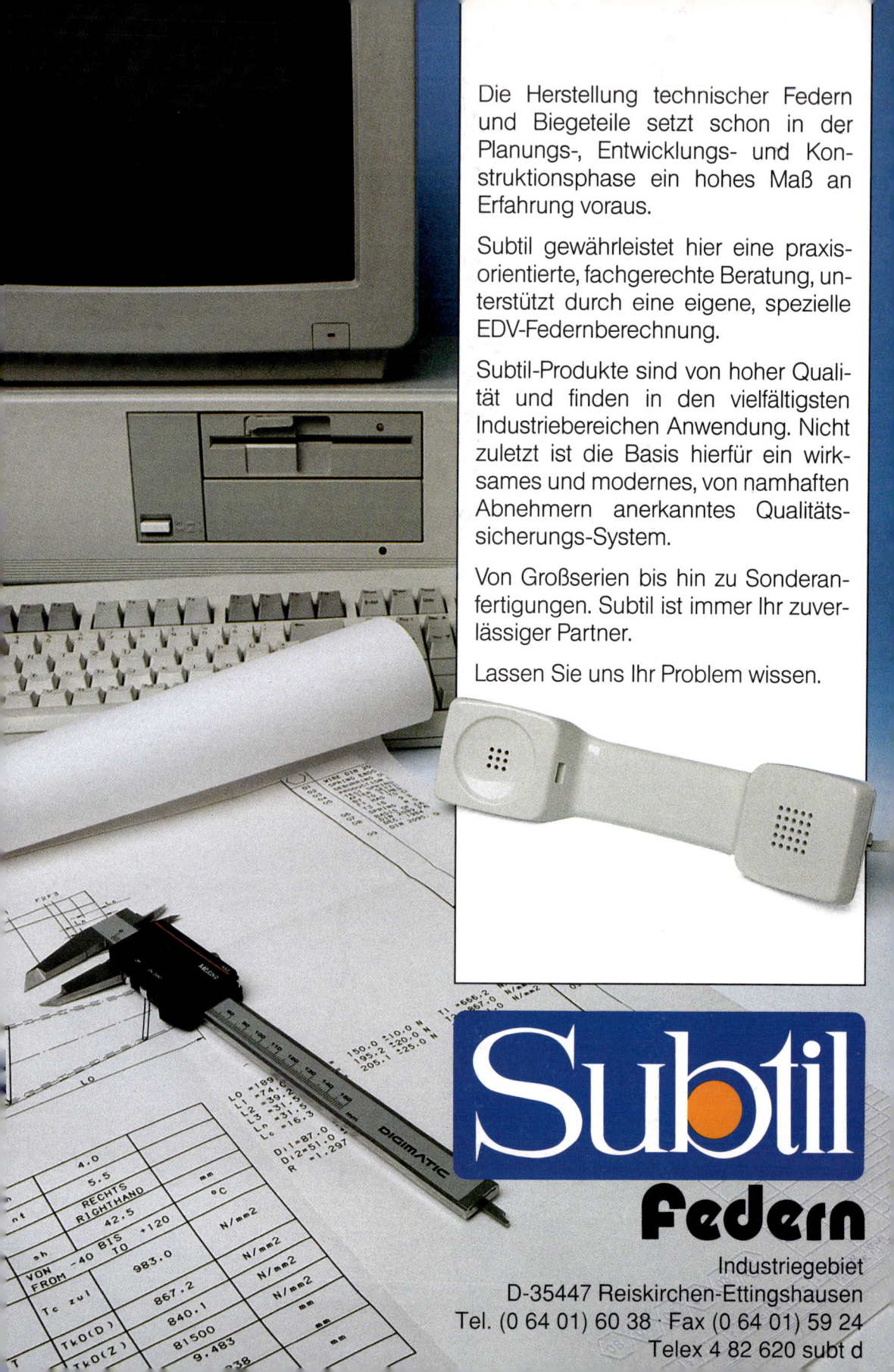

Die Herstellung technischer Federn und Biegeteile setzt schon in der Planungs-, Entwicklungs- und Konstruktionsphase ein hohes Maß an Erfahrung voraus.

Subtil gewährleistet hier eine praxisorientierte, fachgerechte Beratung, unterstützt durch eine eigene, spezielle EDV-Federnberechnung.

Subtil-Produkte sind von hoher Qualität und finden in den vielfältigsten Industriebereichen Anwendung. Nicht zuletzt ist die Basis hierfür ein wirksames und modernes, von namhaften Abnehmern anerkanntes Qualitätssicherungs-System.

Von Großserien bis hin zu Sonderanfertigungen. Subtil ist immer Ihr zuverlässiger Partner.

Lassen Sie uns Ihr Problem wissen.

Subtil
Federn

Industriegebiet
D-35447 Reiskirchen-Ettingshausen
Tel. (0 64 01) 60 38 · Fax (0 64 01) 59 24
Telex 4 82 620 subt d

5.2. Biegebeanspruchte Federn (Biegefedern)

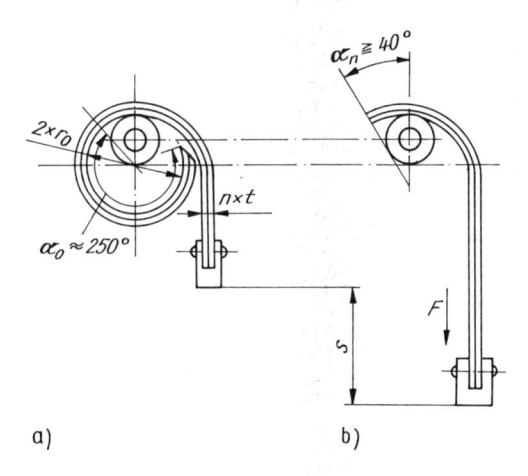

Bild 5.53. Geschichtete Rollfeder (Federsatz)
a) unbelastet; b) belastet

Aufgrund des besonderen Federungsverhaltens eignen sich Rollfedern als Triebfedern für Antriebe, von denen ein winkelunabhängiges Drehmoment gefordert wird, wie z. B. Filmkameras, Plattenspieler, Kabeltrommeln. Eine weitere Anwendung zeigt Bild 5.54. Gegenüber anderen, sonst bei Bürstenhaltern eingesetzten Federn, ermöglicht die Rollfeder eine wegunabhängige Anpreßkraft und führt damit zu einer Senkung des Kohlebürstenverschleißes. Bei nicht ausreichender Kraft einer Einzelfeder werden Federsätze oder geschichtete Rollfedern eingesetzt.

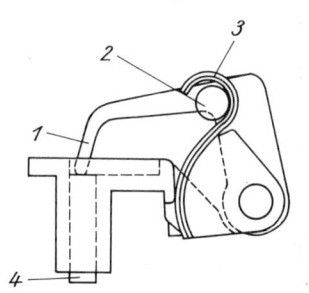

Bild 5.54. Kohlebürstenhalter mit Rollfedersatz

Die *Berechnung* des Drehmoments eines Rollfeder-A-Motors erfolgt nach der Beziehung [5.6]

$$M = E b t^3 R_4 (1/R_3 - 1/R_4)^2 / 26{,}4 \ . \tag{5.74}$$

Hierin bedeuten R_3 Radius der Vorratsrolle und R_4 Radius der Arbeitsrolle. Das erreichbare Moment ist entscheidend von der Größe der beiden Radien abhängig, wie Bild 5.55 zeigt. Mit Zunahme des

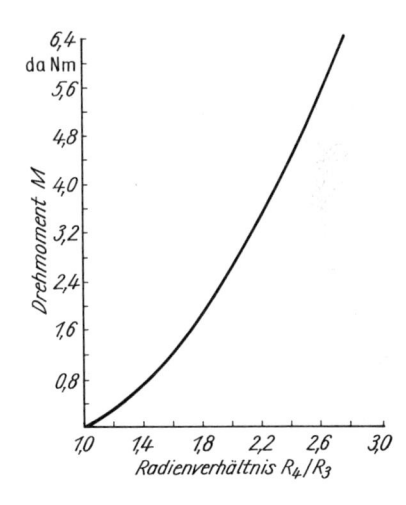

Bild 5.55. Abhängigkeit des Drehmoments vom Radienverhältnis R_4/R_3 beim Rollfeder A-Motor
($R_3 = 10$ mm; $b = 5$ mm; $t = 0{,}25$ mm)

Durchmessers der Arbeitsrolle bei gleichbleibendem Vorratsrollendurchmesser ist eine größere Streckung des Bandes beim Aufzug notwendig. Es wird mehr Federarbeit gespeichert. Dadurch steht beim Ablauf auch ein größeres Nutzmoment zur Verfügung.
Für den Rollfeder-B-Motor gilt

$$M = Ebt^3 R_4 (1/R_3 + 1/R_4)^2 / 26{,}4 \,. \tag{5.75}$$

Neben den bekannten Einflußfaktoren wie E-Modul, Bandabmessungen haben die beiden Rollenradien entscheidenden Einfluß auf das Nutzmoment. Allerdings sinkt mit steigendem Radius der Arbeitsrolle das Drehmoment, weil dann das Federband weniger in entgegengesetzter Richtung gekrümmt werden muß. Zu beachten ist, daß der Radius R_4 im Verhältnis zum Radius R_3 nicht beliebig klein sein darf, um eine plastische Verformung des Bandes zu vermeiden. Die untere Grenze beträgt $R_4 \geq 1{,}7 \cdot R_3$.
Für die im Bild 5.51 dargestellte Zugfeder läßt sich die Federkraft nach

$$F = Ebt^3 / (26{,}4 \cdot r_0^2) \tag{5.76}$$

ermitteln, wobei r_0 der Krümmungsradius der Rollfeder in mm ist. Neben den bekannten Einflußfaktoren wirkt sich auf die Größe der erreichbaren Kraft der Krümmungsradius r_0 des Federbandes aus. Je kleiner dieser ist, um so größer ist die Federkraft. Die im Bild 5.52 dargestellte Federklammer wird ebenfalls nach Gleichung (5.76) berechnet.
Besteht die Rollfeder aus mehreren Lagen (s. Bild 5.53), dann ist die Kraft nach Gleichung (5.76) mit der Anzahl z der Lagen zu multiplizieren

$$F = zEbt^3 / (26{,}4 \cdot r_0^2) \,. \tag{5.77}$$

Das Federband wird bei seiner Streckung bzw. Krümmung auf Biegung beansprucht. Geht man von der vorhandenen Krümmung mit dem Radius r_0 aus und streckt das Band bis zur geraden Lage, dann beträgt die Biegespannung

$$\sigma_b = Et / (2 \cdot r_0) \,. \tag{5.78}$$

Diese Gleichung gilt für den A-Motor, die „Zug-" und „Druckfeder" sowie die Federklammer. Für den B-Motor, bei dem das Band weiter gekrümmt wird, gilt

$$\sigma_b = Et(r_0 + R_4) / (2 \cdot r_0 R_4) \,. \tag{5.79}$$

Die Beanspruchungen der Rollfedern sind meist sehr hoch. So entsteht z. B. in einer Rollfeder für einen A-Motor mit der Banddicke $t = 1$ mm und einer Krümmung $r_0 = 50$ mm aus nichtrostendem Bandstahl mit $E = 176\,500$ N/mm² eine Biegespannung von $\sigma_b = 1765$ N/mm². Diese hohe Werkstoffbeanspruchung erfordert Federwerkstoffe mit hoher Elastizität. Zur Anwendung kommen deshalb nur vergütete und auch texturgewalzte Federstahlbänder sowie kaltgewalzte, nichtrostende Federstähle.
Erfahrungsgemäß soll die Bandkrümmung folgende Werte nicht unterschreiten:

bei Motoren: $r_0 \geq 50 \cdot t$
bei Zugfedern und Klammern: $r_0 \geq 35 \cdot t$.

Weil der Krümmungsradius r_0 nicht beliebig klein gewählt werden kann, hat sich bei Rollfedern zum Erreichen der erforderlichen Kräfte bzw. Momente eine relativ große Breite eingebürgert ($b \leq 100 \cdot t$).

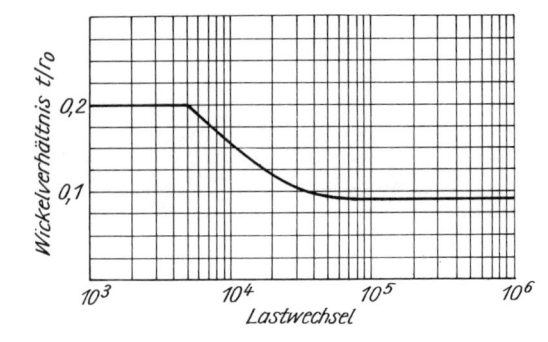

Bild 5.56. Lebensdauer von Rollfedern in Abhängigkeit vom Verhältnis Banddicke t zur Krümmung r_0 nach [5.67]

5.2. Biegebeanspruchte Federn (Biegefedern)

Die Vorausbestimmung der Lebensdauer bei Rollfedern ist schwieriger als bei Spiralfedern mit und ohne Windungsabstand. Sie hängt von der Biegebeanspruchung ab und damit auch vom Verhältnis Banddicke t zur Krümmung r_0. Bild 5.56 zeigt die von *Keitel* [5.67] angegebenen Lebensdauererwartungen für Kohlenstoff-Federbandstahl mit einer Dicke von $t = 0{,}08$ bis $0{,}5$ mm. *Paudert* [5.66] gibt außerdem die in Tafel 5.9 enthaltenen Beispiele an.

Tafel 5.9. Richtwerte für die Lebensdauer von Rollfedern aus rostfreiem Federstahl nach [5.66]

Rollfederart	Biegespannung in N/mm²	Lebensdauer in Lastspielen
A-Motor	2700	4000
	1600	25 000
	800	2 000 000
B-Motor	2700	2 500

5.2.3.2. Drehfedern (Schenkelfedern)

Drehfedern sind räumlich gewundene Biegefedern zylindrischer Form meist aus Federdraht. Sie besitzen einen schraubenförmig aus Federdraht gewundenen Federkörper, von dem die Drahtenden zur besseren Kraftein- und Kraftableitung schenkelförmig (deshalb auch oft als Schenkelfeder bezeichnet) abgebogen sind. Die Konstruktion dieser Federenden (Schenkel, Haken oder Ösen) hängt von der Art der Krafteinleitung, der Koppelstellen der zu bewegenden Bauteile und den Anforderungen an die Herstellung ab. Eine automatische Herstellung erfordert einfache Federformen, wie sie im Bild 5.57 gezeigt werden.

Das Wickelverhältnis $w = D_m/d$ soll bei Federkörpern von Drehfedern im Bereich $4 \leq w \leq 16$ liegen, in Ausnahmefällen ist noch $w = 3$ realisierbar. Bei größeren Wickelverhältnissen als $w = 16$ und

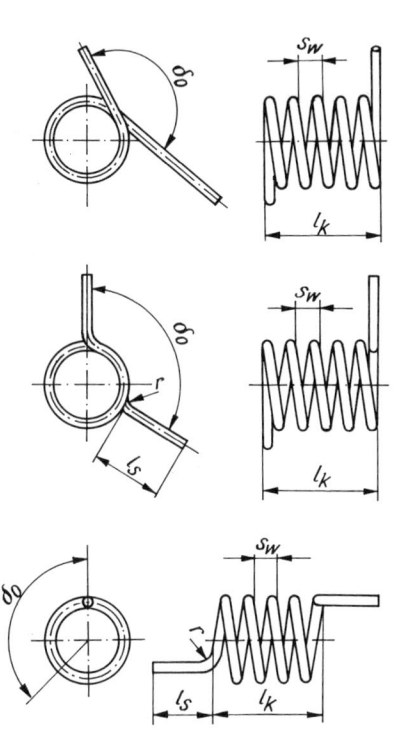

Bild 5.57. Empfohlene Drehfederformen

großer Windungszahl besteht die Gefahr des Ausknickens sowie bei kleinen Drahtdurchmessern die Gefahr des Überschnappens der Windungen.

Bei der Wahl der Windungsrichtung (rechts oder links) ist zu beachten, daß Drehfedern nur im schließenden Sinn belastet werden sollten.

Der Einbau von Drehfedern erfordert die Berücksichtigung der charakteristischen Eigenschaften dieser Federart. Die feste Einspannung der Federenden (Bild 5.58) ist zu bevorzugen. Sie liefert eine hinreichende Reproduzierbarkeit der Federkennlinie. Weit verbreitet ist die Aufnahme der Drehfeder auf einem Führungsdorn, wobei die Belastung in Wickelrichtung erfolgen soll. Günstig ist dabei die Befestigung eines Federendes in einem Querschlitz des Dornes (Bild 5.59) oder auch außerhalb des Dorns (Bild 5.60). Außerordentlich ungünstig ist es, wenn der Federkörper auf einem Dorn geführt ist (Bild 5.61), aber beide Federenden lose gekoppelt sind. In axialer Richtung fehlt dann die Lagefixierung.

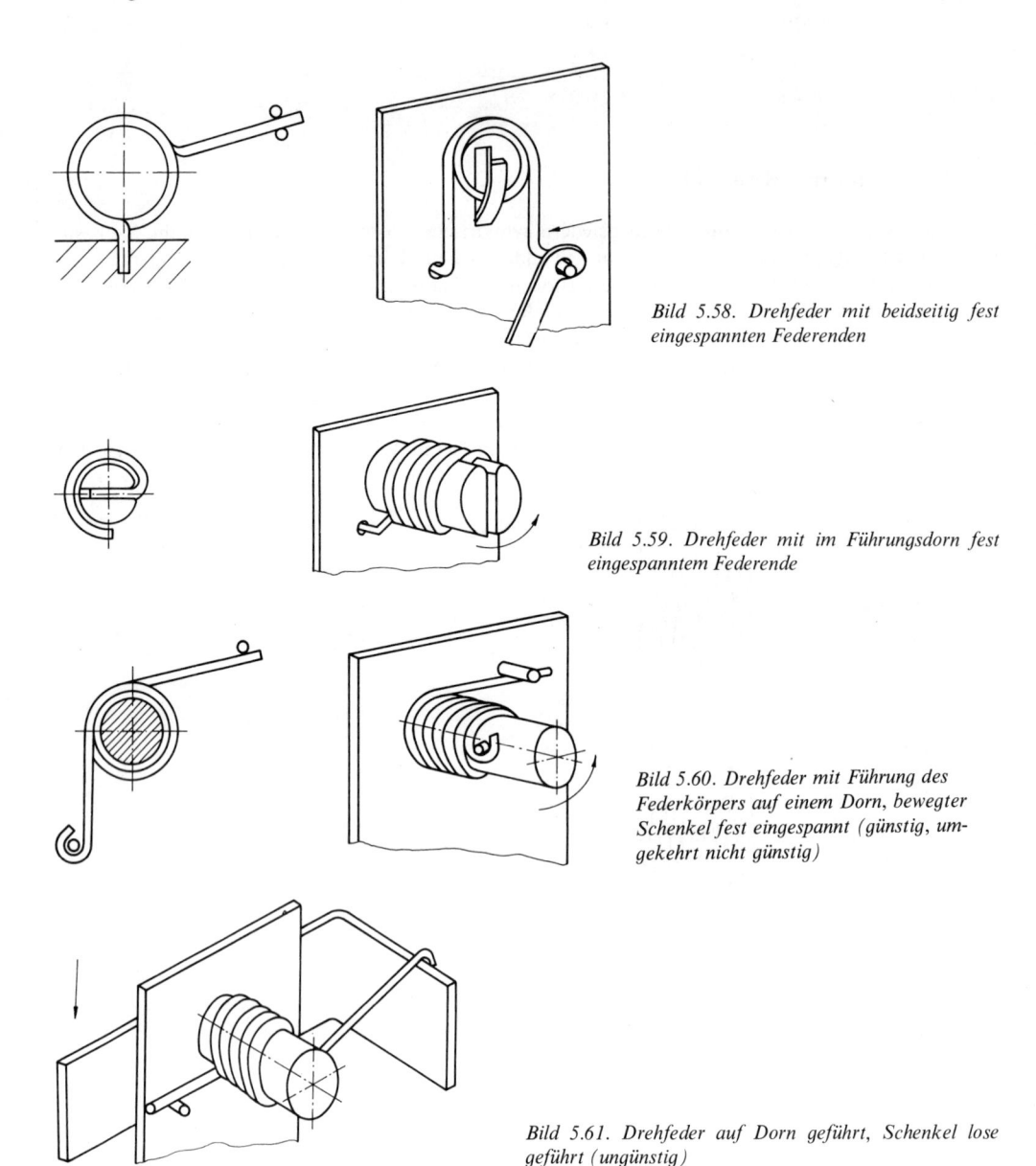

Bild 5.58. Drehfeder mit beidseitig fest eingespannten Federenden

Bild 5.59. Drehfeder mit im Führungsdorn fest eingespanntem Federende

Bild 5.60. Drehfeder mit Führung des Federkörpers auf einem Dorn, bewegter Schenkel fest eingespannt (günstig, umgekehrt nicht günstig)

Bild 5.61. Drehfeder auf Dorn geführt, Schenkel lose geführt (ungünstig)

5.2. Biegebeanspruchte Federn (Biegefedern)

Bei kurzen tangentialen Schenkeln ist ein Haken (Bild 5.61) erforderlich, um ein Abgleiten zu vermeiden.
Wird die Drehfeder auf einem Dorn geführt, dann ist die Veränderung des Innen- bzw. Außendurchmessers der Feder zu berücksichtigen. Bei Verdrehung im Wickelsinn verkleinert sich D_i wie folgt

$$D_{i\varphi} = D_m n/(n + \varphi/360°) - d \qquad (5.80)$$

(s. a. Tafel 5.10). Bei Verdrehung entgegen dem Wickelsinn vergrößert sich der Außendurchmesser

$$D_{a\varphi} = D_m n/(n - \varphi/360°) + d. \qquad (5.81)$$

Tafel 5.10. Verkleinerung des mittleren Federdurchmessers bei schließender Belastung von Drehfeldern in % in Abhängigkeit vom Drehwinkel φ

Anzahl der Windungen	Durchmesserverringerung in % bei				Anzahl der Windungen	Durchmesserverringerung in % bei			
	$\varphi=90°$	$\varphi=180°$	$\varphi=270°$	$\varphi=360°$		$\varphi=90°$	$\varphi=180°$	$\varphi=270°$	$\varphi=360°$
1	20	33,33	42,85	50	11	2,22	4,35	6,38	8,33
2	11,11	20	27,27	33,33	12	2,04	4	5,88	7,69
3	7,69	14,29	20	25	13	1,89	3,70	5,46	7,14
4	5,88	11,11	15,8	20	14	1,75	3,45	5,08	6,67
5	4,76	9,09	13,04	16,67	15	1,64	3,23	4,76	6,25
6	4	7,69	11,11	14,29	16	1,54	3,03	4,48	5,88
7	3,45	6,67	9,68	12,5	17	1,45	2,86	4,23	5,56
8	3,03	5,88	8,57	11,11	18	1,37	2,70	4	5,26
9	2,70	5,26	7,69	10	19	1,30	2,56	3,80	5
10	2,44	4,76	6,98	9,09	20	1,24	2,44	3,61	4,76

Deshalb ist auf ausreichendes Spiel zwischen Feder und Aufnahmedorn bzw. -hülse zu achten, um einen Reibschluß zu vermeiden. Als Richtwert gilt für den Dorndurchmesser $d_{Do} = (0,8 ... 0,9) D_i$ bzw. den Hülsendurchmesser $D_{Hü} = (1,1-1,2) D_a$. Bei den Einbauvarianten „Führung auf einem Dorn oder in einer Hülse" entsteht Reibung, die die Federkennlinie beeinflußt. Reibung entsteht auch bei anliegenden Windungen, insbesondere wenn sie mit eingewickelter Vorspannkraft hergestellt wurden (s. a. Zugfedern, Abschn. 5.3.3.).
Aus funktionstechnischen Gründen ist es oft zweckmäßig, wenn die Windungen lose aneinander liegen oder einen geringen Abstand zueinander aufweisen. Fertigungstechnisch ist ein kleiner Windungsabstand schwer reproduzierbar. Nach Tafel 5.11 werden relativ große Windungsabstände empfohlen. Oft sind Kompromißlösungen erforderlich, weil zu große Steigungen die Funktion beeinträchtigen.

Tafel 5.11. Empfohlene Mindestwerte für die Steigung S_W bei Drehfedern mit Windungsabstand w

w	4—7	über 7—10	über 10—12	über 12—14	über 14—16
$S_{W\,min}$	$1,4 \cdot d$	$1,7 \cdot d$	$2 \cdot d$	$2,3 \cdot d$	$2,6 \cdot d$

Mit Vorspannung gewickelte Federn werden dann angewendet, wenn eine entsprechende Dämpfung gefordert ist. Ein Beispiel zeigt Bild 5.62. Durch eine innere Vorspannkraft von 14 N weist die Drehfeder eine erhebliche Reibung und damit Dämpfungsfähigkeit auf.
Der weitaus größte Teil aller Drehfedern besitzt an den Enden Abbiegungen. Bei ihrer Gestaltung ist darauf zu achten, daß die vorgesehenen Biegeradien nicht den vom Werkstoff abhängigen Mindestwert unterschreiten (s. hierzu Tafel 5.6).
Neben den einfachen Drehfedern sind auch Doppel-Drehfedern, die aus zwei Federkörpern, verbunden mit einer Drahtschleife (Bild 5.68), bestehen, für spezielle Einsatzfälle gebräuchlich. Gegenüber einer

einfachen Drehfeder mit gleicher Drahtlänge im Federkörper hat die Doppeldrehfeder die vierfache Federsteife, wobei jedes Windungsteil die Hälfte der Gesamtfedersteife aufweist. Doppeldrehfedern sind dann erforderlich, wenn eine symmetrische Belastung zwischen den beiden Enden und der Schleife (Haarnadel, deshalb auch als Haarnadelfeder bezeichnet) benötigt wird.

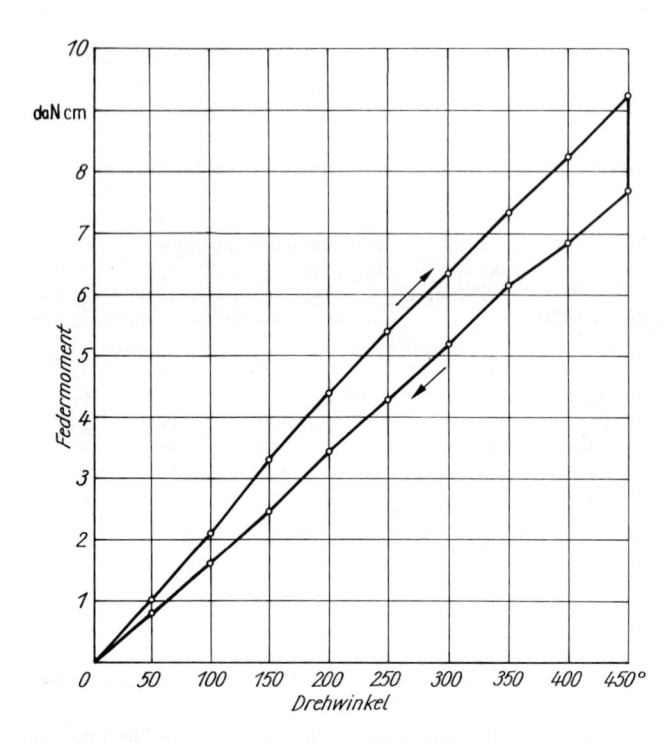

Bild 5.62. Einfluß einer Vorspannkraft von $F_0 = 14\ N$ auf die Kennlinie einer Drehfeder $2 \times 19 \times 26{,}75$ (Kraftangriff bei $R_1 = 17\ mm$)

Die *Berechnung* der Drehfedern erfolgt an Hand der Tafeln 5.12 und 5.13. Die Berechnungsgleichungen gelten exakt nur für Drehfedern mit fest eingespannten und kreisförmig geführten Federenden. Die Reibung berücksichtigen sie nicht.
Bei Drehfedern mit langem Schenkel kommt zur Verdrehung des Federkörpers noch die Durchbiegung des Schenkels dazu, zu dessen Berechnung verschiedene Gleichungen (s. auch DIN 2088) üblich sind. Die meisten Drehfedern sind kaltgewickelt, so daß die bei der Herstellung entstandenen Eigenspannungen (s. Abschnitt 2.5.1.) ausnutzbar sind, wenn die Belastung im Wickelsinn erfolgt. Dabei verringert sich der Federdurchmesser (Tafel 5.10). Bei dieser Belastungsweise treten in den äußeren Schichten der Feder (im nach außen gerichteten Bereich des Drahtquerschnitts) Zug- und in den inneren Druckspannungen auf.
Bei einer Belastung entgegen dem Wickelsinn (Bild 5.63), bei der sich der Federdurchmesser vergrößert, nimmt das Biegemoment zu, woraus sich auch eine beträchtlich größere Biegespannung ergibt. Das maximale Biegemoment ist dann

$$M = F(R + D_m/2) \ . \tag{5.82}$$

Durch die Drahtkrümmung tritt bei Drehfedern eine unsymmetrische Verteilung der Beanspruchung über dem Drahtquerschnitt auf. Die dadurch an der nach innen gerichteten Seite des Querschnitts

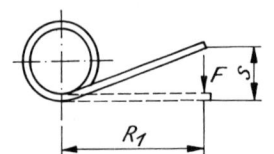

Bild 5.63. Belastung einer Drehfeder entgegen dem Wickelsinn

5.2. Biegebeanspruchte Federn (Biegefedern)

entstehenden Spannungsspitzen werden durch den Beiwert k nach *Göhner* [5.1] [5.2] (Bild 5.64) berücksichtigt

$$\sigma_{bk} = k \cdot \sigma_b. \tag{5.83}$$

Tafel 5.12. Berechnung von Drehfedern aus Runddraht

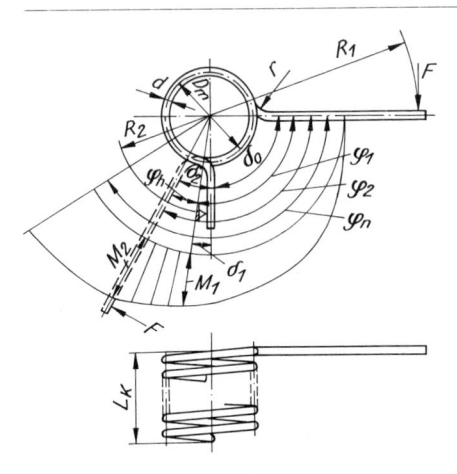

Festigkeitsnachweis
$\sigma = 32M/(\pi d^3)$
$\sigma_k = k \cdot \sigma$
$k = 1 + 0{,}87 d/D_m + 0{,}642 (d/D_m)^2 + \ldots$

Funktionsnachweis
Federmoment:
$M = FR_1 = (E\varphi d^4)/(3670 D_m n)$
Kraft bei Berücksichtigung der Schenkeldurchbiegung:
$F = (E\pi\varphi d^4)/[3670 R_1 (D_m \pi n + R_1/3 + R_2/3)]$
Federweg:
$s = R_1 \varphi / 57{,}3$

Tafel 5.13. Berechnung von Drehfedern aus Draht mit quadratischem oder rechteckigem Querschnitt

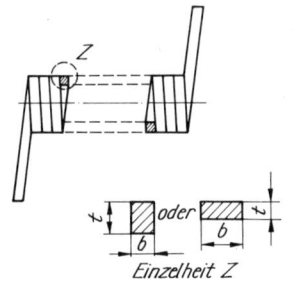

Funktionsnachweis
Federmoment:
$M = Ebt^3\varphi/(2160 D_m n)$

Festigkeitsnachweis
$\sigma = 6M/(bt^2)$

Bei nur im Wickelsinn statisch oder schwingend belasteten Drehfedern kann die Spannung ohne den Beiwert k berechnet werden, weil die auftretenden Druckspannungsspitzen an der Wickelkörperinnenseite der Federn keinen schädlichen Einfluß ausüben können. Jedoch bei Drehfedern, die im öffnenden Sinn belastet werden, ist immer die Spannungserhöhung durch den Faktor k zu berücksichtigen.

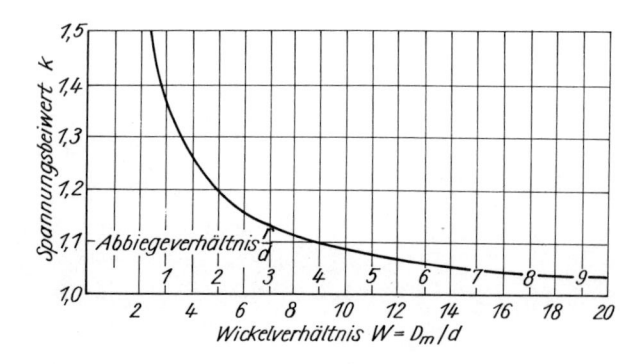

Bild 5.64. Spannungsbeiwert k in Abhängigkeit vom Wickelverhältnis bzw. Abbiegeverhältnis r/d (s. a. DIN 2088)

Ein umfassender Beitrag zum Einfluß der Drahtkrümmung auf die Elastizitätsgrenze von Drehfedern stammt von *Berry* [5.72]. Wie aus Bild 5.65 hervorgeht, ergeben die korrigierten Werte für die auf Zug beanspruchte Innenseite von öffnend belasteten Drehfedern nahezu eine Gerade, während die Druckspannungen an der Außenseite durch die Korrektur verkleinert werden. Das begründet die Berücksichtigung der Drahtkrümmung bei öffnend belasteten Drehfedern.

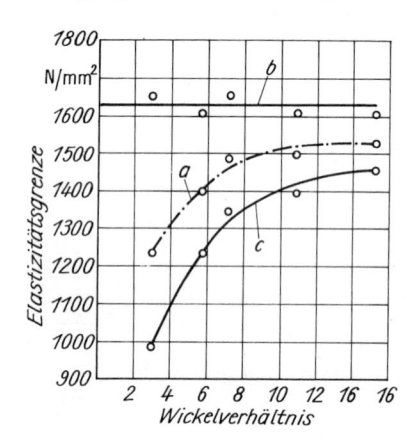

Bild 5.65. Einfluß des Wickelverhältnisses auf die Elastizitätsgrenze von öffnend belasteten Drehfedern nach Berry [5.72] (Werkstoff patentierter Draht mit $d = 2{,}642$ mm)

a) Spannungen an der Elastizitätsgrenze, aus den Meßwerten berechnet; b) maximale Zugspannung, berechnet aus a) durch Multiplikation mit $k_{zug} = 4 \cdot w/(4 \cdot w - 3)$; c) maximale Druckspannung, berechnet aus a) durch Multiplikation mit $k_{druck} = 4 \cdot w/(4 \cdot w + 3)$

Weiterhin ist der Faktor k zu berücksichtigen, wenn die Innenkrümmung einer Schenkelabbiegung auf Zug beansprucht wird (s. auch Berechnungsbeispiel 4).
In der Regel werden Drehfedern aus Runddraht hergestellt. Bei speziellen Anwendungen kann es jedoch erforderlich sein, Draht mit quadratischem oder rechteckigem Querschnitt einzusetzen. Die Berechnungsbeziehungen enthält Tafel 5.13. Durch die bessere Ausnutzung des Einbauraums ist eine höhere Federarbeit möglich. Ein quadratischer oder rechteckiger Querschnitt ist auch bei Federn mit großer Windungszahl (z. B. bei Aufzugfedern für Rollos) günstig, weil dabei das Überschnappen der Windungen erschwert wird. Einzelheiten zur Theorie der Drehfeder sind in [5.2] enthalten.
Die *zulässigen Spannungen* werden bei statischer bzw. quasistatischer Belastung zwar vom Werkstoff, der Herstellungsart und der Beanspruchungsrichtung beeinflußt, doch für den Entwurf wird allgemein

$$\sigma_{b\,zul} = 0{,}75 \cdot R_m \tag{5.84}$$

verwendet. Unter bestimmten Bedingungen ist nach Tafel 5.14 auch eine höhere Werkstoffbelastung möglich und üblich.

5.2. Biegebeanspruchte Federn (Biegefedern)

Tafel 5.14. Zulässige Werkstoffauslastung bei Drehfedern in Abhängigkeit von der Belastungsrichtung, dem Werkstoff und der Herstellungsweise

Werkstoff	Herstellung	Belastung im	
		schließenden Sinn	öffnenden Sinn
Patentiert gezogener Draht der Sorte C,	angelassen, nicht vorgesetzt	$\sigma_{zul} \leqq R_m$	
aushärtbarer nichtrostender Draht X7CrNiAl17.7	angelassen, vorgesetzt	$\sigma_{zul} \leqq 1{,}35 \cdot R_m$	
Vergütete Federstahldrähte	angelassen, vorgesetzt	$\sigma_{zul} \leqq R_m$	$\sigma_{zul} \leqq 0{,}75 \cdot R_m$
Weichgeglühte bzw. warmgeformte Federstähle	vergütet vergütet und vorgesetzt	$\sigma_{zul} \leqq 0{,}75 R_m$ $\sigma_{zul} \leqq R_m$	

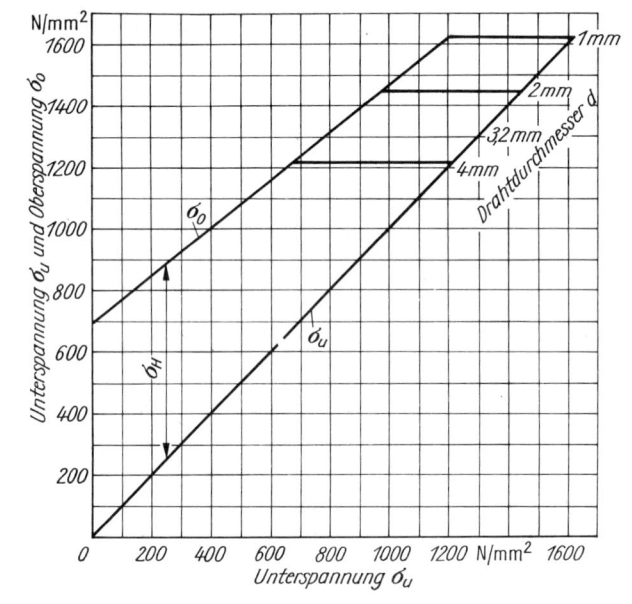

Bild 5.66. Dauerhubfestigkeit für kaltgeformte Drehfedern aus patentiertem Federstahldraht Sorte C, ungestrahlt

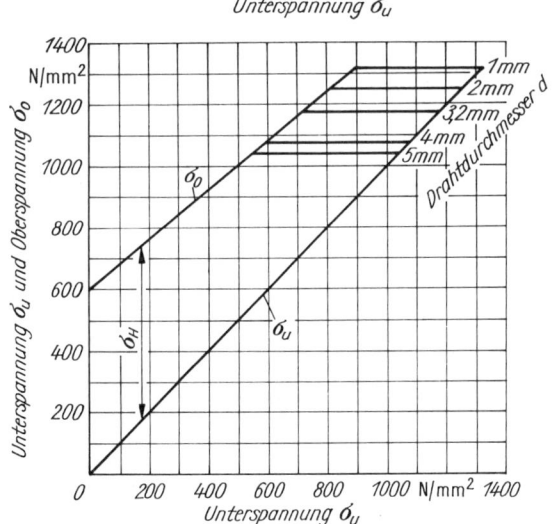

Bild 5.67. Dauerhubfestigkeit für kaltgeformte Drehfedern aus unlegiertem, vergütetem Ventilfederdraht nach DIN 17223/02, kugelgestrahlt

Bei schwingender Belastung erfolgt die Festlegung der zulässigen Hub- bzw. Oberspannung (s. a. Abschnitt 2.4.) an Hand von Dauerfestigkeitsschaubildern für Drehfedern. Bild 5.66 enthält die Dauerhubfestigkeit für Drehfedern aus patentiert gezogenem Draht der Klasse C und Bild 5.67 für Drehfedern aus vergütetem Ventilfederdraht. Durch Kugelstrahlen ist bei schließend belasteten Drehfedern eine Erhöhung der Dauerhubfestigkeit bis zu 30 % möglich, da die entstandenen Druckeigenspannungen den bei Belastung entstehenden Zugspannungen entgegenwirken. Die Federform erschwert jedoch oft eine solche Oberflächenverfestigung.

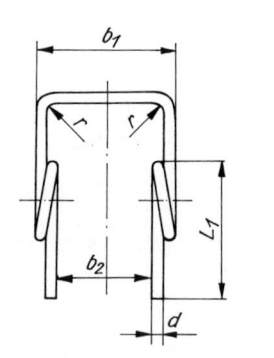

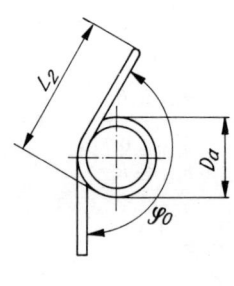

Bild 5.68. Doppeldrehfeder

Berechnungsbeispiele

1. Spiralfeder mit Windungsabstand

Gegeben: $M_2 = 7200$ N · mm; $\varphi_1 = 100°$; $\varphi_2 = 230°$; $D_a \leq 60$ mm; $D_i \geq 15$ mm; $b \leq 10$ mm; $\sigma_{b\,zul} = 1500$ N/mm²

Gesucht: t; l_w; M_1; a_w

Lösung:

a) Banddicke: Aus $\sigma_b = 6 \cdot M/bt^2$ folgt

$$t = (6 \cdot M/b/\sigma_{b\,zul})^{0,5} = (6 \cdot 7200 \text{ N} \cdot \text{mm}/10 \text{ mm}/1500 \text{ N/mm}^2)^{0,5} = 1{,}69 \text{ mm};$$

gewählt wird $t = 1{,}8$ mm.

b) Bandlänge: Aus $M = (Ebt^3\varphi)/690/l_w$ ergibt sich

$$l_w = (Ebt^3\varphi_2)/690/M_2$$
$$= (206000 \text{ N/mm}^2 \cdot 10 \text{ mm} \cdot 1{,}8^3 \text{ mm}^3 \cdot 230°)/690/7200 \text{ N} \cdot \text{mm} = 556 \text{ mm}.$$

c) Federsteife und Anfangsmoment: Bei Annahme einer linearen Kennlinie wird

$$c_M = M_2/\varphi_2 = 7200 \text{ N} \cdot \text{mm}/230° = 31{,}3 \text{ N} \cdot \text{mm}/° \quad \text{und damit}$$
$$M_1 = c_M \cdot \varphi_1 = 31{,}3 \text{ N} \cdot \text{mm}/° \cdot 100° = 3130 \text{ N} \cdot \text{mm}.$$

d) Windungsabstand: Durch Umstellung folgt aus

$$l_w = (R_3^2 - R_2^2)\pi/(t + a_w)$$
$$a_w = (R_3^2 - R_2^2)\pi/(l_w - t) = (25^2 \text{ mm}^2 - 8^2 \text{ mm}^2) \cdot 3{,}14/(556 \text{ mm} - 1{,}8 \text{ mm})$$
$$= 1{,}37 \text{ mm}.$$

Dieser Abstand ist bei einem Drehwinkel $\varphi_2 = 230°$ erfahrungsgemäß zu gering. Er sollte die Banddicke nicht unterschreiten. So wird $a_w = t = 1{,}8$ mm angenommen und der Radius R_3 korrigiert

$$R_3 = [l_w(t + a_w)/\pi + R_2^2]^{0,5}$$
$$= [556 \text{ mm} \cdot (1{,}8 + 1{,}8) \text{ mm}/3{,}14 + 8^2 \text{ mm}^2]^{0,5} = 26{,}5 \text{ mm} < D_a/2.$$

2. Spiralfeder ohne Windungsabstand, cross-curved gewickelt

Gegeben: $t = 0{,}21$ mm; $b = 8$ mm; $l_w = 4000$ mm ($l_i = 3975$ mm); $D_K = 10$ mm (Dorndurchmesser); $D_H = 50$ mm (Gehäuseinnendurchmesser); $\sigma_{b\,zul} = 1600$ N/mm²

5.2. Biegebeanspruchte Federn (Biegefedern)

Gesucht: M_n; N und σ_n
Lösung:
a) Konstruktionsparameter: Nach *Gross* [5.1] und [5.62] ist

$$R_2 = (R_3^2 - t \cdot l_i/\pi)^{0,5} = (25^2 \text{ mm}^2 - 0,21 \cdot 3975 \text{ mm}^2/3,14)^{0,5} = 18,95 \text{ mm}$$
$$R_5 = (R_4^2 + t \cdot l_i/\pi)^{0,5} = (5^2 \text{ mm}^2 + 0,21 \cdot 3975 \text{ mm}^2/3,14)^{0,5} = 17,05 \text{ mm}.$$

b) Umdrehungszahlen:

$$n_1 = (R_3 - R_2)/t = (25 - 18,95) \text{ mm}/0,21 \text{ mm} = 28,8$$
$$n_2 = (R_5 - R_4)/t = (17,05 - 5) \text{ mm}/0,21 \text{ mm} = 57,4$$
$$n' = [1 - R_5/(2 \cdot R_3)] \cdot n_2 = [1 - 17,05 \text{ mm}/(2 \cdot 25 \text{ mm})] \cdot 57,4 = 37,8.$$

Die maximale Umdrehungszahl wird dann

$$N = n_2 - n_1 = 57,4 - 28,8 = 28,6.$$

c) Drehmomente:

$$M_n = (\pi E b t^3 n')/6/l_w$$
$$= (3,14 \cdot 206000 \text{ N/mm}^2 \cdot 8 \text{ mm} \cdot 0,21^3 \text{ mm}^3 \cdot 37,4)/6/4000 \text{ mm}$$
$$= 74,7 \text{ N} \cdot \text{mm}$$
$$M_1 = (n' - N)/n' \cdot M_n = (37,4 - 28,6) \cdot 74,7 \text{ N} \cdot \text{mm}/37,4 = 17,6 \text{ N} \cdot \text{mm}$$

d) Biegebeanspruchung:

$$\sigma_n = 6 \cdot M_n/(bt^2) = 6 \cdot 74,7 \text{ N} \cdot \text{mm}/8 \text{ mm}/0,21^2 \text{ mm}^2 = 1271 \text{ N/mm}^2 < \sigma_{b\,zul}.$$

In der Praxis erbringt jedoch die „cross-curved" gewickelte Spiralfeder ein maximales Drehmoment von etwa $M_n = 125$ N · mm (Mittelwert zwischen Aufzug und Ablauf). Theoretische und praktische Werte weichen stark voneinander ab. Bei Verwendung der Gleichung (5.59) ergibt sich aber

$$M_n = (\pi E b t^3)(n - n_0)/6/l_w$$
$$= (3,14 \cdot 206000 \text{ N/mm}^2 \cdot 8 \text{ mm} \cdot 0,21^3 \text{ mm}^3)(28,6 + 29)/6/4000 \text{ mm} = 115,4 \text{ N} \cdot \text{mm}$$

ein Wert, der dem aus der praktischen Ablaufkurve ermittelten recht nahe kommt. Dabei wurden die Windungen bei der entspannten Feder gezählt ($n_0 = -29$). Das negative Vorzeichen steht für die entgegengesetzte Wickelrichtung. Für n wurde $N = 28,6$ eingesetzt.

3. Rollfeder-A-Motor

Gegeben: $R_3 = 12$ mm; $R_4 = 25$ mm; $t = 0,2$ mm; $M = 50$ N · mm
Gesucht: b; σ_b; Lebensdauer
Lösung:
a) Bandbreite: Sie ergibt sich nach Umstellen der Gleichung (5.74) zu

$$b = 26,4 \cdot M/[Et^3 R_4 (1/R_3 - 1/R_4)^2]$$
$$= 26,4 \cdot 50 \text{ N} \cdot \text{mm}/[206000 \text{ N/mm}^2 \cdot 0,2^3 \text{ mm}^3 \cdot 25 \text{ mm}(1/12 \text{ mm} - 1/25 \text{ mm})^2] = 17,06 \text{ mm};$$

gewählt wird $b = 18$ mm.

b) Biegespannung
$$\sigma_b = Et/2/r_0 = 206000 \text{ N/mm}^2 \cdot 0,2 \text{ mm}/2/11,4 \text{ mm} = 1807 \text{ mm}^2,$$
wobei $r_0 = 0,95 \cdot R_3 = 0,95 \cdot 12$ mm $= 11,4$ mm angenommen wird.

c) Für eine Biegespannung $\sigma_b = 1807$ N/mm² und ein Verhältnis $t/r_0 = 0,0175$ ergibt sich nach Bild 5.56 eine zu erwartende Lebensdauer von 7000 Lastspielen. Bei nicht ausreichender Lebensdauer muß die Banddicke verringert und zur Beibehaltung des benötigten Drehmoments die Bandbreite vergrößert werden.

4. Drehfeder, statisch im Wickelsinn belastet

Gegeben: $F_2 = 40$ N; $R_1 = 75$ mm; $R_2 = 30$ mm; $D_a \leq 35$ mm; $\varphi_2 = 200°$
Gesucht: d; n; σ_{b2}; Werkstoff; kleinster Abbiegeradius r_{min}; Einfluß der Schenkeldurchbiegung

Lösung:

a) Drahtdurchmesser: Für den Entwurf wird zunächst $\sigma_{b\,zul} = 1000\ \text{N/mm}^2$ angenommen. Aus $\sigma_b = 32 \cdot M/\pi d^3$ ergibt sich

$$d = (32 \cdot M_2/\pi/\sigma_{b\,zul})^{1/3} = (32 \cdot F_2 R_1/\pi/\sigma_{b\,zul})^{1/3}$$
$$= (32 \cdot 40\ \text{N} \cdot 75\ \text{mm}/3{,}14/1000\ \text{N/mm}^2)^{1/3} = 3{,}125\ \text{mm}\ ;$$

gewählt wird $d = 3{,}2$ mm. Damit ergibt sich auch $D_m = 31$ mm.

b) Windungszahl: Aus $M = (E\varphi d^4)/(3670° \cdot D_m \cdot n)$ folgt nach Umstellen

$$n = (E\varphi_2 d^4)/(3670° D_m F_2 R_1)$$
$$= (206\,000\ \text{N/mm}^2 \cdot 200° \cdot 3{,}2^4\ \text{mm}^4)/(3670° \cdot 31\ \text{mm} \cdot 40\ \text{N} \cdot 75\ \text{mm}) = 12{,}7\ .$$

c) Federsteife: Ohne Berücksichtigung der Schenkeldurchbiegung ist

$$c_M = M/\varphi = F_2 R_1/\varphi_2 = 40\ \text{N} \cdot 75\ \text{mm}/200° = 15\ \text{N} \cdot \text{mm}/°\ .$$

Bei Berücksichtigung der Schenkeldurchbiegung wird

$$c_M = (E\pi d^4)/[3670° \cdot (D_m \pi n + R_1/3 + R_2/3)]$$
$$= (206\,000\ \text{N/mm}^2 \cdot 3{,}14 \cdot 3{,}2^4\ \text{mm}^4)/[3670° \cdot (31\ \text{mm} \cdot 3{,}14 \cdot 12{,}7 + 75\ \text{mm}/3 + 30\ \text{mm}/3)]$$
$$= 14{,}6\ \text{N} \cdot \text{mm}/°\ .$$

Das bedeutet, der Drehwinkel φ_2 wird schon durch eine Kraft $F_2 = 38{,}9$ N erreicht.

d) Nachrechnung der Spannung:

$$\sigma_{b2} = 32 \cdot M/\pi/d^3 = 32 \cdot 40\ \text{N} \cdot 75\ \text{mm}/3{,}14/3{,}2^3\ \text{mm}^3 = 933\ \text{N/mm}^2\ .$$

Bei Einsatz von Federstahldraht Sorte B nach DIN 17223/01 wird mit $R_m = 1560\ \text{N/mm}^2$ und $\sigma_{b\,zul} = 0{,}75 \cdot R_m = 0{,}75 \cdot 1560\ \text{N/mm}^2 = 1170\ \text{N/mm}^2$
die Bedingung

$$\sigma_{b2} = 933\ \text{N/mm}^2 < \sigma_{b\,zul} = 1170\ \text{N/mm}^2$$

des Festigkeitsnachweises erfüllt.

e) Kleinster Abbiegeradius: Die maximal auftretende Biegespannung ist also kleiner als die zulässige Spannung. Die Differenz beider (Reserve) wird für die Festlegung des Biegeradius r_{min} genutzt, denn es muß gelten $\sigma_{bk2} = k\sigma_{b2} \leq \sigma_{b\,zul}$. Daraus ergibt sich

$$k \leq \sigma_{b\,zul}/\sigma_{b2} \leq 1170\ \text{N/mm}^2/933\ \text{N/mm}^2 \leq 1{,}254\ .$$

Mit diesem Wert ergibt sich nach Bild 5.64 ein Abbiegeverhältnis von $r/d = 1{,}5$ d. h., der Biegeradius $r_{min} \geq 4{,}8$ mm.

5. *Drehfeder*, schwingend im Wickelsinn belastet

Gegeben: $d = 2$ mm; $D_m = 25$ mm; $R_1 = 40$ mm; $r = 4$ mm; $n = 5$; $\varphi_1 = 20°$; Sicherheitsfaktor $S = 1{,}5$

Gesucht: F_1; F_2; φ_h; φ_2; (unter Berücksichtigung der Dauerfestigkeit)

Lösung:

a) Kraft F_1 des vorgespannten Zustands: Aus der Beziehung für das Drehmoment folgt

$$F_1 = (E\varphi_1 d^4)/(3670° \cdot R_1 \cdot D_m \cdot n)$$
$$= (206\,000\ \text{N/mm}^2 \cdot 20° \cdot 2^4\ \text{mm}^4)/(3670° \cdot 40\ \text{mm} \cdot 25\ \text{mm} \cdot 5) = 3{,}59\ \text{N}\ ,$$

und die Federsteife wird zu

$$c_F = F_1/\varphi_1 = 3{,}59\ \text{N}/20° = 0{,}18\ \text{N}/°\ .$$

b) Spannungen:

$$\sigma_{b1} = 32 \cdot F_1 R_1/\pi/d^3 = 32 \cdot 3{,}59\ \text{N} \cdot 40\ \text{mm}/3{,}14/2^3\ \text{mm}^3 = 183\ \text{N/mm}^2\ .$$

Geht man von dieser Unterspannung $\sigma_{bu} = \sigma_{b1} = 183\ \text{N/mm}^2$ aus, so findet man im Dauerfestigkeitsschaubild für Drehfedern aus patentiert gezogenem Draht der Klasse C (Bild 5.66) eine zulässige Oberspannung von $830\ \text{N/mm}^2$ und eine Dauerhubfestigkeit von $647\ \text{N/mm}^2$. Unter

5.2. Biegebeanspruchte Federn (Biegefedern)

Berücksichtigung der vorgegebenen Sicherheit $S = 1,5$ wird die anwendbare Hubspannung

$$\sigma_{bh} = \sigma_{bH}/S = 647 \text{ N/mm}^2/1,5 = 430 \text{ N/mm}^2 \, .$$

c) Bestimmen der maximalen Belastbarkeit:

$$F_h = \pi d^3 \sigma_{bh}/32/R_1 = 3,14 \cdot 2^3 \text{ mm}^3 \cdot 430 \text{ N/mm}^2/32/40 \text{ mm} = 8,44 \text{ N}$$
$$F_2 = F_1 + F_h = 3,59 \text{ N} + 8,44 \text{ N} = 12,03 \text{ N}$$

d) Drehwinkel:

$$\varphi_h = F_h/c_F = 8,44 \text{ N}/0,18 \text{ N}/° = 47°$$
$$\varphi_2 = \varphi_1 + \varphi_h = 20° + 47° = 67°$$

Anmerkung: Die bisherige Nachrechnung erfolgte ohne Berücksichtigung der Schenkelabbiegung. Nach Bild 5.64 ergibt sich mit dem vorhandenen Abbiegeverhältnis $r/d = 4 \text{ mm}/2 \text{ mm} = 2$ ein Korrekturwert $k = 1,19$. Ist eine so kleine Abbiegung erforderlich, dann verringert sich die Sicherheit um 19%. Ist diese Verringerung nicht zulässig, so ist die veranschlagte Hubspannung zu verkleinern.

5.2.4. Scheiben- und plattenförmige Biegefedern

5.2.4.1. Tellerfedern

Grundlagen

Tellerfedern bestehen aus kegelförmig geformten Ringscheiben, die aus Federband ausgeschnitten werden (Bild 5.69). Ihre Belastung erfolgt axial. Sie zeichnen sich durch eine relativ große Federsteife aus. Als Einzelfeder werden sie in Kupplungen und zum Spielausgleich bei Wälzlagerungen eingesetzt. Die Einzelfedern können in vielfältiger Weise kombiniert und geschichtet und damit die Federsteife beeinflußt werden [5.94]. Die *Berechnung* des Einzeltellers ohne Auflageflächen geht auf Ansätze von *Almen* und *Laszlo* [5.73] zurück und kann nach [5.1] [5.15] [5.33] [5.78] [5.79] sowie DIN 2092 bzw. TGL 18398 mit hinreichender Genauigkeit erfolgen. Die Berechnungsgleichungen sind in Tafel 5.15 zusammengestellt. Die zur Berechnung erforderlichen Konstanten enthält Bild 5.70.

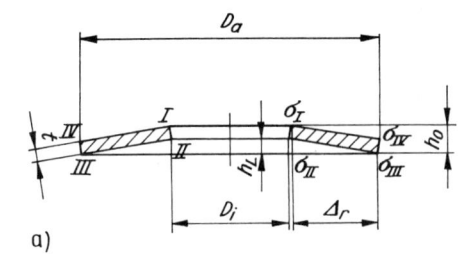

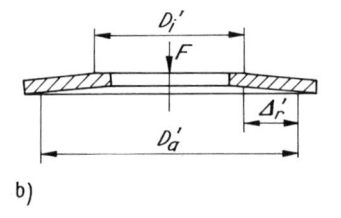

Bild 5.69. Tellerfeder (Einzelteller) im unbelasteten (a) und belasteten Zustand (b) (Δr Hebelarm) nach DIN 2092 lies D_e statt D_a, h_0 statt h_L, l_0 statt h_0

Die maximalen Beanspruchungen treten an den Querschnittsecken auf (s. Bild 5.71), wobei die Stellen *II* (Unterkante der Bohrung) und *III* (äußere Unterkante) besonders zu beachten sind. Die an der Stelle *I* (Oberkante der Bohrung) auftretende große Druckspannung (Bild 5.71) ist nicht

Tafel 5.15. Berechnung einer Tellerfeder (Einzelteller) ohne Auflageflächen nach DIN 2092 lies D_e statt D_a, h_0 statt h_L

Funktionsnachweis

Federkraft:

$F = 4E/(1-\mu^2)\, t^4/(K_1 D_a^2)\, s/t\{[(h_L/t) - (s/t)] \cdot [(h_L/t) - (s/2t)] + 1\}$

für Stahl mit $E = 2{,}06 \cdot 10^5$ N/mm² und $\mu = 0{,}3$

$F = 9{,}06 \cdot 10^5 t^4/(K_1 D_a^2)\, s/t\{[(h_L/t) - (s/t)] \cdot [(h_L/t) - (s/2t)] + 1\}$

Federsteife:

$c = dF/ds = 4E/(1-\mu^2)\, t^3/(K_1 D_a^2)\, [(h_L/t)^2 - 3h_L/t\,(s/t) + 3s^2/2t + 1]$.

Festigkeitsnachweis
Spannungen an den Ecken *I* bis *IV*:

$\sigma_I = 4E/(1-\mu^2)\, t^2/(K_1 D_a^2)\, s/t[-K_2(h_L/t - s/2t) - K_3]$

$\sigma_{II} = 4E/(1-\mu^2)\, t^2/(K_1 D_a^2)\, s/t[-K_2(h_L/t - s/2t) + K_3]$

$\sigma_{III} = 4E/(1-\mu^2)\, t^2/(K_1 D_a^2)\, s/t \cdot 1/\delta[(2K_3 - K_2)(h_L/t - s/2t) + K_3]$

$\sigma_{IV} = 4E/(1-\mu^2)\, t^2/(K_1 D_a^2)\, s/t \cdot 1/\delta[(2K_3 - K_2)(h_L/t - s/2t) - K_3]$.

Positive Ergebnisse sind Zugspannungen,
negative Ergebnisse sind Druckspannungen.

Beiwerte

$K_1 = (1/\pi) \cdot [(\delta - 1)/\delta]^2/[(\delta + 1)/(\delta - 1) - 2/\ln \delta]$

$K_2 = 6[(\delta - 1)/(\ln \delta - 1)]/(\pi \cdot \ln \delta)$

$K_3 = 3(\delta - 1)/(\pi \cdot \ln \delta)$

$\delta = D_a/D_i$.

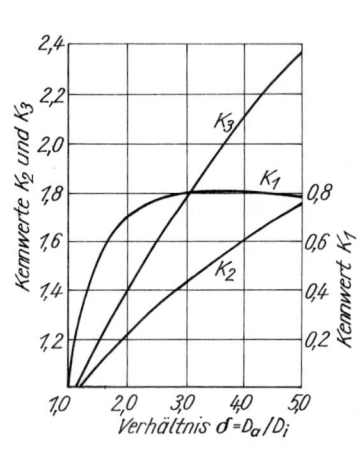

Bild 5.70. Beiwerte K_1 bis K_3 in Abhängigkeit vom Durchmesserverhältnis $\delta = D_a/D_i$

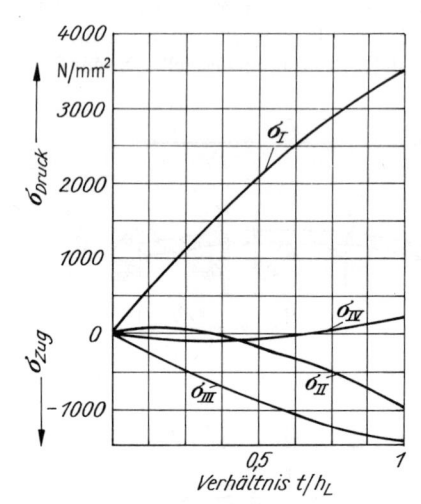

Bild 5.71. Berechnete Spannungen an den Querschnittsecken der Tellerfeder $34 \times 12{,}3 \times 1 \times 2{,}34$ nach Hertzer [5.74]

funktionsentscheidend. Kritisch sind die Zugspannungen an der Unterseite der Tellerfeder. Bei schwingend belasteten Tellerfedern geht der Bruch immer von der zugbeanspruchten Unterseite aus [5.29] [5.30] [5.31] [5.74]. Ob der Größtwert der Zugbeanspruchung an der inneren oder äußeren Unterkante auftritt, hängt von den Abmessungen der Tellerfeder ab (Verhältnis D_a/D_i und h_L/t; s. a. Bild 5.72).

5.2. Biegebeanspruchte Federn (Biegefedern)

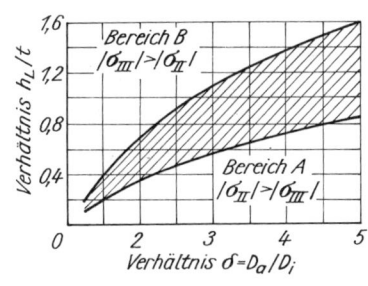

Bild 5.72. Querschnittsecken einer Tellerfeder mit größter Zugbeanspruchung

Im Bereich A des im Bild 5.72 dargestellten Diagramms ist die Spannung $\sigma_{II} > \sigma_{III}$, während im Bereich B $\sigma_{III} > \sigma_{II}$ ist. Trifft auf Grund der Abmessungen der Feder das schraffierte Feld zu, so empfiehlt sich eine Berechnung beider Spannungen, weil in Abhängigkeit von s/h_L das Maximum der Zugspannung von einer Kante zur anderen wandert. Am Anfang der Federung liegt es an der Stelle III und am Ende an der Stelle II. Dazwischen wird ein Zustand $\sigma_{II} = \sigma_{III}$ erreicht.
Die zulässigen Spannungen bei ruhender bzw. selten wechselnder Belastung sollen folgende Werte nicht überschreiten:

Zugspannungen an den Unterkanten $\sigma_{zul} < 1600$ N/mm²

Druckspannung an der inneren Oberkante $\sigma_{zul} < 3000$ N/mm² .

Die berechnete *Federkennlinie* des Einzeltellers ist vom Verhältnis h_L/t abhängig (s. Bild 5.73). Bei kleinem h_L/t-Verhältnis (z. B. $h_L/t = 0{,}4$) ist die Kennlinie nahezu linear. Mit zunehmendem Verhältnis h_L/t verläuft sie degressiv. Für $h_L/t = \sqrt{2}$ und $s/h_L \approx 1$ besitzt sie ein nahezu waagerechtes Teilstück. Aus diesem Verhalten resultiert eine Reihe von unterschiedlichen Anwendungen.

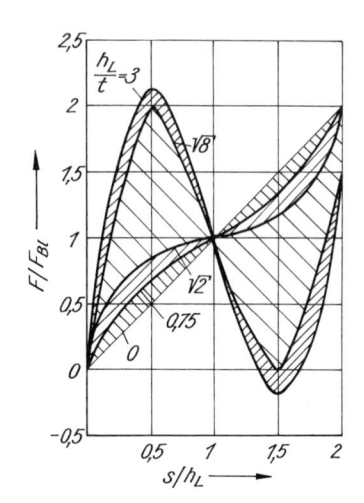

Bild 5.73. Abhängigkeit der Federkennlinie einer Tellerfeder vom Formverhältnis h_L/t

Die praktische Kennlinie weicht sowohl beim Einzelteller (Bild 5.74) als auch bei Federsäulen (Bild 5.75) von der errechneten ab. Beim Einzelteller gibt es zunächst bis zu einer Federung $s = 0{,}75 \cdot h_L$ eine gute Übereinstimmung zwischen praktischen und theoretischen Kennlinienverläufen. Mit zunehmendem Federweg (nahezu flachgedrückte Feder) ändert sich der wirksame Hebelarm Δr wesentlich (Bild 5.69), so daß eine Krafterhöhung

$$F' = (\Delta r/\Delta r') \cdot F \tag{5.85}$$

auftritt.
Die Kennlinie der Einzelfeder wird also in der Nähe des Blockzustandes progressiv. Verbunden mit der Krafterhöhung tritt auch eine Spannungserhöhung auf.
Die von verschiedenen Autoren entwickelten genaueren Berechnungsmethoden [5.76] [5.77] [5.78] [5.79] haben auf Grund der mannigfaltigen Einflüsse bei der Federherstellung (z. B. Runden der Kanten) und des Werkstoffs (E-Modul) nur theoretische Bedeutung [5.79].

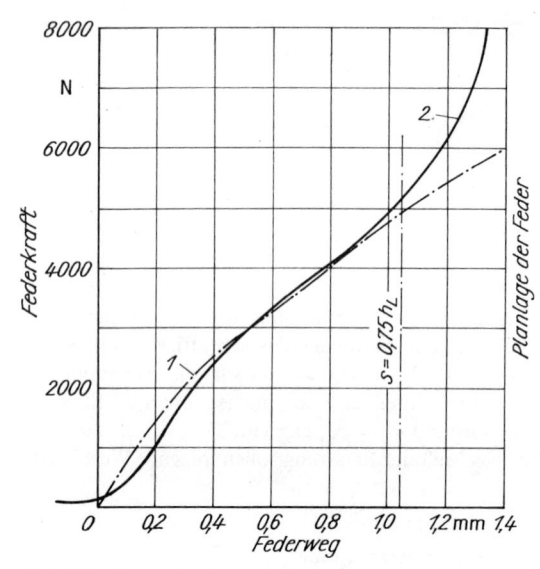

Bild 5.74. Unterschied zwischen der berechneten (1) und der gemessenen Kennlinie (2) der Tellerfeder $50 \times 25{,}4 \times 2 \times 3{,}4$

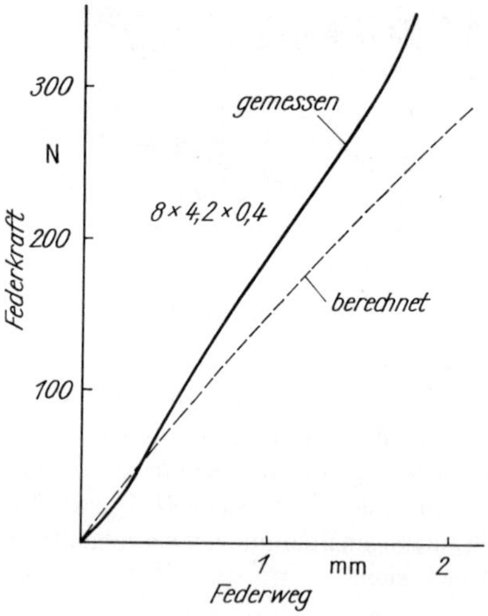

Bild 5.75. Berechnete und gemessene Kennlinie einer Federsäule aus zehn wechselsinnig geschichteten Tellerfedern $8 \times 4{,}2 \times 0{,}3 \times 0{,}55$

Die Abweichungen bei Kennlinien von Federsäulen beruhen auf der Änderung des Hebelarmes einerseits und der ungleichmäßigen Beanspruchungsverteilung in der Säule andererseits. Dadurch beginnt die Abweichung der praktischen von der theoretischen Kennlinie bereits bei Werten des Federwegs von $s = 0{,}5 \cdot h_L$. Tellerfedern mit Auflageflächen (Berechnungsgrundlagen in [5.75] und Tafel 5.16) sind nach DIN 2093 ab 4 mm Tellerdicke üblich. Die Breite ihrer Auflageflächen beträgt etwa $D_a/150$. Weil dadurch das Durchmesserverhältnis $\delta = D_a/D_i$ und das Formverhältnis h_L/t verändert wird, erhöht sich gegenüber gleichen Tellerfedern ohne Auflageflächen die Federkraft. Bei Tellerfedern mit Auflageflächen nach DIN 2093 hat man die ungespannte Höhe beibehalten und, um die Federkraft F_n bei gleichem Federweg s_n zu erreichen, die Tellerdicke t auf t' (etwa um 6%) reduziert. Die in Tafel 5.16 dargestellte vereinfachte Berechnung gilt nur bei Beibehaltung der gleichen Höhe h_L und genügt in der Regel den Anforderungen. Ändert sich die Höhe h_L, dann muß die Feder mit den geänderten Werten h'_L, D'_a und $\delta = D'_a/D'_i$ nach den Gleichungen der Tafel 5.15 erneut berechnet werden.

Tafel 5.16. Vereinfachte Berechnung von Tellerfedern mit Auflageflächen
nach DIN 2092 lies D_e bzw. D'_e statt D_a bzw. D'_a, h_0 statt h_L, l_0 statt h_0

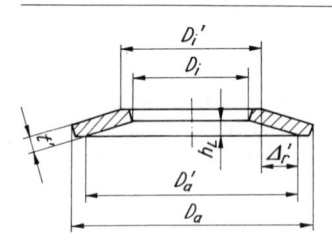

Funktionsnachweis

Kraft: $F' = \varepsilon \cdot F$

$\varepsilon = \Delta r/\Delta r' = (D_a - D_i)/(D'_a - D'_i)$

Bauhöhe bei Mehrfachschichtung:

$L_0 = i[h_0 + (n - 1)\, t']$

5.2. Biegebeanspruchte Federn (Biegefedern) 161

Bild 5.73 läßt erkennen, daß mit steigendem Formverhältnis h_L/t die Degressivität der Kennlinie zunimmt und im Bereich $1{,}3 \leq h_L/t \leq 1{,}5$ ein Teil der Kennlinie waagerecht verläuft. Tellerfedern mit diesem Formverhältnis sind zum Toleranz-, Spiel- und Dehnungsausgleich besonders geeignet.
Bei im wesentlichen gleich großen Federkräften und Abmessungen erhält man größere Federwege, wenn die Tellerfeder geschlitzt wird. Eine Näherungsberechnung geschlitzter Tellerfedern enthält Tafel 5.17. Berechnungsgrundlagen werden auch in [5.80] [5.91] [5.92] und [5.32] dargestellt.

Tafel 5.17. Berechnung von geschlitzten Tellerfedern
nach DIN 2092 lies D_e bzw. D_e' statt D_a bzw. D_a', h_0 bzw. h_0' statt h_L bzw. h_L'

innengeschlitzt	außengeschlitzt

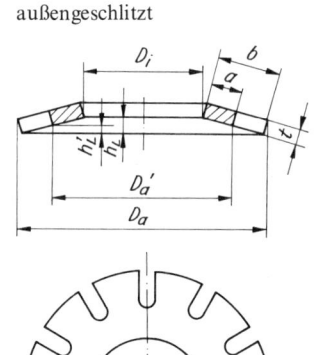

Funktionsnachweis

$$F' = 4Et^3s'/[(1-\mu^2)K_1D_a^2] \cdot \{(h_L'/t - s'/t)[h_L'/t - s'/(2t)] + 1\}$$
$$F = F'h_L'/h_L$$

Festigkeitsnachweis

$$\sigma_{III}' = 4Eh_L't + [(1-\mu^2)K_1D_a^3] \cdot D_i'[(2K_3 - K_2)h_L'/(2t) + K_3]$$

Abmessungen

$$h_L/h_L' = (D_a - D_i)/(D_a - D_i') = b/a \qquad h_L/h_L' = (D_a - D_i)/(D_a' - D_i) = b/a$$

Für die Anwendung in Fahrzeugkupplungen hat in den letzten Jahren eine spezielle Tellerfeder die Druckfedern verdrängt. Eine in der Regel geschlitzte Tellerfeder mit bestimmtem Durchmesser- und Formverhältnis wird dabei über die Flachlage hinaus belastet (Bild 5.76), d. h. durchgezogen. Dabei ist zu beachten, daß die Minimalkraft F_{min} nicht negativ werden darf. Das ist z. B. bei einem Formverhältnis $h_L/t > \sqrt{8}$ der Fall.
Die Feder schnappt dann um, wenn sie nur am Außenrand gelagert ist. Bild 5.77 enthält die Federkennlinie einer Kupplungstellerfeder und den Verlauf der Spannungen an den drei wichtigen Querschnittsecken. Daraus ist ersichtlich, daß im Arbeitsbereich der Feder lediglich die Spannung an der Stelle *II* erheblichen Veränderungen unterliegt, so daß meist von dieser Stelle der Dauerbruch ausgeht.

Gestaltung von Federsäulen

Man kann sie wechselsinnig aus Einzeltellern ($n = 1$) bzw. aus gleichsinnig geschichteten Paketen ($n > 1$) zusammenstellen. Auch gleichsinnig geschichtete Pakete mit $i = 1$ und $n > 1$ werden angewendet. Die Bilder 5.78 bis 5.80 enthalten diese grundsätzlichen Möglichkeiten der Kombination und die dabei auftretenden Federparameter.
Sowohl durch die unterschiedliche Kombination gleicher Tellerfedern (Bild 5.81) als auch durch die Kombination verschieden dicker Tellerfedern (z. B. von *A*-, *B*- und *C*-Federn nach DIN 2093,

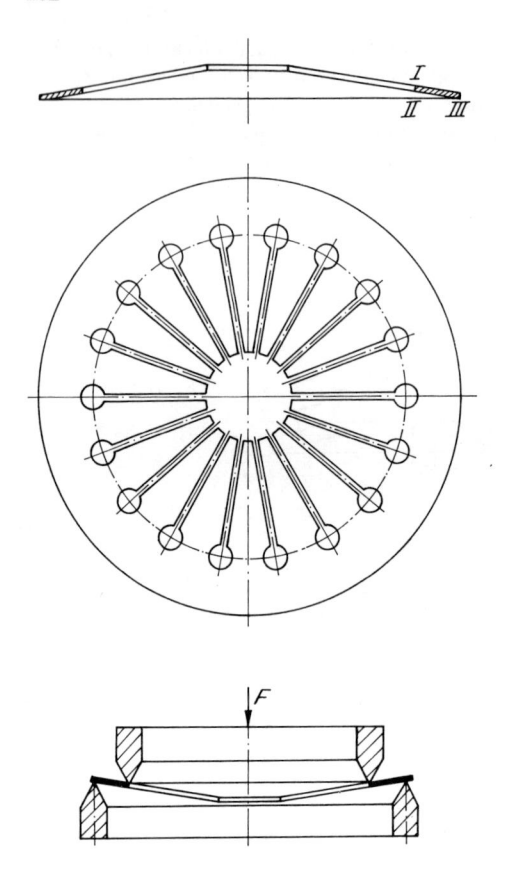

Bild 5.76. Darstellung und Funktion einer Kupplungstellerfeder

Bild 5.82), kann man eine Federsäule mit progressiver Kennlinie erzielen. Um dabei eine Überbeanspruchung der dünneren Tellerfeder bzw. der Federn mit $n = 1$ und $n = 2$ (besonders bei dynamischer Belastung) zu vermeiden, sind entsprechende konstruktive Maßnahmen (Anschläge udgl.) vorzusehen. Ohne *Führung* sind Tellerfedersäulen nicht betriebsfähig. Die Führungsflächen des Bolzens bzw. Rohres (s. Bild 5.83) bei Außenführung müssen gehärtet und geschliffen sein (Härte > 55 HRC). Weiterhin ist zu beachten, daß die Tellerfedern insbesondere am bewegten Ende der Säule mit dem Außenrand am Druckstück aufliegen müssen (Bild 5.84). Empfehlungen für das erforderliche Spiel zwischen Führungsbolzen und Tellerfedern enthält Tafel 5.18.
Trotz Führung der Einzelteller ist eine gegenseitige Verschiebung der Federn nicht ganz zu vermeiden (s. Bild 5.87). Ist das Spiel zu gering, dann kann das Versetzen nach [5.84] zu einem diskontinuierlichen Kennlinienverlauf, insbesondere bei langen Federsäulen (Bild 5.85), führen.
Tellerfedern mit Auflageflächen ergeben in jedem Fall eine günstigere Kraftübertragung. Das seitliche Wandern wird ebenfalls von gehärteten Zwischenscheiben, die natürlich die Baulänge einer Federsäule erheblich vergrößern, unterdrückt (s. Bild 5.86). Dabei reicht es nach [5.85] durchaus aus, wenn vom bewegten Ende ausgehend zunächst nach vier Einzeltellern eine Zwischenscheibe angeordnet wird. Mit zunehmendem Abstand vom bewegten Ende kann der Abstand der Zwischenscheiben auf sechs Tellerfedern vergrößert werden. Die Zwischenscheiben sind dabei so einzulegen, daß die Außendurchmesser der benachbarten Tellerfedern auf diesen aufliegen. Zum Vermeiden des gegenseitigen Verschiebens von Tellerfedern sind verschiedene Formen der Selbstzentrierung (Bild 5.87) bekannt.
Wird eine längere Tellerfedersäule belastet, dann ist es augenscheinlich, daß die Einzelteller (Federn) unterschiedlich hoch beansprucht werden. Am bewegten Ende ist die Beanspruchung höher. Im Bild 5.88 ist der praktisch auftretende Federweg verschiedener Einzelteller in einer Federsäule dem theoretischen Federweg gegenübergestellt. Daraus ist ersichtlich, daß bei einer aus 40 Einzeltellern bestehenden Säule die 3., 9. und sogar die 19. Feder noch vor Erreichen des zulässigen Federweges $0{,}75 \cdot h_L$ bis zur Flachlage zusammengedrückt wurden, während die 29. und 39. Feder weit weniger eingefedert

5.2. Biegebeanspruchte Federn (Biegefedern)

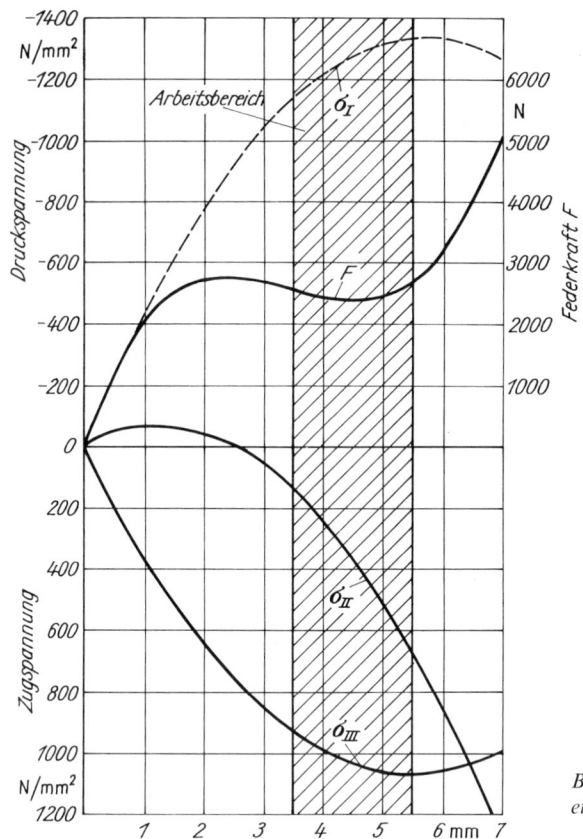

Bild 5.77. Kennlinie und Spannungsverteilung bei einer Kupplungstellerfeder

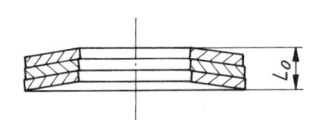

Bild 5.78. Gleichsinnige Schichtung von Tellerfedern
$F_s = n \cdot F$; $s_s = s$; $L_0 = h_0 + (n-1) \cdot t$;

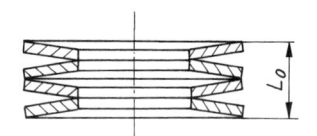

Bild 5.79. Wechselsinnige Schichtung von Tellerfedern
$F_s = F$; $s_s = i \cdot s$; $L_0 = i \cdot h_0$

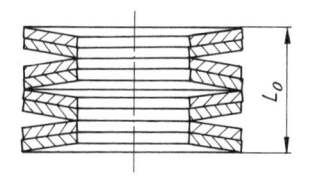

Bild 5.80. Wechselsinnige Schichtung von Federpaketen
$F_s = n \cdot F$; $s_s = i \cdot s$;
$L_0 = i \, [h_0 + (n-1) \cdot t]$

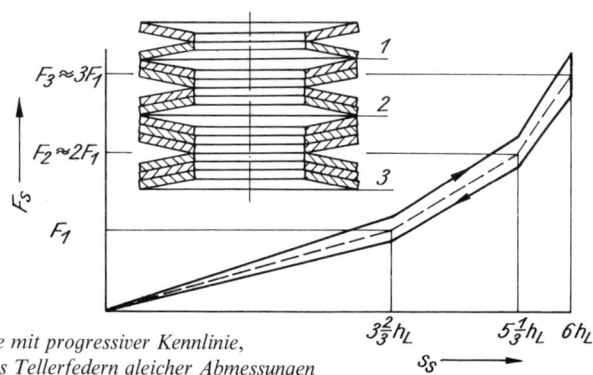

Bild 5.81. Federsäule mit progressiver Kennlinie, zusammengestellt aus Tellerfedern gleicher Abmessungen

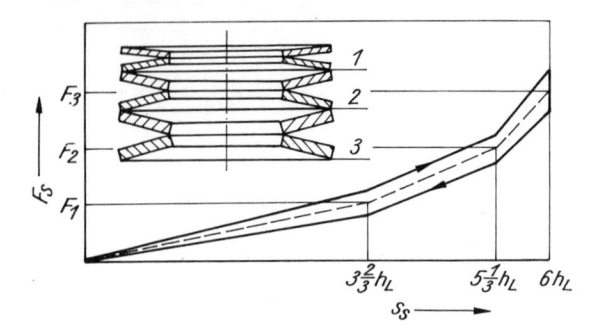

Bild 5.82. Federsäule mit progressiver Kennlinie, zusammengestellt aus Tellerfedern unterschiedlicher Abmessungen

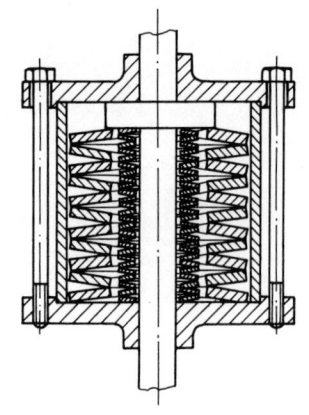

Bild 5.83. Innen- und Außenführung von Tellerfedern nach [5.82]

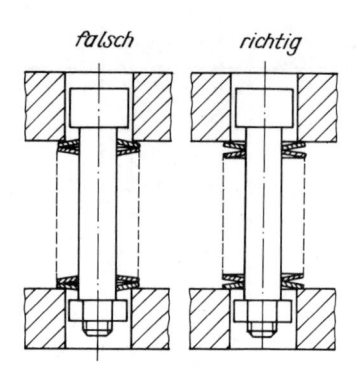

Bild 5.84. Gestaltung einer Federsäule

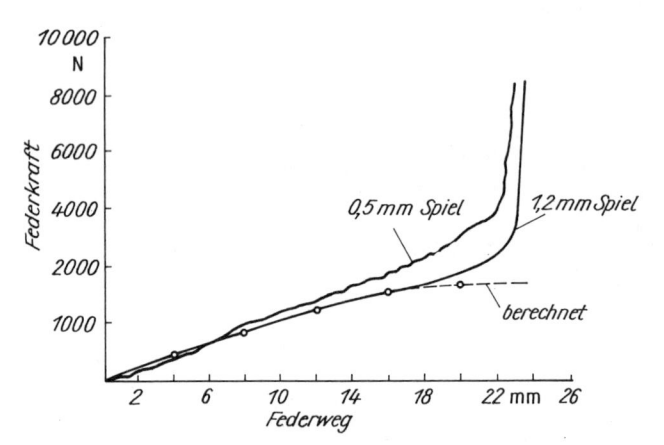

Bild 5.85. Abhängigkeit der Federkennlinie vom Spiel zwischen Bolzen und Tellerfedern bei einer Säule aus 40 Federn $40 \times 20,5 \times 1,6 \times 2,75$ nach [5.84]

waren. Mit steigender Anzahl Einzelteller in der Federsäule wird die Verteilung der Belastung immer ungleichmäßiger (s. a. Bild 5.96). Es wird deshalb empfohlen, die ungespannte Länge L_0 einer Tellerfedersäule nicht größer als $3 \cdot D_a$ auszuführen. Sind für spezielle Anwendungen längere Federsäulen erforderlich, dann sind neben der Berücksichtigung der unterschiedlichen Belastung der einzelnen Federn u. U. besondere konstruktive Maßnahmen (Vorsehen von Zwischenringen, Anbringen von Auflageflächen) erforderlich.

Das *Formverhältnis* h_L/t ist ebenfalls nicht ohne Einfluß auf die Gestaltung einer Federsäule. So kann man Einzelteller, die zum Umschnappen neigen, nicht wechselsinnig schichten. Bild 5.89 zeigt

5.2. Biegebeanspruchte Federn (Biegefedern)

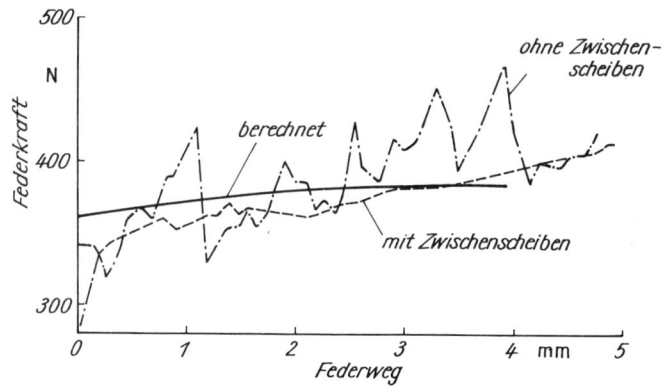

Bild 5.86. Vergleich der gemessenen Kennlinie einer Säule aus 45 Tellerfedern $16 \times 8,5 \times 0,5 \times 1,1$ mit und ohne Zwischenscheiben (auf 30,9 mm vorgespannt) nach Walz [5.85]

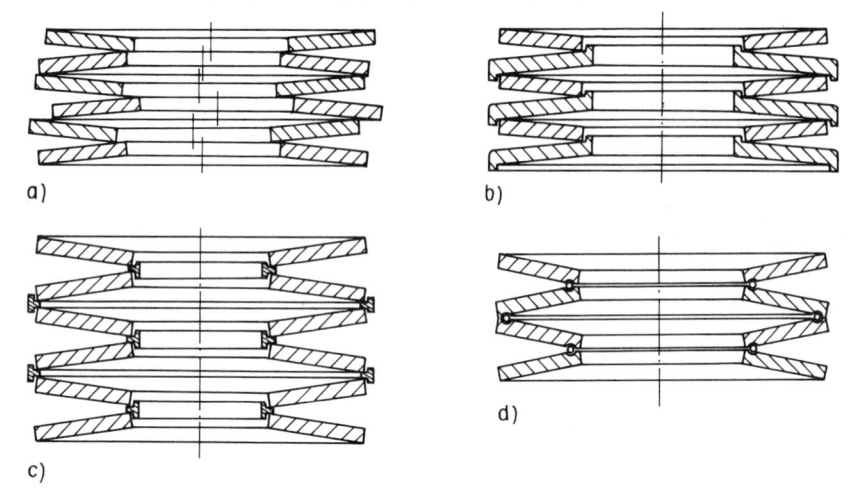

Bild 5.87. Gegenseitige Verschiebung von Tellerfedern und Möglichkeiten der Selbstzentrierung nach DBGM 1 794 480 und DRP 727 414

a) Querverschiebung; b) Zentrierung durch Ansätze; c) Zentrierung durch Zwischenringe; d) Zentrierung durch Kugeln

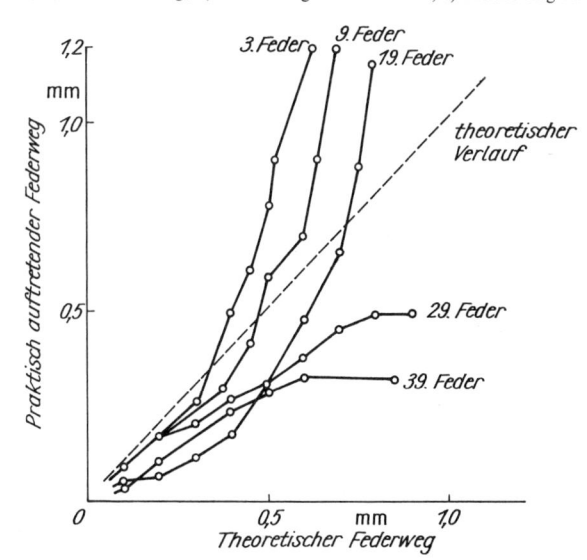

Bild 5.88. Praktisch auftretender Federweg in Abhängigkeit von der Lage in einer Federsäule aus 40 wechselsinnig geschichteten Tellerfedern $40 \times 20,5 \times 1,6 \times 2,75$ (Spiel 0,5 mm) nach [5.84]

Tafel 5.18. Spiel für die Führung von Tellerfedern

Durchmesser D_i bzw. D_a mm	Spiel mm
bis 16	0,2
über 16 bis 20	0,3
über 20 bis 26	0,4
über 26 bis 31,5	0,5
über 31,5 bis 50	0,6
über 50 bis 80	0,8
über 80 bis 140	1,0
über 140 bis 250	1,6

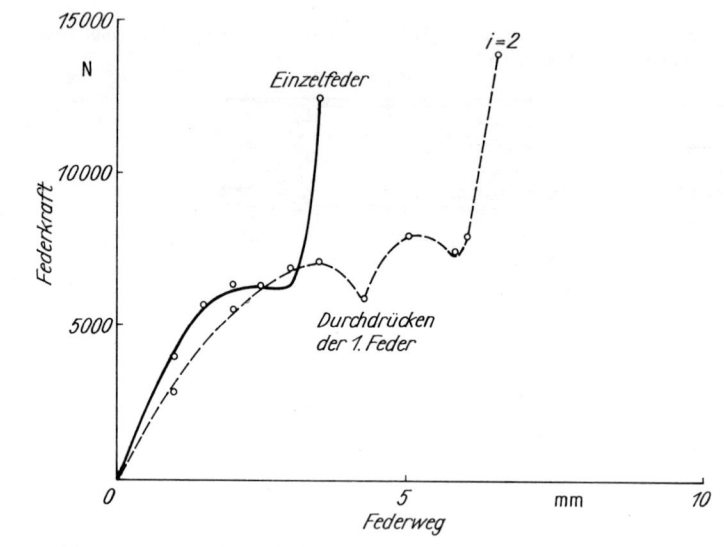

Bild 5.89. Kennlinie der Tellerfeder $50 \times 25,4 \times 2 \times 4,8$ und einer Säule aus zwei wechselsinnig geschichteten Federn nach [5.84]

die Kennlinie der Tellerfeder $50 \times 25,4 \times 2 \times 4,8$ und die einer Minisäule aus zwei wechselsinnig geschichteten Tellerfedern. Während die Kennlinie des Einzeltellers gut mit dem errechneten Verlauf übereinstimmt, ergibt die paarweise Anordnung eine große Abweichung. Die selbst in dieser kleinen

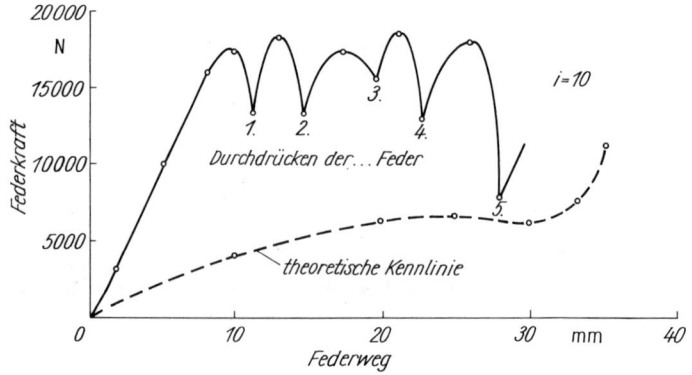

Bild 5.90. Kennlinie einer Federsäule aus zehn wechselsinnig geschichteten Tellerfedern $50 \times 25,4 \times 2 \times 4,8$ (Spiel 0,4 mm) nach [5.84]

5.2. Biegebeanspruchte Federn (Biegefedern)

Säule auftretende unterschiedliche Belastung der beiden Federn führt dazu, daß eine Feder umschnappt. Wird die Säule auf zehn Federn vergrößert, dann ist dieses Verhalten noch deutlicher zu erkennen (Bild 5.90).

Tellerfedern mit großem Formverhältnis und ausgeprägtem Kraftminimum können in der Regel nur als Einzelteller oder gleichsinnig geschichtet verwendet werden. Nach [5.84] läßt sich mit der gleichen Anzahl Führungsscheiben wie Tellerfedern und größerem Spiel zwischen Führung und Feder das Umschnappen vermeiden.

Die *Formgenauigkeit* von Tellerfedern kann bei bestimmten Anwendungen funktionsentscheidend sein. So wurde für eine Spanneinrichtung eine Federsäule eingesetzt, die aus sechs Paketen zu je zwölf gleichsinnig geschichteten Tellerfedern bestand. Bild 5.91 zeigt die berechnete und die gemessene Federkennlinie. Die große Abweichung wird durch Formfehler der Einzelteller verursacht. Die verwendeten Federn besaßen keine ideale Kegelschalenform, sondern waren leicht wellig. Bei zwölf gleichsinnig geschichteten Federn ergibt die Summe dieser Formabweichungen einen beträchtlichen Federweg. Erst im Kraftbereich zwischen 20000 und 40000 N stimmen die beiden Kennlinien annähernd überein.

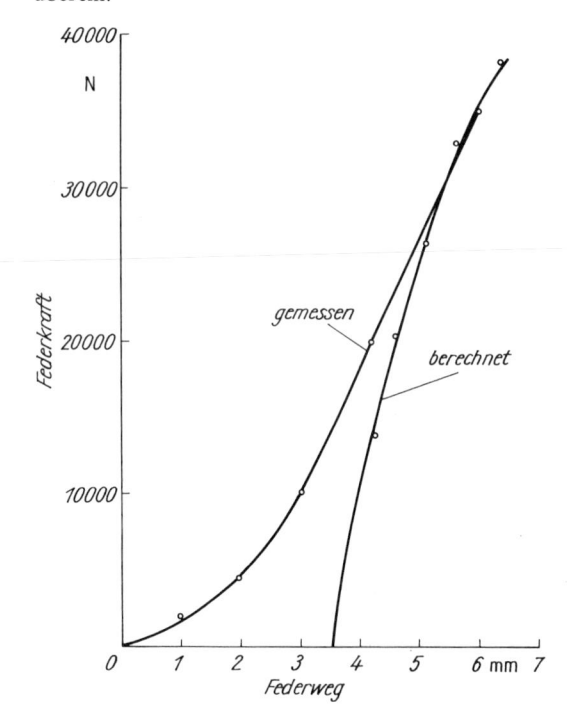

Bild 5.91. Vergleich der gemessenen und der berechneten Kennlinie einer Federsäule aus 72 Tellerfedern $31,5 \times 16,3 \times 1,75 \times 2,45$ ($i = 6$ und $n = 12$) nach [5.84]

Reibung tritt besonders in Tellerfedersäulen je nach ihrer Schichtung und den verwendeten Führungsteilen in unterschiedlicher Größe auf (Bild 5.92), wodurch bei Belastung größere Kräfte aufgewendet und bei Entlastung kleinere Kräfte wieder abgegeben werden, als von der elastischen Formänderung der Feder her (ohne Reibung) möglich wäre (s. a. Abschnitt 5.1.2.). Die Reibung nimmt dabei mit steigender Anzahl i der wechselsinnig geschichteten Einzelteller gering, jedoch mit steigendem n bei gleichsinniger Schichtung erheblich zu. Außerdem hängt der Reibungseinfluß auch von der Oberflächenbeschaffenheit der Federn und Führungselemente und von der Schmierung ab [5.82] [5.83] [5.93] [5.95] [5.96].

Relativ gut ist die Kraftabweichung durch Reibung an Tellerfedersäulen mit folgender Näherungsgleichung erfaßbar

$$\Delta F = \pm (0,02 - 0,03)\, n^2 F. \tag{5.86}$$

Tafel 5.19 enthält einige praktische Werte von Federsäulen mit unterschiedlicher Schichtung. Daraus geht hervor, daß das bezogene Maximum der Reibung bei einem Federweg von $s = 0,5 \cdot h_L$ auftritt.

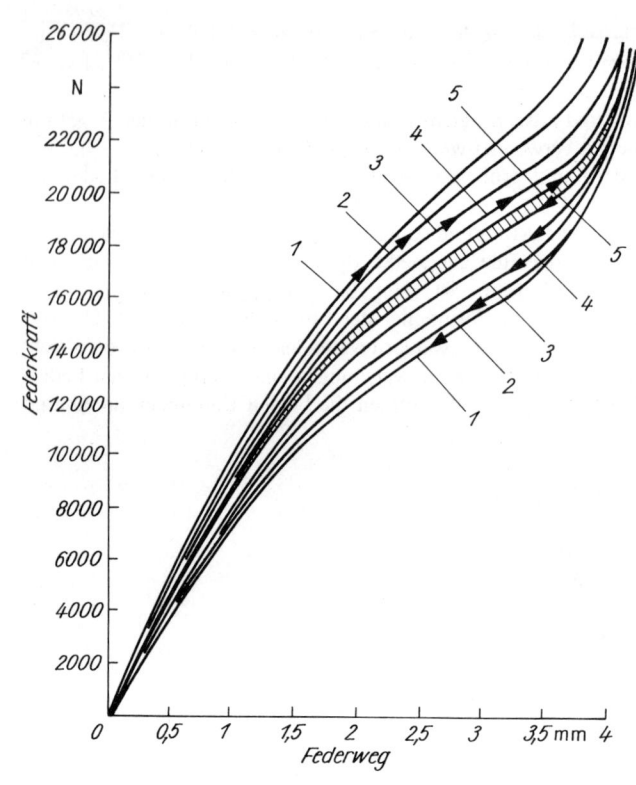

Bild 5.92. Einfluß der Schichtung auf die Federkennlinie und Hysterese (umgerechnet)
$1\ i = 10, n = 5;\ 2\ i = 8, n = 4;\ 3\ i = 9, n = 3;\ 4\ i = 10, n = 2;\ 5\ i = 10, n = 1$

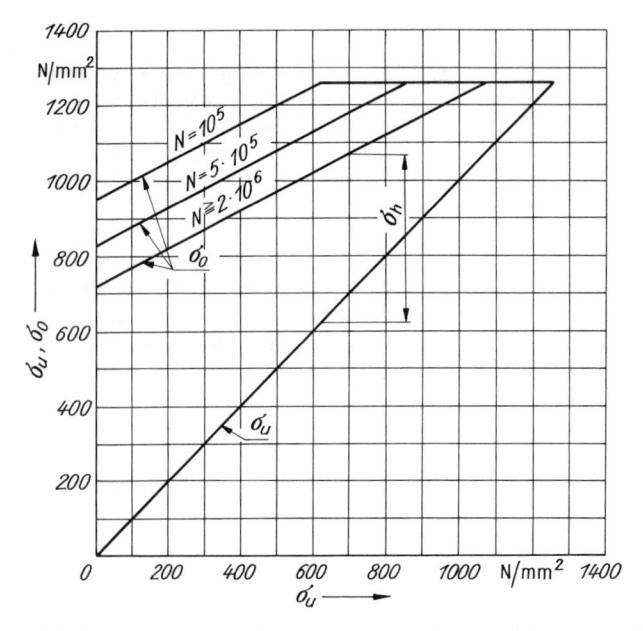

Bild 5.93. Dauer- und Zeitfestigkeitsschaubild für Tellerfedern mit Tellerdicken im Bereich $0{,}3\ \text{mm} \leqq t < 1\ \text{mm}$

5.2. Biegebeanspruchte Federn (Biegefedern)

Tafel 5.19. Einfluß der Reibung bei verschiedenen Tellerfedersäulen

Tellerfedern $D_a \times D_i \times t \times h_0$	Reibkraft in % bei Schichtung s	$s = 0{,}5 \cdot h_L$	$s = 0{,}75 \cdot h_L$	Schichtung s	$s = 0{,}5 \cdot h_L$	$s = 0{,}75 \cdot h_L$
$20 \times 10{,}2 \times 1{,}1 \times 1{,}55$	$n = 1$, $i = 10$	±7,65	± 4,9	$n = 2$, $i = 10$	±15	±10,8
	$n = 3$, $i = 8$	±13,2	± 9,1	—	—	—
$25 \times 12{,}2 \times 1{,}5 \times 2{,}05$	$n = 3$, $i = 50$	± 7,5	± 5,2	$n = 2$, $i = 80$	± 9,6	± 8,3
	$n = 3$, $i = 40$	±13,8	±13,1	$n = 3$, $i = 50$	±14,7	±12
$40 \times 20{,}4 \times 2{,}25 \times 3{,}15$	$n = 1$, $i = 10$	± 4,6	± 3,6	$n = 2$, $i = 8$	± 8,3	± 7
	$n = 3$, $i = 8$	±13,8	±11,5	—	—	—
$63 \times 31 \times 2{,}5 \times 4{,}25$	$n = 2$, $i = 25$	±13,9	±10,2	$n = 3$, $i = 14$	±14	± 8,5
$100 \times 51 \times 6 \times 8{,}2$ (ohne Auflageflächen)	$n = 1$, $i = 20$	± 6,1	± 3,1	—	—	—
$160 \times 82 \times 6 \times 10{,}5$ (ohne Auflageflächen)	$n = 2$, $i = 8$	± 4,1	—	$n = 3$, $i = 8$	±10,2	—
$180 \times 92 \times 10 \times 14{,}1$ (ohne Auflageflächen)	$n = 1$, $i = 8$	± 0,8	± 0,8	$n = 1$, $i = 18$	± 3,1	± 3,1
	$n = 2$, $i = 8$	± 4,8	—	$n = 3$, $i = 8$	± 8,5	—

Folge der Reibung ist eine relativ gute Dämpfungsfähigkeit [5.90] von Tellerfedersäulen. Die bei Mehrfachschichtung ($n > 2$) auftretende große Reibung führt aber auch zur Verdrängung des Schmierfilms und ergibt besonders bei schwingender Belastung Oberflächenbeschädigungen durch Reibkorrosion. Auch unzulässig hohe Erwärmungen sind möglich.

Dauerfestigkeit von Tellerfedern

Sie wurde eingehend von *Schremmer* [5.29] und *Hertzer* [5.31] [5.74] untersucht. Diese Untersuchungen führten letztlich zu den in den Bildern 5.93 bis 5.95 dargestellten Zeit- und Dauerfestigkeitsschaubildern für Tellerfedern. Die nach diesen Darstellungen möglichen ertragbaren Spannungen σ_0 und σ_H gelten jedoch nur für Einzelfedern, für Federsäulen mit $i \leq 6$ bei sinusförmiger Belastung (Überlebenswahrscheinlichkeit 90%) und für einen Gesamtfederweg $s_{ges} \leq 0{,}75 \cdot h_L$. Der bei weiterer Durchfederung entstehende progressive Kraftverlauf (s. a. Bild 5.75) führt zu einem erheblichen Spannungsanstieg, der zu beachten ist. Ferner ist die bereits beschriebene unterschiedliche Belastungsverteilung in der Federsäule zu beachten (Bild 5.96). Die Belastungsunterschiede nehmen mit steigender Tellerzahl zu. Sie sind nach [5.74] bis zu einer Belastungsfrequenz von 25 Hz frequenzunabhängig. Durch die unterschiedliche Belastungsverteilung in der Säule müssen nur die am meisten belasteten Einzelteller am bewegten Ende festigkeitsmäßig nachgerechnet werden (s. a. Tafel 5.20).

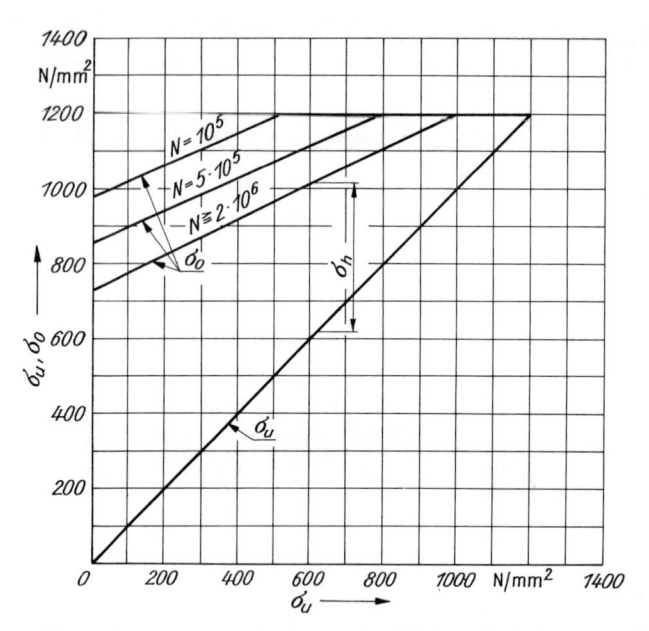

Bild 5.94. Dauer- und Zeitfestigkeitsschaubild für Tellerfedern mit Tellerdicken im Bereich $1\,\text{mm} \leq t < 6\,\text{mm}$

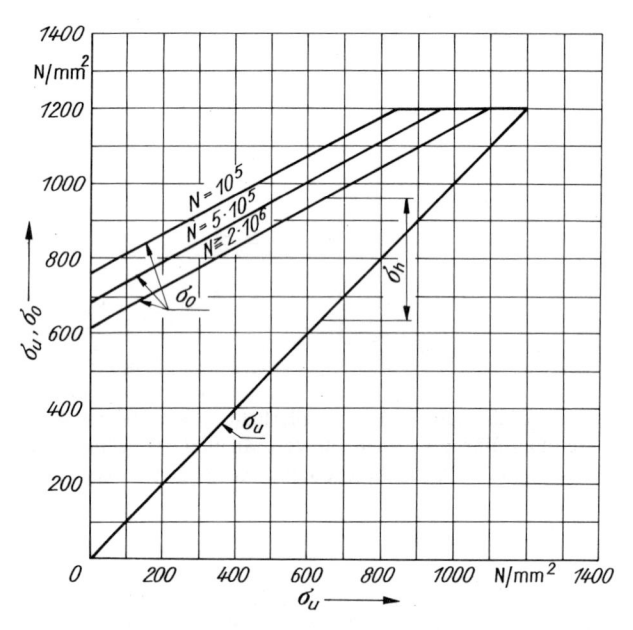

Bild 5.95. Dauer- und Zeitfestigkeitsschaubild für Tellerfedern mit Tellerdicken im Bereich $6\,\text{mm} \leq t \leq 14\,\text{mm}$

Der Dauerbruch von schwingend belasteten Tellerfedern geht von der auf Zug beanspruchten Unterseite aus. An der inneren Oberkante zeigen sich bei niedrigen Vorspannungen oft feine radial verlaufende Anrisse auf Grund der dort vorhandenen Zugeigenspannungen, die nach [5.29] [5.74] nicht zum Bruch führen und mit steigender Vorspannung, wie Tafel 5.21 zeigt, auch ausbleiben.

Die *Oberflächenverfestigung* von Tellerfedern durch Kugelstrahlen (s. a. Abschnitt 3.6.) erhöht die Dauerfestigkeit, wobei der Betrag der Erhöhung bei den einzelnen Federformen stark schwankt. Bild 5.97 enthält den Unterschied der Dauerfestigkeit zwischen gestrahlten und ungestrahlten Tellerfedern der Größe 56×28, $5 \times 2 \times 3{,}6$ nach [5.30].

5.2. Biegebeanspruchte Federn (Biegefedern)

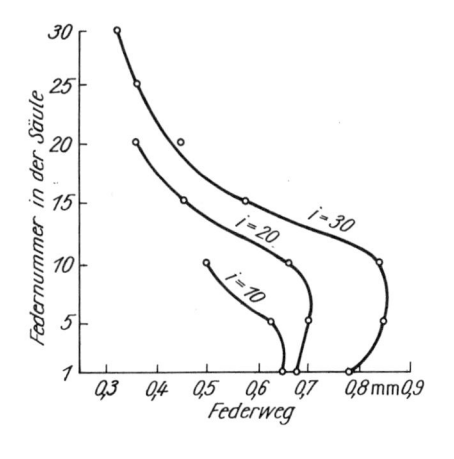

Bild 5.96. Hubunterschied bei gleicher Hubeinstellung je Feder ($s_h = 0,6$ mm) und gleichem Vorspannweg ($s_1 = 0,1$ mm) bei Federsäulen aus Tellerfedern $34 \times 12,3 \times 1,0 \times 2,34$ nach Hertzer [5.74]

Tafel 5.20. Lage der gebrochenen Tellerfedern bei einer aus 20 Federn bestehenden Säule nach Walz [5.85]

Feder-Nummer vom bewegten Ende aus	Zahl der gebrochenen Federn
1 bis 5	14
6 bis 10	10
11 bis 15	1
16 bis 20	0

Tafel 5.21. Mindestunterspannung und Mindestvorspannweg bei Tellerfedern zum Vermeiden von Anrissen am oberen Innenrand nach Schremmer [5.87]

Abmessungen in mm				Mindestspannung	Verhältnis
D_a	D_i	t	h_L	σ_{lu} in N/mm²	s_v/h_L
10	5,2	0,4	0,28	539,6	0,15
10	5,2	0,5	0,26	323,7	0,14
12,5	6,2	0,5	0,4	490,5	0,13
12,5	6,2	0,7	0,3	470,9	0,13
14	7,2	0,5	0,4	245,3	0,10
14	7,2	0,8	0,3	294,3	0,10
20	8,2	0,7	0,58	588,6	0,17
20	8,2	0,8	0,62	588,6	0,16
28	10,2	1,0	0,92	343,4	0,09
28	12,2	1,25	0,9	49,1	0,02
34	12,3	1,5	1,07	225,6	0,05
34	14,3	1,25	1,25	392,4	0,08
35,5	18,3	1,25	1,01	196,2	0,07
60	20,5	2,0	2,14	539,6	0,12

Spezielle Tellerfederformen

Im Bild 5.98 sind Tellerfedern mit *Trapezquerschnitt* dargestellt. Bei richtiger Auslegung ist im Querschnitt dieser Feder eine gleichmäßigere Spannungsverteilung im Vergleich zu den üblichen Tellerfedern nach DIN 2093 bzw. TGL 18399 vorhanden. Jedoch wird nach [5.88] die Stützwirkung der nur weniger beanspruchten Querschnittszonen geringer und die Setzneigung erhöht.

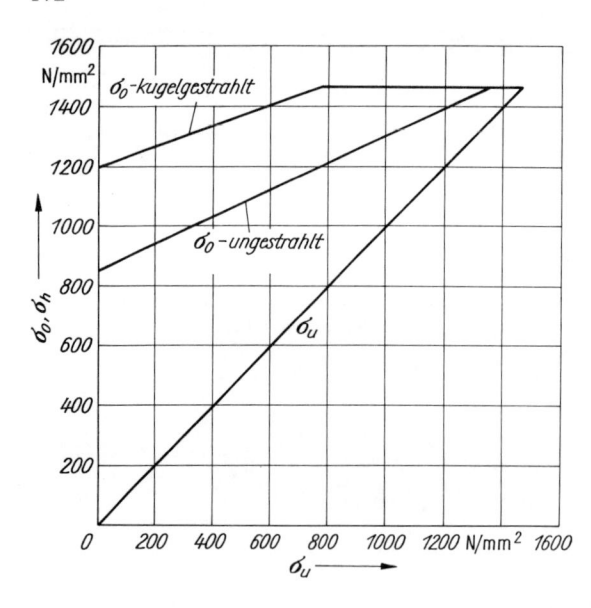

Bild 5.97. Dauerfestigkeitsschaubild für ungestrahlte und kugelgestrahlte Tellerfedern $56 \times 28{,}5 \times 2 \times 3{,}6$ nach Denecke [5.30]

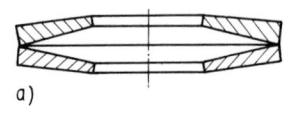

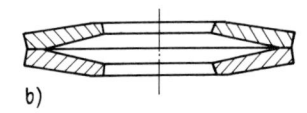

Bild 5.98. Tellerfedern mit Trapezquerschnitt
a) ohne Auflageflächen; b) mit Auflageflächen

Tafel 5.22. Berechnung von Tellerfedern mit Trapezquerschnitt

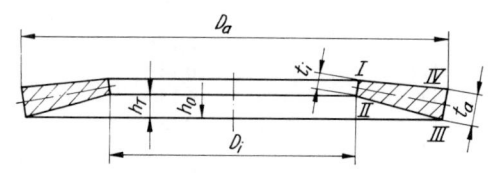

Funktionsnachweis

$$F = 4E/(1 - \mu^2)\, t_a^3 s\pi/(6 \cdot D_a^2) \cdot K_4/K_5 \cdot [(h_L/t_a - s/t_a)(h_L/t_a - s/2t_a) + 1]$$

maximaler Federweg des Einzeltellers in einer Säule:

$$s_{max} = h_0 - t_a$$

Konstanten:
$K_4 = (\delta - 1)/\delta$
$K_5 = 3\delta(\delta - 1)/(\delta^2 + \delta + 1)$

Festigkeitsnachweis

$$\sigma_{I,II} = 4E/(1 - \mu^2) \cdot t_a s/D_a^2 \cdot \delta/(\delta - 1) \cdot [-\delta(h_L/t_a - s/2t_a) \mp 1]$$
$$\sigma_{III,IV} = 4E/(1 - \mu^2) \cdot t_a s/D_a^2 \cdot \delta/(\delta - 1) \cdot [(h_L/t_a - s/2t_a) \pm 1]$$

Abmessungen

$$\delta = t_a/t_i \qquad h_L = h_T - (t_a - t_i)/2 = h_0 - (t_a + t_i)/2$$

5.2. Biegebeanspruchte Federn (Biegefedern)

Der Hauptvorteil von Tellerfedern mit Trapezquerschnitt besteht darin, daß der bei üblichen Tellerfedern auftretende progressive Kraftanstieg bei einem Federweg $s > 0{,}75 \cdot h_L$ durch Verringerung des Hebelarmes Δr vermieden wird. Bei Tellerfedern mit Trapezquerschnitt ist die Gewähr gegeben, daß fast bis zum Blockzustand die berechnete Kennlinie eingehalten wird und zusätzlich Beanspruchungen vermieden werden. Deshalb besitzen Federsäulen aus diesen Tellerfedern bessere Lebensdauereigenschaften, wobei jedoch nur eine wechselseitige Schichtung möglich ist.

Tafel 5.22 enthält die Berechnungsbeziehungen für Tellerfedern mit Trapezquerschnitt, bei denen $t_a > t_i$ ist. Eine sinngemäße Anwendung bei $t_a < t_i$ ist möglich.

Bild 5.99 zeigt eine schraubenförmige Tellerfeder. Um den Materialaufwand bei der Federherstellung zu senken, wurden nach [5.89] die Vorteile der Schraubendruckfeder mit denen der Querschnittsform der Tellerfeder vereinigt. Dabei gehen zwar die konzentrische Form, die zentrische Krafteinleitung und die volle Werkstoffausnutzung verloren, aber die bei Tellerfedersäulen erforderliche Führung wird eingespart. Durch die Möglichkeit, zwei solche schraubenförmige Tellerfedern ineinander zu schrauben (eine um 180° zur anderen verdreht), bleibt die Biegebeanspruchung der Tellerfeder neben der Schubbeanspruchung der Schraubenfeder erhalten, und es sind nahezu die gleichen Federkräfte wie bei herkömmlichen Tellerfedern erreichbar.

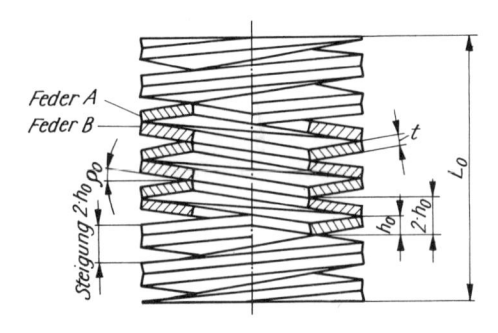

Bild 5.99. Schraubenförmige Tellerfeder Bauart Röhrs [5.89]; [5.136]

5.2.4.2. Federscheiben und Wellfedern

Federscheiben sind aus Federband ausgeschnittene kreisringförmige Bauelemente, deren Federwirkung durch eine einfache oder mehrfache Wölbung in axialer Richtung ermöglicht wird (Bild 5.100). Sie werden vorrangig zum Zweck des Spielausgleichs und zur Erzielung eines Verspannungszustands eingesetzt. Einige Anwendungsbeispiele zeigt Bild 5.101.

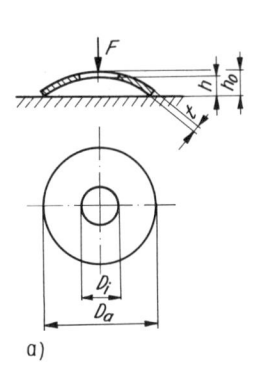

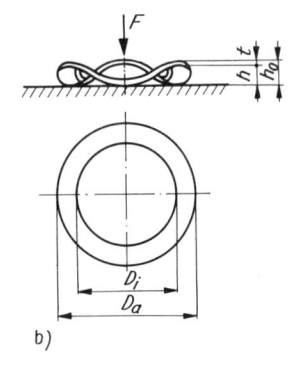

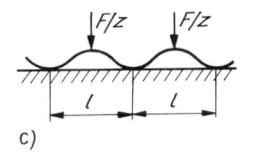

Bild 5.100. Federscheiben. Arten, Bezeichnungen, Berechnungsansatz

a) einfach gewölbte Federscheibe
b) Wellfederscheibe (axiale Wellfeder)
c) Berechnungsansatz für b)

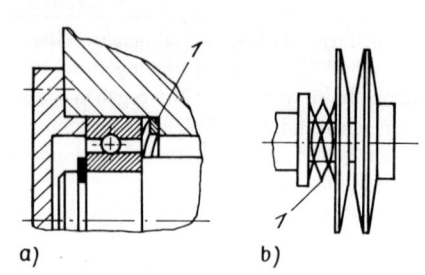

Bild 5.101. Wellfederscheiben zum Spielausgleich an Wälzlagerungen (a) und in einem Keilriemengetriebe (b) (1 Wellfederscheibe)

Die Berechnung einfach gewölbter Federscheiben nach DIN 137 (Bild 5.100a) geht von einer Rechteckform aus [5.97], wonach sich für die Federsteife

$$c = 4 \cdot Et^3(D_a - D_i)/D_a^3 \tag{5.87}$$

und für die Biegespannung

$$\sigma_b = 1{,}5 \cdot FD_a/t^2(D_a - D_i) \tag{5.88}$$

ergibt. Die maximal mögliche Verspannkraft einer Scheibe bei Ausnutzen der Wölbungshöhe $h = s = h_0 - t$ ist dann nach Gleichung (5.87)

$$F = 4 \cdot Et^3(h_0 - t)(D_a - D_i)/D_a^3 \,. \tag{5.89}$$

Der Berechnungsansatz mehrfach gewölbter (gewellter) Scheiben (axiale Wellfeder nach Bild 5.100b) geht von der vereinfachten Form nach Bild 5.100c aus (gestreckter Träger). Nach Tafel 5.3b ist dann die Federsteife eines Scheibenabschnitts (Welle)

$$c_0 = F/zs = 192 \cdot EJ/l^3 = 16 \cdot Ebt^3/l^3 \tag{5.90}$$

mit z als Anzahl der Wellen. Setzt man $l = \pi D_m/z$; $D_m = (D_a + D_i)/2$ und $b = (D_a - D_i)/2$ [5.97], dann ergibt sich die Federsteife einer solchen *Wellfederscheibe* (DIN 42013 bzw. TGL 22250) zu

$$c = F/s = 16Ebz(tz/\pi D_m)^3 = Ebz(tz/D_m)^3/1{,}94 \tag{5.91}$$

und die Biegespannung (nach Tafel 5.3b) zu

$$\sigma_b = Fl/8 \cdot W_b = 2{,}35 \cdot FD_m/bt^2z^2 = 4{,}7 \cdot FD_m/t^2z^2(D_a - D_i) \,. \tag{5.92}$$

Die vereinfachende Annahme einer gestreckten Feder nach Tafel 5.3b ergibt für kleine Durchbiegungen und eine kleine Ringbreite b eine relativ gute Übereinstimmung zwischen den theoretischen und den experimentell ermittelten Federkennlinien. Bei größeren Ringbreiten gibt es jedoch größere Abweichungen, so daß eine Korrektur durch Berücksichtigung des Durchmesserverhältnisses D_a/D_i und Verändern des Faktors $1/1{,}94$ auf $1/2{,}40$ angebracht ist [5.97]. Damit ergibt sich die korrigierte Beziehung für die Federsteife einer Wellfederscheibe zu

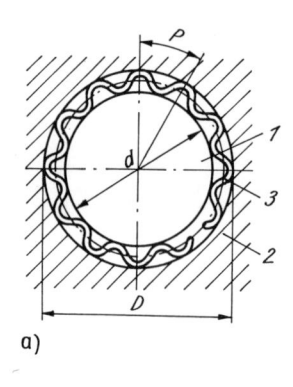

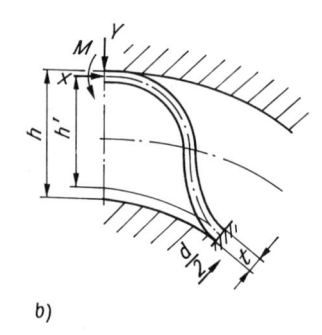

$$c = Ebz(tz/D_m)^3 \, D_a/2{,}4 \cdot D_i \,. \tag{5.93}$$

Bild 5.102. Wellen-Naben-Verbindung mittels radialer Wellfeder (sog. Toleranzring-Verbindung) (a) und „Sickenelement" dieser Feder (b)

5.2. Biegebeanspruchte Federn (Biegefedern)

Bei der im Bild 5.100b gezeigten Wellfederscheibe liegt das Verhältnis D_m/b zwischen $5 \leq D_m/b \leq 14$, so daß für einen Entwurf zunächst von einem mittleren Verhältnis $D_m/b = 8$ ausgegangen werden kann.

Sind die möglichen Federwege bzw. Federkräfte einer einzelnen Wellfederscheibe nicht ausreichend, so können Reihen- bzw. Parallelschaltungen (wechsel- oder gleichsinniges Schichten) angewendet werden. Bei einer Reihenschaltung sind zusätzliche konstruktive Maßnahmen erforderlich. Meist werden zwischen die Federn ebene Scheiben gelegt, die im Bild 5.101b nicht eingezeichnet sind.

Ein gewelltes Federband (s. Bild 5.100c) kann auch als *radiale Wellfeder*, z. B. wie im Bild 5.102a gezeigt, für Wellen-Naben-Verbindungen eingesetzt werden. Zur besseren Handhabe und Montage werden die Wellen (Sicken) nicht über die volle Bandbreite B sondern nur bis zu einer Breite b ausgeführt. Damit ergeben sich an beiden Bandrändern unverformte Bandstreifen, die nicht an der Verformung des Wellbandes teilnehmen und an den Sickenrändern verformungsbehindernd wirken. Solche Verbindungselemente sind auch als Toleranz-Ring-Verbindungen bekannt. Auf ihre Berechnung wird in [5.98] eingegangen. Die hierin angegebenen Beziehungen sind allerdings relativ kompliziert und nur mit Einsatz entsprechender Rechentechnik bearbeitbar.

Eine einfache Beziehung, die für radiale Wellfedern ohne versteifende Seitenbänder als Näherungsbeziehung für die Berechnung der sogenannten „Sickenfedersteife" (Federsteife einer Welle oder Sicke) benutzt werden kann, ist aus der Gleichung (5.90) herleitbar. Für die radiale Sickenfedersteife ergibt sich dann

$$c_0 = F_r/zs = 16 \cdot Eb(tz/\pi D)^3 ,\tag{5.94}$$

womit näherungsweise auch das übertragbare Drehmoment

$$M = (D/2) \Sigma F_r\mu/z = 4 \cdot \mu z DEb(d + 2 \cdot h_0 - D)(tz/\pi D)^3 \tag{5.95}$$

berechnet werden kann, wenn für $F_r = c_0 zs$; $s = (d + 2 \cdot h_0 - D)/2$ und $F_R = \mu F_r$ gesetzt wird (D Nabeninnendurchmesser; d Wellendurchmesser; h_0 Höhe des unverformten Wellbandes). Mit den Werten $D = 50$ mm; $d = 48$ mm (ohne Toleranzen betrachtet); $\mu = 0,15$; $t = 0,4$ mm; $h_0 = 1,05$ mm; $z = 30$; $b = 32$ mm (Abmessungen der Toleranzringgröße BN 50×40) ergibt sich z. B. ein übertragbares Drehmoment $M = 260,4$ N · m. Nach den in [5.98] enthaltenen Versuchswerten für die Sickenfedersteife und den Beziehungen für das übertragbare Drehmoment ergibt sich ein

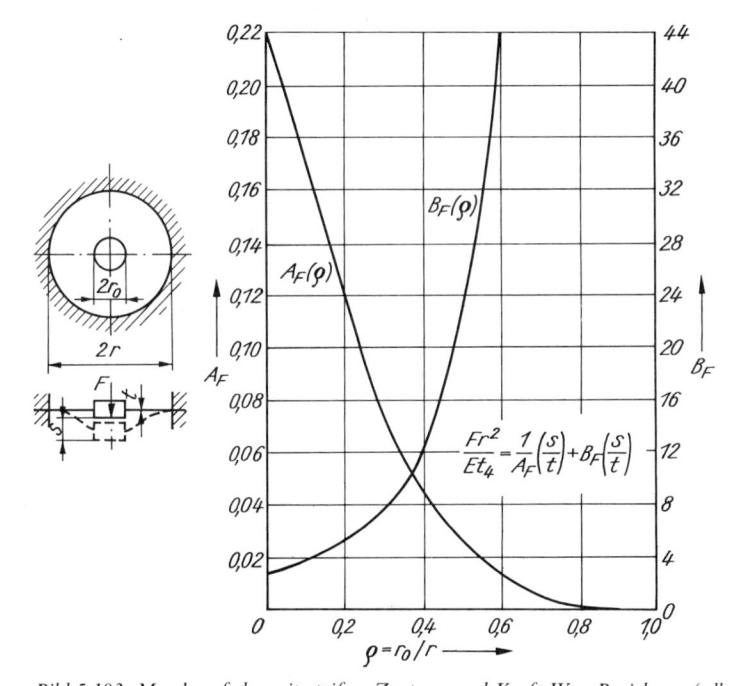

Bild 5.103. Membranfeder mit steifem Zentrum und Kraft-Weg-Beziehung (allgemeine Form)

Wert $M = 267{,}3$ N · m für einen Toleranzring der Nenngröße BN 50×40 mit offenen Ringenden und ohne versteifende Randbänder. Die Werte stimmen recht gut überein, und die Gleichungen (5.94) und (5.95) können somit für eine überschlägliche Parameterbestimmung derartiger Verbindungen angewendet werden.

5.2.4.3. Membranfedern (Plattenfedern)

Als Membranfedern werden dünne elastische, meist kreisförmige Platten aus Federblech (Bronze, Messing, Stahl u. dgl.) bezeichnet, die an ihrem gesamten Rand gestellfest gelagert sind (Randeinspannung, selten frei aufliegend). Zur Befestigung von Bauelementen (z. B. bei Verwendung in Federführungen) besitzen sie ein verformungssteifes Zentrum, das bei der Berechnung der Verformungen zu berücksichtigen ist (Bild 5.103) [5.34] [5.99].

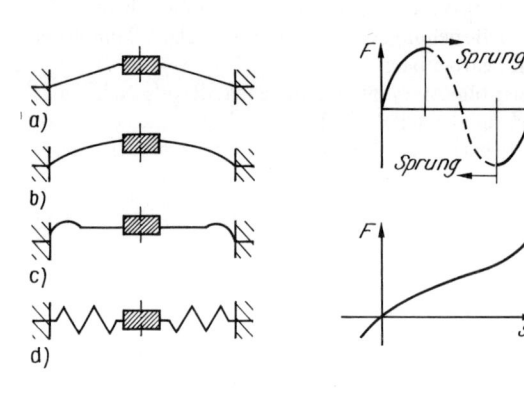

Bild 5.104. *Ausführungsformen und Kennlinien von Membranfedern*

a) kegelig gewölbt; b) sphärische gewölbt; c) mit Randeinprägung; d) konzentrisch profiliert

Im Gerätebau werden diese Federn als Kraft- bzw. Druckmeß- oder als Führungselemente eingesetzt. Sie können recht verschieden geformt sein (Bild 5.104). Profilierte und durchbrochene Ausführungen mit Kreisform und auch kreisförmigem steifem Zentrum werden am häufigsten verwendet. Durch diese Formgebung wird die mögliche elastische Auslenkung gegenüber der isotropen Form vergrößert. Bild 5.105 zeigt zum Vergleich die Federkennlinien verschiedener Membranfederausführungen mit bestimmten Abmessungen nach [5.99].

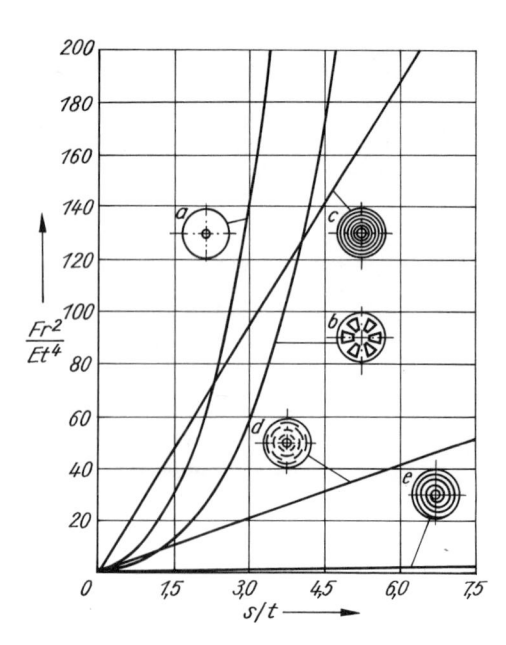

Bild 5.105. *Verlauf von Kraft-Weg-Kennlinien durchbrochener bzw. geprägter Membranfedern nach [5.34] und [5.99]*

5.2. Biegebeanspruchte Federn (Biegefedern)

Berechnungsbeispiele[1])

1. Quasistatisch belastete Tellerfedersäule

Gefordert: $F_{s1} = 2000$ N; $F_{sn} = 4000$ N; $s_{sh} = s_{s2} - s_{s1} \geq 5$ mm; $D_a \leq 65$ mm; Auswahl einer genormten Feder

Lösung:

a) Federauswahl: Nach DIN 2093 sind für die Maximalkraft $F_n = 4000$ N bei einfacher Schichtung folgende Federn einsetzbar:

   DIN 2093-A 35,5 ,   DIN 2093-B 50 ,   DIN 2093-B 56 .

Die Parameter dieser Federn enthält Tafel 5.23. Die Feder DIN 2093-B 56 weist den größten Federweg auf und wird deshalb für die weitere Berechnung zugrunde gelegt. (Die Feder DIN 2093-B 63 wäre auch verwendbar, aber bei dieser würde der Werkstoff weniger ausgelastet. Damit wäre eine längere Federsäule nötig.) Die theoretische Blockkraft aller Tellerfedern ist

$$F_{Bl} = 906\,000 \text{ N/mm}^2 \cdot t^3 h_L/(K_1 \cdot D_a^2)$$
$$= 906\,000 \text{ N/mm}^2 \cdot 2^3 \text{ mm}^3 \cdot 1{,}6 \text{ mm}/(0{,}68 \cdot 56^2 \text{ mm}^2) = 5438 \text{ N}.$$

Tafel 5.23. Parameter der Tellerfedern zum 1. Berechnungsbeispiel

DIN 2093	D_a mm	D_i mm	t mm	h_0 mm	F bei $\approx 0{,}75 \cdot h_L$	s
A 35,5	35,5	18,3	2	0,8	5190	0,6
B 50	50	25,4	2	1,4	4760	1,05
B 56	56	28,5	2	1,6	4440	1,2
B 63	63	31	2,5	1,75	7180	1,31

Somit werden für die Tellerfeder DIN 2093-B 56

$F_1/F_{Bl} = 2000 \text{ N}/5438 \text{ N} = 0{,}368$ und

$F_2/F_{Bl} = 4000 \text{ N}/5438 \text{ N} = 0{,}736$.

b) Federwege: Mit Hilfe von Bild 5.73 ergeben sich mit den Faktoren 0,368 und 0,736 folgende Wegverhältnisse

$s_1/h_L = 0{,}28$ und $s_2/h_L = 0{,}65$.

Damit werden die Federwege zu

$s_1 = 0{,}28 \cdot 1{,}6 \text{ mm} = 0{,}45 \text{ mm}$

$s_2 = 0{,}65 \cdot 1{,}6 \text{ mm} = 1{,}04 \text{ mm}$

$s_h = s_2 - s_1 = 1{,}04 \text{ mm} - 0{,}45 \text{ mm} = 0{,}59 \text{ mm}$

c) Anzahl der Einzelfedern: Die erforderliche Gesamtzahl der Einzelfedern errechnet sich aus dem geforderten Hub s_{sh} der Säule und dem Hub s_h des Einzeltellers zu

$i \geq s_{sh}/s_h \geq 5 \text{ mm}/0{,}59 \text{ mm} \geq 8{,}47$.

Gewählt wird $i = 10$. Damit wird $s_{sh} = 5{,}9$ mm und entspricht somit der Aufgabenstellung.

---

[1]) nach DIN 2092 lies F_{ges} statt F_s, s_{ges} statt s_s, D_e statt D_a, h_0 statt h_L, l_0 statt h_0

d) Federsäulenlänge: Die Länge der ungespannten Säule ist

$$L_0 = i \cdot h_0 = 10 \cdot 3{,}6 \text{ mm} = 36 \text{ mm}$$

und die Vorspannlänge

$$L_{s1} = L_0 - i \cdot s_1 = L_0 - s_{s1} = 36 \text{ mm} - 10 \cdot 0{,}45 \text{ mm} = 31{,}5 \text{ mm} \; .$$

2. *Schwingend belastete Tellerfedersäule*

Gefordert: $F_{s1} = 2000 \text{ N}$; $F_{s2} = 4000 \text{ N}$; $s_{sh} \geq 5 \text{ mm}$; $D_a \leq 65 \text{ mm}$
Mindestlebensdauer: $2 \cdot 10^6$ Lastwechsel

Lösung:
Die im 1. Beispiel ausgewählte Federsäule aus zehn wechselsinnig geschichteten Tellerfedern DIN 2093-B 56 erfüllt scheinbar auch die genannten Forderungen. Aus diesem Grunde wird zunächst eine Spannungsnachrechnung durchgeführt.
Die gewählte Feder hat ein Formverhältnis $h_L/t = 0{,}8$ und ein $D_a/D_i = 1{,}96$. Aus Bild 5.72 ergibt sich für diesen Wert, daß die maximale Zugspannung an der äußeren Unterkante (Stelle *III*) auftritt. Die Unterspannung ist bei $s_1 = 0{,}45$ mm $\sigma_1 = \sigma_u = 443 \text{ N/mm}^2$, und die Oberspannung ist bei $s_2 = 1{,}04$ mm $\sigma_2 = \sigma_0 = 973 \text{ N/mm}^2$. Für die Hubspannung ergibt sich dann

$$\sigma_h = \sigma_0 - \sigma_u = 973 \text{ N/mm}^2 - 443 \text{ N/mm}^2 = 530 \text{ N/mm}^2 \; .$$

Diese Werte müssen mit denen des entsprechenden Dauerfestigkeitsschaubilds verglichen werden. Nach Bild 5.94 ist für eine Unterspannung $\sigma_u = 442 \text{ N/mm}^2$ bei $N = 2 \cdot 10^6$ Lastwechseln eine maximale Oberspannung von $\sigma_0 = 920 \text{ N/mm}^2$ zulässig. Die zulässige Dauerhubfestigkeit ist somit

$$\sigma_H = 920 \text{ N/mm}^2 - 443 \text{ N/mm}^2 = 477 \text{ N/mm}^2 \; .$$

Die vorhandene Spannung ist also größer als die zulässige, und damit ist der Festigkeitsnachweis nicht erfüllt. Es wird nur eine Lebensdauer von etwas mehr als $5 \cdot 10^5$ Lastwechseln erreicht.
Bei dieser Berechnung wurde die unterschiedliche Belastungsverteilung in einer Federsäule noch nicht berücksichtigt. Nach Bild 5.96 werden in einer Säule mit zehn Federn die Federn am bewegten Ende 8% mehr und die am unbewegten Ende 17% weniger belastet als der Durchschnitt. Aus diesem Grunde sollte eine Feder ausgewählt werden, bei der das Formverhältnis $s_2/h_L < 0{,}8$ ist. Diese Bedingung erfüllt z. B. die Feder DIN 2093-B 63 mit folgenden Daten

$$D_a = 63 \text{ mm}; \quad D_i = 31 \text{ mm}; \quad t = 2{,}5 \text{ mm}; \quad h_L = 1{,}75 \text{ mm};$$
$$F_n = 7180 \text{ N}; \quad s_n = 1{,}31 \text{ mm} \; .$$

Für diese Feder ergibt sich bei

$$F_1 = 2000 \text{ N ein Federweg } s_1 = 0{,}29 \text{ mm}$$
$$F_2 = 4000 \text{ N ein Federweg } s_2 = 0{,}63 \text{ mm}$$

und somit ein Federhub $s_h = s_2 - s_1 = 0{,}63 \text{ mm} - 0{,}29 \text{ mm} = 0{,}34 \text{ mm}$. Um den von der Federsäule geforderten Hub zu realisieren, sind

$$i \geq s_{sh}/s_h \geq 5 \text{ mm}/0{,}34 \text{ mm} \geq 14{,}7$$

Einzelfedern erforderlich. Gewählt werden $i = 16$ Federn.
Für die gewählten Federn mit $D_a/D_i = 2$ und $h_L/t = 0{,}7$ ergibt sich aus Bild 5.72, daß die größte Zugspannung an der äußeren Unterkante auftritt. Die Spannungen sind mit

$$F_1 = 2000 \text{ N} \quad \sigma_u = 275 \text{ N/mm}^2 \text{ (Unterspannung)}$$
$$F_2 = 4000 \text{ N} \quad \sigma_0 = 581 \text{ N/mm}^2 \text{ (Oberspannung)}$$
$$\sigma_h = \sigma_0 - \sigma_u = 581 \text{ N/mm}^2 - 275 \text{ N/mm}^2 = 306 \text{ N/mm}^2 \; .$$

Nach Bild 5.96 tritt bei $i = 20$ bei den Tellerfedern am bewegten Ende eine Belastungssteigerung um 16,7% auf. So wird dann

$$\sigma_{h \text{ tatsächlich}} = 1{,}167 \cdot \sigma_h = 1{,}167 \cdot 306 \text{ N/mm}^2 = 357 \text{ N/mm}^2 \; .$$

5.2. Biegebeanspruchte Federn (Biegefedern)

Der Vergleich mit dem Dauerfestigkeitsschaubild nach Bild 5.96 ergibt folgende zulässige Werte für die geforderte Lebensdauer für

$$\sigma_u = 275 \text{ N/mm}^2 \quad \text{wird} \quad \sigma_0 = 840 \text{ N/mm}^2 .$$

Die Dauerhubfestigkeit beträgt danach

$$\sigma_H = \sigma_0 - \sigma_u = 840 \text{ N/mm}^2 - 275 \text{ N/mm}^2 = 565 \text{ N/mm}^2 .$$

Damit ergibt sich eine vorhandene Sicherheit von

$$S_{vorh} = \sigma_H/\sigma_h = 565 \text{ N/mm}^2/357 \text{ N/mm}^2 = 1{,}58 ,$$

und die Bedingungen des Festigkeitsnachweises sind erfüllt. Die Lösung mit 16 Federn DIN 2093-B 63 ist demnach günstiger als die Säule mit zehn Tellerfedern DIN 2093-B 56. Die Säule ist jedoch länger:

$$L_0 = i \cdot h_0 = 16 \cdot 4{,}25 \text{ mm} = 68 \text{ mm}$$

$$L_1 = L_0 - i \cdot s_1 = 68 \text{ mm} - 16 \cdot 0{,}29 \text{ mm} = 63{,}36 \text{ mm} .$$

In DIN 2093 wird eine Mindestvorspannung von 15% der lichten Bauhöhe, also $s_v \geqq 0{,}15 \cdot h_L$, empfohlen, um Anrisse an der inneren Oberkante zu vermeiden. Also muß $s_1 > s_v$ sein

$$s_v = 0{,}15 \cdot h_L = 0{,}15 \cdot 1{,}75 \text{ mm} = 0{,}263 \text{ mm} < s_1 = 0{,}29 \text{ mm} .$$

Somit ist auch diese Bedingung erfüllt.

5.2.5. Bimetallfedern (Thermobimetalle) [5.36] [5.37] [5.38]

5.2.5.1. Aufbau

Thermobimetalle bestehen aus mindestens zwei Metallschichten mit unterschiedlichem Wärmeausdehnungskoeffizienten. Die einzelnen Metallschichten sind fest miteinander verbunden. Diese Schichtverbundstoffe sind als Halbzeuge in Form von Streifen oder Bändern verfügbar.

Bei Erwärmung führt der unterschiedliche Ausdehnungskoeffizient der einzelnen Komponenten zu einer Krümmung des Bimetallstreifens (Bild 5.106). Die Metallkomponente mit der kleineren Wärmeausdehnung wird als passive und die mit der größeren als aktive Komponente bezeichnet.

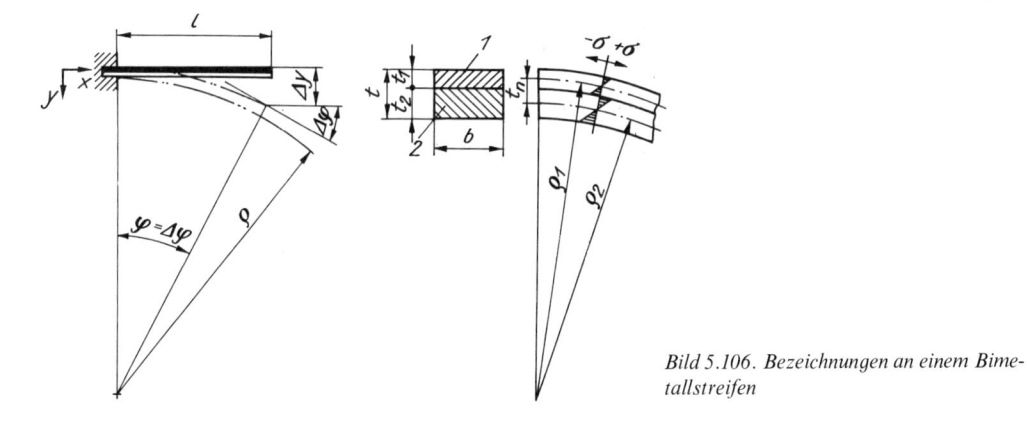

Bild 5.106. Bezeichnungen an einem Bimetallstreifen

Thermobimetalle werden vielfältig dort angewendet, wo Temperaturen oder Größen, die sich in Temperaturänderungen umwandeln lassen, gemessen oder gesteuert werden müssen. Wegen der elastischen Eigenschaften des Bimetalls sind sowohl die Verformung selbst als auch die Kraft, die bei der Verformung entsteht, auswertbar. Diese Kraftwirkung entsteht durch teilweise oder völlige Verhinderung der freien Ausbiegung infolge einer Temperaturänderung. Es entsteht eine Federspannung (Energiespeicherung), die für Antriebs- und Schaltaufgaben genutzt werden kann (Energieabgabe).

Als passive Komponente wird bei Bimetallen meist eine bestimmte Eisen-Nickel-Legierung FeNi36 (Invar) verwendet, deren Ausdehnungskoeffizient bei Raumtemperatur mit $1,2 \cdot 10^{-6}$ 1/K recht niedrig liegt. Für die aktive Komponente werden verschiedene Fe—Ni—Cr, Cu—Ni- und Fe—Cr-Legierungen (z. B. FeNi20Mn6) mit Ausdehnungskoeffizienten bei Raumtemperatur zwischen $11 \cdot 10^{-6}$ 1/K und $19 \cdot 10^{-6}$ 1/K eingesetzt.

Bimetalle werden vorwiegend spanlos durch Ausschneiden, Lochen und Abschneiden bearbeitet. An spanabhebenden Verfahren finden Bohren, Senken und Gewindeschneiden Verwendung. Die einzelnen Komponenten (Schichten) werden durch Warm- oder Kaltwalzschweißen miteinander verbunden. Sofern die Elastizitätsmoduln der Komponenten gleich sind, wird auch eine gleich große Schichtdicke gewählt. Bei stärker voneinander abweichenden Elastizitätsmoduln wird ein Schichtdickenverhältnis

$$t_1/t_2 = (E_2/E_1)^{0,5} \tag{5.96}$$

gewählt.

5.2.5.2. Berechnung

Die charakteristische Eigenschaft von Bimetallen ist ihre Krümmung bzw. Ausbiegung unter dem Einfluß von Wärme. Ein beliebiges Bimetallstück wölbt sich bei Erwärmung zu einer Kugelschale und ein schmaler Streifen (Querwölbung vernachlässigbar) zu einem Kreisbogen. Gegenüber einer Befestigungsstelle des Bimetallstreifens (z. B. einseitige Einspannung, Bild 5.106) kommt es also bei Erwärmung des Streifens zu einer Verlagerung des freien Endes.

Unter bestimmten Voraussetzungen, z. B. Ausbiegung ist gegenüber der Streifenlänge l klein [5.38], ergibt sich zwischen dem Krümmungsradius r und der Temperaturänderung nach Bild 5.106 der Zusammenhang

$$r = t_n/(\alpha_1 - \alpha_2) \Delta \vartheta \,. \tag{5.97}$$

wobei α_1 und α_2 Temperaturkoeffizienten der Längenausdehnung der einzelnen Schichten in 1/K; t die Gesamtdicke des Bimetallstreifens in mm; t_n der Abstand der neutralen Faser der Schichten in mm und $\Delta \vartheta = \vartheta - \vartheta_0$ die Erwärmung in K sind. Außerdem ist $\pm 1/r = d^2y/dx^2$, woraus sich die Absenkung Δy am freien Ende $(x = l)$ zu

$$\Delta y = (\alpha_1 - \alpha_2) l^2 \Delta \vartheta / 2 \cdot t_n \tag{5.98}$$

ergibt. Mit der werkstoffspezifischen Konstanten, der spezifischen Ausbiegung

$$a = (\alpha_1 - \alpha_2) t/t_n \,, \tag{5.99}$$

die die Ausbiegung des freien Endes eines geraden Streifens von der Dicke $t = 1$ mm und der Länge $l = 1$ mm bei der Erwärmung $\Delta \vartheta = 1$ K darstellt, geht Gleichung (5.98) in die Form

$$\Delta y = al^2 \Delta \vartheta / t \tag{5.100}$$

über. Für kleine Verformungen wird $\Delta x = 0$. Weitere Berechnungsgleichungen für verschiedene Ausführungsformen von Bimetallen enthält Tafel 5.24, während in Tafel 5.25 einige spezifische Daten von Thermobimetallen nach [5.37] [5.38] aufgeführt sind.

Als Kraftwirkung bei einer unterdrückten thermischen Ausbiegung infolge der Temperaturdifferenz $\Delta \vartheta_u$ ergibt sich aus der Grundbeziehung $F = Ebt^3 \Delta y/4 \cdot l^3$ mit Gleichung (5.100) für einen einseitig eingespannten Streifen der Breite b

$$F = aEbt^2 \Delta \vartheta_u / 4 \cdot l \,. \tag{5.101}$$

Dabei ist zu beachten, daß die aus der Temperaturdifferenz resultierende zu unterdrückende Ausbiegung nicht zu einer Biegespannung führt, die den zulässigen Wert nach Tafel 5.25 überschreitet. Die Biegespannung ist unter Verwendung der Gleichung (5.101)

$$\sigma_b = 6 \cdot Fl/bt^2 = (3/2)(aE \Delta \vartheta_u) \tag{5.102}$$

zu berechnen. Einsetzen von $\sigma_b = \sigma_{b\,zul}$ führt zu der Beziehung für die maximal mögliche Temperaturdifferenz

$$\Delta \vartheta_{u\,zul} = (2 \cdot \sigma_{b\,zul})/(3 \cdot a \cdot E) \,, \tag{5.103}$$

5.2. Biegebeanspruchte Federn (Biegefedern)

Tafel 5.24. *Beziehungen für die Verlagerung des freien Endes einseitig eingespannter Bimetallstreifen bei gleichmäßiger Erwärmung*

Form Anordnung	Verlagerung des freien Endes von Bimetallstreifen		
	x-Richtung: Δx	y-Richtung: Δy	Drehrichtung: $\Delta \varphi$
a)	$\Delta x = 0$	$\Delta y = \dfrac{al^2}{t}\Delta\vartheta$	$\Delta\varphi = \dfrac{2al}{t}\Delta\vartheta$
b)	$= \dfrac{2aR^2}{t}(1-\cos\varphi)\Delta\vartheta$	$= \dfrac{2aR^2}{t}(\varphi - \sin\varphi)\Delta\varphi$	$= \dfrac{\Delta y}{R}$
c)	$= \dfrac{4aR^2}{t}\Delta\vartheta$	$= \dfrac{2\pi aR^2}{t}\Delta\vartheta$	$= \dfrac{2\pi aR}{t}\Delta\vartheta$
d)		$= \dfrac{a}{t}(v^2 - u^2 + 2vu + 4R^2 + 2\pi Rv)\Delta\vartheta$	
e)	$= \dfrac{av(2u+v)}{t}\Delta\vartheta$	$= \dfrac{au^2}{t}\Delta\vartheta$	
Bimetallspirale			$\Delta\varphi = \dfrac{2al}{t}\Delta\vartheta$ mit $a_W = \dfrac{\pi}{l}(r_1^2 - r_2^2)$ für archimedische Spirale und $l = n\pi(r_1 + r_2)$ n Anzahl der Windungen
Bimetallscheibe		$= \dfrac{a(D^2 - d^2)}{4t}\Delta\vartheta$	

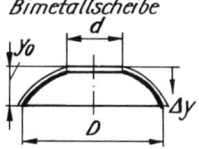

Tafel 5.25. Kennwerte ausgewählter Thermobimetalle (nach [5.37] und [5.38])
1 nach TGL 14715, *2* nach DIN 1715 (etwa ähnliche Typen nebeneinander)

Bezeichnung, Thermobimetallmarke nach		Spezifische thermische Ausbiegung a zwischen 20 und 100 °C in 10^{-6}/K	Gebrauchstemperaturbereich in °C	Anwendungsgrenze in °C	Spezifischer elektrischer Widerstand bei 20 °C in $\mu\Omega$ m	Elastizitätsmodul bei 20 °C in N/mm^2	Zulässige Biegespannung bei 20 °C in N/mm^2
1	*2*						
TB 155/78		15,5	−20 bis 250	400	0,78	160 000	200
	TB 1577 A	15,5	−20 bis 200	450	0,78	170 000	200
TB 200/108		20,0	−20 bis 250	300	1,08	135 000	150
	TB 20110	20,8	−20 bis 200	350	1,08	135 000	200
TB 110/70		11,0	−20 bis 400	450	0,70	165 000	200
	TB 0965	9,8	−20 bis 425	450	0,65	175 000	200
TB 148/35		14,8	−20 bis 250	400	0,35	165 000	200
	TB 1555	15,0	−20 bis 200	450	0,55	170 000	200
TB 145/11		14,5	−20 bis 250	400	0,11	150 000	200
	TB 1109	11,5	−20 bis 380	400	0,09	165 000	200
TB 137/16		13,7	−20 bis 250	250	0,20	155 000	150
TB 97/16		9,7	−20 bis 250	350	0,16	150 000	150
	TB 1075	10,8	−20 bis 200	550	0,75	200 000	250

aus der hervorgeht, daß die zulässige Temperaturdifferenz eines ausbiegungsbehinderten Bimetallstreifens nur von Werkstoffkenngrößen abhängt, die Tafel 5.25 zu entnehmen sind.
Die Anwendung dieser Grundbeziehungen auf einen vergleichbaren Bimetallstreifen, der beidseitig aufgelegt wird (s. Tafel 5.4a) ergibt, daß bei gleicher aktiver Länge die Ausbiegung nur ein Viertel des Wertes für den einseitig eingespannten Streifen ist. Dafür ist die Kraftwirkung jedoch viermal größer.

5.2.5.3. Anwendung

Neben Aufgaben der Temperaturmessung werden Thermobimetallen vor allem Schaltaufgaben in den unterschiedlichsten Maschinen und Geräten übertragen. Bei seiner Verwendung wird Thermobimetall stets erwärmt. Diese Erwärmung kann durch Leitung von der Befestigungsstelle her oder durch Strahlung und Konvektion von der Umgebung her erfolgen. Auch eine indirekte oder direkte elektrische Beheizung ist möglich.
Beim Einsatz der Bimetallstreifen in Schalt- und Auslöseeinrichtungen von Geräten ist häufig das Einstellen des erforderlichen Schaltpunktes notwendig. Das kann durch Ändern des Kontaktabstandes oder der Vorspannung der Bimetallstreifen erfolgen. Bild 5.107 zeigt dazu einige prinzipielle Möglichkeiten.
Am häufigsten werden Thermobimetalle des Typs 155/78 bzw. TB 1577 (s. Tafel 5.25) eingesetzt. Sie gelten als Universaltypen und zeichnen sich im angegebenen Temperaturbereich durch hohe thermische Empfindlichkeit und große Gleichmäßigkeit aus. Infolge ihres verhältnismäßig hohen spezifischen elektrischen Widerstands eignen sie sich sehr gut für direkte elektrische Beheizung. Die Streifen dieser Typen lassen sich gut spanlos und spanend bearbeiten. Wegen ihrer guten thermischen, elektrischen und mechanischen Eigenschaften gelten sie als wirtschaftlich und technisch günstigstes Thermobimetall für die meisten Anwendungsfälle.
Die Thermobimetalle TB 200/108 und TB 20110 besitzen die höchste spezifische thermische Ausbiegung und einen sehr hohen spezifischen elektrischen Widerstand. Sie sollten Einsatzfällen vor-

5.3. Torsionsbeanspruchte Federn (Verdrehfedern)

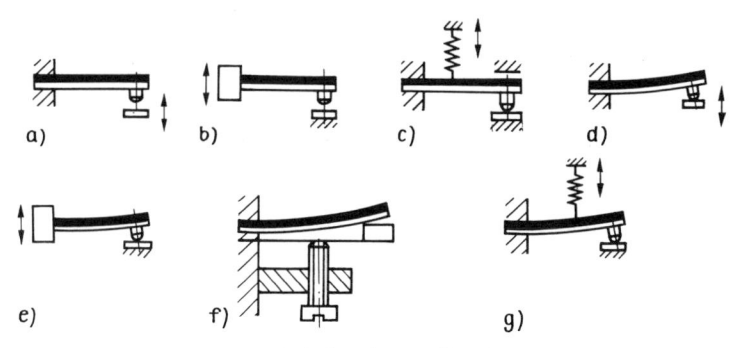

Bild 5.107. Möglichkeiten zur Schaltpunkteinstellung bei Bimetallschaltern (Beispiele)
a) bis c) Schließer; d) bis g) Öffner

behalten bleiben, bei denen diese Eigenschaften optimal zur Geltung kommen (z. B. direkte elektrische Beheizung mit kleinen Stromstärken).
Die Typen 110/70 sowie TB 0965 weisen gegenüber den erstgenannten Typen einen erweiterten Linearitätsbereich auf. Sie werden vor allem für temperaturanzeigende und regelnde Einrichtungen bei indirekter Beheizung (Bügeleisenregler, Zündflammensicherung für Gasgeräte usw.) verwendet.
Einen definierten Widerstand (linearer Verlauf über der Temperatur) durch Einbringen einer Zwischenlage aus Kupfer oder Nickel besitzen die Typen TB 148/35 und TB 145/11 sowie TB 1555 und TB 1109. Sie werden deshalb vor allem als direkt beheizte Auslöse- und Schutzelemente (z. B. Überstromauslöser für Leitungen, Elektromotoren und Geräte) eingesetzt. Beim Typ TB 1109 wird durch die Kupferzwischenlage die elektrische und thermische Leitfähigkeit wesentlich erhöht, wodurch sich z. B. bei Verwendung für Bügeleisenregler das Temperaturgleichgewicht zwischen Bügeleisensohle und Regler schnell einstellen kann. Die Ausführungen TB 137/16, TB 97/16 und TB 1075 sind Thermobimetalle, die korrosionsgeschützt sind bzw. aus korrosionsbeständigen Werkstoffen bestehen.

5.3. Torsionsbeanspruchte Federn (Verdrehfedern)

Zeichen, Benennungen und Einheiten

A	Beiwert für die Kaminfederberechnung
C	spezifische Federung in mm/N
C_W	spezifische Federung einer Windung in mm/N
D	Durchmesser in mm
D_a	äußerer Windungsdurchmesser in mm
D_i	innerer Windungsdurchmesser in mm
D_m	mittlerer Windungsdurchmesser in mm
E	Elastizitätsmodul in N/mm^2
F	Kraft, Federkraft in N
F_{Bl}	Blockkraft, Federkraft im Blockzustand in N
F_Q	Federquerkraft in N
F_n	nutzbare Federkraft in N
F_0	innere Vorspannkraft bei Zugfedern in N
G	Gleitmodul in N/mm^2
J_t	Flächenträgheitsmoment bei Torsion in mm^4
K	Beiwert
K_1, K_2	Beiwerte zur Berechnung von Torsionsstäben mit Rechteckquerschnitt
K_3	Beiwert für die Berechnung von Kegelstumpffedern
K_4	Beiwert für die Berechnung von Tonnen- und Taillenfedern

K_r	Beiwert für die Schubspannungsberechnung von Kaminfedern
K_L	Lagerungsbeiwert für Druckfedern
L	Länge in mm
L_{Bl}	Blocklänge der Feder in mm
L_H	Ösenlänge, Abstand der Öseninnenkante vom Federkörper bei Zugfedern in mm
L_K	Länge des unbelasteten Federkörpers von Zugfedern in mm
L_0	Länge der ungespannten Feder in mm
L_n	Länge der gespannten Feder in mm
M	Moment in N · mm
R	Radius in mm
R_e	Streckgrenze (σ_S) in N/mm²
R_m	Zugfestigkeit (σ_{zB}) in N/mm²
$R_{p0,2}$	0,2-Dehngrenze ($\sigma_{0,2}$) in N/mm²
S	Sicherheit
S_W	Windungssteigung in mm
S_a	Summe der Mindestabstände zwischen den Windungen in mm
T_c	Toleranz der Federsteife in %
V	Volumen, Federvolumen in mm³
W	Federarbeit in N · mm
W_{opt}	optimale Federarbeit in N · mm
a	Abstand in mm, Seitenlänge des Quadrats in mm
b	Breite in mm, Beiwert
c	Federsteife (Federrate) in N/mm
c_Q	Querfedersteife in N/mm
c_φ	Drehfedersteife in N · mm/rad
d	Stabdurchmesser, Drahtdurchmesser in mm
d_a	Stabaußendurchmesser in mm
d_f	Fußkreisdurchmesser des Kopfprofils von Drehstäben in mm
d_i	Stabinnendurchmesser in mm
f	Frequenz in Hz
f_b	Betriebsfrequenz in Hz
f_e	Erregerfrequenz in Hz
f_0	Eigenfrequenz in Hz
g	Erdbeschleunigung in m/s²
h	Höhe, Profilhöhe in mm
k	Beiwert nach *Göhner* für Torsionsspannungen gekrümmter Stäbe; Funktionswert
l	Stablänge in mm
l_H	Länge der Hohlkehle an Drehstäben in mm
l_K	Kopflänge des Drehstabes in mm
l_f	federnde Stablänge in mm
m	Masse in kg; Funktionswert; Zählgröße ($m = 0, 1, 2 ...$)
m_F	Federeigenmasse in kg
n	Anzahl federnder Windungen
n_t	Gesamtzahl der Windungen
q	Beiwert, Berechnungshilfsgröße
r	Radius in mm
s	Weg, Federweg in mm
s_{Bl}	Federweg bis zum Blockzustand der Feder in mm
s_K	„knicksicherer" Federweg in mm
s_a	Federweg bereits abgewälzter Windungen in mm
s_b	Federweg noch freier Windungen in mm
s_n	nutzbarer Federweg
t	Dicke, Banddicke in mm

w	Wickelverhältnis ($w = D_m/d$)
x, y	Variable
z	Anzahl
Δ	Differenz
α	Steigungswinkel in rad
α_w	Windungssteigungswinkel in rad
ε	Beiwert; Dehnung in %
η	spezifische Federung in %
η_A	Artnutzwert
λ	Schlankheitsfaktor
μ	Reibbeiwert
ν	Poissonsche Zahl
ϱ	Dichte in kg/m³
σ	Normalspannung in N/mm²
τ	Tangentialspannung in N/mm²
φ	Drehwinkel in rad
ψ	Beiwert
ω	Kreisfrequenz in 1/s
ω_e	Erregerkreisfrequenz in 1/s
ω_0	Eigenkreisfrequenz in 1/s

Indizes

A	Ausschlagfestigkeit	n	Nutz-, Nenn-
Bl	Block-	o	ober
H	Hubfestigkeit (Dauer-)	opt	optimal
W	Wechselfestigkeit	r	radial
a	Ausschlag, Amplitude, außen	t	Torsion
erf	erforderlich	u	unter
ges	gesamt	v	vorgespannt
h	Hub-	vorh	vorhanden
i	innen	W	Windung
k	korrigiert	w	wirksam
m	mittel	zul	zulässig

5.3.1. Drehstabfedern

Sie werden meist mit kreisförmigem Stabquerschnitt gefertigt. In der Gerätetechnik kommen jedoch auch Federn mit rechteckigem Querschnitt in Form von Torsionsbändern (Spannbändern) zum Einsatz. Ein formschlüssiges Einspannen und Einleiten eines Drehmoments ermöglichen besonders gestaltete Drehstabenden (Bild 5.108). Sie sind gegenüber dem Drehstabquerschnitt (Schaftquerschnitt) verdickt ausgeführt (Übergangsradius, Kerbwirkung!), angeflächt bzw. mit einem Vier- oder Sechskant oder einer Kerbverzahnung versehen. Formen und Empfehlungen für Abmessungen enthält DIN 2091.
Bei Einleiten eines Drehmoments wird die Drehstabfeder auf Torsion beansprucht. Erfolgt die Krafteinleitung über einen Hebelarm von der Länge R ohne Querabstützung des Drehstabes, so entstehen zusätzlich noch eine Biege- und eine Schubbeanspruchung.
Die *Berechnung* einer Drehstabfeder mit Kreisquerschnitt und reiner Torsionsbeanspruchung wird nach der Verformungsbeziehung

$$\varphi = Ml/GJ_t \tag{5.104}$$

($\varphi° = 180°\varphi/\pi$) und für den Kreisquerschnitt mit $J_t = \pi d^4/32$ sowie der Spannungsbeziehung

$$\tau_t = M/W_t = 16M/\pi d^3 \tag{5.105}$$

vorgenommen. Die Federsteife ist dann

$$c_\varphi = M/\varphi = GJ_t/l \tag{5.106}$$

und die Federarbeit nach Gleichung (4.4b) mit φ nach Gleichung (5.104), τ_t nach Gleichung (5.105) und $V = \pi d^2 l/4$

$$W = M\varphi/2 = M^2 l/2GJ_t = V\tau_t^2/4 \cdot G. \tag{5.107}$$

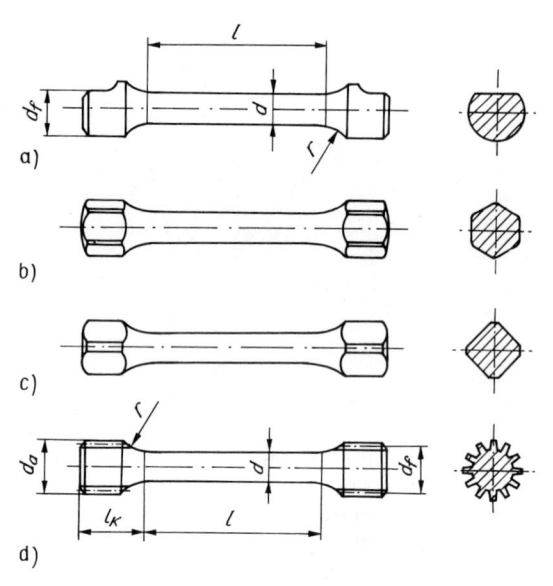

Bild 5.108. Formen von Drehstabfedern

Damit ergibt sich nach Gleichung (4.6) ein Artnutzwert unter vergleichbaren Bedingungen von

$$\eta_A = W/W_{opt} = 1/2. \tag{5.108}$$

Für Drehstabfedern mit kreisrundem Hohlquerschnitt (Drehrohrfedern mit d_a Außendurchmesser, d_i Innendurchmesser) verbessert sich der Artnutzwert und nimmt theoretisch nach

$$\eta_A = (d_a^2 + d_i^2)/2 \cdot d_a^2 \tag{5.109}$$

Werte zwischen $\eta_A = 1/2$ (Vollquerschnitt) und $\eta_A \to 1$ (Hohlquerschnitt mit dünner Wanddicke, $d_i \to d_a$) an, wobei für den Hohlstab $M_H = \pi(d_a^4 - d_i^4)/16 \cdot d_a \tau_t$ und $V = \pi(d_a^2 - d_i^2)/4$ eingesetzt wurde.
Die Größe des zu berechnenden Verdrehwinkels (bzw. auch der Federsteife) wird bei Drehstäben entscheidend von der in die entsprechenden Gleichungen einzusetzenden „federnden" Länge l des Drehstabs beeinflußt. Im Bild 5.108 ist die „reine" Stablänge (Schaftlänge) l_f eingezeichnet, bei deren Verwendung sich zu kleine Werte des Verdrehwinkels ergeben. Übergänge (Hohlkehlenlänge l_H) und auch ein geringer Teil der Einspannköpfe bringen jedoch ebenfalls Verformungsanteile [5.12] [5.18] [5.44] [5.57], die durch einen entsprechenden Längenanteil zu berücksichtigen sind. Die Hohlkehlenlänge ist vom Durchmesserverhältnis d_f/d und vom Hohlkehlenradius r abhängig. Sie ergibt sich nach DIN 2091 zu

$$l_H = (4 \cdot r/(d_f - d) - 1)^{0,5} (d_f - d)/2, \tag{5.110}$$

und für ein Durchmesserverhältnis $d_f/d = 1,6$ ist die einzusetzende Stablänge dann

$$l = l_f + 1,2 \cdot l_H. \tag{5.111}$$

Eine optimale Werkstoffausnutzung erreicht man nur, wenn die Köpfe, Übergänge und Drehstabschäfte so dimensioniert werden, daß alle Bereiche des Drehstabs die gleiche Lebensdauer aufweisen. Das ist dann zu erwarten, wenn die Kopflänge innerhalb von $0,5 \cdot d_f < l_K < 1,5 \cdot d_f$ und $d_f \geq 1,3 \cdot d$ gewählt werden. Der Hohlkehlenradius (Übergangsradius) sollte $r > 2 \cdot d$ betragen.

5.3. Torsionsbeanspruchte Federn (Verdrehfedern)

Ist die erforderliche Baulänge einer einzelnen Feder bei Forderung einer bestimmten Federsteife zu groß, so kann durch eine Reihenschaltung von Stab- und Hohlfeder, die räumlich ineinander gebaut werden können, die Baulänge verkürzt werden. Ein Beispiel zeigt Bild 5.109.

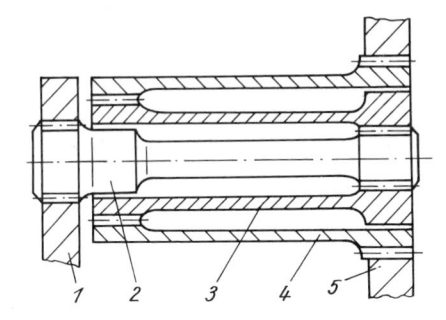

Bild 5.109. Kombination (Reihenschaltung) von Drehstab- und Drehrohrfeder
1 Schwingarm, 2 Drehstabfeder, 3, 4 Drehrohrfeder, 5 Gestell

Bei nicht rotationssymmetrischem Stabquerschnitt (z. B. über der Stablänge l_f gleichbleibendem Rechteckquerschnitt $A = bh$) führt infolge der ungleichmäßigen Spannungsverteilung über dem Stabquerschnitt die Berechnung des Flächenträgheitsmomentes auf elliptische Integrale. Näherungsweise wird deshalb mit $J_t = K_1 bh^3$ und $W_t = K_1 bh^2/K_2$ gerechnet (Faktoren K_1 und K_2 nach Tafel 5.26) [5.2] [5.7] [5.27] [5.100]. Der Verdrehwinkel nach Gleichung (5.104) ist dann

$$\varphi = Ml/K_1 Gbh^3 \qquad (5.112)$$

und die Federsteife

$$c_\varphi = K_1 Gbh^3/l. \qquad (5.113)$$

Tafel 5.26. Faktoren zur Berechnung von Drehstabfedern mit rechteckigem Stabquerschnitt

b/h	1	1,2	1,5	2	2,5	3	4	6	8	10	∞
K_1	0,141	0,166	0,196	0,229	0,249	0,263	0,281	0,298	0,307	0,312	0,333
K_2	0,675	0,759	0,852	0,928	0,968	0,977	0,990	0,997	0,999	1,000	1,000
K_1/K_2	0,208	0,219	0,231	0,247	0,257	0,269	0,284	0,299	0,307	0,312	0,333

Die größte Spannung tritt in der Mitte der größeren Rechteckseite (also bei $b/2$) auf und ist dann nach Gleichung (5.105)

$$\tau_{t\,max} = K_2 M/K_1 bh^2. \qquad (5.114)$$

Drehstabfedern mit Rechteckquerschnitt lassen sich recht gut geschichtet anordnen, benötigen dann einen geringeren Einbauraum, und die Reibung zwischen den einzelnen Schichten wirkt schwingungsdämpfend. Infolge der ungleichmäßig verteilten Reibungskräfte ist eine exakte Berechnung der Federdaten schwierig.

Zum Führen des Festigkeitsnachweises (Abschnitt 4.) sind *zulässige Spannungen* erforderlich, die bei Drehstabfedern besonders bei schwingender Beanspruchung von der Güte der Oberfläche abhängen. Gute Oberflächenqualitäten erreicht man durch Schälen, Schleifen und Polieren. Die Oberfläche ist außerdem dauerhaft gegen Verschleiß und Korrosion zu schützen.

Bei statischer Beanspruchung und Verwenden von Werkstoffen nach DIN 17221/TGL 13789, die eine Vergütungsfestigkeit von 1600 N/mm² < RT_m < 1800 N/mm² aufweisen, wird bei nicht vorgesetzten Stäben mit $\tau_{t\,zul} = 700$ N/mm² und bei vorgesetzten Stäben mit $\tau_{t\,zl} = 1000$ N/mm² gerechnet (s. a. Abschnitt 2.5.1.4.).

Bei dynamisch beanspruchten Drehstäben gelten die aus den Dauerfestigkeitsschaubildern nach DIN 2091 zu entnehmenden Dauerfestigkeitswerte, wobei für den Entwurf mit $\tau_H = 2 \cdot \tau_A = 500$ N/mm² ($\tau_m \approx 600$ N/mm²) gerechnet werden kann.

Vielfach werden Drehstäbe kugelgestrahlt (s. Abschnitt 3.6.). Die Beanspruchbarkeit wird dabei um 20 bis 30% gesteigert. Erfolgt die Beanspruchung der Drehstäbe nur in einer Richtung, dann kann der Setzneigung durch Vorsetzen der Stäbe (s. Abschnitt 3.5.) begegnet werden. Dabei werden sie in Richtung der späteren Betriebsbeanspruchung über ihre Fließgrenze hinaus verformt. Nach der anschließenden Entlastung verbleiben Eigenspannungen im Stab zurück, die in den höchstbeanspruchten Randzonen den Betriebsspannungen entgegengesetzt sind. Hierdurch wird eine günstigere Verteilung der Betriebsspannungen im Stabquerschnitt und eine Entlastung der Randzone erreicht. Solche Stäbe sind höher belastbar. Da vorgesetzte Drehstäbe nur in ihrer Vorsetzrichtung beansprucht werden dürfen, muß die Vorsetzrichtung an den Stirnflächen der Köpfe kenntlich gemacht werden.
Drehstabfedern nach Bild 5.108 werden vorwiegend im Fahrzeugbau zur Fahrgestell- bzw. Achsabfederung eingesetzt. Auch in geschichteter Form oder als Kombination nach Bild 5.109 finden sie für diese Zwecke Verwendung. Drehstäbe dienen auch als Meßelementeträger oder zur direkten Messung von Drehmomenten. In gestreckter oder verdrillter Form werden Bänder (Rechteckform) zur Lagerung von Meßwerken und Anzeigeeinrichtungen verwendet. Solche Torsionsfedern erfüllen dabei mehrere Funktionen (Rückstellmomenterzeugung, Lagerung, Stromzuführung) gleichzeitig und sind somit typische Beispiele für eine Funktionenintegration [5.25]. Sie sind meist vorgespannt, so daß der Torsionsbeanspruchung eine Zugbeanspruchung überlagert ist. Auf ihre Berechnung wird in [5.100] eingegangen.

5.3.2. Schraubendruckfedern zylindrischer Form

5.3.2.1. Aufbau und Eigenschaften

Schraubendruckfedern, auch kurz Druckfedern genannt, sind um einen Dorn schraubenförmig gewickelte Drehstabfedern. Sie werden meist aus Runddraht hergestellt. Andere Drahtquerschnittsformen (Quadrat, Rechteck, Ellipse) bleiben speziellen Anwendungen vorbehalten. Durch Variation der Windungssteigung S_W, des Windungsdurchmessers D_m und der Gestaltung der Federenden sind vielfältige Formen möglich.
Zylindrisch mit konstanter Steigung gewundene Druckfedern aus rundem Federdraht sind die am häufigsten angewendeten Federn. Der auf den mittleren Wickelzylinder vom Durchmesser D_m bezogene Steigungswinkel α_W einer solchen Schraubenfeder ist

$$\tan \alpha_W = S_W/\pi D_m \,. \tag{5.115}$$

Für die Berechnung der Federdrahtbeanspruchung wird der im Achsschnitt sich ergebende Steigungswinkel

$$\tan \alpha = S_W/2 \cdot D_m \tag{5.116}$$

benötigt. Der Windungsabstand ist dabei $a_W = S_W - d$.
Die Windungssteigung S_W ergibt sich aus den Federdaten zu

$$S_W = [L_0 - d(n_t - n)]/n \,. \tag{5.117}$$

Bei Belastung der Druckfeder vergrößert sich der Windungsaußendurchmesser auf

$$D_a' = (D_a^2 + 0{,}1 \cdot S_W^2)^{0,5} \,, \tag{5.118}$$

ein Umstand, der besonders bei der Bemessung des Einbauraumes zu beachten ist.
Bild 5.110 zeigt Schraubendruckfedern mit verschieden ausgeführten Federenden. Die Formen A und B werden am häufigsten angewendet. Die Form D, bei der die Endwindungen offen auslaufen, hat sich dort bewährt, wo spezielle Federaufnahmen unumgänglich sind (z. B. PKW-Federungen). Im Bild 5.111 ist ein Beispiel dargestellt.
Kurze Druckfedern ($L_0 \leq 2 \cdot D_m$) sind bis zu einer Federung $s_n = 0{,}7 \cdot L_0$ knicksicher. Sie brauchen nicht geführt zu werden. Die Diagramme in den Bildern 5.112 und 5.113 ermöglichen eine schnelle Abschätzung der Knicksicherheit (s. Abschnitt 5.3.2.3.).

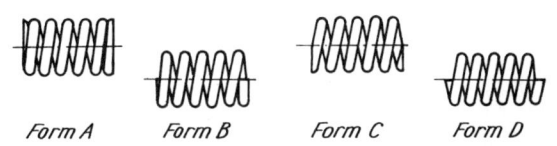

5.3. Torsionsbeanspruchte Federn (Verdrehfedern)

Form A   Form B   Form C   Form D

Bild 5.110. *Formen von zylindrischen Druckfedern mit gleichbleibender Windungssteigung (nach DIN 2095 — Formen A und B — bzw. TGL 18393)*
Form A Federenden angelegt und 3/4 des Umfangs angeschliffen; Form B Federenden angelegt; Form C Federenden offen auslaufend und angeschliffen; Form D Federenden offen auslaufend

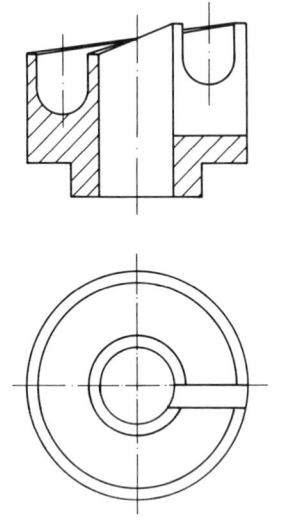

Bild 5.111. *Federteller für eine Druckfeder Form D*

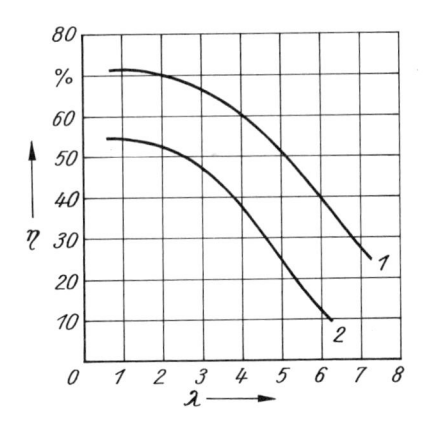

Bild 5.112. *Knicksicherheit in Abhängigkeit von der Federung*
$\eta = 100\% \cdot s/L_0$ und Schlankheitsgrad $\lambda = L_0/D_m$
1 Druckfedern Form A mit geführten Einspannungen,
2 Druckfedern mit veränderlichen Aufnahmebedingungen

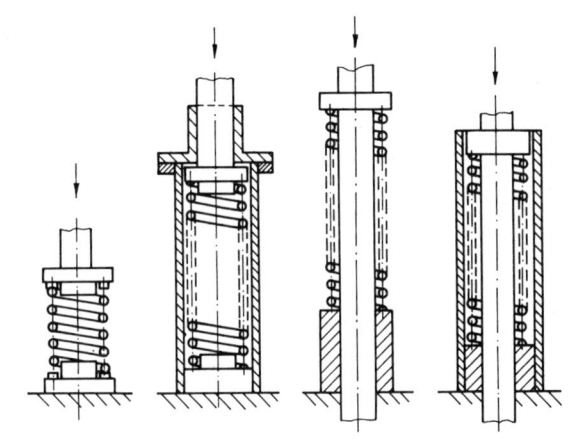

Bild 5.113. *Möglichkeiten der Federführung*

Bei geführten Federn ist der Reibverschleiß zu beachten. Auswirkungen auf die Feder sind bei langen Druckfedern durch Aufteilen auf mehrere kurze, knicksichere Einzelfedern vermeidbar. Diese sind durch Federteller getrennt, die wiederum auf einem Dorn oder in einer Hülse geführt werden. In manchen Anwendungsfällen erreicht man die Knicksicherheit durch nichtzylindrische Federformen (Bild 5.114).
Zylindrische Druckfedern mit gleichbleibender Windungssteigung haben eine nahezu linear ansteigende Federkennlinie. Am Anfang und Ende zeigt sich ein leicht progressiver Verlauf (s. Bild 5.118),

a)

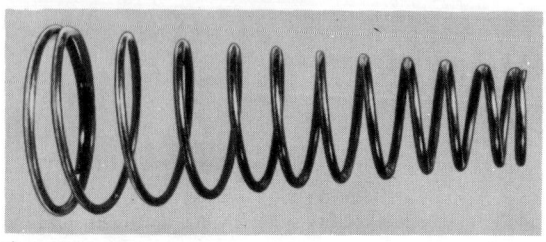

b)

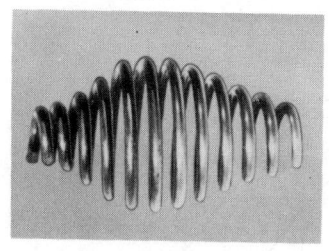

Bild 5.114. Kegel- (a) bzw. tonnenförmige (b) Druckfedern

der durch die an den Federenden vorliegende abnehmende Windungssteigung und auf Steigungsschwankungen (Auswirkungen in Nähe des Blockzustandes) zurückzuführen ist. Werden hohe Ansprüche an die Linearität der Federkennlinie gestellt (z. B. bei Meß- und Reglerfedern), so wird für die Federenden die Form D und eine speziell dafür geeignete Aufnahme (Federteller) gewählt (Bild 5.115).

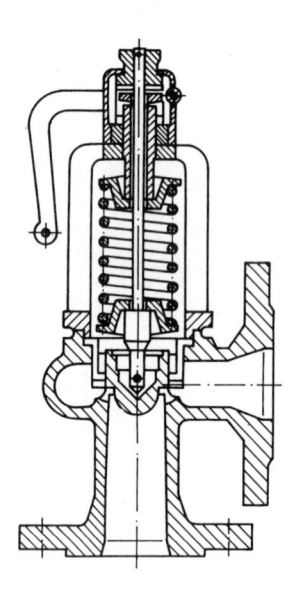

Bild 5.115. Lagerung einer Druckfeder Form D in einem Sicherheitsventil

Degressive Kennlinienformen lassen sich nur schwer realisieren. Sie werden meist durch Einsatz anderer Federarten erzielt. Sollen Schraubendruckfedern verwendet werden, sind dazu mehrere, unterschiedlich vorgespannte und in Reihe geschaltete Federn erforderlich. Wie die Bilder 5.116 und 5.117 zeigen, sind dazu recht aufwendige Vorrichtungen nötig [5.101]. Eine waagerecht verlaufende Kennlinie ist mit Druckfedern nicht erzielbar.

Sehr gut lassen sich durch entsprechende Federgestaltung progressiv verlaufende Kennlinien erreichen, indem die Federn mit veränderlicher Windungssteigung oder veränderlichem Windungsdurchmesser hergestellt werden. Diese Formen werden im Abschnitt 5.3.4. behandelt.

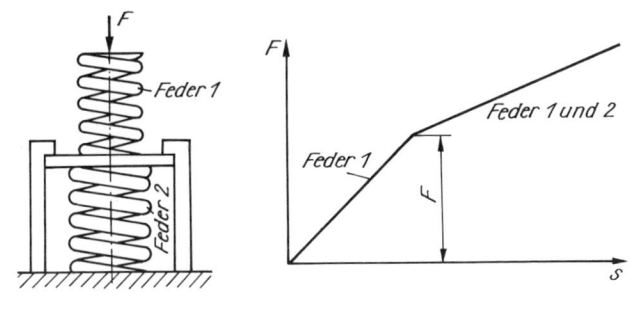

5.3. Torsionsbeanspruchte Federn (Verdrehfedern)

Bild 5.116. Zwei in Reihe geschaltete Druckfedern mit Kennlinie, eine Druckfeder vorgespannt

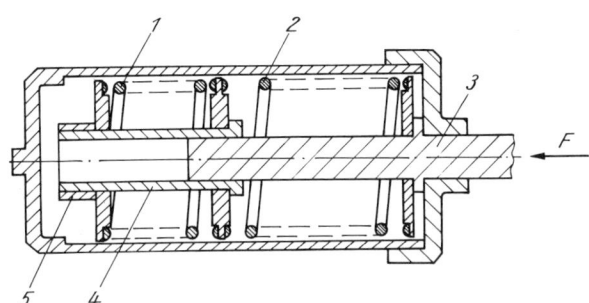

Bild 5.117. Vorrichtung zur Kombination von zwei Druckfedern zum Erreichen einer degressiven Kennlinie

1 vorgespannte Feder, *2* nicht vorgespannte Feder, *3* Belastungskolben, *4* Führungshülse, *5* Spannringe

5.3.2.2. Berechnung statisch belasteter Druckfedern

Die in Federachsrichtung angreifende Kraft F verformt die Feder (Bild 5.118). Das Federmaterial wird dabei vorwiegend auf Torsion beansprucht. Wie Bild 5.119 zeigt, entstehen bei exakter Betrachtung infolge des vorhandenen Steigungswinkels (s. Gleichung (5.116)) die Kraftkomponenten F_1 und F_2, die bei Transformation in den Mittelpunkt des Stabquerschnitts in diesem zu einer Druckbeanspruchung durch die Normalkraft (Längskraft) $F_2 = F \cdot \sin \alpha$, zu einer Schubbeanspruchung durch die Querkraft $F_1 = F \cdot \cos \alpha$ und infolge der Momente

$M_2 = 0.5 \cdot D_m F \cdot \sin \alpha$ zu einer Biegebeanspruchung sowie
$M_1 = 0.5 \cdot D_m F \cdot \cos \alpha$ zu einer Torsionsbeanspruchung

führen. Vernachlässigt man die Druck-, Schub- und Biegebeanspruchung bei der Berechnung des Federweges, so ergeben sich die in Tafel 5.27 aufgeführten Abweichungen. Es ist zu erkennen, daß für kleine Steigungswinkel die Abweichungen durch diese Vernachlässigungen unerheblich sind [5.2].

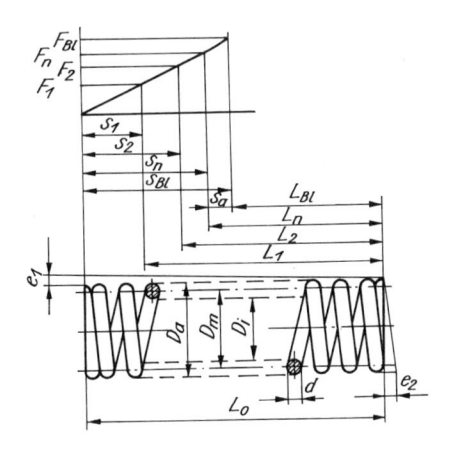

Bild 5.118. Darstellung einer Druckfeder mit Federkennlinie

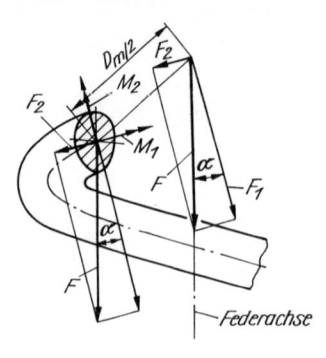

Bild 5.119. Kräfte und Momente an einer Schraubenfederwindung

Tafel 5.27. Relative Abweichungen des Federweges unter Berücksichtigung des Steigungswinkels der Windungen und aller auftretenden Spannungen an Druckfedern

Steigungswinkel α in °		1	5	10	20
Δs in % für:	$w = 4$	3,03	3,21	3,53	6,21
	$w = 10$	0,51	0,70	1,02	4,36

Der Federhersteller kompensiert diese Abweichungen durch einen Fertigungsausgleich (s. Abschnitt 3.8.).
Wird der Steigungswinkel vernachlässigt und nur die Torsionsspannung berücksichtigt, so ergibt sich aus Gleichung (5.104) mit $s = \varphi D_m/2$ und $l = \pi n D_m$ für kleine Federwege die Verformung zu

$$s = M \cdot l \cdot D_m/(2 \cdot G \cdot J_t) = 8 \cdot n F D_m^3/(Gd^4) \tag{5.119}$$

und damit die Federsteife zu

$$c = F/s = Gd^4/(8 \cdot D_m^3 n) . \tag{5.120}$$

Für die Werkstoffbeanspruchung gilt mit $M = FD_m/2$ und $W_t = \pi d^3/16$

$$\tau = M/W_t = 8 \cdot FD_m/\pi d^3 . \tag{5.121}$$

Diese Gleichung gilt nur für statische und quasistatische Beanspruchungen, bei der die Spannungserhöhung an der Windungsinnenseite des Drahtquerschnitts infolge der Krümmung (Bild 5.120) vernachlässigt werden kann. Bei allen anderen Belastungsfällen ist diese Spannungserhöhung durch den Faktor k

$$\tau_k = k \cdot \tau \tag{5.122}$$

zu berücksichtigen, für den es zahlreiche Berechnungsansätze gibt. Sie sind in [5.102] zusammengestellt. Der Ansatz für diesen Faktor geht auf *Göhner* [5.103] zurück, und wird so auch in DIN 2089 bzw. TGL 18391 (s. Bild 5.121) verwendet. Eine einfache Form

$$k = (w + 0,5)/(w - 0,75) \tag{5.123}$$

wird von *Bergsträsser* angegeben.

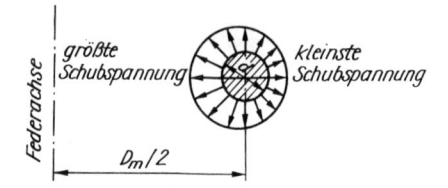

Bild 5.120. Schubspannungsverteilung im Drahtquerschnitt einer Druckfeder nach Göhner [5.103]

5.3. Torsionsbeanspruchte Federn (Verdrehfedern)

Zur Anwendung des *k*-Faktors gibt es eine Reihe von Ausführungen [5.39] [5.104] [5.105] [5.106], die zeigen, daß es dazu doch recht unterschiedliche Auffassungen gibt. Erwiesen ist durch eine Reihe von Untersuchungen [5.40] [5.107] [5.108], daß sich nicht beseitigte Wickeleigenspannungen (Biegeeigenspannungen) bei dynamischen Beanspruchungen dauerfestigkeitsmindernd auswirken und deshalb durch einen höheren *k*-Wert zu berücksichtigen sind [5.109].

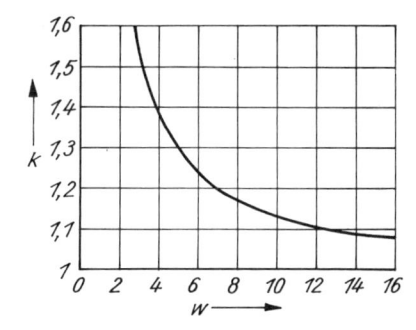

Bild 5.121. k-Faktor ($k = 1 + 5/4w + 7/8w^2 + 1/w^3$) zur Berücksichtigung der Drahtkrümmung in Abhängigkeit vom Wickelverhältnis $w = D_m/d$

Als zulässige Schubspannungen werden für einen Federentwurf (statische Beanspruchung)

$$\tau_{zul} = 0{,}5 \cdot R_{m\,min} \tag{5.124a}$$

und

$$\tau_{Bl\,zul} = 0{,}56 \cdot R_{m\,min} \tag{5.124b}$$

verwendet. Sie gelten bei Raumtemperatur. Erhöhte Arbeitstemperaturen bedingen andere Werte, auf die im Abschnitt 2.5.3.1. eingegangen wurde.

Von Ausnahmen abgesehen, sollen sich aus fertigungstechnischen Gründen Druckfedern bis zur Blocklänge zusammendrücken lassen. Bei der Berechnung der Blockspannung wird der Beiwert *k* unberücksichtigt gelassen. Die Berechnungsbeziehungen für Druckfedern sind in Tafel 5.28 zusammengestellt.

Tafel 5.28. Berechnung von Druckfedern zylindrischer Form

Funktionsnachweis

Federsteife	$c = F/s = Gd^4/(8 \cdot D_m^3 n)$	in N/mm

Festigkeitsnachweis

Schubspannung	$\tau = 8 \cdot D_m F/(\pi d^3)$; $\tau_{max} = \tau_k = k \cdot \tau$	in N/mm²

Abmessungen

Blocklänge	$L_{Bl} = n_t d_{max}$	bei Federform A	in mm
	$L_{Bl} = (n_t + 1) d_{max}$	bei Federform B	in mm
Summe der Mindestabstände	$S_a = x \cdot n \cdot d$		in mm,
	wobei: $x = 0{,}1$ bei $4 \leqq w \leqq 6$		
	$= 0{,}16$ bei $6 < w \leqq 10$		
	$= 0{,}25$ bei $10 < w \leqq 12$		
	$= 0{,}4$ bei $w > 12$		
Länge der gespannten Feder	$L_n = L_{Bl} + S_a$		in mm

5.3.2.3. Knickung und Querfederung

Die Berechnung der *Knicksicherheit* erfolgt durch Ermitteln des Federweges s_K, bis zu dem die Feder knicksicher ist. Nach [5.1] ergibt sich mit dem Lagerungsbeiwert K_L (Bild 5.122) dieser Federweg für patentiert gezogenen Draht mit $G/E = 0{,}386$ ($G = 81\,400$ N/mm^2 und $E = 210\,900$ N/mm^2) zu

$$s_K = 0{,}814 \cdot L_0[1 \pm (1 - 6{,}83(D_m/K_L L_0)^2)^{0,5}]. \tag{5.125}$$

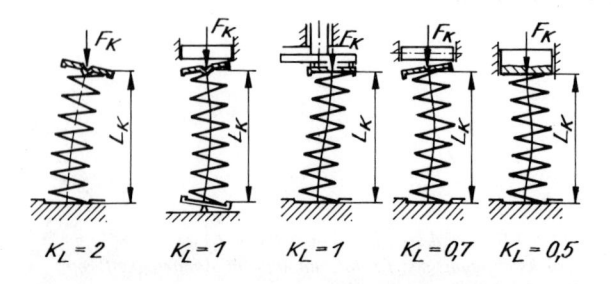

Bild 5.122. Lagerungsarten und Lagerungsbeiwerte für axial belastete Druckfedern ($L_k = L_0 - s_k$)

Eine Bewertung der Knicksicherheit läßt sich auch anhand von Bild 5.123 vornehmen.

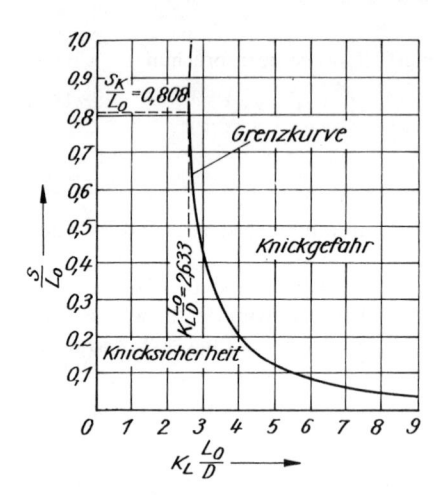

Bild 5.123. Grenzkurven der Knicksicherheit nach DIN 2089/01

Eine *Querfederung* tritt bei Druckfedern mit parallel geführten Enden dann auf, wenn neben der axialen Belastung eine Querkraft F_Q einwirkt und zu einer Querverschiebung s_Q führt (Bild 5.124). Dabei liegen die Federenden so lange auf, solange die Bedingung

$$F_Q L/2 \leqq F(D_m - s_Q)/2 \tag{5.126}$$

eingehalten wird. Der Querfederweg s_Q ergibt sich aus der Querfedersteife c_Q für runden Federstahldraht mit den oben angeführten Daten und den Abkürzungen $q = (1 + 2{,}59 \cdot s/L_0)^{0,5}$; $\lambda = L_0/D_m$; $\eta = s/L_0$ zu

$$s_Q = (F_Q D_m/qF)\,[0{,}66(1 + 2{,}59/\eta)\tan(0{,}585 \cdot sq/D_m) - \lambda/q]. \tag{5.127}$$

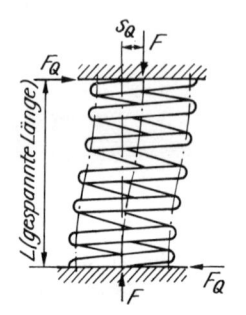

Bild 5.124. Gleichzeitige Axial- und Querbelastung einer Druckfeder

5.3. Torsionsbeanspruchte Federn (Verdrehfedern)

Für die Torsionsspannung erhält man dann

$$\tau_{max} = 8[F(D_m + s_Q) + F_Q(L - d)]/\pi d^3 \,. \tag{5.128}$$

Die Gleichungen gelten für kleine Querfederwege.

5.3.2.4. Druckfedern mit rechteckigem Drahtquerschnitt

Zylindrische Druckfedern mit quadratischem oder rechteckigem Drahtquerschnitt werden nur selten verwendet, weil die Herstellung des Drahtprofils recht aufwendig ist (Bild 5.125). Ihr Vorteil liegt in der besseren Ausnutzung des gegebenen Einbauraumes, da eine größere Materialmenge bei vorgegebenem Wickeldurchmesser und vergleichbarer Blocklänge untergebracht werden kann [5.110]. Man erhält sehr steife Federn bei $h > b$ und sehr weiche Federn mit $b > h$. Eine Sonderform ist das quadratische Profil mit $b = h = a$.

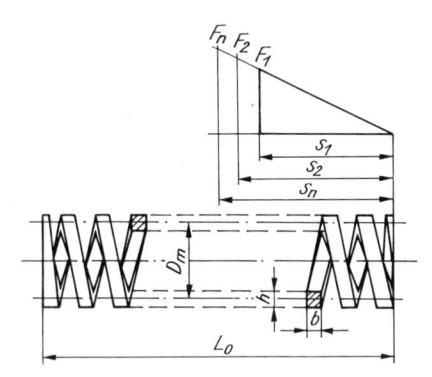

Bild 5.125. Druckfedern mit rechteckigem Drahtprofil

Die Federsteife ist nach DIN 2090 (s. a. [5.1] [5.112] [5.113])

$$c = (Gb^2h^2)/(\varepsilon D_m^3 n) \,. \tag{5.129}$$

Der Faktor ε ist Tafel 5.29 zu entnehmen.

Tafel 5.29. Faktor ε zur Berechnung von Druckfedern mit rechteckigem Drahtquerschnitt

b/h bzw. h/b	ε	b/h bzw. h/b	ε
1	5,59	2,8	8,51
1,2	5,67	3	8,95
1,4	5,88	3,2	9,39
1,6	6,17	3,4	9,83
1,8	6,50	3,6	10,28
2	6,87	3,8	10,73
2,2	7,26	4	11,19
2,4	7,67	4,5	12,33
2,6	8,09	5	13,48

Für Druckfedern mit quadratischem Drahtprofil vereinfacht sich diese Beziehung zu

$$c = (Ga^4)/(5,59 \cdot D_m^3 n) \,. \tag{5.130}$$

Die Spannung ist über den Querschnitt ungleichmäßig verteilt. Eckbereiche sind gering und die Ecken selbst nicht beansprucht. Die größte Beanspruchung tritt in der Mitte der großen Rechteckseite auf (s. a. Abschnitt 5.3.1.). Sie beträgt

$$\tau = (\psi D_m F)/[bh(bh)^{0,5}] \,. \tag{5.131}$$

Der Faktor ψ ist Bild 5.126 zu entnehmen. Er berücksichtigt bereits die Drahtkrümmung.

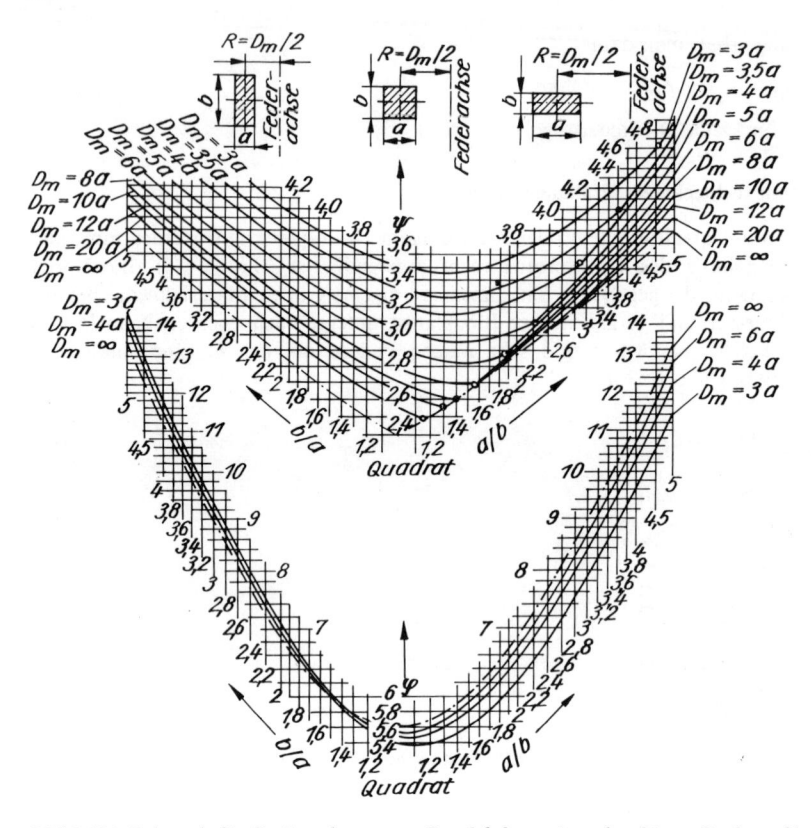

Bild 5.126. Faktor ψ für die Berechnung von Druckfedern mit rechteckigem Drahtprofil

Für Federn mit quadratischem Drahtprofil gilt (ohne Berücksichtigung der Drahtkrümmung)

$$\tau = (2{,}4 \cdot D_m F)/b^3 \ . \tag{5.132}$$

Vergleicht man die Druckfeder aus quadratischem Stabmaterial mit einer aus Runddraht und setzt $d = a$, dann hat die Quadratfeder eine um 43% höhere Federsteife, aber auch eine um 35% höhere Schubspannung [5.111], so daß der Vorteil der Feder aus quadratischem Stabmaterial gering ist.

Bei der Herstellung (Wickeln von Profildraht) findet eine Stauchung des Profils statt. Die Profildicke verändert sich zu

$$h_1/h = 1 + (0{,}3 - 0{,}4)\,(D_a - D_i)/(D_a + D_i) \ . \tag{5.133}$$

Dieser Profilverzerrung muß durch eine entsprechende, entgegengesetzte Profilierung des Stabmaterials begegnet werden. Angewendet werden Druckfedern mit Quadrat- oder Rechteckquerschnitt vorwiegend in Umformwerkzeugen. Federn, bei denen die lange Rechteckseite parallel zur Federachse steht, werden auch für Meßzwecke eingesetzt, da ihre Federkennlinie gegenüber solchen aus Runddraht eine bessere Linearität aufweist. Empfohlen wird hierfür $h/b = (2$ bis $3)$ und $w = D_m/b \approx 20$ [5.2].

5.3.2.5. Berechnung von Federsätzen

Kann die gestellte Federungsaufgabe mit einer Druckfeder nicht gelöst werden, dann kommt ein Federsatz (Bild 5.127) in Betracht. Zwei bis drei ineinander gesetzte Druckfedern stellen dabei das Optimum dar. Mit weiterer Erhöhung der Federanzahl im Satz nimmt lediglich der Materialaufwand zu.

5.3. Torsionsbeanspruchte Federn (Verdrehfedern)

In [5.1] wird empfohlen, von gleicher Werkstoffbeanspruchung beim Entwurf auszugehen. Für gleiche Schubbeanspruchung und gleichen Federweg wird (s. a. Abschnitt 4.5.) für drei Federn

$$(D_{m1}^2 n_1)/d_1 = (D_{m2}^2 n_2)/d_2 = (D_{m3}^2 n_3)/d_3 \,. \tag{5.134}$$

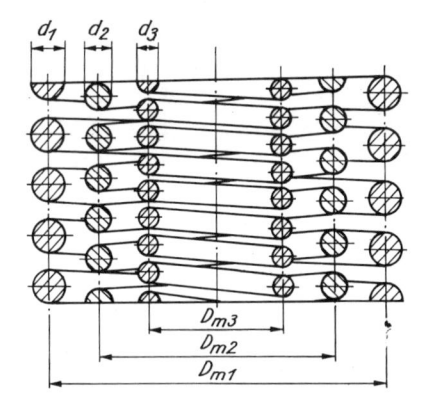

Bild 5.127. Federsatz mit drei Einzelfedern

n_i Anzahl der federnden Windungen der einzelnen Druckfedern ($i = 1, 2, 3$)

Wird außerdem noch

$$n_1 d_1 = n_2 d_2 = n_3 d_3 \tag{5.135}$$

gewählt, dann ergibt sich

$$D_{m1}/d_1 = D_{m2}/d_2 = D_{m3}/d_3 \,, \tag{5.136}$$

d. h., die Federn haben das gleiche Wickelverhältnis. Die Kraft des Federsatzes wird dann

$$F = F_1 + F_2 + F_3 = (\pi \cdot \tau/8)\,(d_1^3/D_{m1} + d_2^3/D_{m2} + d_3^3/D_{m3}) \,. \tag{5.137}$$

Unter den vorangestellten Bedingungen verhalten sich die einzelnen Kräfte wie die Quadrate der Drahtdurchmesser

$$F_1 : F_2 : F_3 = d_1^2 : d_2^2 : d_3^2 \,. \tag{5.138}$$

Damit sich die einzelnen Federn eines Satzes nicht verklemmen, versieht man sie mit unterschiedlichem Wickelsinn (rechts- und linksgängig im Wechsel). Bei der Festlegung des Radialspiels sind die Durchmesserabweichungen bzw. -änderungen nach DIN 2095 bzw. TGL 18391/01 (s. Gleichung (5.118)) und die Knicksicherheit zu beachten.
Die mit den Gleichungen (5.134) bis (5.138) beschriebene Methode dient einem ersten Entwurf des Federsatzes. Die ermittelten Werte sind Ausgangspunkt für weitere Optimierungen. Dabei können auch die Ausgangsbedingungen verändert werden (z. B. Federn gleicher Blocklänge, Federn mit unterschiedlichen Drahtdurchmessern und Schubspannungen) [5.1] [5.114].

5.3.2.6. Berechnung bei schwingender Beanspruchung

Grundlage der Berechnung von Druckfedern bei schwingender Beanspruchung sind die in Dauerfestigkeitsschaubildern zusammengefaßten Ergebnisse von Lebensdaueruntersuchungen (z. B. Bild 2.10). Die Lebensdauer von Druckfedern wird bei gleichen Belastungsbedingungen entscheidend vom Werkstoffeinsatz und vom Oberflächenzustand beeinflußt. So weisen z. B. Druckfedern aus vergütetem Ventilfederdraht eine höhere Dauerhubfestigkeit (s. Bild 2.10) als solche aus Federstahldraht Sorte C nach DIN 17223 auf (Bild 5.128). Eine beträchtliche Steigerung der Dauerfestigkeit ist durch Oberflächenverfestigungsverfahren (z. B. Kugelstrahlen) zu erreichen, wie ein Vergleich der in den Bildern 5.128 und 5.129 dargestellten Ergebnisse zeigt.
Die in DIN 2089/01 bzw. TGL 18391 dargestellten Dauerfestigkeitsschaubilder gelten in der Regel nur für eine Grenzlastspielzahl von $10 \cdot 10^6$ und eine bestimmte Überlebenswahrscheinlichkeit. Oft wird jedoch von den Federn eine größere Lebensdauer gefordert. *Huhnen* [5.104] ermittelte, daß zwischen 10^7 und 10^8 Lastspielen ein Verlust der Dauerhubfestigkeit auftritt, der sich zwischen 3% bei Druckfedern aus

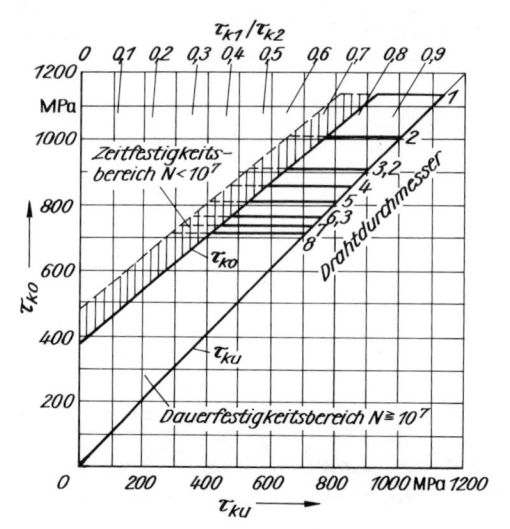

Bild 5.128. Dauerfestigkeitsschaubild für ungestrahlte Druckfedern aus Federstahldraht Sorte C

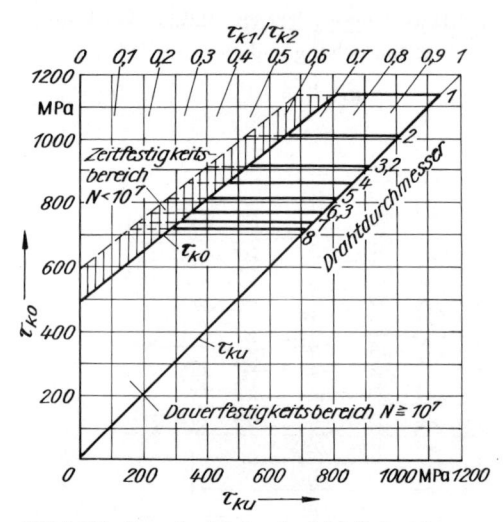

Bild 5.129. Dauerfestigkeitsschaubild für kugelgestrahlte Druckfedern aus patentiertem Federstahldraht Sorte C

X12CrNi17 7, bei solchen aus vergütetem Ventilfederdraht 10,9 % und 17 % bei solchen aus patentiertem Draht bewegt. Es ist deshalb notwendig, mit entsprechenden Sicherheiten zu rechnen.

Die Lebensdauer schwingend belasteter Druckfedern ist um so größer, je kleiner die Hubspannung τ_{kh} ist. Auf jeden Fall ist die Bedingung $\tau_{kh} < \tau_{kH}$ einzuhalten (s. Berechnungsbeispiel).

Den Dauerfestigkeitswerten liegt ein sinusförmiges Belastungsregime (s. Bild 2.7) zugrunde. Durch Kurven- und Kurbelgetriebe z. B. bedingt, sind auch andere Belastungs-Zeit-Verläufe möglich (s. a. Abschnitt 4.4.4.). Resonanz zwischen der Frequenz der periodischen Bewegung und der Eigenschwingung (bzw. deren Oberschwingungen) der Feder kann zu Spannungen führen, die ein mehrfaches der statischen betragen können. Damit sind vorzeitige Brüche verbunden. Die geforderte Lebensdauer wird nicht erreicht. Um Resonanz zu vermeiden, soll die Eigenkreisfrequenz ω_0 z. B. einer Stahldrahtfeder

$$\omega_0 = (c/m)^{0,5} = \sqrt{(Gd^4)/(8 \cdot nmD_m^3)} \tag{5.139}$$

so groß wie möglich bzw. weit genug entfernt von der Betriebskreisfrequenz $\omega_e = \omega_b$ sein. Kurasz [5.115] schlägt vor, daß sie wenigstens das 13fache der Erregerkreisfrequenz ω_e betragen soll. Resonanz wird auch dadurch unterdrückt, indem man durch Verändern der Nockenkurve Harmonische hoher Ordnung vermeidet [5.1] [5.4] [5.5].

Die Anwendung von Schraubendruckfedern mit ungleichförmiger Steigung (s. Abschnitt 5.3.4.) hat sich ebenfalls bewährt. Oft reicht schon die ungleichförmige Steigung in der ersten federnden Windung aus, um Resonanz-Brüche zu vermeiden. Eine Reihe von Druckfedern mit spezieller Windungssteigung sind patentiert (DP 531 707, BRD-AS 2 000 472, BRD-OS 2 521 646).

Eine Vibration infolge Resonanz kann man weiterhin durch Erhöhen der Eigendämpfung, z. B. durch Verwenden von Mehrdrahtfedern (s. Abschnitt 5.3.4.) oder durch Fremddämpfung (Patente BRD-P 1 233 214, BRD-OS 2 310 656), vermeiden.

Bei vielen schwingend belasteten Druckfedern geht der Bruch von Scheuerstellen aus [5.104], die sich zwischen der angelegten und dem Anfang der ersten federnden Windung befinden. Abhilfe ist durch Verkleinern des Windungsdurchmessers der Endwindungen möglich, so daß sie sich ineinander bewegen (Patente BRD-OS 1 934 984, BRD-P 1 169 209, BRD-OS 2 258 572). Die Ergebnisse der Entwurfsberechnungen sind vor einer Serienfertigung durch Schwingungsuntersuchungen zu testen.

5.3.3. Schraubenzugfedern zylindrischer Form

5.3.3.1. Aufbau und Eigenschaften

Schraubenzugfedern, auch kurz Zugfedern genannt, sind um einen Dorn ohne Windungsabstand gewickelte Drehstabfedern. Sie werden ausschließlich aus Runddraht kalt bzw. bei größeren Drahtdurchmessern auch warm hergestellt (s. Abschnitt 3.), wobei die zylindrische Form (D_m = konst.) dominiert (Tafel 5.30). Die Windungssteigung entspricht dem Drahtdurchmesser ($S_W = d$).

Tafel 5.30. Darstellung und Berechnung zylindrischer Schraubenzugfedern

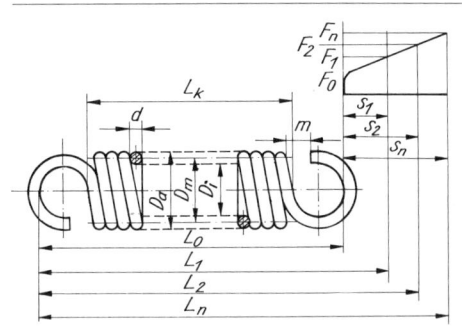

Funktionsnachweis

Federsteife $\quad c = Gd^4/(8D_m^3 n) = (F_n - F_0)/s_n$

Federlängen $\quad L_k = (n_t + 1)\, d$
$\quad\quad\quad\quad\quad L_0 = L_k + 2L_H$ bei Ösenform A (deutsche Öse)

Festigkeitsnachweise

Schubspannung $\quad \tau = 8D_m F/(\pi d^3)$
$\quad\quad\quad\quad\quad\quad\quad \tau = Gd(s + F_0/c)/(\pi n D_m^2)$

Innere Schub-
spannung $\quad \tau_{i0} = 8D_m F_0/(\pi d^3)$

Bis auf Ausnahmen werden die Windungen mit einer gewissen Pressung aneinander gewickelt, so daß eine innere Vorspannung entsteht, deren erreichbare Größe vom Herstellungsverfahren (s. Abschnitt 3.1.2.) und vom Wickelverhältnis $w = D_m/d$ abhängt. Tafel 5.31 enthält hierzu Empfehlungen nach DIN 2089/02 bzw. TGL 18392. Die Ausnahme, eine Zugfeder ohne innere Vorspannkraft F_0, ist nur realisierbar, wenn der Wickelkörper mit einer Windungssteigung $S_W > d$ (s. Tafel 5.11) hergestellt oder die Zugfeder nach dem Wickeln (Kaltumformen) vergütet wird. Schlußvergütete Zugfedern besitzen folglich keine innere Vorspannung. Zugfedern werden deshalb meist aus patentiertgezogenem bzw. vergütetem Federdraht hergestellt.

Tafel 5.31. Richtwerte für die zulässige innere Schubspannung für Zugfedern

Wickelverhältnis	Zulässige innere Schubspannung bei		
w	Automatenfertigung	Federwindeautomat	Herstellung auf Wickelbank
4	—	$\sim 0{,}14\tau_{zul}$	$\sim 0{,}24\tau_{zul}$
von 4 bis 6	$\leq 0{,}15\tau_{zul}$	—	—
größer 6 bis 10	$\leq 0{,}1\tau_{zul}$	—	—
größer 10	$\leq 0{,}06\tau_{zul}$	—	—
12	—	$\sim 0{,}06\tau_{zul}$	$\sim 0{,}12\tau_{zul}$

Bei der experimentellen Ermittlung der Vorspannkraft ist zu beachten, daß die Vorspannung von Windung zu Windung schwanken kann und sich deshalb mit steigender Belastung die Windungen nicht gleichzeitig voneinander abheben. Dieser Umstand hat auch Auswirkungen auf die Federkennlinie. Als Vorspannkraft gilt deshalb der rechnerisch ermittelte Schnittpunkt der Geraden $\overline{F_1 F_2}$ mit der Ordinate des Federkraft-Federweg-Diagramms.

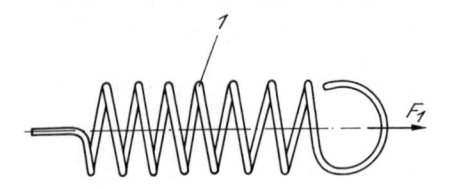

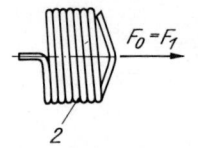

Bild 5.130. Einbauraum bei normalen und hifo®-Zugfedern der Maschinenelemente Huhnen GmbH [5.134]

1 Zugfeder mit normaler Vorspannkraft, 2 Zugfeder mit hoher Vorspannkraft

Als Vorteile gegenüber Druckfedern sind die Knickfreiheit, die Möglichkeit der zentrischen Kraftübertragung, die Einsparung von Federtellern zur Federaufnahme und der Wegfall von Führungselementen (Dorn oder Hülse) zu nennen. Ihre Anwendung wird jedoch vom vorhandenen Einbauraum eingeschränkt. Je geringer die realisierbare Vorspannkraft der Zugfeder ist, um so größer wird die erforderliche Betriebslänge L_1, bei der die Kraft F_1 erreicht wird (Bild 5.130). Aus diesem Grunde versucht man seit einiger Zeit verfahrenstechnisch (u. a. mit dem Drillwickelverfahren [3.3] [3.4]) die Vorspannung um Größenordnungen zu steigern. Eine technische Lösung sind die sog. hifo®- Zugfedern[1] [3.3], die etwa das Dreifache der mit der Wickelbankmethode erzielbaren inneren Vorspannung besitzen (z. B. $\tau_0 = 650$ N/mm² bei Federstahldraht Sorte C nach DIN 17223 mit $d = 3$ mm und einem Wickelverhältnis $w = 4$ bis 10). Die Reduzierung des Einbauraums geht aus Bild 5.130 hervor.

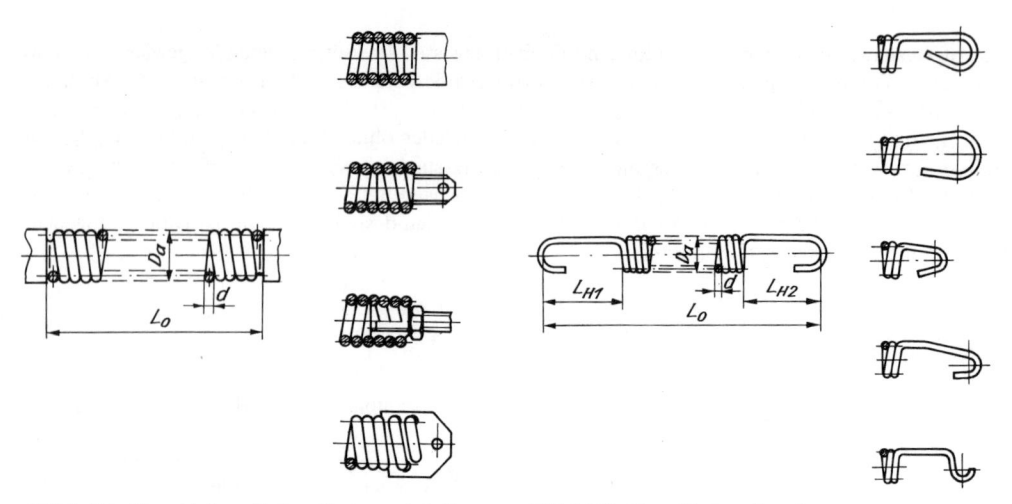

Bild 5.131. Verschiedene Federaufnahmen bei Zugfedern ohne Drahtösen

Bild 5.132. Verschiedene Formösen

---

[1]) hifo®-Zugfeder ist ein Warenzeichen der Maschinenelemente Huhnen GmbH Steinheim (s. auch [5.135])

5.3. Torsionsbeanspruchte Federn (Verdrehfedern)

Zur Übertragung der Federkraft, die oft zentrisch erfolgt, sind verschiedene Federenden üblich, die in Tafel 5.32 zusammengestellt wurden. Die angebogenen Ösen, insbesondere die Deutsche Öse (Form A), sind leicht herstellbar. Ihr Nachteil sind die ungünstigen Beanspruchungsverhältnisse, die besonders bei schwingender Belastung zum frühzeitigen Bruch führen können. Für manche Anwendungen sind deshalb Zugfedern der Form D (Bild 5.131) geeigneter. Die Einbaulänge von Zugfedern der Formen C und D läßt sich dabei leicht einstellen, wenn das Einschraubteil mit einem Gewindebolzen versehen wird. Müssen Einbauräume überbrückt werden, dann sind Hakenösen (z. B. der Form E DIN 2095 nach Bild 5.132) nicht vermeidbar.

Tafel 5.32. Endenformen von Zugfedern (Beispiele nach DIN 2097)

Kurzzeichen	Ösenform	Darstellung
A	geschlossene Öse $a \leq d$	
Aa	ausgeschnittene Öse $a \geq 1,5d$ bis $\leq 0,3D_i$	
Ad	doppelte Öse	
C	Öse eingerollt	
D	Öse eingeschraubt	
E	Hakenöse $l_H \geq 1,5D_i$ bis $\leq 30d$	

Die Bilder 5.133 bis 5.135 enthalten Beispiele für den Einbau und die Befestigung von Zugfedern. Wird eine Zugfederöse in ein Blech eingehängt, dann muß die Werkstoffpaarung (Federstahldraht sehr hart) besonders bei schwingender Belastung hinsichtlich des Verschleißes beachtet werden.

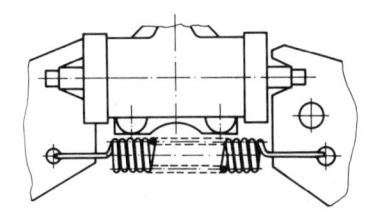

Bild 5.133. Einbau einer Zugfeder mit Hakenöse (Form E)

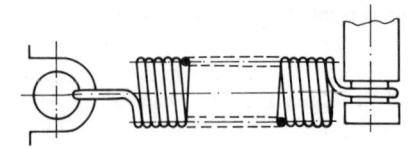

Bild 5.134. Zugfederaufhängung

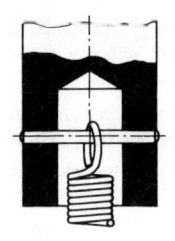

Bild 5.135. Befestigung einer Zugfeder in einer Bohrung

5.3.3.2. Berechnung bei statischer Belastung

In Tafel 5.30 sind die Berechnungsgrundlagen für Zugfedern zusammengestellt. Es gelten sinngemäß die für Druckfedern angegebenen Beziehungen (Gleichungen (5.119) bis (5.122)). Als zulässige Spannung hat sich $\tau_{zul} = 0{,}45 \cdot R_{m\,min}$ bei Zugfedern mit angebogenen Ösen bewährt. Höhere Werte sind bei Verwenden von Einschraubteilen (Form D) oder eingerollten Enden (Form C) möglich, da hier eine kritische Ösenbeanspruchung entfällt. Werte von $\tau_{zul} = (0{,}5$ bis $0{,}56) \cdot R_{m\,min}$ werden angewendet, wobei die Verwendung des oberen Grenzwertes eine Vorsetzbehandlung (Recken) oder den Einsatz der Drillwickeltechnik erfordern. Zur Beurteilung des Belastungs-Zeit-Verhaltens sind die vorliegenden Relaxationsschaubilder (Bild 5.136) heranzuziehen.

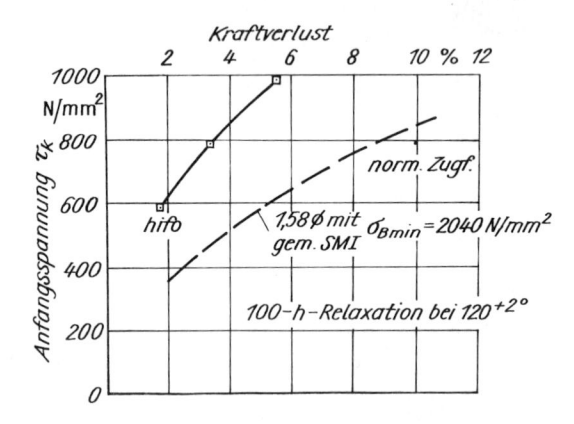

Bild 5.136. Relaxationsschaubild für normale und hifo®-Zugfedern nach [5.134]

5.3.3.3. Schwingfestigkeit von Zugfedern

Bei Zugfedern mit angebogenen Ösen tritt die Mehrheit aller Brüche unter schwingender Belastung in den Ösen auf, weil die Ösen gegenüber dem Wickelkörper zusätzlich verformt wurden (Verdreh- und Biegeeigenspannungen), oft gegenüber dem Wickelkörper kleinere Biegeradien aufweisen, bei der Belastung mit verformt und dabei höher beansprucht werden als der Wickelkörper. Die Verformung einer ganzen Deutschen Öse (Form A) entspricht z. B. der einer halben federnden Windung.

Die Erfassung der auftretenden Spannungen in den Ösen ist schwierig. Eine einfache Methode nach *Carlsson* [5.116] enthält Tafel 5.33. Die auftretende Biegespannung im Bereich B sollte dabei mit der zulässigen Zugspannung des Werkstoffes (Zugelastizitätsgrenze) und die Schubspannung im Bereich T mit der zulässigen Schubspannung für den Federkörper verglichen werden. Untersuchungen von *Carlsson* [5.116] ergaben, daß sowohl bei Deutschen als auch Englischen Ösen (nach DIN 2097) die Brüche im Bereich B auftraten, wobei die Lebensdauer und auch die Spannungen sowohl vom Ösendurchmesser als auch vom Krümmungsradius der Abbiegung beinflußt wird. So ermittelten *Niepage* [5.117] [5.118] und *Kontsaludis* [5.119], daß Zugfedern mit Deutschen Ösen und $w = 4$ eine größere Dauerfestigkeit bzw. höhere Lastspielzahlen ertragen als solche mit $w = 8$. Mit steigendem Wickelverhältnis steigt also die Beanspruchung in der Öse und damit die Überlastung gegenüber dem Federkörper. Diese Überlastung läßt sich durch Verwenden einer reduzierten Öse (Bild 5.137) vermeiden. Die Lebensdauer der angebogenen Öse wird auch erhöht, wenn ein großer Krümmungsradius am Übergang Federkörper — Öse angewendet wird [5.120].

5.3. Torsionsbeanspruchte Federn (Verdrehfedern)

Tafel 5.33. Beanspruchungen in Deutschen Ösen (Form A) und Englischen Ösen (nach DIN 2097) nach [5.116]

Ösenform	Biegespannung	Schubspannung
Halbe und ganze Deutsche Öse (Form A)	$\sigma = 5FD_m^2/(D_i d^3)$	$\tau = 2{,}5FD_m(r_1 + 0{,}5d)/(r_1 d^3)$
Englische Öse	$\sigma = 5FD_m^2/(D_i d^3)$	$\tau = 2{,}5D_m F(r_1 + 0{,}5d)/(r_2 d^3)$

B auf Biegung beanspruchter Bereich; T auf Torsion beanspruchter Bereich

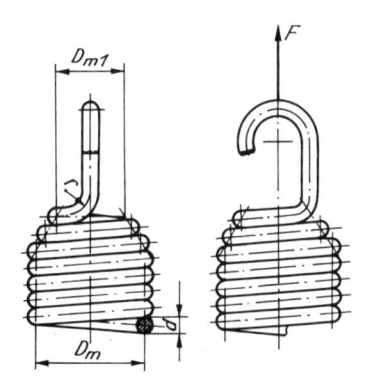

Bild 5.137. Zugfeder mit reduzierter Öse [5.117]

Tafel 5.34 enthält Ergebnisse der Dauerfestigkeitsuntersuchungen von *Kontsaludis* [5.119]. Es ist zu erkennen, daß bei Zugfedern mit $w = 4$ die angegebene Öse einer Befestigung mit Einschraubteilen nicht unterlegen ist. Dagegen ist der Abfall der Dauerhubfestigkeit bei Federn mit $w = 8$ und Verwenden einer Deutschen Öse recht deutlich. Der Dauerfestigkeitsabfall läßt sich vermeiden, wenn bei Federn mit größerem Wickelverhältnis zur Befestigung der Enden Einschraubteile verwendet werden. Eine bruchgefährdete Zone befindet sich hier am Übergang zwischen eingeschraubten und ersten

Tafel 5.34. Dauerhubfestigkeit von Zugfedern aus Federstahldraht der Sorte C mit $d = 4{,}5$ mm und verschiedenen Ösenformen (Unterspannung $\tau_u = 261$ N/mm² bei $w = 4$ und $\tau_u = 181$ N/mm² bei $w = 8$) nach [5.119]

Ösenform	Wickelverhältnis	Dauerhubfestigkeit	
		mit Drahtkrümmung τ_{kH} in N/mm²	ohne Drahtkrümmung τ_H in N/mm²
Deutsche Öse (Form A)	4	457,1	331,2
	8	273,7	233,9
Einschraubstücke (Form D)	4	397,3	287,9
	8	370,8	316,9

federnden Windungen. Der Spannungsbeiwert k ist bei allen Berechnungen zu beachten. Eine höhere Dauerfestigkeit besitzen auch die nach der Drillwickeltechnik hergestellten hifo-Federn infolge des günstigen Eigenspannungszustandes, der sich durch die plastische Verformung beim Verdrillen des Drahtes ergibt. Dauerfestigkeitswerte enthält Tafel 5.35. Ein Teil der Dauerfestigkeitserhöhung resultiert auch aus der von *Huhnen* [3.3] entwickelten besonderen Ösenform, dem hifo®-Haken (Bild 5.130). Diese Steigerung ist bereits an normal gewickelten Federn bei Verwenden des hifo®-Hakens als Öse festzustellen.

Tafel 5.35. Dauerhubfestigkeit verschiedener Zugfedern aus patentiertem Federstahldraht Sorte C mit $d = 3$ mm nach Maschinenelemente Huhnen GmbH Steinheim [5.134]

Feder	Ösenform	Dauerhubfestigkeit τ_{kH} in N/mm²	Mittelspannung τ_{km} in N/mm²
Normale Zugfeder	Deutsche Öse ($r = 4{,}5$ mm)	297	660
	hifo®-Haken	479	660
Drillgewickelte Zugfeder (hifo®-Zugfeder)	hifo®-Haken	538	800

Eine andere Möglichkeit der Verbesserung der Festigkeitseigenschaften von Zugfedern mit angebogenen Ösen besteht darin, die Öse gegenüber dem Federkörper mit einer Kraft bis $1{,}15 \cdot F_n$ (z. B. durch Aufweiten) vorzuspannen, so daß bei schwingender Belastung die Risikozone aus dem hauptbelasteten Bereich der Ösenabbiegung in den Federkörper verlagert wird.

Allgemein wird für schwingend belastete Zugfedern empfohlen:

— große innere Vorspannkraft F_0 anstreben,
— möglichst hohe Anlaßtemperaturen zum weitestgehenden Abbau von Eigenspannungen in der Öse anwenden,
— Vorsetzen (Recken) der Feder und der Öse,
— bei Wickelverhältnissen $w > 8$ angebogene Ösen (z. B. Deutsche Öse) vermeiden und durch Enden der Form D oder C (Tafel 5.32) ersetzen,
— reduzierte Öse (Bild 5.137) bevorzugen bzw. großen Übergangsradius bei der Ösenform A vorsehen.

Für Zugfedern liegen noch recht wenige Ergebnisse von Lebensdaueruntersuchungen vor. Die in den Tafeln 5.34 und 5.35 enthaltenen Werte geben erste Anhaltspunkte für einen Federentwurf.

5.3.4. Schraubenfedersonderformen

5.3.4.1. Aufbau und Eigenschaften

Als Sonderformen von Schraubenfedern sind alle Formen zu bezeichnen, die aus der Grundform ($d =$ konst.; $D_m =$ konst.; $S_w =$ konst.) durch Verändern der gestaltbestimmenden Parameter Drahtdurchmesser d, Windungsdurchmesser D_m und Steigungswinkel α_w abgeleitet wurden. Man findet sie meist bei Druckfedern. Tafel 5.36 gibt eine Übersicht über mögliche Formen von Schraubendruckfedern bei Variation einiger Gestaltparameter. Auch Kombinationen der einzelnen Variationen sind möglich. Die Formen a) bis c) erfordern einen höheren Fertigungsaufwand durch den Einsatz kegelförmig zugearbeiteten Stabmaterials, während die anderen Formen heute durch den Einsatz rechnergesteuerter Windeautomaten problemlos herstellbar sind. Lediglich bei der Form k) sind noch besondere Bedingungen zu beachten, auf die in [5.133] eingegangen wird.

Charakteristisch für alle angegebenen Formen ist ihre nichtlineare Federkennlinie (Bilder 5.138 und 5.139). Bei allen Federn kommt es im Zuge der Belastung (mit fortschreitender Verformung) zum Aufliegen von federnden Windungen. Die Windungen wälzen sich kontinuierlich auf der Unterlage

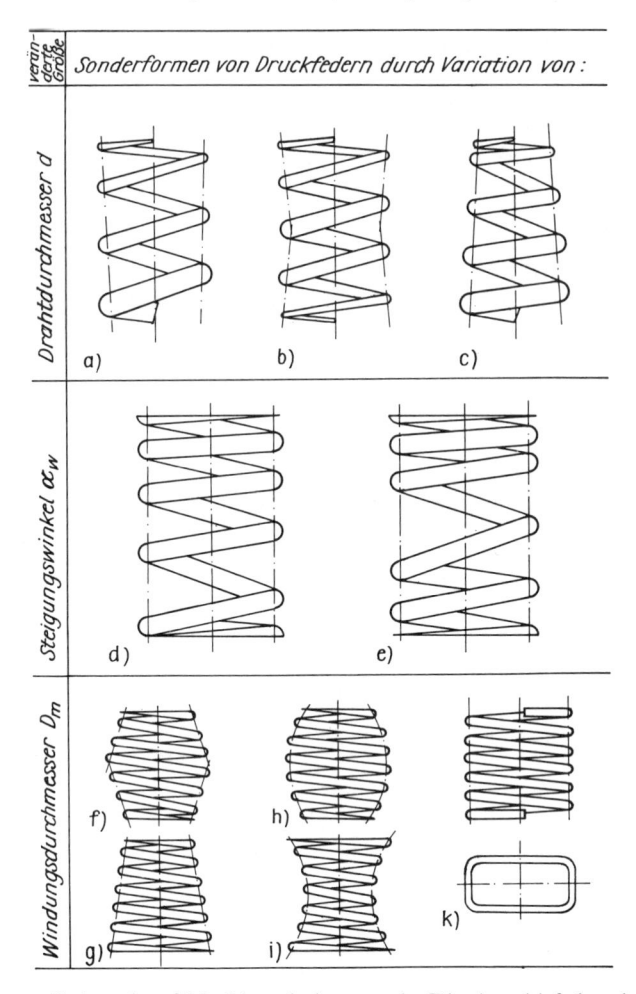

5.3. Torsionsbeanspruchte Federn (Verdrehfedern) 205

| veränderte Größe | Sonderformen von Druckfedern durch Variation von : | Tafel 5.36. Sonderformen von Schraubendruckfedern (Übersicht) |

Drahtdurchmesser d: a) b) c)

Steigungswinkel α_w: d) e)

Windungsdurchmesser D_m: f) h) k) g) i)

teller) und auf Nachbarwindungen ab. Die Anzahl federnder Windungen verringert sich. Dadurch nimmt die Federsteife zu. Die Kennlinie hat einen progressiven Verlauf.
Ein solches Federungsverhalten wird besonders im Fahrzeugbau bei Achsfederungen gewünscht. Überhaupt besitzen diese Federformen bei dynamischen Belastungsverhältnissen ein sehr vorteilhaftes Verhalten [5.4] [5.7] [5.8], das ihnen ein breites Einsatzgebiet eröffnet. Ihre Berechnung ist aufwendig. Eine abschnittsweise Vorgehensweise ist erforderlich. Berechnungshilfen in Form von Tabellen und Diagrammen wurden erarbeitet [5.42] [5.127] [5.128] und Rechenprogramme erstellt [5.124]. Auf einige Berechnungsgrundlagen soll im folgenden eingegangen werden.

5.3.4.2. Zylindrische Schraubendruckfedern mit veränderlichem Stabdurchmesser

Meist werden für diese Federn keglige (Tafel 5.36a und c) oder doppelkeglige (Tafel 5.36b) Stabformen verwendet, bei denen eine der Stablänge proportionale Durchmesseränderung, z. B. nach der Funktion $d(x) = d_1 + (d_2 - d_1) x/l$, vorliegt. Für ihre Herstellung sind in letzter Zeit mit Einsatz der Mikrorechnertechnik wirtschaftliche Fertigungsverfahren entwickelt worden.
Die Federn selbst werden vorrangig mit konstantem Außendurchmesser hergestellt. Federn aus doppelkegligen Stäben müssen dann auf einen geteilten, doppelkegligen Dorn gewickelt werden.
Die Berechnung ist recht aufwendig. Neben dem entlang dem Stab (Koordinate x) veränderlichen Durchmesser ist die mit zunehmendem Federweg sich verringernde Windungszahl n (Verkürzung der wirksamen Stablänge l) zu berücksichtigen. Für den Windungsdurchmesser kann näherungsweise ein Mittelwert eingesetzt werden.

Die Gleichung (5.119) erhält dann mit $l = \int \pi D_m \cdot dn$ und der angegebenen Funktion für den Stabdurchmesser z. B. die Form

$$s = (8 \cdot FD_m^3 \int dn)/(Gd(x)^4) \,. \tag{5.140}$$

Die bei Einwirken der maximalen Kraft F_n sich ergebende Torsionsspannung im Stab (Windungen mit dünneren Stabteilen haben sich bereits angelegt) ist dann ($d_2 = d_{max}$)

$$\tau = (8 \cdot F_n D_m)/(\pi d_2^3) \,. \tag{5.141}$$

Für die Berechnung der die Federungseigenschaften bestimmenden Parameter im Zusammenhang mit einer vorgegebenen Federkennlinie empfiehlt sich ein schrittweises Vorgehen, bei dem Kennlinienabschnitte als linear angesehen werden und für diese Abschnitte mit mittleren Werten für die Federkraft, den Federweg, die Federsteife sowie den jeweiligen Draht- und Windungsdurchmesser gerechnet wird. Über eine solche Vorgehensweise ist abschnittsweise die erforderliche Windungszahl und damit die Stablänge zu bestimmen. Tabellarische Hilfsmittel [5.9] oder der Einsatz elektronischer Rechner halten den Aufwand in Grenzen.

5.3.4.3. Zylindrische Schraubendruckfedern mit inkonstanter Windungssteigung

Der Steigungswinkel dieser Druckfedern mit konstantem Draht- und Windungsdurchmesser nimmt von einem Wert α_1 der Endwindungen auf einen Wert α_m stetig zu, wobei der Maximalwert α_m sowohl in der Nähe einer Endwindung (Tafel 5.36d) als auch in Federmitte (Tafel 5.36e) liegen kann. Durch die unterschiedlichen Windungsabstände kommen im Verlauf der Federung immer mehr Windungen zur Anlage (Abwälzen auf benachbarter Windung), so daß die Federsteife — vgl. Gleichung (5.120) — zunimmt. Es schließen sich zuerst die Windungen mit geringerer Steigung.

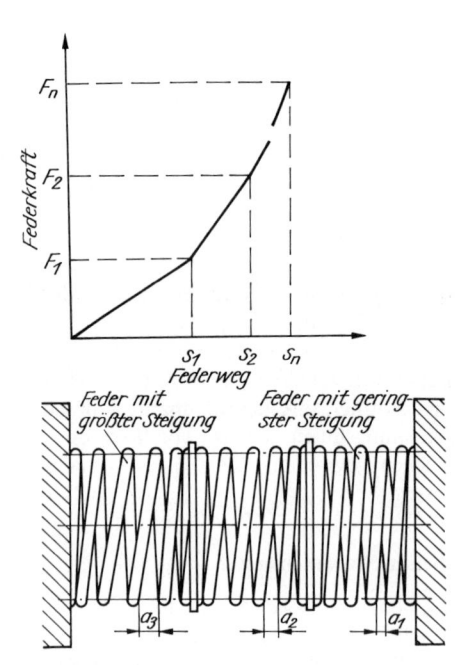

Bild 5.138. Kombination von Druckfedern mit unterschiedlicher Windungssteigung zum Erzielen einer progressiven Federkennlinie

Ein solches Federungsverhalten mit progressivem Kennlinienverlauf läßt sich auch in einfacher Weise durch Reihenschaltung von Druckfedern (Bild 5.138), die mit unterschiedlichen, jedoch je Feder konstanten Steigungswinkeln gewickelt wurden, erzielen. Unter Verwendung der Gleichungen (4.37) bis (4.39) ergeben sich die Gesamtfederkraft bei Erreichen des Blockzustandes mit $F_1 = F_{Bl1}$; $F_2 = F_{Bl2}$; $F_3 = F_{Bl3}$ (drei Federn) zu

$$F_{ges} = F_1 = F_2 = F_3 \tag{5.142}$$

5.3. Torsionsbeanspruchte Federn (Verdrehfedern)

und der Gesamtfederweg als Summe der Einzelfederwege $s_1 = F_1/c_1$; $s_2 = F_2/c_2$; $s_3 = F_3/c_3$ zu

$$s_{ges} = s_1 + s_2 + s_3 = F_{ges}(1/c_1 + 1/c_2 + 1/c_3). \tag{5.143}$$

In diesem Falle ist es einfacher mit dem Kehrwert der Federsteife, der spezifischen Federung $C = 1/c$, zu rechnen. Die spezifische Federung der Kombination ist dann

$$C_{ges} = C_1 + C_2 + C_3. \tag{5.144}$$

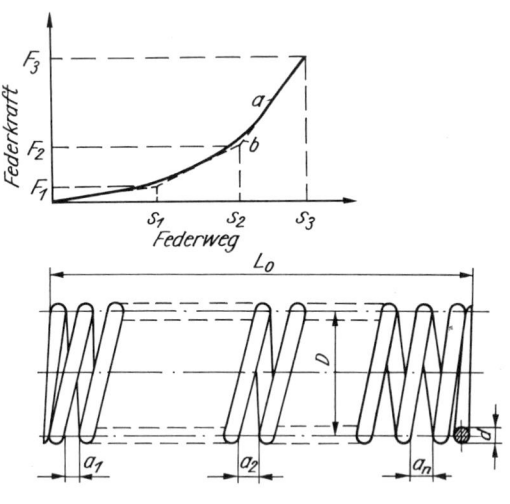

Bild 5.139. Druckfeder mit unstetig veränderlicher Windungssteigung und progressiver Kennlinie
a praktische Kennlinie; b berechnete Kennlinie

Auf dieser Basis erfolgt die schrittweise Berechnung einer mit inkonstanter Steigung gewickelten Druckfeder (Bild 5.139). Sie besitzt n_1 Windungen mit einem Windungsabstand a_1, n_2 Windungen mit einem Windungsabstand a_2 und allgemein ausgedrückt n_m Windungen mit einem Abstand a_m. Die Gesamtwindungszahl n dieser Feder wird von der Anfangssteigung der Kennlinie ($c_1 = F_1/s_1$) bestimmt und ist

$$n = (Gd^4 s_1)/(8 \cdot F_1 D_m^3). \tag{5.145}$$

Zur Berechnung der einzelnen Windungsabschnitte wird die spezifische Federung einer Windung ($n = 1$)

$$C_W = (8 \cdot D_m^3)/(Gd^4) \tag{5.146}$$

herangezogen. Die einzelnen Windungsabstände ergeben sich dann zu

$$a_1 = C_W F_1 \; ; \quad a_2 = C_W F_2 \quad \text{bzw.} \quad a_m = C_W F_m \tag{5.147}$$

und die zur Realisierung der vorgegebenen Federwege notwendigen Windungszahlen n_1 bis n_m zu

$$n_1 = n - (s_2 - s_1)/(a_2 - a_1) \tag{5.148a}$$

$$n_2 = n - n_1 - (s_3 - s_2)/(a_3 - a_2) \tag{5.148b}$$

$$\vdots$$

$$n_m = n - n_{m-1} - n_{m-2} - \ldots - n_2 - n_1. \tag{5.148c}$$

Bei bekannten Windungszahlen sind auf analoge Weise die Teilfederwege bestimmbar. Meist reicht bereits eine Unterteilung der Federkennlinie in vier Abschnitte ($m = 4$). Rechnerunterstützte Berechnungen sind auch mit $m > 4$ möglich.
Sollen die Federdaten für einen Punkt der Kennlinie berechnet werden, der nicht mit einem Geradenschnittpunkt (Knickstelle) zusammenfällt, dann gelten nach Bild 5.139 für die Kraft

$$F_x = F_2 + (F_3 - F_2)(s_x - s_2)/(s_3 - s_2) \tag{5.149}$$

und den Federweg

$$s_x = s_2 + (F_x - F_2)(s_3 - s_2)/(F_3 - F_2). \tag{5.150}$$

In [5.122] wird bei den Berechnungen von der Federabwicklung im unverformten und verformten Zustand ausgegangen, wobei die Kurvenform der Abwicklung durch eine Parabel der Form

$$y = x/(\pi w) + kx^m \qquad (5.151)$$

angenähert wird. Für $m = 1$ erhält man eine Druckfeder mit linearer Kennlinie und für $m > 1$ Federn mit den in den Bildern 5.140 bis 5.142 dargestellten Eigenschaften. Federn der Form nach

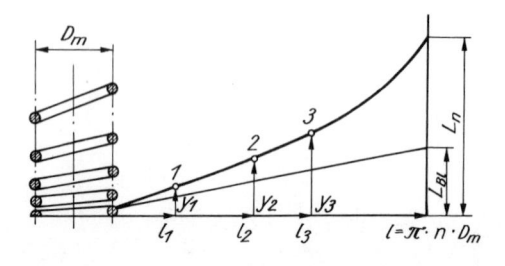

Bild 5.140. Druckfeder mit stetig veränderlicher Windungssteigung

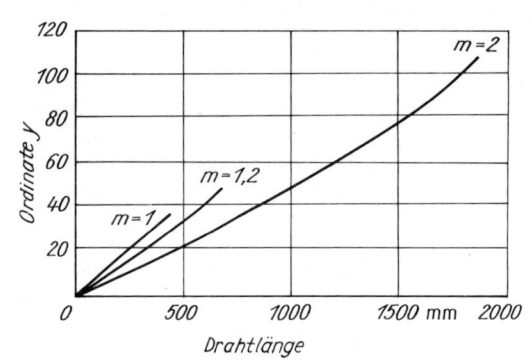

Bild 5.141. Abwicklungen der Druckfedern zum Berechnungsbeispiel 6

Bild 5.142. Federkennlinie der Druckfedern zum Berechnungsbeispiel 6

Tafel 5.36e lassen sich auch wie zwei Einzelfedern mit zum Federende hin ansteigendem Steigungswinkel berechnen. Der Festigkeitsnachweis ist wie bei zylindrischen Druckfedern mit konstanter Steigung zu führen (s. Abschn. 5.3.2.).

5.3.4.4. Schraubendruckfedern nichtzylindrischer Form

Durch *Variation des Wickeldurchmessers* D_m erhält man Schraubenfedern, deren Mantelform recht verschieden sein kann (Tafel 5.36f bis k). Die häufig verwendeten Formen sind Kegelstumpf-, Tonnen- und Taillenfedern, aber auch Federn, bei denen innerhalb einer Windung eine ständige Durchmesseränderung erfolgt (Tafel 5.36k). Diese werden als Flach- oder Kaminfedern bezeichnet und besonders dort eingesetzt, wo prismatische Führungskörper vorliegen.

Kegelstumpffedern entstehen durch kontinuierliches Verändern des Wickeldurchmessers während des Wickelns der Federn. Für kleine Federwege ist unter der Annahme, daß noch alle Windungen an der Federung teilnehmen, die Federsteife

$$c = F/s = (Gd^4)/[16 \cdot n(r_1 + r_2)(r_1^2 + r_2^2)] \qquad (5.152)$$

(r_1 kleinster Windungsradius, r_2 größter Windungsradius).

Anmerkung: In der üblichen Schreibweise wurde hier der größte Windungsradius mit r_2 bezeichnet (vgl. auch Bilder 5.144 und 5.145). Durch die fortlaufende Index-Numerierung der in den Gleichungen (5.154) bis (5.163) verwendeten Größen ergibt sich u. a. auch die Bezeichnung des größten Windungsradius nach Bild 5.143 mit r_1, die nur für diese Rechnungen (auch für Kegelfedern aus Band, s. Abschn. 5.3.4.6.) mit Computereinsatz zutreffend ist!

Ihr
leistungsstarker
Partner
für

Technische Federn
Polsterfedern
Draht- und
Bandbiegeteile

Werkzeugbau
Maschinenbau

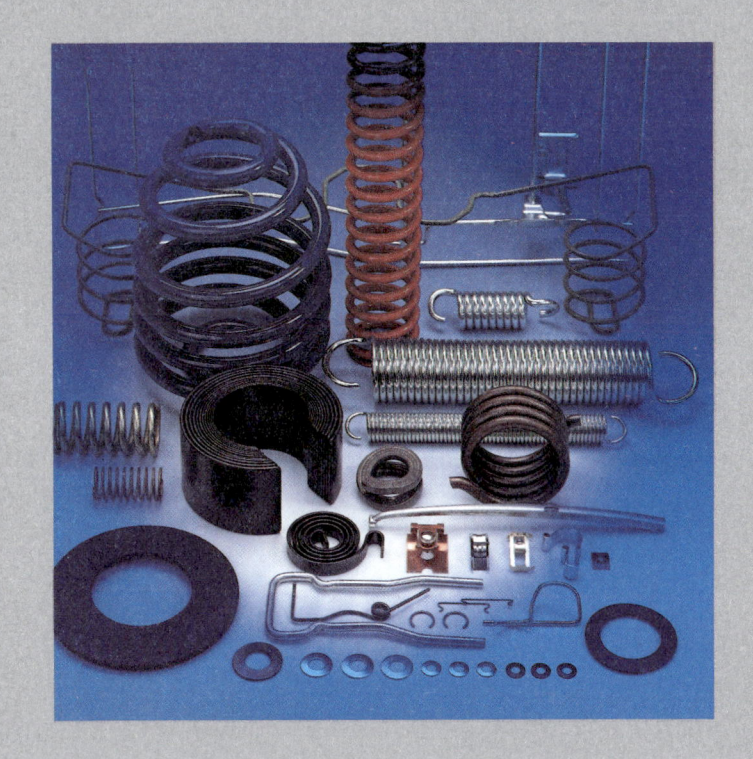

FEDERNWERKE
MARIENBERG
GmbH

Ein Unternehmen der
SCHERDELGRUPPE

Postfachadresse:
Postfach 10
09491 Marienberg

Hausadresse:
Dörfelstraße 39
09496 Marienberg

Tel.: 0 37 35 / 710
Fax: 0 37 35 / 7 14 08
Tlx: 322 266

Die Denkfabrik für Flachfedern steht in Mettmann, heißt Burberg-Eicker und hat 138 Jahre Praxis.

Eine Flachfeder ist eine Flachfeder. Denkste! Ihre neue Flachfeder ist ein wahres Multifunktionstalent. Vorausgesetzt, sie ist gründlich durchdacht und mit dem einzigartigen Wissen von BURBERG-EICKER konstruiert und hergestellt. Mehr darüber sagt Ihnen jetzt unsere Broschüre, die Sie kostenlos und postwendend erhalten.

BURBERG-EICKER
GmbH + Co. KG
Postfach 30 01 53 · 40813 Mettmann
Tel.: 0 21 04/7 50 26 · Fax: 0 21 04/7 50 25

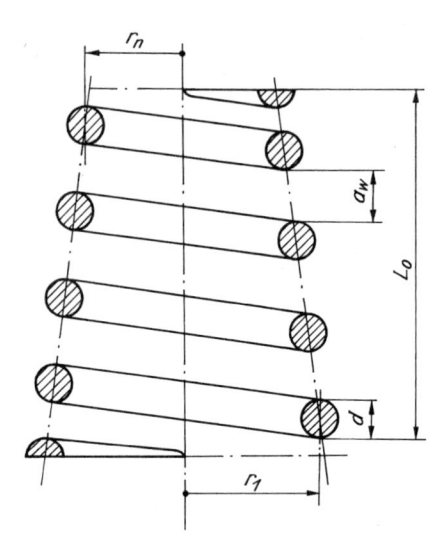

5.3. Torsionsbeanspruchte Federn (Verdrehfedern)

Bild 5.143. Kegeldruckfeder aus Draht

Die maximale Spannung liegt in der Windung mit dem größten Durchmesser vor und beträgt

$$\tau_{max} = (16 \cdot r_2 F_{max})/(\pi d^3) \ . \tag{5.153}$$

Bei größeren Federwegen legen sich Windungen, beginnend mit denen, die den größten Windungsdurchmesser besitzen, an, so daß die Anzahl federnder Windungen abnimmt und mit zunehmender Federung nur noch Windungen mit kleinerem Windungsdurchmesser federn. Der Kennlinienverlauf ist stark progressiv [5.125] [5.126]. Für Kegeldruckfedern, deren Windungsabstände a_1 bis a_m unterschiedlich, aber bekannt sind, kann dann die Berechnung abschnittsweise unter Verwenden der spezifischen Federung einer Windung

$$C_{W1,2...m} = (64 \cdot r^3_{1,2...m})/(Gd^4) \ , \tag{5.154}$$

der Federkräfte im Moment des Ausschaltens des Windungsabschnittes

$$F_{1,2...m} = a_{1,2...m}/C_{1,2...m} \tag{5.155}$$

und der zugehörigen Federwege

$$s_1 = a_1 + F_1(C_2 + C_3 + ... + C_m) \tag{5.156a}$$

$$s_2 = a_1 + a_2 + F_2(C_3 + C_4 + ... + C_m) \tag{5.156b}$$

$$s_m = s_{Bl} = a_1 + a_2 + ... + a_m \tag{5.156c}$$

erfolgen. Rechnergestützt ausgeführt, ist eine Verfeinerung durch Wahl recht kleiner Schritte zu erzielen.
Für Kegeldruckfedern mit konstantem Windungsabstand $a_1 = a_2 = a_m = s_{Bl}/n$ vereinfacht sich die Berechnung mit der Abkürzung $q = (Gd^4 s_{Bl})/(64 \cdot n)$, und es gelten

$$F_1 r_1^3 = F_2 r_2^3 = F_x r_x^3 \tag{5.157}$$

sowie

$$F_{1,2...m} = q/r^3_{1,2...m} \ . \tag{5.158}$$

Der unter Einwirken der Kraft F_x entstehende Federweg s_x setzt sich aus einem Anteil, der durch die blockierten (bereits abgewälzten) Windungen

$$s_{a1,2...m} = (n_x s_{Bl})/n \tag{5.159}$$

mit

$$n_x = n(r_1 - r_x)/(r_1 - r_n) \tag{5.160}$$

entsteht und aus dem Anteil, den die noch frei federnden Windungen

$$s_{b1,2...m} = 16 \cdot F_x(n - n_x)(r_x^2 + r_n^2)(r_x + r_n)/(Gd^4) \tag{5.161}$$

leisten können, zusammen. Folglich ist

$$s_{1,2...m} = s_{a1,2...m} + s_{b1,2...m} . \tag{5.162}$$

Die Blocklänge dieser Federn beträgt (angeschliffene Federenden)

$$L_{Bl} = n \cdot b + 2 \cdot d \tag{5.163a}$$

mit

$$b = \sqrt{d^2 - [(r_1 - r_n)/n]^2} . \tag{5.163b}$$

Ausgehend von den konstruktiven Anforderungen verfolgt man bei der Berechnung von Kegeldruckfedern folgende Aufgabenstellungen

— Für vorgegebene Innen- und Außendurchmesser der Druckfeder soll eine kleinstmögliche Blocklänge erzielt werden, d. h., die Feder muß eine spiralförmige Abwicklung besitzen.
— Die Federkennlinie soll bis in die Nähe des Blockzustands linear sein. Das bedeutet, es muß $a_{1,2...m} = C_{1,2...m} \cdot F_n$ gelten. Will man außerdem die anteiligen Federwege der Windungen konstant halten, dann ist zusätzlich ein veränderlicher Stabdurchmesser erforderlich [5.9].
— Maximale Werkstoffauslastung durch gleichgroße Schubspannungen in den einzelnen Windungsabschnitten.

Die Durchführung der Federberechnung erfolgt schrittweise, wobei eine Schrittweite von $\Delta n = 1/4$ Windung ausreichend ist.

Tonnen- und Taillenfedern erfordern einen höheren Aufwand bei der Berechnung, da meist eine genaue Beziehung zwischen Windungsradius und Windungszahl (in der Abwicklung eine Spirale) fehlt. Zur optimalen Ausnutzung eines vorhandenen Bauraums müssen die Windungsradien oft zeichnerisch ermittelt werden. Für die Berechnung solcher Federn bietet sich daher ebenfalls eine schrittweise Parameterermittlung an. Grundlage dafür sind die für Kegeldruckfedern angegebenen Gleichungen. Überschläglich lassen sich die gesuchten Federparameter (z. B. Drahtdurchmesser, Windungszahl) berechnen, indem eine Schrittweite wie oben angegeben von einer Viertelwindung gewählt

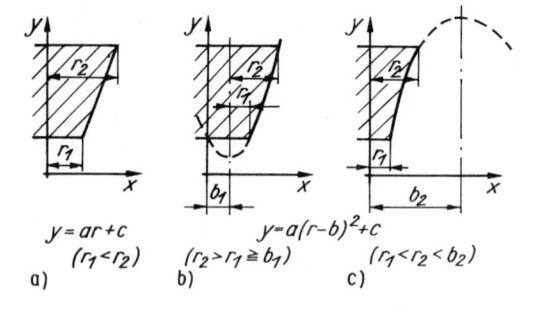

a) $y = ar + c$ $(r_1 < r_2)$
b) $y = a(r-b)^2 + c$ $(r_2 > r_1 \gtreqless b_1)$
c) $(r_1 < r_2 < b_2)$

Bild 5.144. Ansätze für Mantelkurven bei nichtzylindrischen Schraubenfedern
a) Kegelstumpffeder; b) Tonnenfeder; c) Taillenfeder

wird. Eine andere Möglichkeit ist die Nutzung der für zylindrische Schraubendruckfedern gültigen Gleichungen unter Verwendung von Korrekturfaktoren [5.42] [5.127] [5.128]. Der Federweg ist dann allgemein für Federn, die die im Bild 5.144 angegebenen Mantelkurvenformen besitzen,

$$s = (8 \cdot n D_m^3 F K_4)/(Gd^4) . \tag{5.164}$$

Diese Darstellung ergibt die Vorteile einer einheitlichen Angabe des Federwegs für Tonnen- und Taillenfedern mit konstantem Steigungswinkel und konstantem Windungsabstand. Der im Bild 5.145 angegebene Korrekturfaktor K_4 gilt für Tonnen- und Taillenfedern mit Mantelkurven, die sich durch eine quadratische Parabel der im Bild 5.144 angegebenen Form beschreiben lassen. Die hier dargestellte Berechnungsmethode ist auch für die Berechnung von Kegelstumpffedern nutzbar (Korrekturfaktor K_3 nach Bild 5.145).

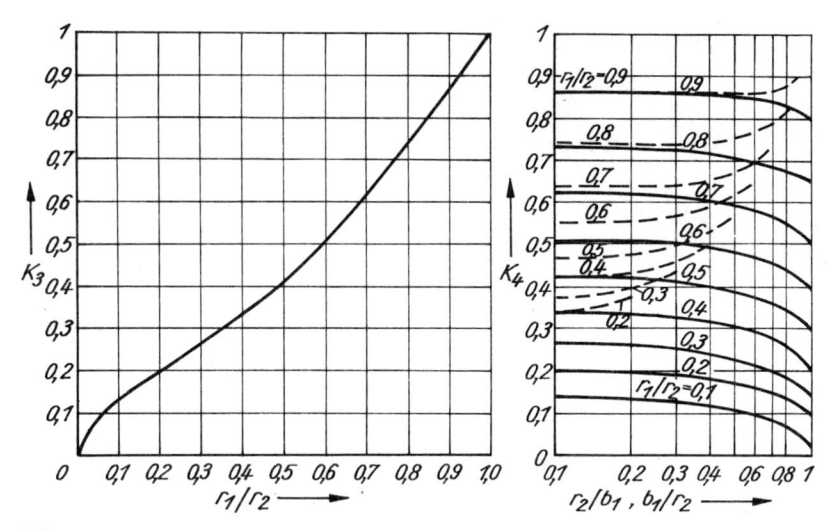

5.3. Torsionsbeanspruchte Federn (Verdrehfedern)

Bild 5.145. Korrekturfaktoren für die Berechnung des Federwegs von Tonnen- und Taillenfedern sowie Kegelfedern

Der Festigkeitsnachweis erfolgt unter Verwenden der Gleichung (5.154).
Die Anwendung der FEM-Methode mit entsprechend geeigneter Rechentechnik bringt weitere Vorteile bei der Behandlung allgemein gestalteter Schraubenfedern. In [5.124] wird ein solches Programmsystem für Tonnenfedern dargestellt, daß sich auch sinngemäß für andere Aufgabenstellungen nutzen läßt.
Als *Kaminfedern* bzw. *Flachfedern* werden nichtkreiszylindrische Schraubendruckfedern bezeichnet [5.132] [5.133], wie sie im Bild 5.146 bzw. in Tafel 5.36k dargestellt sind. Sie werden überall dort

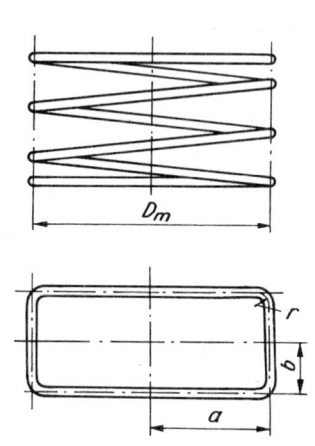

Bild 5.146. Nichtkreiszylindrische Druckfedern (sog. Kaminfedern)

angewendet, wo begrenzte Platzverhältnisse vorliegen bzw. prismatische Bauteile bewegt werden sollen. Am häufigsten wird die rechteckige Form verwendet. Nach [5.132] ist die Federsteife einer solchen Feder

$$c = F/s = (Gd^4)/(8 \cdot nD_m^3 A) \tag{5.165}$$

mit $D_m = 2 \cdot a$ und einem Korrekturfaktor A nach Bild 5.147, der wieder die Verwendung der Federsteifebeziehung für eine zylindrische Druckfeder ermöglicht.
Die Schubspannung ist mit $K_r = (2r + 0{,}2d)/(2r - d)$

$$\tau = 8 \cdot D_m F K_r (r/a + \sqrt{(1 - r/a)^2 + (b/a - r/a)^2})/(\pi d^3) \tag{5.166}$$

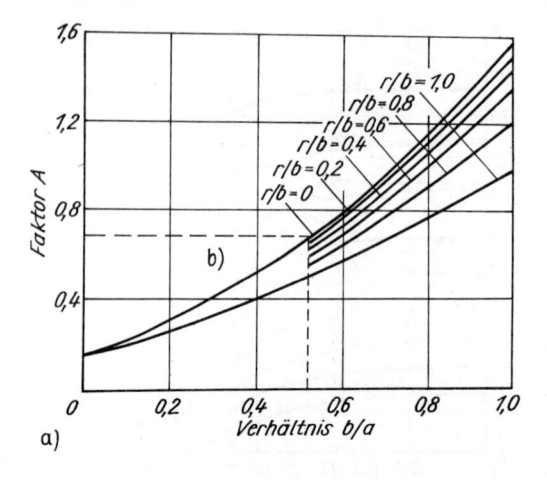

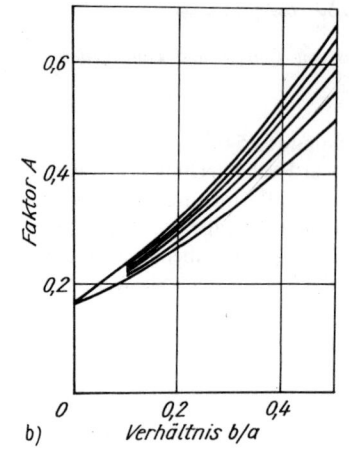

Bild 5.147. Faktor A zur Berechnung von Druckfedern mit Rechteckform (Kaminfedern)

und die wirksame Drahtlänge

$$l = 2 \cdot nD_m[1 + b/a - (2 - \pi/2)\, r/a]\,. \tag{5.167}$$

5.3.4.5. Mehrdrahtfedern [5.129] [5.130] [5.131]

Unter Mehrdrahtfedern versteht man Schraubenfedern, die aus Seil bzw. Litze (deshalb auch oft als Litzenfedern bezeichnet) hergestellt werden. Sie werden als Druck- und mitunter auch als Drehfedern dann eingesetzt, wenn stoßartige Belastungen vorliegen. Während bei statischer Belastung Eindraht- und Mehrdrahtfedern gleichwertig sind, gibt es Unterschiede bei schwingender Belastung. Bei einer gleichmäßig schwingenden Belastung (sinusförmiger Belastungs-Zeit-Verlauf ohne Schwingungsüberlagerungen) ist die Eindrahtfeder überlegen [5.129]. Mehrdrahtfedern fallen meist infolge der durch die Reibung zwischen den einzelnen Drähten entstandenen Oberflächenverletzungen früher aus. Erst bei einer schwingenden Belastung, die mit Resonanzen oder stoßartigen Belastungen verbunden ist, zeigt sich der Vorteil der Mehrdrahtfeder durch die vorhandene „innere" Dämpfung. Obwohl die erreichte Lebensdauer bei den meisten Anwendungen im Zeitfestigkeitsbereich liegt, ist sie in diesen Fällen um 100 bis 400% höher als bei Eindrahtfedern. Bei Verwendung von patentiert gezogenen Drähten sind weiterhin die höhere Zugfestigkeit der einzelnen, dünneren Drähte für eine bessere Setzbeständigkeit von Vorteil.

Während bei der Eindrahtfeder ein Drahtbruch sofort zum Ausfall der Feder führt, arbeitet die Mehrdrahtfeder nach einem Drahtbruch noch weiter. Der Schädigungsbereich, der mit dem ersten Drahtbruch beginnt und mit der völligen Zerstörung der Feder endet, beträgt etwa 10% der Gesamtlebensdauer bei Dreidraht- und 20 bis 40% bei Siebendrahtfedern.

5.3. Torsionsbeanspruchte Federn (Verdrehfedern)

Die Berechnung der Federsteife von Mehrdrahtfedern erfolgt unter Annahme einer Parallelschaltung von Einzeldrahtfedern (s. Abschn. 4.5.2.), deren Anzahl der Zahl Einzeldrähte in der Litze entspricht. Wegen des Reibungseinflusses ist die Erprobung von Musterfedern zur Bestätigung der Rechnung angebracht. Vorrangig werden Dreidrahtfedern angewendet. Eine automatisierte Fertigung ist nicht immer möglich.

Von großem Einfluß auf die Lebensdauer von Mehrdrahtfedern ist die Beschaffenheit der Litze. Folgende Anforderungen werden gestellt:

— Die Verseilrichtung muß dem Wickelsinn der Schraubenfeder angepaßt werden, so daß bei Federbelastung die Litze in gleicher Richtung wie beim Verseilen verdreht wird. Für rechtsgewickelte Druckfedern wird z. B. eine linksverseilte Litze benötigt.
— Die Schlaglänge der Litze darf nicht zu klein sein, da sonst die Lebensdauer ab- und die Setzneigung zunimmt. Sie soll bei Dreidrahtfedern das 9- bis 12fache des Drahtdurchmessers betragen.

Ein Anlassen zur Eigenspannungsbeseitigung sollte stets vorgenommen werden. Keine Erhöhung der Lebensdauer bringt eine Oberflächenverfestigung durch Kugelstrahlen. Das Strahlkorn setzt sich in der Litze fest und unterstützt die Scheuerwirkung.

5.3.4.6. Kegeldruckfedern aus Band

Kegelstumpffedern aus Federband mit Rechteckquerschnitt (Bild 5.148) entstehen durch schraubenförmiges Aufwickeln des Bandes auf einen zylindrischen Dorn. Die Windungssteigung nimmt von innen nach außen hin zu, da sie ja dem Windungsdurchmesser proportional ist. Die der äußeren Windung ist also entsprechend ihrem größeren Windungsdurchmesser größer als die der inneren.

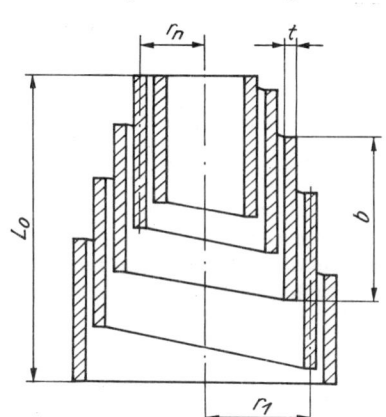

Bild 5.148. Kegeldruckfeder aus Federband

Der Federweg ist der dritten Potenz des Wickeldurchmessers proportional. Infolgedessen kommen mit wachsender Belastung die Windungen, von der äußersten beginnend und nach innen fortschreitend an der Federauflage zur Anlage. Sie nehmen an der weiteren Federung nicht mehr teil. Damit besitzen auch diese Federn eine Kennlinie mit progressivem Verlauf. Wegen der hohen Eigendämpfung setzt man diese Federn häufig bei Stoßbelastungen ein.

Zur Charakterisierung des Federungsverhaltens erhält man die Federkraft aus

$$F_x = (q_3 G b t^3 s_n)/[\pi n r_x^2 (r_1 + r_n)] \tag{5.168}$$

mit

$$r_x = r_n + m(r_1 - r_n) \tag{5.169}$$

und den Federweg aus

$$s_x = s_a + s_b, \tag{5.170}$$

wobei

$$s_a = s_n(r_1^2 + r_x^2)/(r_1^2 - r_n^2) \tag{5.171}$$

$$s_b = s_n(r_x^2 + r_n^2)(r_x^2 - r_n^2)/(2 \cdot r_x^2(r_1^2 - r_n^2)) \tag{5.172}$$

ist. Für $m = 1$ wird $r_x = r_1$ und $F_x = F_1$ und für $m = 0$ wird $r_x = r_n$ und $F_x = F_n$. Zur Berechnung der Federkennlinie ist folglich m im Bereich $0 \leq m \leq 1$ zu variieren.
Die maximale Schubspannung ist

$$\tau_{max} = r_n F_n / (q_2 b t^2) \,. \tag{5.173}$$

Die Faktoren q_2 und q_3 sind aus Bild 5.149 zu entnehmen.

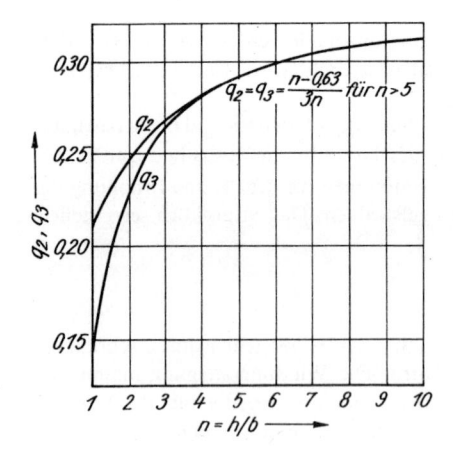

Bild 5.149. Faktoren q_2 und q_3 zur Berechnung von Kegeldruckfedern aus Federband

5.3.4.7. Federkennlinie und Eigenfrequenz

Die Eigenkreisfrequenz eines Feder-Masse-Systems ist von der Federsteife c und der Masse m abhängig — s. Gleichung (5.139). Bei Federn mit linearer Federkennlinie (also $c = $ konst.) ändert sich folglich die Eigenfrequenz mit Verändern der Belastung. Dieses Verhalten ist besonders bei Fahrzeugfedern nachteilig. Hier wird oft aus Gründen des Fahrkomforts eine bei allen Belastungen gleichbleibende Eigenfrequenz gewünscht. Diese Konstanz der Eigenfrequenz läßt sich nur durch eine progressive Federkennlinie erreichen, die nach einer bestimmten Funktion verläuft. Diese Funktion ergibt sich nach Gleichung (5.139) mit $c = dF/ds$ und $m = F/g$ (F_1 Anfangskraft, Grundkraft) zu

$$F/F_1 = e^{\omega_0^2 \cdot s/g} \,. \tag{5.174}$$

Um eine konstante Eigenfrequenz zu erreichen, muß also die Federkennlinie nach einer e-Funktion (Bild 5.150) verlaufen.

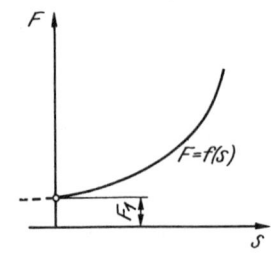

Bild 5.150. Federkennlinie für konstante Eigenfrequenz

Die in diesem Abschnitt behandelten Federn besitzen ein nichtlineares Federungsverhalten. Ihre Federkennlinien weisen einen progressiven Verlauf auf (Bild 5.139). Jedoch wird durch sie nicht immer eine Konstanz der Eigenfrequenz bewirkt. Soll dieses Ziel verfolgt werden, so ist bei den Berechnungen von Gleichung (5.174) und einer Federkennlinienform nach Bild 5.150 auszugehen. Die Berechnungen sind schrittweise oder rechnerunterstützt vorzunehmen.

5.3. Torsionsbeanspruchte Federn (Verdrehfedern)

Berechnungsbeispiele

1. Statisch belastete Druckfeder

Gegeben: $F_1 = 8$ N; $F_2 = 24$ N; $\Delta s = 16$ mm; $D_{i\,min} = 10$ mm; Toleranz der Federsteife $T_c = \pm 5\%$

Gesucht: Daten der Druckfeder (d, D_m, D_a, D_i, n, c, s_1, s_2, s_n, L_{Bl}, S_a, L_n, L_1, L_2, L_n, w, k, Federwerkstoff)

Lösung:

a) Dimensionierung

Annahmen: $F_2 = 0.9 \cdot F_n$; $D_m = 14$ mm; patentierter Federstahldraht DIN 17223/01 mit
$R_{m\,min} = 1600$ N/mm² und $G = 80000$ N/mm²; $\tau_{zul} = 0.5 \cdot R_{m\,min} = 800$ N/mm²

Drahtdurchmesser: Nach Gleichung (5.121) ist

$$d = \sqrt[3]{(8 \cdot F_n D_m)/(\pi \tau_{zul})}$$
$$= \sqrt[3]{(8 \cdot 24 \text{ N} \cdot 14 \text{ mm})/(3{,}14 \cdot 800 \text{ N/mm}^2)} = 1{,}06 \text{ mm}$$

gewählt: $d = 1{,}1$ mm.

Erforderliche Federsteife:

$$c_{erf} = (F_2 - F_1)/\Delta s = (24 \text{ N} - 8 \text{ N})/16 \text{ mm} = 1 \text{ N/mm}$$

mit den Toleranzen

$$c_{min} = 0{,}95 \text{ N/mm} < c_{erf} < c_{max} = 1{,}05 \text{ N/mm}.$$

Windungszahl: Nach Gleichung (5.120) ist

$$n = (Gd^4)/(8 \cdot D_m^3 c_{erf}) = (80000 \text{ N/mm}^2 \cdot 1{,}1^4 \text{ mm}^4)/(8 \cdot 14^3 \text{ mm}^3 \cdot 1 \text{ N/mm}) = 5{,}34$$

gewählt: $n = 5{,}5$.

b) Nachrechnungen

$$c_{vorh} = (Gd^4)/(8 \cdot D_m^3 n) = (80000 \text{ N/mm}^2 \cdot 1{,}1^4 \text{ mm}^4)/(8 \cdot 14^3 \text{ mm}^3 \cdot 5{,}5) = 0{,}970 \text{ N/mm}$$

Bedingung $c_{min} < c_{vorh} = 0{,}97$ N/mm $< c_{max}$ erfüllt.

$$\tau_{vorh} = (8 \cdot F_n D_m)/(\pi d^3) = (8 \cdot 24 \text{ N} \cdot 14 \text{ mm})/(0{,}9 \cdot 3{,}14 \cdot 1{,}1^3 \text{ mm}^3) = 714{,}6 \text{ N/mm}^2$$

Nach Tafel 2.3 kann somit Federstahldraht Sorte A gewählt werden mit $R_{m\,min} = 1690$ N/mm² ($\tau_{zul} = 845$ N/mm²).

Die Bedingung

$$\tau_{vorh} = 714{,}6 \text{ N/mm}^2 < \tau_{zul} = 845 \text{ N/mm}^2$$

wird eingehalten, auch unter Berücksichtigung der Spannungserhöhung durch den Faktor k nach Gleichung (5.123)

$$w = D_m/d = 14 \text{ mm}/1{,}1 \text{ mm} = 12{,}73$$
$$k = (w + 0{,}5)/(w - 0{,}75) = (12{,}73 + 0{,}5)/(12{,}73 - 0{,}75) = 1{,}104$$
$$\tau_K = k\tau_{vorh} = 1{,}104 \cdot 714{,}6 \text{ N/mm}^2 = 789 \text{ N/mm}^2.$$

Die Bedingungen des Funktions- und Festigkeitsnachweises werden von den berechneten bzw. gewählten Federgrößen erfüllt.

c) Berechnung weiterer Daten nach Tafel 5.28

Länge der Feder:

$$L_{Bl} \leqq n_t d = (n + 2)d = (5{,}5 + 2) \cdot 1{,}1 \text{ mm} = 8{,}25 \text{ mm}$$
$$S_a = x \cdot d \cdot n = 0{,}4 \cdot 1{,}1 \text{ mm} \cdot 5{,}5 = 2{,}42 \text{ mm}$$
$$L_n = L_{Bl} + S_a = 8{,}25 \text{ mm} + 2{,}42 \text{ mm} = 10{,}67 \text{ mm}$$
$$s_n = F_n/c_{vorh} = F_2/0{,}9 \cdot c_{vorh} = 24 \text{ N}/0{,}9 \cdot 0{,}97 \text{ N/mm} = 27{,}49 \text{ mm}$$

$$L_0 = L_n + s_n = 10{,}67 \text{ mm} + 27{,}49 \text{ mm} = 38{,}16 \text{ mm}$$

$$S_W = [L_0 - d(n_t - n)]/n = 6{,}55 \text{ mm}$$

Federwege und Einbaulängen:

$$s_1 = F_1/c_{vorh} = 8 \text{ N}/0{,}97 \text{ N/mm} = 8{,}25 \text{ mm}$$
$$s_2 = F_2/c_{vorh} = 24 \text{ N}/0{,}97 \text{ N/mm} = 24{,}74 \text{ mm}$$
$$L_1 = L_0 - s_1 = 38{,}2 \text{ mm} - 8{,}25 \text{ mm} = 29{,}95 \text{ mm}$$
$$L_2 = L_0 - s_2 = 38{,}2 \text{ mm} - 24{,}74 \text{ mm} = 13{,}46 \text{ mm}\,.$$

Ein Aufrunden der ungespannten Federlänge durch Wahl größerer Windungsabstände ist möglich.
Federdaten: $d = 1{,}1 \text{ mm}; D_a = 15{,}1 \text{ mm}; D_i = 12{,}9 \text{ mm}; D_m = 14 \text{ mm}; L_0 = 38{,}2 \text{ mm}; n = 5{,}5$;
Federstahldraht Sorte A nach DIN 17223/01; Fertigungsausgleich über L_0.

d) Knicksicherheit

$$\eta = 100\% \cdot s_2/L_0 = 100\% \cdot 24{,}74 \text{ mm}/38{,}2 \text{ mm} = 64{,}76\%$$
$$\lambda = L_0/D_m = 38{,}2 \text{ mm}/14 \text{ mm} = 2{,}73\,.$$

Nach Bild 5.112 ist für $\lambda = 2{,}73$ die für Knickung erforderliche Federung $\eta_{erf} = 50\%$ für Druckfedern mit veränderlichen Auflagebedingungen und $\eta_{erf} = 68\%$ für Druckfedern mit geführten Einspannungen und parallel geschliffenen Federauflageflächen. Die Feder ist nicht knicksicher bei veränderlichen Auflagebedingungen.

Auch eine Nachrechnung nach Gleichung (5.125) ist möglich.

$$s_K = 0{,}814 \cdot L_0[1 - \sqrt{1 - 6{,}83(D_m/K_L L_0)^2}]$$
$$= 0{,}814 \cdot 38{,}2 \text{ mm}[1 - \sqrt{1 - 6{,}83(14 \text{ mm}/1{,}0 \cdot 38{,}2 \text{ mm})^2}]$$
$$= 22{,}1 \text{ mm} < s_2 = 24{,}74 \text{ mm}\,.$$

Unter den angenommenen Lagerbedingungen ($K_L = 1$) ist die Feder nicht knicksicher. Eine parallele Auflage und Führung der Federenden ist erforderlich.

2. *Schwingend belastete Druckfeder*

Gegeben: $F_1 = 300 \text{ N}; F_2 = F_n = 650 \text{ N}; \Delta s = s_h = 22 \text{ mm}; D_a \leq 38 \text{ mm}$; Betriebsfrequenz (Erregerfrequenz) $f_b = f_e = 51/\text{s}$; patentierter Federstahldraht Kl. C

Gesucht: Daten der Feder ($d; D_m; D_a; D_i; n; L_0; f_0$)

Lösung:

a) Dimensionierung

Annahmen: Nach Bild 5.128 kann von einer Dauerhubfestigkeit $\tau_{kH} = 300 \text{ N/mm}^2$ ausgegangen werden. Außerdem wird zunächst mit $D_m = 30 \text{ mm}$ und $w = 6$ gerechnet, womit $k = 1{,}24$ nach Bild 5.121 bzw. Gleichung (5.123) wird; $G = 81400 \text{ N/mm}^2$.

Drahtdurchmesser: Nach Gleichung (5.121) und (5.122) ist

$$d = \sqrt[3]{[8 \cdot kD_m(F_2 - F_1)]/(\pi\tau_{kH})}$$
$$= \sqrt[3]{[8 \cdot 1{,}24 \cdot 30 \text{ mm} \cdot (650 \text{ N} - 300 \text{ N})]/(3{,}14 \cdot 300 \text{ N/mm}^2)}$$
$$= 4{,}8 \text{ mm}; \quad \text{gewählt: } d = 5 \text{ mm}\,.$$

Damit kann $D_m = 32 \text{ mm}$ gewählt werden, womit $w = D_m/d = 32 \text{ mm}/5 \text{ mm} = 6{,}4$ und $k = 1{,}22$ werden.

b) Nachrechnung der Spannungen

$$\tau_{ku} = (8 \cdot kD_m F_1)/(\pi d^3) = (8 \cdot 1{,}22 \cdot 32 \text{ mm} \cdot 300 \text{ N})/(3{,}14 \cdot 5^3 \text{ mm}^3) = 238{,}7 \text{ N/mm}^2$$
$$\tau_{ko} = \tau_{ku} \cdot F_2/F_1 = 238{,}7 \text{ N/mm}^2 \cdot 650 \text{ N}/300 \text{ N} = 517{,}2 \text{ N/mm}^2$$
$$\tau_{kh} = \tau_{ko} - \tau_{ku} = 517{,}2 \text{ N/mm}^2 - 238{,}7 \text{ N/mm}^2 = 278{,}5 \text{ N/mm}^2$$

Aus dem Dauerfestigkeitsschaubild nach Bild 5.128 ist für $\tau_{ku} = 239$ N/mm² eine Oberspannung $\tau_{ko} = 570$ N/mm² zulässig.
Die Sicherheit gegen Dauerbruch beträgt dann

$$S = \tau_{kH}/\tau_{kh} = (570 \text{ N/mm}^2 - 239 \text{ N/mm}^2)/(517 \text{ N/mm}^2 - 239 \text{ N/mm}^2) = 1{,}19 \ .$$

Durch Kugelstrahlen der Feder ist eine Erhöhung der Sicherheit auf $S = 1{,}6$ möglich (s. Bild 5.129).

c) Anzahl der Windungen
Federsteife:

$$c = (F_2 - F_1)/s_h = (650 \text{ N} - 300 \text{ N})/22 \text{ mm} = 15{,}9 \text{ N/mm}$$

Anzahl federnder Windungen:

$$n = (Gd^4)/(8 \cdot D_m^3 c) = (81400 \text{ N/mm}^2 \cdot 5^4 \text{ mm}^4)/(8 \cdot 32^3 \text{ mm}^3 \cdot 15{,}9 \text{ N/mm}) = 12{,}2$$

gewählt: $n = 12{,}5$.
Soll die Federsteife genau eingehalten werden, so ist der mittlere Windungsdurchmesser auf $D_m = 31{,}8$ mm zu ändern. Die Spannungen werden dadurch geringfügig verkleinert.
Gesamtzahl der Windungen:

$$n_t = n + 2 = 12{,}5 + 2 = 14{,}5 \ .$$

d) Längen der Feder
Blocklänge:

$$L_{Bl} = n_t d_{max} = 14{,}5 \cdot (5{,}0 + 0{,}04) \text{ mm} = 73{,}1 \text{ mm}$$

Summe der Mindestabstände zwischen den Windungen (nach Tafel 5.28):

$$S_a = x \cdot d \cdot n = 0{,}16 \cdot 5 \text{ mm} \cdot 12{,}5 = 10 \text{ mm}$$

Länge im gespannten Zustand:

$$L_n = L_2 = L_{Bl} + S_a = 73{,}1 \text{ mm} + 10 \text{ mm} = 83{,}1 \text{ mm}$$

Maximaler Federweg:

$$s_n = s_2 = F_2/c = 650 \text{ N}/15{,}9 \text{ N/mm} = 40{,}9 \text{ mm}$$

Länge im ungespannten Zustand:

$$L_0 = L_n + s_n = 83{,}1 \text{ mm} + 40{,}9 \text{ mm} = 124 \text{ mm} \ .$$

e) Nachrechnung der Blockspannung
Mit der Blockfederkraft

$$F_{Bl} = c(L_0 - L_{Bl}) = 15{,}9 \text{ N/mm} \cdot 50{,}9 \text{ mm} = 809{,}3 \text{ N}$$

ergibt sich

$$\tau_{Bl} = (8 \cdot D_m F_{Bl})/(\pi d^3) = (8 \cdot 31{,}8 \text{ mm} \cdot 809{,}3 \text{ N})/(3{,}14 \cdot 5^3 \text{ mm}^3) = 524{,}5 \text{ N/mm}^2 \ .$$

Bei einer Zugfestigkeit $R_{m\,min} = 1660$ N/mm² aus Tafel 2.3 für patentierten Federstahldraht Sorte C und $d = 5$ mm beträgt die zulässige Spannung nach Gleichung (5.124)

$$\tau_{Bl\,zul} = 0{,}56 \cdot R_{m\,min} = 0{,}56 \cdot 1660 \text{ N/mm}^2 = 929{,}6 \text{ N/mm}^2 \ ,$$

und die Bedingungen des Festigkeitsnachweises werden eingehalten.

f) Knicksicherheit
Die spezifische Federung beträgt

$$\eta = 100\% \cdot s_2/L_0 = 100\% \cdot 40{,}9 \text{ mm}/124 \text{ mm} = 33\%$$

und der Schlankheitsfaktor

$$\lambda = L_0/D_m = 124 \text{ mm}/31{,}8 \text{ mm} = 3{,}9 \ .$$

Nach Bild 5.112 ist der Grenzwert für die spezifische Federung $\eta_{grenz} = 39\%$. Damit ist $\eta_{vorh} < \eta_{grenz}$ und die Feder somit knicksicher.

g) Eigenfrequenz

Die Eigenfrequenz $f_0 = q_1 \omega_0/2\pi$ ist mit ω_0 nach Gleichung (5.139), $m = m_F = (\pi d/2)^2 \, nD_m \varrho$ ($\varrho = 7{,}85 \cdot 10^{-6}$ kg/mm³) und $q_1 = \pi$ für eine mit der Grundfrequenz schwingende, beidseitig fest eingespannte Feder

$$f_0 = 0{,}5 \cdot \sqrt{(Gd^4)/(2\pi^2 d^2 D_m^4 n^2 \varrho)} = (362\,579 \text{ mm/s} \cdot d)/(nD_m^2)$$
$$= (362\,579 \text{ mm/s} \cdot 5 \text{ mm})/(12{,}5 \cdot 31{,}8^2 \text{ mm}^2) = 143{,}4 \text{ 1/s}.$$

Für eine mit der Grundfrequenz schwingende, einseitig fest eingespannte Feder (ein freies Federende), für die $q_1 = \pi/2$ gilt, ergibt sich dann $f_0 = 71{,}7$ 1/s und bei Berücksichtigung von $m = m_F/3$ (Feder ohne Endmasse) $f_0 = 124{,}2$ 1/s.

3. Druckfedersatz

Gegeben: $F_n = 20$ kN; $c = 62$ N/mm; $T_c = \pm 5\%$; $D_a \leqq 120$ mm; $L_0 \leqq 625$ mm; Anzahl der Federn $z = 2$.

Gesucht: Federdaten der Einzelfedern

Lösung:

a) Dimensionierung

Unter der Annahme eines Kräfteverhältnisses $F_{n1}/F_{n2} = 1{,}5$, eines mittleren Windungsdurchmessers $D_{m1} = 110$ mm und einer zulässigen Verdrehbeanspruchung von $\tau_{zul} = 800$ N/mm² ergibt sich für die äußere Feder nach Gleichung (5.121) ein Drahtdurchmesser $d_1 = 16$ mm (s. Beispiel 1) als Ausgangspunkt für die weiteren Berechnungen

$$D_{m1} = D_{a1} - d_1 = 120 \text{ mm} - 16 \text{ mm} = 104 \text{ mm}$$
$$D_{i1} = D_{a1} - 2 \cdot d_1 = 120 \text{ mm} - 32 \text{ mm} = 88 \text{ mm}$$
$$D_{a2} \leqq D_{i1} \leqq 88 \text{ mm}.$$

Der Drahtdurchmesser der Feder 2 ergibt sich bei Berücksichtigung dieser Bedingung nach Gleichung (5.136) zu

$$d_2 \leqq D_{i1}/(D_{m1}/d_1 + 1) = 88 \text{ mm}/(104 \text{ mm}/16 \text{ mm} + 1) \leqq 11{,}73 \text{ mm}.$$

Damit ist $d_2 = 11$ mm zu wählen. Für die Feder 2 ergeben sich dann nach Gleichung (5.136)

$$D_{m2} = D_{m1} \cdot d_1/d_2 = 104 \text{ mm} \cdot 11 \text{ mm}/16 \text{ mm} = 71{,}5 \text{ mm}$$
$$D_{a2} = D_{m2} + d_2 = 71{,}5 \text{ mm} + 1 \text{ mm} = 82{,}5 \text{ mm} < D_{i1}$$
$$D_{i2} = D_{m2} - d_2 = 71{,}5 \text{ mm} - 11 \text{ mm} = 60{,}5 \text{ mm}.$$

b) Nachrechnungen

Kräfte:

Da $F_n = F_{n1} + F_{n2}$ und $F_{n1} = F_{n2} d_1^2/d_2^2$ nach Gleichung (5.138) ist, wird damit

$$F_{n1} = F_n(d_1^2/d_2^2)/(1 + d_1^2/d_2^2)$$
$$= 20\,000 \text{ N}(16^2/11^2)/(1 + 16^2/11^2) = 13\,581 \text{ N}$$
$$F_{n2} = F_n - F_{n1} = 20\,000 \text{ N} - 13\,581 \text{ N} = 6419 \text{ N},$$

und das Kräfteverhältnis ist dann $F_{n1}/F_{n2} = 2{,}12$.

Spannungen:

$$\tau_1 = (8 \cdot D_{m1} F_{n1})/(\pi d_1^3)$$
$$= (8 \cdot 104 \text{ mm} \cdot 13\,581 \text{ N})/(3{,}14 \cdot 16^3 \text{ mm}^3) = 878{,}5 \text{ N/mm}^2$$
$$\tau_2 = (8 \cdot D_{m2} \cdot F_{n2})/(\pi d_2^3)$$
$$= (8 \cdot 71{,}5 \text{ mm} \cdot 6419 \text{ N})/(3{,}14 \cdot 11^3 \text{ mm}^3) = 878{,}5 \text{ N/mm}^2.$$

Für beide Federn ergeben sich gleich hohe Beanspruchungen, die auf Grund ihrer Höhe den Einsatz von hochwertigem Draht mit $R_m = 1800$ N/mm² erfordern.

5.3. Torsionsbeanspruchte Federn (Verdrehfedern)

c) Windungszahlen
Bei gleich großen Federwegen gilt auch

$$F_{n1}/F_{n2} = c_1/c_2 = 2{,}12$$

und damit werden

$$c_2 = c/(1 + c_1/c_2) = (62 \text{ N/mm})/(1 + 2{,}12) = 19{,}9 \text{ N/mm}$$
$$c_1 = c - c_2 = 62 \text{ N/mm} - 19{,}9 \text{ N/mm} = 42{,}1 \text{ N/mm}.$$

Die Windungszahlen ergeben sich dann aus Gleichung (5.120) mit $G = 78\,500 \text{ N/mm}^2$ nach Tafel 2.2

$$n_1 = (Gd^4)/(8 \cdot D_m^3 c)$$
$$= (78\,500 \text{ N/mm}^2 \cdot 16^4 \text{ mm}^4)/(8 \cdot 104^3 \text{ mm}^3 \cdot 42{,}1 \text{ N/mm}) = 13{,}58.$$

Gewählt wird $n_1 = 13{,}5$.

$$n_2 = (78\,500 \text{ N/mm}^2 \cdot 11^4 \text{ mm}^4)/(8 \cdot 71{,}5^3 \text{ mm}^3 \cdot 19{,}9 \text{ N/mm}) = 19{,}75.$$

Gewählt wird $n_2 = 20{,}5$.
Günstig ist es, wenn beide Druckfedern eine annähernd gleich große Blocklänge besitzen ($L_{Bl1} = L_{Bl2}$). Dann gilt

$$(n_1 + 2)\, d_1 = (n_2 + 2)\, d_2\,,$$

und es ist

$$n_2 = (n_1 + 2)\, d_1/d_2 - 2 = (13{,}5 + 2)\, 16 \text{ mm}/11 \text{ mm} - 2 = 20{,}55.$$

Die gewählte Windungszahl erfüllt also die Forderung. Auf Grund der gewählten Windungszahlen ergeben sich andere Werte für die Federsteife, die innerhalb der Toleranz von $T_c = \pm 5\%$ liegen. Es sind $c_{1\,\text{vorh}} = 42{,}4 \text{ N/mm}$, $c_{2\,\text{vorh}} = 19{,}1 \text{ N/mm}$ und $c = c_1 + c_2 = 61{,}5 \text{ N/mm}$.

d) Federlängen
Äußere Feder:

$$L_{Bl1} = (n_1 + 2)\, d_{1\,\text{max}} = (13{,}5 + 2)(16 + 0{,}15) \text{ mm} = 250{,}3 \text{ mm}$$
$$S_{a1} = x \cdot d_1 \cdot n_1 = 0{,}16 \cdot 16 \text{ mm} \cdot 13{,}5 = 34{,}6 \text{ mm}$$
$$L_{n1} = L_{Bl1} + S_{a1} = 250{,}3 \text{ mm} + 34{,}6 \text{ mm} = 284{,}9 \text{ mm}$$
$$s_{n1} = F_{n1}/c_{1\,\text{vorh}} = 13\,581 \text{ N}/42{,}4 \text{ N/mm} = 320{,}3 \text{ mm}$$
$$L_{o1} = L_{n1} + s_{n1} = 284{,}9 \text{ mm} + 320{,}3 \text{ mm} = 605{,}2 \text{ mm} < L_{o\,\text{erf}}$$

Innere Feder:

$$L_{Bl2} = (n_2 + 2)\, d_{2\,\text{max}} = (20{,}5 + 2)(11 + 0{,}12) \text{ mm} = 250{,}2 \text{ mm}$$
$$S_{a2} = x \cdot d_2 \cdot n_2 = 0{,}16 \cdot 11 \text{ mm} \cdot 20{,}5 = 36{,}1 \text{ mm}$$
$$L_{n2} = L_{Bl2} + S_{a2} = 250{,}2 \text{ mm} + 36{,}1 \text{ mm} = 286{,}3 \text{ mm} \approx L_{n1}$$
$$s_{n2} = F_{n2}/c_{2\,\text{vorh}} = 6419 \text{ N}/19{,}1 \text{ N/mm} = 336{,}1 \text{ mm}$$
$$L_{o2} = L_{n2} + s_{n2} = 286{,}3 \text{ mm} + 336{,}1 \text{ mm} = 622{,}4 \text{ mm} < L_{o\,\text{erf}}.$$

Die ungespannte Federlänge beider Federn liegt unterhalb des vorgegebenen Grenzwertes. Soll die gespannte Federlänge L_n beider Federn noch näher angeglichen werden, so ist der Mindestabstand der Windungen S_{a1} zu vergrößern.

4. Statisch belastete Zugfeder

Gegeben: $F_1 = 40 \text{ N}$; $F_2 = F_n = 100 \text{ N}$; $s_h = 30 \text{ mm}$; $D_a \leq 11 \text{ mm}$
Gesucht: Abmessungen der Feder mit minimaler Einbaulänge

Lösung:
a) Dimensionierung
Annahmen: $D_m = 8,5$ mm; $\tau_{zul} = 900$ N/mm² für patentierten Federstahldraht nach DIN 17223/01
Drahtdurchmesser: Nach Gleichung (5.121) ist

$$d = \sqrt[3]{(8 \cdot D_m F_n)/(\pi \tau_{zul})}$$
$$= \sqrt[3]{(8 \cdot 8,5 \text{ mm} \cdot 100 \text{ N})/(3,14 \cdot 900 \text{ N/mm}^2)} = 1,34 \text{ mm}$$

gewählt: $d = 1,4$ mm.
Windungsdurchmesser: Nach Tafel 2.3 ist für patentierten Federstahldraht Sorte D mit $d = 1,4$ mm $R_m = 2110$ N/mm², und die zulässige Verdrehspannung wird dann

$$\tau_{zul} = 0,45 \cdot R_m = 0,45 \cdot 2110 \text{ N/mm}^2 = 949,5 \text{ N/mm}^2.$$

Der Windungsdurchmesser kann damit auf den größtmöglichen Wert $D_m = 9,6$ mm erhöht werden.
Federsteife:

$$c = (F_2 - F_1)/s_h = (100 \text{ N} - 40 \text{ N})/30 \text{ mm} = 2 \text{ N/mm}$$

Windungszahl:

$$n = (Gd^4)/(8 \cdot D_m^3 c) = (81400 \text{ N/mm}^2 \cdot 1,4^4 \text{ mm}^4)/(8 \cdot 9,6^3 \text{ mm}^3 \cdot 2 \text{ N/mm})$$
$$n = 22,09 \text{ ; gewählt: } n = 22.$$

b) Minimale Einbaulänge L_1
Diese Einbaulänge wird um so geringer, je kleiner der Federweg s_1 sein kann. Dieser hängt von der Größe der eingewickelten Vorspannkraft F_0 ab. Bei einer Zugfeder ohne eingewickelte Vorspannkraft ist $s_1 = F_1/c = 40$ N/2 N/mm $= 20$ mm. Für das vorliegende Wickelverhältnis $w = D_m/d = 9,6/1,4 = 6,86$ ist nach Tafel 5.31 eine innere Vorspannung

$$\tau_0 = 0,1 \cdot \tau_{zul} = 0,1 \cdot 972 \text{ N/mm}^2 = 97,2 \text{ N/mm}^2$$

zulässig. Das ergibt nach Gleichung (5.121) eine Vorspannkraft

$$F_0 = (\pi \tau_0 d^3)/(8 \cdot D_m) = (3,14 \cdot 97,2 \text{ N/mm}^2 \cdot 1,4^3 \text{ mm}^3)/(8 \cdot 9,6 \text{ mm}) = 10,9 \text{ N}.$$

Damit wird der erforderliche Vorspannweg

$$s_1 = (F_1 - F_0)/c = (40 \text{ N} - 10,9 \text{ N})/2 \text{ N/mm} = 14,6 \text{ mm}.$$

Bei Verwendung von Deutschen Ösen (Form A Tafel 5.32) ist

$$L_H \approx 0,8 \cdot D_i = 0,8 \cdot 8,2 \text{ mm} = 6,56 \text{ mm} \approx 6,6 \text{ mm}.$$

Weiterhin gilt

$$L_K = (n + 1)d = (22 + 1) \cdot 1,4 \text{ mm} = 32,2 \text{ mm}.$$

Schließlich ergibt sich bei Verwenden von zwei Deutschen Ösen die ungespannte Federlänge zu

$$L_0 = L_K + 2 \cdot L_H = 32,2 \text{ mm} + 2 \cdot 6,6 \text{ mm} = 45,4 \text{ mm}.$$

Für die Einbaulängen ergeben sich somit

$$L_1 = L_0 + s_1 = 45,4 \text{ mm} + 14,6 \text{ mm} = 60 \text{ mm}$$
$$L_2 = L_n = L_1 + s_h = 60 \text{ mm} + 30 \text{ mm} = 90 \text{ mm}.$$

Eine geringere Einbaulänge L_1 wäre durch einen größeren Wert der inneren Vorspannkraft F_0 zu erreichen, der jedoch nur durch Anwenden spezieller Verfahren realisierbar ist.

c) Spannungsnachrechnung

$$\tau = (8 \cdot D_m F_n)/(\pi d^3) = (8 \cdot 9,6 \text{ mm} \cdot 100 \text{ N})/(3,14 \cdot 1,4^3 \text{ mm}^3)$$
$$\tau = 915,5 \text{ N/mm}^2 < \tau_{zul} = 949,5 \text{ N/mm}^2.$$

5.3. Torsionsbeanspruchte Federn (Verdrehfedern)

5. Druckfeder mit progressiver Kennlinie

Gegeben: $F_1 = 20$ N; $F_2 = 50$ N; $F_3 = 100$ N; $F_4 = 170$ N; $s_1 = 10$ mm; $s_2 = 20$ mm; $s_3 = 30$ mm; $s_4 = 40$ mm (als Punkte der Federkennlinie); $D_a \leq 25$ mm; $L_{Bl} \leq 35$ mm

Gesucht: Daten der Feder, die mit inkonstanter Windungssteigung gewickelt werden soll.

Lösung:

a) Drahtdurchmesser

Annahmen: $F_n = F_4$; $F_{Bl} = 1{,}12 \cdot F_n = 1{,}12 \cdot 170$ N $= 190{,}4$ N; $D_m = 20$ mm; pat. Federstahldraht Sorte C mit $\tau_{zul} = 900$ N/mm² und $G = 81\,400$ N/mm².

Nach Gleichung (5.150) ist der bis zum Erreichen der Blocklänge mögliche Federweg

$$s_{Bl} = s_3 + (F_{Bl} - F_3)(s_4 - s_3)/(F_4 - F_3)$$
$$= 30 \text{ mm} + (190{,}4 \text{ N} - 100 \text{ N})(40 \text{ mm} - 30 \text{ mm})/(170 \text{ N} - 100 \text{ N}) = 42{,}9 \text{ mm} .$$

Der Drahtdurchmesser ist nach Gleichung (5.121)

$$d = \sqrt[3]{(8 \cdot D_m F_{Bl})/(\pi \tau_{zul})}$$
$$= \sqrt[3]{(8 \cdot 20 \text{ mm} \cdot 190{,}4 \text{ N})/(3{,}14 \cdot 900 \text{ N/mm}^2)} = 2{,}209 \text{ mm} .$$

Gewählt wird $d = 2{,}25$ mm (DIN 17223).

Mit diesem Wert sind die Mindestzugfestigkeit nach Tafel 2.3 $R_m = 1940$ N/mm² und die zulässige Verdrehbeanspruchung

$$\tau_{Bl\,zul} = 0{,}56 \cdot R_{m\,min} = 0{,}56 \cdot 1940 \text{ N/mm}^2 = 1086{,}4 \text{ N/mm}^2 .$$

(Eine Vergrößerung des Drahtdurchmessers wäre möglich.)
Die spezifische Federung einer Windung ist nach Gleichung (5.146)

$$C_W = (8 \cdot D_m^3)/(Gd^4) = (8 \cdot 20^3 \text{ mm}^3)/(81\,400 \text{ N/mm}^2 \cdot 2{,}2^4 \text{ mm}^4) = 0{,}0336 \text{ mm/N} .$$

b) Windungszahl

Die Gesamtwindungszahl (federnder Anteil) nach Gleichung (5.145) ist

$$n = (Gd^4 s_1)/(8 \cdot D_m^3 F_1) = s_1/(C_W F_1)$$
$$= 10 \text{ mm}/(0{,}0336 \text{ mm/N} \cdot 20 \text{ N}) = 14{,}88; \quad \text{gewählt: } n = 14{,}5 .$$

Die Blocklänge ist dann

$$L_{Bl} = n_t d_{max} = (n + 2) d_{max} = (14{,}5 + 2)(2{,}2 + 0{,}03) \text{ mm} = 36{,}8 \text{ mm} .$$

Mit diesem Wert wird die vorgegebene Grenze überschritten, und es sind verschiedene Korrekturen erforderlich. Da die zulässige Verdrehspannung noch nicht ausgeschöpft wurde, ist D_m bis zu einem Wert $D_m = 24{,}17$ mm vergrößerbar (Berechnung nach Gleichung (5.121). Die Grenze für den mittleren Windungsdurchmesser ist jedoch durch die Beschränkung des Außendurchmessers gegeben. Somit ist unter Berücksichtigung der Toleranz für D_a ($\pm 0{,}3$ mm für etwa Gütegrad 1 nach DIN 2095 bzw. Gütegrad „fein" nach TGL 18393/01) nur ein Wert

$$D_m = (D_a - \Delta D_a) - d = (25 - 0{,}3) \text{ mm} - 2{,}2 \text{ mm} = 22{,}5 \text{ mm}$$

zulässig. Mit diesem neuen Wert ergibt sich

$$C_W = (8 \cdot 22{,}5^3 \text{ mm}^3)/(81\,400 \text{ N/mm}^2 \cdot 2{,}2^4 \text{ mm}^4) = 0{,}0478 \text{ mm/N}$$

und

$$n = 10 \text{ mm}/(0{,}0478 \text{ mm/N} \cdot 20 \text{ N}) = 10{,}46; \quad \text{gewählt: } n = 10{,}5 .$$

Damit kann der vorgegebene Wert der Blocklänge

$$L_{Bl\,vorh} = (10{,}5 + 2)(2{,}2 + 0{,}03) \text{ mm} = 27{,}9 \text{ mm} < L_{Bl\,max}$$

eingehalten werden. Die ungespannte Federlänge ist dann

$$L_0 = L_{Bl} + s_{Bl} = 27{,}9 \text{ mm} + 42{,}9 \text{ mm} = 70{,}8 \text{ mm} .$$

Die einzelnen Windungsabstände sind nach Gleichung (5.147)

$$a_1 = C_W F = 0{,}0478 \text{ mm/N} \cdot 20 \text{ N} = 0{,}956 \text{ mm}$$
$$a_2 = C_W F_2 = 0{,}0478 \text{ mm/N} \cdot 50 \text{ N} = 2{,}39 \text{ mm}$$
$$a_3 = C_W F_3 = 0{,}0478 \text{ mm/N} \cdot 100 \text{ N} = 4{,}78 \text{ mm}$$
$$a_4 = C_W F_4 = 0{,}0478 \text{ mm/N} \cdot 170 \text{ N} = 8{,}13 \text{ mm}$$

und die Windungszahlen nach Gleichung (5.148)

$$n_1 = n - (s_2 - s_1)/(a_2 - a_1)$$
$$= 10{,}5 - (20 - 10) \text{ mm}/(2{,}39 - 0{,}956) \text{ mm} = 3{,}53 \,,$$

gewählt wird $n_1 = 3{,}5$,

$$n_2 = n - n_1 - (s_3 - s_2)/(a_3 - a_2)$$
$$= 10{,}5 - 3{,}5 - (30 - 20) \text{ mm}/(4{,}78 - 2{,}39) \text{ mm} = 2{,}82 \,,$$

gewählt wird $n_2 = 2{,}75$,

$$n_3 = n - n_2 - n_1 - (s_4 - s_3)/(a_4 - a_3)$$
$$= 10{,}5 - 3{,}5 - 2{,}75 - (40 - 30) \text{ mm}/(8{,}13 - 4{,}78) \text{ mm}$$
$$= 1{,}26; \quad \text{gewählt wird } n_3 = 1{,}25 \text{ und}$$

$$n_4 = n - n_3 - n_2 - n_1 = 10{,}5 - 3{,}5 - 2{,}75 - 1{,}25 = 3{,}0$$

zu bestimmen. Die Feder ist damit vollständig dimensioniert.

6. Druckfeder mit stetig veränderlicher Windungssteigung

Gegeben: $F_1 = 192 \text{ N}; F_2 = 294 \text{ N}; F_3 = F_{Bl} = 392 \text{ N}; d = 4 \text{ mm};$
$(s_{Bl} - s_1) = 10 \text{ mm}; D_a \leq 34 \text{ mm}$
Gesucht: Berechnung nach [5.122], Federdaten, Federkennlinie, Abwicklung
Lösung:
a) Dimensionierung
Annahmen: $D_m = 30 \text{ mm}; m = 1{,}2;$ pat. Federstahldraht mit $G = 81\,400 \text{ N/mm}^2$.
Mit der Abkürzung

$$q_4 = (8 \cdot D_m^2)/(\pi G d^4)$$
$$= (8 \cdot 30^2 \text{ mm}^2)/(3{,}14 \cdot 81\,400 \text{ N/mm}^2 \cdot 4^4 \text{ mm}^4) = 0{,}11 \cdot 10^{-3} \text{ 1/N}$$

ergibt sich die gestreckte Drahtlänge l unter Annahme einer Kurvenform für die Abwicklung der Feder nach Gleichung (5.151) zu

$$l = (s_{Bl} - s_1)/\{q_4 F_{Bl}/m - q_4 F_1[1 - (m-1)/m(F_1/F_{Bl})^{1/(m-1)}]\}$$
$$= 10 \text{ mm}/0{,}11 \cdot 10^{-3} \text{ 1/N}\{392 \text{ N}/1{,}2 - 192 \text{ N}[1 - (1{,}2 - 1)/1{,}2 \cdot (192 \text{ N}/392 \text{ N})^{1/(1{,}2-1)}]\}$$
$$= 670{,}6 \text{ mm} \,.$$

Aus $l = \pi D_m n$ ergibt sich dann die Anzahl federnder Windungen zu

$$n = l/\pi D_m = 670{,}6 \text{ mm}/3{,}14 \cdot 30 \text{ mm} = 7{,}12; \quad \text{gewählt: } n = 7{,}5 \,.$$

Unter Benutzung der Beziehung für l ist nun der mittlere Windungsdurchmesser D_m zu korrigieren, und es ergibt sich aus $D_m = l/\pi n$

$$D_m = \sqrt[3]{(s_{Bl} - s_1) G d^4/8 \cdot n \{F_{Bl}/m - F_1[1 - (m-1)/m \cdot (F_1/F_{Bl})^{1/(m-1)}]\}}$$
$$= \sqrt[3]{(10 \text{ mm} \cdot 81\,400 \text{ N/mm}^2 \cdot 4^4 \text{ mm}^4)/8 \cdot 7{,}5}$$
$$\overline{\times \{392 \text{ N}/1{,}2 - 192 \text{ N}[1 - (1{,}2 - 1)/1{,}2(192/392)^{1/(0{,}2)}]\}}$$
$$= 29{,}5 \text{ mm} \,.$$

5.3. Torsionsbeanspruchte Federn (Verdrehfedern)

Damit wird $q_4 = (8 \cdot 29{,}5^2 \text{ mm}^2)/(3{,}14 \cdot 81\,400 \text{ N/mm}^2 \cdot 4^4 \text{ mm}^4) = 0{,}1064 \cdot 10^{-3}$ 1/N und $l = \pi n D_m$
$= 3{,}14 \cdot 7{,}5 \cdot 29{,}5 \text{ mm} = 695 \text{ mm}$.

b) Federwege

$$s_1 = q_4 F_1 l [1 - (m-1)/m (F_1/F_{Bl})^{1/(m-1)}]$$
$$= 0{,}1064 \cdot 10^{-3} \text{ 1/N} \cdot 192 \text{ N} \cdot 695 \text{ mm}[1 - (1{,}2-1)/1{,}2$$
$$\times (192 \text{ N}/392 \text{ N})^{1/(1{,}2-1)}] = 14{,}1 \text{ mm}$$

$$s_2 = q_4 F_2 l [1 - (m-1)/m (F_1/F_{Bl})^{1/(m-1)}]$$
$$= 0{,}1064 \cdot 10^{-3} \text{ 1/N} \cdot 294 \text{ N} \cdot 695 \text{ mm}[1 - (1{,}2-1)/1{,}2$$
$$\times (294 \text{ N}/392 \text{ N})^{1/(1{,}2-1)}] = 20{,}9 \text{ mm}$$

$$s_{Bl} = q_4 \cdot F_{Bl} \cdot l/m = 0{,}1064 \cdot 10^{-3} \text{ 1/N} \cdot 392 \text{ N} \cdot 695 \text{ mm}/1{,}2$$
$$= 24{,}1 \text{ mm}.$$

c) Festigkeitsnachrechnung

$$\tau_{Bl} = (8 \cdot D_m F_{Bl})/(\pi d^3)$$
$$= (8 \cdot 29{,}5 \text{ mm} \cdot 392 \text{ N})/(3{,}14 \cdot 4^3 \text{ mm}^3) = 460{,}4 \text{ N/mm}^2.$$

Für diese Feder ist patentierter Federstahldraht Sorte A mit $R_{m\,\min} = 1320$ N/mm² ($\tau_{zul} = 0{,}5 \cdot R_{m\,\min}$ $= 660$ N/mm²) ausreichend.

d) Daten der Abwicklung

Die Ordinaten y der Abwicklung werden nach Gleichung (5.151) ermittelt, und es ergibt sich mit $k = (q_4 F_{Bl})/[m l^{(m-1)}]$ und $l_1 = 100$ mm (Annahme)

$$y_1 = l_1 [d/\pi D_m + q_4 F_{Bl}/m \cdot (l_1/l)^{(m-1)}]$$
$$= 100 \text{ mm}[4 \text{ mm}/3{,}14 \cdot 29{,}5 \text{ mm} + 0{,}1064 \cdot 10^{-3} \text{ 1/N} \cdot 392 \text{ N}/1{,}2$$
$$\times (100 \text{ mm}/695 \text{ mm})^{(1{,}2-1)}] = 6{,}68 \text{ mm}.$$

Weitere Ordinatenwerte enthält Tafel 5.37. Die Abwicklung dieser Feder ist im Bild 5.141 und die Kennlinie im Bild 5.142 dargestellt.

Tafel 5.37. Ordinatenwerte für die Federabwicklung (Beispiel 6)

m-Faktor	Länge in mm	Ordinate y in mm
1,2	0	0
	100	6,28
	200	13,30
	300	20,41
	400	28,20
	500	36,05
	600	44,00
	661	48,80
2	0	0
	300	12,2
	600	27,1
	900	43,6
	1200	62,50
	1500	83,2
	1850	100,2

Wird statt $m = 1{,}2$ ein Wert $m = 2$ gewählt, dann sind 20,5 Windungen erforderlich, und die Feder wird länger ($s_1 = 30$ mm). Abwicklung und Kennlinie für diesen Fall sind in den Bildern 5.141 und 5.142 ebenfalls eingetragen.

7. Kegeldruckfeder mit konstantem Windungsabstand

Gegeben: $d = 10$ mm; $D_{a1} = 105$ mm; $D_{an} = 50$ mm; $n = 9$; $n_t = 11$; $L_0 = 235{,}7$ mm; $G = 78\,500$ N/mm² (Werkstoff: 55Cr3 vergütet auf $R_m \geq 1600$ N/mm²)
Gesucht: Tragfähigkeit der Feder (F_{zul}; s_{zul})
Lösung:

a) Berechnung von Ausgangswerten
  Blocklänge: Nach Gleichung (5.163) ist mit

$$r_1 = (D_{a1} - d)/2 = (105 \text{ mm} - 10 \text{ mm})/2 = 47{,}5 \text{ mm} \quad \text{und}$$

$$r_n = (D_{an} - d)/2 = (50 \text{ mm} - 10 \text{ mm})/2 = 20 \text{ mm der Faktor}$$

$$b = \sqrt{d^2 - [(r_1 - r_n)/n]^2}$$
$$= \sqrt{10^2 \text{ mm}^2 - [(47{,}5 - 20) \text{ mm}/9]^2} = 9{,}52 \text{ mm}$$

und damit die Blocklänge

$$L_{Bl} = nb + 2 \cdot d = 9 \cdot 9{,}52 \text{ mm} + 2 \cdot 10 \text{ mm} = 105{,}7 \text{ mm}.$$

Der Federweg bis zum Erreichen der Blocklänge ist dann

$$s_{Bl} = L_0 - L_{Bl} = 235{,}7 \text{ mm} - 105{,}7 \text{ mm} = 130 \text{ mm},$$

und der als Abkürzung verwendete Faktor q ist

$$q = (G d^4 s_{Bl})/(64 \cdot n) = (78\,500 \text{ N/mm}^2 \cdot 10^4 \text{ mm}^4 \cdot 130 \text{ mm})/(64 \cdot 9)$$
$$= 1{,}772 \cdot 10^8 \text{ N/mm}^3.$$

b) Zulässige Verdrehspannung

$$\tau_{zul} = 0{,}5 \cdot R_{m\,min} = 0{,}5 \cdot 1600 \text{ N/mm}^2 = 800 \text{ N/mm}^2.$$

c) Federkennlinie
  Nach Gleichung (5.160) ist

$$r_x = r_1 - (r_1 - r_n)\, n_x/n,$$

dessen Bestimmung und der der zugehörigen Federkräfte und -wege anhand der Gleichung (5.157) bis (5.162) durch Variieren von n_x zwischen 0 und 9 in Stufen von 0,5 Windungen erfolgt. Tafel 5.38 enthält dazu Ergebnisse in Form eines Computerausdrucks (Auszug).

Tafel 5.38. Ergebnisse des Beispiels 7 „Kegeldruckfeder"

n_x	r_x in mm	F_x in N	τ in N/mm²	s in mm
0,0	47,50	1 653,140	399,920	54,37
0,5	45,97	1 823,493	426,943	59,61
1,0	44,44	2 018,079	456,800	64,82
1,5	42,92	2 241,365	489,901	69,99
2,0	41,39	2 498,844	526,736	75,14
2,5	39,86	2 797,321	567,887	80,23
3,0	38,33	3 145,291	614,055	85,28
3,5	36,81	3 553,452	666,091	90,26
4,0	35,28	4 035,403	725,034	95,16
4,5	33,75	4 608,602	792,160	99,97
5,0	32,22	5 295,708	869,060	104,65
5,5	30,69	6 126,482	957,726	109,18
.	.	.	.	.
.	.	.	.	.
8,5	21,53	17 757,95	1946,98	129,27
9,0	20,00	22 146,27	2255,80	130,00

Die den Federkräften entsprechenden Verdrehspannungen sind ebenfalls enthalten. Ein Vergleich mit dem zulässigen Wert ergibt, daß nur eine Kraft

$$F_{zul} = 4600 \text{ N}$$

und ein Federweg

$$s_{zul} = 100 \text{ mm}$$

von der Feder ertragen werden können, ohne den zulässigen Wert zu überschreiten.

5.4. Literatur

Bücher, Dissertationen

[5.1] *Gross, S.:* Berechnung und Gestaltung von Metallfedern. 3. Aufl. Berlin/Göttingen/Heidelberg: Springer-Verlag 1960
[5.2] *Wahl, A. M.:* Mechanische Federn (Mechanical Springs). 2. Aufl. Düsseldorf: Verlag M. Triltsch 1966
[5.3] *Niemann, G.:* Maschinenelemente, Bd. 1. 2. Aufl. Berlin/Heidelberg/New York/Tokio: Springer-Verlag 1981
[5.4] *Gross, S.; Lehr, E.:* Die Federn. Berlin: VDI-Verlag 1938
[5.5] *Kreissig, E.:* Die Berechnung des Eisenbahnwagens. Köln-Lindenthal: Ernst Stauf Verlag 1937
[5.6] *Chironis, N. P.:* Spring Design and Application. New York/Toronto/London: McGraw-Hill Book Comp. 1961
[5.7] *Schlottmann, D.:* Konstruktionslehre – Grundlagen. Berlin: Verlag Technik 1980 und Wien/New York: Springer-Verlag 1983
[5.8] *Wächter, K.:* Konstruktionslehre für Maschineningenieure. Berlin: Verlag Technik 1989
[5.9] *Ulbricht, J.; Vondracek, H.; Kindermann, S.:* Warmgeformte Federn. Hohenlimburg: Hoesch Werke 1973
[5.10] DIN-Taschenbuch 29: Normen über Federn. Berlin/Köln: Beuth Verlag GmbH 1985
[5.11] Sandvik – Stahlbänder für Federn. Sandviken (Schweden): Handbuch der Sandvik GmbH 1980
[5.12] *Oehler, G.:* Biegen. München: Carl Hanser Verlag 1963
[5.13] Konstruktionsrichtlinien für Federn. Marienberg: Federnwerk, Firmenschriften (5 Hefte) 1978
[5.14] VDI/VDE-Richtlinien Feinwerkelemente: Energiespeicherelemente, Metallfedern. VDI/VDE 2255/01, Ausg. 08. 82
[5.15] *Hager, K.; Meissner, M.; Unbehaun, E.:* Berechnung von metallischen Federn als Energiespeicher. Jena: Kombinat Carl Zeiss JENA 1977, AUTEVO-Informationsreihe Heft 12/1 und 12/2
[5.16] *Pietzsch, L.:* Untersuchungen an elastischen Trägern bei großen Verformungen. Ein Beitrag zur Entwicklung von elektrischen Gebern mit Dehnmeßstreifen für große Wege und kleine Rückstellkräfte. Diss. TH Karlsruhe 1965
[5.17] *Seitz, H.:* Statische und dynamische Untersuchungen an Blattfedern mit verschiedener Formgebung, insbesondere an Federn der Feingerätetechnik. Diss. TH Karlsruhe 1963
[5.18] *Schüller, U.:* Untersuchungen zum Verformungsverhalten einseitig eingespannter Blattfedern. Diss. TH Ilmenau 1985
[5.19] *Meissner, M.; Schorcht, H.-J.; Weiß, M.:* Beitrag zur Automatisierung technologischer Prozesse der Gerätetechnik, dargestellt am Beispiel der automatisierten Relaisjustierung. Diss. B TH Ilmenau 1984
[5.20] *Lehmann, W.:* Ein Beitrag zur Optimierung von Spiralfedern ohne Windungsabstand. Diss. TH Ilmenau 1977
[5.21] *Aßmus, F.:* Technische Laufwerke einschließlich Uhren. Berlin/Göttingen/Heidelberg: Springer-Verlag 1958
[5.22] *Sanders, W.:* Uhrenlehre. Leipzig: Verlag der Uhrmacherwoche 1923
[5.23] *Trylinski, W.:* Drobne mechanizmy i przyrzady precyzyne (Kleine Mechanismen und Feingeräte). Warszawa: WNT 1964
[5.24] *Wolf, F.:* Die Federn im feinmechanischen Geräte- und Instrumentenbau. Stuttgart: Deutscher Fachzeitschriften- und Fachbuch-Verlag GmbH 1953
[5.25] *Krause, W.:* Gerätekonstruktion. 2. Aufl. Berlin: Verlag Technik 1986; Moskau: Mašinostroenie 1987; Heidelberg: Hüthig-Verlag 1987
[5.26] *Luck, K.; Fronius, St.; Klose, J.:* Taschenbuch Maschinenbau in acht Bänden, Bd. 3. Berlin: Verlag Technik 1987

[5.27] *Dubbel, H.:* Taschenbuch für den Maschinenbau. 17. Aufl. Berlin/Heidelberg/New York Springer-Verlag 1990
[5.28] *Radčik, A. S.; Burtkowski, I. I.:* Pružini i ressory (Federn und Federungen). Kiew: isd. „Technika" 1973
[5.29] *Schremmer, G.:* Dynamische Festigkeit von Tellerfedern. Diss. TH Braunschweig 1965 und Konstruktion 17 (1965) 12, S. 473—479
[5.30] *Denecke, K.:* Dauerfestigkeitsuntersuchungen an Tellerfedern. Diss. TH Ilmenau 1970 und Feingerätetechnik 19 (1970) 1, S. 16
[5.31] *Hertzer, K. H.:* Über die Dauerfestigkeit und das Setzen von Tellerfedern. Diss. TH Braunschweig 1959
[5.32] Mubea-Tellerfedern. Federnhandbuch der Fa. Muhr und Bender Attendorn/Westf.: Firmenschrift 1987
[5.33] CB-Tellerfedern. Firmenschriften der Chr. Bauer KG Fabrik für Tellerfedern Welzheim/Württ. 1985
[5.34] *Tänzer, W.:* Membranfedern als Bauelemente für Federführungen. Diss. TH Ilmenau 1984
[5.35] *Nönnig, R.:* Untersuchungen an Federgelenkführungen unter besonderer Berücksichtigung des räumlichen Verhaltens. Diss. TH Ilmenau 1980
[5.36] *Kaspar, F.:* Thermobimetalle in der Elektrotechnik. Berlin: Verlag Technik 1960
[5.37] Thermobimetalle: Firmenschrift des Halbzeugwerk Auerhammer/Aue und G. Rau GmbH & Co Pforzheim
[5.38] *Schneider, F. E., u. a.:* Thermobimetalle. Grafenau: expert-verlag GmbH 1982
[5.39] *Wolf, W. A.:* Die Schraubenfeder. 2. Aufl. Essen: Verlag W. Girardet 1966
[5.40] *Meissner, M.:* Untersuchung bestimmter Einflüsse auf die Dauerfestigkeit kaltgeformter zylindrischer Schraubendruckfedern. Diss. TH Ilmenau 1968 und Maschinenbautechnik 21 (1972) 2, S. 72
[5.41] *Heinke, J.:* Beitrag zur Dauerfestigkeit kaltgeformter Federn. Diss. TH Karl-Marx-Stadt 1978
[5.42] *Mehner, G.:* Beitrag zur Berechnung einer allgemeinen Schraubenfeder. Diss. TH Ilmenau 1970
[5.43] *Bonsen, K.:* Tabellen für Druck- und Zugfedern. Düsseldorf: VDI-Verlag 1968
[5.44] *Föppl, L.; Sonntag, G.:* Tafeln und Tabellen zur Festigkeitslehre. München: Verlag von R. Oldenbourg 1951

Aufsätze

[5.45] DP 358 328 Ringfeder
[5.46] *Kreissig, E.:* Biegungs-, Zug- und Druckfedern in bezug auf die Fahrzeugfederung. Glasers Ann. 95 (1924), S. 114
[5.47] Reibungs-Ringfeder im Maschinenbau. Katalog R 53 der Ringfeder GmbH Krefeld
[5.48] *Oehler, G.:* Die Anwendung der Ringfeder in der Blechverarbeitung. Werkstattstechnik und Maschinenbau 40 (1950) 9, S. 331
[5.49] *Schäfer, H.-D.:* Reibungsfedern und Spannverbindungen — Eigenschaften und Anwendungsmöglichkeiten. VDI-Zeitschr. 121 (1979) 22, S. 1129
[5.50] *Wanke, K.:* Probleme bei der Anwendung von Flachformfedern aus Kaltband. Bänder, Bleche, Rohre, Fachzeitschrift für Umformtechnik (1964) 12, S. 677—681
[5.51] *Geisel, A.:* Berechnung, Gestaltung und Herstellung von Formfedern aus Draht und Band. Draht 22 (1971) 6, S. 376—381
[5.52] *Kaiser, B.:* Dauerfestigkeitsuntersuchungen an biegebeanspruchten Flachfedern. Draht 34 (1983) 10, S. 500
[5.53] *Niepage, P.:* Zur Berechnung großer elastischer ebener Verformungen von Biegefedern. Draht 25 (1974) 6, S. 347
[5.54] *Palm, J.; Thomas, K.:* Berechnung gekrümmter Biegefedern. VDI-Zeitschr. 101 (1959) 8, S. 301
[5.55] *Palm, J.:* Formfedern in der Feinwerktechnik. Feinwerktechnik + Meßtechnik 83 (1975) 3, S. 105
[5.56] *Unbehaun, E.:* Berechnungsgrundlagen zur optimalen Dimensionierung von Kontaktblattfederkombinationen für die Schwachstromtechnik. Wiss. Zeitschr. der TH Ilmenau 15 (1969) 1, S. 111
[5.57] *Schmitt, F.:* Einspannungseinfluß bei Zug- und Biegestäben. Konstruktion 27 (1975) 2, S. 48—54
[5.58] *Müller, K.:* Vorgänge im Kontaktbereich von reibschlüssigen Verbindungen. Konstruktion 27 (1975) 4, S. 132
[5.59] *Nönnig, R.:* Entwurf und Berechnung von Federführungen durch aufbereitete Konstrukteurinformation. Feingerätetechnik 31 (1982) 3, S. 130
[5.60] *Wanke, K.:* Beitrag zur Berechnung und Gestaltung von Flachspiralfedern. Feingerätetechnik 12 (1963) 10, S. 461—468
[5.61] *Holfeld, A.:* Zur Berechnung der Triebfedern mit Federhaus. Wiss. Zeitschr. der TU Dresden 17 (1968) 4, S. 1031
[5.62] *Gross, S.:* Zur Berechnung der Spiralfeder. Draht 11 (1960) 8, S. 455—458

5.4. Literatur

[5.63] *Swift, W. A. C.:* Nachprüfung der *Gross*-Theorie der Spiralfedern vom Uhrfedertyp. Draht 16 (1965) 8, S. 514
[5.64] *Swift, W. A. C.:* Einfluß der Rückfederung auf die Charakteristik von Spiralfedern. Proc. Inst. Mech. Engrs. 188 (1974) 50, S. 615—625
[5.65] *Queener, C. A.; Wood, G. E.:* Spiralfedern. Trans. ASME, Serie B, Engng. Ind. 93 (1971) 2, S. 667—675 (Teil 1 — Theorie) und S. 676—682 (Teil 2 — Konstruktion)
[5.66] *Paudert, H.:* Federn aus Bandstahl. Draht 19 (1968) 4, S. 240—247
[5.67] *Keitel, H.:* Die Rollfeder — ein federndes Maschinenelement mit horizontaler Kennlinie. Draht 15 (1964) 8, S. 534—538
[5.68] *Groß, J.:* Verfahren zum Umformen von Spiralfedern. Draht 25 (1974) 12, S. 698—701
[5.69] *Hanák, B.:* Wahl der optimalen Parameter von Federmotoren und Triebwerken für Registriergeräte. Feingerätetechnik 16 (1967) 3, S. 98—99
[5.70] *Müller, W. H.:* Befestigungsverfahren für das innere Ende der Spiralfeder. Feinwerktechnik + Micronic 76 (1972) 5, S. 242—247
[5.71] *Schweizer, W.; Kieswetter, L.:* Mikrogefüge von Instrumentenspiralen. Feinwerktechnik + Micronic 76 (1972) 3, S. 115—117
[5.72] *Berry, W. R.:* An Investigation of Small Helical Torsion Springs. Proc. Inst. Mech. Engng. 167 (1953) 4, Serie A, S. 375—393
[5.73] *Almen, I. O.; Laszlo, A.:* The Uniform-section Disk Spring. Trans. ASME 58 (1936), S. 305—314
[5.74] *Hertzer, K. H.:* Über die Dauerfestigkeit und das Setzen von Tellerfedern. Konstruktion 14 (1962) 4, S. 147—153
[5.75] *Muhr, K.-H.; Niepage, P.:* Zur Berechnung von Tellerfedern mit rechteckigem Querschnitt und Auflageflächen. Konstruktion 18 (1966) 1, S. 24—27 und 19 (1967) 3, S. 109—111
[5.76] *Curti, G.; Orlando, M.:* Ein neues Berechnungsverfahren für Tellerfedern. Draht 30 (1979) 1, S. 17—22
[5.77] *Curti, G.; Orlando, M.; Podda, G.:* Experimentelle Nachprüfung eines neuen Berechnungsverfahrens für Tellerfedern. Draht 31 (1980) 1, S. 26—29
[5.78] *Hübner, W.:* Deformationen und Spannungen bei Tellerfedern. Konstruktion 34 (1982) 10, S. 387—392
[5.79] *Niepage, P.:* Vergleich verschiedener Verfahren zur Berechnung von Tellerfedern. Draht 34 (1983) 3, S. 105—108 und 5, S. 251—255
[5.80] *Kopp, H.:* Geschlitzte Tellerfedern. Mitteilung Nr. 14 des Techn. Beratungsdienstes der Christian Bauer KG Welzheim
[5.81] *Wernitz, W.:* Die Tellerfeder. Konstruktion 6 (1954) 10, S. 361—376
[5.82] *Mahlke, M.:* Einbaurichtlinien für Tellerfedern. Das Industrieblatt 62 (1962) 11, S. 655—659
[5.83] *Schneider, K.:* Reibung bei Tellerfedern. Mitteilung Nr. 16 des Techn. Beratungsdienstes der Christian Bauer KG Welzheim
[5.84] *Wanke, K.; Lanzendorf, G.:* Beitrag zur Anwendung von Tellerfedersäulen. Draht-Welt 54 (1968) 9, S. 615—619
[5.85] *Walz, K.-H.:* Entwurf und Konstruktion der Tellerfeder. Werkstatt und Betrieb 90 (1957), S. 311—316
[5.86] *Schneider, K.:* Führungsprobleme bei Tellerfedern. Mitteilung Nr. 17 des Techn. Beratungsdienstes der Christian Bauer KG Welzheim
[5.87] *Schremmer, G.:* Eigenspannungen in Tellerfedern und deren Einfluß auf die dynamische Festigkeit. Draht 20 (1969) 6, S. 382—389
[5.88] *Walz, K.-H.:* Warum Tellerfedern mit Trapezquerschnitt? Mitteilung Nr. 2 des Techn. Beratungsdienstes der Christian Bauer KG Welzheim
[5.89] *Bühl, F.:* Die schraubenförmige Tellerfeder. Draht 32 (1981) 8, S. 397—399
[5.90] *Houben, H.; Danke, P.:* Dämpfungsverhalten von dynamisch beanspruchten Tellerfederpaketen. Konstruktion 19 (1967) 2, S. 67—70
[5.91] *Curti, G.; Orlando, M.:* Geschlitzte Tellerfedern. Draht 32 (1981) 11, S. 610—615
[5.92] *Walz, K.-H.:* Geschlitzte Tellerfedern. Draht 32 (1981) 11, S. 608—609
[5.93] *Hilbert, H. L.:* Federn im Stanzerei-Werkzeugbau. Draht 31 (1980) 11, S. 794—797; Draht 32 (1981) 3, S. 125—128; 6, S. 306—309 und 11, S. 618—619
[5.94] *Niepage, P.; Muhr, K.-H.:* Nutzwerte der Tellerfeder im Vergleich mit Nutzwerten anderer Federarten. Konstruktion 19 (1967) 4, S. 126—133
[5.95] *Muhr, K.-H.:* Zur Schwingfestigkeit reibungsarmer Tellerfedern. Konstruktion 23 (1971) 2, S. 56—59
[5.96] *Muhr, K.-H.; Niepage, P.:* Über die Reduzierung der Reibung in Tellerfedersäulen. Konstruktion 20 (1968) 10, S. 414—417
[5.97] *Wells, J. W.:* Wave springs (Wellfedern, Entwurf und Einsatz). Machine Design 42 (1970) 20, S. 113—115 (s. a. Konstruktion 23 (1971) 6, S. 239)
[5.98] *Pahl, G.; Benkler, H.:* Berechnung einer Toleranzring-Verbindung. Konstruktion 26 (1974) 7, S. 251—260
[5.99] *Tänzer, W.; Unbehaun, E.:* Membranfedern als Bauelemente für Federführungen. Konstrukteurinformation (KOIN) L82-19 des Kombinat Carl Zeiss JENA 1982

[5.100] *Hildebrand, S.:* Zur Berechnung von Torsionsbändern im Feingerätebau. Feinwerktechnik 61 (1957) 6, S. 191
[5.101] *Flesher, K.:* Multi-Rate Helical Springs. Product Engng. 24 (1958) 3, S. 76—78
[5.102] *Heym, M.:* Auswahl von Rechenhilfe für zylindrische Schraubenfedern. Maschinenbautechnik 15 (1966) 10, S. 529—534
[5.103] *Göhner, O.:* Schubspannungsverteilung im Querschnitt einer Schraubenfeder. Ing. Archiv (1930), S. 619 und (1931), S. 381
[5.104] *Huhnen, J.:* Entwicklungen auf dem Federngebiet. Draht 18 (1967) 8, S. 592—612
[5.105] *Wanke, K.:* Einfluß von Drahtkrümmung und der Biegeeigenspannungen auf die Berechnung von Schraubenfedern. Draht-Fachzeitschrift 24 (1973) 3, S. 105—112
[5.106] *Kloos, K. H.:* Zum Einfluß der Drahtkrümmung auf die Berechnung von Schraubenfedern (Stellungnahme). Draht-Fachzeitschrift 25 (1974) 1, S. 30—31
[5.107] *Meissner, M.:* Untersuchungen über den Einfluß des Wickelverhältnisses auf die Dauerhaltbarkeit kaltgeformter zylindrischer Schraubendruckfedern. Maschinenbautechnik 17 (1968) 5, S. 231—236
[5.108] *Kloos, K. H.; Kaiser, B.:* Dauerhaltbarkeitseigenschaften von Schraubenfedern in Abhängigkeit von Wickelverhältnis und Oberflächenzustand. Draht-Fachzeitschrift 28 (1977) 9, S. 415—421 und 11, S. 539—545
[5.109] *Meissner, M.:* Einfluß von Wickeleigenspannungen auf die Dauerfestigkeit kaltgeformter Schraubenfedern. Maschinenbautechnik 21 (1972) 2, S. 72—73
[5.110] *Heym, M.:* Vergleichende Betrachtungen hinsichtlich des wirtschaftlichen Einsatzes von zylindrischen Schraubenfedern kreisförmigen und rechteckigen Querschnitts. Maschinenbautechnik 14 (1965) 9, S. 465 bis 470
[5.111] *Wolf, W. A.:* Schraubendruckfedern mit quadratischem Querschnitt. Maschinenmarkt 57 (1951)
[5.112] *Wolf, W. A.:* Vereinfachte Formeln zur Berechnung zylindrischer Schraubendruck- und Zugfedern mit Rechteckquerschnitt. VDI-Z. 91 (1949), S. 259
[5.113] *Liesecke, G.:* Berechnung zylindrischer Schraubenfedern mit rechteckigem Querschnitt. VDI-Z. 77 (1933), S. 425 und S. 892
[5.114] *Svoboda, Z.:* Zur Berechnung von Federsätzen. Draht 20 (1969) 8, S. 592—598
[5.115] *Kurasz, G.:* Fatigue failure in springs. Mach. Design, Cleveland/Ohio 48 (1976) 11, S. 106—110
[5.116] *Carlsson, P. E.:* Dauerprüfung von Federn. Draht 23 (1972) 3, S. 116—122
[5.117] *Niepage, P.:* Zur rechnerischen Abschätzung der Lastspannungen in angebogenen Schraubenzugfederösen. Draht 28 (1977) 1, S. 9—14 und 3, S. 101—108
[5.118] *Niepage, P.:* Beitrag zur Schwingungsfestigkeit von Schraubenzugfedern mit angebogenen Ösen. Draht 31 (1980) 11, S. 777—783
[5.119] *Kontsaludis, A.:* Beitrag zur Untersuchung des Dauerschwingverhaltens von Zugfedern aus patentierten und kaltgezogenen Federstahldrähten. Diplomarbeit 1978 IHS Zwickau
[5.120] Patentschrift DE 3041833 Klasse F 16 F „Anordnung zur Zugfederaufhängung"
[5.121] *Wanke, K.:* Schraubendruckfedern mit ungleichförmiger Steigung. Berichte aus Theorie und Praxis 4 (1963) 9, S. 13—19
[5.122] *Gross, S.:* Zylindrische Schraubenfedern mit ungleichförmiger Steigung. Draht 10 (1959) 8, S. 358—363
[5.123] *Wienand:* Progressive Schraubenfedern für Kraftfahrzeuge. Draht-Welt 56 (1970) 10, S. 546—549
[5.124] *Go, G. D.:* Programmsystem AOSK zur Verformungs- und Spannungsanalyse einseitig abwälzender, strukturell unsymmetrischer Tonnenfedern. Konstruktion 35 (1983) 8, S. 307—312
[5.125] *Berry, W. R.:* Spring Design, a practical treatment. London and Manchester: Emmott & Co Ltd. 1968
[5.126] *Roberts, J. A.:* Spring Design and Calculation. Redditch: Technical Research Laboratory Herbert Terry & Son Ltd. 1961
[5.127] *Mehner, G.:* Berechnungsunterlagen für Kegelstumpf-, Tonnen- und Taillenfedern mit kreisförmigem Drahtquerschnitt. Maschinenbautechnik 16 (1967) 8, S. 401—407
[5.128] *Hager, K.-F.:* Rationelle Berechnung ausgewählter Sonderfedern. Wiss. Zeitschrift d. TH Ilmenau 22 (1976) 4, S. 97—105
[5.129] *Walz, K.:* Die Litzenfeder. Draht 2 (1951) 5, S. 129—135
[5.130] *Walz, K.:* Federfragen. Oberdorf: Mauserwerke 1943
[5.131] *Clark, H. H.:* Schraubenfedern aus verseiltem Draht. New York/Toronto/London: Mc Graw Hill Book Company, Inc. 1961, S. 92—96
[5.132] *Gross, S.:* Nicht-kreiszylindrische Schraubenfedern. Draht 6 (1955) 6, S. 218—221
[5.133] *Mehner, G.:* Zur Berechnung und Prüfung von Flachfedern. Maschinenbautechnik 14 (1965) 12, S. 629 bis 632
[5.134] *Huhnen, J.:* Schraubenzugfeder mit extremen inneren Vorspannungen. Draht 28 (1977) 11, S. 517—522
[5.135] Patent: DBP 3041833, hifo®-Haken an Zugfedern
[5.136] Patent: DE 2916446 C2 — Dr. W. Röhrs, schraubenförmige Tellerfeder

6. Nichtmetallfedern

Zeichen, Benennungen und Einheiten

A	Fläche, Querschnitt in mm²
D	Durchmesser (äußerer) in mm
E	Elastizitätsmodul in N/mm²
F	Kraft, Federkraft in N
G	Gleitmodul in N/mm²
J_p	polares Trägheitsmoment in mm⁴
K	Beiwert
L	Länge, Federlänge in mm
L_0	Länge der ungespannten Feder in mm
L_n	Länge der endgespannten Feder in mm
M	Moment, Kraftmoment in N · mm
T	Temperatur in K
V	Volumen in mm³
V_0	Volumen des unbelasteten Zustands (Ausgangszustand) in mm³
W	Federarbeit in N · mm
a	Abstand, Teillänge in mm
b	Breite in mm
c	Federsteife in N/mm
d	Stabdurchmesser in mm
h	Höhe in mm
h_0	Ausgangshöhe in mm
k	Beiwert; Formfaktor bei Gummifedern und Plastfedern; thermischer Kompressibilitätskoeffizient in 1/MPa
l	Länge, Stabilität in mm
p	Druck in MPa
n	Polytropenexponent
p_0	Anfangsdruck in MPa
r	Radius, mittlerer Radius in mm
r_1	innerer Radius in mm
r_2	äußerer Radius in mm
s	Federweg in mm
t	Bauteildicke in mm
v	spezifisches Volumen in m³/kg
ϱ	Dichte in kg/m³
σ	Zugspannung in N/mm²
τ	Schubspannung in N/mm²
φ	Verdrehwinkel in rad

Indizes

H	Hülse		n	Nutz-
d	Druck-		s	Schub-
max	maximal		zul	zulässig

6.1. Gummifedern

6.1.1. Eigenschaften

Die spezifischen Eigenschaften dieser Federn aus natürlichem oder synthetischem Kautschuk (Hochpolymere) leiten sich aus den Werkstoffbesonderheiten ab (s. a. Abschnitt 2.2.3.). Im Gegensatz zu Metallfedern besitzen Gummifedern eine geringere Federsteife bzw. eine sehr große Elastizität. Eine Verformung von mehreren hundert Prozent ist möglich. Während sich metallische Werkstoffe nur innerhalb des Hookeschen Bereichs elastisch verhalten, lassen sich hochpolymere Werkstoffe noch weit in den nichtlinearen Verformungsbereich hinein als gut reversibel verformbar ansehen. (Bleibende Verformungen liegen in der Größe von 2 bis 5%.)

Außer guten Federungseigenschaften besitzen Gummifedern eine gute (allerdings stark temperaturabhängige) Dämpfung und eine sehr gute elektrische sowie wärmetechnische Isolierfähigkeit. Durch die Umwelteinflüsse bedingt, altert Gummi. Synthetischer Gummi wird dabei härter, Naturkautschuk erweicht. Ein weiterer Nachteil, den der Konstrukteur zu beachten hat, ist die Neigung zum Kriechen und Setzen, besonders bei langanhaltender und schwingender Belastung. Die Verformungsverluste können dabei bis zu 20% der elastischen Verformung ansteigen. Von großer Bedeutung ist die gute Bindefähigkeit und -festigkeit (7 bis 8 N/mm^2) von Gummi mit Metallen. Handelsübliche Gummifedern sind deshalb meist Gummiformteile mit aufvulkanisierten metallischen Anschlußstücken (s. Bilder 6.1a und b). Sie ermöglichen die Anwendung der in der Metalltechnik üblichen Verbindungsverfahren für eine sichere Befestigung an Maschinen- und Geräteteilen.

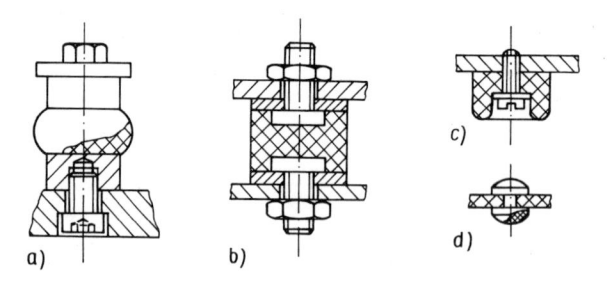

Bild 6.1. Beispiele für Gummifedern (Gummifederelemente)
a) und b) schwingungsdämpfende Motor- bzw. Maschinenbefestigung
c) und d) Schwingungsdämpfung an Geräten durch Gummifuß bzw. Gummielement im Gerätegehäuse

6.1.2. Beanspruchungen

Bild 6.2 zeigt die grundsätzlichen Beanspruchungsmöglichkeiten von Gummifedern am Beispiel einer Gummischeibe. Reine Zug- oder Biegebeanspruchungen liegen in technischen Konstruktionen nur selten vor. Am häufigsten sind Druck- und Schubspannungen vorhanden.

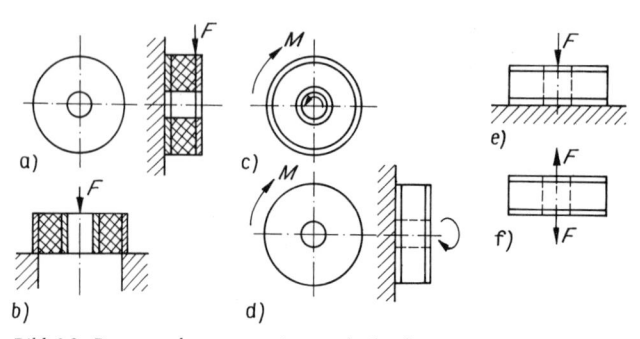

Bild 6.2. Beanspruchungen an einem scheibenförmigen Gummielement nach [6.1]
a) Parallelschub; b) Parallelschub, axial; c) Drehschub; d) Torsion (Verdrehschub); e) Druck; f) Zug

Durch Einvulkanisieren von Metallplatten parallel zur Druckfläche wird bei *druckbeanspruchten* Federn (Bild 6.2e) die Querdehnung behindert. Das führt zu einer Erhöhung der Steifigkeit in Belastungsrichtung, ohne daß dadurch die Schubsteifigkeit quer zur Kraftrichtung merklich geändert wird. Diese Querdehnungsbehinderung wird durch den Formfaktor k [6.1] erfaßt. Er ist das Verhältnis der belasteten Gummifläche zur freien Gummioberfläche. Für eine kreiszylindrische Gummifeder, die in axialer Richtung durch eine Druckkraft belastet wird, ist dieser Formfaktor z. B. das Verhältnis der stirnseitigen Kreisfläche zur Zylindermantelfläche [$k = d/(4 \cdot L_0)$].
Verschiedene Formen der Schubbeanspruchung von Gummifedern entstehen durch die unterschiedlichsten Kraftein- und -ableitungsmöglichkeiten (Bild 6.2a bis d). Insbesondere bei den Anordnungen a) und b) nach Bild 6.2 kommt es zur Überlagerung von Biegebeanspruchungen. Wie aus neueren Untersuchungen hervorgeht [6.6], rührt das nichtlineare Schubkraft-Verformungs-Verhalten bei größeren Verformungen im wesentlichen aus dem nichtlinearen Biegeverhalten her, während das Schubverhalten als nahezu linear anzusehen ist. Die im Bild 6.2c dargestellte Drehschubbeanspruchung kommt in dieser Form nur bei derartigen Hülsenfedern vor.
Eine gleichmäßige Verteilung der Schubbeanspruchung über das gesamte Gummivolumen ist anzustreben. Ungleichmäßige Verteilung muß bei den Verformungsberechnungen durch einen Faktor berücksichtigt werden, der bei quaderförmigen Federn z. B. Werte zwischen 1,0 und 1,2 annehmen kann [6.6]. Häufig treten kombinierte Beanspruchungen auf, die sich aus Druck und Schub, Biegung und Schub sowie Schub und Zug zusammensetzen. Bei Verformungs- und Spannungsberechnungen ist dieser Umstand zu beachten.

6.1.3. Berechnungen

Die in Tafel 6.1 zusammengestellten Verformungs- und Spannungsbeziehungen für einige Gummifederformen setzen die Gültigkeit des Hookeschen Gesetzes voraus. Sie ist jedoch für den Werkstoff Gummi sehr weit eingeschränkt (kleine Verformungen), denn Gummi zeigt im wesentlichen ein nichtlineares Spannungs-Dehnungs-Verhalten. Bei Druckbeanspruchung liegt die Grenze der Linearität bei etwa 20% der Verformung, bezogen auf die Gummischichtdicke und bei Schubbeanspruchung bei etwa 35%. Bei größeren Verformungen ist dann auch die Federkennlinie nichtlinear.
Zu beachten ist ferner, daß E-Modul und G-Modul sowohl von der Verformung als auch von der Gummiqualität (ausgedrückt durch die Shore-Härte) abhängen (Bild 6.3). In [6.6] wird vorgeschlagen, zur Beurteilung der Gummiqualität weitere experimentell zu ermittelnde Werte heranzuziehen, da die Shore-Härte allein nur eine ungenügende Beurteilung gestattet.
Bei dynamischer Beanspruchung sind die in Tafel 6.2 enthaltenen zulässigen Spannungen einer Dimensionierung zugrunde zu legen [6.4] [6.8]. Die Verformungen sollten dann einen Wert $\varepsilon_{zul} = 15\%$ nicht überschreiten. Die Verformbarkeit (abhängig von der Größe des Gummielements) ist auf die zu erwartenden Belastungsgrößen und Schwingungsfrequenzen abzustimmen [6.9].
Die Dauerfestigkeit ist von der Beanspruchungsart, der Gummiqualität (Shore-Härte), dem Herstellungsverfahren und der Form abhängig. Sie wächst mit zunehmendem Formfaktor. Gegen kurze hohe Stöße ist Gummi wegen seiner hohen elastischen Nachwirkung weitgehend unempfindlich. Er erholt sich sehr schnell ohne zurückbleibende Schädigung. Gummifedern brechen statisch belastet kaum im Gummikörper (Dehnung von 300 bis 500% ohne Bruch möglich), sondern meist durch Schäden an Haftstellen und durch Alterung (Oberflächenrißbildung) sowie bei dynamischer Belastung infolge thermischer Überlastung [6.1] [6.6].

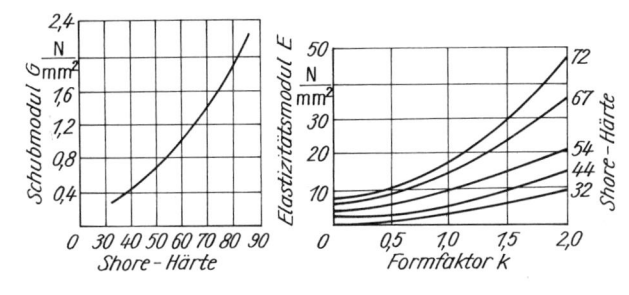

Bild 6.3. Elastizitäts- und Schubmodul in Abhängigkeit von der Shore-Härte und dem Formfaktor k

Tafel 6.1. Übersicht über gebräuchliche Gummifederformen und ihre Berechnung
a) zylindrische Druckfeder; b) Scheibenfeder; c) Hülsenfeder; d) Verdrehfeder

Bezeichnung Federform	Beanspruchungsart	Berechnungsgleichung	Gültigkeitsbereich bis etwa
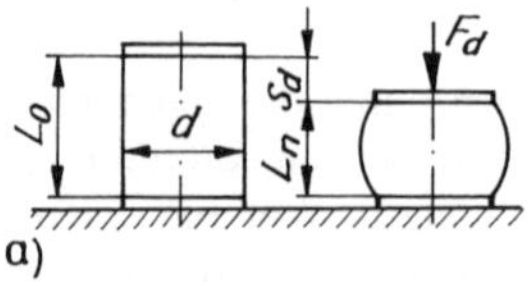 a)	Druck	$F_d = s_d E \dfrac{\pi d^2}{4L_0}$ $\sigma_d = \dfrac{F_d}{A} = \dfrac{4F_d}{\pi d^2}$	20% Zusammendrückung von L_0
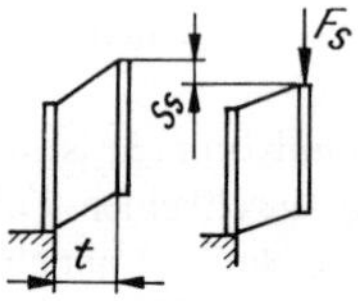 b)	Parallelschub	$F_s = s_s \dfrac{GA}{t}$ (A Schubfläche) $\tau = \dfrac{s_s}{t} G$	35% Verschiebung von t
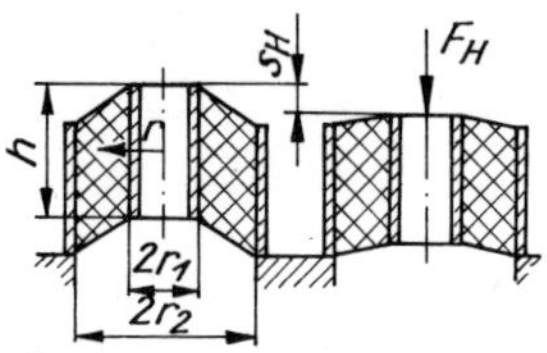 c)	Parallelschub	$F_H = s_H \dfrac{2\pi h}{\ln(r_1/r_2)} G$ $\tau = \dfrac{F_H}{A} = \dfrac{F_H}{2\pi r h}$	35% Verschiebung von $r_2 - r_1$
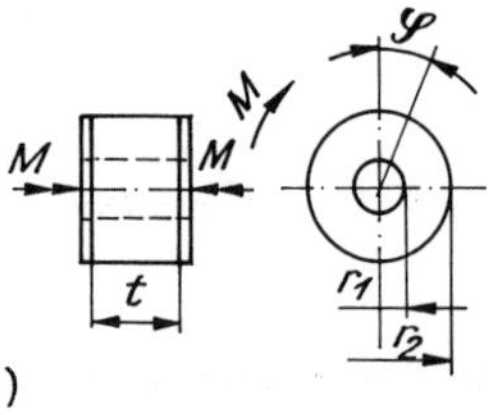 d)	Verdrehschub (Torsion)	$M = \varphi \dfrac{1{,}57 G(r_2^4 - r_1^4)}{t}$ $\tau = \dfrac{M}{J_p} r = \varphi G \dfrac{r}{t}$ (r mittlerer Radius) $\tau_{t\,max} = \varphi G \dfrac{r_2}{t}$ (am Außenrand)	20% Verdrehung

Tafel 6.2. Richtwerte für zulässige Spannungen von Gummifedern (s. auch [6.3])

Beanspruchungsart	σ_{zul} bzw. τ_{zul} in N/mm² für eine Shore-Härte 50—60	
	statisch	dynamisch
Druck	0,8—1,0	0,8—1,0
Parallelschub	0,3—0,4	0,3—0,45
Drehschub	0,35—0,45	0,2—0,3

6.1.4. Anwendungen

Auf Grund der beschriebenen Eigenschaften werden diese Federelemente vorwiegend zur Stoß- und Schwingungsdämpfung sowie zur Dämpfung und Absorption hochfrequenter Körperschallschwingungen [6.9] in allen Bereichen des Maschinen- und Gerätebaus eingesetzt.

Bei Kraft- und Arbeitsmaschinen erfolgt durch sie eine aktive Schwingungsentstörung der Umgebung (Bild 6.1a). Zur passiven Schwingungsisolierung werden sie an Präzisionswerkzeugmaschinen, Waagen, Meßgeräten, Rechnern mit Druckwerken sowie verschiedenen empfindlichen Instrumenten und feinmechanischen Systemen eingesetzt [6.10] (Bilder 6.1c und d).

Im Fahrzeugbau werden Motoren, Fahrgestelle und andere Baugruppen durch schub- und druckbeanspruchte Gummifedern elastisch gelagert (Bilder 6.4a und b), und im Maschinenbau- und Gerätebau finden Gummifedern vielseitige Anwendung zur elastischen Lagerung von Bauelementen (z. B. Silentbuchse, Schwingsiebe) [6.5], in drehelastischen Kupplungen (Bild 6.4c), als Gummikissen beim Schneiden, Umformen und Prägen von Blechen sowie als Auswerferfeder bei Stanz-, Preß- und Ziehwerkzeugen [6.11] [6.12].

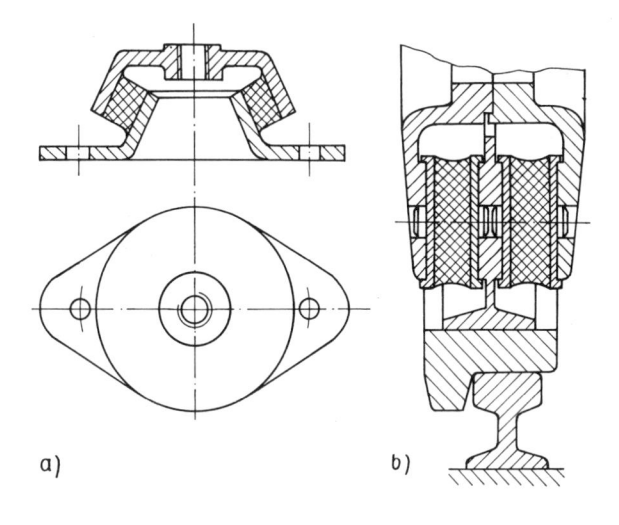

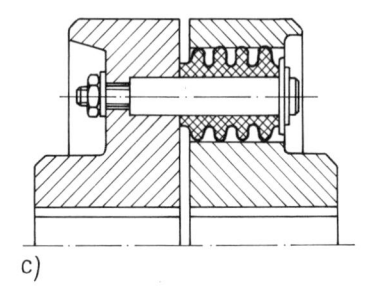

Bild 6.4. Gummifeder-Anwendungen
a) Maschinenfuß mit konischer Ringgummifeder
b) gummigefedertes Rad von Schienenfahrzeugen
c) drehelastische Kupplung mit Gummifedern (Elco-Kupplung)

6.2. Kunststoff-Federn

6.2.1. Eigenschaften

Federn aus Kunststoff finden im Maschinen- und Gerätebau vielseitige Verwendung. Hohe Elastizität und Formbeständigkeit, ausreichende Festigkeit, gutes Dämpfungsvermögen, niedrige Reibbeiwerte, gutes Isolationsverhalten, hohe Korrosionsbeständigkeit u. a. Vorteile sind ausschlaggebend dafür, daß für bestimmte Anwendungszwecke Federelemente aus thermoplastischen, duroplastischen und faserverstärkten Werkstoffen eingesetzt werden. Die Kombination günstiger Eigenschaften, insbesondere aber die Korrosionsbeständigkeit der Kunststoffe, führten zum Einsatz besonders hochwertiger Kunststoffe, wie Acetalharz (z. B. Delrin), Polyester, Polyurethan, Polyamid u. a. für die verschiedensten federnden

Konstruktionsteile. Alle bei Metallfedern beschriebenen Federformen sind auch bei Federn aus Kunststoffen vorzufinden [6.13] [6.14] [6.15] [6.26]. Besonders wirtschaftliche Lösungen der Verbindungstechnik lassen sich durch Nutzen des hohen Rückstellvermögens und der Formbeständigkeit vieler Thermoplaste bei der Konstruktion federnder Kunststoff-Schnappelemente finden [6.35] [6.36]. Nachteilig sind die viskoelastischen Eigenschaften, die durch den instabilen Strukturaufbau der Kunststoffe bedingt sind. Eine rein elastische Verformung ist eng begrenzt und setzt kleine Werte der Belastung und der Belastungseinwirkung (unter einer Sekunde) voraus. Bei hohen Belastungen mit langer Einwirkdauer sind Rückstellverluste bis zu 50% möglich. Belastungsgeschwindigkeit, -höhe, -zeit und -temperatur wirken sich entscheidend auf die Größe der Rückfederung aus. Bei Thermoplasten ist dieses Verhalten besonders ausgeprägt, während bei Duroplasten durch die Vernetzung der Makromoleküle eine bessere Zeit- und Temperaturbeständigkeit zu verzeichnen ist. Die Berechnungen, die auf der Grundlage der im Abschnitt 5. dargelegten Beziehungen für die einzelnen Federarten erfolgen, müssen das besondere Werkstoffverhalten (Temperatur und Zeiteinfluß) berücksichtigen [6.34] [6.37] [6.38] [6.39] [6.40] [6.43].

6.2.2. Federn aus Thermo- und Duroplasten

Der Entwurf von *Thermoplastfedern* erfolgt auf der Basis ertragbarer Werkstoffbelastungen (s. Tafel 2.21), die die Belastungszeit und -temperatur berücksichtigen. Allgemein gelten für den Einsatz die Empfehlungen:
 Kurzzeitbelastung, geringe Verformung (kleine Federwege),
 konstante Arbeitstemperatur (möglichst zwischen 20 und 50 °C),
 genügend große Erholungszeit nach der Belastung.

Die Einflüsse von Temperatur und Belastungsdauer auf den E-Modul und die zulässige Belastung sollen am Beispiel des Acetalharzes „Delrin" (Fa. DuPont/Schweiz) demonstriert werden (Bild 6.5).

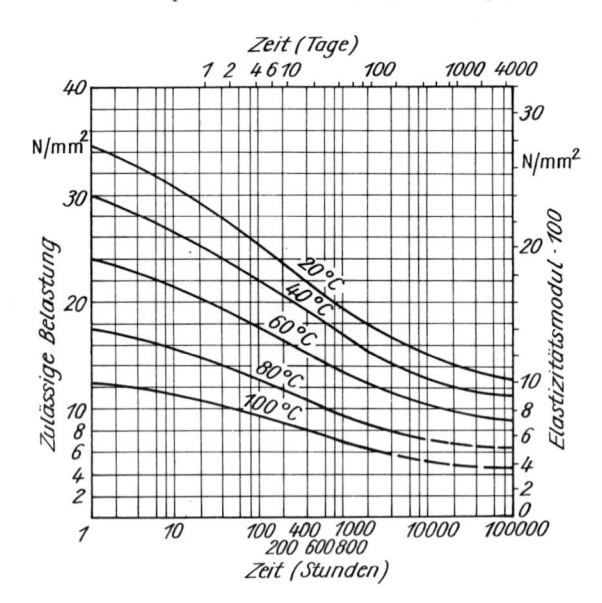

Bild 6.5. Abhängigkeit der zulässigen Belastung und des E-Moduls von Temperatur und Zeit bei Delrin nach [6.17]

Dieser Kunststoff gewährleistet im Temperaturbereich von -20 bis $+60$ °C ausreichend gute Federeigenschaften auf Grund seines guten Strukturaufbaus. Der E-Modul sinkt jedoch von einem Wert $E = 2800$ N/mm² bei Raumtemperatur (20 °C) auf etwa $E = 1200$ N/mm² bei 95 °C [6.15] [6.17].
Die Zeitstandfestigkeit von Delrin ist besser als die von Polyethylen (PE), Polyamid (PA), Polypropylen (PP) und Polystyrol (PS) [6.16] [6.41]. Das Kriechen des Werkstoffs bei langandauernder statischer Belastung läßt sich berücksichtigen, indem man nur mit dem halben Wert des E-Moduls rechnet.

6.2 Kunststoff-Federn

Die entworfene Feder hat dann zwar am Anfang eine höhere Federsteife, die sich jedoch bei langandauernder Belastung auf den berechneten Wert verringert. Stört die hohe Anfangsfedersteife, dann ist auch wie bei Metallfedern ein Kalt- oder Warmvorsetzen anwendbar.
Verbesserungen der Tragfähigkeit und des elastischen Verhaltens sind durch Kohlenstoff- oder Glasfasereinlagen erzielbar [6.14] [6.22]. In der Regel werden Federn aus Thermoplast nur für kurzzeitige Belastung (Ventile an Tubenverschlüssen, Schnappverbindungen an Gehäusen, Vollplast-Wäscheklammern usw.) eingesetzt.
Unverstärkte *Duroplaste* als Federwerkstoff verfügen meist nicht über die geforderten mechanischen Eigenschaften, so daß sie in der Regel nur faserverstärkt angewendet werden. Sie weisen dann einen höheren E-Modul und eine höhere Zugfestigkeit auf (s. Tafel 2.21), deren Werte sich außerdem im Bereich von -20 bis $+100$ °C nur geringfügig ändern. Üblicherweise werden Glasfasern als Verstärkungsmaterial eingesetzt. Noch bessere mechanische Eigenschaften lassen sich mit Kohlenstofffasern erzielen. So besitzt Epoxidharz mit rd. 60 % Kohlenstoffasern (z. B. Torayce P 201 [6.22]) eine Zugfestigkeit von 1100 N/mm² und einen E-Modul von 12000 N/mm². Nachteilig für den Einsatz von Federn aus faserverstärkten Duroplasten ist die komplizierte Fertigung. Fertig- bzw. Halbfertigprodukte wie z. B. des Typs „Scotchply" [6.18] können zur Lösung dieses Problems beitragen. Hierbei handelt es sich um glasfaserverstärkten Kunststoff auf Epoxidharzbasis, der unausgehärtet oder ausgehärtet in Form von Rollen, Bändern oder Bogen vom Hersteller geliefert wird. Die Glasfasern sind dabei in verschiedenen Richtungen (Bild 6.6) orientiert, so daß ein differenzierter Einsatz dieses Werkstoffes möglich ist [6.19]. Je nach Orientierung der Glasfasern ergeben sich die in Tafel 6.3 dargestellten mechanischen Eigenschaften.

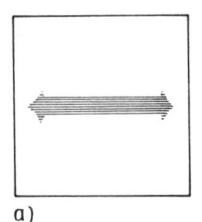

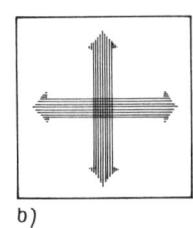

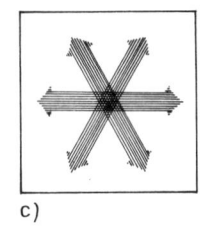

Bild 6.6. Orientierung der Glasfasern beim Halbzeug „Scotchply"
a) eindimensional, d. h. linienförmig in einer Richtung; b) zweidimensional, d. h. flächenförmig in senkrecht zueinander stehenden Richtungen; c) dreidimensional, d. h. raumförmig in drei zueinander unter einem Winkel von 120° stehenden Richtungen

Tafel 6.3. Abhängigkeit der Festigkeitseigenschaften des glasfaserverstärkten Epoxidharz-Halbzeugs „Scotchply" von der Glasfaserrichtung (65 % Glas; 35 % Epoxidharz)

Eigenschaften	Glasfaserrichtung		
	eindimensional	zweidimensional	dreidimensional
Zugfestigkeit in N/mm²	980	490	400
Biegefestigkeit in N/mm²	1100	910	560
E-Modul in N/mm²	39000	36000	18500

Ein Aushärten der aus „Scotchply" geformten Federn kann in zwei Stufen erfolgen
— Anhärten mit einer Dauer von 5 bis 20 Minuten bei 165 °C unter Niederdruck (0,1 bis 0,7 MPa), wobei die Federn möglichst in einer Form gehalten werden und
— Aushärten ohne Druck mit einer Dauer von 8 Stunden bei 160 °C.

Die Federwirkung erfordert im Zusammenhang mit den Eigenschaften des Werkstoffs immer eine bestimmte Federform. So haben sich bei Metallfedern durch den hohen E-Modul die typischen Formen Schrauben-, Spiral- bzw. Tellerfedern durchgesetzt. Sie sind als formelastische Federn zu bezeichnen. Wegen des geringeren E-Moduls der Kunststoffe sind diese bei Kunststoffedern weniger häufig anzutreffen. Hier wird meist die Stoffelastizität ausgenutzt (z. B. bei Polyurethan), weshalb man sie auch als stoffelastische Federn bezeichnet. Doch sind auch Lösungen bekannt [6.20], bei denen die Form- und Stoffelastizität kombiniert ausgenutzt wird. Bild 6.7 zeigt z. B. Tellerfedern mit Trapezquerschnitt aus Kunststoff. Diese Feder arbeitet zunächst bis zum Erreichen des Blockzustands wie eine formelastische Metall-Tellerfeder und bei weiterer Belastung stoffelastisch (größere Federsteife). Diese Variante stellt jedoch eine Ausnahme dar. Denn die große Stoffelastizität bestimmter Kunststoffe erfordert andere Federformen.

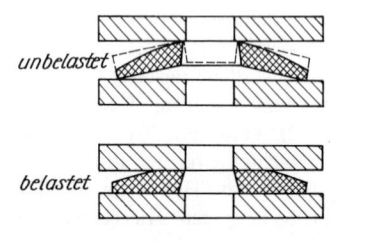

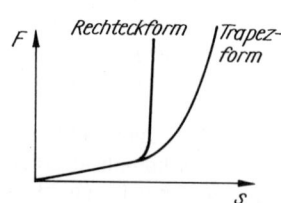

Bild 6.7. Belastungsverlauf bei Tellerfedern aus Kunststoff

6.2.3. Elastomerfedern

Polyurethan (PUR) wird am häufigsten für Federn eingesetzt, und zwar als

PUR-Gießelastomer, Zell-PUR-Elastomer und PUR-Schaum.

PUR-Gießelastomere haben einen Härtebereich von 60 bis 90 Shore A, eine Zugfestigkeit von 25 bis 45 N/mm² und lassen Dehnungen von 400 bis 500% je nach Härte des Werkstoffs (s. a. Tafel 6.4 und Bild 6.8) zu. Dieser Werkstoff ist besonders für druckbeanspruchte Federn geeignet, wobei

Tafel 6.4. Mechanische Eigenschaften einiger PUR-Gießelastomere nach [6.24]

Werkstoff: SYSpur EG/ES	Härte: Shore A nach TGL 14365	Zugfestigkeit in N/mm²	Bruchdehnung in %	Druckverformungsrest RT in %
7460-0	60 ± 5	25	400	12 bis 16
7470-0	70 ± 5	30	400	12 bis 16
7480-0	80 ± 5	35	500	12 bis 16
7490-0	90 ± 5	35	500	12 bis 16

Stauchungen bis zu 40% bei statischer und bis zu 25% bei schwingender Belastung als Entwurfsgrenzen angegeben werden können. Der Druckverformungsrest (Setzbetrag) ist gering. Er beträgt z. B. bei einem Kunststoff mit einer Härte von 90 Shore A nach 10^5 Belastungen bis zu Stauchungen von 40%, etwa 6 bis 7% [6.24]. Diesem Setzen kann durch Fertigen mit Aufmaß und Vorsetzen vorgebeugt werden. Die Dämpfung von PUR-Gießelastomeren beträgt bei Raumtemperatur 10 bis 20%

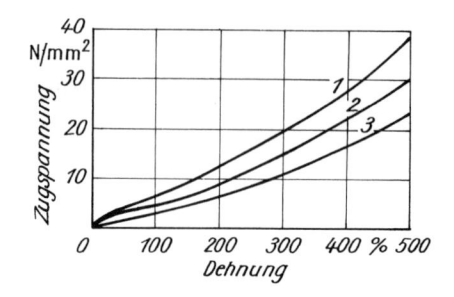

Bild 6.8. Zugspannungs-Dehnungs-Schaubild einiger PUR-Gießelastomere nach [6.20]
1 SYSpur EG 7490-0; *2* SYSpur EG 7480-0; *3* SYSpur EG 7460-0

6.2. Kunststoff-Federn

und nimmt mit steigender Temperatur etwas ab. Die dabei durch Reibung erzeugte Wärme führt zur Erwärmung der Feder. Ihre Größe hängt von der Größe des Federwegs und der Belastungsfrequenz ab. So führt eine mehrmalige Belastung mit einer Stauchung bis zu 40% zu einer Temperaturerhöhung von etwa 50 °C. Erfolgt keine geeignete Wärmeableitung, dann ist die Grenztemperatur von 90 °C für PUR schnell erreicht. Die dynamische Belastbarkeit wird wesentlich von dieser Erwärmung begrenzt. Der Konstrukteur muß in diesen Einsatzfällen für eine wirksame Wärmeabfuhr sorgen.
Die Temperatur beeinflußt ferner die mechanischen Eigenschaften einer PUR-Feder (E-Modul). Im Bereich zwischen 20 und 50 °C ist der Einfluß gering. Die Federkennlinie ist nahezu linear (Bild 6.9).

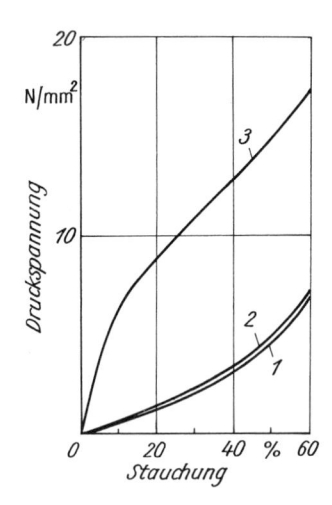

Bild 6.9. Abhängigkeit der Federkennlinien von der Temperatur bei PUR-Gießelastomer EG 7460-0 nach [6.24]
1 bei +50 °C; 2 bei Raumtemperatur; 3 bei −30 °C

Mit sinkender Temperatur (z. B. bis −30 °C) nimmt die Federsteife zu. Die Kennlinie verläuft wesentlich steiler. Dagegen ist eine Abnahme der Federsteife bei Temperaturerhöhung (bei etwa 80 °C) zu verzeichnen. Deshalb ist der Einsatz nur in einem Temperaturbereich von −20 bis +80 °C zu empfehlen.
Die für PUR-Gießelastomere angewendeten Federformen ähneln denen von Gummifedern. Federn in Form von Voll- und Hohlzylinder werden z. B. in Schnitt- und Stanzwerkzeugen eingesetzt [6.21]. Sie zeichnen sich gegenüber Gummifedern durch größere ertragbare Federkräfte, eine größere Kerbzähigkeit und größere Lebensdauer aus (s. Bild 6.10). Die Federkennlinie von Voll- und Hohlkörpern hängt vom Formfaktor k ab (s. Abschnitt 6.1.). Die Kraft steigt mit zunehmendem Formfaktor an (s. Bild 6.11 und Tafel 6.5). Außerdem steigt die Federsteife mit zunehmender Härte des Plast. Die mit der Federung von Voll- und Hohlkörpern verbundene Ausbauchung ähnelt der bei Gummifedern auftretenden [6.21].
Zell-PUR-Elastomer ist geschäumtes PUR mit offenen und geschlossenen Zellen. Die Dichte liegt zwischen 350 und 650 kg/m³. Die mechanischen Eigenschaften (Tafel 6.6) lassen ersehen, daß mit diesem Werkstoff die Palette von Gummi- und PUR-Gießelastomer-Federn ergänzt werden kann. Mit Federn

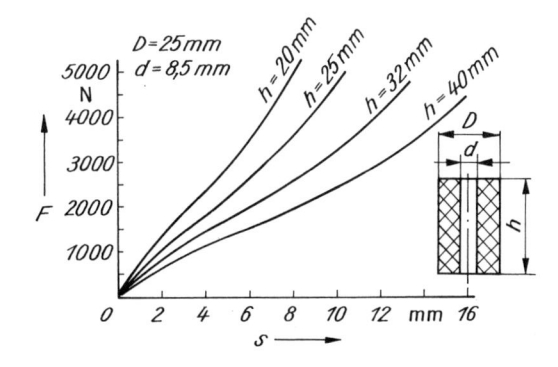

Bild 6.10. Kennlinien von Hohlkörpern aus PUR-Gießelastomeren in Abhängigkeit von der Körperhöhe h nach [6.21]

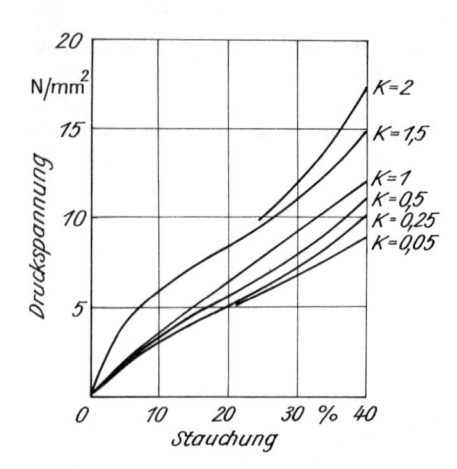

Bild 6.11. Einfluß des Formfaktors k auf die Federkennlinie von Federkörpern aus SYSpur EG 7490-0 nach [6.24]

Tafel 6.5. Berechnung des Formfaktors k bei PUR-Gießelastomeren [6.24]
k Formfaktor; D äußerer Durchmesser; d innerer Durchmesser; h Höhe; a, b Seitenlänge

Zylinder	Hohlzylinder/Rohr	Platte/Quader
$k = D/(4 \cdot h)$	$k = (D - d)/(4 \cdot h)$	$k = (a \cdot b)/[2 \cdot h(a + b)]$

Tafel 6.6. Mechanische Eigenschaften einiger Zell-PUR-Elastomere nach [6.25]

Eigenschaft	Bei einer Dichte in kg/m³ von		
	400	500	600
Zugfestigkeit in N/mm² nach DIN 53571	3,8	5,7	7,4
Bruchdehnung in % nach DIN 53571	400	360	320
Druckverformungsrest nach 30 min Entlastung in % nach DIN 53572	6,4	5,4	5,2

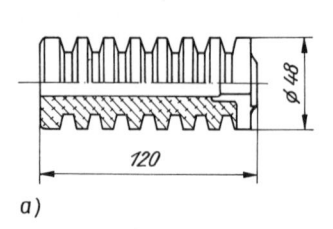

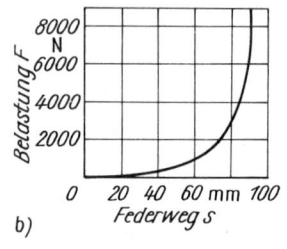

Bild 6.12. Zell-PUR-Elastomerfeder mit progressiver Kennlinie nach [6.25]

aus Zell-PUR-Elastomer lassen sich große Federwege, eine „weichanlaufende" Kennlinie, sofortige elastische Rückfederung mit geringem Druckverformungsrest, eine gute Schwingungsdämpfung und eine hohe Körperschalldämmung realisieren.

Wie bei Gummifedern werden meist zylinderförmige Federn angewendet. Bild 6.12 zeigt eine Zell-PUR-Feder mit progressiver Federkennlinie.

6.2. Kunststoff-Federn

Entsprechenden Einbauraum erfordert das Ausbauchen (Außendurchmesservergrößerung) bzw. Ausknicken einfacher, zylinderförmiger Federn (Tafel 6.7). Um ein Ausknicken bei ungeführten Federn in vertretbaren Grenzen zu halten, soll das Verhältnis Höhe zu Durchmesser $h/D = 1,5$ sein. Bei einer Dichte von 400 kg/m³ beginnt nach [6.25] bereits das Ausknicken bei $h/D = 1,6$ und bei PUR mit einer Dichte von 600 kg/m³ bei $h/D = 1,7$. Man hat deshalb durch spezielle Konstruktionen [6.25] [6.26] versucht, das Ausknicken zu vermeiden. Bild 6.13 enthält die sogenannte Druck-Biegefeder, die ohne Führung knicksicher ist und sich für große Federwege eignet. Ähnliche Lösungen sind auch in [6.27] [6.28] und [6.29] enthalten.

Tafel 6.7. Außendurchmesservergrößerung bei druckbelasteten Zylinder-Federn aus Zell-PUR-Elastomeren nach [6.25]

Unbelastet	Belastet			
Außendurchmesser in mm	Außendurchmesser in mm bei einer Dichte von			
	400 kg/m³		600 kg/m³	
	und einer Verformung von			
	40%	55%	40%	55%
165	183	189,5	190	200
150	167	171	—	—
140	158	163	161	171
130	—	—	151	159
120	133	138,5	136	144
110	122	128	126	133,5
100	113	117	117	124,5
90	100	104	103	110
80	88	92	93	99
70	78	82	81	86
60	—	—	71	75
50	56	69	58	62

Bild 6.13. Druckbiegefeder aus PUR-Elastomer [6.25]

Zell-PUR-Elastomere sind wie viele Flüssigkeiten und Gase außergewöhnlich volumenkompressibel. Wird eine Querdehnung verhindert, dann läßt sich der Werkstoff so lange zusammendrücken, bis alle Zellen verschwunden sind und ein kompaktes Elastomer vorliegt. Diese Eigenschaft wird bei Elastomerfedern ausgenutzt (Bild 6.14, [6.31]). Der elastomere Werkstoff wird über einen Kolben an das Gehäuse gedrückt (Drücke bis 400 MPa) und verringert mit steigendem Druck sein Volumen. Der dafür eingesetzte Werkstoff soll einen Kompressibilitätskoeffizienten von 0,0002 bis 0,0006 1/MPa

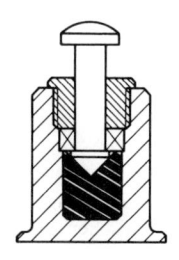

Bild 6.14. Schema einer Elastomerfeder System Jarret (Fa. Jarret/Paris) [6.31]

besitzen. Elastomerfedern dieser Bauart zeichnen sich durch eine progressive Kennlinie und eine große Dämpfung (75 bis 85%) aus, wobei diese Eigenschaften aber von der Belastungsfrequenz und der Temperatur wesentlich beeinflußt werden [6.30] [6.31]. Infolge der isothermen Verdichtung des in den Zellen enthaltenen Gases steigt die Arbeitsaufnahme mit steigender Frequenz. Somit liegt die Federkraft bei schwingender Belastung über der bei statischer (s. Bild 6.15).

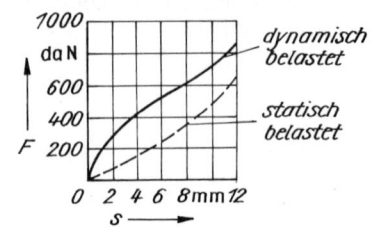

Bild 6.15. Kennlinie des Jarret-Hochleistungspuffers BC 1 Z nach [6.31]

PUR-Schaumstoff mit einer Dichte von 18 bis 50 kg/m³ besitzt für Federungs- und Schwingungs-Dämpfungs-Aufgaben ein breites Anwendungsfeld. Durch das offenzellige Gefüge ist eine stabile Luftdurchlässigkeit und ein Temperaturausgleich möglich, der die Bildung von Wärmestauungen verhindert. Allgemein gilt, je geringer die Dichte eines Schaumstoffes ist, desto kleiner ist die Zahl der tragenden Stege in der Zellstruktur und desto größer ist der Anteil Luft. Das heißt, je geringer die Dichte, um so kleiner ist auch die Belastbarkeit. Da jedoch Mischungen gleichen Raumgewichts unterschiedlich verschäumt werden können, ist für den Anwender die exakte Kenntnis der mechanischen Eigenschaften erforderlich. Tafel 6.8 enthält Werte für einige Schaumstoff-Typen. Von Bedeutung sind die Eindruckhärte (geprüft nach DIN 53576), die Stauchhärte (gepr. nach DIN 53577) und der Druckverformungsrest (gepr. nach DIN 53572).
PUR-Schaumstoffe haben zum Teil Metallfedern in Form von Federeinlagen, Federkernen und Federkörben bei Sitz- und Liegemöbeln verdrängt bzw. sind zu einem unentbehrlichen Partner in Kombination mit Metallfedersystemen geworden [6.32] [6.33].

Tafel 6.8. Eigenschaften verschiedener PUR-Schaumstoffe [6.33]

Eigenschaften	Typenbezeichnung					
	T 20	T 24	TH 30	TH 23	TH 29	TH 35
Dichte in kg/m³	20	23	30	23	29	35
Eindruckhärte 40% nach DIN 53576 in N	115	135	160	145	165	180
Stauchhärte 40% nach DIN 53577 in kPa	2,8	3,4	3,8	3,6	4,0	4,3
Bruchdehnung nach DIN 53571 in %	180	230	230	180	180	180
Druckverformungsrest 50% bei RT nach DIN 53572 in %	4,5	3,5	2,0	4,0	3,0	2,0
Zugversuch Festigkeit in kPa	85	120	120	100	100	100

6.3. Glas- und Keramikfedern

Federn aus Glas werden vorwiegend in den Formen stabförmige Biege- bzw. Torsionsfeder, Tellerfeder und Schraubenfeder (Bild 6.16) für Aufgaben in der Meßtechnik (Kraft- und Wegmessungen) eingesetzt, bei denen es auf eine hohe Konstanz bestimmter physikalischer Größen (thermischer Aus-

dehnungskoeffizient, Elastizitätsmodul, usw.) ankommt. Meist kommt deshalb Quarzglas zum Einsatz.
Die Berechnung erfolgt unter Anwendung der Verformungs- und Spannungsbeziehungen, die für Metallfedern angegeben wurden. Tafel 6.9 enthält einige Richtwerte für Festigkeiten. Es ist zu erkennen, daß die Biegebeanspruchbarkeit recht gering ist.

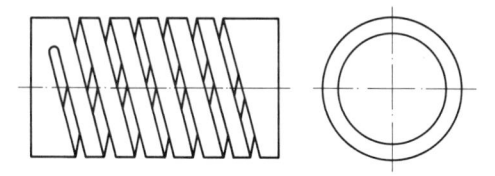

Bild 6.16. Spangebend gefertigte Schraubenfeder aus Quarzglas

Tafel 6.9. Richtwerte verschiedener Eigenschaften für Quarzglas und Sinteraluminium nach [6.41] und [6.42]

Eigenschaften	Quarzglas	Sinteraluminium
Zugfestigkeit in N/mm²	115	130—200
Druckfestigkeit in N/mm²	2 300	2000—2800
Biegefestigkeit in N/mm²	50	—
E-Modul in N/mm²	76 300	3100—3500
Wärmeausdehnungskoeffizient in 1/K	$50 \cdot 10^{-6}$	$(7{,}4 - 8{,}1) \cdot 10^{-6}$

Federn aus keramischen Werkstoffen sind wegen der aufwendigen und schwierigen Bearbeitbarkeit und der hohen Biegeempfindlichkeit speziellen Einsatzfällen vorbehalten, bei denen insbesondere die hohe Warmfestigkeit und gute Oxydationsbeständigkeit genutzt werden können.
Nachteilig sind die hohe Sprödigkeit und geringe Wärmeleitfähigkeit. Für Federungsaufgaben setzt man meist nichtsilikatische keramische Werkstoffe (Metallkeramik, wie z. B. Sinteraluminium, Sintertitan u. a.) ein [6.42]. Im Zuge der Entwicklung der Mikromechanik erhalten jedoch auch Federelemente aus Silikat-Keramik und speziellen Werkstoffen der Keramik Bedeutung [6.44]. Mikromechanische Bauteile wie Zunge, Membran, Feder, Spirale, Torsionsteil [6.54] mit Abmessungen im Mikrometerbereich nutzen die Elastizität des Werkstoffs (meist Si bzw. SiO_2) und weiterer physikalischer Effekte für Aufgaben der Sensor- und Antriebstechnik. Über Piezoelemente (Biegefeder, Tellerfeder, Scheibe) erfolgt die Umformung elastischer Keramikdeformationen in Längenänderungen (z. B. Antriebe) [6.55].

6.4. Gas- und Flüssigkeitsfedern

6.4.1. Eigenschaften

Gas- und Flüssigkeitsfedern nutzen die Kompressibilität geeigneter gasförmiger und flüssiger Medien aus [6.2] [6.4] [6.45]. Sie sind demzufolge als Kompressionsfedern zu bezeichnen, deren elastisches Verhalten nicht in der elastischen Verformung des „Federwerkstoffs" begründet ist. Gase sind kompressibler als Flüssigkeiten. Eine charakteristische Größe zur Beschreibung dieses Verhaltens ist der thermische Kompressibilitätskoeffizient k, der für Gase

$$k = -\frac{1}{v} \cdot \left(\frac{\mathrm{d}v}{\mathrm{d}p}\right)_T \qquad (6.1\,\mathrm{a})$$

und für Flüssigkeiten analog

$$k = -\frac{1}{V} \cdot \left(\frac{\mathrm{d}V}{\mathrm{d}p}\right)_T \qquad (6.1\,\mathrm{b})$$

ist. Er drückt das Verhältnis von Volumenabnahme zum Ausgangsvolumen bezogen auf die Druckzunahme aus und ist temperaturabhängig (V Volumen; v spezifisches Volumen; p Druck; T absolute Temperatur und dV/dp Volumen-/Druckänderung). Dieser Koeffizient bringt die Zusammendrückbarkeit der Medien zum Ausdruck. Für eine Flüssigkeit mit $k = 0{,}0005$ 1/MPa beträgt bei einer Druckzunahme von 100 MPa die Volumenänderung 5%, womit eine erhebliche Federwirkung erzielt werden kann. Einige Werte für k sind in [6.3] [6.45] [6.52] enthalten.

6.4.2. Gasfedern

Ein in einem druckfesten Zylinder eingeschlossenes Gas läßt sich über einen Kolben zusammendrücken und wieder entspannen (Bild 6.17). Das Gas, in der Praxis wird meist Luft verwendet, stellt somit in dieser Anordnung ein federndes Medium dar. Anstelle eines druckfesten Zylinders ist auch ein zusammendrückbarer, geschlossener Balg aus Gummi oder Metall verwendbar (Balgfeder).

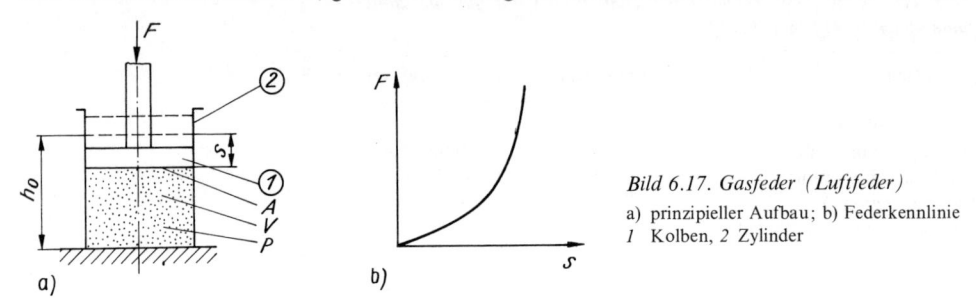

Bild 6.17. Gasfeder (Luftfeder)
a) prinzipieller Aufbau; b) Federkennlinie
1 Kolben, *2* Zylinder

Die Federkennlinie einer solchen Luftfeder ist stark progressiv. Die sie beschreibenden Größen ergeben sich auf der Basis der polytropen Zustandsgleichung

$$p \cdot v^n = \text{konst.} , \tag{6.2}$$

dessen Polytropenexponent n bei hochfrequenten dynamischen Belastungen $n = 1{,}4$ (adiabatische Zustandsänderung) und bei Belastungen mit niedrigen Frequenzen $n = 1{,}0$ (isotherme Zustandsänderung) ist.

Mit der Wirkfläche A des Kolbens, dem Anfangsdruck p_0, dem Ausgangsvolumen $V_0 = A \cdot h_0$ und dem Volumen $V = A \cdot (h_0 - s)$ im zusammengedrückten Zustand ergibt sich die Federkraft aus

$$dF = A \cdot dp = (n \cdot p \cdot A) \cdot (dV/V) \tag{6.3a}$$

zu

$$F = A \int_{p_0}^{p} dp = A \cdot (p - p_0) \tag{6.3b}$$

oder ausgedrückt durch die Daten des Ausgangszustands und den Federweg zu

$$F = A \cdot p_0[(V_0/V)^n - 1] = A \cdot p_0([h_0/(h_0 - s)]^n - 1) , \tag{6.3c}$$

wobei die aus Gleichung (6.2) abgeleiteten Beziehungen

$$p/p_0 = (V_0/V)^n \tag{6.4a}$$

und

$$dp/dV = -(n \cdot p)/V \quad \text{bzw.} \quad dp/p = -n \cdot dV/V \tag{6.4b}$$

verwendet wurden.

Der Federweg ergibt sich aus

$$ds = -dV/A \tag{6.5a}$$

zu

$$s = -(1/A) \int_{V_0}^{V} dV = -(V - V_0)/A = (V_0 - V)/A \tag{6.5b}$$

6.4. Gas- und Flüssigkeitsfedern

oder

$$s = V_0(1 - V/V_0)/A = h_0\left(1 - \sqrt[n]{p_0/p}\right) \qquad (6.5\,c)$$

und damit die Federsteife zu

$$c = dF/ds = -A^2 \cdot dp/dV = (n \cdot p \cdot A^2)/V \qquad (6.6\,a)$$

bzw.

$$c = n \cdot p_0 \cdot A \cdot h_0^n/(h_0 - s)^{n+1} . \qquad (6.6\,b)$$

In Verbindung mit Gleichung (5.139) ist damit zu erkennen, daß die Eigenfrequenz einer solchen Feder (n, p_0, h_0, A als konstant angesehen) nur von der aktuellen Höhe $h = (h_0 - s)$ der Luftsäule abhängt. Durch eine Luftmengenregelung ist damit die Möglichkeit gegeben, die Eigenfrequenz belastungsunabhängig zu machen. Dieses Verfahren wird in der Kraftfahrzeug- und Antriebstechnik genutzt. Die Federarbeit stellt sich in diesem Fall als Volumenänderungsarbeit dar und ist

$$W = -\int_{V_0}^{V} p \cdot dV = -\int_{V_0}^{V} p_0 \cdot (V_0/V)^n \cdot dV$$
$$= -[p_0 \cdot V_0^n \cdot (V - V_0)^{1-n}]/(1 - n) = p_0 \cdot V_0 \cdot [(V/V_0)^{1-n} - 1]/(n - 1) . \qquad (6.7\,a)$$

Unter Annahme einer isothermen Zustandsänderung ($n = 1$) ergibt sich als Sonderfall

$$W = p_0 \cdot V_0 \cdot \ln(V_0/V) . \qquad (6.7\,b)$$

Zu beachten ist unter Annahme eines isobaren Zustands (p und F konstant) die Abhängigkeit der Federsteife von der Temperatur. Für unterschiedliche Temperaturen T_1 und T_2 ist das Verhältnis der Federsteife dieser beiden Zustände der Feder

$$c_1/c_2 = T_2/T_1 . \qquad (6.8)$$

6.4.3. Flüssigkeitsfedern

Der Aufbau von Flüssigkeitsfedern ähnelt dem der Luftfedern. Bild 6.18 zeigt ein Beispiel. Im Bild 6.19 ist für verschiedene Flüssigkeiten der Zusammenhang zwischen Druckänderung und Kompression dargestellt. Flüssigkeiten für derartige Federn sollen gut kompressibel sein. Aus Bild 6.19

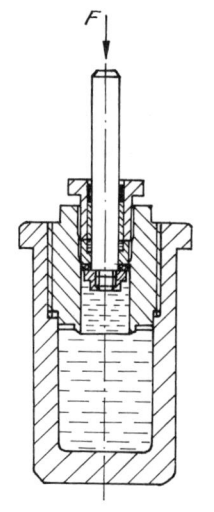

Bild 6.18. Aufbau einer Flüssigkeitsfeder für Druckbelastung

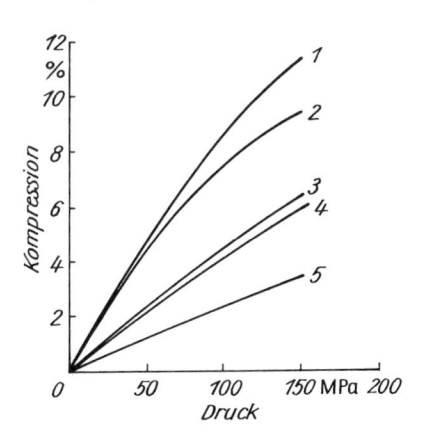

Bild 6.19. Volumenänderung in Abhängigkeit des Druckes verschiedener Flüssigkeiten nach [6.48]

1 und *2* Öle auf Silikonbasis

ist zu erkennen, daß mit Wasser, Mineralölen und anderen Flüssigkeiten nicht die gewünschte hohe Kompressibilität erreicht wird. Mineralöle sind hinsichtlich der Viskosität und Schmierfähigkeit recht günstig, doch weisen Silikonöle eine bessere Kompressibilität und in bezug auf die Abhängigkeit der Viskosität von der Temperatur bessere Eigenschaften auf. Bei Verwendung von Silikonölen wirken sich Temperaturschwankungen also weniger stark auf die Federsteife aus. Als Flüssigkeiten für solche Federn werden meist Hydrauliköle eingesetzt. Nach [6.2] [6.45] [6.46] können unter Verwendung des Kompressibilitätskoeffizienten k nach Gleichung (6.1b) die Federkenngrößen

Federkraft $\quad F = A \cdot (p - p_0)$ (6.9)

Federweg $\quad s = (V_0 - V)/A = k \cdot V \cdot (p - p_0)/A$ (6.10)

Federsteife $\quad c = \mathrm{d}F/\mathrm{d}s = A^2/(k \cdot V)$ (6.11)

Federarbeit $\quad W = F \cdot s/2 = k \cdot V \cdot (p - p_0)^2/2$ (6.12)

berechnet werden (A Kolbenfläche; V Flüssigkeitsvolumen; p Druck; p_0 Anfangsdruck). Durch Vernachlässigung der Gehäuseverformungen bei Belastung und des Einflusses der Temperatur auf den k-Faktor entstehen Abweichungen der Federkenngrößen in der Größenordnung von 6% [6.45].

6.4.4. Konstruktion und Anwendung

Hohe Sorgfalt ist bei der Konstruktion von Gas- und Flüssigkeitsfedern auf die Abdichtung des „Federraums" anzuwenden. Dichtungswerkstoffe sind so auszuwählen, daß sie nur einen geringen Reibkraftanteil zur Federkraft beisteuern. Außerdem sollen durch den Flüssigkeitsdruck die Reibkräfte möglichst nicht verändert werden. Der Umstand, daß die Flüssigkeit bzw. das Gas bereits im unbelasteten Zustand unter einem Vordruck p_0 (Vorspannung, s. Zugfedern) stehen, wurde in den Beziehungen für die Federkenngrößen berücksichtigt [6.47]. Tafel 6.10 enthält Federdaten einiger Gasfedern nach [6.50]. Ausführungen von Gas- und Flüssigkeitsfedern sind in den Bildern 6.20 bis 6.22 dargestellt.

Tafel 6.10. Parameter von Gasfedern nach [6.50]

Kolbenstangendurchmesser mm	Druckanstieg V_1/V_2	Mögliche Federkraft N	Möglicher Hub mm
8	1,2	300— 750	35—250
10	1,2	550—1300	35—250
14	—	500—2500	bis 300
20	—	1000—6000	bis 400

Eine Zugbelastung ist mit einem abgesetzten Kolben erreichbar (Bild 6.20). Eine stoßdämpfende Wirkung läßt sich durch Ausflußöffnungen im Kolben (Bild 6.21) oder mit Ventilen erzielen (Anwendung bei Stoßdämpfern). Bild 6.22 zeigt eine Feder mit zwei Kammern und zwei Kolben für die Realisierung einer gestuften Federkennlinie. Der Primärkolben komprimiert zunächst die Flüssigkeit in der Primärkammer. Der Übergangspunkt der Kennlinie (Kurvenknick) ist erreicht, wenn der im Primärkolben mitgeführte Sekundärkolben den Boden des äußeren Zylinders berührt. Danach wird der Sekundärkolben in seine Kammer gedrückt, wobei der Druck infolge des kleineren Volumens sehr schnell ansteigt. Mit $k = 0{,}0005$ 1/MPa der hierfür meist verwendeten Flüssigkeiten sind Drücke bis 350 MPa erzielbar [6.48].

Gasfedern besitzen eine relativ kleine Federsteife und vermögen recht große Federwege zu realisieren. Für Schwingungen mit tiefen Frequenzen eignen sie sich deshalb besonders als Dämpfer. Nachteilig sind ihr erheblicher Platzbedarf, der Aufwand für die Gasversorgung (Verdichter, Gasreiniger, Steuerung) und die Temperaturabhängigkeit des „Federmediums". Sie werden vornehmlich im Fahrzeugbau für die verschiedensten Aufgaben (Fahrgestellfederung, Sitzversteller, Massenausgleichsfedern, Türschließfedern, Mechanismen zum Öffnen und Schließen von Klappen, Hauben und Luken) eingesetzt.

6.4. Gas- und Flüssigkeitsfedern

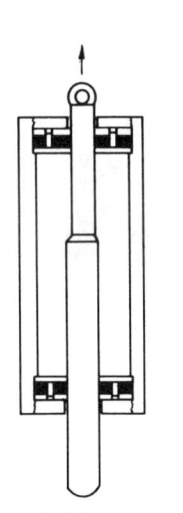

Bild 6.20. Prinzipieller Aufbau einer Flüssigkeitsfeder für Zugbelastung

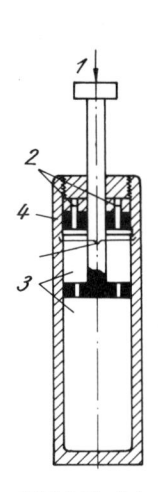

Bild 6.21. Schema einer Flüssigkeitsfeder mit Stoßdämpfung
1 Kraft, 2 Führung, 3 Flüssigkeit, 4 Dichtung

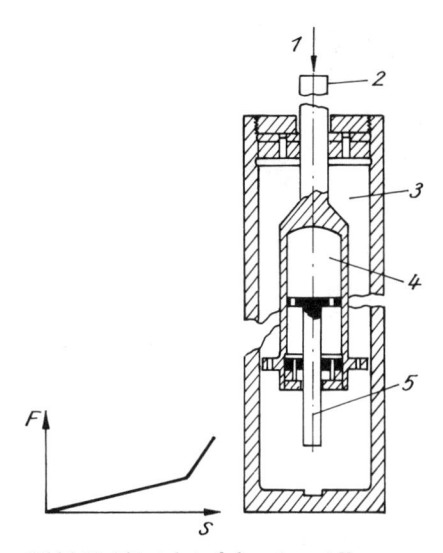

Bild 6.22. Flüssigkeitsfeder mit zwei Kammern und gestufter Kennlinie nach [6.48]
1 Krafteinleitung, 2 Primärkolben, 3 Primärkammer, 4 Sekundärkammer, 5 Sekundärkolben

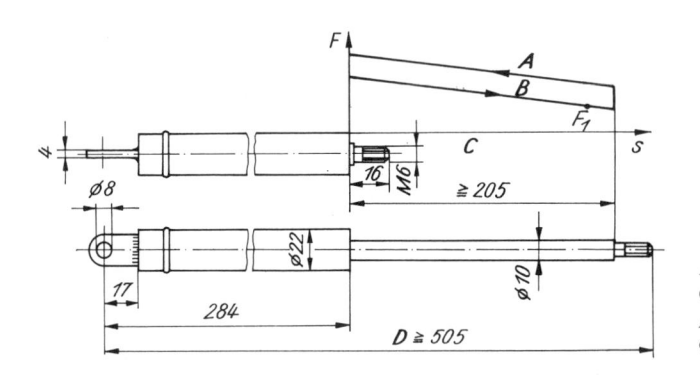

Bild 6.23. Aufbau und Kennlinie der Gasfeder Typ G 10-101 nach [6.51]
A Einschubkraft; B Ausschubkraft; C Hub; D Kolbenstange ausgeschoben

Ein Anwendungsbeispiel zeigt Bild 6.23. Infolge des „Vorspanndruckes" ist die Kolbenstange ausgeschoben. Bei Einwirken einer Kraft auf die Kolbenstange wird diese wieder eingeschoben und das Gas (Luft) weiter gespannt. Die Ausschubkraft ist zwischen 200 und 1000 N bei dieser Feder verstellbar. Sie wird als Öffnerfeder eingesetzt. Im Maschinenbau erfolgt der Einsatz von Gasfedern in Kupplungen, an Werkzeugmaschinen der Umformtechnik und zur Neigungsverstellung von Geräten.

Flüssigkeitsfedern werden entsprechend ihren spezifischen Eigenschaften (große Federkräfte, relativ kleine Federwege und damit große Federsteifen, geringes Bauvolumen und kleine Masse) an Werkzeugmaschinen der Umformtechnik (Auswerfer- und Niederhalterfedern), als federnde Auflager bei Drehwerken von Kränen, als Sicherungselemente und zur Abfederung der Fahrgestelle von Flugzeugen und schweren Fahrzeugen eingesetzt. Infolge ihrer sehr kleinen Baugröße gegenüber Schrauben- und Tellerfedern gleicher Nenndaten bieten sie Einbauvorteile (Bild 6.24) [6.49]. Ihre Standzeit wird meist durch den Verschleiß der Dichtungselemente beschränkt.

Kombinationen von Gas- und Flüssigkeitsfedern gibt es in verschiedenen Ausführungen. Die Kompressibilität der Medien wird meist in Verbindung von Stoffedern (Gummi oder Plaste) ausgenutzt. Bild 6.25 zeigt den prinzipiellen Aufbau eines sogenannten Hydroelastic-Federsystems für PKW-Abfederungen. Es besteht aus vier großvolumigen Hohlkörpern aus Gummi, die mit einer geeigneten Flüssigkeit gefüllt sind. Sie übernimmt die Übertragung der Federung und die Verbindung

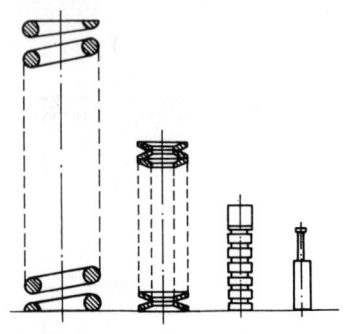

Bild 6.24. Vergleich des Platzbedarfs zwischen Metall- und Flüssigkeitsfedern

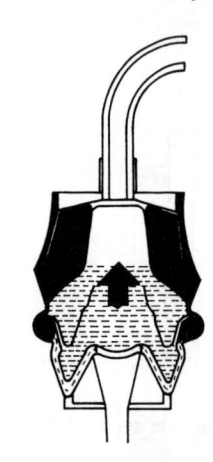

Bild 6.25. Schema eines hydroelastischen Federelements

zwischen den Federn an den jeweiligen Rädern. Der hohle Gummikörper hat oben und unten ein Stahlblechgehäuse und im Inneren einen offenen Blechdom, an dem das Verbindungsrohr angeschlossen ist. Der Hohlraum ist unten durch einen Rollbalg abgeschlossen und in der Mitte durch eine ebenfalls konisch geformte Blechwand geteilt. Von unten drückt der mit der Radführung verbundene Stempel gegen den Rollbalg, und die Flüssigkeit überträgt den Druck auf den Gummihohlkörper, der sich elastisch verformt. Die Flüssigkeit durchströmt dabei ein Ventil in der Zwischenwand, dessen Öffnung vom Flüssigkeitsdruck abhängt. Vorder- und Hinterfeder einer Fahrzeugseite sind mit einer Flüssigkeitsleitung verbunden. Damit kann die Federung des gesamten Fahrzeugs gesteuert werden.

6.5. Federn durch Magnetwirkungen

Die physikalische Erscheinung des Magnetismus läßt sich in unterschiedlicher Weise für Federwirkungen ausnutzen. Bild 6.26 zeigt das Prinzip einer „Magnetfeder", die aus zwei Dauermagneten aufgebaut ist, deren gleichartige Pole einander entgegengerichtet sind. Solche Federn weisen relativ kleine Federkräfte auf (begrenzt durch die Größe der Magnetkräfte), und die Federwege sind durch den Aufbau ebenfalls begrenzt. Die Federsteife ist somit recht klein. Die Ausnutzung einer derartigen Federwirkung bleibt deshalb speziellen Einsatzfällen vorbehalten.

Magnetfedern lassen sich jedoch auch aus einem Dauermagneten und einem in geeigneter Weise gestalteten und dimensionierten Eisenschluß aufbauen. Bild 6.27 zeigt den prinzipiellen Aufbau mit einem möglichen Verlauf der Federkennlinie. Durch entsprechende Dimensionierung und Gestaltung des Luftspaltes, der für die Funktion der Feder ausschlaggebend ist, lassen sich die unterschiedlichsten Federkennlinienformen erzielen. In den Bildern 6.28 und 6.29 sind einige Beispiele aufgeführt [6.53].

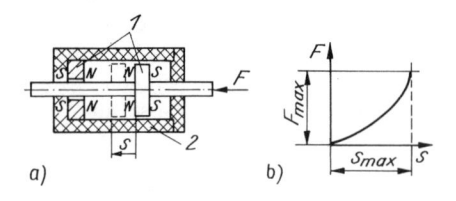

Bild 6.26. Magnetfeder mit zwei Dauermagneten (1) in einem Plastgehäuse (2)
a) prinzipieller Aufbau; b) Federkennlinie

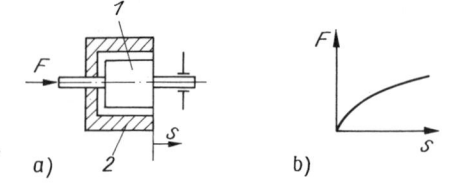

Bild 6.27. Magnetfeder mit Dauermagnet (1) und Weicheisengehäuse (2), zylindrischer Luftspalt
a) prinzipieller Aufbau; b) Federkennlinie

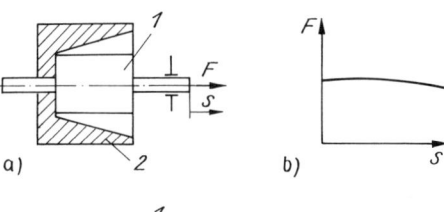

Bild 6.28. Magnetfeder mit Dauermagnet (1) und Weicheisengehäuse (2), konischer Luftspalt
a) prinzipieller Aufbau; b) Federkennlinie

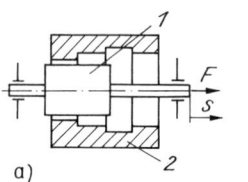

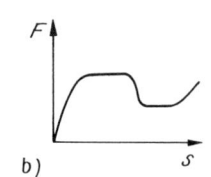

Bild 6.29. Magnetfeder mit Dauermagnet (1) und Weicheisengehäuse (2), abgesetztem Luftspalt und spezieller Federkennlinie
a) prinzipieller Aufbau; b) Federkennlinie

6.6. Literatur

[6.1] *Göbel, E. F.:* Gummifedern, 3. Aufl. Berlin/Heidelberg/New York: Springer-Verlag 1969
[6.2] *Steinhilper, W.; Röper, R.:* Maschinen- und Konstruktionselemente. Bd. II. Berlin/Heidelberg/New York/Tokyo: Springer-Verlag 1986
[6.3] *Dubbel, H.:* Taschenbuch für den Maschinenbau. 17. Aufl. Berlin/Heidelberg/New York: Springer-Verlag 1990
[6.4] *Schlottmann, D.:* Konstruktionslehre — Grundlagen. Berlin: Verlag Technik 1980 und Wien/New York: Springer-Verlag 1983
[6.5] *Battermann, W.; Köhler, R.:* Elastomere Federung — Elastische Lagerungen. Berlin/München: Ernst 1982
[6.6] *Malter, G.; Jentzsch, J.:* Gummifedern als Konstruktionselement. Maschinenbautechnik 25 (1976) 3, S. 109—112 und 121 (Teil 1) und 5, S. 225—228 (Teil 2)
[6.7] *Göbel, E. F.:* Gummifedern als moderne Konstruktionselemente. Konstruktion 22 (1970) 10, S. 402—406
[6.8] *Göbel, E. F.:* Gummi und seine Anwendung in der Feinwerktechnik. Feinwerktechnik 66 (1962) 8, S. 291—301
[6.9] *Betzhold, Chr.; Kurz, K.:* Zur Körperschallisolation mit Gummielementen. Bänder, Bleche, Rohre (1975) 10, S. 427—431
[6.10] *Krause, W.:* Gerätekonstruktion. 2. Aufl. Berlin: Verlag Technik 1986; Moskau: Mašinostroenie 1987; Heidelberg: Hüthig-Verlag 1987
[6.11] *Hilbert, H. L.:* Federn im Stanzerei-Werkzeugbau. Draht 31 (1980) 11, S. 794—797, Draht 32 (1981) 3, S. 125—128; 6, S. 306—309; 11, S. 618—619
[6.12] *Sachs, W. G.:* Dämpfer für Schwingungen und Stöße an Maschinen. Draht 22 (1971) 10, S. 703—711
[6.13] Messebericht der 9. Internationalen Drahtausstellung 1984 in Basel/Schweiz. Draht 35 (1984) 9, S. 412 bis 490
[6.14] *Dütemeyer, H. J.:* Federn aus Kunststoff — ein Studie. Draht 34 (1983) 11, S. 548—551
[6.15] *Siebrecht, K.:* Federelemente aus Kunststoff. Industrie-Anzeiger 89 (1967) 100, S. 2253—2256
[6.16] Zeitstandskatalog Plaste. Dresden: Inst. für Leichtbau 1969
[6.17] *Dolder, F.:* Delrin-Acetalharz. Techn. Rundschau Bern 7 (1962) 2, S. 33
[6.18] „Scotchply" ersetzt Federstahl. Der Maschinenbau (1965) 9, S. 387
[6.19] *Stuard, S. C.:* Glass for springs — the role of reinforced plastics in leaf springs. Springs Magazine 6 (1967) 1, S. 26—30, 33 und 35
[6.20] *Wanke, K.:* Entwicklungstendenzen bei technischen Federn. Metallverarbeitung 32 (1978) 1, S. 11—13
[6.21] *Freytag, K.; Schilder, M.; Franz, W.:* Schneid- und Umformwerkzeuge in Flachbauweise. Sonderdruck Ratio Dresden 2 (1969) 7, S. 3—15
[6.22] *Heitz, E.:* Karbonfasern im Karosseriebau. Plastverarbeiter 25 (1974) 2, S. 100
[6.23] PUR-Gieß-Elastomere. Firmenschrift des Synthesewerk Schwarzheide
[6.24] SYSpur-Report 1976. Firmenschrift des Synthesewerk Schwarzheide
[6.25] *Pommereit, K.:* Federn aus Zell-PUR-Elastomer erlauben Einfederungen bis 80% der Bauhöhe. Maschinenmarkt 79 (1973) 21, S. 424—426
[6.26] *Alicke, G.; Schriever, H.:* Kraftfahrzeugfedern aus zelligem PUR-Elastomer. Automobil-Techn. Zeitschrift 80 (1978) 2, S. 63—66
[6.27] USA-Patent 3 368 806 (Kl. 47 a, 17)

[6.28] USA-Patent 3515382 (Kl. F16f, 1/40)
[6.29] USA-Patent 3279779 (Kl. 47a, 17)
[6.30] *Schrader, K.:* Kompressibilitätsfedern — neuartige Bauelemente. Maschinenbautechnik 29 (1980) 7, S. 306—308
[6.31] Firmenschrift der Fa. Jarret, Paris
[6.32] „Wie man sich bettet, so liegt man". Sonderheft der Zeitschrift Haustex Herford: Westdeutsche Verlagsanstalt GmbH
[6.33] PUR-Weichschaumstoff auf Polyätherbasis. Information Schaum-Chemie Burkhardsdorf
[6.34] Berechnen von Kunststoff-Formteilen, Tagungsbericht in: Plastverarbeiter, Speyer 37 (1986) 4, S. 48, 50, 52 und 55
[6.35] Richtlinie zur Gestaltung und zur Berechnung von Plast-Schnapp-Verbindungen. Plaste und Kautschuk 33 (1986) 4, S. 135—214
[6.36] *Delpy, U.:* Zylindrische Schnappverbindungen aus Kunststoff, Berechnungsgrundlagen und Versuchsergebnisse. Konstruktion 30 (1978) 5, S. 179—184
[6.37] *Krause, W.:* Plastzahnräder. Berlin: Verlag Technik 1985
[6.38] *Greiner, H.:* Plastwerkstoffe in der Feingerätetechnik. Berlin: Verlag Technik 1973
[6.39] *Oberbach, K.:* Kunststoffkennwerte für Konstrukteure. München: Carl Hanser Verlag 1975
[6.40] *Knauer, B.:* Fortschritte auf dem Gebiet der Konstruktionsplaste. Berlin: Akademie-Verlag, 14 N, 1982
[6.41] *Merkel, M.; Thomas, K.-H.:* Technische Stoffe. 2., neubearb. Aufl. Leipzig: Fachbuchverlag 1984
[6.42] *Chironis, N. P.:* Spring Design and Application. New York/Toronto/London: McGraw-Hill Book Company 1961
[6.43] *Roskothen, H.-J.:* Untersuchungen zur Dimensionierung von Bauteilen aus Kunststoffen. Diss. TH Aachen 1974
[6.44] *Angell, J. B.; Terry, St. C.; Barth, Ph. W.:* Mikromechanik aus Silicium. Spektrum der Wissenschaft (1983) 6, S. 38—50
[6.45] *Amarell, J.:* Entwicklungsstand und Berechnungsgrundlagen für Flüssigkeitsfedern. Wiss. Zeitschr. der TH Ilmenau 14 (1968) 2, S. 197
[6.46] *Bittel, K.:* Flüssigkeitsfedern. Diss. TU Dresden 1967
[6.47] Die Flüssigkeitsfeder mit einstellbarer Vorspannung, ein neues Maschinenelement. Neuererinformation 4 des Neuererzentrums Dresden 1962
[6.48] *Polentz, L. M.:* Saving space with liquid spring. Spring Design and Application S. 204—206. New York/Toronto/London: McGraw-Hill Book Company 1961 (Hrsg.: Chironis)
[6.49] *Wanke, K.:* Flüssigkeitsfedern — Stahlfedern, ein Vergleich. Metallverarbeitung 21 (1967) 3, S. 81—83
[6.50] Stabilus-Gasfedern. Firmenschrift der Stabilus GmbH Koblenz
[6.51] IFA-Gasfeder G10-101. Firmenschrift Stoßdämpferwerk Hartha 1982
[6.52] Grundwissen des Ingenieurs. Leipzig: Fachbuchverlag 1982
[6.53] Magnetische Federn. Internationale Elektronische Rundschau (1969) 1, S. 12
[6.54] *Krauß, M.; Rauch, M.:* Stand und Aufgaben der Mikromechanik. Feingerätetechnik 35 (1986) 11, S. 483 bis 484
[6.55] *Müller, F.:* Piezoelektrische Stellantriebe für lineare Bewegungen. Feingerätetechnik 35 (1986) 11, S. 487 bis 490

7. Federn in speziellen Anwendungen

7.1. Federn als Kontaktbauelemente

7.1.1. Anforderungen

Im Bereich der Gerätetechnik finden vornehmlich Blattfedern mit Rechteckquerschnitt als Kontakt- und Kontaktträgerelemente Verwendung (s. Bilder 5.23 und 5.26). Sie werden meist einseitig eingespannt befestigt. Das freie Federende trägt das Kontaktstück. Die wichtigsten Bewertungskriterien für die Eignung eines Werkstoffs für solche stromführenden Federn in elektromechanischen und elektronischen Baugruppen und Geräten, die vor allem zur Dimensionierung der Federn benötigt werden, sind

Federbiegegrenze σ_{bE} (s. a. Abschn. 2.)
Schwingfestigkeit (Biegewechselfestigkeit σ_{bW})
Elastizitätsmodul E und
spezifische elektrische Leitfähigkeit $\varkappa$.

Bei allen derartigen Federn besteht die Forderung nach einer definierten Federkraft bei einem bestimmten Federweg. An die Federkennlinie (ihre zeitliche und thermische Konstanz) werden recht hohe Anforderungen gestellt. Die geforderte Ruhekontaktkraft (minimale Federkraft F_{min}) wird durch die Federvorspannung erzeugt. Um nicht zu große Schaltwege zu erreichen, werden die vorgespannten Kontaktfedern meist durch eine steifere Feder abgestützt (s. Bilder 5.22b und 5.23).
Die Größe dieser durch Vorspannung erzielten Federkraft ergibt sich u. a. aus der Forderung nach einem niedrigen elektrischen Übergangswiderstand. Die auf den Kontaktstücken befindlichen Fremdschichten werden erst durch eine bestimmte Kontaktkraft $F_{K\,min}$ durchbrochen. Sie beträgt je nach Art der Berührungsstelle [7.1]

bei Gold 0,1 bis 0,6 N,
bei Silber 1,2 bis 1,6 N und
bei Zinn, Nickel und Messing 3,5 bis 5 N.

Die maximale Federkraft auf Grund des Betätigungsweges (Federwegs s) der Kontaktfeder wird durch zahlreiche Größen beeinflußt, so durch die Maß- und Formtoleranzen, die Werkstoffeigenschaften und die Einbautoleranzen. Der Federungsüberschuß ist von der „Festigkeitsreserve" (Sicherheit bis zur Elastizitätsgrenze) abhängig. Seine Größe bestimmt die Unempfindlichkeit der Feder gegen Überlastung. Belastungen über die Elastizitätsgrenze hinaus führen zu bleibenden Verformungen, die Funktionsstörungen bewirken und deshalb mit Sicherheit vermieden werden müssen.
Die Beurteilung des ökonomischen Einsatzes bestimmter Werkstoffe für Kontaktfedern kann nicht allein auf der Basis massebezogener Halbzeugpreise erfolgen, sondern muß auch die mit dem jeweiligen Werkstoff realisierbaren Baugrößen und den spezifischen Kupfereinsatz berücksichtigen [7.2]. Aus den Dimensionierungsgleichungen nach Tafel 5.3 (s. a. Gleichung (5.7)) läßt sich ableiten, daß der maximale Federweg s_{max} dem Verhältnis σ_{bE}/E proportional ist ($\sigma_{b\,zul} = \sigma_{bE}$ gesetzt). In Tafel 7.1 sind für Federn gleicher Funktion das spezifische Federvolumen, die sich daraus ergebenden spezifischen Materialkosten und der spezifische Kupfereinsatz verschiedener Werkstoffe aufgeführt, die für stromführende Federn einsetzbar sind. Die Kupfer-Beryllium-Legierung CuBe2 dient dabei als Vergleichsbasis. Es ist zu erkennen, daß sich für hochfeste und vergütbare Werkstoffe mit einem großen Wert des Verhältnisses σ_{bE}/E sehr geringe spezifische Federvolumina und trotz relativ hoher Halbzeugpreise geringe Materialkosten je Feder ergeben. Natürlich ist dabei auch zu beachten, daß die notwendige

Tafel 7.1. Vergleich verschiedener Kupfer-Knet-Legierungen hinsichtlich ihres Materialeinsatzes für Blattfedern (Formfedern) nach [7.2]

Vergleichswerkstoff: CuBe2

Werkstoffbezeichnung	σ_{bE}/E	Spezifisches Federvolumen	Spezifische Materialkosten	Spezifischer Kupfereinsatz
CuFe2	2300	13	2	12
CuZn37	2700	11	1,3	6,6
CuNi18Zn20	2800	7	1,4	4,5
CuSn6	3300	8	2,1	8,3
CuNi9Sn2	3800	5	1,2	4,2
CuNi20Mn20	6800	1,3	0,5	0,67
CuTi2	7000	1,4	0,6	1,4
CuZn23AlCo	7200	1,4	0,3	1
CuBe2	7800	1	1	1

Tafel 7.2. Eigenschaften der in Tafel 7.1 aufgeführten Werkstoffe
(in Federqualität außer Nr. 6 und 7)

Nr.	Werkstoff-bezeichnung	Zug-festigkeit R_m N/mm²	Vickers-härte	E-Modul N/mm²	Feder-biege-grenze N/mm²	Biege-wechsel-festigkeit N/mm²	Spezifische Leit-fähigkeit m/Ω
1	CuFe2	520	150	130000	290	140	20
2	CuZn37	540	160	115000	370	150	9
3	CuNi18Zn20	≧ 500	160—210	142000	≧ 400	160	3
4	CuSn6	≧ 550	160—200	115000	≧ 380	230	9
5	CuNi9Sn2	≧ 510	180—220	132000	500	190	6,4
6	CuNi20Mn20	<1200	<350	150000	900	—	1,3
7	CuTi2	<1200	<400	130000	860	—	9,3
8	CuZn23AlCo	≧ 880	270—320	116000	≧ 850	220	9,8
9	CuBe2	≧1200	350—450	135000	≧1050	280	12

Wärmebehandlung sich einerseits auf den technologischen Ablauf auswirkt und andererseits auch zusätzliche Fertigungskosten verursacht [7.2]. Jedoch sind auch die mechanischen und physikalischen Eigenschaften zu beachten (Tafel 7.2). So weist z. B. die neue warmaushärtende Mehrstofflegierung CuNi20Mn20 sehr günstige Werte hinsichtlich der Materialkosten und des Kupfereinsatzes auf. Für stromführende Federn (Kontaktfedern) wird sie aber auf Grund der geringen Leitfähigkeit und der geringen Bruchdehnung (oft Werte <1%) nicht eingesetzt, obwohl ihre Festigkeitswerte mit denen der Legierung CuBe2 vergleichbar sind.

Diese Beispiele zeigen, daß neben der Dimensionierung die richtige Werkstoffwahl für den Entwurf von Kontaktfedern eine wesentliche Rolle spielt [7.1] [7.14] [7.19] [7.23] [7.24] [7.25].

7.1.2. Einsatz als Kontaktblattfeder-Schalter

7.1.2.1. Auswirkungen von Toleranzen an Kontaktblattfeder-Schaltern

Anforderungen an Kontaktfedern in Schaltern, wie sie vielfach in Relais eingesetzt werden (s. Bilder 7.1 und 7.2) [7.3] [7.6] [7.7] [7.8], ergeben sich aus der notwendigen Abstimmung der Federlagen und Kräfte auf das Triebsystem zum Einleiten von Schaltbewegungen. Da diese Federn meist vorgeformt sind, ergeben sich auf Grund der Schwankungen der Verformungswerte (z. B. Krümmung) infolge von Maß- und E-Modultoleranzen Lageabweichungen, die besonders das freie Federende betreffen. Derartige Lageabweichungen entstehen außerdem durch die Maßtoleranzen der zahlreichen Einzelteile (Isolierzwischenlagen, Anschlußfahnen, Stützfedern, Kontaktfedern) nach der Montage des Feder-

7.1. Federn als Kontaktbauelemente

satzes. Im Bild 7.3 ist die Einzelmaßkette eines Umschalters dargestellt. Noch größere Auswirkungen besitzen Formabweichungen.

Im Bild 7.4 ist allein der Einfluß der Elastizitätsmodulschwankungen auf ein Kontaktblattfederpaar dargestellt. Die Auswirkungen auf den Abstand a_K der Feder zur Schaltkulisse des Triebsystems und die Größe der Kontaktkraft des Öffners $F_{Kö}$ sind bereits durch die an Bändern (Ausgangsmaterial) ermittelten E-Modul-Schwankungen so groß, daß die vorgegebenen Toleranzbereiche dieser Werte überschritten werden.

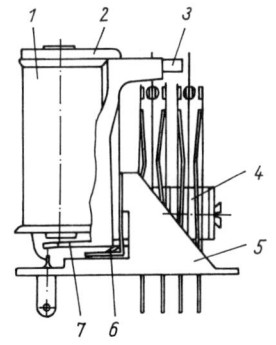

Bild 7.1. Vereinfachte Darstellung eines Relais vom Typ NSF 30 (Relaistechnik Großbreitenbach) mit zwei Umschalterpaaren
1 Spule, *2* Joch, *3* Kulisse, *4* Kontaktfedersatz, *5* Sockel, *6* Rückstellfeder für Anker, *7* Anker

Bild 7.2. Federsatz des Relais NSF 30 mit Schichtung der Einspannstelle
1 Kulisse, *2* Kontaktstücke, *3* Deckplatte, *4* Anschlußfahnen, *5* Isolierzwischenlagen, *6* Sockel, *7* Rückstellfeder, *8* Joch
STF Stützfedern, *UF* Umschaltfeder, *ÖF* Öffnerfeder, *SF* Schließerfeder

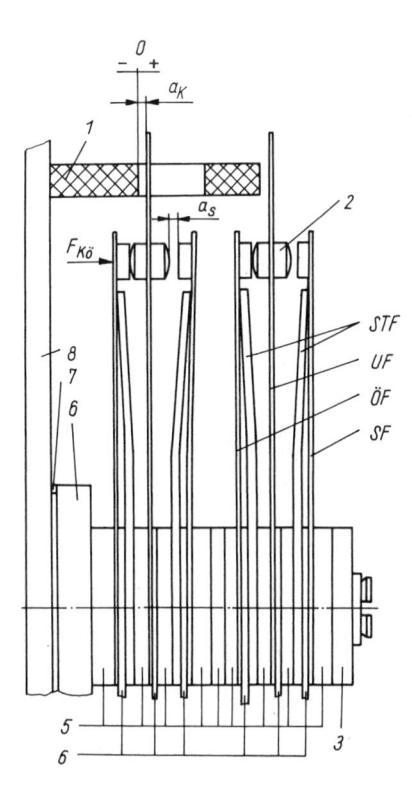

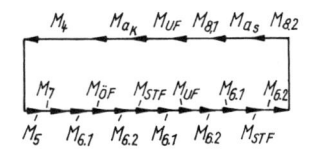

Bild 7.3. Einzelmaßkette eines Umschalters
Die Indizes beziehen sich auf die im Bild 7.2 angegebenen Kennzeichnungen

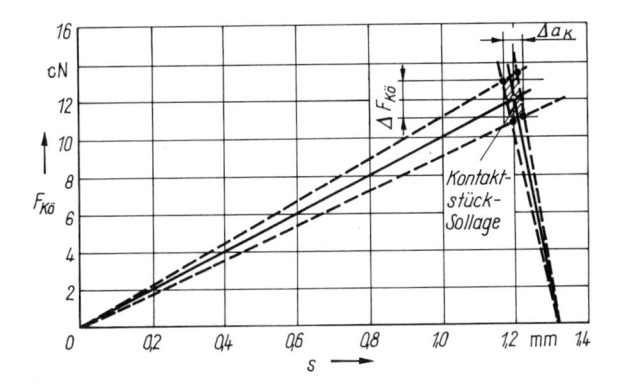

Bild 7.4. Einfluß von Federsteifeschwankungen infolge der Elastizitätsmodul-Abweichungen des Federwerkstoffs auf die Kontaktstücklage eines Blattfederpaares

Da eine Minimierung der Abweichungen Grundtoleranzen weit unter IT4 und den Einsatz von Auswahlverfahren erfordern, müssen die notwendigen Lagen der Kontaktstücke und die Größe der Ruhekontaktkräfte nach einer „gröberen" Fertigung und Montage des Federsatzes bzw. kompletten Relais durch Justieren hergestellt werden [7.3] [7.4] [7.9] [7.10] [7.11] [7.12] [7.13]. Das trifft auch auf eine Reihe anderer Kontaktblattfeder-Schalter (Endlagenschalter u. dgl.) zu.

7.1.2.2. Kontaktfederjustierung durch elastisch-plastisches Biegen

Zur Formgebung der Federn wird vornehmlich die Plastizität der Werkstoffe genutzt. Im Verhältnis zur Größe der plastischen Verformung ist der elastische Anteil, der sich als Rückfederung äußert, meist gering. Bei Federjustierungen werden je nach Größe der zu korrigierenden Lagen- oder Kontaktkraftabweichungen nur geringe plastische Verformungen benötigt. Der einzuleitende Verformungsweg setzt sich dabei aus einem Rückfederungsweg und der bleibenden Verformung zusammen, die meist wesentlich kleiner als dieser ist. Aus diesem Grunde soll im Zusammenhang mit Justieraufgaben an Federn von einem elastisch-plastischen Biegen gesprochen werden. Bild 7.5 zeigt die elastisch-plastischen Verformungsanteile beim Biegen von Federblechstreifen aus Neusilber.

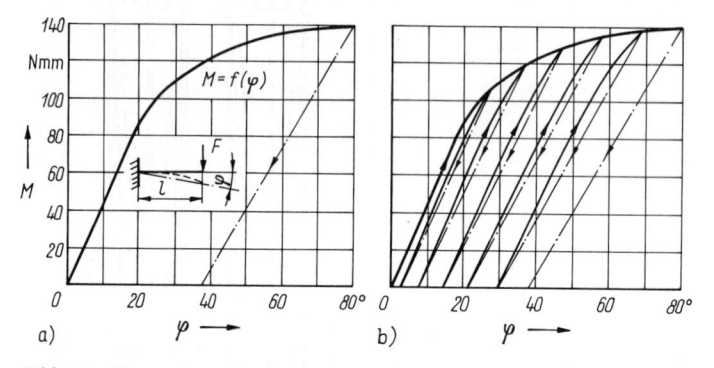

Bild 7.5. Biegemoment-Verformungs-Diagramm von Blechstreifen-Proben aus Neusilber (Probenabmessungen 6 mm × 0,4 mm × 45 mm)
a) Verformung in einem Zuge; b) unterbrochene Verformung

Da das Ergebnis einer Biegung zum Zweck der Lageveränderung des Federendes von Kontaktblattfedern erst nach Zurücklegen des Rückfederungsweges (elastischer Verformungsanteil) festgestellt werden kann, ist eine solche Justierung stets unbestimmt [7.4]. Diese Eigenheit erschwert eine Automatisierung dieses Vorgangs. Erst die Entwicklung der Mikrorechnertechnik, der Sensor- und Robotertechnik [7.15] erschloß Möglichkeiten des Aufbaus einer solchen, automatisch arbeitenden Justiereinrichtung für Kontaktblattfedern [7.3] [7.9] [7.10] [7.13] [7.15].
Für solche Justieraufgaben sind Verfahren mit einseitiger oder wechselseitiger Zielannäherung anwendbar. Eine ökonomische Bewertungsgröße ist dabei die Anzahl der Biegezyklen bis zum Erreichen des Ziels bzw. des durch die Toleranzen vorgegebenen Zielgebiets der Kontaktstücklagen. Durch die Unbestimmtheit des Verfahrens und die vor allem werkstoffbedingten Einflüsse (s. Bild 7.4) ist eine exakte Vorausberechnung des einzuleitenden Biegewegs zum Erreichen einer bestimmten plastischen Verformung nicht möglich. In [7.3] werden Möglichkeiten für eine näherungsweise Berechnung angegeben, bei der Daten des vorangegangenen Biegezyklus ausgewertet werden. Bei Verwenden eines Verfahrens mit einseitiger Zielannäherung läßt sich damit das Ergebnis mit weniger als fünf Biegezyklen erreichen.

7.1.3. Einsatz in Steckverbindern und Schleifkontakten

Steckverbinder haben die Aufgabe, elektronische, elektromechanische und elektrische Bauelemente und Baugruppen elektrisch und mechanisch zuverlässig zu verbinden. Sie werden vorwiegend in gerätetechnischen Bereichen der Elektronik-, Nachrichten- und Datenverarbeitungstechnik eingesetzt, wo

7.1. Federn als Kontaktbauelemente

Bauelemente oder Baugruppen aus fertigungs-, prüf- oder wartungstechnischen Gründen leicht auswechselbar zu befestigen sind [7.14] [7.20].

Die meisten Steckverbinder bestehen aus starren Kontaktelementen (Stift, Messer), die über Kontaktfedern eine mechanisch trennbare elektrische Verbindung zwischen Bauelementen und Baugruppen herstellen. Die Federn sind dabei in Gehäusen geführt. Bild 7.6 zeigt ein Beispiel.

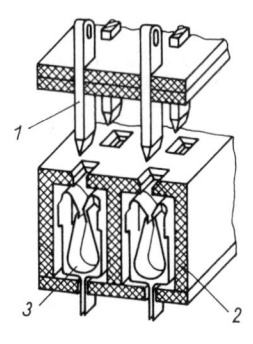

Bild 7.6. Beispiel eines Steckverbinders [7.1]
1 Kontaktstift, *2* Gehäuse, *3* Kontaktfeder

Kontaktfedern besitzen recht unterschiedliche Formen (s. Bild 5.26). Durch die Formgebung wird Einfluß auf die Federsteife (Kennlinienverlauf), die elektrische und mechanische Zuverlässigkeit der Verbindung sowie auf die Größe der Steckkraft genommen [7.1] [7.16] [7.17] [7.18]. Die Kennlinie der Kontaktfeder beschreibt die Kraft-Weg-Änderung beim Stecken der Kontaktelemente, die in ihren Abmessungen, Toleranzen und Lageabweichungen so aufeinander abgestimmt und bemessen sein müssen, daß sich auf Grund der Federkennlinie im gestreckten Zustand die Nennkontaktkraft F_K innerhalb vorgeschriebener Toleranzen ergibt. Bild 7.7 zeigt den Zusammenhang zwischen Federsteifeschwankungen, Kontaktstifttoleranz und Kontaktkraft. Die Grenzwerte der Kontaktkraft ergeben sich bei Extremwerten für die Federsteife und Kontaktstiftdicke. Die Kennlinie wurde nur für einen Federschenkel eingezeichnet. Für den anderen Federschenkel verläuft sie spiegelbildlich zur Symmetrielinie der Feder. Drei wesentliche Toleranzauswirkungen sind zu erkennen. Der eingezeichnete Toleranzbereich T resultiert aus dem Mittenversatz und der Dickentoleranz des Kontaktstiftes, verursacht durch Montage- und Fertigungsabweichungen. Die Federwegtoleranz Δs und die Federsteifetoleranz T_c sind bedingt durch Fertigungs- und Werkstoffkenngrößenabweichungen der Kontaktfedern. Bei Formfedern wirken sich außerdem noch Formabweichungen aus.

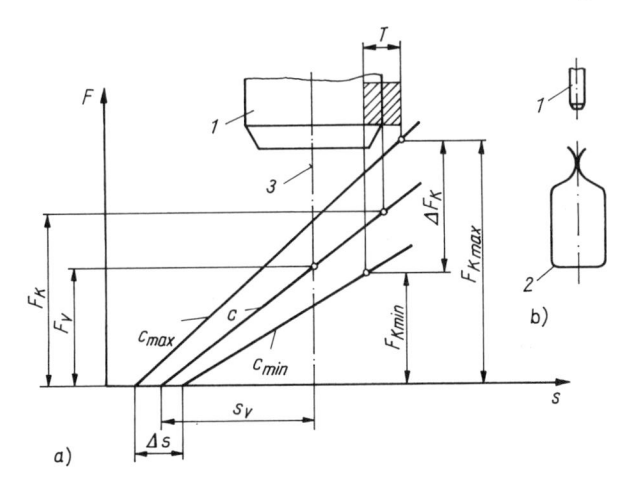

Bild 7.7. Federkennlinie eines Federschenkels (a) der Steckverbindung (b) (qualitativ) und Toleranzauswirkungen

1 Kontaktstift, *2* Kontaktfeder, *3* Symmetrielinie, F_K Nennkontaktkraft, ΔF_K Kontaktkraftschwankung ($\Delta F_K = F_{K\,max} - F_{K\,min}$), F_v Vorspannkraft, c Federsteife, Δs Federwegabweichung, s_v Vorspannweg, T Toleranz

Die Hauptfunktion der Kontaktelemente ist das zuverlässige Erzeugen einer Mindestkontaktkraft bei Auswirken aller Toleranzen (Fertigungs-, Montage- und Werkstoffkenngrößenabweichungen). Die Konstruktion der Kontaktbauelemente soll dabei so erfolgen, daß die durch die Toleranzen verursachten Kontaktkraftschwankungen verringert werden, da ihr Bereich begrenzt ist. Hohe

Kontaktkräfte sind gewünscht, um den Übergangswiderstand klein zu halten. Sie dürfen aber einen Maximalwert nicht überschreiten, um den Verschleiß und die notwendigen Steckkräfte in Grenzen zu halten. Eine optimale Erfüllung dieser gegensätzlichen Forderungen an die Kontaktelemente ist allein durch Maßnahmen zur Einengung der Kontaktkraftschwankungen erreichbar. Vorschläge dazu werden in [7.7] dargelegt. Durch geeignete Kontaktfeder- und Gehäusegestaltung sowie Kalibrierung läßt sich z. B. die gewünschte Verringerung der Schwankungen erzielen.

Schleifkontakte werden vorwiegend in elektrischen Bauelementen mit veränderbaren Widerständen (Potentiometer, Schiebewiderstand) oder Induktivitäten (Stelltransformator) eingesetzt. Die Kontaktfedern stellen dabei die elektrische Verbindung direkt oder über ein Kontaktstück her. Kontaktstücke werden aus verschiedenen Gründen eingesetzt. Neben der Realisierung minimaler Übergangswiderstände und guter Korrosionsbeständigkeit soll auch ein geringer Verschleiß der Kontaktpartner erreicht werden.

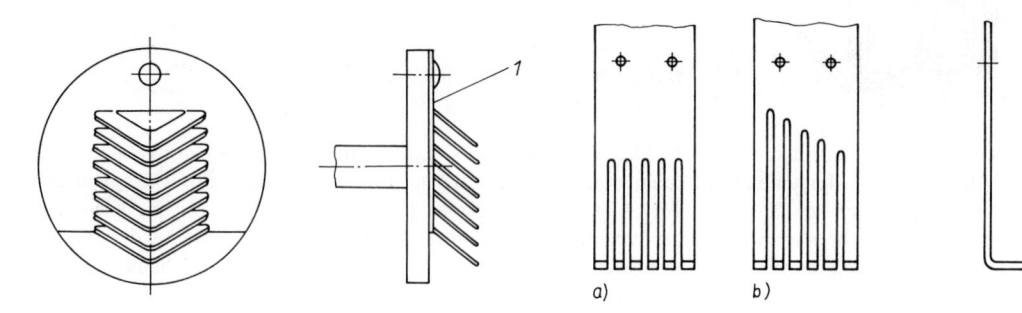

Bild 7.8. Gefiederte Kontaktfeder eines Miniatur-Schichtpotentiometers
(*1* Feder)

Bild 7.9. Gefiederte Kontaktfeder (Mehrfinger-Schleif- oder Bürstenfeder)
a) gleich tief geschlitzt; b) unterschiedlich tief geschlitzt

Durch Schlitzen der Kontaktfeder wird eine bessere Kontaktkraftverteilung bewirkt. Bild 7.8 zeigt den Schleifer eines Miniaturpotentiometers mit besonders gestalteter Schleiffeder. Ausführungsmöglichkeiten von Mehrfinger-Schleiffedern (Bürstenfedern) werden im Bild 7.9 dargestellt [7.21]. Durch unterschiedlich tiefe Schlitzung ist eine gestufte Federsteife der einzelnen Bürsten realisierbar.

7.2. Federn und Anordnungen für konstante Kräfte und Momente

7.2.1. Federn mit „Gleichkraft"-Verhalten

Einige Federn weisen Kennlinien bzw. Kennlinienabschnitte auf, bei denen innerhalb eines bestimmten Federwegs keine oder nur eine geringe Kraftänderung eintritt. Die in den Bildern 5.50 bis 5.54 gezeigten Rollfedern besitzen z. B. solche Federkennlinien (Bild 5.49). Sie eignen sich demzufolge besonders für Einsatzfälle, bei denen konstante Kraft- bzw. Momentwirkungen gewünscht werden. Kollektor-Kohlebürsten-Andruckfedern (Bild 5.54) sollen z. B. konstante Andruck-(Kontakt-)Kräfte bewirken, auch wenn durch Abrieb die Kohlebürste nachgeführt werden muß und die Feder dabei entspannt wird.

Die im Bild 7.10a gezeigte Schraubenzugfeder mit besonders gestalteten Federenden besitzt bei einer Belastung, die parallel zur Federachse wirkt (Bild 7.10b), ein im Bild 7.11 gezeigtes Federungsverhalten. Diese sogenannte *Schraubenknickfeder* gilt als „Gleichkraftfeder", da innerhalb eines bestimmten Kennlinienbereichs nur eine geringe Federkraftänderung vorhanden ist. Die Form der Kennlinie ist durch die Federparameter in unterschiedlicher Weise beeinflußbar, wie die Darstellungen in den Bildern 7.11 b) bis d) zeigen. Bemerkenswert ist auch der unter bestimmten Bedingungen realisierbare Verlauf der Federkennlinie mit negativem Anstieg bei Belastungsbeginn (s. Bild 7.11 a), der aus dem Wesen der Knickbeanspruchung resultiert.

7.2. Federn und Anordnungen für konstante Kräfte und Momente

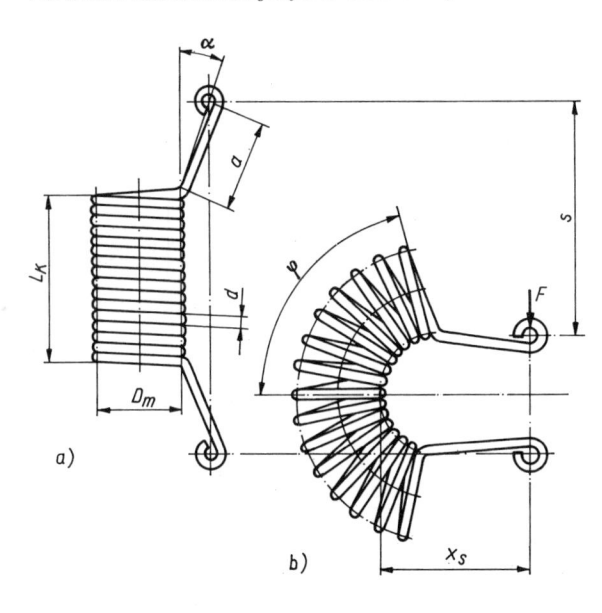

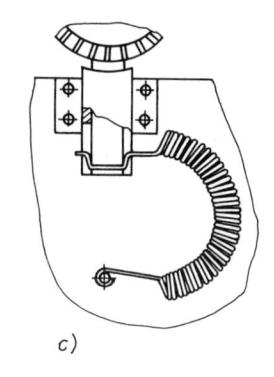

Bild 7.10. Schraubenknickfeder
a) unbelastet; b) belastet;
c) Einsatz als Kohlebürsten-Andruckfeder

In [7.19] werden zur Berechnung der Federkraft und des Federwegs von Schraubenknickfedern der Anordnung nach Bild 7.10 folgende Beziehungen angegeben

$$F = \left[\frac{\pi \cdot \varphi \cdot G \cdot d^4}{180° \cdot 8 \cdot D_m \cdot n} + \frac{F_0 \cdot D_m}{2}\right] \bigg/ \left[a \cdot \sin(\alpha + \varphi) + \frac{L_K \cdot 90°}{\pi \cdot \varphi}(\cos \varphi/2 - \cos \varphi)\right] \quad (7.1)$$

$$s = 2 \cdot a[\cos \alpha - \cos(\alpha + \varphi)] + L_K[1 - (180° \cdot \sin \varphi)/\pi \cdot \varphi] \quad (7.2)$$

(Bezeichnungen nach Bild 7.10),

auf deren Grundlage die Kennlinien nach Bild 7.11 berechnet wurden.

Eine sehr flache Kennlinie besitzen *gebogene Schraubenzugfedern* (Bild 7.12). Sie eignen sich demzufolge ebenfalls für Einsatzfälle, bei denen nahezu konstante Federkräfte gefordert werden. Im Bild 7.12a) und b) ist eine einseitig eingespannte Schraubenzugfeder gezeigt, die durch eine quer zur Federachse wirkende Kraft gebogen wird. Die Federsteife wird durch die eingewickelte Vorspannkraft F_0 und die freie Federlänge (Windungszahl n infolge $L_K = n \cdot d$) wesentlich beeinflußt. Die bei Zugbelastung wirkende Vorspannkraft F_0 kommt in dieser Anordnung nur erheblich abgeschwächt zur Geltung, wie aus Bild 7.12c) ersichtlich ist.

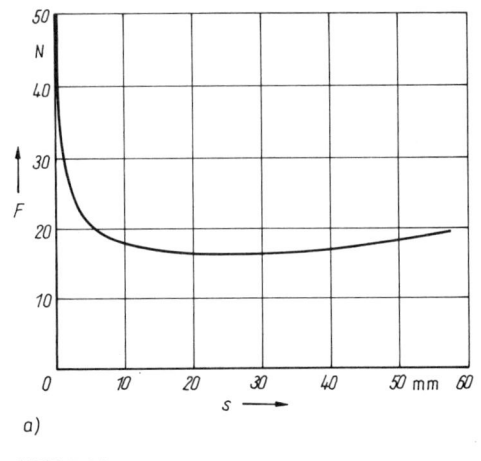

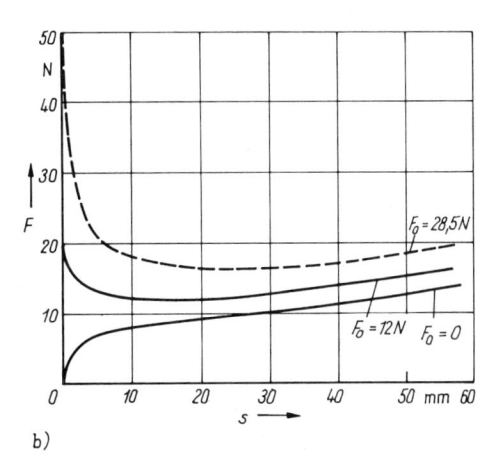

(Bild 7.11)

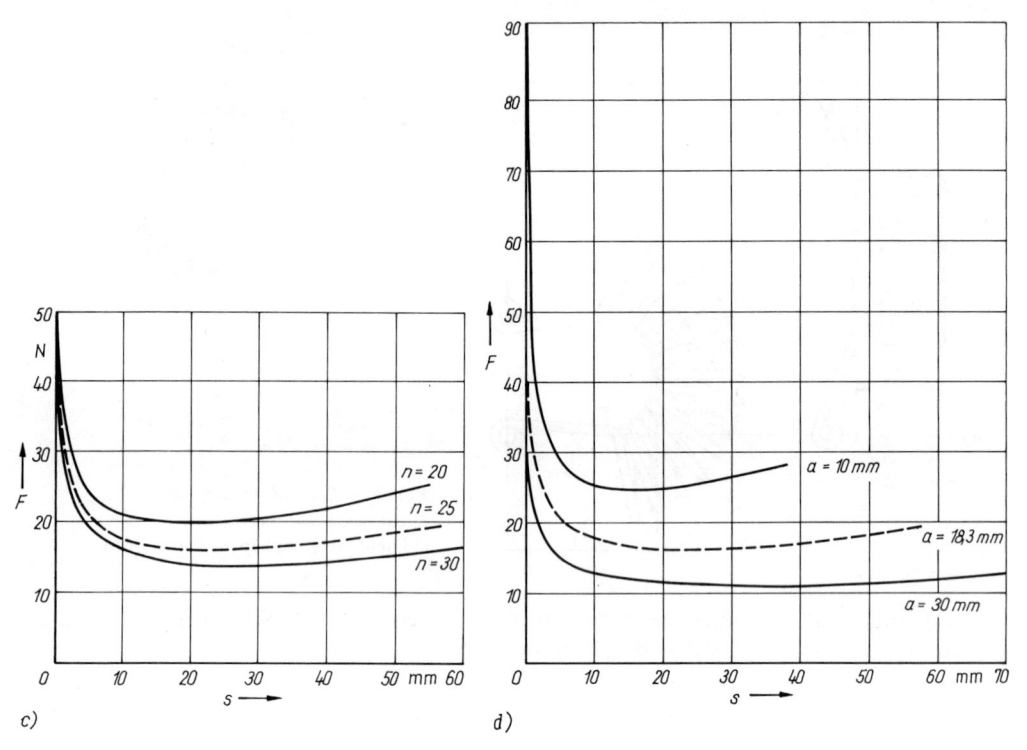

Bild 7.11. Theoretische Federkennlinien einer Schraubenknickfeder nach Bild 7.10

Federdaten: $d = 1{,}6$ mm; $D_m = 11{,}1$ mm; $a = 18{,}3$ mm
$n = 25$; $F_0 = 28{,}5$ N; $\alpha = 10°$
$G = 81\,400$ N/mm²

a) Grundkennlinie; b) Einfluß der eingewickelten Federvorspannkraft F_0; c) Einfluß der Windungszahl n; d) Einfluß der Federarmlänge a
(Grundkennlinie zum Vergleich als gestrichelter Linienzug eingezeichnet)

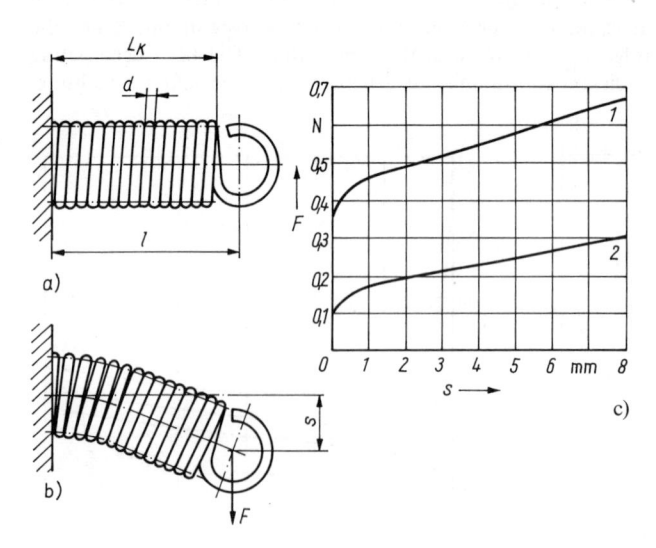

Bild 7.12. Durch Querkraftwirkung gebogene Schraubenzugfeder
a) unbelastet; b) belastet; c) experimentell ermittelte Federkennlinien (Einspannlänge $l_E = 10 \cdot d$)
1 Zugfeder $0{,}63 \times 3{,}2 \times 60$ ($d \times D_a \times n$); 2 Zugfeder $0{,}55 \times 4{,}0 \times 60$ ($d \times D_a \times n$)

7.3. Lagerungen mit Federn

Scheibenfedern in recht unterschiedlichen Formen werden vorwiegend zum Spielausgleich in Wälzlagerungen eingesetzt. Auf die Anwendung von Wellfederscheiben wurde bereits hingewiesen (s. Bild 5.101). Sehr vorteilhaft wegen der flachen Federcharakteristik werden die tellerfederförmigen, innen und außen geschlitzten Sternfedern nach Bild 7.13a) im feinmechanischen und optischen Gerätebau eingesetzt. Sie gewährleisten in Reibradgetrieben und Kupplungen eine feinfühlige Einstellung des Drehmoments und eine hohe Drehmomentkonstanz bei Reibflächenverschleiß. Ihr Einsatz erfolgt ebenfalls für Aufgaben des Spielausgleichs in Phonogeräteantrieben, Büromaschinen und in optischen Systemen. Bild 7.13b) zeigt eine weitere Scheibenfederform für ähnliche Einsatzfälle.

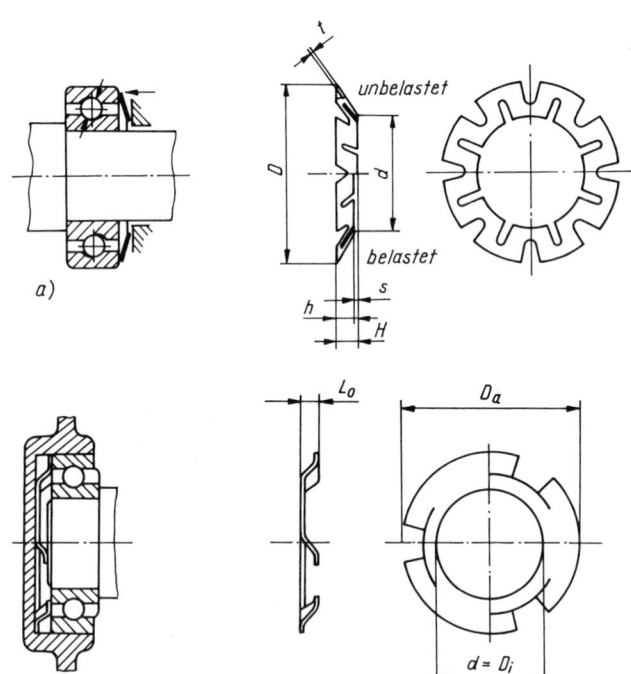

Bild 7.13. Besondere Scheibenfederformen für den Spielausgleich bei Wälzlagern und ähnlichen Aufgaben
a) Sternfeder; b) Federscheibe für Kugellager

7.2.2. Anordnungen zum Kraft- bzw. Momentenausgleich

Tafel 7.3 enthält verschiedene Möglichkeiten der Anordnung von Federn, um konstante Kräfte bzw. Momente zu erzielen. Ein solcher Ausgleich ist vollständig mit der unter a) und d) gezeigten Anordnung sowie den unter b) und c) aufgeführten Varianten von a) möglich. Ein angenäherter Ausgleich kann durch die unter e) skizzierte Federanordnung erreicht werden, zu der in f) die Möglichkeit der grafischen Ermittlung der erforderlichen Federlänge L_0 der Zugfeder (nach eingezeichnetem Linienzug zu verfahren) angegeben ist [7.22]. Die Tafelbilder g) und h) geben Anwendungsbeispiele an. Unter g) ist eine Pendelaufhängung gezeigt und unter h) das Hebelgetriebe eines Feinzeigers. Durch entsprechende Kurvengestaltung und Federanordnung ist eine konstante Meßkraft F_M (infolge $M = e \cdot F_M =$ konstant) erreichbar.

7.3. Lagerungen mit Federn

7.3.1. Torsionsbänder

Torsionsbänder finden vor allem in elektrischen Meßgeräten zur Lagerung der Meßspulen Verwendung. Die Aufhängung eines solchen Drehspulensystems kann frei hängend oder zweiseitig fest und vorge-

Tafel 7.3. Federanordnungen für konstante Kräfte bzw. Momente

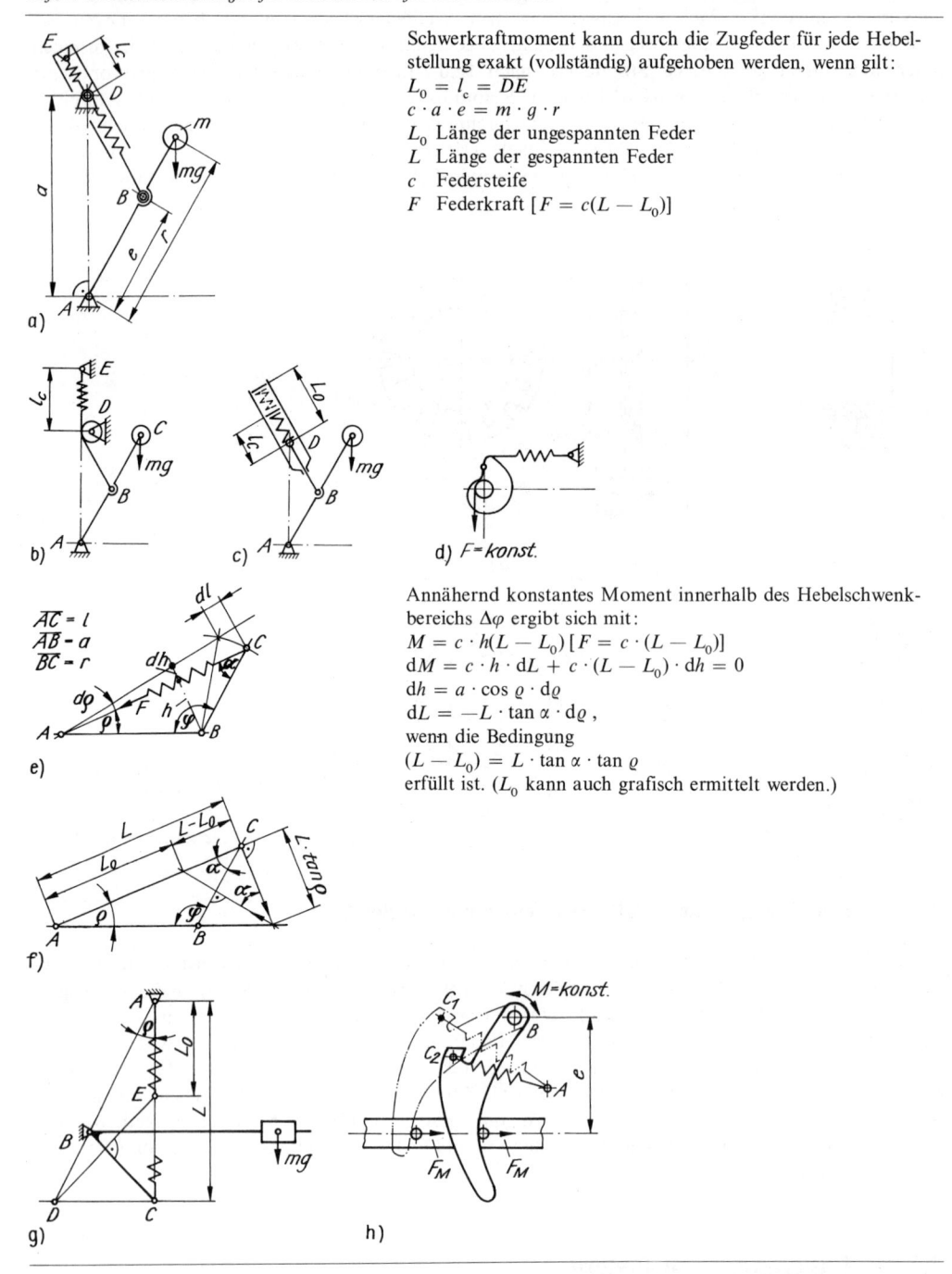

a) Schwerkraftmoment kann durch die Zugfeder für jede Hebelstellung exakt (vollständig) aufgehoben werden, wenn gilt:
$L_0 = l_c = \overline{DE}$
$c \cdot a \cdot e = m \cdot g \cdot r$
L_0 Länge der ungespannten Feder
L Länge der gespannten Feder
c Federsteife
F Federkraft $[F = c(L - L_0)]$

b)

c)

d) $F = $ konst.

$\overline{AC} = l$
$\overline{AB} = a$
$\overline{BC} = r$

e)

Annähernd konstantes Moment innerhalb des Hebelschwenkbereichs $\Delta\varphi$ ergibt sich mit:
$M = c \cdot h(L - L_0) \; [F = c \cdot (L - L_0)]$
$dM = c \cdot h \cdot dL + c \cdot (L - L_0) \cdot dh = 0$
$dh = a \cdot \cos \varrho \cdot d\varrho$
$dL = -L \cdot \tan \alpha \cdot d\varrho$,
wenn die Bedingung
$(L - L_0) = L \cdot \tan \alpha \cdot \tan \varrho$
erfüllt ist. (L_0 kann auch grafisch ermittelt werden.)

f)

g)

h)

spannt erfolgen (Bild 7.14). In Längenmeßeinrichtungen werden auch verdrillte und vorgespannte Torsionsbänder (mit Rechteckquerschnitt) zur direkten Meßgrößenanzeige (Zeigerlagerung) eingesetzt. Berechnungen sind nach [7.26] [7.28] oder Abschnitt 5.3.1. vorzunehmen.
Für Aufhängungen nach Bild 7.14a) werden vielfach Quarzfäden mit Durchmessern zwischen $10 \, \mu m \leq d \leq 100 \, \mu m$ und einem Gleitmodul $G = 30\,000$ bis $42\,000 \, N/mm^2$ verwendet. Bei den anderen

7.3. Lagerungen mit Federn

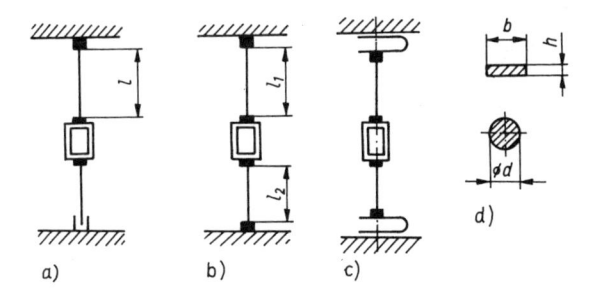

Bild 7.14. Lagerung von Meßgerätespulen mit Torsionsbändern
a) freie Aufhängung; b) zweiseitig feste Aufhängung; c) zweiseitig vorgespannte Aufhängung; d) Querschnittsformen der Torsionsbänder

Arten der Aufhängung setzt man vorwiegend Bänder aus verschiedenen Kupferlegierungen (Bronzen) ein, da diese gleichzeitig die Stromversorgung der Meßspule zu übernehmen haben. Bild 7.15 zeigt eine waagerecht angeordnete Meßspulenlagerung.
Zu beachten ist der Temperatureinfluß auf das Einstellmoment [7.26]. Gegenüber herkömmlichen Lagerungen (Gleit- und Wälzlager), bei denen keine Drehwinkelbeschränkung vorliegt, ist bei Verwenden von Torsionsbändern der Verdrehwinkel eingeschränkt (meist $\varphi < 180°$).

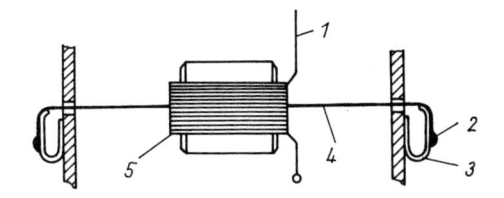

Bild 7.15. Spannbandgelagerte Drehspule eines Meßgeräts
1 Zeiger, 2 Lötstelle, 3 Spannfeder, 4 Torsionsband, 5 Drehspule

7.3.2. Federgelenke und Federführungen

Federgelenke werden mit beidseitig fest eingespannten Biegefedern aus Draht- oder wegen der besseren Einspannmöglichkeiten aus Bandmaterial hergestellt. In wenigen Fällen werden auch Schraubenfedern verwendet. Sie sind spielfrei und reibungsarm und werden aus diesen Gründen vorwiegend in der Meßtechnik eingesetzt. Das Rückstellmoment ist erfaßbar (Berechnungen s. Tafel 5.3). Es ist eine Funktion des Schwenkwinkels φ, der in seiner Größe allerdings beschränkt ist. Nachteilig ist auch die Tatsache, daß die Bewegung des Biegefedergelenks keine Bewegung um einen festen Drehpunkt darstellt. Sie ist wie jede allgemeine ebene Bewegung durch das Abrollen der pendelfesten Gangpolbahn auf der gehäusefesten Rastpolbahn darstellbar [7.26]. Den prinzipiellen Aufbau eines einfachen Biegefedergelenks zeigt Bild 7.16a). Es wird zur Lagerung von Pendeln in der Uhrentechnik und im Waagenbau verwendet.
Federführungen sind in sich geschlossene Baugruppen, in denen ein zu führendes Bauteil über mehrere elastische Elemente (Federgelenke) mit einem anderen Bauteil stoffschlüssig verbunden ist (Bild 7.16c)). Infolge der elastischen Kopplung sind die Bauteile relativ zueinander beweglich. Federführungen [7.4] [7.5] [7.26] [7.27] [7.29] [7.30] [7.31] nutzen die Vorteile der Federgelenke wie Reibungsarmut, Wartungsfreiheit, Spielfreiheit und geringer Verschleiß und haben eine sehr breite Verwendung vor allem im Meßgerätebau gefunden. Die komplizierte Bewegungsbahn, die von äußeren räumlichen Einflüssen und den geometrischen Verhältnissen abhängt, wurde bisher auf Grund des hohen Rechenaufwands kaum exakt ermittelt, wodurch man die Leistungsfähigkeit dieser Baugruppe nicht ausschöpfte. In [7.32] [7.33] [7.34] werden Berechnungsgrundlagen unter Einsatz der EDV für ein räumliches Bewegungsverhalten angegeben. Sie verfolgen das Ziel, das Bewegungsverhalten eines interessierenden Koppelpunktes B (s. Bild 7.16c)) nach Einleiten einer Kraft im Punkt A zu ermitteln. Der Punkt B verkörpert dabei einen Ort, an dem sich z. B. eine Meßmarke, ein Tastelement oder ein Spiegel befindet. Die Auslenkkraft F, die Koordinaten der Punkte A und B sowie die Abmessungen der Federführung können variiert werden.
Zum Einsatz gelangten sowohl Kreuzfedergelenke (Bild 7.16b)), Doppelkreuzfedergelenke (für Schwenkbewegungen) als auch mit einfachen Federgelenken aufgebaute Führungen (Parallelführungen,

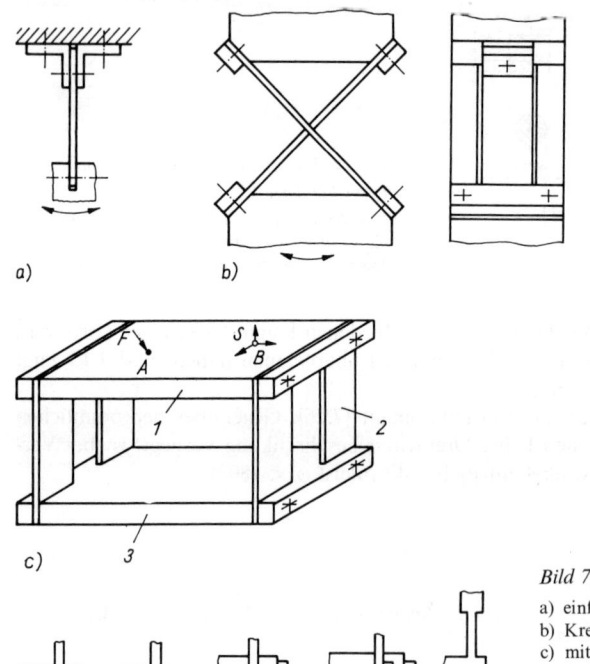

Bild 7.16. Biegefedergelenke
a) einfaches Blattfedergelenk
b) Kreuzfedergelenk
c) mit einfachen Blattfedergelenken aufgebaute Federführung; A Antastpunkt mit Kraft F (Eingang); B Ausgang mit Führungsweg $s(x, y, z)$; *1* Koppel, *2* Feder, *3* Gestell
d) Beispiele für Federeinspannungen [7.33]

s. Bild 7.16c)), wobei durch besondere Gestaltung der Einspannstellen der Federn (Beispiele im Bild 7.16d)) ihre Einflüsse auf das Verformungsverhalten unterdrückt werden können [7.33] [7.34] [7.35].

Neben Blattfedern eignen sich auch Membranfedern (s. Abschn. 5.2.4.3.) als elastische Elemente in Federführungen [7.36].

7.4. Federantriebe

Zeichen, Benennungen und Einheiten

D_K	Kerndurchmesser von Spiralfederantrieben in mm
D_H	Federhaus-Innendurchmesser in mm
D_a	äußerer Windungsdurchmesser in mm
D_m	mittlerer Windungsdurchmesser in mm
E	Elastizitätsmodul in N/mm^2
F	Federkraft in N
F_{st}	statische Gegenkraft in N
F_k	konstante Gegenkraft in N
G	Gleitmodul in N/mm^2
I	Flächenträgheitsmoment in mm^4
J_A	Massenträgheitsmoment der anzutreibenden Bauteile in kg · cm^2
J_F	Massenträgheitsmoment der Feder in kg · cm^2
L_F	momentane Federlänge
M_F	Federmoment in N · mm
M_1	Antriebsmoment bei einer Umdrehungszahl $n = 1$ von Spiralfederantrieben in N · mm
R_m	Zugfestigkeit in N/mm^2
V_τ	Schubspannungs-Vergrößerungsfaktor infolge dynamischer Belastung

7.4. Federantriebe

a	Steigung in mm
a_W	Windungsabstand in mm
b	Breite, Bandbreite in mm
c	Federsteife in N/mm
c_1	Federsteife der treibenden Schraubenfeder in N/mm
c_2	Federsteife einer Zusatzfeder, Anstieg der statischen Gegenkraft in N/mm
c_{1B}	Federsteife der treibenden, gestreckten Blattfeder in N/mm
$c_{1\varphi}$	Federsteife der treibenden Drehfeder in N · mm/rad
$c_{1\varphi B}$	Federsteife der treibenden gewundenen Blattfeder (Spiralfeder) in N · mm/rad
d	Drahtdurchmesser, Stabdurchmesser in mm
d_S	genormter Drahtdurchmesser in mm
f_f	Füllfaktor bei Spiralfederantrieben mit Federhaus
h	Höhe, Bandquerschnittshöhe in mm
h_S	genormte Bandquerschnittshöhe in mm
i	natürliche Zahl
k	Göhnerfaktor
k_1	Neigungsfaktor der Geraden $(1 - k_1 \cdot p)$
k_{1B}	Neigungsfaktor der Geraden $(1 - k_{1B} \cdot p)$
$k_{1\varphi}$	Neigungsfaktor der Geraden $(1 - k_{1\varphi} \cdot D_m \cdot p)$
$k_{1\varphi B}$	Neigungsfaktor der Geraden $(1 - k_{1\varphi B} \cdot r_{K0} \cdot p)$
k_L	Faktor zur Berücksichtigung des Windungszwischenraums bei Spiralfedern
k_N	Reibwert bei Newtonscher Reibung in N · s^2/m
k_{St}	Reibwert bei Stokesscher Reibung in N · s/m
l	Länge, gestreckte Draht- bzw. Bandlänge in mm
$l_{S1}; l_{S2}$	Schenkellängen von Drehfedern in mm
m	Masse in kg
m_A	Antriebsmasse in kg
m_F	Federeigenmasse in kg
m_{Fe}	Federersatzmasse
n	Anzahl der federnden (aktiven) Windungen
n_g	Gesamtzahl der Umdrehungen von Spiralfederantrieben
p	Arbeitspunkt
r	Radius in mm
r_K	Abstand der Koppelstelle K von der Drehachse in mm
r_{K0}	Abstand der gestellfesten Federeinspannstelle K_0 von der Drehachse in mm
s	Weg, Federweg in mm
s_A	wirksame Anfangsverschiebung der Masse m_A in mm
s_{Ae}	Anfangsauslenkung der Antriebsfeder des Ersatzmodells in mm
s_{A1}	Anfangsauslenkung der Antriebsfeder in mm
s_{A2}	Auslenkung der Zusatzfeder zur Zeit $t = 0$ in mm
s_B	geforderter Antriebsweg, Hub in mm
s_x	Weg in x-Richtung in mm
t	Zeit in s; Banddicke in mm
t_B	geforderte Bewegungszeit in s
t_S	genormte Banddicke in mm
v	Geschwindigkeit in m/s
v_{wB}	Fortpflanzungsgeschwindigkeit von Stoßwellen in Blattfedern in m/s
w	Wickelverhältnis
$x, \dot{x}, \ddot{x}$	Bahnkoordinaten in x-Richtung und ihre Ableitungen nach der Zeit t
y, y', y''	Bahnfunktion und deren Ableitung nach x
β	Verhältniswert
β_J	Massenträgheitsmomentenverhältnis
β_c	Federsteifeverhältnis
β_m	Massenverhältnis
β_φ	Winkelverhältnis

β_0	Winkel zwischen Feder- und x-Achse bei Antrieben mit versetzt gerade geführter Koppelstelle K zur Zeit $t = 0$
λ	Eigenwert des Antriebs
λ_e	Eigenwert des Antriebs bei näherungsweiser Berücksichtigung der Federeigenmasse
λ_0	Eigenwert des Antriebs bei Berücksichtigung der Federeigenmasse (Grundschwingung)
ϱ	Dichte in kg/mm^3
σ	Normalspannung in N/mm^2
σ_{bA}	Biegespannung im Federquerschnitt bei Anfangsauslenkung in N/mm^2
$\sigma_{bA\,zul}$	zulässiger Wert der Biegespannung bei Anfangsauslenkung in N/mm^2
σ_{bE}	Federbiegegrenze in N/mm^2
τ	Schubspannung, Verdrehspannung in N/mm^2
τ_{A1}	Schubspannung im Drahtquerschnitt bei Anfangsauslenkung in N/mm^2
$\tau_{A1\,max}$	maximale Schubspannung bei Anfangsauslenkung in N/mm^2
τ_{zul}	zulässige Schubspannung in N/mm^2
φ	Verdrehwinkel in rad
φ_A	wirksame Anfangsauslenkung in rad
φ_{A1}	Anfangsauslenkung der Drehfeder in rad
φ_B	geforderter Drehwinkel des Antriebs in rad
φ_F	Momentanwert der Verdrehung (Auslenkung) der Koppelstelle K gegenüber der statischen Gleichgewichtslage in rad
ω_0	Eigenkreisfrequenz in 1/s

7.4.1. Allgemeine Grundlagen

Federn werden seit langem als Antriebselemente eingesetzt. Dabei sind sie stets mit bewegungsfähig angeordneten Bauteilen gekoppelt. Ihre Aufgabe besteht darin, als Energiespeicher und -wandler zu wirken und die zur Bewegungserzeugung erforderliche Energie bereitzustellen [7.38].

In vielen Fällen werden Federn zum Antrieb kontinuierlich bewegter Teile genutzt, u. a. in Laufwerken von Uhren, Registriereinrichtungen und Filmgeräten [7.39] (Bild 7.17). Verbreiteter ist jedoch ihr Einsatz im diskontinuierlichen Betrieb. Diese Anwendung verdanken sie vor allem ihrer Eigenschaft, relativ viel Energie auf kleinem Raum speichern und zu einem beliebig wählbaren Zeitpunkt bedarfsgesteuert in kurzer Zeit abgeben zu können (Bild 7.18) [7.4] [7.26] [7.38].

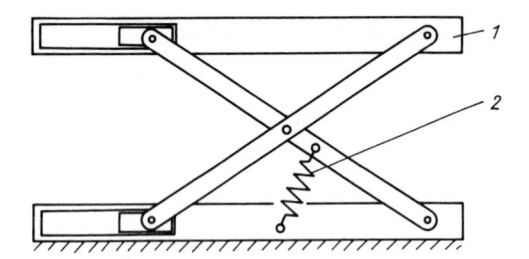

Bild 7.17. Lamellenschlitzverschlußantrieb in einer Spiegelreflexkamera (ohne Hemmwerk, schematisiert) [7.40]
1 Lamelle, *2* Antriebsfeder

Für die Berechnung von Federn für kontinuierlich wirkende Antriebe können auf Grund der quasistatischen Beanspruchungsbedingungen die im Abschnitt 5. angegebenen Beziehungen genutzt werden. Zum Entwurf von Federn in diskontinuierlich arbeitenden Antrieben eignen sie sich jedoch in dieser Form nicht. Sie bieten keine Möglichkeit, die Trägheitswirkung der getriebenen Teile und die Zeitabhängigkeit funktionsbestimmender Größen zu berücksichtigen. Hierzu sind Berechnungsunterlagen erforderlich, die auf dem Bewegungsverhalten des Antriebs aufbauen und die dynamischen Wechselwirkungen zwischen Feder und Bauteilen erfassen. Grundlagen dafür bilden die Bewegungsdifferentialgleichung des Antriebs und ihre Lösungen. Diese werden im folgenden behandelt. Dabei erfolgt eine Beschränkung auf häufig verwendete Federarten wie Schraubenzug- und -druckfedern, Drehfedern, stabförmige und gewundene Blattfedern. Die Federeigenmasse wird in die Betrachtungen einbezogen. Die Darstellung beschränkt sich auf wesentliche Zusammenhänge, die auf den Darlegungen in [7.38] [7.41] bis [7.53] beruhen.

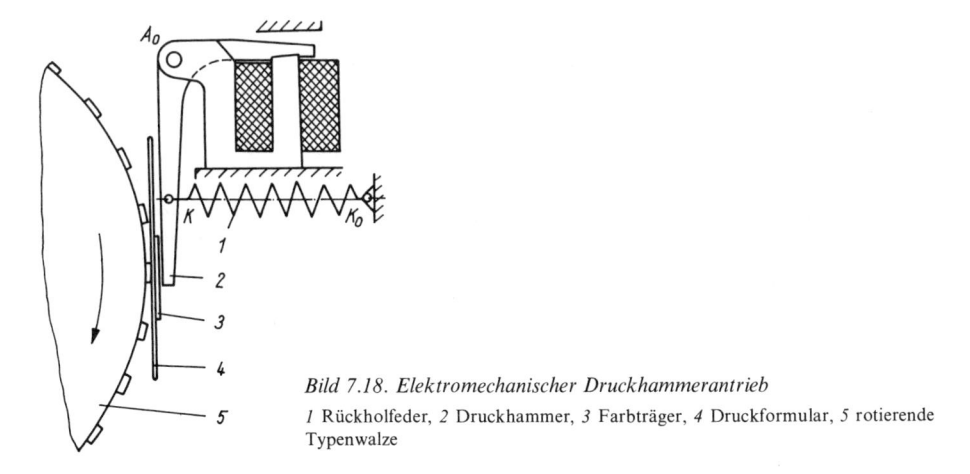

Bild 7.18. Elektromechanischer Druckhammerantrieb
1 Rückholfeder, *2* Druckhammer, *3* Farbträger, *4* Druckformular, *5* rotierende Typenwalze

7.4.2. Schraubenfederantriebe

7.4.2.1. Dynamische Modelle

Mit Schraubenfedern können zwei beliebig im Raum geführte Körper miteinander gekoppelt und relativ zueinander treibend bewegt werden (Bild 7.19). Zur Einschränkung der dabei möglichen Vielfalt beziehen sich jedoch die weiteren Untersuchungen nur auf ebene Antriebe mit gestellfester Einspannstelle K_0 und frei schwingend bewegter Koppelstelle K.

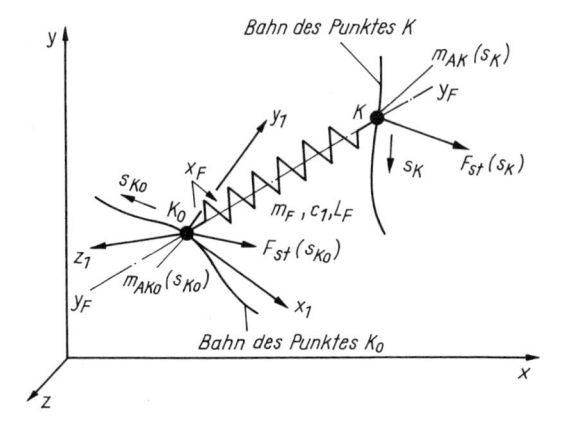

Bild 7.19. Schraubenfederantrieb mit räumlich geführten Kopplungsstellen K und K_0

Die Bewegungsdifferentialgleichung als grundlegende Beziehung zur Beschreibung des dynamischen Verhaltens der getriebenen Teile erfaßt die Bewegungsgeometrie und die Belastungsbedingungen des Antriebs, die Federgeometrie und die Federwerkstoffkennwerte. Ausschlaggebend für den Typ der Differentialgleichung (DGL) sind Bewegungsgeometrie und Belastungsbedingungen. Antriebe mit linearer Bewegungs-DGL (Bild 7.20) liegen vor, wenn

— Bewegungsbahn von K und Federachse zusammenfallen *und*
— konstante Massen zu bewegen *und*
— konstante bzw. weglinear veränderliche statische Gegenkräfte zu überwinden sind.

Für derartige Antriebe läßt sich das Bewegungsgesetz des Antriebs als Integral der DGL explizit angeben

$$s(t) = s_A(1 - \cos \omega_0 t). \tag{7.3}$$

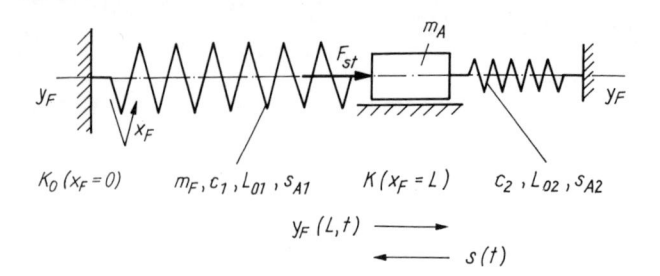

Bild 7.20. Antrieb mit ruhender Federachse und statischer als auch dynamischer Belastungskombination

Sie enthält mit der wirksamen Anfangsverschiebung s_A der angetriebenen Masse m_A aus der Gleichgewichtslage (Amplitude) und der Eigenkreisfrequenz ω_0 die dynamischen Kenngrößen des Antriebs, die sich wie folgt errechnen:

$$s_A = (c_1 \cdot s_{A1} - c_2 \cdot s_{A2} - F_k)/(c_1 + c_2) \tag{7.4}$$

$$\omega_0 = \lambda \sqrt{c_1/m_F} = d \cdot \lambda \sqrt{G/(2\varrho)}/(\pi \cdot D^2 \cdot n)] . \tag{7.5}$$

Der Eigenwert λ ermöglicht die Berücksichtigung unterschiedlicher Federmodelle. Dafür kommen in Betracht
— Modell der längsschwingenden massebehafteten Schraubenfeder mit der partiellen DGL nach (4.28) und der transzendenten Gleichung

$$\beta_m \cdot \lambda_0 - \beta_c/\lambda_0 = \cot \lambda_0 \tag{7.6}$$

zur Bestimmung des Eigenwertes λ_0 der Grundwelle, wobei β_m das Masseverhältnis m_A/m_F, β_c das Federsteifenverhältnis c_2/c_1 bedeuten;
— Modell der Feder mit diskretisierter Federersatzmasse $m_{Fe} = m_F/3$ und der Berechnungsgleichung für den genäherten Eigenwert

$$\lambda_e = \sqrt{(3 \cdot \beta_c + 3)/(3 \cdot \beta_m + 1)} ; \tag{7.7}$$

— Modell der masselosen Feder mit

$$\lambda = \sqrt{(\beta_c + 1)/\beta_m} . \tag{7.8}$$

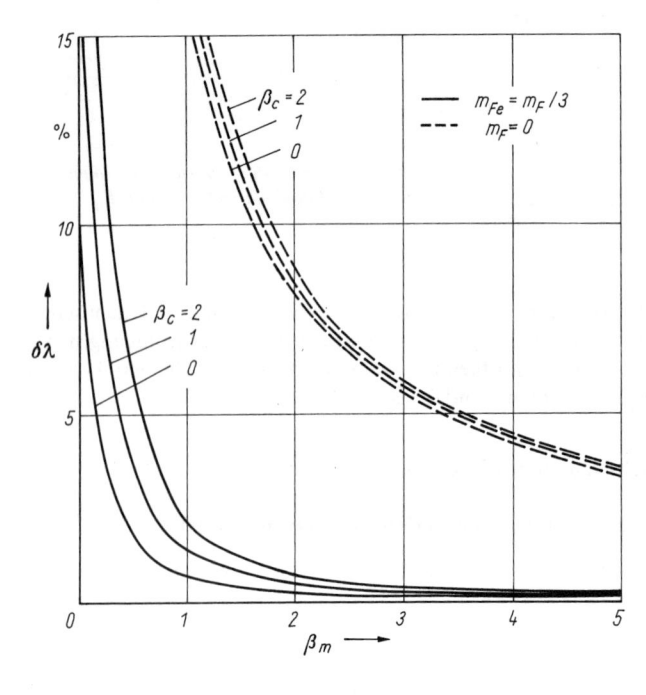

Bild 7.21. Eigenwertfehler $\delta\lambda$ bei Vernachlässigung bzw. näherungsweiser Berücksichtigung der Federeigenmasse m_F
——— Näherung durch $m_{Fe} = m_F/3$
--- Näherung durch $m_F = 0$

7.4. Federantriebe

Das Modell der Feder mit diskretisierter Federersatzmasse ist bevorzugt anzuwenden. Erst für $\beta_m < 1$ sollte aus Gründen der Genauigkeit (Bild 7.21) auf das Modell der längsschwingenden massebehafteten Schraubenfeder zurückgegriffen werden. Die Verwendung des Modells der masselosen Feder sollte unterbleiben. Es liefert ungenaue Werte für λ und bringt gegenüber der näherungsweisen Berücksichtigung der Federeigenmasse keine Senkung des Aufwands.

Wird eins der oben angeführten Linearitätskriterien verletzt, so entstehen Antriebe mit nichtlinearer Bewegungs-DGL. Ihr Bewegungsgesetz kann nicht explizit angegeben werden. Man erhält es durch numerische Integration der Gleichung

$$m_A(x) \cdot \left(\ddot{x} + \frac{y' \cdot y''}{1 + y'^2} \cdot \dot{x}^2 \right) + \left(\frac{\mathrm{d}m_A(x)}{2 \cdot \mathrm{d}x} + k_N \sqrt{1 + y'^2} \right) \cdot \dot{x}^2 + k_{St} \cdot \dot{x}$$
$$+ \left[c_1 (1 - L_0/\sqrt{x^2 + y^2}) \cdot (x + y \cdot y') - F_{st}(x) \right]/(1 + y'^2) = 0, \tag{7.9}$$

die für den allgemeinen Antrieb im Bild 7.22 gilt und sich aus dem Kräftegleichgewicht im Punkt K ergibt. Dieser Lösungsweg setzt detaillierte Angaben zu den Belastungsfunktionen $m_A(x)$, $F_{st}(x)$, zur Bahnfunktion $y(x)$, zu den Dämpfungswerten k_N, k_{St} sowie zu den Feder- und Federwerkstoffdaten voraus, erfordert jedoch ebenso Angaben zum Zustand des Antriebs bei Bewegungsbeginn, d. h. zu

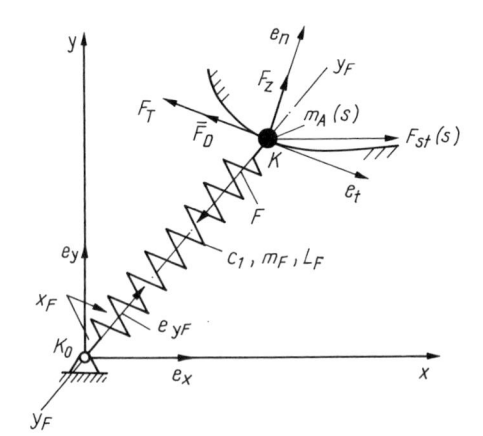

Bild 7.22. Schraubenfederantrieb mit gestellfester Einspannstelle K_0 und auf allgemeiner Bahn geführter Koppelstelle K

$x_0 = x(t = 0)$ und $\dot{x}_0 = \dot{x}(t = 0)$. Auf einen Rechnereinsatz kann dabei nicht verzichtet werden, es sei denn, man führt durch folgende linearisierende Näherungen derartige Antriebe auf den nach Bild 7.20 zurück:

$$y = k_{St} = k_N = 0 \tag{7.10}$$

$$s_{Ae} = s_{A1} \cdot \cos \beta_0 \tag{7.11}$$

$$m_{Ae} = \frac{1}{s_B} \int_0^{s_B} m_A(s_x) \cdot \mathrm{d}s_x = \text{konst.} \tag{7.12}$$

$$F_{ste} = \frac{1}{s_B} \int_0^{s_B} F_{st}(s_x) \cdot \mathrm{d}s_x = \text{konst.} \tag{7.13}$$

$$c_{2e} = \frac{2}{s_B^2} \left[\int_0^{s_B} F_{st}(s_x) \cdot \mathrm{d}s_x - F_{st}(s_x = 0) \cdot \frac{s_B}{2} \right]. \tag{7.14}$$

Der Fehler, der durch diese Ersatzmodellbildung bezogen auf den zugrunde gelegten Hub s_B entsteht, liegt etwa bei 10%.

7.4.2.2. Grundlagen zur Dimensionierung

Ausgangspunkt der funktionsgerechten Dimensionierung von schraubenförmigen Antriebsfedern bilden die angegebenen Bewegungsgleichungen des Antriebs. Sie beschreiben sein Zeitverhalten. Die in diesen Gleichungen enthaltenen Federgrößen sind so zu bestimmen, daß der entworfene Antrieb den Bewegungs-, Belastungs-, Festigkeits-, konstruktiven und technologischen Forderungen der jeweiligen antriebstechnischen Aufgabenstellung (Tafel 7.4) gerecht wird. Dabei hängt die anzuwendende Dimensionierungsstrategie vom Typ des Antriebs und der Art der Antriebsfeder ab. Antriebe mit nichtlinearer Bewegungs-DGL erfordern die Anwendung der Methode der iterativen Analyse und damit, von einer vereinfachten Berechnung mittels Ersatzmodelle abgesehen, den Rechnereinsatz. Demgegenüber ist der Entwurf von Antrieben mit linearer Bewegungsdifferentialgleichung durch direkte, explizite Berechnung der Federabmessungen möglich.

Tafel 7.4. *Antriebstechnische Aufgabenstellung für den Entwurf eines Antriebs mit Schraubenzugfeder*

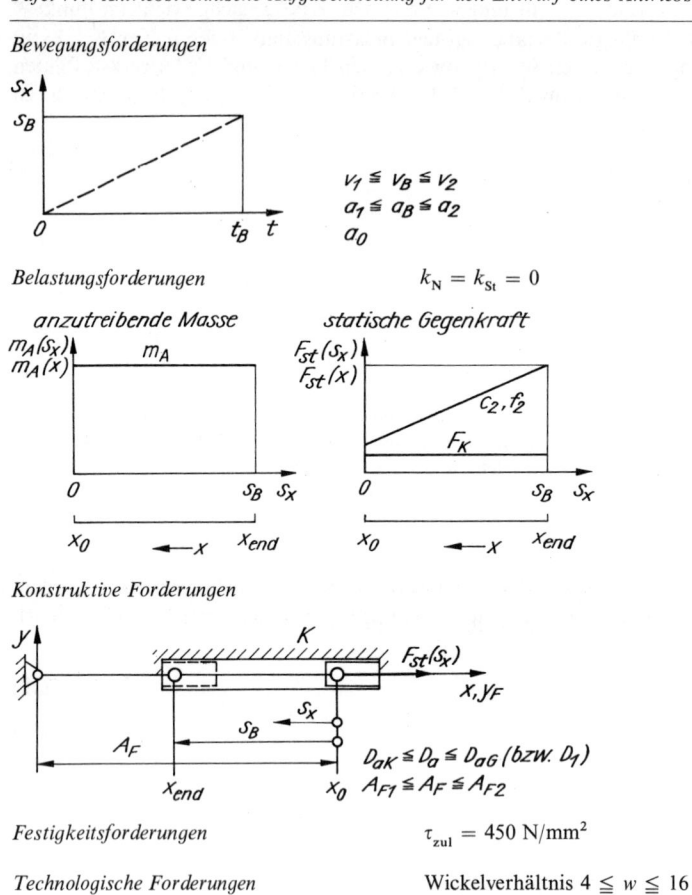

Bewegungsforderungen

$v_1 \leq v_B \leq v_2$
$a_1 \leq a_B \leq a_2$
a_0

Belastungsforderungen $k_N = k_{St} = 0$

anzutreibende Masse   *statische Gegenkraft*

Konstruktive Forderungen

$D_{aK} \leq D_a \leq D_{aG}$ (bzw. D_1)
$A_{F1} \leq A_F \leq A_{F2}$

Festigkeitsforderungen $\tau_{zul} = 450 \text{ N/mm}^2$

Technologische Forderungen
Wickelverhältnis $4 \leq w \leq 16$
Windungszahl $n = i + 0{,}5$
Ösenform (z. B. Form A nach Tafel 5.32)
Gütegrad der Fertigung DIN 2095
Abstandstoleranzen DIN 7168

Für den Antrieb nach Bild 7.23 mit nur trägheitsbelasteter Feder schreibt die Bewegungsforderung vor, daß die anzutreibende Masse m_A in der Zeit t_B den Weg s_B zurücklegt. Unter dieser Voraussetzung leitet sich aus Gleichung (7.3) die Dimensionierungsbedingung

$$s_B = s_{A1}(1 - \cos \omega_0 t_B) \tag{7.15}$$

7.4. Federantriebe

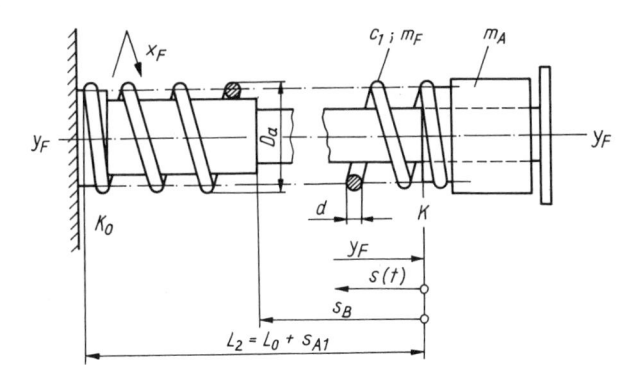

Bild 7.23. Schraubenzugfederantrieb mit ruhender Federachse und nur trägheitsbelasteter Antriebsfeder

ab. Darin sind die gesuchten Federgrößen d, D_m und n gemäß Gleichung (7.5) in der Eigenkreisfrequenz ω_0 und in der Anfangsauslenkung

$$s_{A1} = (\pi \cdot D_m^2 \cdot n \cdot \tau_{A1})/(G \cdot d) \tag{7.16}$$

enthalten, wobei τ_{A1} die Schubspannung im Drahtquerschnitt bei Anfangsauslenkung ist.
Berücksichtigt man die Beziehungen (7.5) und (7.16) bei den weiteren Ableitungen, dann ergibt sich nach Umstellen der Dimensionierungsbedingung und Erweitern des Quotienten s_B/s_{A1} mit $p = \omega_0 t_B$ die normierte Dimensionierungsgleichung

$$1 - k_1 \cdot p = \cos(p). \tag{7.17}$$

Sie erfaßt im Faktor

$$k_1 = (s_B/t_B) \cdot \sqrt{2 \cdot G \cdot \varrho}/(\lambda_0 \cdot \tau_{A1}) \tag{7.18}$$

den Zusammenhang zwischen Bewegungs- und Belastungsgrößen sowie Werkstoffdaten.
Mit der Lösung der Gleichung (7.17) wird der Arbeitspunkt p des Antriebs festgelegt, aus dem sich dann die Abmessungen der Feder ergeben. Im einzelnen sind dazu folgende Schritte notwendig, die auch für Antriebe mit $F_{st} \neq 0$ zu durchlaufen sind [7.38]:

1. Wählen eines Wertes β_m unter Beachtung der federartspezifischen Grenzwertdiagramme (Bild 7.24) und Ermitteln von λ gemäß den Gleichungen (7.6) oder (7.7);
2. Berechnen von k_1 auf der Grundlage der in der Aufgabenstellung enthaltenen Werte s_B, t_B, ϱ, G, τ_{A1} und Ermitteln des Arbeitspunktes p auf grafischem (Bild 7.25) oder numerischem Wege bzw. unter Nutzung des Diagramms nach Bild 7.26;
3. Berechnen von d aus

$$d = \sqrt[3]{(8 \cdot m_A \cdot p \cdot D_a)/(\pi \cdot \beta_m \cdot \lambda_0 \cdot t_B \cdot \sqrt{2 \cdot G \cdot \varrho})} \tag{7.19}$$

und Angleich an genormte Drahtdurchmesserwerte d_S;
4. Berechnen der Windungszahl n aus

$$n = (\sqrt{G/2 \cdot \varrho} \cdot d_S \cdot \lambda_0 \cdot t_B)/(\pi \cdot p \cdot D_m^2) \tag{7.20}$$

und deren Angleich an konstruktive und technologische Forderungen ($n = i + 0,5; i = 1, 2, 3, ...$);
5. Ermitteln der Eigenkreisfrequenz gemäß Gleichung (7.5) und der erforderlichen Anfangsauslenkung s_{A1} entsprechend Gleichung (7.15).

Nach Durchlaufen dieser Berechnungsschritte ist zu prüfen, ob die Feder auch den anderen Forderungen der Aufgabenstellung gerecht wird. Hierbei geht es im wesentlichen um die Nachrechnung der auftretenden maximalen Schubspannung, der Einbaulänge und der Knicksicherheit bei Druckfedern. Von Fall zu Fall ist auch die Einhaltung der Endgeschwindigkeit zu kontrollieren [7.38].
In die Schubspannungsnachrechnung sind zwei Korrekturfaktoren einzubeziehen, der Faktor k nach *Göhner* und der Spannungsvergrößerungsfaktor infolge dynamischer Beanspruchung

$$V_\tau = \lambda_0/\sin \lambda_0. \tag{7.21}$$

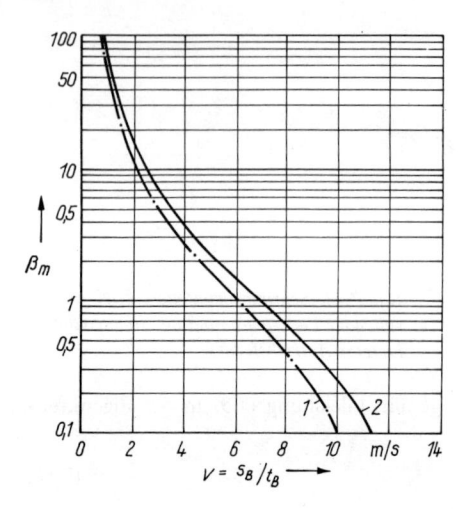

Bild 7.24. Grenzwertkurven für β_m, gültig für Zugfedern mit $\tau_{A1} = 400\ N/mm^2$ und den Grenzneigungswerten $k_1 = k_{1\,max} = 0{,}7246$ (Kurve 2) bzw. $k_1 = 2/\pi$ (Kurve 1)

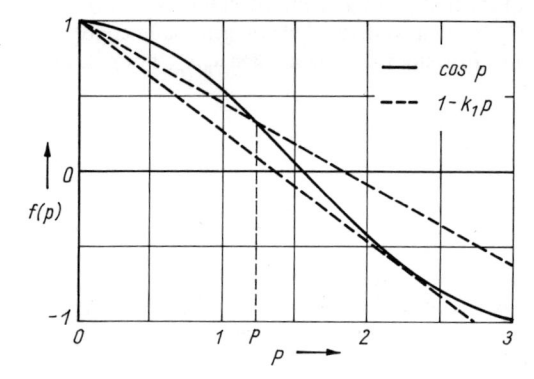

Bild 7.25. Grafische Lösung der normierten Dimensionierungsgleichung $1 - k_1 \cdot p = \cos(p)$

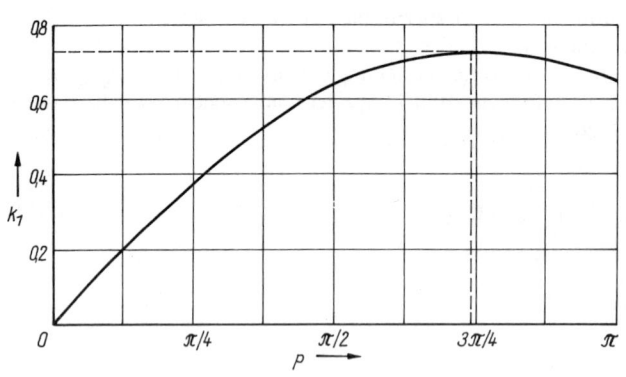

Bild 7.26. Diagramm zur Ermittlung des Arbeitspunktes p bei Vorgabe von k_1

Die vorhandene Schubspannung ergibt sich damit aus

$$\tau_{A1\,max} = (k \cdot V_\tau \cdot G \cdot d \cdot s_{A1})/(n \cdot D_m^2) \ . \tag{7.22}$$

Um die Bedingung $\tau_{A1\,max} \leq \tau_{zul}$ einzuhalten, müssen der Dimensionierung Schubspannungswerte $\tau_{A1} = 0{,}6 \cdot \tau_{zul} \approx 0{,}3 \cdot R_m$ zugrunde gelegt werden.
Verlangt die Aufgabenstellung die Auswahl genormter Federn nach DIN 2098, dann sind andere Wege zu beschreiten. Auf Grund des eingeschränkten Federsortiments empfiehlt es sich hier, zunächst das mögliche Lösungsfeld unter Nutzung konstruktiver Bedingungen der Aufgabenstellung einzugrenzen und es anschließend hinsichtlich seiner Brauchbarkeit zu analysieren [7.38].

7.4. Federantriebe

Eine ähnliche Vorgehensweise ist auch bei der Auswahl genormter Schraubendruckfedern für Antriebe mit nichtlinearer Bewegungs-DGL zweckmäßig. Die Dimensionierung nicht genormter Federn erfordert dagegen als erstes die Berechnung einer Ausgangsfeder auf der Grundlage der Ersatzmodellbildung gemäß Gleichung (7.10) bis (7.14) und der angegebenen Berechnungsschritte *1* bis *5*. Danach erfolgt die Bewegungsanalyse des tatsächlichen Antriebs, die unter Variation einzelner Federparameter so lange zu wiederholen ist, bis der Antrieb alle Anforderungen erfüllt. In beiden Fällen kommt man ohne Rechnereinsatz nicht aus.

7.4.3. Drehfederantriebe

7.4.3.1. Dynamische Modelle

Außer Längsschwingungen in Richtung der Federachse vermögen Schraubenfedern auch Drehschwingungen um die Federachse auszuführen. Sie werden deshalb häufig zur direkten Erzeugung von Drehbewegungen eingesetzt, meist geführt auf einer Welle oder Achse (Bild 7.27) und mit dem benachbarten Bauteil gekoppelt über tangential, radial oder axial herausgeführte Federenden mit den Schenkellängen l_{S1} und l_{S2} (s. Bild 5.57) nach DIN 2194 [7.53] [7.54]. Man erhält damit sogenannte Drehfederantriebe.

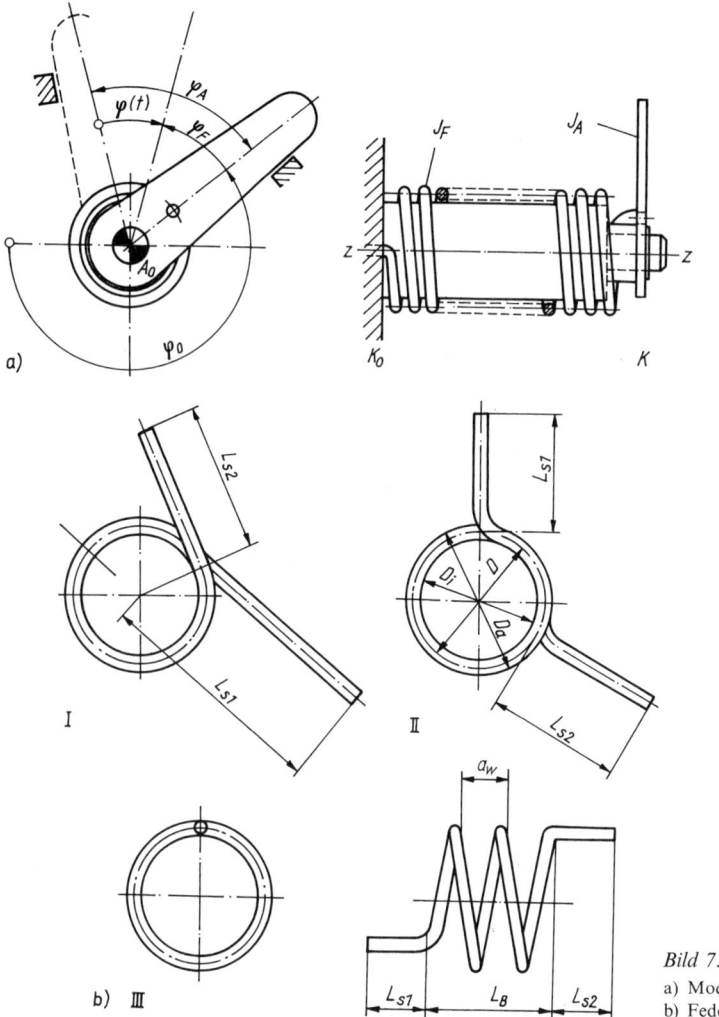

Bild 7.27. Drehfederantrieb
a) Modell
b) Federformen

Auch in diesem Fall ergibt sich das Bewegungsgesetz aus der Bewegungs-DGL. Für Antriebe mit linearer DGL lautet es analog zu Druck- und Zugfederantrieben

$$\varphi = \varphi_A(1 - \cos \omega_0 t) \,. \tag{7.23}$$

Danach hängt der momentane Drehwinkel von der zur Zeit $t = 0$ wirksamen Anfangsauslenkung φ_A und der Eigenkreisfrequenz ω_0 ab. Während sich bei nur trägheitsbelasteter Drehfeder ($\varphi_A = \varphi_{A1}$)

$$\varphi_{A1} = M_F/c_{\varphi 1} = (2 \cdot l \cdot \sigma_{bA})/(E \cdot d) \tag{7.24}$$

(σ_{bA} Biegespannung im Federquerschnitt bei Anfangsauslenkung) stets relativ leicht aus der Drahtlänge

$$l = \pi \cdot n \cdot D_m + l_{S1} + l_{S2} \tag{7.25}$$

und der zulässigen Anfangsbiegespannung $\sigma_{bA\,zul} = 0{,}4 \cdot R_m$, dem Elastizitätsmodul E und dem Drahtdurchmesser d bestimmen läßt, bereitet die Ermittlung von ω_0 bei Einbeziehen der Federeigenmasse Schwierigkeiten. Die Feder verkörpert dann einen räumlich gekrümmten Stab, der überwiegend auf Biegung beansprucht wird. Unter diesen Bedingungen führt die exakte Berücksichtigung von m_F auf eine partielle DGL von mindestens vierter Ordnung [7.53], die nicht ohne vereinfachende Annahmen gelöst werden kann.
Zwei Modelle zur näherungsweisen Ermittlung von ω_0 kommen in Betracht. Das Entscheidungskriterium für die Anwendung des einen oder anderen Modells bildet die Windungszahl. Untersuchungen haben gezeigt [7.53], daß Drehfedern mit $n > 8$ wie ein auf Torsion beanspruchter Hohlzylinder behandelt werden können, während bei $n < 8$ die Modellvorstellung des eben gekrümmten Stabes zweckmäßig ist.
Kommt das Hohlzylindermodell zur Anwendung, dann gilt eine zu Gleichung (4.28) analoge partielle DGL in φ_F. Die Eigenfrequenz errechnet sich dann aus

$$\omega_0 = \sqrt{E/\varrho}(\lambda_0 \cdot d)/(2 \cdot \pi \cdot n \cdot D_m^2) \,. \tag{7.26}$$

Der Eigenwert λ_0 ergibt sich als Nullstelle der Eigenwertgleichung (7.6) bzw. aus Gleichung (7.7), wenn man anstelle von β_m das Verhältnis der Massenträgheitsmomente $\beta_J = J_A/J_F$ einsetzt.
Sind Drehfederantriebe mit $n < 8$ zu analysieren, dann werden zur Ermittlung von ω_0 Übertragungsmatrizen herangezogen, die es erlauben, die unterschiedlichen Verformungs- und Belastungszustände an verschiedenen Punkten des belasteten Stabes rechnerisch miteinander zu verknüpfen. Vorteilhaft wirkt sich dabei aus, daß für typische Strukturelemente Übertragungsmatrizen katalogisiert vorliegen [7.60]. Sie sind auch gut für einen Rechnereinsatz geeignet.

7.4.3.2. Grundlagen zur Dimensionierung

Der Entwurf von Drehfederantrieben mit linearer DGL baut auf der Dimensionierungsgleichung

$$\varphi_B = \varphi_{A1}(1 - \cos \omega_0 t_B) \tag{7.27}$$

auf, deren Lösungsweg im einzelnen davon abhängt, welches der beiden Modelle zur Berücksichtigung der Federeigenmasse m_F anzuwenden ist. Sofern für die zu dimensionierende Feder mindestens acht Windungen zu erwarten sind, ist unter Zugrundelegung des torsionsbeanspruchten Hohlzylindermodells die zielgerichtete, explizite Berechnung der Federgrößen analog zu Schraubenfederantrieben möglich. Bei $n < 8$ müssen hingegen zuerst noch die Parameter d und D_m einer Ausgangsfeder festgelegt werden, ehe mit dem Entwurf des Antriebs nach dem Verfahren der Synthese durch iterative Analyse unter Nutzung der Übertragungsmatrizen begonnen werden kann.
Die Abschätzung der zu erwartenden Windungszahl bildet daher stets den Ausgangspunkt. Sie erfolgt anhand der Bedingung

$$n = 3{,}18 \cdot \varphi_B/\beta_\varphi^2 \,, \tag{7.28}$$

die zwei für Drehfedern geltende Forderungen berücksichtigt: die Durchmesseränderung der Feder zwischen gespanntem und ungespanntem Zustand, die 5 % nicht übersteigt, und das Spiel zwischen Feder und Führungselement (Achse, Welle, Dorn), das möglichst klein sein sollte.

7.4. Federantriebe

Die überschlägliche Bestimmung von n gemäß Gleichung (7.28) setzt die Wahl des Winkelverhältnisses $\beta_\varphi = \varphi_{A1}/\varphi_B$ und somit die Festlegung einer vorläufigen Anfangsauslenkung φ_{A1} voraus. Dabei ist zu beachten, daß β_φ ohne besondere konstruktive Vorkehrungen (z. B. Festhaltung, formschlüssige Federankopplung) nur im Bereich $0 < \beta_\varphi \leq 1$ liegen darf. Für die Wahl von β_φ können jeweils unterschiedliche Gesichtspunkte maßgebend sein. So kann z. B. die Forderung bestehen, daß die Feder nach Durchlaufen von φ_B noch ein bestimmtes Drehmoment besitzen soll. Ebenso kann aber auch von der Feder verlangt werden, daß sie bei Bewegungsabschluß nur geringe Prellwirkungen verursacht.

Ergeben sich bei der Abschätzung von n Werte $n \geq 8$, dann läßt sich Gleichung (7.27) unter Verwenden der Beziehung (7.23) und (7.26) in die normierte Dimensionierungsgleichung

$$1 - k_{1\varphi} \cdot p \cdot D_m = \cos(p) \tag{7.29}$$

überführen. Sie faßt im Faktor

$$k_{1\varphi} = \varphi_B/(\varphi_{A1} \cdot \omega_0 \cdot t_B) = (\varphi_B \cdot \sqrt{\varrho \cdot E})/(t_B \cdot \lambda_0 \cdot \sigma_{bA}) \tag{7.30}$$

wiederum Bewegungs- und Belastungsgrößen des Antriebs sowie Werkstoffdaten der Feder zusammen. Ihre Lösung erfolgt auf gleiche Weise wie bei Schraubenfederantrieben dargelegt. Die im Bild 7.26 dargestellte Lösungskurve ist daher auch für Drehfederantriebe nutzbar, wenn für das verwendete $k_{1\varphi} = k_1 \cdot D_m$ gesetzt und D_m entsprechend den Vorgaben der Aufgabenstellung gewählt wird. Bei Vorgabe von β_φ läßt sich damit bzw. auf numerischem Wege der Arbeitspunkt p des Drehfederantriebs bestimmen, dessen Kenntnis für die Ermittlung des gesuchten Drahtdurchmessers aus

$$d = \sqrt[3]{(32 \cdot J_A \cdot p)/(D_a \cdot \lambda_0 \cdot \beta_\varphi \cdot \pi \cdot t_B \cdot \sqrt{\varrho \cdot E})} \tag{7.31}$$

erforderlich ist. Auch er muß wiederum dem nächstliegenden Normwert d_S angeglichen werden, bevor der Entwurf des Antriebs mit der Berechnung der noch fehlenden Feder- und Antriebsparameter fortgesetzt und mit den erforderlichen Nachrechnungen abgeschlossen werden kann.

Verlangt die Abschätzung von n eine Dimensionierung von Drehfederantrieben mit $n < 8$, so sind als erstes die erforderlichen Daten für den Rechnereinsatz zu ermitteln. Hinweise hierzu sowie zur Auswertung der Ergebnisse sind in [7.45] [7.53] und [7.56] enthalten.

7.4.4. Blattfederantriebe

7.4.4.1. Dynamische Modelle

In Blattfederantrieben kommen sowohl gestreckte als auch gewundene Blattfedern zum Einsatz. Während mit gestreckten Blattfedern massebehaftete Bauteile zumeist nur über linear bzw. annähernd linear geführte Kopplungsstellen K angetrieben werden, dienen gewundene Blattfedern der direkten Erzeugung von Drehbewegungen.

Antriebe mit gestreckter Blattfeder und linearer DGL, wie sie beispielsweise häufig in Kontaktblattfederanordnungen (Schalter, Relais, u. ä.) anzutreffen sind (s. Bild 7.1), gehorchen wie Schraubenfederantriebe dem Bewegungsgesetz nach Gleichung (7.3). Unterschiede in der Ermittlung der dynamischen Kenngrößen s_{A1} und ω_0 schlagen sich gegenüber Schraubenfederantrieben nur in der Eigenkreisfrequenz nieder

$$\omega_0 = \lambda^2 \sqrt{c_{1B}/3 \cdot m_F} = \lambda^2 \sqrt{E/3 \cdot \varrho} \cdot [h/(2 \cdot l^2)]. \tag{7.32}$$

Diese hängt außer vom Eigenwert λ und den Werkstoffkennwerten E und ϱ noch von der Dicke $h = t$ und der Länge l der Feder ab, während die Breite b nicht explizit eingeht.
Im Eigenwert λ kann man wiederum unterschiedliche Modellfälle zur Einbeziehung der Federeigenmasse berücksichtigen:

— Modell der frei schwingenden massebehafteten Biegefeder mit der DGL

$$\frac{\partial^2 y_F}{\partial t^2} = v_{wB}^2 \cdot \frac{\partial^4 y_F}{\partial x_F^4} \tag{7.33}$$

und der transzendenten Eigenwertgleichung

$$1 + 1/(\cos \lambda_0 \cdot \cos h\lambda_0) - \beta_m \cdot \lambda_0 (\tan \lambda_0 - \tan h\lambda_0) = 0, \tag{7.34}$$

die in dieser Form nur die Trägheitsbelastung der Feder durch eine konstante Masse m_A erfaßt [7.57] (Bild 7.28).

— Modell der masselosen Feder mit

$$\lambda^2 = \sqrt{3/\beta_m}. \tag{7.35}$$

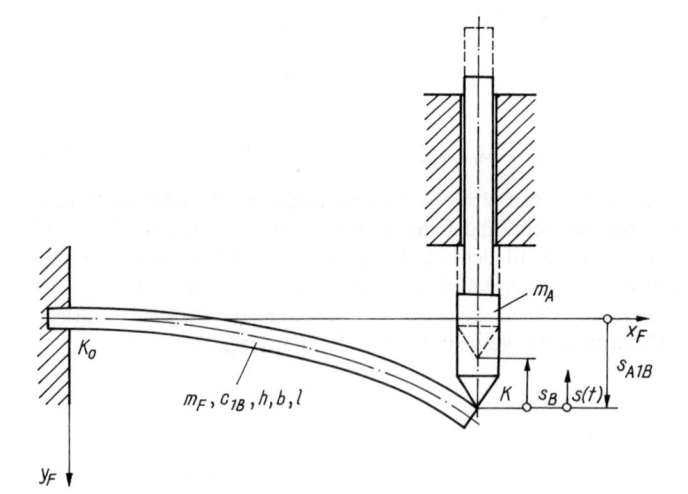

Bild 7.28. Blattfederantrieb

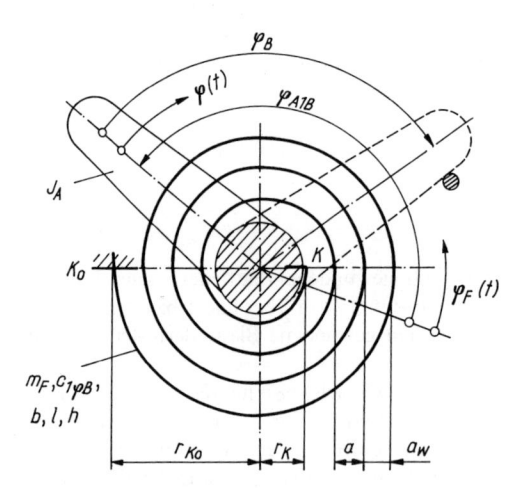

Bild 7.29. Spiralfederantrieb ohne Federhaus

Schwieriger als bei gestreckten Blattfedern läßt sich das dynamische Verhalten von Antrieben mit gewundenen Blattfedern erfassen (Bild 7.29). Für diese Antriebsfederart sind zwei Formen der Anordnung typisch: Spiralfedern, in ein Federhaus eingelegt, oder solche ohne Federhaus.

Spiralfedern ohne Federhaus sind meist mit konstantem Windungsabstand a_w bzw. konstanter Steigung a (Archimedische Spirale) gewickelt (s. Bild 5.35). Das Bewegungsgesetz von Antrieben mit derartigen Federn entspricht prinzipiell dem von Drehfederantrieben (s. Gleichung (7.23)). Problematisch ist allerdings die Berücksichtigung der Trägheitswirkung der Federeigenmasse. Selbst wenn man annimmt, daß die Federform (z. B. Archimedische Spirale) während der Bewegung erhalten bleibt und daß die Winkelgeschwindigkeit der bewegten Federelemente von der Kopplungsstelle K zur Einspannstelle K_0 von ihrem Maximalwert auf Null linear absinkt, ergeben sich für die Berechnung der Eigenkreisfrequenz nichtlineare Beziehungen [7.56]. Sie lassen sich nur durch Anwenden numeri-

7.4. Federantriebe

scher Verfahren (*Runge-Kutta*-Verfahren, Übertragungsmatrizen) und Einsatz der Rechentechnik lösen.
Vernachlässigt man hingegen die Federeigenmasse, so errechnet sich ω_0 aus

$$\omega_0 = \sqrt{c_{1\varphi B}/J_A} = \sqrt{E \cdot I/(l \cdot J_A)} = (\lambda \cdot h \cdot a/r_{K0}^3)\sqrt{2 \cdot E/3 \cdot \varrho}, \quad (7.36)$$

(r_{K0} Abstand der gestellfesten Federeinspannstelle K_0 von der Drehachse), und für den Eigenwert gilt

$$\lambda = \sqrt{1/\beta_\varphi}. \quad (7.37)$$

Auch in diese Beziehung geht die Federbreite nicht ein.
Gleiche Probleme ergeben sich bei der dynamischen Modellierung von Antrieben mit in Federhaus eingelegten Spiralfedern. Erschwerend kommen in diesem Fall aber noch zwei weitere störende Einflußfaktoren hinzu:

— Die Anzahl federnder Windungen ändert sich während der Antriebsbewegung, insbesondere am Beginn und am Ende der Antriebsphase und,
— die Reibung, die beim Aufeinandergleiten der Windungen entsteht, reduziert die für die Bewegungserzeugung nutzbare Energie z. T. erheblich.

Beide Einflußfaktoren lassen sich nur schwer erfassen. Auch aus der Literatur sind keine Untersuchungen dazu bekannt. Einschlägige Arbeiten [7.39] [7.55] [7.58] [7.59] [7.61] befassen sich nur mit der statischen Modellierung dieser Antriebselemente. Die darin angegebenen Beziehungen, die in Tafel 7.5 zusammengestellt wurden, treffen daher lediglich für Federn zu, die zur Erzeugung kontinuierlicher Bewegungen verwendet werden, wie sie beispielsweise für Laufwerke in mechanischen Uhren und Registriereinrichtungen typisch sind. Zur Unterstützung der Berechnungen dienen die in den Bildern 7.30 und 7.31 enthaltenen Diagramme bzw. das in [7.4] [7.26] [7.59] angegebene Nomogramm. Ergebnisse von Optimierungsuntersuchungen für derartige Spiralfederantriebe sind in [7.61] dargestellt.
Für die Analyse diskontinuierlicher Antriebe sind diese Berechnungen nicht geeignet.

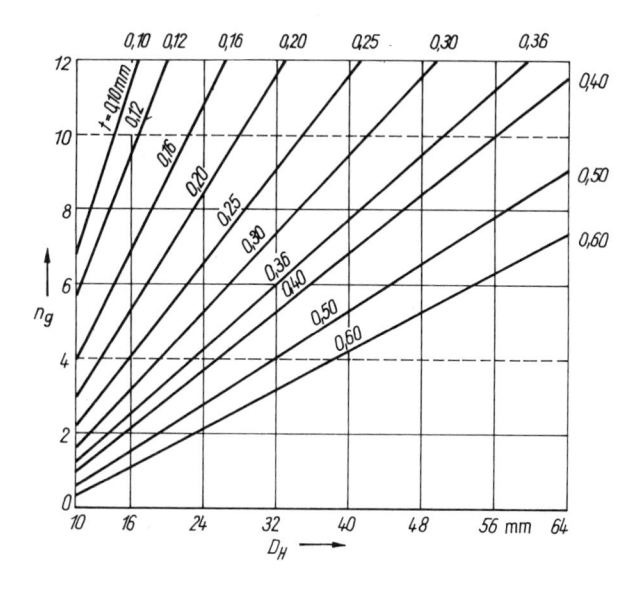

Bild 7.30. Abhängigkeit der Gesamtumdrehungszahl n_g für im Federhaus geführte Spiralfedern vom Gehäusedurchmesser D_H und der Federbanddicke t

7.4.4.2. Grundlagen zur Dimensionierung

Die Dimensionierung von Antrieben mit gestreckter Blattfeder geht von der Beziehung (7.15) aus. Sie läßt sich analog zu Schraubenfederantrieben in die normierte Dimensionierungsgleichung

$$1 - k_{1B} \cdot p = \cos(p) \quad (7.38)$$

Tafel 7.5. Berechnungsgrundlagen für Spiralfedern ohne Windungsabstand (Spiralfeder im Federhaus geführt) D_H Federhausdurchmesser; D_K Federkerndurchmesser; n Umdrehungszahl des Federhauses; n_g Gesamtumdrehungszahl; $w_{1,2}$ Anzahl der Federwindungen; Δn nutzbare Umdrehungszahl; f_f Füllfaktor des Federhauses; w_0 Windungszahl der ungespannten (freien) Feder; t Banddicke; l Bandlänge; b Bandbreite

Federkennlinie

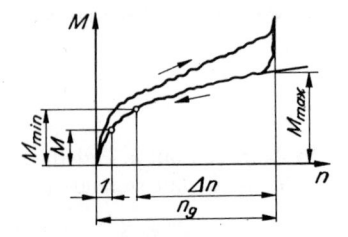

Grundbeziehungen

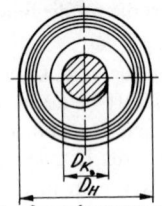

a) *abgelaufener (vorgespannter) Zustand*

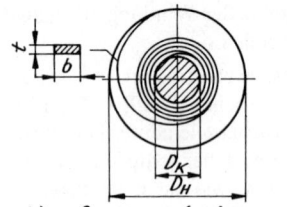

b) *aufgezogener (endgespannter) Zustand*

Theoretisch erreichbare Windungszahl

$$w'_1 = \frac{D_H}{2t} - \sqrt{\frac{D_H^2}{4t^2} - \frac{l}{\pi t}} = 0{,}1275 \frac{D_H}{t}$$

$$w'_2 = \frac{D_K}{2t} + \sqrt{\frac{D_K^2}{4t} + \frac{l}{\pi t}} = 0{,}2055 \frac{D_H}{t}$$

Gesamtumdrehungszahl

$$n_g = w_2 - w_1 = w'_2 - w'_1 - 1 = (0{,}2055 - 0{,}1275)\frac{D_H}{t} - 1 = 0{,}0785 \frac{D_H}{t} - 1$$

Gestreckte Länge der Feder

$$l = \frac{\pi}{f_f \cdot t}\left(\frac{D_H^2 - D_K^2}{4}\right) = 0{,}349 \frac{D_H^2}{t}$$

Drehmoment

$$M_1 = 0{,}75 M_{01}; \qquad M_{01} = \frac{E \cdot I}{t} \varphi_1$$

$$M_1 = \frac{9Ebt^4}{16\pi D_H^2}\varphi_1 = 1{,}125 \frac{Ebt^4}{D_H^2}\left(0{,}0585 \frac{D_H}{t} + 1\right)$$

mit $\varphi_1 = (w'_1 - w'_2 + 1)2\pi = \left(w'_1 - \frac{w'_2}{3} + 1\right)2\pi$

$$M_{max} = M_1 \sqrt[3]{n_g} = M_1 \sqrt[3]{0{,}0785 \frac{D_H}{t} - 1}$$

$$= 1{,}125 \frac{Ebt^4}{D_H^2}\left(0{,}0585 \frac{D_H}{t} + 1\right)\sqrt[3]{0{,}0785 \frac{D_H}{t} - 1}$$

7.4. Federantriebe

Tafel 7.5. (Fortsetzung)

Biegespannung

$$\sigma_{max} = \frac{M_{max}}{W_b} = 6{,}75 E \frac{t^2}{D_H^2} \left(0{,}0585 \frac{D_H}{t} + 1\right) \sqrt[3]{0{,}0785 \frac{D_H}{t} - 1}$$

$\sigma_{max} = \sigma_B$

Praktische Richtwerte

		Berechnungsgleichungen zugrunde liegende Werte
Durchmesserverhältnis	$D_H = (3 \ldots 4) D_K$	$D_H = 3 D_K$
Füllfaktor	$f_f = t \cdot l/(\pi/4) (D_H^2 - D_K^2) = 0{,}4 \ldots 0{,}6$	$f_f = 0{,}5$
Reibungsverluste	$W_R = (0{,}25 \ldots 0{,}30) W$	$W_R = 0{,}25 W$
Nutzbare Windungszahl	$n_g = n'_g - 1 = w_2 - w_1 = 4 \ldots 10$	
Gehäusedurchmesser-Federbanddicke-Verhältnis	$k = D_H/t = 70 \ldots 120$	
Verhältnis Bandbreite/Banddicke	$b/t = 15 \ldots 20$	
Elastizitätsmodul		
Härtbare Federstähle	$E = 206\,000$ N/mm²	
Austenitische Federstähle	$E = 173\,000$ N/mm²	
Bronze (z. B. SnBz6)	$E = 108\,000$ N/mm²	
Zugfestigkeitswerte		
Richtwerte für den Entwurf von Stahlfedern	$\sigma_B = \sigma_{bzul} = 2000$ N/mm²	

überführen, in der sich k_{1B} unter Berücksichtigung von Gleichung (7.32) und

$$s_{A1} = (2 \cdot l^2 \cdot \sigma_{bA})/(3 \cdot E \cdot h) \tag{7.39}$$

zu

$$k_{1B} = (3 \cdot s_B \cdot \sqrt{3 \cdot E \cdot \varrho})/(\lambda_0^2 \cdot \sigma_{bA} \cdot t_B) \tag{7.40}$$

ergibt (Richtwert für $\sigma_{bA} = 0{,}8 \cdot \sigma_{bE}$). Bei der Lösung der Gleichung (7.38) und Bestimmung der Federabmessungen sind folgende Schritte zu durchlaufen:
1. Wahl von β_m und Ermitteln von ω_0 gemäß Gleichung (7.34);
2. Berechnen von k_{1B} und Bestimmen des Arbeitspunktes p (vergl. z. B. Bild 7.26);
3. Berechnen der Federmaterialdicke $h = t$ aus

$$h = (2 \cdot l^2 \cdot p \cdot \sqrt{3 \cdot \varrho/E})/(\lambda_0^2 \cdot t_B) \tag{7.41}$$

in Abhängigkeit von der nach den Platzverhältnissen zugelassenen Federlänge l und deren Anpassung an eine normgerechte Federbanddicke $h_S = t_S$;
4. Ermitteln der Breite b der Feder aus

$$b = (12 \cdot l^3 \cdot m_A \cdot p^2)/(\lambda_0^4 \cdot E \cdot h_S^3 \cdot \beta_m \cdot t_B^2) \tag{7.42}$$

und deren Angleichung an ein genormtes Maß
5. Berechnen der Eigenkreisfrequenz ω_0 nach Gleichung (7.32) und der erforderlichen Anfangsauslenkung s_{A1} nach Gleichung (7.15).

Wie bei den bisher behandelten Federarten schließt sich auch hier noch eine Reihe von Nachrechnungen (Festigkeits- und Lebensdauernachrechnungen, s. a. Abschnitte 2. und 5.) an. Der Entwurf von Antrieben mit Spiralfedern ohne Federhaus ist auf Grund der Schwierigkeiten bei der dynamischen Modellierung in geschlossener Form nur für den Fall der Vernachlässigung der

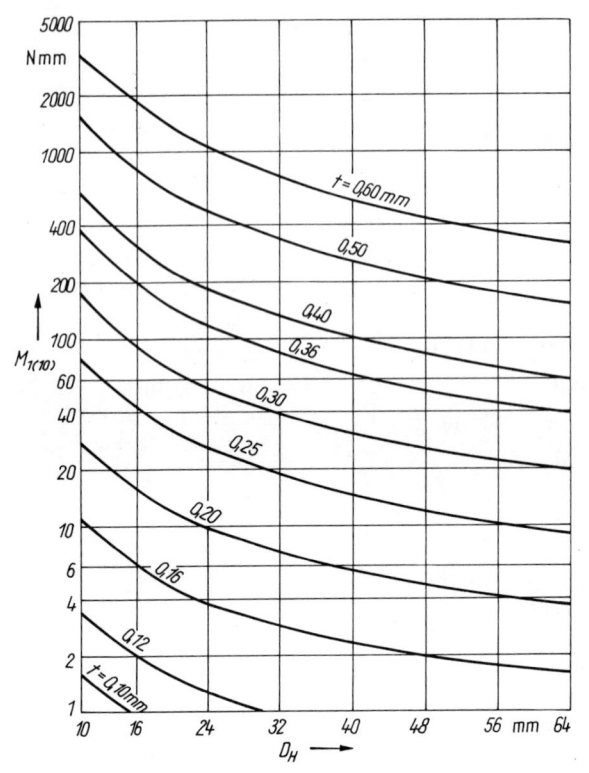

Bild 7.31. Drehmoment $M_{1(10)}$ von Spiralfederantrieben in Abhängigkeit von der Federbanddicke t und dem Gehäusedurchmesser D_H
(Federbandstahl mit $E = 206$ kN/mm²; $b/t = 10$; $D_H = 3 \cdot D_K$; $f_f = 0,5$; $M_1 = b \cdot M_{1(10)}/10 \cdot t$)
$M_{1(10)}$: Drehmoment M_1 nach Tafel 7.5 für ein Bandbreiten-/Banddickenverhältnis $b/t = 10$

Federeigenmasse möglich. Ähnlich wie bei Drehfederantrieben führt die Umstellung der Gleichung (7.27) unter Berücksichtigung der aus dem Bewegungsforderungsplan abgeleiteten Größen φ_B, t_B auf die normierte Dimensionierungsgleichung

$$1 - k_{1\varphi B} \cdot r_{Ko} \cdot p = \cos(p) \tag{7.43}$$

mit

$$k_{1\varphi B} = (\varphi_B \cdot \sqrt{1,5 \cdot E \cdot \varrho})/(\lambda_0 \cdot \sigma_{bA} \cdot t_B) \tag{7.44}$$

(Richtwert für $\sigma_{bA} = 0,7 \cdot \sigma_{bE}$). Ihre Lösung erfolgt bis zur Bestimmung des Arbeitspunktes p in gleicher Weise wie bisher. Probleme bereitet die sich anschließende Berechnung der Federparameter. Sie beginnt mit dem Ermitteln von h aus

$$h = (p \cdot r_{Ko}^3 \cdot \sqrt{3 \cdot \varrho/2 \cdot E})/(\lambda_0 \cdot a \cdot t_B), \tag{7.45}$$

wobei Angaben zur Steigung a der Archimedischen Spirale erforderlich sind. Sie ist frei wählbar und steht mit h und dem Windungsabstand $a_w = k_L \cdot h$ in folgendem Zusammenhang:

$$a = (h + a_w) = h(1 + k_L). \tag{7.46}$$

Durch Wahl des Zwischenraumfaktors k_L, der zweckmäßigerweise Werte zwischen $3 \leq k_L \leq 5$ annehmen sollte, läßt sich h schließlich aus

$$h = \sqrt{(p \cdot r_{Ko}^3 \cdot \sqrt{3 \cdot \varrho/2 \cdot E})/[\lambda_0 \cdot t_B \cdot (k_L + 1)]} \tag{7.47}$$

berechnen. Der ermittelte Wert muß einer normgerechten Federbanddicke h_S angepaßt werden, wodurch gleichzeitig die Federlänge

$$l = \pi(r_{K0}^2 - r_K^2)/(h_S + h_S \cdot k_L) \tag{7.48}$$

($t_S = h_S$) festgelegt ist. Danach kann die Federbreite b aus

$$b = (6 \cdot r_{K0}^2 \cdot J_A \cdot p^2)/(E \cdot a \cdot h_S^3 \cdot t_B^2) \tag{7.49}$$

bestimmt und einem genormten Wert angeglichen werden, ehe die Dimensionierung der Spiralfeder mit der Berechnung von ω_0 und φ_{A1} fortgesetzt und den notwendigen Nachrechnungen abgeschlossen wird.

7.5. Literatur

[7.1] *Palm, J.:* Formfedern in der Feinwerktechnik. Feinwerktechnik & Meßtechnik 83 (1975) 3, S. 105—113
[7.2] *Hoeft, M.:* Neue Federwerkstoffe für die Anschluß- und Verbindungstechnik. Feingerätetechnik 32 (1983) 12, S. 563—566
[7.3] *Meissner, M.; Schorcht, H.-J.; Weiß, M.:* Beitrag zur Automatisierung technologischer Prozesse der Gerätetechnik, dargestellt am Beispiel der automatisierten Relaisjustierung Bd. 1. Diss. B TH Ilmenau 1984
[7.4] *Krause, W.:* Gerätekonstruktion. 2. Aufl. Berlin: Verlag Technik 1986; Moskau: Mašinostroenie 1987; Heidelberg: Hüthig-Verlag 1987
[7.5] *Ringhandt, H.:* Feinwerkelement, Einführung in die Gestaltung und Berechnung. 2. Aufl. München/Wien: Carl Hanser Verlag 1979
[7.6] *Pudelko, R.:* Die Federn im Kleinapparatebau. Technische Rundschau Bern 56 (1964) 5, S. 9—13 und 9, S. 3—7
[7.7] *Wessely, H.:* Einfluß der Federkennlinie auf die Zuverlässigkeit von Steckverbindern. Feinwerktechnik & Micronic 76 (1972) 7, S. 360—364
[7.8] *Pickel, W.; Ruzic, H.; Thurau, H.:* Das Flachrelais, angepaßt an die heutige Fernsprechtechnik. Feinwerktechnik & Micronic 76 (1972) 7, S. 364—367
[7.9] *Meissner, M.; Schorcht, H.-J.; Weiß, M.:* Mikrorechnergesteuerte Einrichtung zum Justieren der Kontaktfedersätze von Relais. Fernmeldetechnik 22 (1982) 1, S. 5—7
[7.10] *Meissner, M.; Schorcht, H.-J.; Weiß, M.:* Mikrorechnergesteuerte Deformation von Kontaktblattfedern. 25. IWK der TH Ilmenau 1980, Tagungsbericht Heft 4, S. 45—48
[7.11] *Heß, D.; Liedtke, K.; Nönnig, R.:* Justierung von Kontaktfederanordnungen. 25. IWK der TH Ilmenau 1980, Tagungsbericht Heft 4, S. 39—43
[7.12] *Liedtke, K.; Nönnig, R.:* Untersuchungen zur Justierung von Relaiskontaktfedersätzen. Feingerätetechnik 31 (1982) 1, S. 19—21
[7.13] Mikrorechnergesteuerter Industrieroboter zur Justierung von Kontaktfedersätzen in Relais. Feingerätetechnik 31 (1982) 1, S. 17—19
[7.14] *Satschkow, D. D.:* Anleitung zum Konstruieren von Rundfunkempfängern und anderen Funkgeräten. Leipzig: Fachbuchverlag 1954
[7.15] *Bögelsack, G.; Kallenbach, E.; Linnemann, G.:* Roboter in der Gerätetechnik. Berlin: Verlag Technik 1984
[7.16] *Roubiček, J.:* Technologische Gesichtspunkte lötloser Verbindungen auf Leiterplatten. Fernmeldetechnik 22 (1982) 1, S. 7—9
[7.17] *Eigen, F.:* Das Konstruieren von Formfedern mit dem Schwerpunkt Flachfedern. Maschinenmarkt 83 (1977) 67, S. 1278—1281 und 69, S. 1318—1320
[7.18] *Oehler, G.:* Biegen. München: Carl Hanser Verlag 1963
[7.19] *Taubitz, G.:* Einsatz von Kupferwerkstoffen bei elektrischen Kontakten, Kontaktfedern und Schneid-Klemmverbindern. Feinwerktechnik & Meßtechnik 93 (1985) 8, S. 411—414
[7.20] *Haag, H.:* Steckverbinder für steckbare Leiterplatten. Feinwerktechnik & Meßtechnik 94 (1986) 4, S. 245—249
[7.21] *Bredow, W.; Schmidt, J.:* Zuverlässige Schleifkontakte bei Schichtpotentiometern mit hoher Lebensdauer. Feinwerktechnik & Meßtechnik 94 (1986) 3, S. 158—160
[7.22] *Hain, K.:* Kurzberichte, Federberechnung und Federeinbau. Feinwerktechnik 58 (1954) 3, S. 88—90
[7.23] *Claus, H.; Stöckel, D.:* Eigenschaften von Werkstoffen für stromführende Federn. Feinwerktechnik & Meßtechnik 91 (1983) 1, S. 19

[7.24] *Claus, H.; Stöckel, D.:* Sonderwerkstoffe für stromführende Federn. Feinwerktechnik & Meßtechnik 91 (1983) 4, S. 169

[7.25] *Krischker, P.; Thurn, G.:* Die Biegefeder — ein Element zur Erzeugung kleiner Wege. Feinwerktechnik & Meßtechnik 91 (1983) 5, S. 221

[7.26] *Hildebrand, S.:* Feinmechanische Bauelemente. 4. Aufl. Berlin: Verlag Technik 1981

[7.27] *Krause, W.:* Grundlagen der Konstruktion — Lehrbuch für Elektroingenieure. 4. Aufl. Berlin: Verlag Technik 1986

[7.28] *Hildebrand, S.:* Zur Berechnung von Torsionsbändern im Feingerätebau. Feinwerktechnik 61 (1957) 6, S. 191

[7.29] *Lotze, W.:* Federgeradführung für Ellipsenlenker. Feingerätetechnik 24 (1975) 7, S. 328

[7.30] *Breitinger, R.:* Blattfeder-Geradführungen. Feinwerktechnik & Micronic 77 (1973) 1, S. 25—29

[7.31] *Teichmann, U.:* Federgeradführungen für kleine Wege. Feingerätetechnik 23 (1974) 6, S. 288

[7.32] *Nönnig, R.:* Untersuchungen an Federgelenkführungen unter besonderer Berücksichtigung des räumlichen Verhaltens. Diss. TH Ilmenau 1980

[7.33] *Nönnig, R.:* Entwurf und Berechnung von Federführungen durch aufbereitete Konstrukteurinformation. Feingerätetechnik 31 (1982) 3, S. 130—135

[7.34] *Nönnig, R.:* Federführungen, Berechnung und Hinweise zur Konstruktion. Konstrukteurinformation (KOIN) TH Ilmenau/Carl Zeiss JENA 1981

[7.35] *Schüller, U.:* Untersuchungen zum Verformungsverhalten einseitig eingespannter Blattfedern. Diss. TH Ilmenau 1985

[7.36] *Tänzer, W.:* Membranfedern als Bauelemente für Federführungen. Diss. TH Ilmenau 1984

[7.37] *Tänzer, W.:* Wellmembranfedern als Bauelemente für Präzisionsführungen. Feingerätetechnik 27 (1978) 4, S. 182

[7.38] *Schorcht, H.-J.:* Beiträge zum Entwurf von Schraubenfederantrieben. Diss. TH Ilmenau 1979

[7.39] *Aßmus, F.:* Technische Laufwerke einschließlich Uhren. Berlin/Göttingen/Heidelberg: Springer-Verlag 1958

[7.40] *Kühnert, H.:* Einsatz von Koppelgetrieben in Schlitzverschlüssen moderner Spiegelreflexkameras. Fachtagung Getriebetechnik Universität Rostock 1977, Tagungsbericht

[7.41] *Gross, S.:* Berechnung und Gestaltung von Metallfedern. Berlin/Heidelberg/New York: Springer-Verlag 1960

[7.42] *Wahl, A. M.:* Mechanische Federn. 2. Aufl. Düsseldorf: Verlag M. Triltsch 1966

[7.43] *Gross, S.; Lehr, E.:* Die Federn. Berlin: VDI-Verlag 1938

[7.44] *Lutz, O.:* Zur Dynamik der Schraubenfeder. Konstruktion 14 (1962) 9, S. 344

[7.45] *Bögelsack, G.; u. a.:* Richtlinie für rechnergestützte Dimensionierung von Antriebsfedern. Jena: Kombinat Carl Zeiss JENA 1977, AUTEVO-Informationsreihe Heft 11

[7.46] *Franke, R.:* Die Berechnung von zylindrischen Schraubenfedern mit bestimmter Schwingungszeit. Konstruktion 12 (1960) 9, S. 364—368

[7.47] *Maier, K. W.:* Die stoßbelastete Schraubenfeder. KEM (1966) 2, S. 13; 3, S. 11 u. 15; 4, S. 20 u. 27; 9, S. 14; (1967) 1, S. 14; 2, S. 11; 3, S. 19; 4, S. 21; 12, S. 10

[7.48] *Busse, L.:* Schwingungen zylindrischer Schraubenfedern. Konstruktion 26 (1974) 5, S. 171—176

[7.49] *Inonue, J.; Yoshinaga, A.:* On the static and dynamic behavoir of coil springs. Free vibrations (Über das statische und dynamische Verhalten von Schraubenfedern. Freie Schwingungen). Trans. Japan Soc. mech. Engng. 27 (1961) 179, S. 1130—1137

[7.50] *Shimuzu, H.; Inonue, J.; Hidaka, T.:* On the static and dynamic behavoir of coil springs. The end effekt (Über das statische und dynamische Verhalten von Schraubenfedern. Verhalten des Federendes). Trans Japan Soc. mech. Engng. 27 (1961) 179, S. 1119—1129

[7.51] *Wahl, F.:* Schwingungen zylindrischer Schraubenfedern. Maschinenbautechnik 26 (1977) 8, S. 369, 370 u. 374

[7.52] *Gross, S.:* Drehschwingungen zylindrischer Schraubenfedern. Draht 15 (1964) 8, S. 530—534

[7.53] *Ifrim, V.:* Beiträge zur dynamischen Analyse von Federantrieben und Mechanismen mit Hilfe von Übertragungsmatrizen. Diss. TH Ilmenau 1975

[7.54] *Ifrim, V.; Bögelsack, G.:* Ein Diskretisierungsverfahren zur numerischen Berechnung von Federantrieben für Mechanismen. Mechanism and Machine Theory, Pergamon Press (1974) 9, S. 349—358

[7.55] *Wanders, G.:* Design tips for spiral springs (Konstruktionsrichtlinien für Spiralfedern). Prod. Engng. 49 (1978) 8, S. 41

[7.56] *Kallenbach, E.; Bögelsack, G.:* Gerätetechnische Antriebe. Berlin: Verlag Technik 1991; München: Carl Hanser Verlag 1991

[7.57] *Kneschke, A.:* Differentialgleichungen und Randwertprobleme, Bd. 2. Leipzig: Teubner Verlagsges. 1961

[7.58] *Holfeld, A.:* Zur Berechnung der Triebfedern mit Federhaus. Uhren und Schmuck 5 (1968) 3, S. 90

[7.59] *Holfeld, A.:* Zur Berechnung der Triebfedern mit Federhaus. Wiss. Zeitschr. der TU Dresden 17 (1968) 4, S. 1031
[7.60] *Pestel, E.; Schumpich, G.; Spierig, S.:* Katalog von Übertragungsmatrizen zur Berechnung technischer Schwingungsprobleme. VDI-Berichte Bd. 35. Düsseldorf: VDI-Verlag 1959
[7.61] *Lehmann, W.:* Ein Beitrag zur Optimierung von Spiralfedern ohne Windungsabstand. Diss. TH Ilmenau 1978

8. Berechnungshilfen und Federoptimierung

Zeichen, Benennungen und Einheiten

A	Querschnitt in mm²
D_a	äußerer Windungsdurchmesser in mm
D_i	innerer Windungsdurchmesser in mm
D_m	mittlerer Windungsdurchmesser in mm
E	Elastizitätsmodul in N/mm²
F	Federkraft in N
G	Gleitmodul in N/mm²
L	Länge der Feder in mm
L_0	Länge der ungespannten Feder in mm
T_c	Toleranz der Federsteife in %
V_{ER}	erforderlicher Einbauraum der Feder in mm³
V_F	Federvolumen, Werkstoffvolumen der Feder in mm³
$V_{F\,opt}$	optimales Federvolumen in mm³
a	Abstand, Kontaktabstand in mm
b	Breite, Federbreite in mm
c	Federsteife (auch Federrate) in N/mm
d	Drahtdurchmesser in mm
f_e	Eigenfrequenz in 1/s
h	Höhe, Höhe des Rechteckquerschnitts in mm
k	Beiwert
l	Länge, Federlänge in mm
m	Beiwert
m_F	Federmasse in kg
n	Anzahl der federnden Windungen
q_a	Abstandsverhältnis
s	Federweg in mm
s_h	Federhub in mm
t	Dicke, Banddicke in mm
w	Wickelverhältnis
x, y	Variable
β	Verhältnis zweier Größen
η_S	Spannungsverhältnis
σ_b	Biegespannung in N/mm²
τ	Torsionsspannung in N/mm²

Indizes

Bl	Block-	erf	erforderlich	min	minimal
ER	Einbauraum	ertr	ertragbar	max	maximal
F	Feder-	ges	gesamt	n	Nutz-
Ko	Kontakt-	h	Hub-	opt	optimal
S	Spannung	i	innen	vorh	vorhanden
a	außen	k	korrigiert	zul	zulässig
b	Biege-	m	mittel		

8.1. Berechnungshilfen

8.1.1. Einsatzziele

Die innerhalb des Federentwurfs vorzunehmende Federberechnung ist ohne Hilfsmittel nicht durchführbar. Da nur zwei Berechnungsgleichungen zur Verfügung stehen, aber immer mehr als zwei unbekannte Federparameter zu bestimmen sind, ist ein iteratives Vorgehen unvermeidbar.
Zahlreiche Hilfsmittel sind zur Unterstützung und Erleichterung der Berechnungen sowie der Rationalisierung der Federauswahl vorhanden bzw. geschaffen worden. Zu ihnen zählen sowohl Unterlagen in Tabellenform über Werkstoffe (s. Abschnitt 2.), Berechnungs-, Auswahl- und Werkstoffstandards und -normen und Konstruktionsrichtlinien zur fertigungs- und werkstoffgerechten Gestaltung (s. Abschnitt 3.) als auch Nomogramme, Leitertafeln, Rechenschieber und elektronische Rechner mit der entsprechenden Software [8.1] [8.2] [8.3] [8.4] [8.5] [8.8].
Neben einer Zeitverkürzung bei Berechnung und Auswahl sollen die Hilfsmittel einen großen Teil der Routinearbeit des Konstrukteurs abbauen helfen. Sie stellen damit wichtige Mittel zur Rationalisierung der Konstrukteurarbeit dar, ohne die der Konstrukteur keinen Federentwurf vornehmen kann [8.6] [8.7] [8.9].

8.1.2. Tabellen, Normen, Vordrucke

In *Tabellen* sind vorwiegend Werkstoffkennwerte (Festigkeitswerte und physikalische Kennwerte, s. Abschnitt 2.) und Beiwerte verschiedener Art für die Berechnungen (z. B. Tafel 5.26) in übersichtlicher Form zusammengestellt. Diese Daten sind unentbehrlich für alle Formen der Federberechnung. In Tabellenform sind jedoch auch Daten von bereits berechneten Federn erfaßt [8.11]. Sie erleichtern die Federauswahl und geben Anhaltswerte bei Entwürfen mit ähnlichen Vorgaben, wenn jedoch andere Werkstoffe verlangt werden.
In *Normen und Richtlinien* sind sowohl zahlreiche Werkstoffdaten als auch Berechnungsgleichungen in übersichtlicher Form für die häufigsten in der Praxis vorkommenden Federarten und -formen enthalten (s. Anhang Tafel A-1). Für einige ausgewählte Federarten (Schraubendruckfedern sowie Tellerfedern) und Federwerkstoffe liegen als Normen auch Maß- und Kenndaten-Tabellen vor, die eine schnelle Federauswahl ohne großen Rechenaufwand ermöglichen. Das Rechenbeispiel 8.1 zeigt die prinzipielle Vorgehensweise bei einer solchen Federauswahl.
Vordrucke gibt es in den unterschiedlichsten Formen, meist für Schrauben- und Tellerfedern. Ein Beispiel zeigt Tafel 8.1 (s. auch DIN 2099). Sie sind insofern Hilfsmittel für Konstrukteur und Hersteller, als in ihnen alle für die Funktion, Herstellung und Prüfung wichtigen Maße, Belastungswerte und Toleranzen zusammengefaßt dargestellt werden. Der Konstrukteur erhält außerdem durch diese Vordrucke in gewissem Umfang eine Berechnungsstütze, liefert dadurch dem Hersteller lückenlos und in übersichtlicher Form die Daten für die Fertigung und erspart Rückfragen.

8.1.3. Grafische Hilfsmittel

Für die Berechnung vieler Federarten stehen seit langem die unterschiedlichsten grafischen Rechenhilfen in Form von *Leitertafeln* (Fluchtlinientafeln) oder *Nomogrammen* zur Verfügung [8.2] [8.3] [8.6] [8.9] [8.10] [8.14]. Verbreitet sind Leitertafeln zur Berechnung von zylindrischen Schraubendruckfedern [8.2] [8.15] [8.16]. Ein in [8.6] dargestelltes Nomogramm zur Berechnung dieser Federn ist im Anhang Tafel A-2 (s. Vorsatz) enthalten. Solche Nomogramme sind auch zur Berechnung von Tellerfedern [8.6] (Tafel A-3) und Blattfedern sowie Blattfederkombinationen entwickelt worden [8.10] [8.17]. Tafel 8.2 zeigt als Beispiel den Nomogramm-Aufbau zur Berechnung von Blattfederschaltern.
Der Aufwand für die Erstellung der Nomogramme ist zwar erheblich, dafür sind sie meist bequem zu handhaben und führen schnell zu einem Ergebnis. Auf relativ kleiner Fläche läßt sich eine recht große Zahl von Variablen unterbringen. Bedingt durch die Zeichen- und Ableseungenauigkeit liefern diese

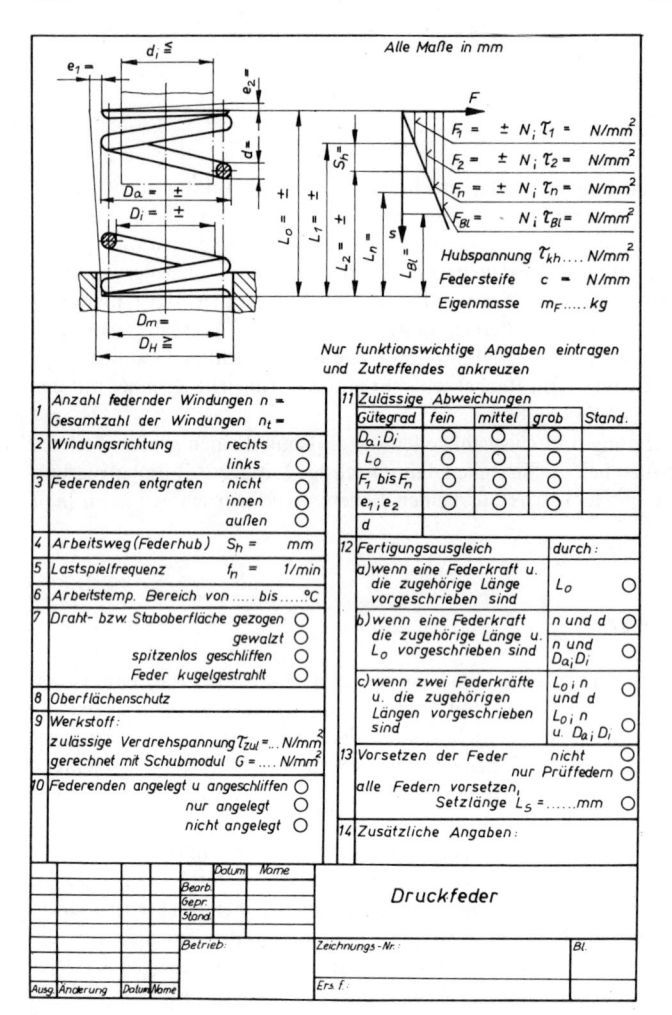

282   8. Berechnungshilfen und Federoptimierung

Tafel 8.1. Beispiel eines Vordrucks für Druckfedern nach DIN 2099/01

Alle Maße in mm

$F_1 = \pm\ N;\ \tau_1 = \ N/mm^2$
$F_2 = \pm\ N;\ \tau_2 = \ N/mm^2$
$F_n = \pm\ N;\ \tau_n = \ N/mm^2$
$F_{Bl} = \ N;\ \tau_{Bl} = \ N/mm^2$

Hubspannung τ_{kh} .... N/mm^2
Federsteife c = N/mm
Eigenmasse m_F ..... kg

Nur funktionswichtige Angaben eintragen und Zutreffendes ankreuzen

1	Anzahl federnder Windungen n = Gesamtzahl der Windungen n_t =
2	Windungsrichtung rechts ○ / links ○
3	Federenden entgraten nicht ○ / innen ○ / außen ○
4	Arbeitsweg (Federhub) S_h = mm
5	Lastspielfrequenz f_n = 1/min
6	Arbeitstemp. Bereich von ..... bis ..... °C
7	Draht- bzw. Staboberfläche gezogen ○ / gewalzt ○ / spitzenlos geschliffen ○ / Feder kugelgestrahlt ○
8	Oberflächenschutz
9	Werkstoff: zulässige Verdrehspannung τ_{zul} = ... N/mm^2 gerechnet mit Schubmodul G = ... N/mm^2
10	Federenden angelegt u angeschliffen ○ / nur angelegt ○ / nicht angelegt ○

11	Zulässige Abweichungen				
	Gütegrad	fein	mittel	grob	Stand.
	$D_a; D_i$	○	○	○	
	L_0	○	○	○	
	F_1 bis F_n	○	○	○	
	$e_1; e_2$	○	○	○	
	d				

12	Fertigungsausgleich	durch:
	a) wenn eine Federkraft u. die zugehörige Länge vorgeschrieben sind	L_0 ○
	b) wenn eine Federkraft die zugehörige Länge u. L_0 vorgeschrieben sind	n und d ○ / n und $D_a; D_i$ ○
	c) wenn zwei Federkräfte u. die zugehörigen Längen vorgeschrieben sind	L_0 i n und d ○ / L_0 i n u. $D_a; D_i$ ○
13	Vorsetzen der Feder	nicht ○ / nur Prüffedern ○ / alle Federn vorsetzen, Setzlänge L_S = ... mm ○
14	Zusätzliche Angaben:	

Druckfeder

Tafel 8.2. Aufbau eines Arbeitsblattes zur Berechnung von Kontaktblattfeder-Schaltern nach [8.4] und [8.17]

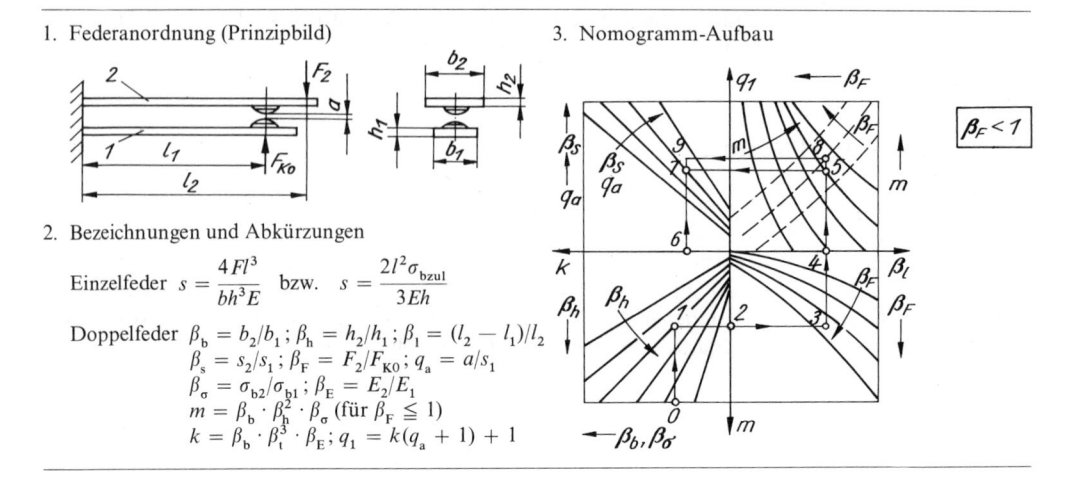

1. Federanordnung (Prinzipbild)

2. Bezeichnungen und Abkürzungen

Einzelfeder $s = \dfrac{4Fl^3}{bh^3E}$ bzw. $s = \dfrac{2l^2 \sigma_{bzul}}{3Eh}$

Doppelfeder $\beta_b = b_2/b_1;\ \beta_h = h_2/h_1;\ \beta_l = (l_2 - l_1)/l_2$
$\beta_s = s_2/s_1;\ \beta_F = F_2/F_{K0};\ q_a = a/s_1$
$\beta_\sigma = \sigma_{b2}/\sigma_{b1};\ \beta_E = E_2/E_1$
$m = \beta_b \cdot \beta_h^2 \cdot \beta_\sigma$ (für $\beta_F \leq 1$)
$k = \beta_b \cdot \beta_t^3 \cdot \beta_E;\ q_1 = k(q_a + 1) + 1$

3. Nomogramm-Aufbau

$\beta_F < 1$

8.1. Berechnungshilfen   283

Rechenhilfen meist nur relativ ungenaue Federdaten. Auch werden oft Korrekturen durch verschiedne Faktoren (z. B. *Göhner*-Faktor k) weggelassen. Für einen ersten Entwurf ist jedoch die Genauigkeit der Ergebnisse in jedem Fall ausreichend.

In *Diagrammen* dargestellte Hilfsgrößen (z. B. Bilder 5.28; 5.121 und 5.126) und Festigkeitswerte (z. B. Dauerfestigkeitsschaubilder in den Bildern 5.93 bis 5.98; 5.128 und 5.129) erleichtern den Entwurf von Federn wesentlich. Sie liefern Daten in übersichtlicher Form und hinreichender Genauigkeit.

8.1.4. Rechenschieber

Rechenschieber wurden vorwiegend für die Berechnung von Schraubendruckfedern entwickelt. Als älteste Erzeugnisse dieser Art sind wohl die beiden Sonderrechenschieber SR 704 und SR 705 nach

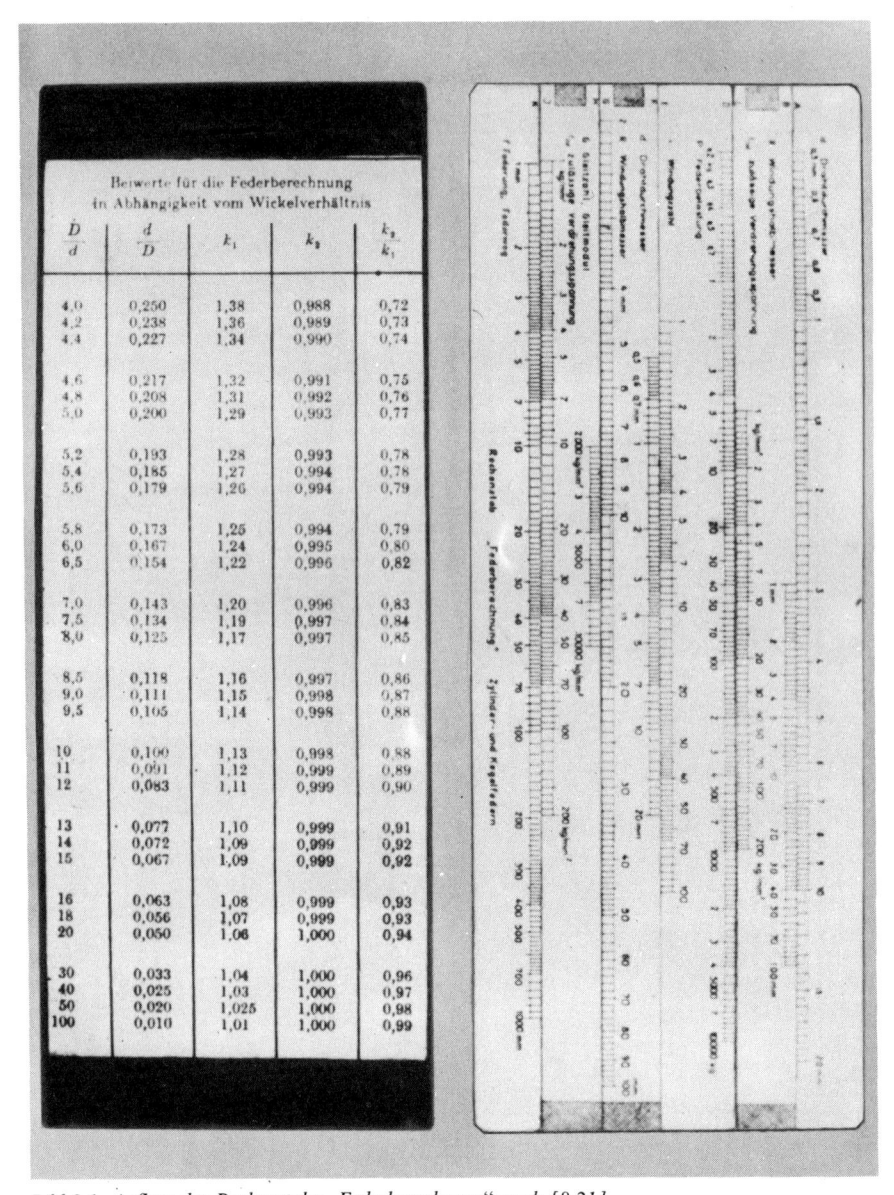

Bild 8.1. Aufbau des Rechenstabs „Federberechnung" nach [8.21]

Dr. *Seehase* anzusehen. Mit ihnen können die Tragkraft und die Längenänderung (Federweg) der belasteten Feder berechnet werden. Eine vollständige Federberechnung ermöglicht der mit drei Zungen ausgerüstete Rechenstab „Federberechnung" nach [8.21] (Bild 8.1). Sowohl der Zusammenhang Federkraft — Drahtdurchmesser, Windungszahl — Federweg sowie Windungsdurchmesser, Drahtdurchmesser und Werkstoffkennwerte wird erfaßt, wobei der Gleitmodul G und die zulässige Verdrehspannung variabel sind (s. Tafel 8.3). Der *Göhner*-Faktor k kann nur durch eine nachfolgende Rechnung berücksichtigt werden. Werte für k enthält die Rechenschieberrückseite.

Mit den Federrechnern „Aristo-TAUmax 921" und „Aristo-Federfix 920" [8.1] sind Rechnungen auf der Basis von DIN 2089 und TGL 18391 durchführbar. Wie aus Tafel 8.3 zu entnehmen ist, sind Eigenfrequenz, Eigenmasse, Drahtlänge, Federsteife und weitere Werte ermittelbar. Vorteilhaft ist auch die Auswechselbarkeit des Schwenkläufers (Bild 8.2), wodurch bei unverändertem Grundaufbau verschiedene Schubspannungsberechnungen möglich sind.

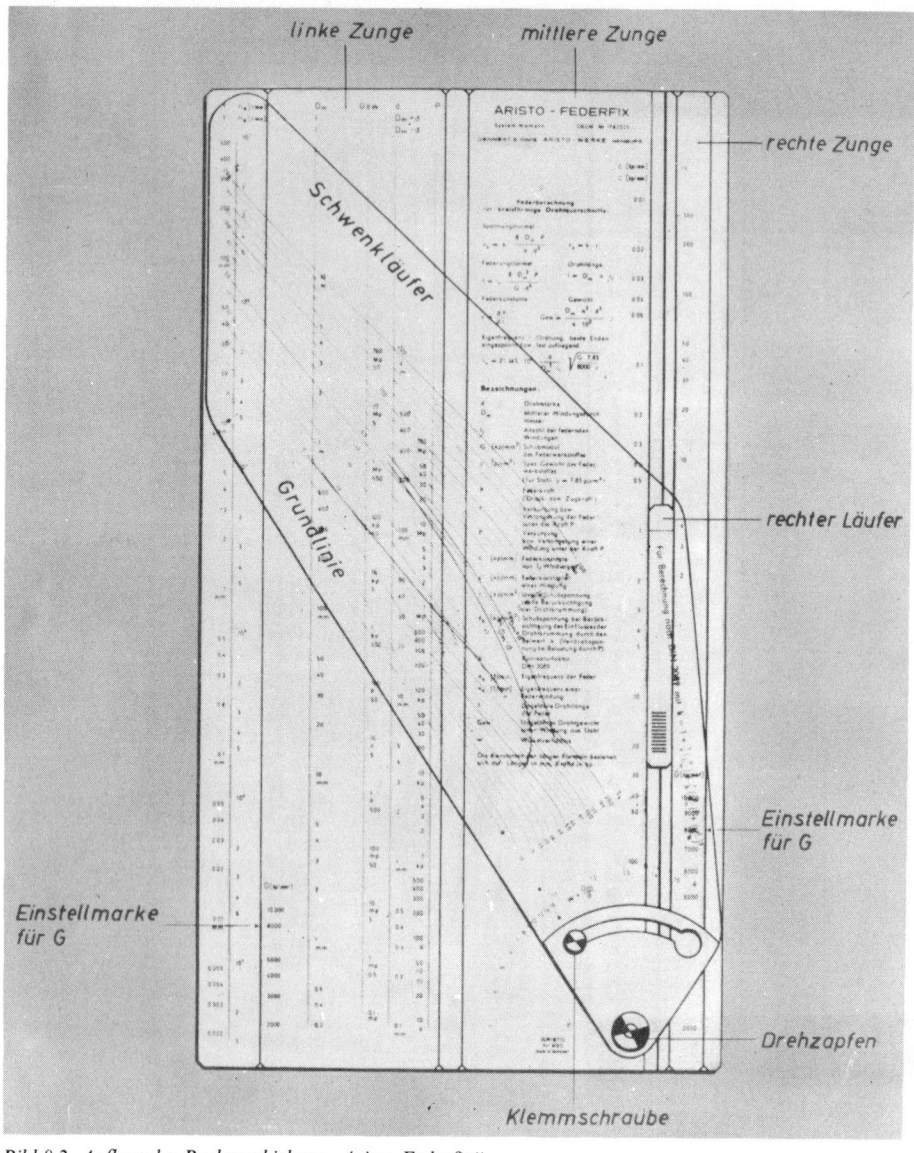

Bild 8.2. Aufbau des Rechenschiebers „Aristo-Federfix"

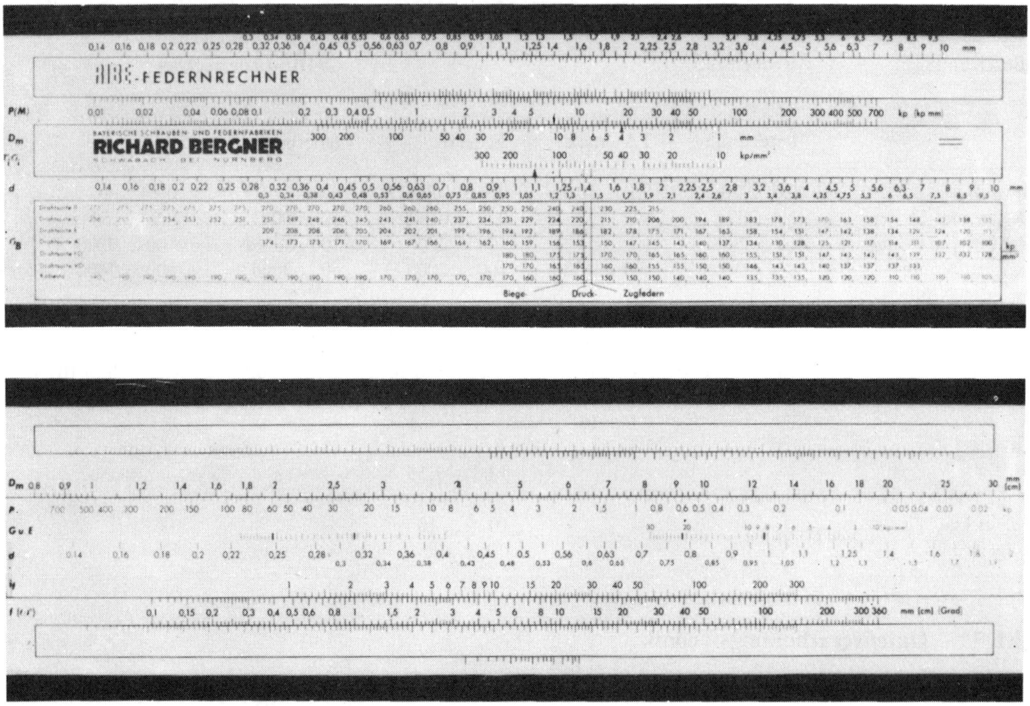

Bild 8.3. RIBE-Federrechner [8.22]

Ein wertvolles Gerät zur Dimensionierung von Schraubenfedern ist der „RIBE-Federrechner" (Bild 8.3). Mit ihm lassen sich neben zylindrischen und konischen Druckfedern auch Zugfedern und Drehfedern (Schenkelfedern) aus Runddraht berechnen. Seine Skalen sind übersichtlich angeordnet. Sie enthalten die erforderlichen Angaben aus Werkstoff- und Belastungstabellen, so daß nur selten zusätzliche Unterlagen gebraucht werden [8.22]. Die Markierungen gelten für die in der Praxis bewährten Beziehungen $\tau_{zul} = 0{,}5 \cdot R_m$ für Druckfedern, $\tau_{zul} = 0{,}45 \cdot R_m$ für Zugfedern und $\sigma_{zul} = 0{,}7 \cdot R_m$ für Drehfedern.

In [8.23] wird ein neues Universalrechengerät vorgestellt, das mit parallel verschiebbaren Leitern ein schnelles gegenseitiges Abstimmen von Abmessungen, Federkräften und Beanspruchungen für alle Arten von Schrauben-, Ring-, Spiral-, Drehstab- und Tellerfedern gestattet (Bild 8.4). Durch Umformen der üblichen Verformungs- und Spannungsbeziehungen wurden für 19 verschiedene Federarten Formbeiwerte definiert, die dem Benutzer in Diagrammform zur Verfügung stehen. Auf diese Weise können die verschiedensten Federarten einbezogen und die Einsatzmöglichkeiten des Gerätes bedeutend erweitert werden. Es gelingt mit diesem Gerät auch, den bei Kegeldruckfedern bisher nicht erfaßten, progressiven Verlauf der Federkennlinien durch neu entwickelte Formbeiwerte zu berücksichtigen. Eine wirtschaftliche Ausnutzung der Vorteile dieses Gerätes ist jedoch nur dort denkbar, wo häufig Berechnungen der verschiedensten Federarten anfallen.

Tafel 8.3. Wertebereiche einiger Federrechenschieber nach [8.3]

Bezeichnungen	Rechenstab			„RIBE-Federrechner"	
	„Federberechnung"	„Aristo-TAUmax"	„Aristo-Federfix"	Druck u. Zugfedern	Drehfedern
d in mm	0,5 ... 20	0,1 ... 10	0,1 ... 1000	0,14 ... 10	0,14 ... 10
D_m in mm	2 ... 200	—	0,3 ... 10000	1 ... 300	0,8 ... 150
τ_{zul}; σ_{zul} in N/mm²	10 ... 2000	—	100 ... 2000	100 ... 3000	100 ... 3000
$\tau_{k\,zul}$ in N/mm²; $\sigma_{k\,zul}$ in N/mm²	—	100 ... 1500	100 ... 2000	50 ... 3000	100 ... 3000
n	1 ... 100	—	1 ... 300	1 ... 300	1 ... 300
F in N; M in N·mm	2 ... 10⁵	0,1 ... 1000	0,1 ... 10⁶	0,2 ... 7000	0,1 ... 1500
G; E in N/mm²	(20 ... 100) 10³	(10 ... 100) 10³	(20 ... 100) 10³	(30 ... 300) 10³	(30 ... 300) 10³
s in mm; φ in °	1 ... 1000	—	0,002 ... 500	0,1 ... 3600	0,1 ... 360
s/n	—	0,1 ... 10	—	—	—
$w = D_m/d$	—	3 ... 30	3 ... 16	—	—
k	—	—	1,05 ... 1,55	—	—
f_e in 1/s	—	—	1,6 ... 5·10⁶	—	—
m_F in kg	—	—	10^{-7} ... 10^5	—	—
c in N/mm	—	—	0,1 ... 1000	—	—

8.1.5. Datenverarbeitungstechnik

Voraussetzung für den Einsatz *elektronischer Rechner* und der entsprechenden Datenverarbeitungstechnik (Drucker, Plotter, Bildschirm usw.) ist das Vorhandensein geeigneter Programme (Software) für die Federberechnung und Auswahl. *Algorithmen*, wie sie z. B. in [8.6] [8.13] dargestellt sind, bilden wichtige Vorstufen dafür.

Die Schwierigkeiten bei der Programmerarbeitung bestehen im Mangel geeigneter Bestimmungsgleichungen. Wie bereits mehrfach ausgeführt, ist die Anzahl Bestimmungsgleichungen bei Federdimensionierungen stets kleiner als die Anzahl zu bestimmender Parameter. Es müssen zusätzliche Beziehungen formuliert oder Werte festgelegt werden. Das erfordert eine iterative Vorgehensweise, und vom Konstrukteur müssen an bestimmten Stellen des Programmablaufs Entscheidungen über die Größe verschiedener Parameter getroffen werden. Bei Federdimensionierungen ist deshalb ein Dialogbetrieb angebracht.

Die unterschiedlichsten Zielstellungen bei derartigen Berechnungen führen außerdem zu den verschiedensten Vorgehensweisen und somit zu einem recht unterschiedlichen Programmaufbau. Werden Aufgaben einer Federoptimierung einbezogen (s. Abschnitt 8.2.), dann nimmt die Differenziertheit der Programme weiter zu. Multivalent nutzbare Programme zur Federberechnung existieren nicht. Sie sind meist für ganz spezielle Probleme und Vorgehensweisen erarbeitet und außerdem für einen bestimmten Rechnertyp in der jeweils erforderlichen Programmiersprache geschrieben. So beschränkt sich auch die Nutzung auf die jeweilige Erarbeiterinstitution.

Vorrangig wurden Programme für die Berechnung und Auswahl von Schraubenfedern erarbeitet [8.6] [8.7] [8.8] [8.12] [8.24] [8.25]. Bild 8.5 zeigt die Kurzfassung eines Programm-Ablaufplans (PAP) für Druckfedern. In Tafel A-4 des Anhangs ist ein Auszug aus einem Programmausdruck enthalten. Für Kontaktblattfedern und deren Kombinationen sowie für Tellerfedern sind nur vereinzelt Programme publiziert [8.5] [8.6] [8.9], obwohl gerade hier wegen der schwierigen und umfangreichen Berechnungen eine Rechnerunterstützung angebracht ist.

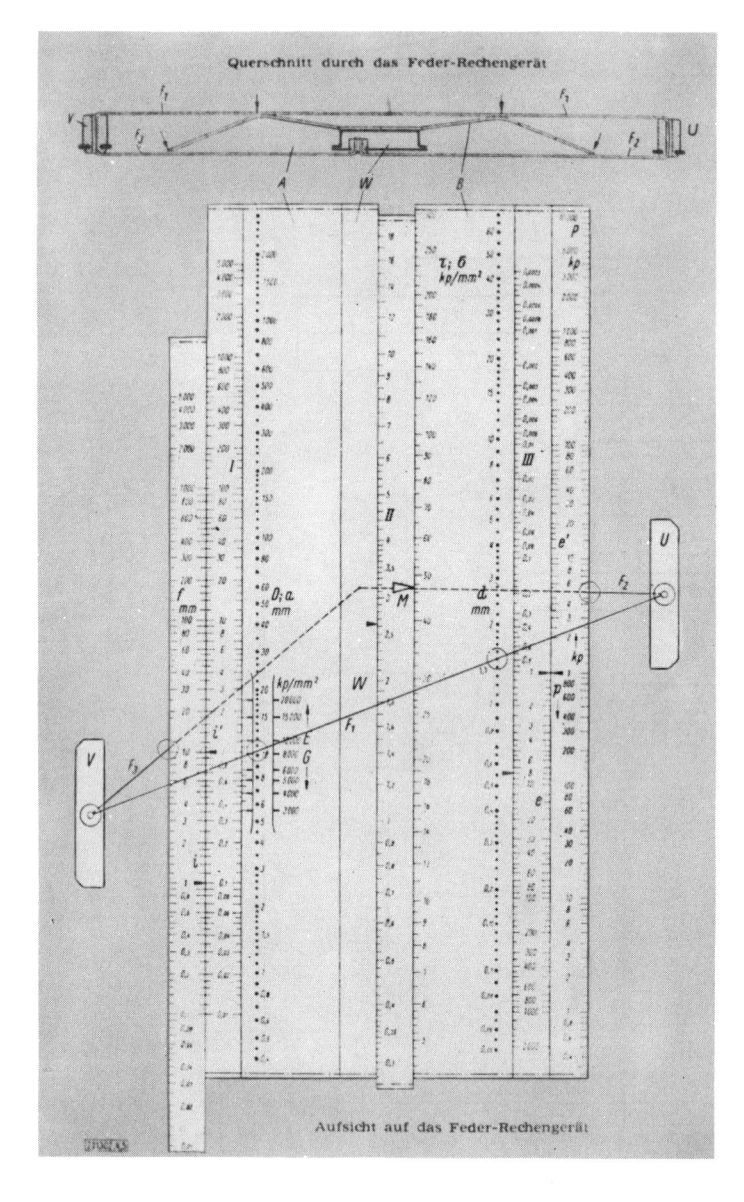

Bild 8.4. Aufbau des Feder-Rechengeräts nach Stoller [8.23]

8.2. Federoptimierung

8.2.1. Optimierungsanliegen

Für eine technische Aufgabe, wie sie z. B. ein Federentwurf darstellt, gibt es viele Lösungen. Ein guter Konstrukteur versucht stets, die beste Lösung bezüglich einer bestimmten Zielstellung zu finden. Diese Zielstellung kann sehr verschieden sein. Bei einer Federoptimierung werden im wesentlichen zwei Ziele verfolgt. Einmal soll durch geeignete Verfahren und Ansätze die für eine ganz bestimmte technische Aufgabe bestgeeignete *Federart* [8.26] [8.27] ausgewählt und zum anderen eine den gestellten Bedingungen angepaßte, *parameteroptimierte* Feder einer Federart berechnet werden [8.28] bis [8.35]. Die Lösung dieser Aufgabenstellung erfordert entsprechende Vergleichs- und Bewertungsmöglichkeiten. Die im Abschnitt 4.3. angeführten Nutzwerte stellen eine solche Vergleichs-

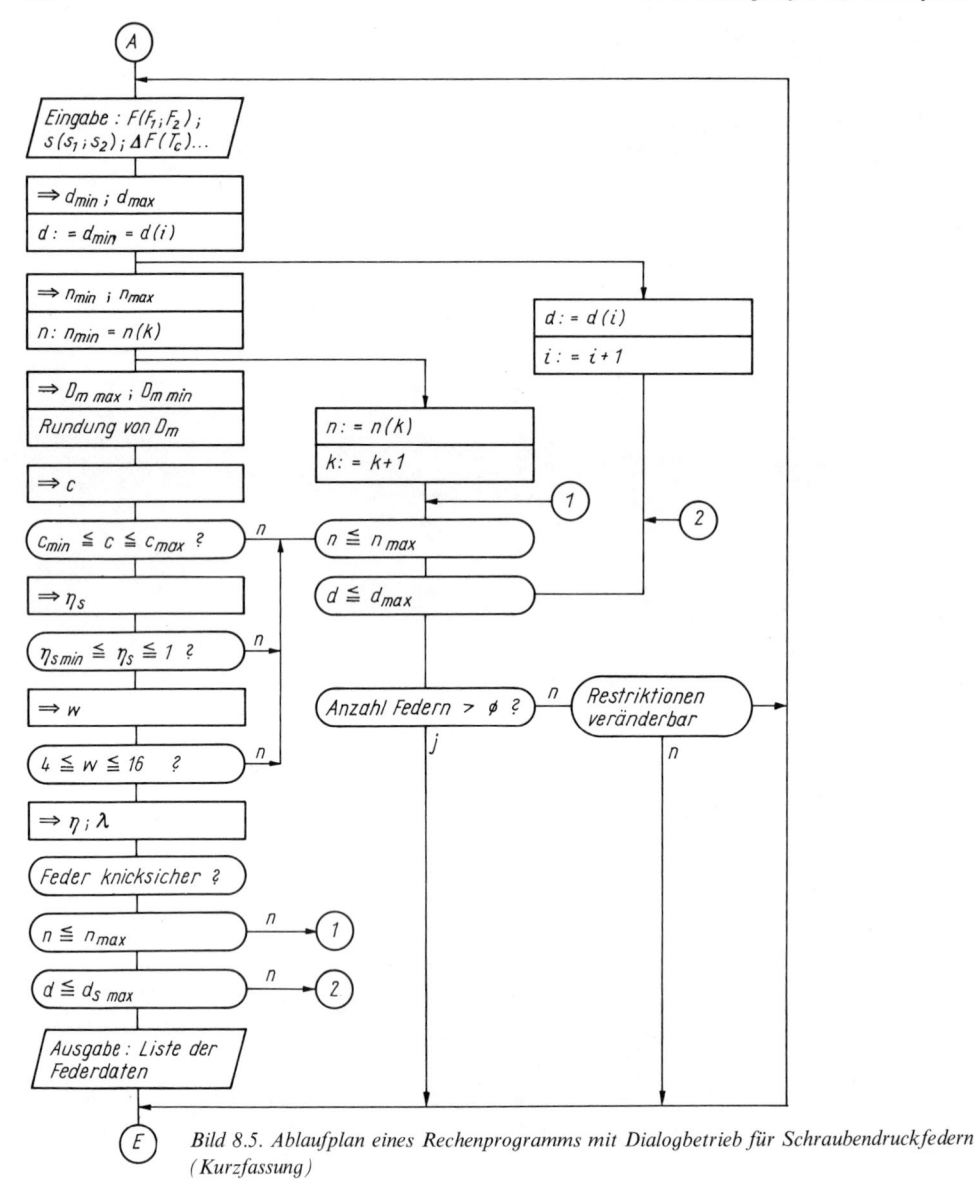

Bild 8.5. Ablaufplan eines Rechenprogramms mit Dialogbetrieb für Schraubendruckfedern (Kurzfassung)

möglichkeit dar [8.27]. Meist werden jedoch bestimmte Anforderungen an das Federungsverhalten (Kennlinienverlauf) gestellt, die nur von einer bestimmten Federart erfüllt werden. Dazu ist die Kenntnis der jeweiligen Federcharakteristik erforderlich. Die vielfältigen Zielstellungen bei einer Federoptimierung verhindern die Erarbeitung eines allgemeingültigen Verfahrens. Im folgenden soll auf Verfahren und Probleme der Parameteroptimierung von Federn am Beispiel von Blattfedern und Schraubendruckfedern eingegangen werden.

8.2.2. Optimierungsgrundlagen

8.2.2.1. Vorgehensweise

Eine Aufgabenstellung für ein Optimierungsproblem muß die *Systemgrenzen* klar umreißen, die *Parameter* bzw. *unabhängigen Variablen* beinhalten und die *Zielfunktion*, nach der optimiert werden soll,

8.2. Federoptimierung

beschreiben. Aus der gegebenen Aufgabenstellung ist das mathematische Optimierungsmodell abzuleiten und danach das Optimum der Zielfunktion zu bestimmen. Bei der Lösung derartiger Aufgaben ist stets zwischen dem „mathematischen" und dem „technischen" Optimum zu unterscheiden. Das mathematische Optimum einer Zielfunktion ist in den meisten Fällen technisch nicht sinnvoll. Durch geeignete *Restriktionen* ist deshalb der Suchraum für ein Optimum so einzugrenzen, daß sich technisch realisierbare Lösungen ergeben. Liegt das Optimum an den Rändern des Suchraumes, so wird sein Wert wesentlich durch die Wahl dieser Restriktionen mitbestimmt.

Bei der Dimensionierung von Federn handelt es sich vornehmlich um eine Parameteroptimierung [8.36], die außerdem eine statische ist, da sowohl Zielfunktion und Restriktionen zeitinvariant sind. Verfahren einer dynamischen Optimierung sind anzuwenden, wenn das Zeitverhalten der Federparameter innerhalb eines Feder-Masse-Systems (s. Abschnitt 7.) berücksichtigt werden soll.

Die zu optimierenden Federparameter liegen sowohl in kontinuierlich als auch in diskret variabler Form vor. Werden neben einer optimalen Funktionserfüllung noch andere Optimierungsziele (z. B. minimale Masse der Feder) gleichzeitig verfolgt, so führt das zu einer Aufgabe der Polyoptimierung. Da der Funktionserfüllung das Primat zukommt, müssen sich weitere Optimierungsziele dieser Forderung unterordnen. Gegensätzliche Ziele erfordern Kompromißlösungen. Sie sind dadurch charakterisiert, daß keine gleichmäßige Erfüllung der Optimierungskriterien möglich ist.

Die Anwendung von Verfahren der Polyoptimierung läßt sich vermeiden, wenn aus dem durch Restriktionen eingegrenzten Suchraum zulässiger Lösungen (Lösungen, die die Funktionsbedingungen erfüllen) solche Lösungen herausgesucht werden, die noch weitere Zielfunktionen optimal erfüllen. Eine solche Vorgehensweise liegt auch dem im Bild 8.5 dargestellten Rechenprogramm für Druckfedern zugrunde.

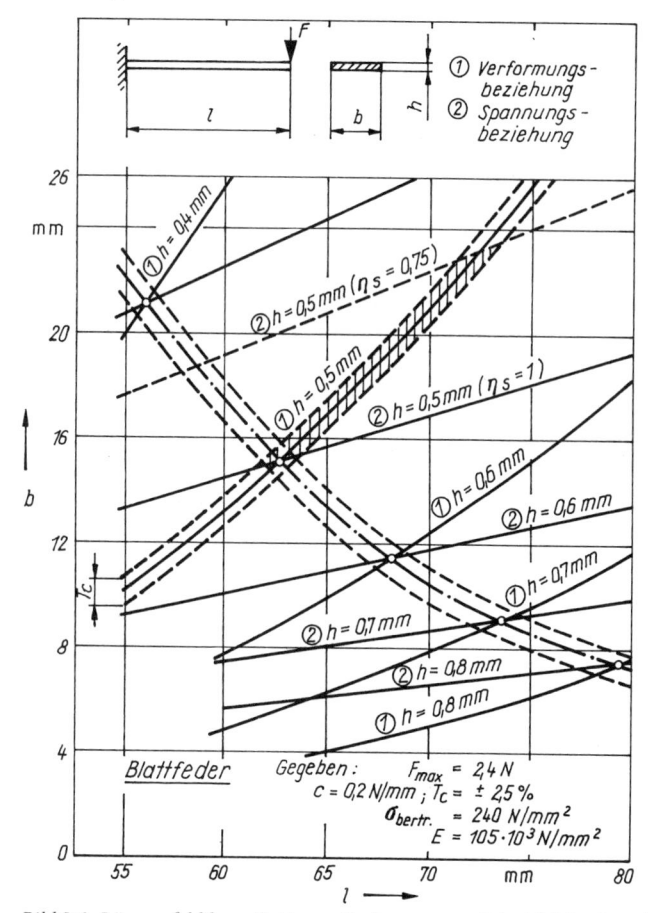

Bild 8.6. Lösungsfeld bzw. Optimum-Suchraum zum Beispiel 8.2 „Berechnung einseitig eingespannter Blattfedern"

8.2.2.2. Optimierungsziele bei Federberechnungen

Neben den die Funktion einer Feder beschreibenden Gleichungen gibt es eine ganze Reihe von Restriktionen, die federartspezifisch sind und in denen die die Federgestalt beschreibenden Größen enthalten sind. Aus ihnen lassen sich die unterschiedlichsten Optimierungsziele ableiten und formulieren.
Eine *optimale Funktionserfüllung* ist z. B. im Schnittpunkt der Funktionen gegeben, die sich aus den Verformungsbedingungen durch den Bereich der Federsteife

$$c_{min} \leq c_{vorh} \leq c_{max} \tag{8.1a}$$

oder die Toleranz der Federsteife

$$1 - T_{c\,vorh}/T_{c\,erf} \geq 0 \tag{8.1b}$$

ausgedrückt und den Spannungsbedingungen

$$\sigma_{ertr} - \sigma_{vorh} \geq 0 \quad \text{bzw.} \quad \tau_{ertr} - \tau_{vorh} \geq 0 \tag{8.2a}$$

oder mit dem Spannungsverhältnis $\eta_S = \sigma_{vorh}/\sigma_{ertr} = \tau_{vorh}/\tau_{ertr}$ ausgedrückt

$$1 - \eta_S \geq 0 \tag{8.2b}$$

ableiten lassen. Im Bild 8.6 sind diese Beziehungen für einseitig eingespannte Blattfedern und im Bild 8.7 für Druckfedern aufgetragen. Schnittpunkte werden jedoch nur in Ausnahmefällen durch diskrete Parameter gebildet, so daß eine Lösungssuche um diesen Schnittpunkt herum auf der Basis

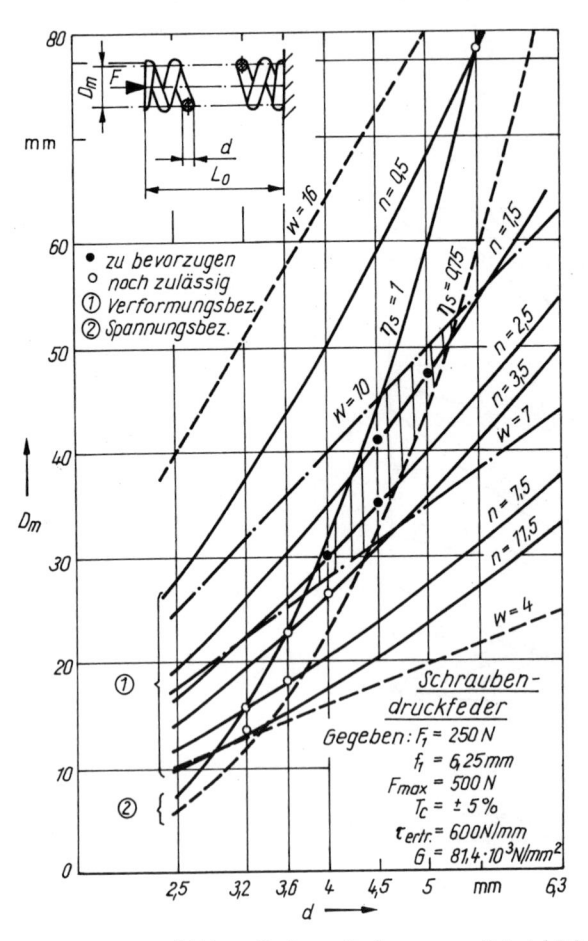

Bild 8.7. Lösungsfeld bzw. Optimum-Suchraum zum Beispiel 8.3 „Berechnung von Druckfedern"

8.2. Federoptimierung

diskreter und Verändern kontinuierlich veränderlicher Parameter erfolgen muß. Eine Lösung ergibt sich in diesem Fall nur, wenn in dem durch die Federsteife-Toleranz T_c und dem Bereich für das Spannungsverhältnis $\eta_{S\,min} \leq \eta_S \leq 1$ sich ergebenden Feld um diesen Schnittpunkt auch ein Schnittpunkt der diskreten Parameter liegt oder durch Variation kontinuierlicher Parameter erzielen läßt. Bei nicht zu eng begrenztem Lösungsfeld gibt es mehrere Schnittpunkte, die miteinander verbunden eine Schnittpunktkurve bilden (s. Bilder 8.6 und 8.7). Diese Schnittpunktkurve weist eine Besonderheit auf. Alle Federn, deren Parameter zu Punkten auf dieser Kurve führen, besitzen das gleiche Werkstoffvolumen (Federvolumen V_F). Dieses stellt für den betrachteten Einsatzfall das Optimum ($V_{F\,opt}$) dar. Damit erfüllen solche Federn gleichzeitig die Forderung nach einem *minimalen Werkstoffvolumen* bzw. *Eigenmasseminimum*. Diese Forderung läßt sich in der Zielfunktionsform (z. B. für Schraubendruckfedern)

$$V_F = (\pi/4)\,(\pi \cdot d^2 \cdot D_m \cdot n) \stackrel{!}{=} \text{MIN} \tag{8.3a}$$

oder der Restriktionsform

$$V_F - V_{F\,opt} \geq 0 \tag{8.3b}$$

ausdrücken.

Die Forderung nach Erfüllung eines *minimalen Einbauraumes* [8.31] [8.33], die sich in der Restriktionsschreibweise durch

$$V_{ER} - V_{ER\,min} \geq 0 \tag{8.4}$$

ausdrücken läßt, wird meist bei Schraubenfedern erhoben. Dabei ist $V_{ER\,min}$ das technisch realisierbare bzw. geforderte Einbauraum-Minimum. Im Beispiel der Schraubenfedern ist der Einbauraum

$$V_{ER} = (\pi/4)\,(D_a^2 \cdot L), \tag{8.5}$$

wobei sich für $L = L_0$ der Einbauraum V_{ER0} der ungespannten und mit $L = L_1$ der der vorgespannten Feder V_{ER1} ergibt. Da sowohl der Windungsaußendurchmesser D_a als auch die Federlänge L variable Parameter der Feder sind, ergeben sich viele Lösungen. Meist werden deshalb nur Teilforderungen erhoben, wie

$$D_{a\,min} \leq D_a \leq D_{a\,max} \tag{8.6a}$$
$$D_{i\,min} \leq D_i \leq D_{i\,max} \tag{8.6b}$$
$$L_{min} \leq L \leq L_{max}. \tag{8.6c}$$

Eine *maximale Ausnutzung der Tragfähigkeit des Werkstoffs* [8.32] ergibt sich bei Federn, für die die Gleichung (2.2b) einen Wert nahe Null liefert.

Forderungen nach *minimalen Federkosten* [8.35] lassen sich mit der Forderung nach kleinster Federeigenmasse verbinden, wobei allerdings die unterschiedlichen Werkstoffkosten zu beachten sind [8.13].

Tafel 8.4. Übersicht über Optimierungsziele bei Federn

---

1. Optimale Funktionserfüllung
   — kleinste Abweichung der Federsteife ($T_c \stackrel{!}{=} \text{MIN}$)
   — größte Ausknicksicherheit
   — größte Lebensdauer
   — größtmögliche Federarbeit
2. Minimale Federmasse
   — minimale Federkosten
   — minimales Werkstoffvolumen ($V_F \stackrel{!}{=} \text{MIN}$)
   — minimale Herstellungskosten
   — minimale Gesamtkosten
3. Minimaler Einbauraum ($V_{EB} \stackrel{!}{=} \text{MIN}$)
4. Maximale Ausnutzung der Tragfähigkeit des Werkstoffs ($\eta_S \to 1$)

Wird eine *maximale Federarbeit* gefordert, dann ist eine Realisierung innerhalb einer Federart nur über den Werkstoff und das Federvolumen (s. Ausführungen zum Artnutzwert Abschn. 4.3.) und zwischen verschiedenen Federarten auf der Basis der Artnutzwert-Beziehung möglich. Eine Übersicht der Optimierungsziele ist in Tafel 8.4 aufgeführt.

8.2.2.3. Optimierungsverfahren

Bei allen numerischen Verfahren geht es darum, eine geeignete *Schrittweite* (sie wird bei Federn oft durch die diskreten Parameter Drahtdurchmesser d, Windungszahl n oder Banddicke t vorgegeben) und eine geeignete *Suchrichtung* zu finden, die mit minimalem Aufwand einen neuen *Suchschritt* in Richtung des gesuchten Optimums ermitteln. Dabei zeichnet sich ein wirtschaftliches Verfahren dadurch aus, daß das Ziel mit wenigen Schritten und hinreichender Genauigkeit gefunden wird. Tafel 8.5 zeigt eine Übersicht

Tafel 8.5. Verfahren der statischen Optimierung nach [8.37]

Verfahren zur statischen kontinuierlichen Parameteroptimierung	Verfahren zur statischen diskreten Parameteroptimierung
1. Deterministische Verfahren — simultane Verfahren — sequentielle Verfahren — Gradientenverfahren — NEWTON-Verfahren	1. Diskrete Optimierung
2. Zufallsverfahren — Monte-Carlo-Verfahren — Lern- und Vergeßverfahren	

der Optimierungsverfahren (statisch). Da in bestimmten Fällen Lösungen an den Suchfeldrändern oder entlang diskreter Parameter zu erwarten sind, eignen sich bereits eindimensionale Verfahren (z. B. *Fibonacci*-Test). Von den mehrdimensionalen Verfahren sind das *Gauß-Seidel*-Verfahren, die bestimmte Modifikation eines Gradientenverfahrens aber auch die einfache Monte-Carlo-Methode anwendbar. Die Möglichkeiten, die die Monte-Carlo-Methode bietet, werden bei den geschilderten speziellen Problemen der Parameteroptimierung von Federn zwar nicht ausgeschöpft, und es ergeben sich längere Rechenzeiten, jedoch läßt sich dieser Nachteil durch entsprechende Spezifizierung des Verfahrens abschwächen.

8.2.3. Grundbeziehungen zur Federoptimierung

8.2.3.1. Blattfedern

Mit der Verformungsbeziehung nach Gleichung (5.7) ist die Federsteife einer geraden, einseitig eingespannten Blattfeder mit Rechteckquerschnitt ($A = b \cdot h$)

$$c = (Ebh^3)/(4 \cdot l^3) = (k_1 x_1 x_2^3)/(x_3^3) \tag{8.7}$$

mit den Variablen $x_1 = b$; $x_2 = h$; $x_3 = l$ und der Konstanten k_1 sowie die Spannung

$$\sigma_b = (6 \cdot lF_{max})/(bh^2) = (k_2 x_3)/(x_1 x_2^2), \tag{8.8}$$

womit sich für die Schnittpunktkurve nach Gleichsetzen von Gleichung (8.7) und (8.8) die Beziehung

$$h = (2 \cdot cl^2 \sigma_b)/(3 \cdot EF_{max}) = x_2 = k_3 \cdot x_3^2 \tag{8.9}$$

ergibt ($\sigma_b = \sigma_{b\,ertr}$ = konst.). Die Gleichungen (8.7) bis (8.9) sind im Bild 8.6 als Funktionen $b = f(l)$ bzw. $x_1 = f(x_3)$ mit $h = x_2$ als Parameter dargestellt. Für den Schnittpunkt ergibt sich das optimale Federvolumen zu

$$V_{F\,opt} = (9 \cdot E/c)(F_{max}/\sigma_{b\,ertr})^2. \tag{8.10}$$

8.2. Federoptimierung

Es wird bereits durch die meist vorgegebenen Werte von F und s (Federsteife c) sowie durch die Werkstoffkennwerte (E und $\sigma_{b\,ertr}$) bestimmt. Innerhalb der durch die Bereiche von T_c und η_S gebildeten Felder für diskrete Werte der Blechdicke $t = h$ ist durch Verändern der Werte b und l eine Annäherung des Federvolumens an diesen Wert möglich (s. Beispiel 8.2).

8.2.3.2. Schraubendruckfedern

Aus der Verformungsbeziehung nach Gleichung (5.120) ergibt sich mit $x_4 = d$; $x_5 = n$ und $x_6 = D_m$

$$c = (G \cdot d^4)/(8 \cdot n \cdot D_m^3) = (k_4 x_4^4)/(x_5 x_6^3) \tag{8.11}$$

und für die Spannung nach Gleichung (5.121)

$$\tau = (8 \cdot D_m \cdot F_{max})/(\pi \cdot d^3) = (k_5 \cdot x_6)/x_4^3, \tag{8.12}$$

womit sich als Beziehung für die Schnittpunktkurve

$$d = x_4 = \sqrt[5]{[(64 \cdot G)/(c \cdot n)] \cdot (F_{max}/\pi \cdot \tau_{ertr})^3} = k_6 \sqrt[5]{1/x_5} \tag{8.13}$$

ergibt. Die Gleichungen (8.11) bis (8.13) sind im Bild 8.7 als Funktionen $D_m = f(d)$ bzw. $x_6 = f(x_4)$ mit der Windungszahl n als Parameter dargestellt. Neben T_c und η_S wird der Suchraum hier außerdem durch die Restriktion

$$4 \leq w \leq 16 \tag{8.14}$$

mit dem zu bevorzugenden Bereich

$$7 \leq w \leq 10 \tag{8.15}$$

des Wickelverhältnisses w eingeschränkt. Für die jeweiligen Schnittpunkte der Gleichungen (8.11) und (8.12) ergibt sich das optimale Federvolumen zu

$$V_{F\,opt} = (2 \cdot G/c)(F_{max}/\tau_{ertr})^2 . \tag{8.16}$$

Auch hier ist zu erkennen, daß dieses kleinstmögliche Federvolumen bereits durch vorgegebene Werte und die Werkstoffkenngrößen bestimmt ist.
Diskrete Werte liegen für den Drahtdurchmesser und die Windungszahl vor. Einzige Variable ist somit der Windungsdurchmesser. Bei zu engen Grenzen durch T_c, η_S und eventuell durch w kann es vorkommen, daß unter den gegebenen Bedingungen keine Lösungen gefunden werden.
Im Beispiel 8.3 (Bilder 8.7 und Tafel 8.7) erfüllen die Federn B und D die gestellten Forderungen am besten.

8.2.4. Rechnereinsatz [8.6] [8.7] [8.8] [8.12] [8.24] [8.25] [8.36] [8.37] bis [8.42]

Für die Berechnung von Federn, insbesondere solcher mit besonderer Formgebung, werden heute verbreitet elektronische Taschen-, Tisch- und Kleinrechner verwendet [8.12] [8.24] [8.25]. Nicht immer enthalten die eingesetzten Rechenprogramme auch Optimierungsteile, obwohl sich bei Einsatz dieser Technik die Lösung auch derartiger Aufgaben anbietet. Von verschiedenen Autoren wird bereits über die Anwendung der verschiedensten Optimierungsstrategien im Zusammenhang mit Federberechnungen berichtet [8.6] [8.7] [8.8] [8.36] [8.37]. In [8.6] werden z. B. für eine Reihe Federarten Berechnungsprogramme angegeben, die sich vom Aufbau her durchaus auch für die Berechnung weiterer Federarten nutzen lassen.
Da der Lösungsraum für „zulässige" Federabmessungen artspezifisch durch eine Reihe fertigungs- und funktionsbedingter Forderungen recht weit eingeengt ist (Beispiele s. Tafel 8.6), ein Teil der Parameter in diskreter Form vorliegt, gibt es meist nur eine kleine Menge zulässiger Lösungswerte. Oft müssen aus diesem Grunde verschiedene Werte und Restriktionen verändert werden, die einen Dialogbetrieb als zweckmäßig erscheinen lassen. Das im Anhang (Tafel A-4) als Beispiel enthaltene Programm ist so aufgebaut. Es kommt mit nur drei Eingabewerten aus. Die weiteren Werte sind im Rahmen des Dialogbetriebs einzugeben. Daten der gefundenen Federn, die die gestellten Bedingungen erfüllen, werden angezeigt. Anhand spezieller Daten (z. B. Einbauraum, Eigenmasse usw.) kann

Tafel 8.6. Beispiele für Restriktionen bei Federn

Kaltgeformte Schraubenfedern
$4 \leq w \leq 16$ $\qquad w = D_m/d$
zu bevorzugen: $7 \leq w \leq 10$
Ausnahmen: $w = 3$; $w = 18$

w Wickelverhältnis, d Drahtdurchmesser, D_m mittlerer Windungsdurchmesser

Kontaktblattfedern
$5h \leq b \leq 20h$ $\qquad l > b > h$

b Federbreite, h Federhöhe, l Federlänge

Tellerfedern
$n \leq 3$ $\qquad i \leq 10$

n Anzahl der gleichsinnig geschichteten Einzelteller, i Anzahl der ungleichsinnig geschichteten Einzelteller oder Federpakete

$L_0 \leq 3 D_a$

L_0 Länge der unbelasteten Federsäule, D_a Außendurchmesser der Tellerfeder

---

weiterhin die Auswahl einer Feder, die bestimmte Kriterien optimal erfüllt, vorgenommen werden. An diesem Beispiel ist einerseits der vorteilhafte Einsatz elektronischer Rechner zur Lösung derartiger Berechnungsaufgaben mit iterativem Charakter und andererseits auch die dem Problem angepaßte Vorgehensweise bei Optimierungsaufgaben zu erkennen. Programmtechnisch recht umfangreiche Optimierungsstrategien sind nicht in jedem Fall erforderlich.

Berechnungsbeispiele

1. Auswahl einer Schraubendruckfeder

Gegeben: $F_1 = 170 \pm 10$ N; $F_2 = 230 \pm 15$ N; $s_h = 5$ mm;
$\qquad\quad D_a \leq 30$ mm; $L_1 \leq 45$ mm
Gesucht: Bezeichnung und Daten der Feder; Funktionsnachweis
Lösung:
a) Einzuhaltende Bedingungen:
   1. $c_{min} \leq c_{vorh} \leq c_{max}$ $\qquad$ (Funktionsnachweis)
   2. $F_n \geq F_2$ $\qquad$ (Festigkeitsnachweis)
   3. $D_{a\,vorh} \leq D_{a\,max}$ $\qquad$ (geometrische Bedingungen bzw. Einbaubedingungen)
   4. $L_{1\,vorh} \leq L_{1\,max}$
b) Federsteife (Federrate)
   $c_{erf} = (F_2 - F_1)/s_h = (230\,\text{N} - 170\,\text{N})/5\,\text{mm} = 12\,\text{N/mm}$
   $c_{max} = (F_{2\,max} - F_{1\,min})/s_h = (245\,\text{N} - 160\,\text{N})/5\,\text{mm} = 17\,\text{N/mm}$
   $c_{min} = (F_{2\,min} - F_{1\,max})/s_h = (215\,\text{N} - 180\,\text{N})/5\,\text{mm} = 7\,\text{N/mm}$
c) Auswahl
   Die gestellten Bedingungen werden von einer Reihe Federn nach DIN 2098/01 erfüllt:

Nr.	Bezeichnung $(d \times D_m \times L_0)$	c_{vorh} N/mm	F_n N	D_a mm	L_0 mm	L_1 mm	n —	m_F g	$T_{c\,vorh}$ %	F_2/F_n (η_s)
1.	$2 \times 12{,}5 \times 33$	15,20	254	14,5	33	21,8	5,5	7,3	15	0,96
2.	$2 \times 12{,}5 \times 49{,}5$	9,81	254	14,5	49,5	32,2	8,5	10,2	−18,3	0,96
3.	$2 \times 10 \times 55$	13,05	318	12	55	42,0	12,5	11,2	8,8	0,77
4.	$2{,}5 \times 20 \times 36$	14,22	290	22,5	36	24,1	3,5	13,3	18,5	0,84
5.	$2{,}5 \times 20 \times 54$	9,05	290	22,5	54	35,2	5,5	18,2	−24,6	0,84
6.	$2{,}5 \times 16 \times 61$	11,48	365	18,5	61	46,2	8,5	20,3	−4,3	0,67
7.	$3{,}2 \times 25 \times 63{,}5$	12,36	461	28,2	63,5	49,8	5,5	37,2	3	0,53

8.2. Federoptimierung

Feder Nr. 1 besitzt die geringste Masse und die kleinste Differenz $F_n - F_2$, hat aber gegenüber der Feder Nr. 3 eine größere Abweichung der Federsteife vom Mittelwert. Bei Feder Nr. 3 ist außerdem die Reserve der Federkraft F_2 gegenüber F_n größer (empfohlen wird ein Wert $F_2/F_n = 0{,}7 \dots 0{,}8$). Gewählt wird die Feder Nr. 3 mit der Bezeichnung

$$\text{DRUCKFEDER } 2 \times 10 \times 55 \quad \text{DIN 2098}$$

Mit ihr ergeben sich folgende Funktions- und Einbaudaten:

$c_{min} = 7 \text{ N/mm} < c_{vorh} = 13{,}05 \text{ N/mm} < c_{max} = 17 \text{ N/mm}$
$s_1 = F_1/c_{vorh} = 170 \text{ N}/13{,}05 \text{ N/mm} = 13{,}03 \text{ mm}$
$s_2 = s_1 + s_h = 13{,}03 \text{ mm} + 5 \text{ mm} = 18{,}03 \text{ mm}$
$F_{2\,vorh} = s_2 \cdot c_{vorh} = 18 \text{ mm} \cdot 13{,}05 \text{ N/mm} = 235 \text{ N} < F_n = 318 \text{ N}$
$L_1 = L_0 - s_1 = 55 \text{ mm} - 13{,}03 \text{ mm} = 41{,}97 \text{ mm} < L_{1\,max} = 45 \text{ mm}$
$L_2 = L_0 - s_2 = 55 \text{ mm} - 18{,}03 \text{ mm} = 36{,}97 \text{ mm}$
$D_a = 12 \text{ mm} < D_{a\,max} = 30 \text{ mm}$.

Die Bedingungen der Aufgabenstellung sind erfüllt.

2. Optimierungsrechnungen an einer Blattfeder

Gegeben: $F_{max} = 2{,}4 \text{ N}$; $c = 0{,}2 \text{ N/mm}$; $T_c = \pm 0{,}005 \text{ N/mm}$ ($\pm 2{,}5\%$); $\eta_{S\,min} = 0{,}75$; Werkstoff: CuZn37 mit $E = 105\,000 \text{ N/mm}^2$ und $\sigma_{b\,ertr} = 240 \text{ N/mm}^2$; $l_{min} = 50 \text{ mm}$; $l_{max} = 70 \text{ mm}$;

$$V_F \stackrel{!}{=} \text{MIN}$$

Gesucht: Daten der Blattfeder (b; h; l)

Lösung:

a) Das mit den gegebenen Daten kleinstmögliche Federvolumen ist nach Gleichung (8.10)

$$V_{F\,opt} = (9 \cdot E/c)(F_{max}/\sigma_{b\,ertr})^2$$
$$= (9 \cdot 105\,000 \text{ N/mm}^2/0{,}2 \text{ N/mm})(2{,}4 \text{ N}/240 \text{ N/mm}^2)^2$$
$$= 472{,}5 \text{ mm}^3.$$

(Unter Berücksichtigung der Federsteifen-Toleranz ergibt sich mit $c_{max} = 0{,}205 \text{ N/mm}$ ein Grenzwert von $V_F = 461 \text{ mm}^3$.)

Dieses Federvolumen ergibt sich im Schnittpunkt der Verformungs- und Spannungsbeziehung (dargestellt im Bild 8.6 mit den Werten nach Tafel 8.7), für den sich die Blattfederdicke nach Gleichung (8.9) zu

$h = (2 \cdot c \cdot l^2 \cdot \sigma_{b\,ertr})/(3 \cdot E \cdot F_{max}) =$
$h_{min} = (2 \cdot 0{,}2 \text{ N/mm} \cdot 50^2 \text{ mm}^2 \cdot 240 \text{ N/mm}^2)/(3 \cdot 105\,000 \text{ N/mm}^2 \cdot 2{,}4 \text{ N})$
$\quad = 0{,}317 \text{ mm} \quad (= 0{,}310 \text{ mm mit } c_{min})$
$h_{max} = (2 \cdot 0{,}2 \text{ N/mm} \cdot 70^2 \text{ mm}^2 \cdot 240 \text{ N/mm}^2)/(3 \cdot 105\,000 \text{ N/mm}^2 \cdot 2{,}4 \text{ N})$
$\quad = 0{,}622 \text{ mm} \quad (= 0{,}638 \text{ mm mit } c_{max})$

ergeben.

Tafel 8.7. Zusammenstellung von Werten der Blattfederoptimierung (Beispiel 8.2 und Bild 8.6)

Bezeichnung der Werte	Schnittpunkte für h in mm					Bestwerte	
	0,4	0,5	0,6	0,7	0,8	0,5	0,6
b in mm	21,05	15,06	11,46	9,09	7,44	15,0	11,5
l in mm	56,12	62,75	68,74	74,25	79,37	62,5	69,0
c_{vorh} in N/mm	0,2	0,2	0,2	0,2	0,2	0,202	0,198
$\eta_{S\,vorh}$	1,0	1,0	1,0	1,0	1,0	1,0	1,0
b/h	52,6	30,1	19,1	13,0	9,3	30,0	19,2
V_F in mm³	472,5	472,5	472,5	472,5	472,5	468,8	476,1

b) Federbreite b

Mit den diskreten Werten für die Blechdicke (Banddicke) im ausgerechneten Bereich, der sich unter Berücksichtigung des gegebenen Kleinstwertes für das Spannungsverhältnis η_S noch vergrößert, ergeben sich nach den Gleichungen (8.7) und (8.8) mit $l = V_{Fopt}/(b \cdot h)$ für die Berechnung der Blattfederbreite die Beziehungen

$$b_1 = \sqrt{(6 \cdot V_F)/(h^2 \cdot \sigma_{b\,ertr})} \quad \text{bzw.}$$

$$b_2 = \sqrt[4]{(4 \cdot c \cdot V_F^3)/(E \cdot h^6)}.$$

Die Werte für die jeweiligen Schnittpunkte sind in Tafel 8.7 zusammengestellt. Nach Aufrunden entstehen die in den letzten Spalten angegebenen Bestwerte. Durch Ausschöpfen der Toleranz für die Federsteife ergibt sich sogar ein kleinerer Wert für V_F als mit den Mittelwerten ausgerechnet.

3. *Optimierungsrechnungen an einer Druckfeder*

Gegeben: $F_1 = 250$ N; $F_2 = 450$ N; $F_n = F_{max} = 500$ N; $s_h = 5$ mm; $T_c = \pm 5\%$; $\eta_S \geq 0{,}75$; Werkstoff: pat. Federstahldraht mit $\tau_{ertr} = 600$ N/mm² und $G = 81\,400$ N/mm²

Gesucht: Daten der Federn für $V_F \stackrel{!}{=}$ MIN und $V_{ER} \stackrel{!}{=}$ MIN

Lösung:

a) Federsteife

$$c = (F_2 - F_1)/s_h = (450\text{ N} - 250\text{ N})/5\text{ mm} = 40\text{ N/mm}$$

$$c_{min} = 38\text{ N/mm}\,; \quad c_{max} = 42\text{ N/mm}\,.$$

b) Federvolumen

Mit den gegebenen Daten ergibt sich nach Gleichung (8.15) ein minimales Federvolumen von

$$\begin{aligned}V_{Fopt} &= (2 \cdot G/c)\,(F_{max}/\tau_{ertr})^2 \\ &= (2 \cdot 81\,400\text{ N/mm}^2/40\text{ N/mm})\,(500\text{ N}/600\text{ N/mm}^2)^2 \\ &= 2826\text{ mm}^3\end{aligned}$$

und unter Berücksichtigung der Toleranz der Federsteife mit $c_{max} = 42$ N/mm ein Wert $V_{Fopt} = 2692$ mm³.

c) Federdaten

Unter Annahme einer Windungszahl zwischen $n_{min} = 0{,}5$ und $n_{max} = 10{,}5$ ergibt sich nach Gleichung (8.13) ein Bereich für den Drahtdurchmesser von

$$d_{min} = \sqrt[5]{[(64 \cdot G)/(c \cdot n)] \cdot (F_{max}/\pi \cdot \tau_{ertr})^3} = 2{,}97\text{ mm}$$

und

$$d_{max} = 5{,}46\text{ mm}\,,$$

so daß die genormten Drahtdurchmesser zwischen $d = 3{,}0$ mm und $d = 5{,}5$ mm als mögliche Federdaten in Frage kommen. Mit den diskreten Werten für den Drahtdurchmesser ($d = 3{,}2$;

Tafel 8.8. Zusammenstellung von Werten der Druckfederoptimierung (Beispiel 8.3 und Bild 8.7)

Feder	d in mm	D_m in mm	n	$w = D_m/d$	τ_{vorh} in N/mm²	η_S	c_{vorh} in N/mm	L_0 in mm	V_F in mm³	V_{ERo} in mm³	V_{ER1} in mm³
A	3,2	14,1	9,5	4,41	548	0,91	40,06	52,34	3381	12297	10829
B	3,2	15,3	7,5	4,78	595	0,99	39,72	45,30	2896	12171	10492
C	3,6	21,2	4,5	5,89	579	0,96	39,86	37,52	3048	18115	15097
D	4,0	29,6	2,5	7,40	589	0,98	40,17	32,10	2918	28448	22909
E	4,5	41,1	1,5	9,13	575	0,96	40,07	29,33	3077	49998	39344
F	5,0	47,3	1,5	9,46	482	0,80	40,06	31,20	4372	66993	53573
G	5,5	77,5	0,5	14,10	593	0,99	40,00	27,35	2889	147905	114106

3,6; 4,0; 4,5; 5,0; 5,5 mm) und die Windungszahl (n = 0,5; 1,5; 2,5; 3,5; 4,5; 5,5; 6,5; 7,5; 8,5 und 9,5) ergeben sich unter Berücksichtigung der Einschränkung $4 \leq w \leq 16$ die in Tafel 8.8 zusammengestellten Daten für eine Reihe „zulässiger" Federn, die als Lösungspunkte im Bild 8.7 vermerkt sind.

8.3. Literatur

[8.1] *Körwien, H.:* Hilfsmittel zur Berechnung zylindrischer Schraubenfedern. Maschinenbautechnik 11 (1962) 9, S. 495
[8.2] *Wanke, K.:* Hilfsmittel zur Berechnung von Schraubenzug- und -druckfedern. Berichte aus Theorie und Praxis 4 (1963) 6/7, S. 14—22
[8.3] *Heym, M.:* Auswahl von Rechenhilfen für zylindrische Schraubenfedern. Maschinenbautechnik 15 (1966) 10, S. 529—534
[8.4] *Hager, K.-F.:* Rationelles Berechnen von metallischen Federn. Feingerätetechnik 23 (1974) 11, S. 502—504
[8.5] *Hager, K.-F.:* Berechnung und Optimierung von Federn. 19. IWK der TH Ilmenau 1974, Vortragssammlung Heft 3, S. 109—112
[8.6] *Hager, K.; Meissner, M.; Unbehaun, E.:* Berechnung von metallischen Federn als Energiespeicher. Jena: Carl Zeiss JENA 1977, AUTEVO-Informationsreihe Heft 12/1 und 12/2
[8.7] *Meissner, M.:* Optimierung von Federn in der Gerätetechnik. Karl-Marx-Stadt: 5. Fachtagung „Rechnergestützte Optimierung von Konstruktionen" 1984 (Mifi)
[8.8] *Krebs, A.; Nestler, W.:* Optimierung zylindrischer Druckfedern mit Hilfe des programmierbaren Kleinrechners K 1002. Maschinenbautechnik 31 (1982) 11, S. 507—518
[8.9] *Meissner, M.:* Einsatz von Rationalisierungsmitteln bei der Federberechnung, Federoptimierung und Federjustierung. Marienberg: Wissenschaftlich-technischer Erfahrungsaustausch zur Federherstellung 1983, Zusammengefaßter Bericht, S. 20—22
[8.10] *Unbehaun, E.:* Berechnungsgrundlagen zur optimalen Dimensionierung von Kontaktblattfederkombinationen für die Schwachstromtechnik. Wiss. Zeitschr. der TH Ilmenau 15 (1969) 1, S. 111—121
[8.11] *Bonsen, K.:* Tabellen für Druck- und Zugfedern. Düsseldorf: VDI-Verlag 1968
[8.12] *Müller, B.:* Auswahl TGL-gerechter Federn mit Hilfe der EDV. Feingerätetechnik 26 (1977) 7, S. 294
[8.13] *Meissner, M.; Matschke, G.-D.:* Anwendung heuristischer Programme zur Dimensionierung elastischer Federn. Feingerätetechnik 20 (1971) 8, S. 377
[8.14] *Wolf, A. W.:* Rechentafel für zylindrische Schraubenfedern mit Kreis- und Rechteckquerschnitt. Essen-Kettwig: Verlag Glückauf GmbH 1949
[8.15] *Dubbel, H.:* Taschenbuch für den Maschinenbau. 17. Aufl. Berlin/Heidelberg/New York: Springer-Verlag 1990
[8.16] DIN-Taschenbuch 29: Normen über Federn. Berlin/Köln: Beuth Verlag 1991
[8.17] *Unbehaun, E.:* Beitrag zur optimalen Dimensionierung von Kontaktblattfederkombinationen. Diss. TH Ilmenau 1971
[8.18] *Schulze, R.:* Nomogramm für Federberechnung. Feinwerktechnik 58 (1954) 3, S. 75—80
[8.19] *Brückner, H.:* Hilfsmittel zur Federberechnung. Kraftfahrzeugtechnik 10 (1960) 5, S. 174—177
[8.20] *Stoller, J.:* Eine neuartige, mechanische Funktionsleitertafel, gezeigt am Aufbau eines Federrechners. VDI-Z. 92 (1950), S. 555—558
[8.21] *Brügmann, G.:* Schrauben- und Tellerfedern im Werkzeug- und Maschinenbau. Leipzig: Fachbuchverlag 1953
[8.22] RIBE-Federrechner-Anleitung. Firmenschrift der R. Bergner Federnfabriken Schwabach bei Nürnberg
[8.23] *Stoller, J.:* Ein neues Feder-Rechengerät. VDI-Z. 104 (1962) 22, S. 1159—1168 (Teil 1) und 24, S. 1237 bis 1243 (Teil 2)
[8.24] *Fröhlich, P.:* Druckfederberechnung und -optimierung mit dem Tischrechner. Konstruktion 28 (1976) 6, S. 227
[8.25] *Go, G. D.:* Programmsystem AOSK zur Verformungs- und Spannungsanalyse einseitig abwälzender, strukturell unsymmetrischer Tonnenfedern. Konstruktion 35 (1983) 8, S. 307—312
[8.26] *Herber, R.:* Optimale Metallfedern. Maschinenbautechnik 17 (1968) 6, S. 282—285
[8.27] *Niepage, P.; Muhr, K.-H.:* Nutzwerte der Tellerfedern im Vergleich mit den Nutzwerten anderer Federarten. Konstruktion 19 (1967) 4, S. 126—133
[8.28] *Hinkle, R.; Morse, I.:* Design of Helical Springs for Minimum Weight, Volume and Length (Berechnung zylindrischer Schraubenfedern mit kleinstem Gewicht, kleinstem Rauminhalt oder kleinster Länge). Trans. ASME, Series B, Journal of Engng. for Ind. 81 (1959) 1, S. 37—42 und Konstruktion 11 (1959) 9, S. 369

[8.29] *Chironis, N. P.:* Spring Design and Application. New York/Toronto/London: McGraw-Hill Book Comp. 1961
[8.30] *Schäfer, H.-D.:* Reibungsfedern und Spannverbindungen — Eigenschaften und Anwendungsmöglichkeiten. VDI-Z. 121 (1979) 22, S. 1129—1137
[8.31] *Wilms, V.:* Gewichtsoptimales Auslegen kaltgeformter zylindrischer Schraubenfedern unter statischer Belastung. Werkstatt und Betrieb 115 (1982) 3, S. 197—201
[8.32] *Svoboda, Z.:* Výpočet šroubovitých válcových pružin se zřetelem k optimalnimu využiti materialů (Berechnung zylindrischer Schraubenfedern unter Berücksichtigung der optimalen Werkstoffausnutzung). Strojirenstvi 14 (1964) 1, S. 20—24
[8.33] *Svoboda, Z.:* Výpočet šroubovitych válcových pružin se zřetelem k využiti prostoru (Berechnung zylindrischer Schraubenfedern unter Berücksichtigung der Raumausnutzung). Strojirenstvi 16 (1966) 3, S. 177—182
[8.34] *Schade, H.:* Beitrag zur Berechnung zylindrischer Schraubenfedern. VDI-Z. 98 (1956) 4, S. 131—132 und 35, S. 1927—1928
[8.35] *Branowski, B.:* Wahl der optimalen Konstruktionsparameter von Schraubenfedern unter Berücksichtigung der minimalen Kosten oder Baumassen. Draht 31 (1980) 2, S. 67—69 (Teil I) und 32 (1981) 6, S. 303—305 (Teil II)
[8.36] *Kanarachos, A.:* Zur Anwendung von Parameteroptimierungsverfahren in der rechnerunterstützten Konstruktion. Konstruktion 31 (1979) 5, S. 177—182
[8.37] *Krug, W.; Schönfeld, S.:* Rechnergestützte Optimierung für Ingenieure. Berlin: Verlag Technik 1981
[8.38] *Cristescu, C.:* Die rechnergestützte Optimierung der Projektion von zylindrischen Schraubendruckfedern. Constructia de mašini 37 (1985) 1
[8.39] *Leiseder, L.:* Federauswahl leicht gemacht. Technische Rundschau Bern 66 (1974) 25, S. 5—7
[8.40] *Baum, A. J.:* Spring design (Federberechnung). Engng. Mater. Design 24 (1980) 2, S. 38—43
[8.41] *Agrawal, G. K.:* Minimum length springs (Ermittlung der minimalen Federlänge). Mach. Design 48 (1976) 12, S. 128
[8.42] *Aidn, M.; v. Paulgerg, H.; Rappl, F.:* Rechnerunterstütztes Konstruieren von Kontaktfedersätzen. Feinwerktechnik & Meßtechnik 86 (1978) 2, S. 94—98 und 3, S. 145—149

9. Prüfung der Federn

9.1. Toleranzen

Die sich aus dem Fertigungsprozeß ergebenden Schwankungen der geometrischen Größen von Federn wirken sich ebenso wie die vom Werkstoff herrührenden auf die Funktionsgrößen der Federn aus. Vom Feder- und Halbzeughersteller müssen deshalb bestimmte Grenzen dieser Schwankungen eingehalten werden. Schwankungsgrenzen sind zum größten Teil in den Güteanforderungen festgelegt. So sind z. B. für Halbzeugabmessungen in DIN 1777; DIN 1780; DIN 2076; DIN 17670/02 zulässige Abweichungen für den Draht- bzw. Stabdurchmesser d, die Banddicke t und die Band- bzw. Streifenbreite b angegeben. Sie sind bei der Fertigung der Federn als unveränderbar gegeben anzusehen. Im Zuge der Halbzeug-Eingangskontrolle ist zu überprüfen, ob ihre vorgeschriebenen Grenzwerte eingehalten bzw. die Toleranzbereiche für d, t und b nicht überschritten wurden.

Vom Konstrukteur sind diese möglichen Abweichungen bei den Federentwürfen zu beachten. Festzulegen sind von ihm Toleranzen für Federabmessungen, die sich bei der Fertigung direkt oder indirekt ergeben. Dabei sind sowohl Maß- als auch Form- und Lageabweichungen zu beachten. In den Konstruktionsunterlagen erscheinen sie bis auf Ausnahmen jedoch als untolerierte Maße. In DIN

Tafel 9.1. Zulässige Abweichungen für den Windungsdurchmesser von Schraubendruckfedern, kaltgeformt, aus Draht

D_m (D_a; D_i)		Zulässige Abweichungen A_D in mm								
		Gütegrad 1 bei Wickelverhältnis w			Gütegrad 2 bei Wickelverhältnis w			Gütegrad 3 bei Wickelverhältnis w		
über	bis	4 bis 8	über 8 bis 14	über 14 bis 20	4 bis 8	über 8 bis 14	über 14 bis 20	4 bis 8	über 8 bis 14	über 14 bis 20
0,63	1	±0,05	±0,07	±0,1	±0,07	±0,1	±0,15	±0,1	±0,15	±0,2
1	1,6	±0,05	±0,07	±0,1	±0,08	±0,1	±0,15	±0,15	±0,2	±0,3
1,6	2,5	±0,07	±0,1	±0,15	±0,1	±0,15	±0,2	±0,2	±0,3	±0,4
2,5	4	±0,1	±0,1	±0,15	±0,15	±0,2	±0,25	±0,3	±0,4	±0,5
4	6,3	±0,1	±0,15	±0,2	±0,2	±0,25	±0,3	±0,4	±0,5	±0,6
6,3	10	±0,15	±0,15	±0,2	±0,25	±0,3	±0,35	±0,5	±0,6	±0,7
10	16	±0,15	±0,2	±0,25	±0,3	±0,35	±0,4	±0,6	±0,7	±0,8
16	25	±0,2	±0,25	±0,3	±0,35	±0,45	±0,5	±0,7	±0,9	±1,0
25	31,5	±0,25	±0,3	±0,35	±0,4	±0,5	±0,6	±0,8	±1,0	±1,2
31,5	40	±0,25	±0,3	±0,35	±0,5	±0,6	±0,7	±1,0	±1,2	±1,5
40	50	±0,3	±0,4	±0,5	±0,6	±0,8	±0,9	±1,2	±1,5	±1,8
50	63	±0,4	±0,5	±0,6	±0,8	±1,0	±1,1	±1,5	±2,0	±2,3
63	60	±0,5	±0,7	±0,8	±1,0	±1,2	±1,4	±1,8	±2,4	±2,8
80	100	±0,6	±0,8	±0,9	±1,2	±1,5	±1,7	±2,3	±3,0	±3,5
100	125	±0,7	±1,0	±1,1	±1,4	±1,9	±2,2	±2,8	±3,7	±4,4
125	160	±0,9	±1,2	±1,4	±1,8	±2,3	±2,7	±3,5	±4,6	±5,4
160	200	±1,2	±1,5	±1,7	±2,1	±2,9	±3,3	±4,2	±5,7	±6,6

2095 und DIN 2096 sind z. B. für Schraubendruckfedern zulässige Abweichungen für den Windungsdurchmesser (D_m bzw. D_a; D_i), die ungespannte Länge L_0 der Feder, die Abweichung der Federkraft F bei einer bestimmten Länge L der gespannten Feder, die Federachsabweichung e_1 und die Abweichung von der Parallelität e_2 festgelegt (Beispiele s. Tafeln 9.1 und 9.2). Ähnliche Festlegungen für Schraubenzugfedern, Dreh- und Tellerfedern sind in DIN 2097, DIN E 2194 und DIN 2093 enthalten. Die Tafeln 9.3 und 9.4 geben Empfehlungen für Drahtformfedern.

Für die Funktionsgrößen Federkraft F und Federweg s bzw. Federsteife c (Federrate R) entstehen somit fertigungsbedingte Abweichungen, die z. B. durch die Federsteifentoleranz T_c ausgedrückt werden können. Auf diese wirken sich außerdem noch die Abweichungen des Gleitmoduls G bzw. des Elastizitätsmoduls E aus (s. auch Bild 7.4).

Wie bereits an anderer Stelle ausgeführt, ist mindestens ein Fertigungsmaß für einen sogenannten „Fertigungsausgleich" vorzusehen, d. h., dem Federhersteller muß vom Konstrukteur über ein Maß die Möglichkeit des Ausgleichs bestimmter Federparameter, die bei einer „groben" Fertigung Abweichungen außerhalb der zulässigen Bereiche besitzen können, eingeräumt werden. Über einen solchen Fertigungsausgleich, der bei Schraubenfedern z. B. über den Windungsabstand (Federlänge L_0) erfolgen

Tafel 9.2. Zulässige Federachsabweichung e_1 und Abweichung e_2 von der Parallelität bei Schraubendruckfedern nach DIN 2095

Gütegrad	3 (grob)	2 (mittel)	1 (fein)
Abweichung e_1 der Mantellinie von der Senkrechten	0,08 L_0 (4,6°)	0,05 L_0 (2,9°)	0,03 L_0 (1,7°)
Abweichung e_2 von der Parallelität	0,06 D_a (3,4°)	0,03 D_a (1,7°)	0,015 D_a (0,9°)

Tafel 9.3. Zulässige Abweichungen für Längenmaße bei Drahtformfedern

Gütegrad	3 (grob)		2 (mittel)		1 (fein)	
Drahtdicke in mm	bis 2,8	über 2,8	bis 2,8	über 2,8	bis 2,8	über 2,8
Längenmaß in mm	zulässige Abweichung ± mm					
bis 6,00	1,0	1,2	0,5	0,6	0,25	0,32
über 6,00 bis 12,00	1,2	1,6	0,6	0,8	0,32	0,40
über 12,00 bis 25,00	1,6	2,0	0,8	1,0	0,40	0,50
über 25,00 bis 50,00	2,0	2,5	1,0	1,2	0,50	0,60
über 50,00 bis 100,00	2,5	3,2	1,2	1,6	0,60	0,80
über 100,00 bis 200,00	3,2	4,0	1,6	2,0	0,80	1,00
über 200,00 bis 400,00	4,0	5,0	2,0	4,0	1,00	2,00
über 400,00	5,0	6,0	4,0	5,0	2,00	2,50

Tafel 9.4. Zulässige Abweichungen für Biegewinkel bei Drahtformfedern

Kleines Längenmaß[1]) in mm	bis 3	über 3 bis 6	über 6 bis 12	über 12 bis 25	über 25
Gütegrad	zulässige Abweichung des Biegewinkels ± Grad				
3 (grob)	20	16	12	8	4
2 (mittel)	10	8	6	4	2
1 (fein)	5	4	3	2	1

[1]) Maß des kleinen Schenkels

kann, ist in geringem Maße die Korrektur von Federkraftabweichungen möglich [9.4] [9.5] [9.6], (s. a. Tafel 3.7).
Durch eine geeignete Federkontrolle im Anschluß an die Fertigung ist sowohl die Maßhaltigkeit als auch die Funktionstüchtigkeit zu überprüfen. Je nach Einsatzfall ist dabei eine statische oder dynamische Funktionsprüfung vorzunehmen [9.7].
Qualitätsgerechte Erzeugnisse lassen sich jedoch nicht am Ende der Herstellung durch Prüfen und Sortieren erreichen, sondern sie müssen in der entsprechenden Qualität hergestellt werden. Das wichtigste Hilfsmittel dazu ist die Statistische Prozeß-Steuerung SPC (**S**tatistical **P**rocess **C**ontrol). Mit Hilfe statistischer Kontrollmethoden wird die Qualität der Erzeugnisse bei jedem Arbeitsgang überprüft, so daß notwendige Korrekturen erkannt und rechtzeitig vorgenommen werden können, bevor der entsprechende Parameter die Toleranzgrenzen verläßt [9.25] [9.26] [9.27].

9.2. Prüfung der Federkennwerte (statisch)

9.2.1. Kurzzeit-Prüfung

Die Ermittlung der bei der Verformung einer bestimmten Feder auftretenden Federkräfte ist für den Hersteller zur Kontrolle seiner Fertigung ebenso notwendig wie für den Anwender zur Prüfung seiner Konstruktion und zur Sicherung der Qualität des Finalerzeugnisses. Meist werden dazu Kurzzeit-Prüfungen auf der Basis der Federkennlinie vorgenommen, wobei ein oder mehrere Punkte (Kraft- und

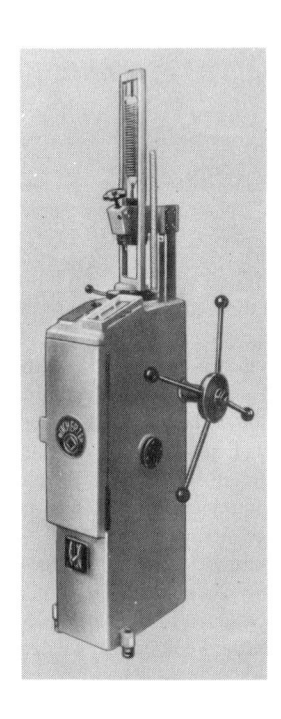

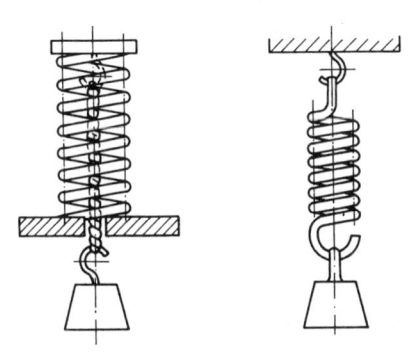

Bild 9.1. Einfache Methode zur Prüfung der Federkraft bei Zug- und Druckfedern [9.7]

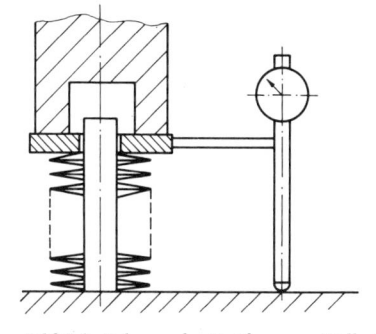

Bild 9.3. Schema der Prüfung von Tellerfedern [9.7]

Bild 9.2. Federprüfeinrichtung FOL 100 mit Neigungswaage und optischer Anzeige der Federkraft (Fa. Reicherter, Denkendorf)

Verformungswerte) der Kennlinie ermittelt werden. In der Regel wird die Federkraft bei einer bestimmten kurzzeitigen Auslenkung gemessen. Im einfachsten Fall geschieht dies z. B. bei durch Druck- oder Zugkräften belasteten Federn durch Anbringen von Massestücken und Ermitteln der sich daraufhin ergebenden Längenänderung der Feder (Bild 9.1). Man erhält so einen Punkt der Federkennlinie und weitere durch Verändern der Größe der Massestücke. Um diese Prüfung zu rationalisieren, sind seit Jahren spezielle Prüfmaschinen im Einsatz. Die Ermittlung der Federkraft erfolgt hierbei mit Hilfe von Waagen mit einfacher oder mehrfacher Hebelübersetzung, durch Neigungswaagen mit optischer Anzeige, durch Verwenden einer Gegenfeder und andere Methoden, wobei die Kraft- und Längenänderung an Skalen bzw. Maßstäben abgelesen werden können (Bild 9.2). Für die Prüfung von Federn mit kleinen Federwegen reicht oft die Auflösung der Wegmessung nicht aus, um eine entsprechende Ablesegenauigkeit zu erzielen, so daß Vorrichtungen mit Feinzeiger (Bild 9.3) erforderlich sind.

Im Verlaufe der Entwicklung nahmen die Forderungen an die Genauigkeit und Prüfgeschwindigkeit zu, so daß heute zur Kraftmessung Systeme auf Dehnmeßstreifenbasis und induktive Geber zur Wegmessung mit Auflösungen bis 0,01 mm eingesetzt werden.

Das älteste, auch heute noch verwendete Verfahren ist die Ein-Punkt-Prüfung (Anschlagprüfung). Hierbei wird die Länge der Feder im gespannten Zustand vorgegeben (s. auch DIN 2095 bis 2097 sowie DIN 2093) und die dabei auftretende Kraft gemessen und bewertet. Es ist aber auch möglich, die Kraft vorzugeben und die gespannte Länge zu ermitteln (Bild 9.4b). Bei der Prüfung von Serienfedern mit großem Federweg wird oft die erste Variante benutzt (Bild 9.4a), wobei die gespannte Länge durch einen Anschlag realisiert wird. Die Feder wird in der Prüfmaschine bis zu einem Anschlag zusammengedrückt und die Federkraft ermittelt. Ihre Größe wird in Sortierautomaten zur Auslösung entsprechender Sortiereinrichtungen genutzt. Das einzusetzende Verfahren richtet sich auch nach der Größe des Anstiegs der Federkennlinie. Das Ein-Punkt-Verfahren eignet sich maximal für die Ermittlung von zwei bis drei Punkten der Federkennlinie und nicht zur Kontrolle von Federn mit nichtlinearer Federkennlinie.

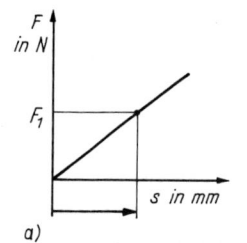

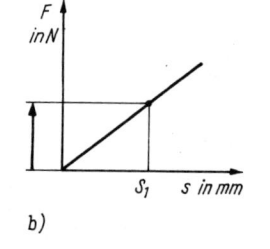

Bild 9.4. Varianten der Ein-Punkt-Prüfung von Federn

a) Kraft ist vorgegeben, Federlänge bzw. Federweg sind zu ermitteln
b) Länge der gespannten Feder L ist vorgegeben (bzw. Federweg), und die Federkraft ist zu ermitteln

Soll die Federkraft von reibungsbehafteten Federn, z. B. Tellerfedersäulen, ermittelt werden, dann muß die Feder sowohl in Belastungs- als auch in Entlastungsrichtung bewegt und die Federkraft gemessen werden. Mit den herkömmlichen Federprüfmaschinen ergibt sich hierbei ein hoher Prüfaufwand. Vorwiegend zur Prüfung reibungsbehafteter Federn wurde deshalb ein Durchlauf-Verfahren [9.7] entwickelt. Die Feder wird kontinuierlich mit einem elektrischen Antrieb be- und entlastet. Ein digitales Wegmeßsystem gibt bei bestimmten Längen der Feder Signale an das Kraftmeßsystem, wodurch die Meßwertregistrierung ausgelöst wird. Nach [9.8] stellt das Durchlauf-Verfahren sowohl für reibungsbehaftete als auch für reibungsfreie Federn eine Rationalisierung gegenüber dem Ein-Punkt-Verfahren dar. Jedoch ist eine hohe Genauigkeit nur bei geringer Prüfgeschwindigkeit zu erzielen [9.9], da der Zeitbedarf für Signalauslösung und Meßwertregistrierung auf elektromechanischem Weg dazu führt, daß praktisch die Kraft an einer Stelle gemessen wird, an der die Feder schon wieder eine andere Länge aufweist.

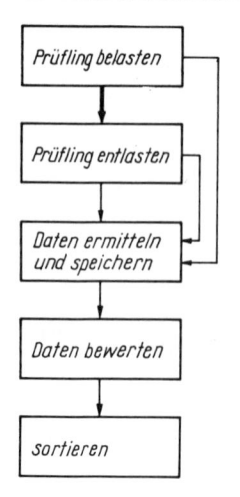

Bild 9.5. Blockbild des Verfahrens „Dynamisches Messen" [9.10]

9.2. Prüfung der Federkennwerte (statisch)

Durch den Einsatz von Mikrorechnern und modernen Einrichtungen der Sensortechnik konnte das Durchlauf-Verfahren auf den heute bekannten Stand weiterentwickelt werden. Während eines recht schnellen Durchlaufs lassen sich auf Grund der sehr geringen Zeiten für die Informationsgewinnung und -verarbeitung eine Vielzahl von Längen- und Kraftwerten ermitteln und speichern. Am Schluß des Durchlaufs kann dann die Auswertung erfolgen (Bild 9.5), wobei durch Anschluß entsprechender peripherer Geräte ein Ausdrucken der Werte oder Zeichnen der Federkennlinie erfolgen kann [9.24].

In der Regel wird bei diesem auch als „Dynamisches Messen" bezeichnetem Verfahren [9.10] mit einem konstanten Versatz zwischen Weg- und Kraftsignal gearbeitet (etwa 120 µs), der dann softwareseitig berücksichtigt wird. Mit dem „Dynamischen Messen" lassen sich recht unterschiedliche Prüfaufgaben realisieren, z. B. die Bewertung von mehreren Prüfpunkten sowohl bei linearen als auch gekrümmten Kennlinien, die u. a. auch bei Kupplungstellerfedern auftreten, sowie die Ermittlung von Mittelwerten aus der Belastungs- und Entlastungskurve (Bild 9.6).

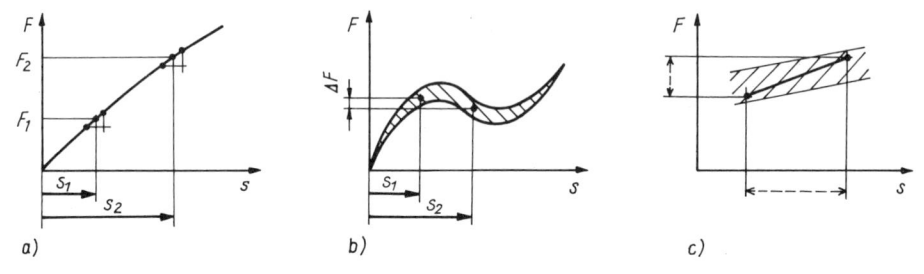

Bild 9.6. Beispiele für die Anwendung des Verfahrens „Dynamisches Messen" [9.9]

Für die Durchführung der Federkraftprüfung von Druck- und Zugfedern sowie ähnlich belasteten Federn stehen viele Prüfmaschinen zur Verfügung. Bild 9.7 zeigt ein mit Hand angetriebenes Federprüfgerät, bei dem die Längenänderung und die gemessene Kraft vom Prüfer abgelesen werden müssen. Die ablesbare Wegänderung beträgt hier 0,01 mm. Bild 9.8 enthält dagegen eine für das Durchlauf-

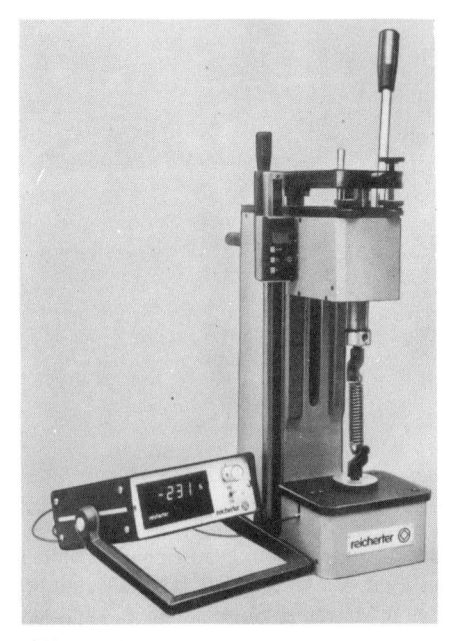

Bild 9.7. Elasticometer RE 1 (Fa. Reicherter, Denkendorf)

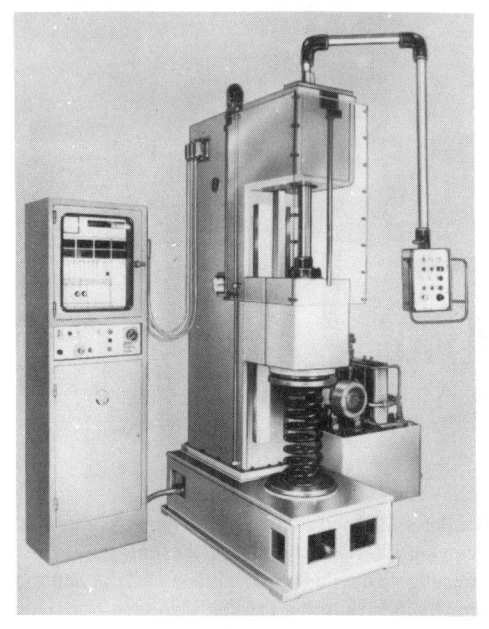

Bild 9.8. Elasticometer EE H 2 (Fa. Reicherter, Denkendorf)

Verfahren geeignete Prüfeinrichtung, wobei bis zu drei Federkräfte bei vorgegebenen Längen während des Be- und Entlastens der Feder gemessen und digital angezeigt werden können.

Für ein hundertprozentiges Prüfen und Sortieren werden spezielle Automaten eingesetzt. Bild 9.9 zeigt als Beispiel einen Setz- und Prüfautomaten, mit dem Druckfedern vor der Prüfung mehrmals vorgesetzt werden können. Bild 9.10 enthält eine für das „Dynamische Messen" konstruierte Prüfeinrichtung mit Rechner und Drucker zur Datenerfassung.

Bild 9.9. Elasticometer-Automat AE1-200-4 mit automatischer Sortierung (Fa. Reicherter, Denkendorf)

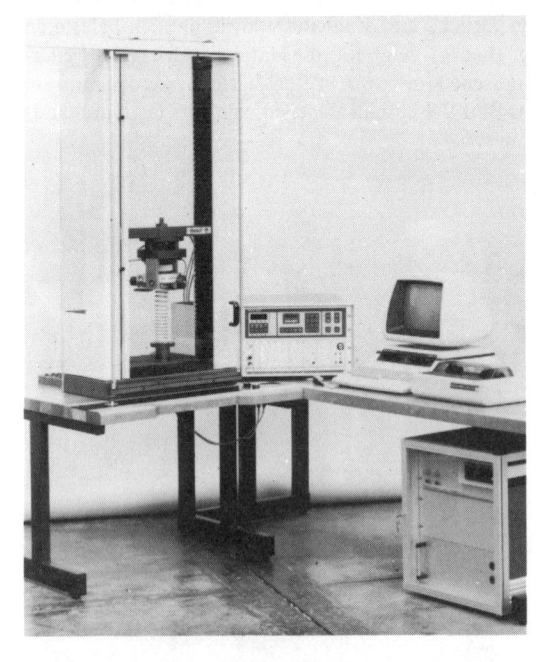

Bild 9.10. Federprüfmaschine Probat SF 1001 (Amsler Otto Wolpert-Werke, Ludwigshafen)

Bei der statischen Prüfung von knickgefährdeten Druckfedern und Tellerfedersäulen sind Führungselemente erforderlich, um ein Ausknicken während des Prüfens zu vermeiden. Die Beschaffenheit der Führungselemente (Dorn, Hülse) und die Schmierung beeinflussen das Prüfergebnis. Deshalb sind bei derartigen Federn die Prüfbedingungen zwischen Hersteller und Abnehmer zu vereinbaren. Ähnliches gilt für spezielle Prüfvorrichtungen und Probenaufnahmen, wie sie z. B. für Zugfedern mit seitlichen Hakenösen (Bild 9.11) oder für Flachformfedern (Bild 9.12) erforderlich sind.

9.2. Prüfung der Federkennwerte (statisch)

Bild 9.11. Aufnahme zur Prüfung einer Zugfeder mit seitlicher Öse [9.7]

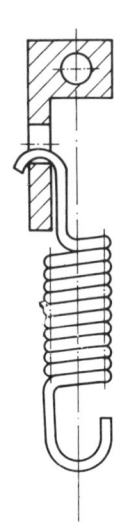

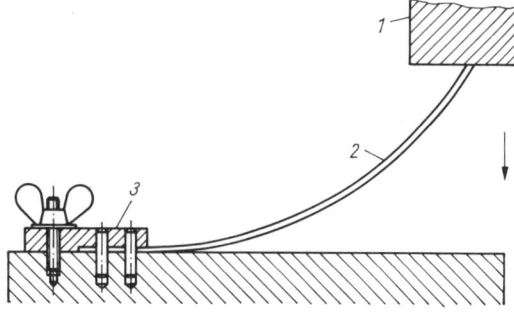

Bild 9.12. Vorrichtung zur Belastungsprüfung einer Flachformfeder [9.7]

1 Druckstück, 2 Feder, 3 Aufnahme

Die Aufnahme der Drehmoment-Drehwinkel-Kennlinie von Drehfedern, Spiralfedern oder Drehstabfedern erfolgt mit sogenannten Torsiometern (Bild 9.13), die in jeder Größenordnung gebaut werden. Für die Federaufnahme sind besondere Vorrichtungen erforderlich (Bild 9.14). Sie beeinträchtigen ebenfalls das Meßergebnis, so daß auch hier bei der Erzeugnisprüfung beim Hersteller und Abnehmer gleiche Vorrichtungen verwendet werden müssen. Weiterhin ist zu beachten, daß auch durch die Reibung zwischen den Windungen bei Dreh- und Spiralfedern bzw. zwischen Aufnahme und Feder Abweichungen zwischen Belastungs- und Entlastungskennlinie entstehen. Zur Angabe der Federparameter gehört folglich auch die Angabe der verwendeten Prüfeinrichtung.

Für die Prüfung kleiner Blattfedern lassen sich die in den Bildern 9.2 und 9.7 bis 9.10 gezeigten Prüfmaschinen bei Verwendung spezieller Vorrichtungen ebenfalls einsetzen. Jedoch sind spezielle Prüf-

Bild 9.13. Torsiometer Probat TO 12 (Amsler Otto Wolpert-Werke Ludwigshafen)

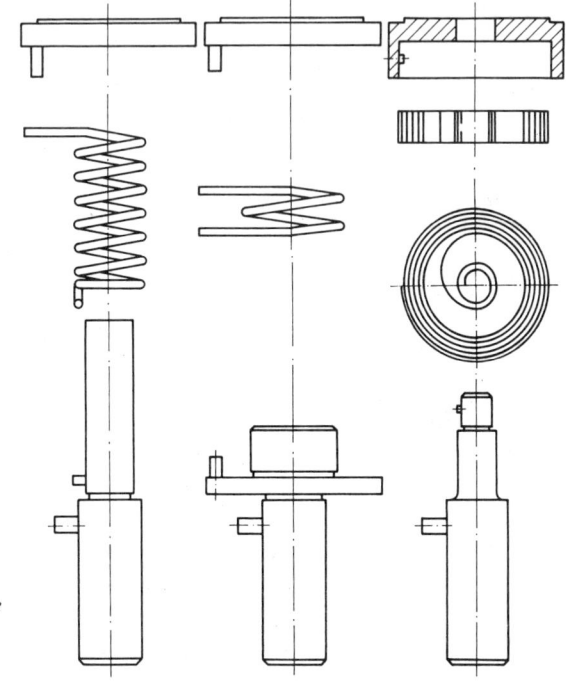

Bild 9.14. Vorrichtung zur Aufnahme von Dreh- bzw. Spiralfedern zur Belastungsprüfung

maschinen mit besonderen Aufnahmevorrichtungen für die Prüfung geschichteter Blattfedern und Fahrzeugblattfedern (Bild 9.15) erforderlich. Auch bei diesen Federn wird in beiden Richtungen geprüft, weil die zwischen den einzelnen Lagen entstehende Reibung das Meßergebnis beeinflußt.

Bild 9.15. Prüfmaschine für Fahrzeugblattfedern Probat BF 27
(Amsler Otto Wolpert-Werke, Ludwigshafen)

9.2.2. Langzeit-Prüfung

Für die Untersuchung der Relaxationsbeständigkeit von Federn, insbesondere von Druck- und Tellerfedern, sind oft statische Dauerbelastungen über 24, 48 oder 96 Stunden erforderlich. Um nicht teure Prüfmaschinen mit einer Feder über einen langen Zeitraum besetzen zu müssen, wendet man zweckmäßiger Weise folgende Prüftechnologie an:

1. Ermitteln der Federparameter jeder einzelnen Feder mit den unter 9.2.1. beschriebenen Prüfmaschinen.
2. Belastung mehrerer Federn durch Spannen auf eine bestimmte Länge in speziellen Vorrichtungen (Bild 9.16) über die geforderte Dauer und gegebenenfalls auch bei erhöhten Arbeitstemperaturen.
3. Messen der Federparameter wie unter 1. beschrieben nach Entnahme aus der Spannvorrichtung.

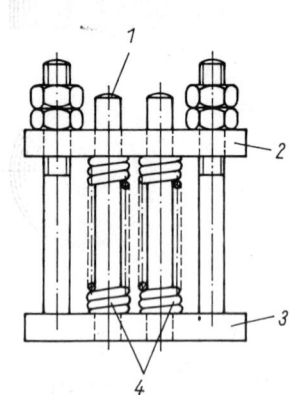

Bild 9.16. Schema einer Vorrichtung zur statischen Dauerbelastung von Druckfedern

Soll jedoch der bei konstant gehaltener gespannter Länge entstehende Kraftverlust oder der bei konstanter Belastung entstehende Längenverlust kontinuierlich gemessen werden, dann ist die Verwendung präziser Prüfmaschinen mit Schreibwerk nicht zu umgehen. Dabei ist besonders beim Vermessen von Federn für feinmechanische Instrumente und Geräte (Waagen, Meßgeräte) auf die Temperaturkonstanz des Prüfraums und an der Feder zu achten.

Sind die verwendeten Prüfmaschinen für eine Belastung mit einer konstanten Kraft über längere Zeit nicht geeignet, dann sind Sondereinrichtungen erforderlich, die das Anbringen einer konstanten Kraft (Bild 9.1) ermöglichen und mit einer Längenmeßeinrichtung ausgestattet sind. Die Auswertung der Messungen erfolgt wie im Abschn. 2.5.2. beschrieben.

9.3. Prüfung der Lebensdauer

Federn, die im Betriebszustand schwingend belastet werden, sind in gleicher Weise, wenn auch nur stichprobenmäßig, beim Hersteller oder beim Abnehmer zu prüfen, um ihre Zuverlässigkeit festzustellen. Die Prüfung soll dabei dem in der Praxis wirkenden Belastungszustand weitgehend entsprechen. Meist werden Prüfungen mit sinusförmigem Belastungsverlauf oder schlagartiger Belastung vorgenommen, wobei die Federn unterschiedlich hoch vorgespannt sind [9.11] [9.12] [9.13] [9.16] [9.20] [9.21] [9.22]. Um stochastisch verteilte Kräfte aufzubringen, sind spezielle Prüfmaschinen erforderlich.

Zur Prüfung schwingend belasteter Federn existieren seit Jahren Dauerschwingmaschinen (Bild 9.17), mit denen Dauerfestigkeitsuntersuchungen nach dem *Wöhler*-Verfahren vorgenommen werden können. Bei vielen Herstellern und Abnehmern sind darüber hinaus selbst konstruierte Prüfeinrichtungen im Einsatz. Je nach Art des Antriebs treten dabei sowohl rein sinusförmige oder nur sinusartige Schwingbewegungen auf (Kurbelschleife, Nocken, Exzenter, Kurbeltrieb usw.), die Einfluß auf das Lebensdauerverhalten der Federn besitzen [9.13]. Rein sinusförmige zeitliche Belastungsfolgen lassen sich erreichen, wenn Federn und die zur Aufnahme und Belastung dienenden Massen ein derart abgestimmtes

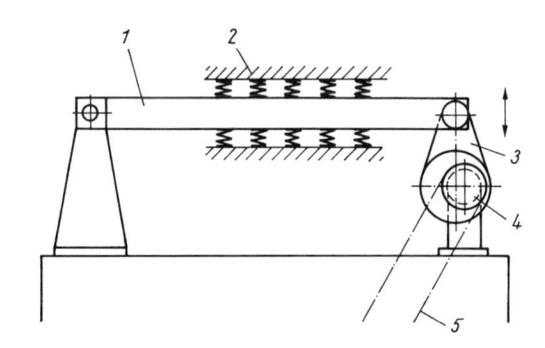

Bild 9.17. Prinzip der Bosch-Federschwinge [9.12]

1 Schwingbalken, *2* Feder, *3* Pleuel, *4* Exzenter, *5* Antrieb

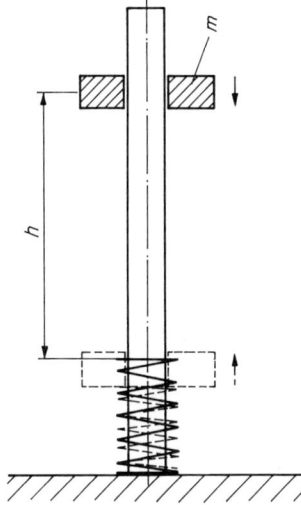

Bild 9.18. Prinzip eines Dauerschlagwerkes

m Masse; *h* Fallhöhe

Schwingungssystem ergeben, so daß Resonanz zwischen Eigen- und Antriebsfrequenz der Prüfmaschine eintritt (z. B. beim Typ DV8 der Fa. Reicherter). Die Schwingfrequenz wird dabei von der Gesamtfedersteife aller gleichzeitig zu prüfenden Federn und von den Massen der bewegten Teile bestimmt.

Die genannten Maschinen eignen sich besonders bei Vorhandensein vieler Prüfplätze vorwiegend zur Stichprobenprüfung großer Serien, wobei mit einer Maschineneinstellung alle Federn nur mit einer Schwingamplitude geschwungen werden können. Sie sind folglich weniger geeignet für Untersuchungen nach dem Wöhler-Verfahren (s. a. Abschnitt 2.4.2.).

Zur gleichzeitigen Prüfung von Federn mit unterschiedlich großen Hüben wird die sogenannte Bosch-Schwinge (Bild 9.17) [9.12] eingesetzt, die aus einem einseitig gelagerten Schwingbalken 1 besteht, der am anderen Ende über ein Pleuel 3 von einem verstellbaren Exzenter 4 angetrieben wird. Auf dem Schwingbalken sind beidseitig Lochbleche aufgeschraubt, in denen die Druckfedern aufgenommen werden. Auf jeder Hubposition lassen sich mehrere Federn parallel anordnen. In Abhängigkeit vom Federdurchmesser können so in einem Prüfzyklus acht verschieden großes Schwingwege realisiert werden, und man erhält je Versuch Werte für eine komplette Wöhler-Kurve.

Für die Prüfung der Federn bei schlagartiger Belastung benötigt man Einrichtungen, bei denen kurzzeitig hohe Belastungen erzielt werden können. Hierfür werden vielfach Fallhämmer verwendet, bei denen durch Verändern der Masse m und der Fallhöhe h die gewünschte Belastung (Schlagarbeit, Schlaggeschwindigkeit) eingestellt werden kann (Bild 9.18). Für oft zu wiederholende Prüfungen z. B. an Druckfedern für Sportwaffen sind Sondereinrichtungen vorhanden.

9.4. Werkstoffprüfungen

Zur Qualitätssicherung in der Federnfertigung sind auch laufende Überprüfungen der angelieferten Halbzeuge hinsichtlich Maßhaltigkeit und Einhaltung der mechanischen Eigenschaften erforderlich. Dazu gehören Biege- und Verwindeversuche, Härtemessungen, das Bestimmen des Elastizitäts- und Gleitmoduls und auch Zugfestigkeits- und Dauerfestigkeitsuntersuchungen [9.14] [9.15] [9.17] [9.18] [9.19] [9.23].

In diesen Bereich der Prüfungen lassen sich auch die vielfältigen Untersuchungen einordnen, die zur Beurteilung der Eignung bereits eingesetzter Werkstoffe für besondere Federformen und neuer Werkstoffe hinsichtlich ihrer Tragfähigkeit und Eignung in Federkonstruktionen erforderlich sind. Ebenso gehören die umfangreichen Untersuchungen zum Korrosionsschutz, zur Oberflächenbehandlung (z. B. Kugelstrahlen, s. Abschnitte 2. und 3.), zum Vergüten und anderer Maßnahmen zur Verbesserung der Lebensdauer in Prüfungen des Herstellers zur ständigen Erzeugnis-Weiterentwicklung und zur Sicherung der Qualität und Zuverlässigkeit der Erzeugnisse [9.22]. Auf diesem Gebiet ist die ständige Zusammenarbeit mit dem Halbzeughersteller erforderlich.

WOLPERT PROBAT

Max ist nach 20mal müde, WOLPERT nie...

Klar, nichts packt Produkte härter an als der ganz normale Alltag.
Federn: tausendfach auf Zug, Druck, Torsion belastet in Fahrzeugen, Maschinen, Sportgeräten... gefordert sind Funktion und Sicherheit.

Die „Fitness" von Federn prüfen, heißt, Funktionstests durchführen:

WOLPERT ist der Spezialist für Feder-Prüfmaschinen. Leistungsklassen von 10 N bis 2 MN.
Ob kleinste Kugelschreiber-Federn oder schwere Eisenbahn-Blattfedern, **PROBAT® Feder-Prüfmaschinen** sind präzise, produktionskompatibel und unermüdlich im Einsatz.

Qualität setzt sich durch. Fragen Sie WOLPERT.

AMSLER OTTO WOLPERT-WERKE GMBH
Industriestr. 19 · D-67063 Ludwigshafen · Tel. (0621) 6907-0
Telex 464705 testa d · Telefax (0621) 6907-160

9.5. Literatur

[9.1] *Felber, E.; Felber, A.:* Toleranzen und Passungen. 13., verb. Aufl. Leipzig: Fachbuchverlag 1986
[9.2] *Groh, W.:* Die technische Zeichnung. 12., stark überarb. Aufl. Berlin: Verlag Technik 1984
[9.3] Grundwissen des Ingenieurs. 12. Aufl. Leipzig: Fachbuchverlag 1985
[9.4] Technische Federn. Karl-Marx-Stadt: Draht- und Federnwerk (Firmenschrift) 1964
[9.5] Konstruktionsrichtlinien für Federn. Marienberg: Federnwerk 1978
[9.6] *Carlson, H.:* Tolerances for extension springs (Toleranzen für Zugfedern). Wire Journ. 10 (1977) 6, S. 42
[9.7] Taschenbuch Technische Federn. Karl-Marx-Stadt: Draht- und Federnwerk 1967
[9.8] *Schlecht, H. D.:* Prüfung von Schraubendruckfedern im Durchlaufverfahren. Draht 32 (1981) 10, S. 575 bis 577
[9.9] *Wulfmeyer, H.:* Neues Meßverfahren bei Federprüfmaschinen für die 100%ige Produktionskontrolle. Draht 35 (1984) 10, S. 628—630
[9.10] *Wulfmeyer, H.:* Das „Dynamische Messen" — ein entscheidender Fortschritt in der Prüftechnik. Draht 35 (1984) 5, S. 284 u. 285
[9.11] *Damerow, E.:* Grundlagen der praktischen Federprüfung. Essen: Verlag W. Girardet 1953
[9.12] *Huhnen, J.:* Ein Beitrag zur Dauerprüfung von Schraubenfedern. Draht 17 (1966) 6, S. 357—366
[9.13] *Gross, S.:* Die Beanspruchung beim Dauerprüfen zylindrischer Schraubenfedern. Draht 7 (1956) 2, S. 116—118
[9.14] *Franke, E. A.:* Prüfmethoden für Drähte im Spiegel der Patentliteratur. Draht-Welt 40 (1954) 3, S. 29—33
[9.15] *Ludwig, N.:* Festigkeitsprüfverfahren für Stahldraht. Archiv für Metallkunde 3 (1949) 2, S. 49—66
[9.16] *Meissner, M.:* Dauerfestigkeit von Federn und Federstahldraht. Berichte aus Theorie und Praxis 7 (1966) 1. Sonderheft, S. 5—8
[9.17] *Mintrop, H.:* Prüfmaschinen und Prüfgeräte für Draht. Draht-Welt 49 (1963) 7, S. 256—262
[9.18] *Potyka, K.:* Über die Dauerprüfung von Federn. Draht 14 (1963) 4, S. 199—203
[9.19] *Püngel, W.:* Drahteigenschaften und ihre Prüfung. Draht-Welt 50 (1964) 2, S. 147—154
[9.20] *Krickau, O.; Huhnen, J.:* Federbrüche und ihre Beurteilung. Draht 23 (1972) 9, S. 586—592 und 10, S. 653—659
[9.21] *Levitanus, A. D.; Karmazin, E. I.:* Accelerated corrosion — fatigue tests of coiled springs (Beschleunigte Prüfung gewundener Federn auf Korrosionsermüdung). Russ. Engng. J. 51 (1971) 10, S. 24—26 (aus Vestnik mašinostroenije 51 (1971) 10, S. 24—26)
[9.22] *Resch, H.:* Dauerfestigkeit technischer Federn. Techn. Rundschau Bern 66 (1974) 25, S. 9 und 11
[9.23] *Siemers, D.; Stüer, H.; Dürrschnabel, W.:* Das Biegeverhalten von Kupferwerkstoffen für federnde Bauteile. Feinwerktechnik u. Meßtechnik 89 (1981) 1, S. 24—27
[9.24] *Petrick, H.:* Federprüfgeräte mit statistischer Auswertung. Draht 37 (1986) 3, S. 155—157
[9.25] *Lowack, H.:* Qualitätsanforderungen an die Federnindustrie. Draht 37 (1986) 3, S. 475—477
[9.26] *Petrick, H.:* Statistik in der Federnindustrie. Draht 38 (1987) 4, S. 292—295
[9.27] Statistische Prozeß-Steuerung, eine Einführung. Firmenschrift der Alfred Teves GmbH Frankfurt/Main

10. Anhang

Tafel A1. Zusammenstellung von Normen für Federn und Federwerkstoffe

DIN	Ausg.	Inhalt
Federn		
2088	07.69	Zylindrische Schraubenfedern aus runden Drähten und Stäben, Berechnung und Konstruktion von Drehfedern (Schenkelfedern) (s. auch E 2088, 12.88)
2089/T1	12.84	Zylindrische Schraubendruckfedern aus runden Drähten und Stäben, Berechnung und Konstruktion
E 2089/T2	12.88	Zylindrische Schraubenfedern aus runden Drähten und Stäben; Berechnung und Konstruktion von Zugfedern
2090	01.71	Zylindrische Schraubendruckfedern aus Flachstahl; Berechnung
2091	06.81	Drehstabfedern mit rundem Querschnitt; Berechnung und Konstruktion
2092	09.90	Tellerfedern; Berechnung
2093	09.90	Tellerfedern; Maße, Qualitätsanforderungen
2094	03.81	Blattfedern für Schienenfahrzeuge; Anforderungen
2095	05.73	Zylindrische Schraubenfedern aus runden Drähten; Gütevorschriften für kaltgeformte Druckfedern
2096/T1	11.81	Zylindrische Schraubenfedern aus runden Drähten und Stäben; Güteanforderungen bei warmgeformten Druckfedern
2096/T2	01.79	Zylindrische Schraubenfedern aus runden Stäben; Güteanforderungen für Großserienfertigung (s. auch E 2096/T2, 12.88)
2097	05.73	Zylindrische Schraubenfedern aus runden Drähten; Gütevorschriften für kaltgeformte Zugfedern
2098/T1	10.68	Zylindrische Schraubenfedern aus runden Drähten; Baugrößen für kaltgeformte Druckfedern ab 0,5 mm Drahtdurchmesser
2098/T2	08.70	Zylindrische Schraubenfedern aus runden Drähten; Baugrößen für kaltgeformte Druckfedern unter 0,5 mm Drahtdurchmesser
2099/T1	11.73	Zylindrische Schraubenfedern aus runden Drähten und Stäben; Angaben für Druckfedern, Vordruck
2099/T2	11.73	Zylindrische Schraubenfedern aus runden Drähten; Angaben für Zugfedern, Vordruck
E 2192	09.88	Flachfedern; Güteanforderungen
E 2194	12.88	Zylindrische Schraubenfedern aus runden Drähten und Stäben; Gütevorschrift für kaltgeformte Drehfedern (Schenkelfedern)
4000/T11	04.87	Sachmerkmal-Listen für Federn
4621	11.82	Geschichtete Blattfedern; Federklammern
4626	02.86	Geschichtete Blattfedern; Federschrauben
42013	08.00	Federscheiben zur axialen Anstellung von Kugellagern bei Kleinmotoren
43801/T1	08.76	Elektrische Meßgeräte; Spiralfedern, Maße
ISO 2162	06.76	Technische Zeichnungen; Darstellung von Federn
Federwerkstoffe		
1544	08.75	Flachzeug aus Stahl; Kaltgewalztes Band aus Stahl, Maße, zulässige Maß- und Formabweichungen
1757	06.74	Drähte aus Kupfer und Kupfer-Knetlegierungen, gezogen; Maße
1777	01.86	Federbänder aus Kupfer-Knetlegierungen; Technische Lieferbedingungen
2076	12.84	Runder Federdraht; Maße, Gewichte, zulässige Abweichungen
2077	02.79	Federstahl, rund, warmgewalzt; Maße, zulässige Maß- und Formabweichungen

Tafel A1. (Fortsetzung)

DIN	Ausg.	Inhalt
4620	04.54	Federstahl, warmgewalzt, für geschichtete Blattfedern
17221	12.88	Warmgewalzte Stähle für vergütbare Federn; Technische Lieferbedingungen
17222	08.79	Kaltgewalzte Stahlbänder für Federn; Technische Lieferbedingungen
17223/T1	12.84	Runder Federstahldraht; Patentiert gezogener Federdraht aus unlegierten Stählen; Technische Lieferbedingungen
17223/T2	09.90	Runder Federstahldraht; Ölschlußvergüteter Federstahldraht aus unlegierten und legierten Stählen; Technische Lieferbedingungen
17224	02.82	Federdraht und Federband aus nichtrostenden Stählen; Technische Lieferbedingungen
17670/T1	12.83	Bänder und Bleche aus Kupfer und Kupfer-Knetlegierungen; Eigenschaften
17672/T1	12.83	Stangen aus Kupfer und Kupfer-Knetlegierungen; Eigenschaften
17682	08.79	Runde Federdrähte aus Kupfer-Knetlegierungen; Festigkeitseigenschaften, Technische Lieferbedingungen
59145	06.85	Federstahl, warmgewalzt, mit halbkreisförmigen Schmalseiten, für Blattfedern; Maße, Gewichte, zulässige Abweichungen, statische Werte

Werkstoffprüfung, Toleranzen

7168/T1	05.81	Allgemeintoleranzen, Längen- und Winkelmaße (Freimaßtoleranzen)
7168/T2	07.86	Allgemeintoleranzen, Form und Lage
50100	02.78	Dauerschwingversuch
50103/T1	03.84	Härteprüfung nach Rockwell
50111	09.87	Technologischer Biegeversuch (Faltversuch)
50113	03.82	Prüfung metallischer Werkstoffe, Umlaufbiegeversuch
50114	08.81	Zugversuch ohne Feindehnungsmessung an Blechen, Bändern und Streifen unter 3 mm Dicke
50133	02.85	Härteprüfung nach Vickers
50142	03.82	Prüfung metallischer Werkstoffe, Flachbiegeschwingversuch
50145	05.75	Zugversuch
50151	07.87	Federblechbiegeversuch mit Feinmessung
50153	08.79	Hin- und Herbiegeversuch an Blechen, Bändern und Streifen
50351	02.85	Härteprüfung nach Brinell
51210/T1	04.76	Zugversuch an Drähten ohne Feindehnungsmessung
51210/T2	04.76	Zugversuch an Drähten mit Feindehnungsmessung
51211	09.78	Hin- und Herbiegeversuch an Drähten
51212	09.78	Verwindeversuch an Drähten
51215	09.75	Wickelversuch an Drähten, allgemeine Angaben
53572	11.86	Bestimmung des Druckverformungsrestes nach konstanter Verformung weichelastischer Schaumstoffe
53577	12.88	Bestimmung der Stauchhärte und Federkennlinie im Druckversuch von weichelastischen Schaumstoffen

Elastomer-Federn und sonstige Federn

1715/T1	11.83	Thermobimetalle; Technische Lieferbedingungen
1715/T2	11.83	Thermobimetalle; Prüfung der spezifischen thermischen Krümmung
8255/T1	11.72	Spiralfederrollen für Uhren, geschlitzt, rund
8287	04.83	Triebfedern; Begriffe, Anforderungen, Prüfung
8304	02.89	Spiralfedern für Uhren; Kenn-Nummern
9835/T1	03.87	Elastomer-Druckfedern für Werkzeuge der Stanztechnik; Maße
9835/T1 (Beiblatt 1)	03.87	Elastomer-Druckfedern für Werkzeuge der Stanztechnik; Feder-Kennlinien
9835/T2	03.84	Elastomer-Druckfedern für Werkzeuge der Stanztechnik; Zubehör
9835/T3	03.84	Elastomer-Druckfedern für Werkzeuge der Stanztechnik; Anforderungen und Prüfung

VDI-Richtlinien (VDI/VDE)

2255/B1	08.82	Feinwerkelemente; Energiespeicherelemente; Metallfedern
2255/B2	04.74	Feinwerkelemente; Energiespeicherelemente; Metallfedern, Rohr- und Hohlfedern
E 3905	02.84	Werkstoffe der Feinwerktechnik; Federstähle

Tafel A3.1. Berechnungsgrundlagen für Tellerfedern

Bezeichnungen[1])

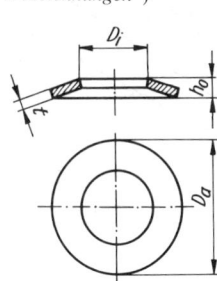

- D_i Innendurchmesser
- D_a Außendurchmesser
- t Dicke des Einzeltellers
- h_0 Höhe des unbelasteten Tellers
- F_h Federkraft bei plattgedrücktem Teller ($s = h_0 \cdot t$)
- s Federweg des Einzeltellers
- h theoretischer Federweg bis zur Planlage ($b = h_0 - t$)
- L_0 Länge des unbelasteten Federpakets

Theoretische Kennlinie

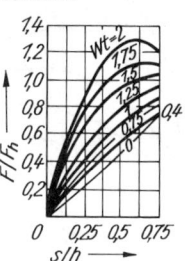

Federkraft

$$F = \frac{4E}{1-\mu^2} \frac{t^4}{K_1 D_a^2} \frac{s}{t} \left[\left(\frac{h}{t} - \frac{s}{t}\right)\left(\frac{h}{t} - 0{,}5\frac{s}{t}\right) + 1 \right]$$

Federsteife

$$c = \frac{\mathrm{d}F}{\mathrm{d}s} = \frac{4E}{1-\mu^2} \frac{t^3}{K_1 D_a^2} \left[\left(\frac{h}{t} - 3\frac{h}{t}\frac{s}{t} + 1{,}5\left(\frac{s}{t}\right)^2 + 1\right) \right]$$

Federweg

$$s_{\max} = 0{,}75 \cdot h$$

Größte Spannung (am Innenrand)

$$\sigma_{\max} = \frac{4E}{1-\mu^2} \frac{t^2}{K_1 D_a^2} \frac{s}{t} \left[K_2 \left(\frac{h}{t} - 0{,}5\frac{s}{t}\right) + K_3 \right]$$

Für Federstahl mit $E = 206\,000$ N/mm² und $\mu = 0{,}3$ ist $\dfrac{4E}{1-\mu^2} = 905\,495$ N/mm²

D_a/D_i	1,2	1,4	1,6	1,8	2,0	2,2	2,4	2,6	2,8	3,0
K_1	0,29	0,45	0,56	0,64	0,70	0,74	0,76	0,77	0,78	0,79
K_2	1,00	1,07	1,12	1,17	1,22	1,27	1,31	1,35	1,39	1,43
K_3	1,04	1,13	1,22	1,30	1,38	1,46	1,53	1,60	1,67	1,74

D_a/D_i	3,2	3,4	3,6	3,8	4,0	4,2	4,4	4,6	4,8	5,0
K_1	0,80	0,80	0,80	0,80	0,80	0,80	0,80	0,80	0,79	0,78
K_2	1,47	1,50	1,54	1,57	1,61	1,64	1,67	1,70	1,73	1,76
K_3	1,81	1,88	1,94	2,00	2,07	2,13	2,19	2,25	2,32	2,37

Federpakete (ohne Reibungseinfluß)
gleichsinnig geschichtete Einzelteller

$F_{\text{ges}} = n \cdot F$

$s_{\text{ges}} = s$

$L_0 = nt + h$

wechselsinnig geschichtete Einzelteller

$F_{\text{ges}} = F$

$s_{\text{ges}} = n \cdot s$

$L_0 = n(h + t) = n \cdot h_0$

---

[1]) Einige Bezeichnungen abweichend von DIN 2092, s. auch Abschn. 5.2.4.1., S. 157

Tafel A3.2. Nomogramm zur Berechnung von Tellerfedern

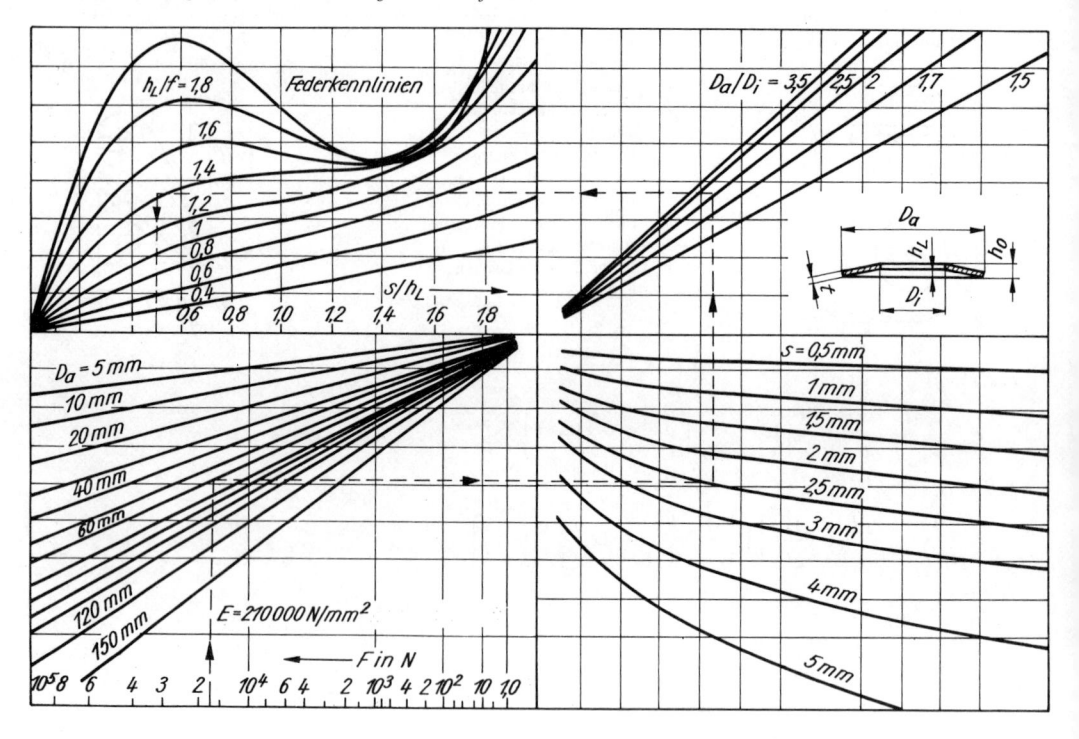

Tafel A4. Programmausdruck „Druckfederberechnung"

```
XXXXXXXXXXXXXXXXXXXXXXXXXXXXXXXXXXXXXXXXXXXXXXXXXXXXXXXXXXXXXXXXXXXX
─────────────────────→   DRUCKPROTOKOLL   ←─────────────────────
─────────────────────→ fuer Schraubendruckfedern ←─────────────────────
```

Gegeben waren: F2= 360 [N] Hub= 10 [mm]
              Toleranz von c = 10 [%]
              G= 80000 [N/mm^2]   RHO= 7.85 [g/cm^3]
Auflageflaechen parallel, Bewegung gefuehrt J
Feder mit Dorn und Huelse gefuehrt !

Feder Nr.	1	2	3	4
d [mm] =	3.20	3.20	3.60	3.60
Da [mm] =	20.5	20.5	27.6	27.6
w [—] =	5.41	5.41	6.67	6.67
ng [—] =	11.5	12.5	7.5	8.5
c [N/mm] =	21.3176	19.2874	22.0909	18.6923
s1 [mm] =	6.9	8.7	6.3	9.3
s2 [mm] =	16.9	18.7	16.3	19.3
l1 [mm] =	65.3	70.4	54.6	61.4
l2 [mm] =	55.3	60.4	44.6	51.4
ln [mm] =	41.7	45.4	31.5	35.9
l0 [mm] =	72.1	79.0	60.9	70.6
FN [N] =	580.3	580.3	580.3	580.3
F1 [N] =	174.1	174.1	174.1	174.1
TAUI2 [N/mm^2]	483.9	483.9	471.5	471.5
TAUZUL [N/mm^2]	780.0	780.0	760.0	760.0
V0 [cm^3] =	23.831	26.106	36.475	42.283
m [g] =	39.50	42.94	45.23	51.26
R [—] = η_s [—] =	0.886	0.886	0.886	0.886
n∗d^2 [mm^2] =	97.28	107.52	71.28	84.24
Lambda [—] =	4.17	4.57	2.54	2.94
Klasse	B	B	B	B

Feder Nr.	5	6	7	8
d [mm] =	4.00	4.50	3.20	3.20
Da [mm] =	36.1	48.9	20.6	20.6
w [—] =	8.03	9.87	5.44	5.44
ng [—] =	5.5	4.5	11.5	12.5
c [N/mm] =	22.1135	18.7396	20.9522	18.9567
s1 [mm] =	6.3	9.2	7.2	9.0
s2 [mm] =	16.3	19.2	17.2	19.0
l1 [mm] =	48.4	48.5	65.3	70.4
l2 [mm] =	38.4	38.5	55.3	60.4
ln [mm] =	25.3	23.1	41.7	45.4
l0 [mm] =	54.7	57.7	72.5	79.4
FN [N] =	579.5	580.4	576.9	576.9
F1 [N] =	173.8	174.1	173.1	173.1
TAUI2 [N/mm^2]	459.7	446.6	486.7	486.7
TAUZUL [N/mm^2]	740.0	720.0	780.0	780.0
V0 [cm^3] =	55.999	108.497	24.182	26.491
m [g] =	54.77	78.45	39.73	43.18
R [—] = η_s [—] =	0.887	0.886	0.891	0.891
n∗d^2 [mm^2] =	56.00	50.63	97.28	107.52
Lambda [—] =	1.70	1.30	4.17	4.56
Klasse	B	B	B	B

Tafel A5. Druckfederauswahl-Tabelle

Werkstoff	d mm	D_a mm	F_n N	$n_g = 5,5$ L_0 mm	L_n mm	c N/mm	$n_g = 6,5$ L_0 mm	L_n mm	c N/mm	$n_g = 8,5$ L_0 mm	L_n mm	c N/mm	$n_g = 10,5$ L_0 mm	L_n mm	c N/mm	$n_g = 12,5$ L_0 mm	L_n mm	c N/mm	$n_g = 15,5$ L_0 mm	L_n mm	c N/mm	$n_g = 18,5$ L_0 mm	L_n mm	c N/mm
Patentierter Federstahldraht Sorte C	0,10	1,70	0,287	4,87	0,82	0,071	6,17	0,97	0,055	8,77	1,26	0,038	11,4	1,55	0,029	14,0	1,84	0,024	17,9	2,27	0,018	21,8	2,71	0,015
	0,12	2,00	0,420	5,61	0,98	0,091	7,10	1,15	0,071	10,1	1,50	0,049	13,1	1,85	0,037	16,1	2,19	0,030	20,6	2,71	0,024	25,0	3,23	0,019
	0,16	2,10	0,934	4,79	1,21	0,261	6,02	1,42	0,203	8,48	1,83	0,141	10,9	2,24	0,107	13,4	2,65	0,087	17,1	3,26	0,068	20,8	3,88	0,055
	0,20	3,40	1,13	9,58	1,61	0,142	12,1	1,90	0,110	17,3	2,47	0,076	22,4	3,04	0,057	27,5	3,61	0,047	35,2	4,46	0,037	42,9	5,32	0,030
	0,25	4,20	1,17	11,6	2,01	0,184	14,7	2,36	0,143	20,9	3,07	0,099	27,1	3,78	0,076	33,4	4,49	0,061	42,7	5,56	0,048	52,0	6,62	0,039
	0,28	3,60	2,87	7,98	2,10	0,488	10,0	2,45	0,380	14,1	3,16	0,263	18,2	3,87	0,201	22,2	4,58	0,163	28,3	5,65	0,127	34,5	6,71	0,104
	0,32	2,80	5,40	5,03	2,32	2,000	6,18	2,71	1,550	8,49	3,47	1,080	10,8	4,23	0,823	13,1	4,99	0,666	16,6	6,14	0,518	20,0	7,28	0,424
	0,32	4,20	3,66	9,45	2,43	0,522	11,9	2,84	0,406	16,7	3,66	0,281	21,5	4,48	0,215	26,4	5,30	0,174	33,6	6,53	0,135	40,9	7,76	0,111
	0,36	6,00	3,66	16,4	2,91	0,272	20,7	3,42	0,212	29,4	4,45	0,147	38,1	5,48	0,112	46,9	6,51	0,091	59,9	8,05	0,071	73,0	9,59	0,058
	0,40	3,60	8,15	6,48	2,89	2,270	7,98	3,36	1,770	11,0	4,31	1,220	14,0	5,26	0,935	17,0	6,21	0,757	21,5	7,63	0,589	26,0	9,05	0,482
	0,45	5,00	8,41	10,0	3,38	1,270	12,5	3,96	0,984	17,4	5,10	0,681	22,4	6,25	0,521	27,3	7,39	0,422	34,7	9,11	0,328	42,1	10,8	0,268

Werkstoff	d mm	D_a mm	F_n N	$n_g = 5,5$ L_0 mm	L_n mm	c N/mm	$n_g = 7,5$ L_0 mm	L_n mm	c N/mm	$n_g = 9,5$ L_0 mm	L_n mm	c N/mm	$n_g = 11,5$ L_0 mm	L_n mm	c N/mm	$n_g = 14,5$ L_0 mm	L_n mm	c N/mm	$n_g = 17,5$ L_0 mm	L_n mm	c N/mm			
Patentierter Federstahldraht Sorte A	0,50	5,50	7,21	8,26	3,30	1,45	12,4	4,59	0,925				20,6	7,17	0,536				33,0	11,0	0,328			
	0,63	7,0	11,1	10,4	4,13	1,77	15,6	5,74	1,13				26,0	8,97	0,652				41,7	13,8	0,400			
	0,80	8,0	19,5	11,3	5,21	3,19	16,9	7,25	2,03				27,9	11,3	1,17				44,5	17,5	0,720			
	1,00	11,0	27,1	15,9	6,54	2,91	23,8	9,10	1,85				39,6	14,2	1,07				63,3	21,9	0,656			
	1,2	13,0	38,7	18,4	7,82	3,67	27,4	10,9	2,33				45,6	17,0	1,35				72,9	26,2	0,828			
	1,6	17,0	67,4	23,3	10,4	5,22	34,8	14,5	3,32				57,7	22,7	1,92				92,1	34,9	1,18			
	1,8	20,0	80,0	27,5	11,7	5,06	41,1	16,3	3,22				68,4	25,4	1,86				109	39,2	1,14			
	2,0	22,0	98,4	30,0	13,0	5,81	44,7	18,1	3,70				74,3	28,3	2,14				119	43,6	1,31			
	2,5	28	146	37,5	16,2	6,84	56,0	22,6	4,36				93,1	35,3	2,52				149	54,3	1,55			
	3,2	36	228	47,1	20,7	8,64	70,2	28,8	5,50				117	45,0	3,18				186	69,3	1,95			
	4,0	20	712	27,7	23,8	182	38,9	32,7	116				61,3	50,6	66,9				94,8	77,4	41,0			
	4,0	45	340	57,4	25,9	10,8	85,5	36,0	6,87				142	56,3	3,98				226	86,7	2,44			
	5,0	25	1053	34,3	29,6	227	48,1	40,8	144				75,6	63,1	83,7				117	96,5	51,3			
	5,0	55	513	67,6	32,3	14,5	100	44,9	9,24				166	70,2	5,35				264	108	3,28			
	6,3	45	1152	51,9	37,3	79,0	74,2	51,3	50,3				119	79,4	22,1				186	121	17,8			
	6,3	70	760	83,5	40,6	17,7	124	56,5	11,3				205	88,3	6,53				326	136	4,00			
	8,0	85	1201	97,5	51,4	26,1	144	71,6	16,6				237	112	9,61				376	172	5,89			
	10,0	110	1697	123	64,3	29,1	181	89,5	18,5				298	140	10,7				474	216	6,56			
	12,0	130	2232	138	77,2	36,7	203	107	23,3				333	168	13,5				528	259	8,28			
Sorte B	0,50	3,5	13,5	5,10	3,04	6,72	7,28	4,18	4,28	9,55	5,32	3,14	11,8	6,46	2,48	15,2	8,17	1,88	18,6	9,88	1,52			
	0,63	4,5	20,4	6,38	3,80	7,90	9,28	5,22	5,03	12,2	6,65	3,69	15,1	8,07	2,91	19,4	10,2	2,21	23,8	12,4	1,78			
	0,8	5,5	33,6	7,72	4,79	11,5	11,2	6,59	7,30	14,7	8,39	5,35	18,1	10,2	4,23	23,3	12,9	3,21	28,6	15,6	2,59			
	1,0	7,0	50,3	9,75	6,02	13,5	14,2	8,28	8,56	18,5	10,5	6,28	22,9	12,8	4,96	29,5	16,2	3,77	36,1	19,6	3,04			

316   10. Anhang

10. Anhang

DRUCKFEDERN

zylindrisch; dargestellte Form: Windungen angelegt und geschliffen
Werte für die Federsteife c zum Teil gerundet
Bezeichnung: z. B. Druckfeder aus patentiertem Federstahldraht Sorte A mit $d = 0{,}5$ mm; $D_a = 5{,}5$ mm; und $n_g = 7{,}5$
DRUCKFEDER A $0{,}5 \times 5{,}5 \times 7{,}5$

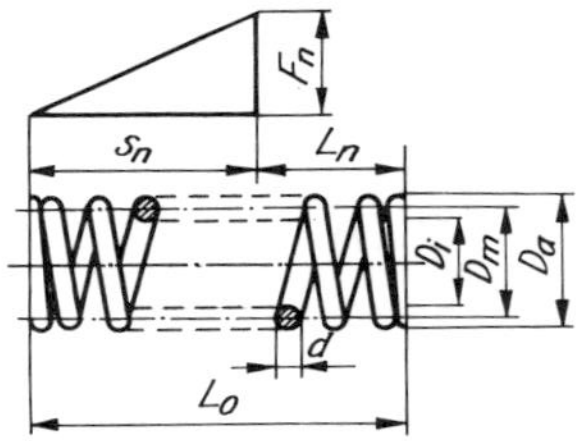

Patentierter Federstahldraht Sorte A

d	n_g	D_a	D_m	D_i	L_0	L_n	s_n	F_n	c
1,2	11	54,9	16,0	7,44	6,4	23,8	10,3	31,5	2,99	29,3	2,36	50,9	20,2	1,79	62,5	24,5	1,45
1,6	14	98,3	19,8	9,92	9,99	29,2	13,7	38,6	4,66	48,0	3,68	62,1	27,0	2,80	76,2	32,7	2,26
2,0	12	208	16,5	12,0	46,5	23,5	16,5	30,6	21,7	37,6	17,1	48,2	32,2	13,0	58,8	39,0	10,5
2,5	18	264	23,6	14,9	30,5	34,1	20,5	44,6	14,2	55,2	11,2	71,0	40,1	8,54	86,8	48,5	6,89
3,2	22	429	28,4	19,0	45,9	40,8	26,1	53,3	21,4	65,8	16,9	84,5	51,1	12,8	103	61,8	10,4
4,0	28	627	35,4	23,8	53,8	51,0	32,7	66,6	25,1	82,2	19,8	106	64,0	15,1	129	77,4	12,2
5,0	36	897	44,3	29,6	61,0	63,9	40,8	83,4	41,7	103	50,6	132	79,8	17,1	162	96,5	13,8
6,3	32	1814	44,0	37,3	270	61,9	51,3	79,7	51,9	97,6	63,1	123	100	75,5	151	121	60,9
8,0	48	2364	59,9	47,2	186	85,0	65,0	110	65,3	135	79,4	173	127	52,1	210	154	42,0
10,0	60	3425	73,8	59,1	233	104	81,3	135	82,8	166	101	212	159	65,1	257	192	52,5

Patentierter Federstahldraht Sorte C (DIN 17223)

0,50	6,5	8,85	13,8	3,24	0,841	21,0	4,51	0,535	28,3	0,393	35,6	0,310	46,5	8,96	0,236	57,4	10,9	0,190
0,55	7	10,8	14,5	3,56	0,991	22,1	4,96	0,631	29,8	0,463	37,4	0,365	48,9	9,84	0,278	60,4	11,9	0,224
0,63	8	14,1	16,4	4,07	1,14	25,1	5,67	0,728	33,7	0,534	42,4	0,421	55,4	11,2	0,320	68,4	13,6	0,258
0,7	7,5	20,5	13,7	4,52	2,22	20,8	6,29	1,41	27,8	1,04	34,9	0,818	45,4	12,5	0,622	56,0	15,1	0,501
0,8	7	31,9	11,3	4,90	5,00	16,8	6,78	3,18	22,3	2,33	28,0	1,84	36,1	13,3	1,40	44,4	16,2	1,13
0,9	10	31,9	18,4	5,85	2,53	27,9	8,14	1,61	37,4	1,18	46,9	0,933	61,1	16,2	0,709	75,3	19,6	0,572
1,0	9	47,4	14,5	6,17	5,68	21,7	8,53	3,61	28,8	2,65	35,9	2,09	46,6	16,8	1,59	57,3	20,3	1,28
1,1	10	56,1	16,1	6,78	6,04	24,0	9,37	3,84	31,9	2,82	39,8	2,22	51,6	18,4	1,69	63,5	22,3	1,36
1,2	11	65,1	17,5	7,38	6,40	26,2	10,2	4,08	34,8	2,99	43,4	2,36	56,4	20,1	1,79	69,3	24,3	1,45
1,4	13	86,0	20,6	8,59	7,15	30,8	11,9	4,55	40,9	3,34	51,1	2,64	66,3	23,4	2,00	81,5	28,3	1,62
1,6	14	116	21,4	9,81	9,99	31,8	13,6	6,36	42,2	4,66	52,6	3,68	68,2	26,7	2,80	83,8	32,3	2,26
1,8	16	141	24,3	11,0	10,7	36,1	15,2	6,78	47,9	4,97	59,7	3,93	77,4	30,0	2,98	95,1	36,3	2,41
2,0	15	168	27,1	12,3	11,4	40,3	17,0	7,23	53,5	5,30	66,6	4,18	86,4	33,4	3,18	106	40,5	2,56
2,2	20	197	29,8	13,5	12,1	44,3	18,7	7,68	58,8	5,63	73,3	4,45	95,0	36,7	3,38	117	44,5	2,73
2,5	22	256	32,0	15,3	15,3	47,4	21,2	9,75	62,8	7,15	78,2	5,64	101	41,7	4,29	124	50,5	3,46
2,8	20	379	27,3	16,5	35,1	39,7	22,8	22,3	52,1	16,4	64,5	12,9	83,1	44,5	9,83	102	53,9	7,93
3,2	22	499	29,8	18,9	45,9	43,1	26,0	29,2	56,4	21,4	69,7	16,9	89,7	50,8	12,8	110	61,5	10,4
3,6	25	609	33,5	21,3	49,8	48,5	29,3	31,7	63,5	23,2	78,5	18,4	101	57,3	13,9	123	69,3	11,2
4,0	28	726	37,1	23,6	53,8	53,7	32,5	34,3	70,3	25,1	86,9	19,8	112	63,6	15,1	137	76,9	12,2
4,5	32	880	41,9	26,5	57,3	60,7	36,5	36,5	79,4	26,7	98,2	21,1	126	71,5	16,0	154	86,4	12,9
5,0	36	1043	46,6	29,5	61,0	67,4	40,6	38,8	88,3	28,5	109	22,5	140	79,3	17,1	172	96,0	13,8
5,5	50	985	66,2	33,6	30,2	97,7	46,4	19,2	129	14,1	161	11,1	208	91,3	8,45	255	111	6,82
6,3	55	1300	71,2	38,5	39,6	105	53,2	25,2	138	18,5	172	14,6	222	105	11,1	272	127	8,95
7,0	63	1510	80,7	42,7	39,7	119	59,0	25,3	157	18,5	195	14,6	252	116	11,1	309	141	8,97
8,0	105	1328	153	51,3	13,0	231	71,4	8,30	310	6,09	388	4,81	505	142	3,65	623	172	2,95
9,0	63	2983	77,7	53,0	121	112	73,0	77,1	146	56,5	180	44,6	231	143	33,9	282	173	27,4
10,0	60	4051	76,3	58,9	233	108	81,0	148	140	109	173	85,7	221	159	65,1	269	192	52,5

Tafel A6. Zugfederauswahl-Tabelle

Werkstoff	d mm	D_a mm	F_n N	F_0 N	$n_g = 6^1$ L_0 mm	L_n mm	c N/mm	$n_g = 10$ L_0 mm	L_n mm	c N/mm	$n_g = 16$ L_0 mm	L_n mm	c N/mm	$n_g = 25$ L_0 mm	L_n mm	c N/mm	$n_g = 32$ L_0 mm	L_n mm	c N/mm	$n_g = 40$ L_0 mm	L_n mm	c N/mm	$n_g = 60$ L_0 mm	L_n mm	c N/mm
Patentierter Federstahldraht Sorte C	0,10	1,5	0,319	0,019	2,85	8,01	0,058	3,24	11,3	0,037	3,87	16,8	0,023	4,81	25,1	0,015	5,55	31,5	0,012	6,39	38,8	0,009	8,49	57,1	0,006
	0,12	1,6	0,520	0,031	3,10	7,89	0,102	3,55	11,1	0,065	4,30	16,3	0,041	5,43	24,2	0,020	7,30	37,3	0,016	7,30	37,3	0,016	9,80	54,9	0,011
	0,16	2,1	0,933	0,056	4,07	10,2	0,143	4,66	14,3	0,091	5,65	21,0	0,057	7,14	31,1	0,037	8,29	39,0	0,029	9,61	48,0	0,023	12,9	70,5	0,015
	0,20	2,6	1,47	0,088	5,03	12,5	0,185	5,78	17,5	0,118	7,01	25,7	0,074	8,85	38,1	0,047	10,3	47,8	0,037	11,9	58,8	0,029	16,0	86,3	0,020
	0,25	3,2	2,31	0,139	6,20	15,2	0,242	7,13	21,2	0,155	8,66	31,1	0,097	11,0	46,1	0,062	12,7	57,7	0,048	14,8	71,0	0,039	19,9	104	0,026
	0,28	3,0	3,51	0,316	6,01	12,6	0,487	7,04	17,3	0,311	8,75	25,2	0,194	11,3	37,0	0,124	13,3	46,2	0,097	15,6	56,7	0,078	21,3	83,0	0,052
	0,32	4,2	3,66	0,220	8,13	20,1	0,287	9,33	28,2	0,183	11,3	41,4	0,114	14,3	61,4	0,073	16,6	76,8	0,057	19,2	94,5	0,046	25,8	139	0,030
	0,36	4,8	4,53	0,272	9,26	23,2	0,306	10,6	32,4	0,195	12,8	47,7	0,122	16,1	70,7	0,078	18,7	88,6	0,061	21,7	109	0,049	29,1	160	0,033
	0,40	6,0	4,91	0,295	11,3	31,1	0,233	12,8	44,0	0,148	15,3	65,1	0,093	19,0	96,8	0,059	21,9	121	0,046	25,1	150	0,037	33,3	220	0,025
	0,45	7,0	5,96	0,357	13,2	37,2	0,233	14,8	52,5	0,148	17,6	77,9	0,093	21,7	116	0,059	24,9	146	0,046	28,6	179	0,037	37,8	264	0,025
Patentierter Federstahldraht Sorte A					$n_g = 10$			$n_g = 16$			$n_g = 25$			$n_g = 32$			$n_g = 40$			$n_g = 50$			$n_g = 60$		
	0,50	3,5	12,3	1,84	9,72	14,2	2,36	12,8	20,0	1,47	17,5	28,6	0,942	25,3	43,1	0,589							35,7	62,4	0,393
	0,63	4,5	18,7	2,80	12,3	18,1	2,77	16,2	25,5	1,73	22,1	36,5	1,11	31,8	54,9	0,691							44,8	79,4	0,461
	0,80	5,5	31,0	4,64	15,3	21,8	4,01	20,2	30,7	2,51	27,6	44,0	1,61	39,9	66,2	1,00							56,3	95,7	0,669
	1,0	7,0	46,2	6,93	19,3	27,7	4,71	25,5	38,9	2,94	34,8	55,7	1,88	50,2	83,7	1,18							70,8	121	0,785
	1,2	8,5	64,0	9,60	23,3	33,4	5,42	30,7	46,8	3,39	41,7	66,9	2,17	60,2	100	1,36							84,8	145	0,904
	1,6	11	113	17,0	30,5	42,6	8,03	40,4	59,6	5,02	55,1	85,2	3,21	79,7	128	2,01							113	185	1,34
	2,0	14	168	25,1	36,6	53,7	9,42	50,9	75,1	5,89	69,3	107	3,77	100	161	2,36							141	232	1,57
	2,5	18	246	36,7	48,9	68,4	10,7	64,2	95,4	6,67	87,1	136	4,27	125	204	2,67							176	294	1,78
	3,2	22	405	60,7	60,7	82,2	16,1	80,2	115	10,0	109	163	6,42	158	244	4,01							223	352	2,68
	4,0	28	592	88,7	76,8	104	18,8	101	144	11,8	138	205	7,54	199	306	4,71							280	441	3,14
	5,0	36	846	127	97,4	131	21,3	128	182	13,3	173	258	8,54	249	385	5,34							351	554	3,56
	6,3	45	1276	191	122	161	27,7	160	223	17,3	218	316	11,1	313	471	6,91							441	677	4,61
	8,0	85	1233	123	199	321	9,13	248	443	5,71	320	625	3,65	442	929	2,28							603	1335	1,52
	10	70	2888	433	191	243	47,1	252	335	29,4	343	473	18,8	494	703	11,8							696	1010	7,85
Federstahldraht Sorte B					$n_g = 10$			$n_g = 16$			$n_g = 25$			$n_g = 32$			$n_g = 40$			$n_g = 50$			$n_g = 60$		
	0,5	3	17,8	2,66	8,92	12,6	4,07	12,0	18,0	2,54	16,7	26,0	1,63	24,6	39,4	1,02	29,7	48,3	0,844	34,9	57,3	0,678
	0,63	3,8	27,6	4,14	11,2	15,9	5,03	15,1	22,6	3,14	21,0	32,7	2,01	30,7	49,4	1,26	37,2	60,6	1,01	43,7	71,8	0,839
	0,8	4,8	44,1	6,62	14,1	19,9	6,51	19,1	28,3	4,07	26,4	40,9	2,60	38,7	61,9	1,63	46,9	75,8	1,30	55,1	89,8	1,09
	1,0	6	67,2	10,1	17,7	24,8	8,14	23,9	35,2	5,09	33,2	50,8	3,26	48,6	76,8	2,03	58,9	94,2	1,63	69,2	111	1,36
	1,2	7	97,6	14,6	20,9	28,6	10,8	28,3	40,6	6,76	39,3	58,6	4,33	57,8	88,6	2,70	70,1	109	2,16	32,4	129	1,80
	1,6	9,5	164	24,5	28,1	38,4	13,5	38,0	54,5	8,45	52,7	78,5	5,41	77,3	119	3,38	93,7	145	2,70	110	172	2,25
	2,0	12	243	36,4	35,4	48,1	16,3	47,7	68,0	10,2	66,1	97,9	6,51	96,9	148	4,07	117	181	3,26	138	214	2,71
	2,5	15	362	54,3	44,1	59,2	20,3	59,4	83,6	12,7	82,3	120	8,14	121	181	5,09	146	222	4,07	172	263	3,39
	3,2	19	571	85,7	55,9	73,9	27,0	75,4	104	16,9	105	150	10,8	153	225	6,76	186	276	5,41	218	327	4,51
	4,0	24	837	126	70,4	92,3	32,6	94,8	130	20,3	131	186	13,0	192	280	8,14	233	343	6,51	274	405	5,43

10. Anhang

ZUGFEDERN

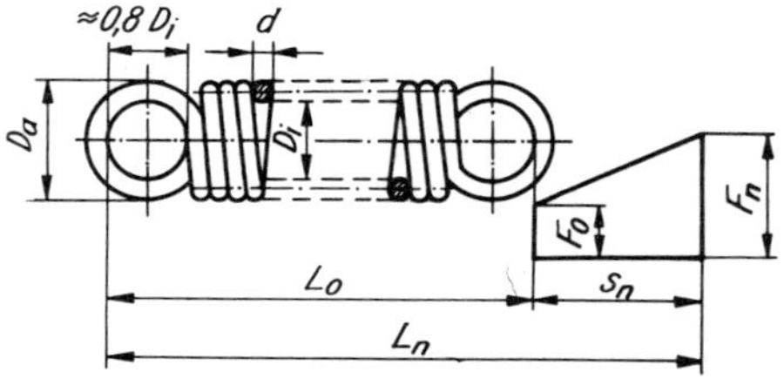

zylindrisch

Werte für die Federsteife c zum Teil gerundet

Bezeichnung: z. B. Zugfeder aus patentiertem Federstahldraht Sorte A mit $d = 1,2$ mm; $D_a = 8,5$ mm; $n_g = 10$

ZUGFEDER A $1,2 \times 8,5 \times 10$

[1] errechnet mit $n_g = 6,375$

Patentierter Federstahldraht Sorte C (DIN 17223) — Patentierter

5,0	30	1230	185	87,8	114	40,7	118	159	25,4	164	199	228	282	12,7	240	343	291	419	8,14	341	496	6,78
6,3	38	1818	273	111	142	50,3	149	198	31,4	207	251	284	350	15,7	302	425	366	520	10,1	430	615	8,39
8,0	48	2751	413	140	176	65,1	189	246	40,7	261	318	351	433	20,3	382	527	463	643	13,0	544	760	10,9
10	60	3986	598	175	217	81,4	236	303	50,9	327	397	431	531	25,4	478	645	579	788	16,3	680	931	13,6
0,50	5,5	10,6	0,96	12,8	31,9	0,51	15,9	46,3	0,32	20,5	24,0	68,1	85,0	0,16	28,1	104	33,2	128	0,10	38,3	153	0,085
0,55	6	12,9	1,16	14,0	34,4	0,58	17,4	50,0	0,36	22,4	26,3	73,4	91,6	0,18	30,8	112	36,4	138	0,12	42,0	164	0,10
0,63	7	16,4	1,48	16,2	40,4	0,62	20,1	58,7	0,39	25,8	30,3	86,2	108	0,19	35,4	132	41,8	163	0,12	48,2	193	0,10
0,7	7,5	21,0	1,89	17,6	42,2	0,78	21,8	61,3	0,49	28,2	33,2	89,8	112	0,24	38,9	137	46,0	169	0,16	53,1	201	0,13
0,8	9	25,5	2,30	20,8	51,6	0,76	25,6	75,0	0,47	32,9	38,6	110	137	0,24	45,1	168	53,2	207	0,15	61,3	246	0,13
0,9	10	32,5	2,92	23,2	56,7	0,89	28,8	82,3	0,55	37,0	43,5	121	151	0,28	50,8	185	60,0	227	0,18	69,2	270	0,15
1,0	11	40,0	3,60	25,6	61,5	1,02	31,7	89,2	0,64	40,9	48,1	131	163	0,32	56,2	200	66,4	246	0,20	76,6	292	0,17
1,1	12	48,2	4,34	28,0	66,3	1,15	34,7	96,0	0,72	44,8	52,6	141	175	0,36	61,6	215	72,8	264	0,23	84,0	314	0,19
1,2	13	66,8	5,12	30,4	70,8	1,28	37,7	102	0,80	48,7	57,2	150	187	0,40	67,0	229	79,2	281	0,26	91,4	334	0,21
1,4	15	76,9	6,92	35,1	80,3	1,55	43,7	116	0,97	56,4	66,4	169	211	0,49	77,7	259	91,9	318	0,31	105	353	
1,6	17	99,1	8,92	40,0	89,5	1,83	49,7	129	1,14	64,3	75,7	188	234	0,57	88,7	287	105	353	0,37			
1,8	20	117	10,5	46,3	106	1,77	57,3	153	1,11	73,7	86,5	224	279	0,55	101	341	119	420	0,35			
2,0	22	142	12,8	51,1	115	2,03	63,3	165	1,27	81,6	95,8	241	300	0,64	112	367	132	451	0,41			
2,2	15	288	40,4	41,5	63,4	11,4	54,9	89,9	7,10	74,9	90,6	130	161	3,55	108	196	131	240	2,27			
2,2	24	169	15,2	55,9	123	2,30	69,3	177	1,44	89,3	105	257	320	0,72	123	392	145	481	0,46			
2,5	18	341	47,7	48,6	76,2	10,7	63,8	108	6,67	86,6	104	155	192	3,34	125	235	150	288	2,13			
2,5	28	207	18,6	64,6	143	2,40	79,8	206	1,50	103	120	300	373	0,75	141	456	166	560	0,48			
2,8	20	420	58,8	54,2	83,7	12,3	71,2	118	7,68	96,6	116	170	211	3,84	139	257	167	315	2,46			
2,8	30	266	23,9	70,2	148	3,11	79,2	212	1,94	113	132	308	382	0,97	155	467	183	574	0,62			
3,2	22	559	78,2	60,5	90,5	16,1	79,9	128	10,0	109	132	184	228	5,02	157	277	190	340	3,21			
3,2	36	320	28,8	82,9	180	3,02	102	257	1,89	131	154	373	463	0,95	180	567	212	696	0,61			
3,6	40	400	36,0	92,5	196	3,54	114	279	2,21	147	173	405	502	1,11	202	614	238	753	0,71			
4,0	36	607	54,6	89,2	159	7,95	113	225	4,97	150	178	324	401	2,48	210	489	251	599	1,59			
4,5	40	756	68,0	99,5	174	9,33	127	245	5,83	168	199	353	436	2,91	236	532	281	651	1,87			
5,0	45	894	80,4	111	194	9,94	142	273	6,21	187	222	392	485	3,11	263	591	313	724	1,99			
5,5	38	1419	199	104	149	27,1	137	210	17,0	187	226	300	371	8,48	270	451	326	552	5,42			
6,3	45	1736	243	122	176	27,7	160	246	17,3	217	261	352	435	8,64	312	529	376	646	5,53			
7	50	2074	290	135	193	30,7	177	271	19,2	241	290	386	477	9,60	347	580	417	708	6,15			
8	55	2737	383	151	210	40,1	199	293	25,1	272	328	419	516	12,5	392	628	473	767	8,03			
9	63	3322	465	172	239	42,4	226	334	26,5	308	371	477	588	13,2	444	714	535	873	8,48			
10	70	3928	550	191	263	47,1	251	366	29,4	342	412	522	643	14,7	493	781	594	953	9,42			

11. Sachwörterverzeichnis

Abdichtung 244
Abschneidpatrone 63
Abschrecken 73, 76f.
Abweichung 299
Achsfederung 205
Almentest 83f.
Alterung 32f., 78
Aluminiumlegierung 32
A-Motor 143
Anfangsverschiebung 264
Ankerrückstellfeder 133
Anlassen 43, 77f.
Anlaßtemperatur 79
Antriebselemente 262
Antriebsfeder 263ff.
—, Dimensionierung 266
Antriebsmasse 264
Arbeitspunkt 267
Arbeitstemperatur 31, 49f., 234, 237
—, erhöhte 52
—, tiefe 53
Arbeitsvermögen 94
Archimedische Spirale 136, 276
Aristo-Federfix 284
Artnutzwert 95, 109, 121f., 186
Aufdampfen 87
Auflager 127
Aufnahmedorn 149
Aufzugfeder 136, 141, 272
Ausbiegung, thermische 179
Ausdehnungskoeffizient 180
Aushärten 19, 29, 80, 235
Außenring 109

Band aus Kupferlegierungen
—, mechanische Eigenschaften 30
Beanspruchung 35ff.
—, dynamisch 38, 98, *99*
—, qusistatisch 98
—, schwellend 98
—, stochastisch 98
—, stoßartig 98
Beanspruchungsgrenzen 36
Belastung 35f.
—, periodisch-sinusförmig 100
—, zeitabhängige 35, 97
Belastungsspannung 42
Belastungsverlauf, zeitlicher 97
B-Motor 144
Berechnungsablauf 98ff.
— bei dynamischer Beanspruchung 99
— bei statischer Beanspruchung 98
Berechnungshilfe 281
Berylliumlegierung 29f., 56
Beschickung 75
Bewegungsdifferentialgleichung 262f.

—, lineare 263
—, nichtlineare 265
Bewegungsgesetz 263
Bewegungsverhalten 262
Biegeeigenspannung 44f.
Biegefeder 116, 120
—, gewunden 135ff.
—, scheibenförmig 157
Biegefedergelenk 260
Biegemoment 128, 150
Biegen 68ff.
—, elastisch-plastisch 252
—, überelastisch 42
Biegeradius 18, 26
Biegespannung 121
Biegevorrichtung 68
Bimetallfedern 179
Blattfeder 26, 116, *120*, 121, 271, 292, 295
—, dickenveränderlich 122
—, elastisch unterstützt 127
—, gekrümmt 129f.
—, geschichtet 124, 134
—, gestreckt 271
—, gewunden 272
—, starr unterstützt 128
Blattfederantrieb 271ff.
—, Dimensionierung 273
—, dynamisches Modell 271
Blattfederoptimierung 295
Blockfeder 112
Blockkraft von Tellerfedern 177
Blocklänge 98
Blockzustand 38, 112, 159
— von Ringfedersäulen 112
— von Tellerfedern 159
Bosch-Federschwinge 307

Castigliano 120f.
cross-curved 139

Dämpfung 33, 96f., 100, 110, 149, 169, 212f., 230, 236
Dämpfungselement 13
Dämpfungsvermögen 15
Dämpfungswert 265
Dämpfungs-Wirkungsgrad 96
Datenverarbeitungstechnik 286
Dauerfestigkeit 38f.
Dauerfestigkeitsschaubild 39, *40*, 170, 198
Dauerhubfestigkeit 35, 39, 98, 153, 170, 178, 203
Dauermagnet 246
Dauerschlagwerk 307
Dauerschwingfestigkeit 38
Dauerschwingmaschine 307
Dehngrenze 36, 80

Delrin 234
Deutsche Öse 203
Diffusionsverfahren 87
Dimensionierungsbedingung 267
Dimensionierungsgleichung 266
Doppeldrehfeder 67, 149, 154
Draht, vergüteter 24
— aus Berylliumlegierungen, mech. Eigenschaften 30
— aus Kupferlegierungen, mech. Eigenschaften 29
—, Führung 63
—, warmgewalzt 24
Drahtformfeder 68f., 88, 132, *133*
Drallfreiheit 24
Drehfeder 45f., 63, 67, 88, 99, 147ff., 269
— aus Draht mit Rechteckquerschnitt 187
—, Automat 67
—, Berechnung 150ff.
—, Berechnungsbeispiel 156
—, Dauerhubfestigkeit 153
—, Durchmesserverringerung 149
—, Formen 147
—, Gestaltung 148
—, Herstellung 67
—, zulässige Spannungen 187
Drehfederantrieb 269ff.
—, Dimensionierung 270
—, dynamisches Modell 269
Drehfederautomat 63f.
Drehfedermodell 270
—, eben gekrümmter Stab 270
—, Hohlzylinder 270
—, räumlich gekrümmter Stab 270
Drehfedersteife 94
Drehmoment 136, 138f.
Drehstabfeder 48, 83, 185ff.
—, Berechnung 185
—, Einspannkopf 186
—, Formen 186
Dreieckfeder 121
Drillwickeln 64, 200
Drillwickeltechnik 203
Druck-Biege-Feder 239
Druckeigenspannung 42
Druckfeder 38, 44f., 48f., 61, 63, 84, 88, 98f., 188ff., 264ff., 293, 300
—, Auswahl 294, 316
—, Berechnung 191ff.
—, Berechnungsbeispiele 215ff.
—, Dauerfestigkeitsschaubild 198f.
—, Eigenkreisfrequenz 198
—, Formen 189ff.
—, Lebensdauer 197
— mit rechteck. Drahtquerschnitt 195ff.

11. Sachwörterverzeichnis

—, nicht kreiszylindrisch 211
—, Scheuerstellen an 198
—, Spannungs-Zeit-Verlauf 36
Druckfederführung 189
Druckfederoptimierung 296
Druckfedersatz 197, 218
Drücken 83
Duratherm 32
Durchbiegung 123
Durchlaufschleifen von Druckfedern 73
Durchlaufverfahren 302

Eigendämpfung 213
Eigenfrequenz 126, 214, 218, 270
Eigenkreisfrequenz 100, 198, 264, 271
Eigenspannung 41ff., 78, 80, 82, 193
—, Abbau 43, 45
— bei Drehfedern 45
— bei Drehstabfedern 48
— bei Druck- und Zugfedern 44, 193
— bei Flachformfedern 46f.
— bei Spiralfedern 47
— bei Tellerfedern 47
—, Erzeugung 43
—, Verteilung 46
Eigenwert 264
Eigenwertfehler 264
Einbauraum 291
Einheitsfederung 94
Ein-Punkt-Prüfung 302
Einspannkopf 186
Einspannstelle 260, 263
Einzelteller 157, 164
Elastizität 19
Elastizitätsgrenze 37f., 41, 43, 48
Elastizitätsmodul 19f., 22, 31ff., 49f., 57, 93, 132, 180, 231, 235, 241, 251, 270, 275
Elastomerfeder 233, 236, 239
Englische Öse 203
Entgraten 75f.
Entkohlungstiefe 76
Ersatzmodell 265
Erzeugnisprüfung 305

Fahrzeugfeder 135
—, Prüfung 306
Feder 11f.
Federabwicklung 208
Federachsabweichung 300
Federantrieb 260ff.
—, Blatt- 271
—, Dreh- 269
—, Grundlagen 262
—, Schrauben- 263
—, Spiral- 272
Federarbeit 94, 109, 121
Federarten 14
Federauswahl 15, 31, 316, 318
Federband 132
—, Biegewechselfestigkeit 29
Federberechnung 39, 96
—, Ziel der 96
Federbiegegrenze 19, 30, 37
Federblatt 124
Federcharakteristik 92
Federdiagramm 92

Federeigenmasse 101, 264
Federentwurf 15, 92, 193
Federersatzmasse 264f.
Federfertigung 16
Federführung 259f.
Federgelenk 259
Federhaus 140, 272f.
Federkennlinie 92, 93
—, degressiv 93, 190
— für konstante Eigenfrequenz 214
—, linear 93, 189
—, nichtlinear 206
—, progressiv 93, 190, 206
Federklammer 144
Federkontrolle 300
Federkörper 60
Federkraftabweichung 300
Federkrafteinstellung 66
Federlage 126
Feder-Masse-System 100
Federn 12ff., 116, 183, 235
—, Aufgabe der 97
— aus Duroplasten 235
— aus Glas 240f.
— aus Keramik 240f.
— aus Plast 233
— aus Thermoplasten 234
—, Bauformen 14
—, biegebeansprucht 116ff.
—, Einteilung 13
—, Gestaltung 15
—, historische Entwicklung 12
—, Prüfung der 299
—, stoffelastische 236
—, verdrehbeanspruchte 183ff.
—, vergütet 25
—, zug- und druckbeansprucht 108, 109ff.
Federntechnik 11
Federoptimierung 287ff.
—, Beispiele 292ff.
—, Grundlagen 289
—, Verfahren 292
—, Ziele 290
Federparallelschaltung 104
—, kraftmomentbelastet 106
Federpatrone 113
Federprüfeinrichtung 301
Federprüfmaschine 94, 304
Federrate 94
Federsatz 196f.
—, Berechnung 196ff.
—, Berechnungsbeispiel 215ff.
—, Radialspiel im 197
— von Relais 251
Federscheibe 173ff.
Federstahl
—, mechanische Eigenschaften 28
—, nichtrostend 28
Federstahlband 25f.
—, Biegeradien 26
—, mechanische Eigenschaften 26
Federstahldraht 21ff.
—, nichtrostend 28f.
—, patentierter 21f., 37, 52, 54, 57, 64, 79, 80
—, vergütet 23, 37, 40, 52f., 57, 79
Federsteife 94
Federsystem 103

Federteller 189f.
Federung, spezifische 94, 207
Federungsverhalten 92
Federvolumen, spezifisches 249
Federwerkstoffe 19ff.
—, Anforderungen an 19
Federwindeautomat 61, 64
—, CNC-gesteuert 62
Fertigungsausgleich 299
Festigkeitsnachweis 97f., 187
Finite-Elemente-Methode 103, 211
Flachfeder 211
Flachformfedern 27, 68, 131
Flachrelais 133
Fließdiagramm von Gummi 34
Flüssigkeitsfeder 241ff.
Formfaktor 231
Formfedern 68
— aus Band 68, 130f.
— aus Draht 68, 132
Formgenauigkeit 74, 167
Formverhältnis bei Tellerfedern 164
Fortpflanzungsgeschwindigkeit 102
— einer Störung 102
— einer Wanderwelle 102
Fourieranalyse 35
Führungsbolzen 162
Füllfaktor 140
Funktion, Erfüllung der 15, 289
Funktionsnachweis 97f.

Gasfeder 241ff.
—, Anwendung 244
—, Berechnung 242
—, Eigenschaften 241
Gegenkraft 263
Geschwindigkeit 267
Gestaltung, Anforderungen an die 88
Gießelastomer 236
Glasfaser 235f.
Glasfeder 240
Gleitmodul 19f., 31f., 37, 49f., 57, 93, 231
Gleitzaum 142f.
Göhnerfaktor 192
Grenztemperatur 51
Grundfrequenz 102
Gummi 33f., 230ff.
Gummifeder 230ff.
—, Anwendungen 232
—, Beanspruchung 230
—, Berechnung 231
—, Formen 232
—, zulässige Spannungen 232
Gummiformteile 230
Gummihohlkörper 246
Gummischeibe 230

Haltedauer beim Härten 77
Hämmern 83
Handfertigung 69
Härtekorb 77
Härten 18, 73, 76ff.
Härtetemperatur 77
Härteverzug 19, 27
Hastelloy 31
hifo-Haken 204
hifo-Zugfeder 200

Hochtemperatur-Thermo-
   mechanische-Behandlung
   (HTMB) 78
Hohlgummifeder 33
Hohlstab 186
Hohlzylinder 238
Hohlzylindermodell 270
Hookesches Gesetz 93, 230f.
Hubspannung 35, 178
Hülsenfeder 232
Hydroelastic-Federsystem 245
Hysterese 94f.

Inconel 56
Innenring 109
—, geschlitzt, Berechnung 114

Jarettfeder 239
Justierung 252

Kaltformgebung 60
Kaltumformbarkeit 24
Kaltumformung 18, 41, 60ff.
Kaltziehen 22
Kaminfeder 205, 211f.
Kegeldruckfeder 208ff.
— aus Band 213
—, Berechnung 209
—, Berechnungsbeispiel 224
Kegelstumpffeder 208
Kegelwinkel 113
Kennlinienverlauf 93
Keramik, Federn aus 241
Kerbschlagzähigkeit 55
Knicksicherheit 98, 193ff., 216, 267
Kobaltlegierung, mechanische Eigen-
   schaften 32
Kompressibilitätskoeffizient 239, 241
Konstruktionselement 11, 13
Kontaktbauelemente 249
Kontaktblattfeder 127, 252, 271
Kontaktblattfederschalter 104, 250
—, Toleranzen an 250
Kontaktfeder 104, 249, 253
—, gefiedert 254
Koppelstelle 263ff.
Korrekturfaktor 131
Korrosionsschutz 85
Kraftangriffspunkt 104
Kraftausgleich 257ff.
—, Federanordnungen zum 258
Krafteinleitung 120, 123, 185
Kraftmeßdose 109
Kriechen 48, 49, 82, 94, 230
Krümmungseinfluß 130
Kugelstrahlen 43, 83, 85, 154, 170,
   188, 197, 213
Kupferlegierung 29f., 56
Kupplungstellerfeder 162
—, Kennlinie 163
—, Spannungsverteilung 163
Kurzzeit-Prüfung 301

Lacküberzug 87
Lagerelement 13
Lagerung 257f.
Lagerungsarten bei Druckfedern 194
Lagerungsbeiwerte 194
Längsrisse 22
Langzeit-Prüfung 306

Lebensdauer 40
— von Mehrdrahtfedern 213
— von Spiralfedern 140f.
Leitertafel 282
Linie, elastische 121
Litzenfeder 212
Luftsäule 243

Magnetfeder 246
Mantelkurvenform 210
Maragingstahl 25
Massennutzwert 96
Massenträgheitsmoment-Verhältnis
   270
Massenverhältnis 264
Materialeinsatz 250
Mehrdrahtfeder 212
Mehrschieberbiegeautomat 69
Membranfeder 175ff.
—, Ausführungsformen 176
—, Kraft-Weg-Kennlinie 176
Messen, dynamisches 303
Meßelement 13
Meßspulenlagerung 259
Metallfedern 20, 108ff.
—, Herstellung 60ff.
Metallüberzug 86
Michelson-Feder 105
Mikromechanik 241
Mindestbiegeradien 132
— an Federband 132
— an Federdraht 133
Mindestspiel geführter Tellerfedern
   166
Mohr, Verfahren nach 120
Momentenausgleich 257f.
—, Federanordnungen zum 258
Monel 56

Nachwirkung 19, 35, 95
Negatorfeder 144
Nennspannung 99
Nichteisenmetalle 29
Nichtmetalle 33
Nickellegierung 30f., 56ff.
—, mechanische Eigenschaften 31
Nimonic 56
Nomogramm 282, 313, 315
Nutzwert 95

Oberflächenbehandlung 43, 83, 85
Oberflächenfehler 58
Oberflächenverfestigung 43, 83, 85
Oberspannung 178
Optimierung 290
Optimierungsmodell 289
Optimierungsverfahren 292
Optimierungsziel 290
Öse 64f., 86, 200ff.
Ösenanbiegen 64f.
Ösenbeanspruchung 202f.
Ösenbiegeapparat 65
Oxidieren 86

Parabelfeder 121, 123, 125
Parallelschaltung 104, 106, 213
Parameteroptimierung 288
Patentieren 21, 24
Phosphatieren 86

Plaste 34f., 124
Plastfedern 233ff.
Plastüberzug 87
Plastwerkstoffe, mechanische Eigen-
   schaften 34
Polyurethan 34f., 236ff.
Profilverzerrung 196
Prüfung 299ff.
— der Federkennwerte 301
Pufferfeder 114
PUR-Gießelastomerfeder 237f.
PUR-Schaumstoffeder 240

Quarzglas 19, 58, 241
Querdehnung 231
Querfederung 193f.

Randentkohlung 24, 76, 84
Randschicht 83
Randschichtverfestigung 83ff.
Rechenschieber 283ff.
Rechentechnik 211
Rechnereinsatz 265, 286, 293
Reibung 94f., 112, 124, 138, 167ff.,
   189, 237, 273
Reibungshysterese 126
Reibungswinkel 113
Reihenschaltung 105f., 187, 206
Relaxation 38, 48, 49, 51ff., 82, 95
—, Geschwindigkeit 51
— von Druckfedern 52f.
Resonanz 198
Restriktion 15, 289
RIBE-Federrechner 285
Ringfeder 96, 109ff.
—, Berechnung 111ff.
—, Berechnungsbeispiel 115
—, Konstruktion 113
— mit geschlitztem Innenring 114
— mit Zwischenringen 111
Ringfederelement 110

Ringfedersäule 110ff.
—, Blockzustand 112
—, Federdiagramm 110
—, Reibkraft 112
Ringfederspannsatz 115
Rollfeder 71f., 143ff., 254
—, A-Motor 143
—, Beanspruchung 146
—, B-Motor 144
—, Kennlinie 144
—, Krümmungsradius 146
—, Lebensdauer 146
Rollfedersatz 145
Rollgurtfeder 27
Rückfederung 63, 68, 95, 252
Rückverformung 42
Ruheelement 13

Schaltpunkteinstellung 183
Scheibenfeder 257
—, Anwendung 257
—-formen 257
Scheuerstellen 198
Schiebung, bleibende 81
Schlagprüfung 308
Schleifen 73ff.
Schleifkontakt 254

11. Sachwörterverzeichnis

Schnappverbindung 35
Schraubendruckfeder 188 ff.
—, Berechnung 191 ff.
—, Berechnungsbeispiele 215 ff.
—, Eigenschaften 188
—, Formen 189 f.
—, Kennlinie 191
—, Knicksicherheit 189
Schraubenfeder 60
—, Antrieb 263, 265
— aus Quarzglas 241
Schraubenfedersonderformen 204 ff.
—, Berechnungsbeispiele 220 ff.
—, Eigenschaften 204
— mit inkonstanter Windungssteigung 206
— mit veränderlichem Stabdurchmesser 205
— nichtzylindrische Formen 208 ff.
Schraubenknickfeder 255 ff.
—, Kennlinien 255 f.
Schraubenzugfeder 199 ff.
—, Antrieb 266 ff.
—, Berechnung 199 ff.
—, Eigenschaften 199
—, gebogen 256
—, innere Schubspannung 199
Schubspannung
—, Verteilung über Drahtquerschnitt 192
—, zulässige 38, 268
Schubspannungsnachrechnung 267
Schutzschicht 86
Schwankungsgrenzen 299
Schwellbeanspruchung 38 f.
Schwingspiel 38, 98
Schwingspielzahl 41
Schwingungselement 13
Setzbetrag 80
Setzen 43, 80 ff.
Sheradisieren 87
Shore-Härte 231
Sicherheitsfaktor 36 ff.
Sickenelement 174
Silentbuchse 126
Sinteraluminium 241
Sortierautomat 302
Sortiereinrichtung 302
Sortiergerät 62
Spannung
—, ertragbare 36 ff.
—, Verteilung 102
—, zulässige 37, 99, 140, 152
Spannungsbeiwert nach Göhner 152
Spannungs-Dehnungs-Diagramm 36
Spannungserhöhung bei Druckfedern 192
Spannungsvergrößerungsfaktor 267
Spannungszunahme bei Stoßbelastung 103
Spannvorrichtung 306
Speicherelement 13
Spiralfeder 19, 27, 47, 70 ff., 93, 135 ff., 272
—, Ablaufkurve 138
—, Antrieb 272
—, Berechnungsbeispiel 154 ff.
—, cross-curved gewickelt 139
—, Federendengestaltung 142 ff.

—, Fertigung 70
—, Gestaltung 137, 142 ff.
—, Kennlinie 138
—, Krümmungsformen 139
— mit Windungsabstand 136
— ohne Windungsabstand 137
—, Spezialbänder für 27
Spiralfederantrieb 272 ff.
—, Berechnung 274
Springgenerator 66
Sprödbruch 53 f.
Steckkraft 253
Steckverbinder 252 f.
Steigung 149
Stoffelastizität 235
Stoßbelastung 101
Strahlmittel 84
Strahlzeit 84
Streckgrenze 36
Stützfeder 127
Suchraum 289

Tabellen 281
Taillenfeder 210
Tauchbrünieren 86
Tellerfeder 39, 47 f., 70, 84, 87 f., 93 ff., 157 ff., 177, 236, 314 f.
—, Berechnung 158 ff., 314 f.
—, Dauerfestigkeit 169
—, Formen, spezielle 171 f.
—, geführt 164
—, geschlitzt 161
—, Kennlinie 159
—, Mindestunterspannung 171
—, Mindestvorspannung 170
— mit Auflageflächen 160
—, Oberflächenverfestigung 170
—, schraubenförmig 173
—, Spannungen 159
Tellerfedersäule 161 ff.
—, Berechnungsbeispiele 177 ff.
—, Einfluß der Reibung 169
—, Einfluß der Schichtung 168
—, Gestaltung 164
—, Schichtungsarten 163
— Temperaturabhängigkeit 50
— des Elastizitätsmoduls 50, 57
— des Gleitmoduls 50, 57
— der Relaxation von Druckfedern 52
Thermobimetalle 19, 179 ff.
—, Anwendung 182
—, Aufbau 179
—, Berechnung 180 ff.
—, Kennwerte 182
Tieftemperaturverhalten 56
— von austenitischem Stahl 56
— von Cu-Be-Legierungen 56
Tiefziehfähigkeit 27
Titanlegierung 32 f.
—, mechanische Eigenschaften 32
Toleranz 88, 98, 126, 244, 253, 299
Toleranz-Ring-Verbindung 174
Tonnenfeder 210
Torsiometer 305
Torsionsband 188, 257
Tragfeder 124
Training 43
Trapezfeder 121 ff.

Trennmesser 63
Triebfeder 136
Trommeln 75

Übergangswiderstand 254
Überlastsicherung 114
Übertragungsmatrizen 103, 270
Uhrfederbandstahl 27
—, mechanische Eigenschaften 27
Umdrehungszahl 141
Umwandlungstemperatur 77
Universalbiegeautomat 69
Universalfederwindeautomat 67
Unterspannung 178

Ventilfederdraht, Festigkeitseigenschaften 24 f.
Ventilfedern 19, 83, 97
Verdrehwinkel 186
Vereinzelung 75
Verfestigung 84 f.
Verformungsreserve 18
Verformungsverhalten 15
Vergrößerungsfaktor 100
Vergüten 76
Vergütungszahl 24 f.
—, Festigkeitseigenschaften 25
—, hochfest 25
Vernickeln 87
Volumennutzwert 95 f.
Vordrucke 282
Vorsetzen 37, 43, 45 ff., 80 ff., 235
Vorspannkraft 199, 204, 220
Vorspannung 61, 64, 66, 113 f., 199 ff.

Wanderwellentheorie 102
Warmbiegen 73
Wärmebehandlung 76
Warmformgebung 72
Warmsetzen 52 f., 82 ff.
Warmvorsetzen 82
Wasserstoffaustreibung 86
Wasserstoffsprödigkeit 86 f.
Wechselbeanspruchung 39
Wegausgleich 115
Wellfeder 173 ff.
—, axiale 173
—, radiale 175
Wellfederscheibe, Berechnung 174
Welle-Nabe-Verbindung 115, 174
Werkstoff
—, federhart 18
—, weich 18
Werkstoffauslastung 210
Werkstoffauswahl 18
Werkstoffbeanspruchung 35 ff.
—, Beanspruchungsgrenzen 36
—, dynamisch 35
—, statisch 35 f.
—, zeitlicher Verlauf 35
Werkstoffeinsatz 20
Werkstoffprüfung 308
Werkstoffvolumen 291
Wickeldorn 62
Wickeleigenspannung 44 f., 193
Wickelkörper von Zugfedern 199
Wickeln 62
Wickelrolle 61
Wickelsinn 149 f.

Wickelverhältnis 61, 80, 88, 96, 147, 202, 266
Windeeinrichtung 61
Winden 60
Windungsabstand 136, 188
—, konstant 136
—, veränderlich 207
Windungsradius 210
Windungssteigung 188f., 206
—, gleichbleibend 188f.
—, inkonstant 206
Wöhler-Diagramm 39

Zeitfestigkeit 38f.
Zeitverhalten 266
Zell-PUR-Elastomerfedern 238
Zugeigenspannung 42
Zugfeder 44ff., 61f., 144, 199ff., 255f., 318
—, Auswahl 318
—, Befestigung 202
—, Berechnung 199ff.
—, Berechnungsbeispiel 219
—, Endenformen 201
—, Herstellung 64

—, hifo- 200
—, Ösenformen 200f.
—, Relaxation 202
—, Schwingfestigkeit 202
Zugfederkomplettautomat 64, 66
Zugstab 95f., 108f.
Zugstabfeder 108f.
Zugversuch 36
Zustellschleifen 74
Zweistützpunktfeder 125
Zwischenring 111
Zwischenstufenvergütung 27f.

DANNERT
Federn

Computer gestützte Berechnung und Fertigung von Druck-, Zug-, Schenkelfedern, Doppelschenkelfedern, Zinken und Biegeteilen aus Federdrähten 0,3mm - 10,0mm ⌀

HORST DANNERT Federnwerke KG
Postf. 703 H · 58007 Hagen · Telefon (0 23 31) 97 80-00 · Telefax (0 23 31) 97 80 20

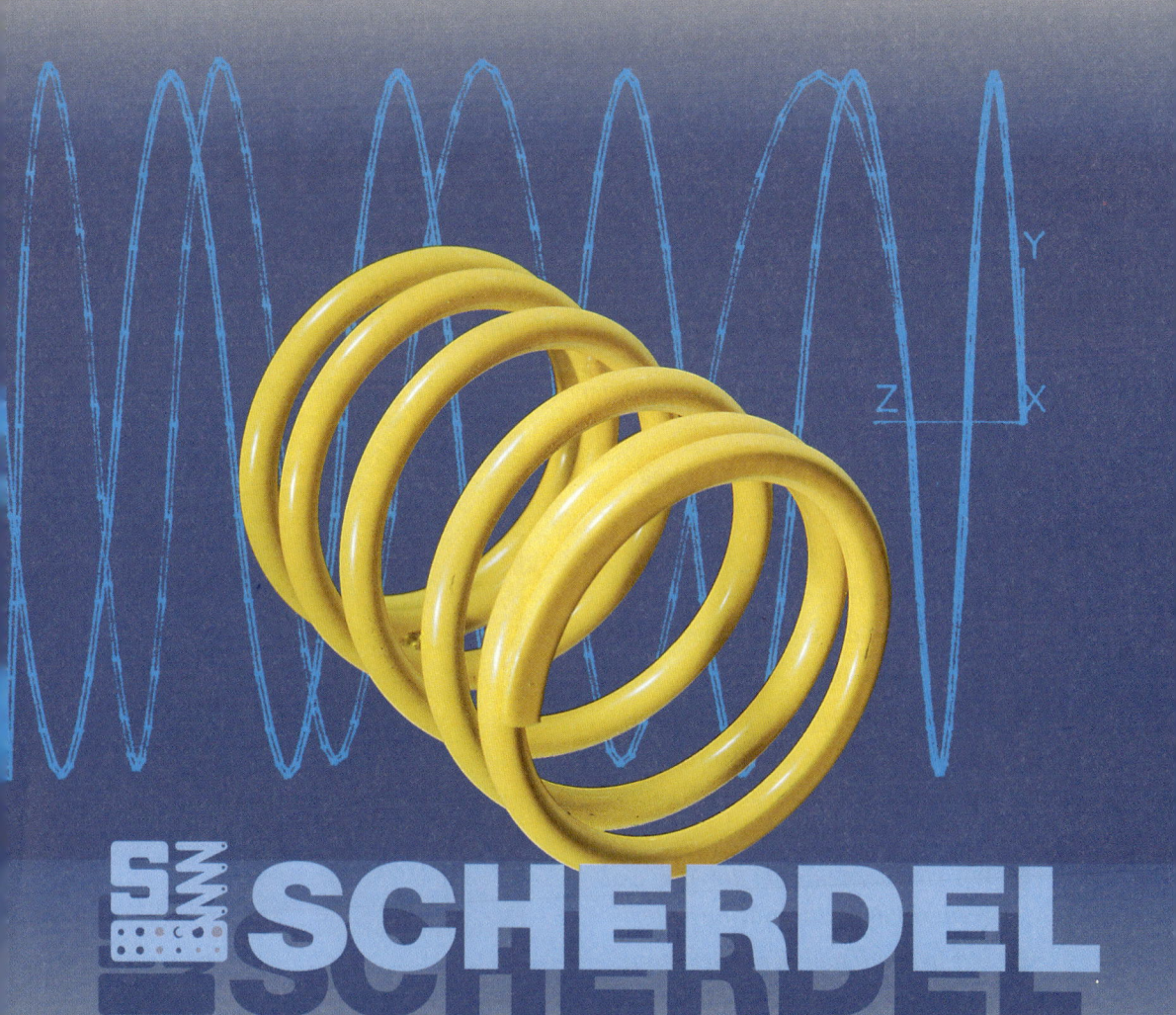

SCHERDEL

Der Partner für technische Federn, international

SCHERDEL, einer der bedeutenden Hersteller technischer Federn in Europa...

...löst auch Ihre Federprobleme mit größtem Sachverstand und unter Einsatz modernster Technologie.

SCHERDEL, seit 100 Jahren: Qualität, Fortschritt und ein besonderes Engagement für den Fahrzeugbau.

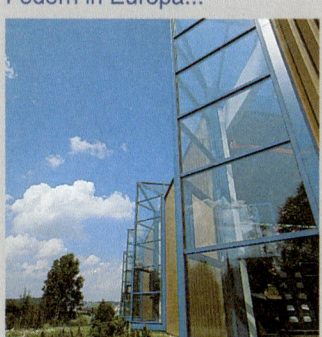

SCHERDELGRUPPE

Technische Federn
Sigmund Scherdel GmbH
D-95614 Marktredwitz, Postfach

Telefon 09231/603-0
Telefax 09231/62938
Telex 641278

GEMEINSAM SIND WIR STARK

7 *handfeste Gründe für Ihre Mitgliedschaft im VDFI:*

- *Wir vertreten Ihre Interessen mit der Kraft unserer Branche!*
- *Wir informieren Sie aktuell und umfassend über alle branchenspezifischen Fragen!*
- *Wir liefern Ihnen Zahlen, Daten und Fakten als Grundlagen für Ihre Entscheidungen!*
- *Wir organisieren die Zusammenarbeit und setzen die gemeinsam erarbeiteten Ergebnisse auf internationaler Ebene um!*
- *Wir kümmern uns um die Aus- und Weiterbildung Ihrer Mitarbeiter!*
- *Wir helfen Ihnen gerne bei Ihren kleinen und großen Problemen, bei betriebswirtschaftlichen, fertigungstechnischen und umweltpolitischen Fragen!*
- *Wir koordinieren gemeinsame Interessen bei der Erstellung von Normen und Richtlinien!*

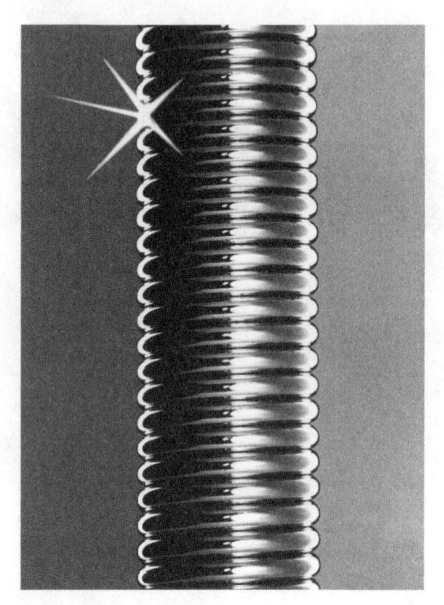

VDFI
VERBAND DER DEUTSCHEN FEDERNINDUSTRIE

VERBAND DER DEUTSCHEN FEDERNINDUSTRIE

Haßleyer Straße 37
Postfach 3832
D-5800 Hagen
Telefon 02331/53036 • Fax 02331/587484